al-Masʿūdī's *Kitāb al-Tanbīh wa l-ishrāf*

Bibliotheca Geographorum Arabicorum

VOLUME I-8

The titles published in this series are listed at brill.com/bga

al-Masʿūdī's
Kitāb al-Tanbīh wa l-ishrāf

Kitab al-Tanbih wa-al-israf / li-Abi al-Hasan Ali b. al-Husayn al-Masudi

M.J. de Goeje's Classic Edition (1894)
with Indices and Glossary to BGA I: 7–8

BRILL

LEIDEN · BOSTON
2014

This volume was originally published in 1894. For historical purposes, the original prelims have been retained.

Cover illustration: 'Mappemonde arabe', Manuscrits orientaux, Arabe 2214, Bibliothèque nationale de France.

ISSN 2214-5737
ISBN 978-90-04-25875-4 (paperback)

This work is published by Koninklijke Brill NV. Koninklijke Brill NV incorporates the imprints Brill, Brill Nijhoff, Global Oriental, Hotei Publishing and IDC Publishers.

This book is printed on acid-free paper.

BIBLIOTHECA GEOGRAPHORUM ARABICORUM

EDIDIT

M. J. DE GOEJE.

PARS OCTAVA.

KITÂB AT-TANBÎH WA'L-ISCHRÂF

AUCTORE

al-Masûdî.

ACCEDUNT INDICES ET GLOSSARIUM AD TOMOS VII ET VIII.

LUGDUNI-BATAVORUM.
APUD E. J. BRILL.
1894.

VIRO CLARISSIMO NOBILISSIMO

V. R. BARON ROSEN

CARO AMICO

HUNC LIBRUM

d. d. d.

EDITOR.

PRAEFATIO.

Anno 1810 S. de Sacy in tomo VIII operis *Notices et Extraits* amplam dedit descriptionem operis al-Masûdîi nunc a me editi, quam iterum typis exprimi curavit Cl. Barbier de Meynard ad calcem editionis suae libri *Morûdj ad-dhahab*. Jure hic in praefatione tomi noni dixit, hanc descriptionem, licet praesertim in nominibus propriis vitiis non exempta esset, tamen valorem etiam nunc non amisisse. Continet haec summatim quae auctor de se suisque operibus in hoc libro docuit, nec est cur ego de eodem argumento hic disseram, imprimis quum lectorem relegare possim ad ea quae scripsit Cl. Barbier de Meynard in praefatione ad tomum primum suae editionis et quos auctores laudavit in annotatione ad p. iv. *Liber commonitionis et recognitionis* — ita enim reddi debet titulus *Kitâb at-tanbîh wa'l-ischrâf* — est ultimus quem scripsit doctissimus auctor, atque conspectum continet operum praecedentium — aut, ut ipse dicit auctor, introductionem ad ea — et simul supplementum. Lectio saepe dolorem movet quod amplior dissertatio de una et altera re, quam in illis libris se dedisse affirmat, ad nos non pervenerit, et prae ceteris dolemus editionem alteram *Pratorum aureorum* priore quam habemus duplo majorem et multis locis emendatam, nondum in Oriente repertam fuisse. Quae autem de ea in *Tanbîho* dicuntur (p. ٩٧, ١١٠, ١٤٤, ١٧٥) sufficiunt ut nos cautos reddant in judicando de Masûdîi doctrina secundum editionem priorem. In lectoris commodum hic locos dabo ubi singula scripta in nostro libro laudantur, eodem ordine quo titulos in elencho posuit de Sacy:

1 كتاب اخبار الزمان ومن اباده الحدثان من الامم الماضية والاجيال الخالية والممالك الداثرة ٢, 5, ٩٤, 11, ٩٧, 5, ١٣٦, 7, ١٤٤, 17, ١٥٠, 15, ١٥٨, 7, ١٩٤, 16, ١٧٥, 17, ٢٩٧, 13, ٣٥٦, 3, ٤٠٠, 19.

2 الكتاب الاوسط ٢, 6, ٩٧, 5, ١٤٤, 18, ١٧٥, 19, ٤٠٠, 20.

3 كتاب مروج الذهب ومعادن الجوهر فى تحف الاشراف من الملوك واهل الدرايات ٢, 7, ٦٠, 17, ٨٦, 10, ٩٤, 6, ٩٧, 6—10, ١٠٥, 4, 15, ١٠٧, 6—١١١, 17, ١٤٤, 19, ١٤٥, 19, ١٥٥, 17 seqq., ١٥٩, 20, ١٦٨, 15, ١٦٩, 8, ١٧٥, 19 seqq., ٢١٣, 15, ٣٢٩, 6, ٣٣٩, 16, ٣٩٩, 7, ٤٠٠, 21.

4 كتاب فنون المعارف وما جرى فى الدهور السوالف ٢, 8, ٢٠, 5, ٣١, 2, ٨٣, 5, ٩٧, 10, ١١٥, 5, ١٢١, 3, ١٤٤, 20, ١٤٧, 17, ١٥١, 3, ١٥٣, 3, ١٥٨, 8, ١٦٠, 1, ١٦٦, 11, ١٧١, 20, ١٧٤, 6, ١٧٦, 1, ١٨٠, 15, ١٨٢, 13, ١٩٥, 16, ٢٠٢, 3, ٢١٣, 15, ٢٦١, 9, ٢٧٦, 14, ٣٢٩, 7, ٣٣٣, 17, ٤٠٠, 21.

5 كتاب ذخائر العلوم وما كان فى سالف الدهور ٢, 9, ٩٧, 11, ١٧٦, 2, ٤٠٠, 22.

6 كتاب نظم الجواهر فى تدبير الممالك والعساكر ٤٠١, 1.

7 كتاب الاستذكار لما جرى فى سالف الاعصار ٢, 10, ٥, 7, ٥٣, 18, ٨٣, 6, ٨٤, 14, ٩٧, 12, ١٠٢, 2, ١٢٨, 16, ١٣٣, 15, ١٣٧, 16, ١٤٤, 20, ١٧٦, 2, ١٩٥, 17, ٢١٣, 16, ٢٢٨, 15, ٢٧١, 16, ٢٧٢, 11, ٢٧٦, 14, ٢٨٨, 7, ٣٠١, 9, ٣٣٩, 8, ٤٠١, 2.

8 كتاب التنبيه والاشراف ٥, 6.

9 كتاب نظم الاعلام فى اصول الاحكام ٤, 17.

10 كتاب نظم الادلة فى اصول الملة ٤, 18.

11 كتاب المسائل والعلل فى المذاهب والملل ٤, 18, ١٥٥, 10.

12 كتاب خزائن الدين وسر العالمين ١٠١, 19, ١٦١, 3, ٣٩٥, 4.

13 كتاب المقالات فى اصول الديانات ١٥٤, 7, ١٦١, 2, ٣٥٣, 9, ٣٦٧, 5.

14 كتاب سر الحياة ١٥٥, 10, ٣٥٣, 9.

15 رسالة البيان فى اسماء الائمة ٣٩٧, 14.
16 الاخبار المسعوديات ٣٣٣, 8.
17 كتاب وصل المجالس ٣٣٣, 9.
18 كتاب تقلب الدول وتغيير الاراء والملل ٣٣٤, 18.
19 كتاب الابانة فى اصول الديانة ٣٥٤, 7.
20 كتاب مقاتل فرسان العجم ١٠٢, 14.

Ex his 1, 2, 10, 13, 14, 19 jam in *Morûdj* laudantur, ante 336 itaque composita fuerunt. Duorum insuper librorum a se conscriptorum auctor ibi mentionem facit, qui in libro *Tanbîh* non memorantur, nempe كتاب الاستبصار فى الامامة et كتاب الصفوة فى الامامة. In fine operis *Morûdj* (IX, 36) annunciat se mox editurum esse كتاب وصل المجالس (n⁰. 17 elenchi).

Clarissimum *Pratorum* editorem quominus illi libro subjungeret editionem *Tanbîhi*, deterruit status codicis Parisiensis qui tunc temporis (1877) unicus esse credebatur. Revera hic codex mendis et lacunis scatet ut mihi patuit quum benevolentia Viri doctissimi L. Delisle Directoris Bibliothecae Parisiensis, intercedentibus viris amicissimis Schefer et Barbier de Meynard, mihi eum Leidae examinandum permiserat. Alterum autem et meliorem codicem nactum est Museum Brittannicum, quem descripsit D[mus] Rieu in Catalogo II p. 548 sub n⁰. MCCXI (Add. 23,270). Etiam hic codex mendis non caret nec lacunis, sed plurimis locis unus alterum corrigere sufficiebat et lacunas, magnâ unâ (p. ٢٧٠ *p*) exceptâ, complere.

Ad calcem praefationis tomi septimi Bibliothecae emendanda nonnulla notavi. Quibus addenda sunt: P. ٢٢, 17 l. ازرين; ٥٧, 18 Thaâlibî *Latâif* ٩٢ seq. ins. الباب ut quoque in seqq.; ٥٩, 1 pro جنّتها l. خُبْثها ut recte Thaâlibî ٩٣ ult. (cf. Goldziher, *Muh. Studien* II, 243); ib. l. 17 et 18 l. المُنْقَع et انقاعه; ١٠٧, 10 l. وعمرو بن العاص deleto ابى; ١١٢, 20 pro فضرب l. فصرف; ١١٨, 16 l.

عبيد الله secundum papyrum ex anno 117 (N. 185 Rainer) ubi عبيد الله, ut quoque pondera duo vitrea quae possidet Cl. Karabacek. Vid porro Casanova. Catal. de la collection Fouquet in *Mém. de la mission archéol. franç. au Caire* VI, 368; ١٣٩, 14 سارعشن sec. comitem Géza Kuun, *Relationum Hungarorum cum Oriente gentibusque orientalis originis historia antiquissima*, I, 87, 124 ann. corruptum videtur e شهر (سارى) سارع; ١٤٩, ult. Dus Marquart propon. هزار كَريب coll. ١٥٠, 8 et Ind. ad Zahîr eddin; ١٥٨, 8 l. الميمير monente Marquart, coll. Hamza ٣٧, 12 ممير, Ibn al-Fak. ٢٩٧, 4 نميور, Vullers نيم آور; ١٧٣, 12 الأجَمَة legendum videtur; ١٩٩, 15 pro على ut recte monuit Van Vloten l. عَلَم; ١٩٨, 8 prior وسلّم deleatur, monente Goldziher; ٢٠٨, 7 l. عبيد الله; ٢٧٢ ult. ante عيسى ins. القاسم بن; ٢٧٤, 8 طيرس l. طَبْرِيش sec. Tomaschek, *z. hist. Top. v. Persien*, I, 18, observante Marquart; ٢٨١, 6 بلرم l. بَلس i. e. بالس monente Marquart; ٢٨٧, 8 eodem monente pro صمعاكن l. صهاريك = جهاريك (Jâc. III, ٢٣, 16, Vullers sub سان et چاريك); ٢٩٣, 17 et ٢١٤, 2 sec. eundem l. ماسف coll. Narschakî ed. Schefer ٥, 2 رود ماصف; ٢٩٨ *f* pro ٣٩٩ l. ٣٩٢; ٣٠٩, 9 l. المروزى coll. ٢٧٩, 11 seq.; ٣٦٠ *c*. Cf. etiam Masûdî IV, 39; ٣٦٥ ult. Videtur legendum الخرخيزى; ٣٦٦, 1 l. زَعِر; ٣٧١, 14 ins. ابا ante الوليد. In tomo VIII haec sunt corrigenda: ٣٢, 4 l. رومنتاريس Αρωμακταριος; cf. Ibn al-Fakîh ٥ *h*; ٩٩*a* Cf. nunc edit. Gallicam Avestae Cli. Darmesteter III, 26 seq.; ١٠٤ *b* l. Gumanik, *t* pro 34, 11 l. 33, 11 et l. Sparam et Ashvahisht; ١١٥, 3 l. انطونينوس; ١٦١, 10 l. والسمنية; ١٨٨, 6 l. والحجول cf. Gloss. sub شدخ; ٢٠٥, 13 l. مُشَقَقة; ٢٧٧ *b* dele *male*; utraque lectio traditur, v. Belâdh. ١٠٥; ٢٨٩, 12 potius يرفأ; ٣١٥ *o*. Secundum Cunningham »Ephthalites or White Huns” in Transactions of the ninth intern. congress of Orientalists, I, 244, vera lectio est زنبيل.

D. G.

GLOSSARIUM.

آئين, vocabulum Persicum, pro Arabico رَسْم pl. رُسُوم, *mores*, *instituta*, VIII, ١٠٧ ult.; cf. titulus libri آئين نامه ١٠۴, 9, ١٠٦, 8 per كتاب الرسوم explicatus.

الأَبَسْتَا et Arabice, ut ait Masûdî, الأَبَسْتَاق, *Avesta*, VIII, ٩١, 6 seq., ٩٢.

اثر V. Verba ما يتأثَّر عن الفلك, VIII, ١٣ ult., significant *quam vim exercet sphaera*.

اجم. الأَجَمِيُّون, *paludicolae*, nomen Carmathorum Iracensium, VIII, ٣٩١, 14 seq.

اخْشيد, *princeps*, VII, ٣٠٠, 10. Cf. Abu 'l-Mahâsin II, ٢٥٢ بلسان الفرغانة ملك الملوك.

الجلود الاخْميميّة, coria ex urbe Ichmîm exportata, VII, ٣٣٢, 3.

ارب II, *obliquo se vertit sursum*, VIII, ۴٨, 3. Cf. Gloss. Geogr. et Gloss. Tabarî.

أُرْغُنا, vocabulum Graecum, *organum*, VII, ١٢٣, 6. Vulgo ارغن scribitur, ut *Agh.* IX, ٩٥, 14 ubi l. الارغن الرومى.

الأَرْمَنِىّ, *pannus Armeniacus* (Gl. Geogr.), VII, ١٥٣, 12, ٣٢٢, 19, ٣٣١ ult.

اريا, pl. اريان, vocabulum Aramaïcum, אריא *leo*, VIII, ٣٨, 2.

ازر II. تازيرات البيت, *antepagmenta parietum templi*, VIII, ٣٨٩, 8.

اسْبهر *σφαιρα*, secundum VIII, ٣۴, 7 seq. in lingua Persica recentiore significationem habet vocabuli quod P حايدان, L جاثدان scribit. Forte est چاشدان *corbicula*, de forma rotunda ita appellata. Sed conjecturam nullo testimonio affirmare possum.

اسْنان explicatur VII, ١٠٧, 15 per احازة. Vid. Gloss. Ibn Chord.

الأُسْتُقُصّات, *elementa*, VIII, ٥, 10, ١۴, 8, ١٥, 19, ١١٩, 18 pro الاسطقصات ut vulgo et in titulo libri ١٣٢, 13 scribitur.

أَسْرُب explicatur VII, ١٥٧, 4 per آنُك.

أَشْل, vocabulum originis Aramaïcae, mensura 60 cubitorum, quae quadrata appellatur جريب, VIII, ٣٩, 1 seq., Zeitschr. D. M. G. XVIII, 695 seq.

الأَشْمَعَث, vocabulum Aramaïcum, proprie שמעתא sensu *traditio* (vid. de Sacy, *Chrest.* I, 356) significat majorem partem communitatis Israëliticae, VIII, ١١٢ ult., et hinc اشمعثى, ١١٣, 4, 6.

اصر. المأصر in fluvio describitur VII, ١٨٥; cf. Istachrî ٩٩ ult. et Lane.

الاصطماخيقونات, Graecum *στομαχικον*, VII, ١٥٨, 15. Dozy habet اصطماخيقون sed ut noster quoque scribit Ibn abî Osaib. I, ١٥٨, 27, ١٥٩, 11, 15, ١٧٩, 16.

آطام in ditione Medinensi quae fuerint explicatur VIII, ٢٠٩, 17 seqq.

اعبدا, vocabulum Aram., probabiliter עבודא »operae religiosae", VIII, ١١٣, 15 et *m.*

افقطى, vocab. Latinum, *Epacta*, VIII, ٢١٩, 11.

ثياب الأكْسيمون Graecum *των ἀλλαξιμων*, VII, ١٢۴, 16 et *e.*

الى saepissime elisione verbi مائل significat *vergens ad*, ut الى السواد *subniger*, VIII, ٢٩, 13, الى البياض *subalbus*, G. Jacob,

Welche Handelsartikel[2], p. 37, الى الطول *oblongus*, Dozy sub ما, الى الرقّة *subtenuis*, Hamdânî ed. Müller ١٥٧, 7, الى الخراب *ruinam minitans*, Jâcût III, ٧٢٣, 10. Significationem *apud* (cf. Dozy) habet VII, ٤١, 15 ubi Azrakî ٢٨٧, 1 habet عند.

أَليشج, voc. Slav., *mel*, VII, ١٤٣, 11.

ام. أُمّ البَيْت *ipsa Kaaba*, VII, ٤١, 5, ubi Azrakî l. l. et Ibn Hisch. ٩٤ habent عند هُبَل. — الأُمَّهات sunt *elementa*, VII, ١٧, 13. Vid. Fleischer ad Dozy.

أيرِ, vocab. Persic. *airiya*, *optimum quidque*, VIII, ٣٧, 15 seq.

باج, vocab. Persic., *vectigal*, VII, ١٩٨, 3, Kremer, *Beitr.*

باختر, vocab. Persic., *septentrio*, VIII, ٣١, 6.

البُتْرِيّة, secta Zaiditarum, vid. Freytag et Shahrast. ١١٨, ١٢٠, memoratur VIII, ٢٣١, 16, *Agh.* III, ١٢٨, 11.

بحر. البَحْرِيّة in Aegypto appellatur *aquilo*, VIII, ١٩, 3.

بَدَدَ adverb. *separatim*, VII, ٧٩, 15 »tria ligna separatim collocata" non inter se conjuncta.

براكنميس, vocab. Graecum, ὑπεροικονομης, VIII, ١٧١, 15.

برج. البوارج, *naves piratorum Indorum*, VIII, ٥٥, 9, ٣٥٥, 4. Vid. Gloss. Geogr. sub بيرجه.

برح. Venti البوارح dicti in Irâko durant 40 dies, VIII, ١٩, 6 9, 12.

بزرجفرمذار, vocab. Persic., per *wazîrum* vertitur VIII, ١٠٣, 19.

بُسّد explicatur VIII, ٩٠, 1 per اصل المرجان, *radix coralii.* Cf. Journ. asiat. 1868, I, 202. Ibn al-Fakîh (v. Gl.) ut vulgo بُسَّذ.

بَطْرِيَرك, pl. بطاركة, *Patriarcha* (Dozy), explicatur VIII, ١٤٢, 16 seq., ١٥٩, 17 seq. P. ١٧٢, 13, 18, ١٧٣, 3 scribitur بطريرخ.

بطن X, *in familiaritatem admisit*, *pro amico habuit* (Lane ex *Hamâsa*), VIII, ٣٢٣, 15, *Lisân* XVI, ٢٠٠, 4 a f.

بعد I c. على p., *longius fuit*, VIII, ٢٠١, 5.

بقّ. البَقّ شجرة, Persice سَدَه et سايه خش aut چترسايه, describitur VII, ١٥٨ ult. seqq.

بقر. بَقَرانى, *e sardonyce factus*, VII, ١١٢, 4 seq. Vid. Gl. Ibn al-Fakîh.

بقل. البواقيل, *pocula* (de derivatione vid. Dozy), fabricantur in urbe Aegypti Tahâ, VII, ٣٣١. Cf. porro Gloss. Ibn al-Fakîh. — البقليّة appellabantur Carmathi Iracenses VIII, ٣٩١, 5 seqq., sed scriptio nominis non certa est, vid. ann. *e*. Forte convicium est Zindîkos indicans, de nomine al-Baklîi, de quo sermo est *Agh.* XI, ٧٥, 13.

بقى IV = ترك *reliquit*, VII, ١٧٤, 14 »haec flumina a dextra relinques".

بلط. بَلَاط (palatium) per قصر explicatur VII, ١٦٧, 13. Exemplum Djawâlîkî ed. Sachau ١٩.

بلغ. البَلَاغ apud Carmathos appellatur summus gradus initii religiosi, VIII, ٣٩٥, 11.

بَلَق appellatur marmor pellucidus Jemanensis, quo in fenestris utebantur, et teste Müller (*Burgen u. Schlösser* I, 15 ann. 1) etiamnunc utuntur, VII, ٣٠ ult., TA.

بَنْد pl. بُنُود, *provincia* ditionis Romanae, VIII, ١٧٩, 18 seqq., Jâc. IV, ٧٤٩, 13.

بنى. بُنْيان habet pl. بنيانات VII, ١٥٣, 19, ١٦٠, 4.

بهر. الابهر explicatur VIII, ٢٥٨, 8.

بهم. النفس البَهِيمِيَّة, *animus bestialis*, VIII, ١٢٠, 4. — البَهائمِيَّة *immanis feritas*, ib. ٢٤, 2.

السُّتُور البَهْنَسِيَّة ab urbe Bahnasâ ubi conficiuntur nomen habent, VII, ٣٣١, 15.

بيش. De origine et de speciebus hujus veneni VII, ٣٦٩, 2 seqq.

بيكار, vocab. Persic. *bellum*, explicatur VIII, ٩٤, 8 seq. per الاجْهاد.

الدوابُّ البيكيَّة, *equi generosi*, VII, ٢٩١, 2, de quibus agitur apud Ibn Chord. ١٨٠ et qui solent appellari الخُطَّلانيَّة.

بيل nomen Jovis (Bel), unde Babel appellatam esse dicunt, VIII, ٣٥, 4 seq.

تُبَّع. De origine hujus tituli VIII, ١٨٥, 10 seqq.

التَّرْجُوم (Targum) sec. VIII, ٧٩, 17 est dialectus Iracensis, in quam Biblia Hebraïca translata sunt.

تغمة v. sub طغمة.

تلا. التِلاوَة, *Coranus*, VIII, ١٩١, 5.

ثبت V, *bene examinavit*, VII, ٥٩, 5, Dozy et Gl. Tab.

ثلج. مَثْلَجَة habet pl. مثالج VII, ١٦٧, 19.

ثمن. الثامنة octo principes quibus summi regis eligendi potestas erat in Jamano, VIII, ١٨٩, 5, Kremer *Beitr.*, Glaser, *Mitth.* 55.

ثنى. مَثْنَوِىّ eodem sensu quo ثَنَوِىّ *dualista*, VIII, ١٤٧, 9.

ثَوْب s. ثَوْبان figurate pro *ipsa persona*, VIII, ٢١٠, 3, *Hamâsa* ٢١١ ult.

جبر VII de fractione *restituta*, *suppleta fuit*, VIII, ٢١٩, 16, ٢١٧, 6.

الجَبَل nomen lapidis pretiosi in annulo Motawakkili, VIII, ٣٦٤, 9. Cf. Gl. Tab.

چترسايه v. sub شجرة البقّ.

جَحْفَلٌ appellatur exercitus si 4000 et pluribus militibus constat, VIII, ٢٨٠, 3.

جَدَرَ sensu جُدِرَ VII, ٤١, 9, ubi servavi codicis lectionem quia quoque habet حَصِبَ quam formam agnoscunt lexica. Praeterea Lihjânî nostram formam memorat, *Lisân* in v.

جدى. Opponuntur VIII, ١٧, 11 جدى الفَرْقَدَيْن et جدى سُهَيل. Illa est nota stella in Ursa minori quae vulgo الجُدَىّ appellatur (Abd-al-Rahman Al-Súfi, *Description des étoiles fixes*, quam Gallice vertit Schjellerup, p. 45), sed alter utrum ipse Canopus, an stella in ejus proximitate sit, efficere nequeo.

جرّ. جَرَّارٌ appellatur exercitus quando 12000 et plus militum habet, ideoque lente progreditur, VIII, ٢٨٠, 4, 16.

جرب. جَرْبِىٌّ VII, ٢٤, 9 et الجَرْبِىّ *septentrio*, VII, ٣٢٠, 10, VIII, ١٧, 12, ٢٢, 22—٢٣, 1, ٦٣, 8, ٨٣, 10 et eodem sensu الجربيّة VII, ١٣٠, 18. Vid. Gloss. Ibn Chord.

جرح. جَرَائِحُ (sec. *Mohît* a sing. جريحة) *miracula*, VIII, ٤, 10. Cuche: *prodiges*, *miracles*.

جرد. جَرِيدَةٌ agmen quod minus quam 40 equites continet, VIII, ٢٨٠, 5.

جزع. مُجَزَّعٌ, *variegato colore*, de lapide VII, ٣٣٨, 18 (Vid. Gl. Geogr.); de frumento ib. ٣٣٢, 2.

جلّ. الحِسابُ التَجْليلُ, VIII, ٢١٧, 2 s. الجليل من الحساب, Berûnî, *Chron.* ١١ ult., appellatur ratio quae summatim habetur (*grosso modo*).

جلب VII sensu *confluit* aqua codicibus videtur confirmari VIII, ٥٩ *c*, ٦٤ *b* et *m*, ٧٣ *s*, sed recipere non ausus sum.

جمر. جَمْرَةٌ appellatur turma equitum numero inter 300 et 500, VIII, ٢٨٠, 7.

جمع. جَمَاعِيٌّ *orthodoxus*, VII, ٣٥٢, 15, Dozy. Eodem sensu إِجْمَاعِيٌّ Anbârî, *Nozhat al-alibbâ*, ١٣٨, 1.

جنح. جَنَاحٌ in cupola Zamzami (VII, ٤٣, 18 = Azrakî ٣٠١, 5) non est *fenestra prominens* (Gl. Geogr.), sed pars muri prominens de qua lampades suspenduntur.

أَجْنَى pro أَجْنَأَ aut أَجْنَا (Lane sub جنو), VIII, ٣٥١, 10. Ibn al-Kûtîja ed. Guidi ٢٢٧, 11 dicit: جَنِيَ idem significat quod جَنِئَ.

جوب. جَوْبَةٌ, pl. جُوَبٌ, *palus* (Gl. Edrîsî et p. 388), VIII, ٦٥, 19, Jâc. III, ٩٣٤, 5. — مَجَابَةٌ *desertum* (Gl. Edrîsî), VII, ٢٨١, 1.

جوز. جائزة, pl. جَوَائِزُ, = جِئْز VII, ٣٢, 4, Dozy.

جَيْشٌ non appellatur agmen nisi plus quam 800 militibus constat, VIII, 1—4, 8.

جيل V denom. a جِيل, تَجَيَّلَ الاجيال, *populi se formaverunt*, VIII, ٨٤, 3, ١٨٢, 10. — De جيل جيلان VII, ٢٧, 1 vid. Gl. Tab.

حجر. الحَجَرُ اليَهُودِيُّ, qui provenit e mari mortuo, describitur VIII, ٧٤, 17. Cf. Ibn Chord. ٧٩ *m* et Dozy. — تَحْجِيرٌ, *pluteus* (balustrade) circa tectum, VII, ٣١, 1 seq.

حرّ. حَرٌّ ut sing. a حِرَار pro حِرَّةٌ, VIII, ٢٠٢, 9. — حُرٌّ *liber, sine domino*, VIII, ٣١١, 2 de pecudibus libere vagantibus, si lectio sana est. Cf. Dozy sub حُرِّيَّة.

حرس. مَحْرَسٌ, pl. مَحَارِسُ, *castellum* in ora maris, in confinio = رباط (v. Dozy), VII, ١١٨, 2.

حرق IV *destruxit* aedificium tempus, VII, ١٥٣, 4. Cf. Lane e TA. Forte autem legendum est اخربها.

حَرُمَ sensu *honorabilis fuit* habet n. a. حَرَامَةٌ, VIII, ٢١٠, 3.

حزّ. مُحَزَّزٌ, *incisus* ut melo, de lapide Judaïco VIII, ٧٤, 17, de columna VII, ٤٩, 6.

حزب V, *se in factiones hostiles diviserunt*, VIII, ٣٨, 4, ٩٤, 15, ٩٩, 10, ١٠٢ ult., ١١٣, 9, ١٣٣, 7, ١٩٥, 8, *Agh.* XVII, ٧٣ med. juxta التعصب; — c. مع *ad partes alicujus transiit*, VIII, ٢٠٣, 10, Dozy.

حسّ. النفسُ الحسّيّة, *animus sensualis*, VIII, ١٢٠, 4

حسب I c. على organi, *lusit*, quae significatio e notione computandi derivata esse videtur, VII, ١٢٣, 13, 14. Graece *κρουουσι τα ὀργανα* s. *παιουσι* s. *αὐλουσι* (Reiske ad Const. de Cerim. p. 33).

حسن I c. ب p. *decet*, ٢٣٣, 11, de Jong, Gl. Thaâlibî.

حشر. الحَشْرُ, *multitudo*, VIII, ١١٢ ult., Dozy e *Mohît.* Cum aliquo contemtu Dinaw. ٩٥, 11, ubi editum est حَشَرٌ. — حاشِرٌ, pl. حواشِرُ, *collector* in phrasi الجبال فى الارض حواشر للميـاه VIII, ٢٨, 7.

حصر I, *computavit*, VIII, ٩, 11 et saepe.

حصل I sensu transitivo *cepit* in verbis انا حاصِلُ النار *ego ignem arripiam*, VII, ١٣٨, 10 coll. ١٣٩, 2 اخذ خصمُك النارَ.

حصن IV, *nupsit*, non tantum c. acc. mulieris construitur ut e. g. *Fâik* I, 505 اَحْصَنْتُ ثمانين امرأةً فانا اعلمُكم بالنساء, sed quoque c. ب, VII, ١٣٤, 16.

حصر. حَصِيرَةٌ explicatur VIII, ٢٨٠, 13.

حطّ I = نزل c. على, *obsedit*, VII, ٢٩٩, 16.

حفر I, *impressit* litteras in corio, VIII, ٩١, 12.

حَقَبٌ, pl. أَحْقَابٌ, *cingulum* etiam virorum, VII, ١٤٥, 21. Cf. Dozy. Chwolson correxit in احقائهم, sed mihi lectio codicis servanda videtur.

ذو الحقْف epitheton profetae Hûd, qui in regione collium arenarum praedicavit, VIII, ٨١, 10.

حك III, *se fricuit contra*, *atteruit* aliquid, VIII, ٤٩, 19. — مُحْكُوكٌ *politus* de aere, VIII, ١٠٧, 4. Cf. Dozy sub verbo.

حل. حُلُولٌ (pl. a حَالٌّ) substantive in noto carmine VIII, ٢٤٩, 8 = جُمُوعٌ in *Hamâsa* ٤١٢, 3 a f.

حلباق nomen peregrinum, probabiliter Graecum, quod VII, ١٢٣, 16 explicatur per صنج et igitur voci κυμβαλον respondet. De origine nil certi dicendum habeo. Forte in eo latet derivatio vocis χαλκος.

حمر. Juxta الحَمْر (VIII, ٧٤, 14 قفْر البيهود) etiam dicitur الحَمَرة, VII, ٣٢٩, 9.

حمل I نهراً *duxit* (Gl. Ibn al-Fakîh). Hinc نهر يُحْمَل من VII, ٩١, 2 et Gloss. Fragm., *fluvius qui derivatur a.* — VI الى المدينة, *cum molestia Medinam pervenit*, VIII, ٢٩٥, 5. Vid. Gl. Tab.

حمى III. Observanda constructio فيحامى بها عن ثوبه *operam dedit ne lapis tangeret et inquinaret vestem*, VII, ٩٥, 5.

حنف. الحَنَفاء (الحَنِيفيَّة) = الصابئون, *Pagani*, VIII, ٩, 4, ٩. ult. — ٩١, 2, ١٢٢, 17, ١٢٣, 2 seq., ١٣٩, 17, Jakûbî *Hist.* I, ٥١, ٥٢. Notum est Profetam voci حنيف tribuisse significationem *antiquae verae religionis cultoris*, sed juxta hanc illa *addicti antiquae religioni paganicae*, *spec. astrorum cultui* in usu mansit. Ita opponitur Christiano ut in dicto Christiani prae-Islamitici

Bistâm أنا حنيف ان رجعتُ »Paganus sim, si rediero", Mobarrad ١٣١, 4 et in versu Dhu'r-Rommae de cameleonte

ذا حوّل الظلُّ العشىِّ رايتَه حَنيفًا وفى قَرْنِ الضُّحى يتنصَّرُ

(*Lisân* XIII, ٢٠٦ ubi additur commentarius). Idem valet de poëmate quod alii Aimano ibn Choraim, alii al-Okaischiro tribuunt, quod igitur circa dimidium saeculi primi compositum est, in quo Wellhausen, *Skizzen* III, 208 Christianum eo designatum fuisse opinatus est. Opponitur enim ibi pio aut suppressa voce oranti presbytero (القس المهيمن Jâcût aut المهينم *Aghânî*), qui sine dubio est Christianus, non Magus ut voluit Wellhausen qui vertit »ein murmelnder Priester." In loco Diw. Hodh. ed. Koseg. p. ٤٥, quem Wellhausen laudat, item حنيف opponitur Christiano, ut recte dixit scholiasta. Nec video quare in versu Abû Dhowaibi in TA et *Lisân* VI, ١٣٣ sub صفر laudato Christianus intelligi deberet.

حنك. حَنَكٌ saepe *os* significat. Hinc forte *pars structurae putei quae supra terram est et os continet*, VII, ٤٣, 9. Azrakî ibi habet حُبُكٌ quod etiam difficilius explicatu est.

حوز V *se in refugium recepit* de navi c. ﻓ portus VII, ٣٤٣, 20.

حول VIII. Notanda est phrasis عند احتيال سنّى, VII, ٢٣٢, 9, *aetate quum ingenium ad excogitandum acutissimum erat.*

حبر. الطنافس الحِبَرِيّة in urbe an-Noʿmânîja conficiuntur, VII, ١٨٦, 20.

خرج I c. acc. qualitatis *prodiit*, *factus est*, VII, ٢٠٨, 1, Gloss. Ibn al-Fakîh.

خريف unde nomen habet, VIII, ١٦, 17.

خش سايه خش VII, ۱٥۹, 3 v. sub شجرة البقّ.

خَشْخاش appellatur exercitus qui plus quam 800, minus quam 1000 milites continet, VIII, ۲۸۰, 2.

خشكرودان, vocab. Persic., *alveus fluvii exsiccatus*, VII, ۱۷۲, 14.

خطّ. مُخَطَّط اللحية, *delineatio*, *forma barbae*, VIII, ۱۰۹, 11. Cf. Lane sub خطّ 8.

خُطْوَة, *passus*, sec. VII, ۲۲, 14 est = una ulna regia. Sec. Ibn Djobair ۲۹۴ paen. et Ibn Batûta I, 199 aequivalet 1½ ulnae i. e. ulnae vulgatae, cujus ratio ad ulnam regiam est circa 24: 32. Cf. Nallino, *il valore metrico del grado di meridiano secondo i geografi arabi*, p. 23 seqq.

خلج V, *se separavit* a tribu, VIII, ۱۸۸, 11 et 12. Cf. Gl. Moslim. — خَليج. Pl. pl. خُلْجانات VIII, ۳*a*, ٥٥, 15, Masûdî I, 207.

خلص V *purum extraxit* metallum ex aere, VII, ۱٥۹, 18. — X, *liberavit*, VIII, ۱۹۹, 4. — خالص *exactus*, *accuratus*, ut in خالص طوله VII, ۷٥, 19 seq., ۷۹, 11, خالص العدد ib. ۷۹, 13. — مُخَلِّصَة, planta quae in montibus Ispahâni crescit, VII, ۱٥۷ *f.* Cf. Dozy.

خلق. امرأة خليقة, *mulier corpulenta* VII, ۱۹۳, 2, *Fâik*, I, 525 idem cum glossa عظيمة الخلق et Laith in *Lisân* XI, ۳۷۳, 3 a f. cum explicatione ذات جسم وخَلْق, isque addit hoc adjectivum de viris non usurpari.

خَلَنْج. Notanda est pronuntiatio خلنج apud Ibn Rosteh, VII, ۱۲۲, 15. Cf. apud Vullers خَلَنج. — خلنجي, *colore inter rubrum et flavum* (Dozy), VII, ۳۹۹, 4. Substantive species pellis, de qua v. Dozy et Jacob, VIII, ۹۳, 3.

خلا II عن البلد *reliquit*, VIII, ٣٩۴, 8.

خنّ I *secuit* in derivatione vocis الخُتّان in لختان (زمن) عام, VIII, ٢٠۴, 9. Hanc verbi significationem nonnulli dubiam appellant (*Lisân* XVI, ٣٠١, 10 seq.).

خانَةٌ pro خانٌ (*peregrinatorum statio*), ٣٥٧, 13. Cf. Dozy.

خيط. المراكب الخَيْطيَّةُ sunt navigia quae constant tabulis ligneis (e ligno sâdj paratis), non clavis junctis, sed filorum e cortice palmae factorum ope ligatis (cf. mea Descriptio al-Magribi p. 138), VII, ٣٦٠, 5 et Gl. Geogr.

خيل. النفسُ التَخَيُّليَّةُ *animus* s. proprius *facultas imaginandi*, VIII, ١٢٠, 3.

خيم. الأُمَمُ المُخَيِّمَةُ, *gentes in tabernaculis viventes*, VIII, ٩٠, 4.

دبر. الدَّبُور unde nomen habet VIII, ١٧, 19 seq. — دَبيربذ, voc. Persic., explicatur VIII, ١٠۴, 1 per حافظ الكتاب, *custos libri.* — دين دَبيره, voc. Persic., explicatur VIII, ٩١, 11 per كتابة الدين, *scriptura religionis*, كشن دبيره ib. ٩٢, 8 per كتابة الكلّ, *scriptura universalis.*

دِبْطخة, voc. Graec., διπτυχα, VIII, ١٦٠, 2.

الدَّبيقيّ, pannus, de quo v. Gl. Geogr., VII, ٣٣٧ ult., ٣٣٨, 7.

دُخْن explicatur VII, ٢٩٥, 10 per جاورس.

درج. الـدوارج quod restitui VII, ٨٧, 17 et quod nomen est Bâb al-Mandabi, explicatur per الطريق فى البحر, *via* (viae) *per mare.*

درس. مدارِسُ الطُّرُق والمحاجّ, *quantum soli viae majores et minores occupant*, VIII, ٣٩, 5 a sing. مَدْرَسَةٌ (Lane: *road* or *track*) coll. طريق مدروس (*via trita*).

دفع VI et VII de Nilo بامواجه, VIII, ٢٠, 20 et *k*. Vid. Lane.

دفن. كتابة برصاص مدفون, *inscriptio in plumbo incisa*, VIII, ٤٨, 4 seq. Cf. حرير مدفون apud Dozy.

دقّ, *pannus linteus subtilis*, qui in urbibus Tinnîs et Damiâta fabricatur, VIII, ٢١, ult., ٢٢, 1, Gl. Geogr.

دكن II. قبرٌ مُدَكَّنٌ, VIII, ٢٨٩, 8. Vid. Gl. Tab.

الدِّلَاصيّة اللُّجُم nomen habent ab urbe Dilâç, VII, ٣٣١, 11.

دنر. احمر مُدَنَّر, *rubicundus*, VIII, ١٠٩, 20. Vid. Gl. Geogr.

دهر. الدهرَ adverbialiter *nunc* (= اليومَ) aut *unquam*, VIII, ٢٨٣, 13.

جريب بالدهقان sec. VII, ١٦٠, 12, ١٦١, 3 est = 40 kaçabae quadratae = 1440 ulnae quadratae, itaque multo minor quam *djarîb* vulgaris, qui 3600 ulnas quadratas habet.

دور IV. قالوا ذلك ادارةً, *unus ab altero tradens*, VII, ٢٧٤, 20. Cf. Lane: *the giving and taking from hand to hand.*

دوم VI = I *duravit*, VIII, ١٩, 3.

دَيْصان, voc. Syr., *fluvius*, VIII, ١٣٠, 15 seq.

دين. الدِّيَانَة *religio*, VIII, ١٤٩, 1, ١٦٥ ult., ١٧٥, 6 (ubi plur.) et in titulo libri Masûdîi كتاب المقالات في اصول الديانات. Hinc adjectivum دِيَانيّ spec. oppositum adjectivo مُلُوكيّ, VIII, ٣, 21, ٦, 6, 16, ٩٧, 17, ١٠٠, 8 cet. Hinc الديانيّون *diversarum religionum cultores*, *Morûdj*, I, 3 (ubi pro على l. عن). — المُدَايَنَات, *obligationes*, VIII, ٢٨٢, 16. Hoc forte voluit Reiske vertens »Wechselbriefe".

ذِراع masc. VIII, ٢٧, 4, *Mor.* I, 183 (ubi الاسود pro السوداء), alibi ut solet fem. — Legimus VII, ١١٨, 10 ulnam regiam esse = 1½ ulna manus (ذراع اليد) et VIII, ٣٨ ult. ulnam

Hâschimiticam quae etiam ذراع المساحة appellatur aequivalere 1⅓ ulnae quae المُرْسَلَة *communis* vocatur. Sed VII, ٢٢, 13 seq. ذراع الملك videtur male scriptum pro الذراع السوداء coll. VIII, ٢٧, 4 seq. Vid porro Nallino l. l.

ذكر. مَذْكُورٌ, *spectabilis*, VII, ١٤٤, 10, 12. Chwolson cepit perperam pro part. praet. passivo ideoque prius aliquid omissum fuisse opinatus est.

ذهب I بنفسه, *sui admirator fuit*, *se ipsum immodice aestimavit*, VII, ١٩٢, 17, Ibn Djobair ٢١٩, 15 ubi restituatur عُجْبًا. Vid. Gl. Ibn al-Fakîh. — ماء الذَّهب v. sub ماء.

راى. ذات راية, *meretrix*, VII, ٢٠٧, 10 seq., Shahrastânî ٤٤٢, 2 seq., Dozy. Signum quoque habebant tabernae vinariae, ʿAntara apud Arnold vs. 52 (Ahlw. ٤٧, vs. 59) غايات التجار, et habitationes veterinariorum, *Agh.* XIV, ٦٢, 4 a f. اشهر من راية بيطار.

ربط, VIII. مُرْتَبِطَة de equitatu *servitio principis obligatus*, VII, ١٤٠, 8. Cf. Dozy.

رجل. De رِجْل الباب, vid. Lane. VII, ٣٦, 15 رجلا الباب quoniam janua bivalva est.

رجل. رِحْلَة = مرحلة, *unius diei iter ejusve spatium*, VII, ٢٩١, 13, ٣٣٢, 6, ٣٣٣, 5, ٣٤٤, 1, ٣٥٨, 14, ٣٩٠, 8. Gl. Geogr.

رحم. الرحوم, *silentiarius*, VII, ١٢٤, 14 et c.

ردع. رَكِبَ رَدْعَهُ, *fecit id quod prohibitum fuit*, VIII, ٣٨٨, 6 seq., sec. explicationem *Asâsi* ويقال رَكِبَ فلان ردعه اذا رُدِع فلم يرتدع اى فعل ما رُدِع عنه كما تقول رَكِبَ النَّهْيَ اذا فعل ما نُهِيَ عنه et cf. *Lisân* in v.

رسل III quoque construitur cum الى p., VIII, ١٩٢, 1, Rosen,

Imper. Basil. Bulg. ٥٥, 17 وراسل الى باسيل الملك وكاتبه.

رطب. رَطَّابٌ probabiliter idem quod رُطَبِيٌّ *dactylorum recentium venditor*, VII, ٢٦٠, 14.

رطم, V = VIII, *vestigio haesit* in luto, VII, ١٩٩, 9.

رفع I *excitavit* lupus dorcadem, VII, ٥٧, 15 (cf. Tha'âlibî, *Latâif*, ٩٢ ann. *g*). Conf. apud Lane رفع الدابّة. — *Solvit* tributum, VII, ٢٩٧, 3, Gl. Geogr. — VIII عن الشيء = V, *prae superbia aliquid facere recusavit*, VII, ١٥٣, 9; — *rediit* de pecunia VIII, ٣٩, 14.

رفق. مُرْتَفَقٌ pl. ات, probabiliter *scamnum* (quia in eo quis discumbit), VII, ٢٣٩, 19. Lane laudat Baidhâwî qui reddit per مُتَّكَأٌ.

رقى IV pass. de navi *appulit*, VII, ٢٣٧, 17, Dozy. — مَرْقًى, *portus*, VII, ١٤٣, 1 et eodem sensu مَرْقَاةٌ VII, ٣٦٥, 11.

رمن. رُمَّانَةٌ, *globulus* (v. Lane) in suggestu Profetae, cui manum imponere solebat (Samhûdî ١٢١, 11), VII, ٧٧, 19, ٧٨, 2.

روج V, *valuit* (avoir cours), VII, ١٤٢, 2 c. ب valoris.

روح IV, *quietem dedit* terrae, VIII, ٣٩, 8. — مُسْتَرَاحٌ pl. ات, recte a Dozyo in Add. ad Suppl. explicatum per *palier* ou *repos dans un escalier*, VII, ٣٣, 18.

زرّ II. زِرٌّ adhibetur sensu *spira* (*essor*) ut in *Alf Laila* ed. Macn. II, ٣٢٠, seq. Hinc forte porta مزرّر appellatur, quae ope spirae convolvitur, VII, ٥٣, 13 ابواب مزرّرة تُطْوَى وتنشر. Aut componi posset cum زرار, مزرّ (*tirant*, cordon qui sert à ouvrir et fermer, Dozy e Bc).

زرزر. N. unit. زرزورة VII, ٧٩, 1 seq. Pl. زَرَازِرُ (a زرزر) VII, ١٢٨, 17 seq., Bekrî ed. Slane ٤١, Jâc. II, ٥٠, 8.

زرنوق. Dicitur حمل فلانا على الزرنوق, *eum rotam aquariam vertere cogit*, VII, ٢٠٨, 3 et hic عمل على الزرنوق aut ركب الزرنوق, ib. 4 et 6. De camelis dicitur تعمل فى الزرانيق ib. ٣١٣, 5.

زعر. زعر *pravus* de odore, VII, ٣٦٦, 1 (ubi sic leg.).

زوج IV = II c. acc. viri, من fem. VII, ٢٥٩, 1. Cf. Bc apud Dozy.

زود IV c. dupl. acc. commeatus instar *apportavit*, *attulit*, VIII, ٣٢٢, 1.

الجلود الزوبليّة VII, ٣٤٥, 16.

زيج. Memorantur VII, ١٦٢, 3, *e* et *f* زيج الشاه, زيج الشهريار et الزيج الممتحن; vid. porro VIII, ٢٢٠, 13, ٢٢٢, 1—7.

سبب. سبب, *relatio* alicujus cum (مع) altero, VIII, ١٠٥, 2. Pl. أسباب = اصحاب VII, ٣٠٠, 12.

سبك. سبائك, *frusta auri solidi*, qualia in fluvio Samarkandi inveniuntur, VII, ٢٩٤, 3. Juynboll receperat نسائك, sed. cod. habet بسايك et نسيكة, vox rara est (v. *Lisân* XII, ٣٩٠).

سحق III *longe amovit*, *longam fecit* distantiam, VIII, ٤٢, 10 (= *Mor.* III, 131 l. 5). Saepe III sensu IV usurpatur, cf. Gl. Geogr. sub دخل.

الثياب السّحوليّة describuntur VIII, ٢٨١, 17.

سدس. الدراهم السّديسيّة in urbe Çanᶜâ usitatae VII, ١١٢, 20 nomen habent inde quod pondus singularum est sexta pars drachmi (l. ult. seq.); cf. Mokadd. ٩٩, 13 زنته حول الدانق.

سرب. سوارب النبى semper juxta سراياه VIII, ٤, 11, ٦, 14, ١١١, 12, ٢٧٨, 14 seqq.; utrumque significat agmen militum a tribus ad quingentos, sed illud si interdiu, hoc si noctu egreditur, ib. ٢٧٩, 18—21.

سرف X, *modum excedere existimavit*, VII, ١٣٢, 11, *Agh.* VI, ٩٧, 3, Jâc. III, ١٥٠, 9 (ubi ita corrigendum).

سَعْوانِىّ, lapis pretiosus qui a loco Jamani سَعْوان nomen habet, VII, ١١٢, 5, Hamdânî ed. Müller ٢٠٢, 19 seqq.

سفل VI, *inferior fuit* c. عن (ut I v. Gl. Geogr.), VIII, ٢٣, 4 et abs. Hamdânî ١١, 4 شمال متسافل opp. متعال. — VII, *descendit*, VII, ٩٢, 5.

سقى I, *utrem aqua implevit*, VII, ٤٢, 13, 14, ubi Ibn Hisch. ٩٣ et Azrakî ٢٨٥ habent استقى. Cf. Lane 1384 *b* in fine.

سَكْبِينَج, *sagapenum*, Ispahanense, quod est optimum (Ibn Djazla), VII, ١٥٧, 17.

سلّ II, *strinxit*, *decorticavit* in n. pat. مسلّل VII, ٣٩٨, 13.

سلح. مَسْلَحَة pl. مَسالِح, *custos armatus*, VII, ١٨٥, 14. V. Gloss. Tab.

سلق. الكلاب السَّلُوقيّة originis Indici esse perhibentur VII, ١٣٥, 5 coll. 4. — سَلُوقيّة in janua, VII, ٣٩, 16 seq. V. Dozy.

سلم. السيوف السَّلْمانيّة enses Russis proprii, VII, ١٤٩, 4. Chwolson ibi legere voluit السلمانية infeliciter nisus interpretatione Gallica quam Hammerus dedit tractatus Kindîi de ensibus in *Journ. Asiat.* 1854, I, 75 »dont le fer est apporté de la terre de Selman en Khorassan". De suo addidit »en Khorassan" et male legit سلمان pro بَيْلَمان quod in India jacet (v. Jâcût in v., Belâdh. ٤٤٠, ٤٤٢, Ibn Chord. ٥٧, 1). Nempe species ensium Jamanensium quae dicuntur, appellatur البيلمانية quoniam sive e ferro hinc asportato in Jamano, sive ibimet cuduntur. Hinc Jâcût opinatur بيلمان jacere in Jamano. Contra ensium Fran-

d

corum (الفرنجية) quos cudunt Romani et السراة (*sic* in cod. *Djamharae*), una species appellatur السليمانية.

سمع. السَّمَّاعُون appellantur *adepti* Manichaeorum, VIII, ١٤٧, 12 et *h*. Quod Eutychius eos vocat السمّاكون hinc explicandum est quod pisce vescuntur, quod postquam initiati sunt, iis vetitum est.

السَّمَنِيَّة VIII, ١٦١, 10 appellantur pagani Sinenses aliique.

سمو IV, *nominavit*, *indicavit*, VII, ٣٠٢, 6, Anbârî, *Nozhat al-alibbâ*, ٣١٠, 6.

سُنْبُل. Optima species nardi indici est العصافير, VII, ٣٦٨, 13 seqq. Vid. Avicenna et Ibn Baithâr in v. سنبل.

سند. مُسْنَدٌ, pl. مَسَانِدُ, sec. VII, ١١٤, 20, est *lapis magnus albus in loco excelso erectus*, *inscriptione Himjaritica tectus*. Itaque usus hujus vocabuli sensu ipsius scripturae Himjariticae ortus est elisione vocis كتابة.

سُنْهُودُس, συνοδος, explicatur VIII, ١٤٢, 6 seq., ١٥٩, 12 seqq.

سُوسْمَار, vox Indica, *crocodilus*, VIII, ٥٥, 5 et ita restituendum *Mor*. I, 206 pro الشوهمان. Sanscritice, ut me docet amicissimus Kern, crocodilus appellatur *çiçumâra*, Palice *sumsumâra* (significatio propria est *infanticida*). Nostra forma e dialecto Pracritico desumta esse videtur. Persae eandem habent, vid. Vullers in v., ubi tamen per ورل explicatur (cf. *Mor*. l. l.), ut quoque apud Berûnî, *India*, ١٢٠, 15, ubi سُسْمار est, quod etiam cum Sanscr. شِشْمار componit auctor.

سوق II, *mercatum habuit*, VII, ١٤٣, 4, Dozy, Gl. *Adjâib al-Hind*.

سير. اصحاب السيّارة sunt *portitores*, VII, ١٨٥, 1, ١٨٩, 18.

شاذروان circa Kaäbam describitur VII, ٣٧. Edidi sec. cod. شاذَرْوان, sed v. Gl. Geogr.

شِبْر sec. VII, ٢٢, 13 est tertia pars ulnae.

شبك II, *paralysi rheumatica affecit*, VII, ١٥٨, 7; cf. locum Motarrizîi a Lane laudatum, كانت الريح شبّكتهم فاقعدتهم اى جعلتهم كالشبكة فى تداخل الاعضاء وانقباضها et *Mohîti* a Dozy citatum تشبّكَ الفرسُ اذا تشنّجت قوائمُهُ من البرد بعد التعب, denique Cuche مشبّك *perclus de ses membres à cause d'un rheumatisme* (cheval).

شدّ, I ligno *inclusit* structuram, VII, ٧٤, 22.

شدخ. Subst. شادخة habet pl. شوادخ VIII, ١٨٨, 6, ubi pro ذى للحجول corrigendum videtur وللحجول.

شذّ I, *aufugit* (Gl. Belâdh. et Tab.). Hinc شُذّاذ, *aufugientes*, *dispersi*, VIII, ٣٠٩, 12. Var. l. est شُلّال.

شرف IV. Masûdî VIII, ٨٣, 7 titulum libri كتاب التنبيه والاشراف explicat verbis quae de Sacy (*Mor.* IX, 325) vertit »pour *rendre attentif* sur ce que nous avons écrit précédemment, et pour *donner envie de voir* ce que nous avons dit dans nos ouvrages précédents", dum ipsum titulum reddit (ib. 306) per *l'Indicateur et le Moniteur*. Verbo igitur tribuit sensum causativum. Vereor an recte. Potius est *recensuit*, *recognovit* (cf. Dozy). — أَشارِف VII, ١٩٧, 5 = أَشْراف ib. ٢٧, 3. Cf. Gl. Tab.

شَطَوِىّ pannus notus (Gl. Geogr.), VII, ٣٣٨, 3.

شعر II. النعال المشعّرة e Jamano exportantur, VII, ١١٢, 2 seq., *Mowasschâ* ed. Brünnow ١٢٥, 6, ١٢٧, 6.

شكّ I, *munivit* urbem VIII, ٣٠٥, 4, Dozy.

شهر. مُشَهَّرَةٌ, *vestis praetexta*, VII, ٢١٤, 9 seq. V. Dozy.

الشهارجة, *magnates*, VIII, ١٠٨, 8; v. Gl. Tab.

شيم. شِيمَةٌ, pl. شِيَمٌ, ipsa *fodina* unde extrahitur lapis pretiosus, VII, ٣٣٣, 9.

صبّ. Pl. مَصَبَّاتٌ juxta مصابّ VIII, ٥٠, 13, ٥٧, 18.

صبأ. الصابئون = الحنفاء appellantur Graeci et Kopti antequam Christiani facti sunt, Persae ante Zoroastrum, VIII, ٩, 4, ١٩, 20, ٢٠, 7, ٩٠ ult. seqq., ١١٩, 16 seq., ١٢٢, 17, ١٣٣, 6, ١٤٥, ١٩١.

الثياب الصُّحَارِيَّةُ ab urbe Çohâr nomen habent, VIII, ٢٨١, 15 seqq.

صدّ. أَصَدُّ compar. *melius arcens* c. من pro عن, VII, ١٣٣, 17.

صاروج describitur VII, ٩٩ *b*.

صرد. صُرُودِيٌّ, *frigidus* de regione, VII, ١٥٤, 8. V. Gl. Geogr.

صرى. صارٍ, pl. صَوَارٍ, *arbor navis* (Dozy) explicatur per دقل, VIII, ١٥٨, 19.

صعب. خِفَافٌ مُصْعَبِيَّةٌ calceamenta qualibus agricolae Hidjâzenses utuntur, VII, ٢٠٩, 2 seq.

صلح. مَصْلَحَةٌ esse formam vulgarem pro مَسْلَحَةٌ jam observavi in Gl. Geogr. Exemplum habes VII, ١٠٧ *h*. Operae pretium est conferre Hamadhânîi *Kitâb al-alfâth*, cod. Leid. 1070 f. 101 v. (ed. Beir. ٢٤٨) unde docemur khalîfam al-Mançûr illam formam pro meliore habuisse et scribas coëgisse ea uti.

صمّ. صمائم, pl. a صِمام s. صِمامَةٌ, *obturamentum* orificii in operculo cloacae, VII, ٧٥, 5. Testibus *Lisân* in v. et *Fâik* I, 156 quoque ipsum *orificium* significat.

صنع. الصنائع VIII, ٣٤٩, 4 et ٣٥١, 11 videtur esse plur. a صنيعة,

sensu *res gestae.* — صنّاعىّ *ad opificium* (صناعة) *pertinens*, المطالب الصناعيّة *opificia*, VIII, ۴۲, 5 seq. Cf. Dozy.

صور. الصُّورة, *Testamentum*, *Biblia*, VIII, ۱۸۴, 15. V. Gl. Tab.

صون I *cohibuit* aliquem propter dignitatem, aliquid propter pretium a re aut persona, VIII, ۲۰۱, 16 (ubi ante ان elisa est praep. عن), Chrest. ad Roorda *Gr. Arab.*[2] p. ۲۰ n. 24 ubi Mahdî dicit Salmo ibn Kotaiba qui manum ejus osculari vult انّا نصونك عنها ونصونها عن غيرك.

صبح. Aroma الصَّيَّاح appellatum Medînae excellentissimum est, VII, ۵۹, 6, 8. Sec. *Mowasschâ* ۱۲۷, 12 tantum a mulieribus adhibetur.

صين. صينىّ, *pirus*, VIII, ۱۵۹, 11. V. Gl. Geogr. et Ibn al-Fakîk.

طاطَرى, nummus argenteus Indicus de quo v. Gl. Geogr., VII, ۱۳۴, 10, ubi cod. طاطرى.

طبخ. دار طَبيخ, *culina*, VII, ۱۸۷, 1, Gl. Edrîsî. — المرمر المطبوخ appellantur lateres coctiles quibus tectum planum Kaabae stratum erat, VII, ۳۱, 6 (= Azrakî ۲۰۴, 2).

طبع. طَبَاعىّ, *naturalis* (= طَبيعىّ), VIII, ۳, 16.

طبق. الحجارة المُطابَقة, Gl. Ibn al-Fakîh, VII, ۹۹, 14.

طرد. طِرَّادة, *vexillum*, VII, ۱۴۰, 7. V. ex. in Gl. Tab.

طرق II, *viam munivit*, *aditum permisit*, *duxit* aquam ad cisternam, VII, ۹۰, 17, homines ad cognitionem Dei, Gl. Moslim, Iblis ad Adamum et in Paradisum, Shahrastânî ۹, 7 a f. et 4 a f., ۷, 3. — V c. على *viam invenit ad*, sensu spec. *machinatus est alicui malum*, VIII, ۱۹۷, 10, sensu *ausus est*, El-Fachrî ed. Ahlw. ۷۳, 12. Cf. Gl. Moslim.

طرن. طارونىّ pro طارونىّ طيلسان VII, ۱۹۲, 10 coll. ann. *d.* Species serici appellatur خزّ طارونىّ et si locus noster cum locis Belâdh. et Thaâlibîi confertur, non differre videtur ab الخزّ الادكن (fuscus). Sed obstat *Agh.* XII, ۱۷۹, 5 a f. ubi legimus طوائف الخزّ من دُكْن وطارون. Alia ex. usus vocabuli sunt Mas. IV, 127 كساء طارونىّ et *Agh.* XXI, ۱۵۵, 8 جبّة خزّ طارونىّ. De origine vocis nil certi habeo. Lexica habent quoque formam طُرْن.

طسّوج explicatur VII, ۱۰۷, 15 per ناحية.

طُغْمَة, pl. طُغَم et طغمات, vox Graeca ταγμα (v. Dozy), VIII, ۱۹۳, 13 seqq. Auctor dicit formam Arabicam esse تغمة.

طفا I de navi *sublevata est* per (ب) structuram antiquam sub aqua *et haesit*, VII, ۹۹, 3.

طلع. مَطَالِع, *loca*, VII, ۹۹, 4.

طوق. طاقة = طاق, VII, ۴۸, 8, 21, ۴۹, 7, ۵۱, 20 ut quoque Azrakî ۳۲۴, 12 et 3 a f., ۳۲۵, 5. — الدنانير المطوّقة, VII, ۱۱۲, 20. V. praeter Gl. Geogr., Hamdânî ed. Müller ۱۱۴, 2, ۱۹۸, 7.

ظأْب alicujus est *is qui sororem uxoris ejus duxit* VII, ۲۰۳, 12; dialectice pro eo ظأْم dicitur (*Lisân* sub طأم et Mobarrad ۱۱۴, 6, jam a Dozyo laudatus locus).

ظفر, pl. اظفار, *gradus scalarum*, VII, ۳۳, 17. Azrakî pro eo habet ضفر, quod hinc recepit Dozy. Lectio ظفر mihi vera videtur, nempe gradus in scapo propter formam cum ungulis (ظُفْر) comparatos fuisse et hinc nomen accepisse opinor.

عبد. Discrimen inter عبد مملكة et عبد قنّ explicatur VIII, ۳۰۵, 18. — العبادُ in Irâko sunt Christiani Nestoriani, VIII, ۱۴۲, 12, ۱۴۸, seqq., ۱۵۵, 2, Dozy. De origine nominis v. *Agh.* XI, ۱۶۲, 5.

عبر. عَبْر pl. أَعْبار, *trajectus*, VIII, ٦۴, 16 seqq., ٦٥, ٢٦٠, 9. — عُبُور, vox Hebr., *intercalatio*, alio sensu VIII, ٢١٩, 10; cf. locos laud. in ann. *m*.

عبهل. العَبَاهِلَةُ principes Jamanenses VIII, ١٨٦, 5. Singularis forte superest in nomine aut titulo rebellis al-Aswad al-ʿAnsî ٢٧٦, 13.

عدّ III explicatur VIII, ٢٥٨, 4 seqq.

عدل. Juxta مُعَدِّل النهار etiam in usu fuisse videtur مَعْدِل النهار, ita enim habet cod. Ibn Rosteh VII, ١٥, 6, ١٧, 1, ١٨, 1, ١٠٠, 4 seqq., ١٠١, 2 et cod. Par. *Tanbîhi* etiam habet مَعدل, VIII, ١٠, 13 et *g*.

عرب. الاعرابيّ appellatur pessima species pellis vulpinae VIII, ٦٣, 4.

عرض VIII, *feriit*, VII, ٦٥, 12. V. Gl. Tab. — مَعارِيض, *accidentia*, VII, ١٧, 6. Hic locus facit pro mea interpretatione versus Diw. Moslimi II vs. 35, p. ٢٨, quam impugnaverunt Dozy et Fleischer, sed legendum erit معاريض. Revera verba praecedentia vix *allusiones* appellari possunt. Ego verto »revera sum felix et contentus tua proximitate, etsi me invadunt calamitates obruentes, de quibus vero nolit queri is qui iis afflictus est, neque tu in iis laudibus ejus carebis”.

عرق. العُرُوق VII, ١٥٥, 22 sunt عروق الارض, *venae terrae*, quae absorbent aquam et reddunt (تؤدّيه).

عزّ II. De verbis يُعزِّز علينا بما, probabiliter vertendis *grave mihi est quod*, VIII, ۴٢, 8, vid. Gl. Tab. — III, *se alicui opposuit*, VIII, ٢١٠, 1, *Hamâsa*, ٣٦٢, 10. — V c. ب p. *protectione alicujus fruitus est* (Gl. Belâdh.), VIII, ٣٨, 5.

عسر. اعسر de porta videtur esse: quae non ad dextram, sed versus sinistram aperitur, VII, ٣٣, 9.

عُصْبَةٌ, *agmen quadraginta virorum*, VIII, ٢٨٠, 8.

العَصَافِير v. sub سنبل.

عظم. عُظْمَى, fem. ab اعظم, ut quoque صغرى et وسطى, sensu comparativi VIII, ١١٧ ult. وايّها عظمى وايّها وسطى وايّها صغرى et ٢٢٣, 13 seq. شهور عظمى et شهور صغرى.

عقد I *retinuit*, *praeclusit*, VII, ١٦. والرمال معقودة عنها. Cf. locum e *Lisân*, IV, ٢٩٢ quem laudavit Lane. *Fâik*, I, 430 in textu habet etiam عُقِدَتْ sed in comm. p. 431 عُقِّدَتْ (cf. in lexicis معقّد). Hic explicat أُخِّذَتْ كما تؤخِّذُ الرومُ الهوامَّ بالطلسم.

عقر III, *pugnavit* gallus cum (مع) alio, VII, ١٣٨, 2.

علّ VIII, *defendit*, c. ل r. et ب argumenti, VIII, ٢٣٩, 13, Gl. Moslim.

عَلَسٌ, tritici species, describitur VII, ١١١, 11—15.

علق. مِعْلَاقٌ, pl. مَعَالِيقُ, *res pretiosa templo donata*, *quae in eo suspensa est*, VII, ٣٤, 5 seqq.

علم. عَلَامَةٌ, *miraculum*, VII, ٥٨, 1 = Thaâlibî, *Latâif*, ٩٣, 10 (jam a Dozyo laud.); — *indicium rei futurae*, VII, ٩٣, 2.

عمل I c. على r., *intendit*, *sibi proposuit*, VIII, ٣٨٥, 8, Gl. Geogr.; *secutus est* doctrinam, VIII, ٢٢, 8, ٥١, 21, ٧٧, 4, ١١٢ *o*, ubi textus syn. عوّل, ٢١٤, 3, ٢٢٠, 8, ٢٣٩, 4.

عَنْبَرٌ. Enumerantur VII, ٣٦٩ seq. species الزنجى, السمكى aut المغربى, الكرك بالوس, الشحرى, القاقلى, السلاهطى, المبلوع, الهندى, المناقيرى.

عنت II c. acc. p., ب r. *molestavit quaestionibus* ut V (cf. Fl. ad Dozy), VIII, ٢٢٢, 11. Cf. Dozy.

عوج. Horae appellantur معوجّة s. زمانيّة si medium tempus indicant i. e. si singulae duodecima pars diei aut noctis sunt. Horae temporis veri appellantur معتدلة. Vid. VIII, ٢٢٥, 18—20 et cf. Oloug-Beg ed. Sedillot p. ٩, vers. p. 9.

عُود. Variae species ligni odorati memorantur VII, ٣٩٧, 20—٣٩٨, 10.

عور IX, *exaruit*, *factus est aridus* fluvius, VII, ٩٥, 18. Quod Tigris inde ab al-Madhâr ad Basram appellatur العوراء, videtur esse translatio nominis a parte fluminis supra al-Madhâr quae exaruit postquam Tigris cursum mutavit versus Wâsit. Probabiliter enim significat *arida* ut in فلاة عوراء.

غَبِىَ I. N. a. غَبْوٌ c. على p. sensu *fugit eum*, *ignoravit id*, VII, ٧١ ann. *f*.

غَرُبَ I فُهِمَ الشىء على فلان, *difficilis intellectu fuit*, VIII, ٥٠, 19.

غضب IV بين الناس, *iras inter eos suscitavit*, VIII, ٣٢٨, 8.

غفل IV absol. *errorem commisit*, VIII, ٣٥٨, 6.

غل. مُسْتَغَلّ *taberna* in foro (v. Gl. Geogr.), VII, ٢٥٢, 7 et ٢٩٣, 15, ubi legendum videtur مستغلّات غَلّات, nam غلة est *reditus* generali sensu, vid. praeter Lane, Gloss. Geogr. et cf. VII, ٢٩٤, 5, ٣١١, 15 (ubi pl. غلال), Ibn abî Oseib. I, ١٣٢, 16—22.

غلا. غَلْوَة sec. VII, ٢٢, 15 est 500 ulnae.

غلى. غالية العنبر VII, ٣٩٩ ult.

فَرْسَخ in imperio Romano sec. VII, ١١٩, 11 seq. erat 1½ milliaria.

فرض. فُرْضَة, pl. فُرَض, VII, ١٥٥, 8, videtur esse species cataractae, qualis describitur ab Istachrîo ٢٩١, 8 seqq. per quam nempe certa quantitas aquae e fluvio in canalem immittitur.

فرغ I impers. فُرِغَ منه *derelictus fuit* de habitatione, VIII, ٣٥٩, 5.

فَرِقَ I *metuit* c. acc. VII, ١٥٤, 7 (يَفْرَقُ) nisi corrigendum sit يفرط. *Sîbaweih* admittit constructionem elisione praepositionis من (على حذف من), *Lisân*, XII, ١٧٩, 6 a f. et eam in usu fuisse inde sequitur quod lexicographi eam improbant (ولا تَقُلْ فَرِقْتُكَ *Lisân* ١٨٠, 10).

فضل II sensu خصّ (Lane) occurrit VII, ١٠٣, 11; c. بين الشيئين sensu فاضَلَ a Dozyo receptum est e *Chrest.* Sac. ubi laudatur locus VIII, ٦١٣, 3, quo revera ita habent ambo codd.

فلس. مُفَلَّسٌ, *squameus*, de sale VII, ١٥٨, 2.

فنسك, *pumex*, VIII, ٥٩, 15.

فوت I *defluit* aqua, VII, ٩٤, 19. — VI *modum excessit*, VIII, ١٤٤ *l*, ubi in textu syn. متفاحش, ٢٧٩, 1. Cf. Dozy.

قبس VIII *derivavit*, *mutuatus est*, VIII, ١١٧, 2, ١١٩, 11. Cf. Dozy.

قبل II, *locavit*, VII, ٥١, 6 juxta أَكْرَى.

قبو. مُقْبُوٌّ, *fornicatus*, Gl. Edrîsî, Azrakî ٢١٣, 1. De capite clavi VII, ٣٩, 13 (= Azrakî ٢١٧, 7 a f.).

قدر. مُقَدِّرٌ, *architectus*, VII, ١٥٩,-3, Gl. Geogr. — مِقْدارُ الأَمْرِ, *potestas imperatoria*, VII, ١٣٩, 11.

قدم. قَدِيمٌ habet quoque pl. قُدُمٌ (cf. Dozy e Bc), VII, ٣٤٢, 13 العجم القدم, ٣٤٣, 9 جند قدم, 21 الروم القدم, etc.

قرّ II الامرَ saepe = اقرّ (cf. Lane), VIII, ٩٧, 7, ١٥٥, 18, ١٧٥ ult. — IV, *se subjecit* c. ل, VIII, ٣١٩ ult. »religiositate sua subjecit se moribus et praescriptis religiosorum'', Mobarrad ١٠٣, 9.

قرب. Dicitur موضعٌ قُرْبٌ منه eodem sensu quo قريب, VIII, ٢٥٣, 6.

قِرْمِز, *cocco tinctum textum*, VII, ٣٣١, القرمز الفرش.

قرى II. قَرَّى مُقَرَّاةٌ (sec. anal. مُدَنَّنَة مدن), *habitationes vicinae pagum constituentes*, VII, ٣٤٥, 1. — قُرِىٌّ, *canales*, VII, ١٩٧, 18, Tab. II, ٥٨٩, 17, ubi l. والقُرِىّ والاخاذ; v. Gl. Geogr. — قَرْيَة. Exempla plur. قرايا (vid. Dozy et *Morgenl. Forsch.* 135) sunt VIII, ٥٠ *a*, ٦٦ *i*, ١٦١, 9 Abu 'l-Faradj ed. Beir. ٤٩٢, 8, 9. — قَرْيَةُ النَّمْل, *formicarum cuniculus*, VII, ٤١, 3, 20, Kazwînî I, ٤٤٩ ult. seqq.

قضّ VII c. عن p. de pluribus *se disperserunt eum relinquentes*, VIII, ٣٠٣, 13. Vid. porro Gl. Tab.

قطّ. Exemplum formae قَطَطَ (Lane e TA) habes VII, ١٠٢, 12.

قطر. قاطِر (Graec. καθαρος) *haereticus*, VIII, ١٩٠, 12. — حَبّ اللُؤْلُؤ القَطَرِىّ margaritae quae in ora Bahraini capiuntur VII, ٨٧, 19.

قطع V de historia *dissoluta est*, *evanuit*, VIII, ٩٤, 18. — X, *petiit ut sibi in foedum assignaretur*, VII, ٣١٠, 9, Gl. Belâdh., Jâc. IV, ١٤٠ paen. — القُطُوع (pl. a قِطْم), textum e quo tapetes faciuntur, VII, ٣٣٢, 3. Cf. Gl. Tab. sub برد. — القَطْعِيَّة secta Imâmitarum, VIII, ٢٣١, 17, ٢٣٢, 8 (opp. اصحاب النسق ٢٣٢, 3).

قفا. مِنْ بِقَفَا, *pone*, VIII, ٢٨٧, 2. Cf. Gl. Ibn Chord.

قَلْعَة, *collis*, VII, ٣٢٩, 5 coll. Baedeker p. 210 »auf dem Hügel". Gildemeister legere voluit تلعة, sed cod. habet perspicue quod rec.

قمص. Pannus linteus quo mortuus involvitur (كَفَن) quoque قَمِيص appellatur, quia camisii instar adhibetur (يقمّص بـه) etsi non consutus sit, VIII, ٢٨٢, 3.

قس. قَسّ explicatur VIII, ٣٠٥, 17. — قانُون VII, ٣٢٥, 4; v. Gloss. Geogr.

قنب. مِقْنَب turma equitum a 30 aut 40 ad fere 300, VIII, ٢٨٠, 6, 9—12.

قوفات, *odores quibus suffitur in cultu Deorum*, VIII, ١٩٢, 1. Hic pluralis docet singularem esse قُوفَى aut قُوفَا non قوفِىّ ut apud Dozy (nisi hoc sit adjectivum relativum pro substantivo). Vid. quoque Vullers in v.

قوم I de foro est simpliciter *fieri*, *haberi* e. g. VIII, ١٧٧, 6, Mokadd. ٣٨٠, 6 (Jâc. I, ٥٥٩, 8). Hinc اقام سوقا. — قائم in verbis VII, ٣٣١, 9 مدينة قائمة خراب videtur esse *subsistens* = قائمة بحالها ٣٢٨, 15.

الثيابُ القَيْسيّة panni in urbe al-Kais fabricati, VII, ٣٣١, 14.

قَيْشُورًا, *pumex*, VIII, ٥٩, 15; cf. ann. *o*.

قَيْصَر explicatur VIII, ١٢٣ ult. seq.

كبس I, *perlevit* tectum luto, VII, ٩٥ ult. Cf. Lane.

كَتِيبَة describitur VIII, ٢٨٠, 13.

كثر II n. a. تَكْثِرَة VII, ١٠٥, 14. — X *nimis pretiosum esse censuit* aliquid alicui (ل), VII, ١٥٣, 10, Dozy ex. c. على p.

كحل II (aut I) *gypso induxit*, VII, ٥٤, 13, 14, Gl. Geogr. Cf. Cuche »mastiquer les jointures des pierres d'un mur".

الككهمس aut الكنكهمسه planta in Tibet crescens, VII, ٣٦٥, 6, 8.

كُرسىّ est tum *basis* quum *capitulum* columnae, VII, ٣١, 17 seqq., ٣٢, 3, ٣٩, 7, ٤٥ *a* et *e*, ubi in textu رووس, 11, 12, 18, 21, ٥١, 13.

رُكُوبُ الكَوْسَج *equitatio sannionis* in festo Persarum, VIII, ٢١٥, 8, *Mor.* III, 413 seq. Vid. Vullers sub كوسه.

كسر I عيّنه, *connivit* quasi monoculus esset, VII, ٢٢٣, 15. Cf. Dozy et Lane.

كُشّ, pl. كُشُوش, probabiliter alia forma vocis حشّ *hortus*, VII, ١٥٩, 11.

كفى X, *ope alicujus* (ب) *usus est ut ab alio* (acc.) *tutus esset*, VIII, ١٨٩, 10, cf. 19. V. Dozy.

كمر. رأس كُمْرِين, VIII, ١٩٢, 3 forte pro رأس كُمْرِيّين (cf. ann. *d*), *hiërophantarum caput*.

كنس، كَنِيسَة, *umbraculum*, VII, ٤٣, 16, Azrakî ٢٩٩, 5 a f., ٣٠١, 2, *Agh.* XVIII, ٣٣, 9. Hinc forte significatio pilenti (Gloss. Geogr. et Lane) derivatur, quia hoc quoque umbraculum est supra sellam camelinam. — مَكَانِس الذَّهَب, *loca ubi aurum e fluvio colligitur*, VII, ٩٣, 16.

كَهَنُوت coll. *sacerdotes*, VIII, ١٩٢, 2, ١٩٣, 14. Cf. Dozy.

الكَيْفِيَّات, *qualitates essentiales*, VIII, ٩, 5, 7, 9.

لبس II, *obduxit* auro, VII, ١٢٠, 17 (١٢٤, 5 et 8 incertum utrum II an IV). Cf. Gl. Ibn al-Fakîh, Dozy et Lane.

لبن. مَلْبَن, *postis* januae etc. (Fl. ad Dozy vertit: *caisse*, *moulure*, *chambranle*, *châssis*), VII, ٣١, 2, ٣٣, 13, 15, ٤٠, 4, ٤٣, 11, ٤٥, 13, Azrakî ٢١٩, 11, 14, Jâc. II, ٨٣٨, 11. Cf. porro G. Hoffmann in Stade's Zeitschr. II, 53 seq. ad II Sam. XII vs. 31.

لحق. اللواحق, *dies quinque intercalati* qui Coptice (Graece) ابغمنا ἐπαγομεναι appellantur, VIII, ٢١٩, 15, Dozy e *Mohît*.

لُغُثيط, *logotheta*, VIII, ١٩٧, 13, ١٩٨, 6, Gl. Ibn al-Fakîh.

لقن II. تَلَاقِينُ, *praecepta*, *documenta*, VIII, ٩٧, 14, ubi tamen lectio incerta est.

لقى IV. أُلْقِىَ فى يده او رجله est idem quod رُمِىَ (v. Lane), *morbo* s. *dolore affectus est*, VII, ۴١, 9 ubi Azrakî ٢٨٣, 7 a f. رُمِىَ بداء. — أَلْقَوْا بايديهم *compressis manibus sederunt*, *se sorti subjecerunt*, *inertes fuerunt*, VII, ۴٢, 9 seq., ubi Ibn Hisch. ٩٢, 3 a f. ins. للموت, Tab. I, ١۴٠٦, 7 = Ibn Hisch. ۵٧۴, 6.

الدرق اللَّمْطِيَّة (Gl. Geogr.) VII, ٣۴۵, 21.

لوط I s. II, *unxit*, *oblevit*, VII, ١٩۴, 18. *Lisân* habet لَوَّطَه بالطِّيب لَطَّخه, ceteri tantum لاط الحَوْضَ بالطين طَيَّنه.

لوى. مَلْوِىٌّ, *tortilis* columna, VII, ۴٩, 6, 8.

ابو لَيْلَى cognomen probrosum Moâwiae II, quo nempe significabatur eum imparem esse rebus gerendis, VIII, ٣٠٧, 1 seqq. Non certo liquet utrum ipsum hoc ابو ليلى an universe mentionem filiae pro filio ita adhibitum sit.

ما in قبل ذلك ما VII, ٢٣٨, 15 seq. Vid. Fl. ad Dozy et Gl., Tab. — ما هو in الى الطول ما هو et ejusmodi sententiis VIII ٩٠, 11, ٣٢٢, 18 seq., ٣٧٧, 12. V. Dozy.

مدّ I, *continuavit iter*, VII, ٢۵٩, 18. Kremer ibi legere proposuit مرّ, sed *Mokaffâ* habet ut rec. et cf. مدّ فى السير quod Lane habet e *Lisân*.

مرس. المَرِيسِىّ s. المَرِيسِيَّة, *ventus australis* in Aegypto (Lane), VIII, ١٨, 19, ١٩, 6, 9, 12, 16. — الحمير المَرِيسِيَّة VII, ٣٣۴, 3, Jâc. IV, ۵١۵, 8.

مِسْك. Species enumerantur التُّبَّتِىّ VII, ٣٦۴, ٣٦۵, ٣٦٩, 22, الجبلىّ ٣٦٦, 3, الخرجيرى l. الخَرْخِيزِىّ, ٣٦۵, 26, السُّغْدِىّ ٣٦۵,

10, الصينىّ ٣٦٥, 10, 25, الطُّغْزُغِزىّ ٣٦٥, 20, العِصْمارىّ ٣٦٦, 1, القصارىّ ٣٦٥, 24, القنبارىّ ٣٦٥, 17, الهندىّ ٣٦٥, 15.

مصر. مُصْران vulgariter pro singulari habetur (*Morgenl. Forsch.* 150), *botulus*, *tomacina*. Hinc مُصْرانىّ, *botuli formam habens*, VIII, ٩٠, 10, *Mor.* I, 185.

مهن. المَكاسِبُ المِهَنِيَّة, *opificia manuaria*, VIII, ۴٢, 5.

ماء الذَّهَب, *pigmentum e pulvere auri paratum*, VII, ٦٩, 14. Vid. Lane sub ذهب. Cuche: *or en lames*, *or dissous.*

موت. مُوتان universe est quod Cuche habet *mortalité* e. g. Thaâlibî, *Latâif,* ١١٣, 14 لكثرة الموتان بها. Hinc *pestis*, VIII, ١٣١ ult., Dozy, Lane e TA.

مور, *canalis*, VII, ٢٧۴, 4 et *b*.

الثياب المَيْسانيّة, *in Mesena confecti panni*, VII, ١٨٧, 2. In *Matâli*ʿ *al-bodûr,* I, ٩١, 5 a f. memorantur بساط ميسانى et مخدّة ميسانى.

ميل. Sec. VIII, ١۴١, 7 seq. milliarium Romanum est ⅜ milliarii Arabici.

مينامَنْد, voc. Pers., *purus ut crystallum*, VII, ١٥٨ *a*.

نارَوَنْد, voc. Pers., arbor umbrosa (cf. Vullers), VII, ١٥٩ *a*.

نأى I causat. = IV, v. *Lisân*, *Asâs*, et Mobarrad ٢١٢, 10 seq. a Dozyo laud. Cum بيننا وبينه *remotos nos fecit unum ab altero*, VIII, ۴٢, 9 seq. ut بعّد et باعَدَ.

نبت. النابتة sectarii, quos Zamachscharî aliique eosdem dicunt esse qui الحشويّة, Masûdî vero ab iis distinguit, VIII, ٢٣٢, 12 et *o* (ubi pro ٢٣٩ corrigatur ٢٢٩), ٢٧٣, 13, ٣٣٧, 7, ٣٩٥, 14.

النابجىّ, species dactylorum, VII, ٨٣, 4, Gl. Ibn Chord.

نتن. مُنْتِنَةٌ fem. منتنة VII, ٥٩, 5 (ubi voc. in cod.). Cf. Wright § 297 *c* Rem. *a* (I, 211).

نجد II. Proposui VII, ١٣١, 3 legere فُرُش منجّدة quia ornator conclavium (النجّاد) est is qui ينجّد البيوت والفُرُش والبُسُط (*Lisân*).

نَحْوَ, *prope*, VIII, ٣٤٤, 2.

النفس النّزاعيّة, *appetitus*, *ardor animi*, VIII, ١٢٠, 3.

نزل I. De militibus dicitur نُزِّلُوا على اهل المدينة *per hospitia dispositi sunt apud incolas urbis*, VII, ١١٣, 15. Cf. Dozy sub نزال, نزول et انزال.

مَنْسِر pl. مَنَاسِر, agmen equitum a 500—800, aut secundum alios tantum 30—40 viris constans, VIII, ٤, 11, ٢٧٩, ult., ٢٨٠, 10—12.

نسف II, *pulvere aspersit* ventus, VIII, ١٩, 16, si recte ibi edidi.

نصّ I c. على p. *successorem designavit*, VIII, ٣٣٦, 18, ٣٣٧, 7, *Gl. Fragm.* Hinc explicandum اصحاب النصّ VIII, ٢٧٣, 11. Eodem sensu نصّص occurrit apud Sharastânî ١٣, 7.

نَصِيجٌ, *maturus*, de aetate VII, ٣٦٧, 20.

نضح. نَضُوحٌ, *aqua odorata*, VII, ٥٩, 7, 16. Plur. est نضوحات Nowairî cod. Leid. p. 806 seq., ubî variae species enumerantur. — النواضح explicatur VII, ٣١٣, 5.

نفخ. مِنْفَخ, *follis*, VII, ١٢٣, 11, 13 منفخ ككُور الحدّادين in organo, Dozy et Lane e *Miçbâh*.

نفذ. Non certus sum de sensu نفذ in verbis ذرع نفذ جدار الكعبة, VII, ٣٠, 16 (= Azrakî ٢٠٣). Probabiliter est *crassi-*

tudo muri, quantum penetrat introrsum, coll. Ibn Djobair ٨٧, 7 a f. seq. ubi lapis niger dicitur penetrare (دخل) in murum duas ulnas.

نَفيضَةٌ explicatur VIII, ٢٨٠, 14.

نقص I in arithmetica *deduxit* numerum minorem a (من) majore, VIII, ٣٩, 18.

نقص VIII si lectio bona est VIII, ٣٧٩ ult. significare debet *officio exemptus est*, nam sec. Arîb, cod. Goth. f. 136 v. استعفى ابن الاشنانى فأُعفى. Proprie de nominatione, non de persona, adhibendum fuisset verbum.

نقل I. N. a. نَقْلانٌ VII, ١٥٩, 7; Dozy habet ex. sine voc.

نقى X pass. *purum fieri* de veste, VIII, ٧٣, 17. Cf. Dozy et Lane.

هَجِيرٌ eodem sensu quo هُجْر et هاجِرة, *inhonestus sermo*, VIII, ٢٥٠, 7.

هدى VI de duobus aut pluribus الكلامَ, *confabulati sunt*, VII, ٩٩, 1. Apud Hamdânî ed. Müller ١٢٣, 15 تهادى الاخبارِ est *confabulatio*. Passive خبرٌ يتهادَى *ab uno alteri narratur* Ibn Djobair ١٢٧ paen. et يُسْتَهْدَى ذكره ib. ١٢٨, 14 *descriptio ejus rogatur*.

هرب VI de pluribus *aufugerunt*, VIII, ٣٨٠, 11. Exemplis quae dederunt Freytag et Dozy addi possunt Thaâlibî *Latâif* ٨١, 14, Jâc. I, ٣٨٥, 14. Lane habet tantum »unus ab altero fugit".

هزاريكه, voc. Pers., *millennium*, VIII, ٨٥, 18; in *Mor.*, ni fallor, hoc sensu vidi هزاره, sed locum non notavi.

هوتخشه بذ, voc. Pers., *curator opificum*, VIII, ١٠٤, 2.

هُوتة, *vorago*, VIII, ١٨٢ ult. ubi pl. هوتات. Vid. Gl. Geogr. et Ibn Chord.

هور V, *cecidit*, de aqua VII, ٩٤, 19, de personis *Mor.* II, 440, de noctu Ibn Monkidh ١٤٩, 9.

هُوم, voc. Pers., *homa*, VIII, ٩٣, 9. Codd. ibi habent يوم, quod retinere jussit Cl. Darmesteter, quia ad principia aeterna quoque pertinet *raoção* روز, *lux*. Non secutus sum ejus consilium, quoniam difficile admissu est Mas'ûdîum vocabulum روز sensu lucis per يوم, non per نور reddidisse, et quoniam interpretatio quae additur وهو الطيّبة والخمير vix ad lucem pertinere posse mihi videtur.

مُهَوّن, *tardus*, *lentus* de itinere, VII, ٣٠٦, 16.

واستريوش, voc. Pers., alterum nomen *curatoris opificum*, VIII, ١٠٤, 3.

وجد I. Non verum est n. a. وُجُود semper habere significationem passivam (Wright I § 201 Rem., p. 131). Exemplum sensus activi habes VIII, ٧٩, 11. — أَوْجَدُ, *frequentior* s. *nactu facilior* de mercibus, VII, ٢٣٤, 9. Cf. Dozy.

وحد VIII c. ب *adunatus est cum*, VIII, ١٩ ult. V. Dozy.

مَوْزُون, *bene perpensus*, قولا وعملا موزونا VIII, ٨٢, 7, العمل الموزون ٢٢٨, 13, *Asâs* وكلام موزون وتقول زِنْ كلامَك ولا تنزنه; — *pulcher* de moribus (الشمائل *les manières*), VIII, ٤١, 5, Gl. Ibn al-Fakîh.

وسط V, *mediator fuit in re* c. acc. aut ل r., VIII, ١٩٣, 8, ١٩٩, 1.

وسَك nomen arboris quae شجرة البقّ dicitur, VII, ١٥٨ *e*.

الوَسْمِىُّ, *autumnus*, VIII, ١٩, 18 seqq. Proprie est *pluvia autumnalis*. Freytag male *prima veris pluvia*.

وصف I *narravit*, VII, ١١١, 6, Dozy.

وضأ V spec. = استنجى VII, ١٩٤, 18. Hinc المترَضّأ nomen habet.

وضع. وَضَائِعُ *praetoriani* chalîfae VIII, ٣٧٨, 4 ut olim وضائع كسرى; — وضائع الخراج, *canones tributi agrarii*, VIII, ١٠١ ult. et l. l. in ann. *q*. Obiter moneo apud Freytagium pronuntiandum esse وضائعُ المُلْك, nam est ut explicat Zam. in *Fâik* II, 7 ما وضع عليهم فى ملكه من الزكوات et vid. *Lisân* in v.

وفى I c. ب, *aequiparavit* VIII, ٢١ ult., Dozy.

وَهْمِىٌّ *fictus* de puncto in sphaera coelesti, VIII, ١٠, 8.

بيسارة, voc. Ind., *pluvia trimestris* in India, VIII, ٢٢٤, 6 et l. l. in ann. *g*. Berûnî *India*, versio I, p. 211 *varshakâla*.

القَمْح اليُوسُفىّ in Aegypto VIII, ٢٢, 3.

www.ingramcontent.com/pod-product-compliance
Lightning Source LLC
LaVergne TN
LVHW102225300926
849160LV00005B/24
9789004258754

كتاب التنبيه والاشراف

لابى الحسن على بن الحسين بن على

المسعودى

وهو مولف مروج الذهب عفا الله عنه

طبع

فى مدينة ليدن المحروسة

بمطبعة بريل

سنة ١٨٩٣

بسم الله الرحمن الرحيم

*الحمد لله ربّ العالمين، وصلى الله على محمد وآله الطاهرين،

ذكر الغرض من هذا الكتاب a

قال ابو الحسن علىّ بن الحسين بن علىّ المسعودىّ اما بعد فانّا لمّا صنّفنا كتابنا الاكبر فى اخبار الزمان ومن اباده الحدثان من الامم الماضية والاجيال الخالية والممالك الداثرة وشفعناه بالكتاب الاوسط فى معناه ثمّ قفوناه بكتاب مروج الذهب ومعادن الجوهر فى تحف الاشراف من الملوك واهل الدرايات ثمّ اتلينا b ذلك بكتاب فنون المعارف، وما جرى فى الدهور السوالف، واتبعناه بكتاب ذخائر العلوم وما كان فى سالف c الدهور واردفناه بكتاب الاستذكار، لما جرى فى سالف الاعصار، ذكرنا فى هذه الكتب الاخبار عن بدء العالم والخلق وتفرّقهم على الارض والممالك والبرّ والبحر والقرون البائدة d والامم الخالية e الداثرة f الاكابر كالهند والصين والكلدانيّين g وهم السريانيّون والعرب والفرس واليونانيّين والروم وغيرهم وتأريخ الازمان الماضية والاجيال الخالية والانبياء *وذكر قصصهم وسير h الملوك وسياساتهم ومساكن الامم وتباينها f. 2 r. فى عباداتها i واختلافها فى آرائها وصفة بحار العالم وابتدائها وانتهائها واتّصال بعضها ببعض وما لا يتّصل منها وما يظهر فيه المدّ والجزر وما

---

a) L tantum وهو حسبى. *b*) L تلونا; P om. ذلك. *c*) L سوالف. *d*) P البادية. *e*) L om. *f*) De Sacy in dissertatione de hoc opere (*Notices et Extraits* VIII, reimpressa a Barbier de Meynard in Appendice ad editionem ejus operis *al-Moroudj* IX) hic parvam lacunam esse suspicatur. Pro الاكابر L habet والغابرة. *g*) P والكلدانيين et infra plerumque الكلدانيون, L saepe الكلذانيون. *h*) L وقصصهم وساير *i*) P عبادتها.

لا يظهر ومقاديرها فى الطول والعرض وما يتشعّب من كلّ بحر من الخلجان[a] ويصبُّ اليه من كبار[b] الانهار وما فيها من الجزائر العظام وما كان من الارض برًّا *فصار بحرا وبحرا فصار برًّا[c] على مرور الازمان وكرور الدهور وما قاله حكماء الامم فى كيفيّة شبابها وهرمها وعلل جميع ذلك والانهار الكبار ومبادئها ومصابّها ومقادير مسافاتها[d] على وجه الارض *من ابتدائها الى انتهائها والاخبار عن شكل الارض[e] وهيئتها وما قالته حكماء الامم من الفلاسفة وغيرهم فى قسمتها والربع[f] المسكون منها وحَدَبها[g] وانجادها واغوارها وتنازع الناس فى كيفيّة ثباتها وتأثيرات الكواكب فى سكّانها واختلاف صورهم والوانهم واخلاقهم ووصف الاقاليم السبعة *واطوالها وعروضها[h] وعامرها وغامرها[b] ومقادير ذلك ومجارى الافلاك وهيئاتها واختلاف حركاتها *وابعاد الكواكب واجرامها واتّصالها وانفصالها وكيفيّة مسيرها وتنقُّلها فى افلاكها ومضادّاتها ايّاها فى حركاتها[b] ووجوه[i] f.2v. تأثيراتها فى عالم الكون والفساد التى بها قوام الاكوان وهل افعالها على المماسّة ام على المباينة عن ارادة وقصد ام غير ذلك *وكيف ذلك[e] وما سببه وهل حركات الافلاك والنجوم جميعا طباع ام اختيار وهل للفلك علّة طباعيّة[k] فاعلة فى الاشياء المعلولة التى هو مشتمل عليها ومحيط بها والنواحى والآفاق من الشرق والغرب والشمال والجنوب وما *على ظهر[l] الارض من عجيب البنيان وما قاله الناس فى مقدار عمر العالم ومبدأه وغايته ومنتهاه[m] وعلّة طول الاعمار وقصرها وآداب الرئاسة وضروب اقسام السياسة المدنيّة الملوكيّة منها والعامّيّة[n] مما يلزم الملك فى سياسة نفسه ورعيّته ووجوه اقسام السياسة الديانيّة[o] وعدد اجزائها ولأيّة علّة لا بدّ للملك من دين كما لا بدّ للدين من ملك ولا قوام

---

a) L الخلجانات. b) P om. c) P om. Cf. *Moroudj* I, 202 seq. d) P مسافتها. e) L om. f) P s. و. g) Conject.; P وجدبها, L وحدتها. h) L وطولها وعرضها. i) P ووجود. k) L طبيعية. l) L ظهر على. m) L ومنهاه. n) L c. ف. o) P الدنيانية.

لاحدهما الّا بصاحبه ولمَ وجب ذلك وما سببه وكيف تدخل الآفات على الملك وتزول الدول وتبيد الشرائع والملل والآفات الّتى تحدث فى نفس الملك والدين والآفات الخارجة المعترضة لذلك وتحصين الدين والملك وكيف يعالج كلّ واحد منهما بصاحبه اذا اعتلّ من نفسه f.3r. او من عارض يعرض له وما نبّة *a* ذلك العلاج وكيفيّته وامارات اقبال الدول *b* وسياسة البلدان والاديان والجيوش على طبقاتهم ووجوه الحيَل والمكايد فى الحروب ظاهرا وباطنا وغير ذلك من اخبار العالم وعجائبه، واخبار نبيّنا صلعم ومولده وما ظهر * فى العالم *c* من الآيات والكوائن *والاحداث المنذرات بظهوره قبل *d* مولده من اخبار الكهّان *c* وغيرهم وما اظهر الله سبحانه *e* على يديه من الدلائل والعلامات والجرائح المعجزات *f* ومنشأه ومبعثه وهجرته ومغازيه *g* وسراياه *وسواريه ومناسره *h* الى وفاته والخلفاء بعده والملوك والغرر *i* من اخبارهم وما كان من الكوائن والاحداث والفتوح فى ايّامهم واخبار وزرائهم وكتّابهم *c* الى خلافة المطيع، وذكرنا *من كان *k* فى كلّ عصر من حَمَلة الاخبار ونقلة السير والآثار وطبقاتهم من عصر الصحابة والتابعين ومن بعدهم من فقهاء الامصار وغيرهم من ذوى الآراء والنحل والمذاهب والجدل بين *l* فِرَق اهل الصلاة ومن مات منهم فى سنة سنة الى هذا الوقت المؤرّخ، وذكرنا فى كتاب نظم الاعلام، فى اصول الاحكام،، وكتاب نظم الادلّه، فى اصول الملّه،، وكتاب المسائل f.3v. والعلل، فى المذاهب والملل،، تنازع المتفقّهين فى مقدّمات *c* اصول الدين والحوادث الّتى اختلفت فيها آراؤهم وما يذهب اليه من القول بالظاهر وابطال القياس والرأى *m* والاستحسان فى الاحكام اذ كان الله جلّ وعزّ

a) P نبّه. De Sacy conj. سببه. L ومباينه. *b*) P الدولة. *c*) P om. *d*) Cod. وقبل. *e*) L om. *f*) P والمعجزات. *g*) P ومُغازاته. *h*) Sic jam correxit de Sacy. P. وسَوّاريه ومنيره, L وسواريه وسريه. *i*) P s. p., L والغرب. *k*) P post عصر collocat. *l*) Codd. من. *m*) L والاجتهاد.

قد a اكمل الدين واوضح السبيل وبيّن للمكلّفين ما ينفون فى آياته المنزلة وسنن رسوله b المفصّلة التى زجرهم بها عن التقليد ونهاهم عن تجاوز ما فيها من التحديد وما اتّصل بذلك من الكلام فى اصول الفتوى والاحكام العقليّات منها والسمعيّات وغير ذلك من فنون العلوم وضروب الاخبار مما لم تأت c الترجمة على وصفه ولا انتظمت ذكره راينا d ان نتبع ذلك بكتاب سابع *مختصر نترجمه e بكتاب التنبيه والاشراف وهو التالى لكتاب الاستذكار، لما جرى فى سالف الاعصار، نودعه لُمَعًا من ذكر الافلاك وهيئاتها f والنجوم وتأثيراتها والعناصر وتراكيبها وكيفيّة افعالها والبيان عن قسمة الازمنة وفصول السنة وما لكلّ فصل من المنازل والتنازع فى *المبتدأ به g منها والاستقصّات h وغير f.4 r. ذلك والرياح ومهابّها وافعالها وتأثيراتها والارض وشكلها وما قيل فى مقدار i مساحتها وعامرها وغامرها k والنواحى والآفاق وما يغلب عليها وتأثيراتها فى سكّانها وما اتّصل بذلك وذكر الاقاليم السبعة وقسمتها k وحدودها وما قيل فى طولها وعرضها *وقسمة الاقاليم a على الكواكب السبعة الخمسة والنيّرين ووصف الاقليم الرابع وتفضيله على سائر الاقاليم وما خُصّ به ساكنوه من الفضائل التى باينوا بها سكّان غيره منها وما اتّصل بذلك من الكلام فى عروض البلدان واطوالها والاهوية وتأثيراتها وغير ذلك وذكر البحار واعدادها وما قيل فى اطوالها واعراضها واتّصالها وانفصالها ومصبّات عظام الانهار اليها وما يحيط بها من الممالك وغير ذلك من احوالها وذكر الامم السبع l فى سالف الازمان m ولغاتهم وآرائهم n

---

a) L om. *b*) L رسله. *c*) L يات به. *d*) Hic incipit apodosis ad protasin فانا لما p. ٣, 4, L وراينا. *e*) L مختص ترجمته et mox فودعته. *f*) L وهيتها. *g*) P المبتدات. *h*) Sic hic et deinde cum ﺓ; vulgo الاسطقصات στοιχεια. *i*) L قدر. *k*) P om. *l*) Codd. السبعة. Genus numeralium praesertim in P generaliter falsum est. In annot. tantum memoravi lectionem rejectam, si dubium exstare posset. *m*) L الزمان. *n*) L وادابهم.

ومواضع مساكنهم وما بانت بـه كلّ امّـة من غيرها وما اتّصل بذلك ثمّ نتبع ذلـك بتسميـة ملوك الفرس الاولى والطوائف والساسانيّة على طبقاتهم واعدادهم ومقدار ما ملكوا من السنين وملوك اليونانيّين واعدادهم ومقـدار ملكهم وملوك الروم على طبقـاتهم من الحنفـاء وهم الصابئون والمتنصّرة *a* وعـدّتهم وجملـة ما ملكوا من السنين وما كان من الكوائن f.4 v. والاحداث العظام الديانيّة والملوكيّـة فى ايّامهم وصفة بنودهم وحدودها ومقاديرها ومـا يتّصـل منهـا بالخليج وبحرى *b* الروم والخَزر وما اتّصل بذلك من اللمع المنبّهـة على ما تقدّم من تأليفنـا فيما سلف من كتبنـا وذكـر الافديـة بين المسلمين والروم الى هـذا الوقت وتواريخ الامم وجـامع تأريخ العالم والانبيـاء والملوك من آدم الى نبيّنـا محمّد *c* صلعم *وحصر ذلك وما اتّصل به ومعرفة سنى الامم الشمسيّة والقمريّة وشهورها *d* وكبسها ونسيئها *e* وغير ذلك من احوالها وما اتّصل بذلك من التنبيهات على ما تقدّم جمعـه وتأليفه، وذكر مولد النبىّ صلعم ومبعثه وهجرته وعدد غزواته وسراياه وسواربه وكتّابه *f* ووفاته والخلفاء بعده والملوك واخلاقهم وكتّابهم ووزرائهم وقضـاتهم وحجّابهم ونقوش خواتيمهم وما كان من الحوادث العظيمة الديانيّـة والملوكيّـة فى ايّامهم وحصر تواريخهم الى وقتنـا هذا وهو سنة ٣٤٥ للهجرة فى خلافة المطيع منبّهين بذلك على ما قدّمنا ذكره من كتبنا، وانّما اقتصرنا فى كتابنا هذا على ذكر f.5 r. هذه الممالك لعظم ملك *d* ملوك *c* الفرس وتقادم امرهم واتّصال ملكهم وما كانوا عليـه من حسن السياسة وانتظام التدبير وعمارة البلاد والرأفـة بالعباد وانقياد كثير من ملوك العالم الى طاعتهم وحملهم *g* اليهم الاتاوة والخراج وانهم ملكوا *h* الاقليم الرابع وهو اقليم بابل اوسط الارض واشرف الاقاليم وانّ مملكتى اليونانيّين والروم تتلوان مملكـة فارس فى العظم والعزّ ولما

---

a) P s. و. L om. et seqq. ad الكوائن. *b*) P ويحوى. *c*) P om. *d*) L om. *e*) P om., L وسنها. *f*) Minus recte corr. de Sacy وكتائبه. *g*) L وجلبهم. *h*) L ملوك.

خُصّوا به a من انواع الحكم والفلسفة والمهن العجيبة b والصنائع البديعة ولان مملكة الروم الى وقتنا هذا ثابتة الرسوم متّسقة التدبير وان كان اليونانيّون قد دخلوا فى جملة الروم منذ c احتووا على ملكهم * كدخول الكلدانيّين d وهم السريانيّون سكّان العراق فى جملة الفرس الاولى لغلبتهم عليهم فاحببنا ان لا نخلى كتابنا هذا من ذكرهم وان كنّا قد ذكرنا سائر الممالك التى على وجه الارض وما ازيل منها ودثر وما هو باقٍ الى هذا الوقت واخبار ملوكهم وسياساتهم وسائر احوالهم فيما سمّيناه e من كتبنا على انّا f نعتذر من سهو ان عرض فى a تصنيفنا مما لا يسلم منه من لحقته g غفلة الانسانيّة *وسهوة البشريّة h ثم ما i دُفعنا k اليه f.5 v.

من طول الغربة وبعد الدار وتواتر الاسفار طورا مشرّقين وطورا مغرّبين كما قال ابو تمّام l

خَلِيفَةُ الخِضْرِ مَنْ يَرْبَعْ عَلَى وَطَنٍ m   فى بَلْدَةٍ *فظُهُورُ العِيسِ n أَوْطَانى

بالشَأْم قَوْمى o وبَغْدادُ الهَوَى وانا   بالرَّقَّتَيْنِ وبالفُسْطاط اِخْوانى

وكقوله ايضا p

فغَرَّبْتُ q حَتَّى لم أَجِدْ ذِكْرَ مَشْرِقٍ   وشَرَّقْتُ حَتَّى قد نَسِيتُ المَغارِبا

خُطُوبٌ اذا لاقَيْتُهُنَّ رَدَدْنَنى   جَرِيحًا كأَنّى قد لَقِيتُ الكَتائبا r

ونحن آخذون فيما به وعدنا وله قصدنا وبالله نستعين واياه نسأل التوفيق والتسديد a ✿

ذكر الافلاك وهيئاتها والنجوم وتأثيراتها والعناصر وتراكيبها وكيفيّة افعالها

فلنبدأ بذكر الفلك الذى نبّهنا الله سبحانه عليه واشار فى نصّ s

---

a) P om. b) L النجيبة. c) L مذ. d) P بدخول الكذانين, quod falsum esse, jam observavit de Sacy. e) L s. ة. f) L اننا. g) P لحقه. h) P وسهو البرية, L وشهوة. i) L om. k) P دُفعناه. l) Diw. ١٦٢ ult. seq. m) P وطنى. n) P وظهور العيش et L العَيش. o) Diw. اهلى. p) Diw. ١٠. q) Diw. c. و; L. تغربت. r) Diw. كتائبا. s) L بعض.

الكتاب اليه لما فيه من عجائب حكمته ولطائف قدرته وخصائص التدبير وبدائع التركيب تدلّ بعجائب[a] نظمها وغرائب تأليفها على وحدانيّة مُبدعها[b] وازليّة مُنشئها قال الله جلّ وعزّ[c] لَا ٱلشَّمْسُ يَنْبَغِى لَهَا أَنْ تُدْرِكَ ٱلْقَمَرَ وَلَا ٱللَّيْلُ سَابِقُ ٱلنَّهَارِ وَكُلٌّ فِى فَلَكٍ يَسْبَحُونَ اى فى دائرة منها[d] يكونون اذ اسم الفلك يدلّ على الاستدارة فى لغة العرب والفلك السماء قال الله عزّ وجلّ[e] لَخَلْقُ ٱلسَّمٰوَاتِ وَٱلْأَرْضِ أَكْبَرُ مِنْ خَلْقِ ٱلنَّاسِ وَلٰكِنَّ أَكْثَرَ ٱلنَّاسِ لَا يَعْلَمُونَ ، قال f.6 r. المسعودى وقد تنازع الناس فى الفلك ممن سلف وخلف فقال افلاطون وثامِسْطِيُوس[f] والرِّوَاقيُّون وعدّة ممن تقدّم عصر افلاطون وتأخّر عنه من الفلاسفة انه من الطبائع الاربع التى هى الحرارة والبرودة[g] والرطوبة واليبوسة الّا ان الغالب عليه الناريّة وليست ناريّته محرقة انّما هى مثل النار الغريزيّة[h] فى الابدان وقال آخرون انه من النار والهواء[i] والماء دون الارض وذهب ارسطاطاليس واكثر الفلاسفة ممن تقدّم عصره وتأخّر عنه وغيرهم من حكماء الهند والفرس والكلدانيّين الى انه طبيعة خامسة *خارجة عن[k] الطبائع الاربع ليست فيه حرارة *ولا برودة[l] ولا رطوبة ولا يبوسة وانه جسم مدوّر كُرىٌّ اجوف يدور على محورَيْن وهما القطبان احدهما رأس السرطان ومنتهى بنات نعش[m] من تلقاء نقطة الجنوب والآخر رأس الجدى وفيه كواكب[n] مثل بنات نعش من تلقاء نقطة الشمال[o] وخطُّ الاستواء فى وسط الفلك وهو خطٌّ ما بين الشمال والجنوب واوسع موضع فيه من نقطة المشرق الى نقطة المغرب

---

a) P بعجيب. b) L مبتدعها. c) Kor. 36 vs. 40. d) L فيها.
e) Kor. 40 vs. 59. f) P وثامَسْيطوس, L وبامسطيوس. g) P collocat post والرطوبة. h) P الغرزيه, L العزيره. i) Codd. hic et saepe الهوى etc. k) L خارج من. l) L om. m) P h. l النعش. n) L كوكب. o) L الجنوب; in P sequitur والجنوب. In utroque nimirum cod. verba seqq. وخط ... والجنوب male ante والاخر l. 18 collocata sunt.

وهو منقسم باربعة *a* ارباع كلّ ربع منها تسعون درجة على خطّين f. 6v. يتقاطعان على مركزه وهو موضع الارض منه احد الربعين وهو احد القطبين نقطة *b* الشمال وبازائه نقطة الجنوب والربع الثالث نقطة المشرق وبازائها نقطة المغرب *وهو يدور *c* دَوَرانا طبيعيًّا *d* دائما وبدورانه ودوران الكواكب التى فيه تنفعل الكيفيّات وانبسطت *e* الاركان الاربعة وهى *النار والماء *f* والهواء والارض فيتّصل ركنان منها وهما النار والهواء بالعُلْو وركنان منها وهما الماء والارض بالسُّفْل ثم تتحرّك *هذه الكيفيّات بتحرُّك *g* الجواهر العلويّة والاجسام السمائيّة على حَسَب مداراتها ومسيرها وحركاتها *h* وتأثيراتها فيتحرّك الركنان *الاعليان بتحرُّك الكيفيّات والركنان الاسفلان بتحرُّك الركنين *g* الاعليين وتهبُّ بذلك الرياح *الاثنتا عشرة *i* فتنشوٌ السحائب *k* وينزل القطر ويتّصل بذلك الآثار العلويّة ويتّصل بالآثار *العلويّة الآثار *l* السفليّة الموجودة فى الحيوان والنبات البرّىّ والبحرىّ وفى الجواهر والمعادن حتى يكون التدبير فى جميع هذه العوالم متّسقا مطّردا متّصلا بعضه ببعض بالفعل كامنًا *m* بعضه فى بعض بالقوّة حتى تظهر آثار *l* الصنعة وامارات الحكمة ودلائل الربوبيّة وترتبط المعلولات بعللها وتشهد للصانع بصنعته وبدائع حكمته وجعل عزّ وجلّ الفلك الاعلى f. 7r. وهو فلك الاستواء وما يشتمل عليه من طبائع التدوير فاوّلها كرة الارض يحيط بها فلك القمر ويحيط بفلك القمر فلك عطارد وبفلك عطارد فلك الزهرة وبفلك الزهرة فلك الشمس وبفلك الشمس فلك المرّيخ *وبفلك المرّيخ *g* فلك المشترى وبفلك المشترى فلك زحل وبفلك زحل فلك الكواكب الثابتة *n* وبفلك الكواكب الثابتة فلك البروج وبفلك البروج فلك

---

a) P ins. اقسام. *b*) Addidi. *c*) Codd. وهى تدور. *d*) L طبعا. *e*) P وانبسّطه, L البسيطه. *f*) L الما والنار. *g*) P om. *h*) L وحركتها. *i*) Codd. الاثنى عشر quod noto quia ريح interdum sed raro masculini generis est. *k*) P السحاب. *l*) L om. *m*) L وكامنا. *n*) L hic et deinde الثمانيه.

الاستواء وهو المحيط بها والمحرّك لها، ومن ذوى المعرفة بعلم الافلاك والنجوم من يعدّ فلك الاستواء وفلك البروج الثابتة فلكا واحدا لما يُرى من تجاذبهما واتّفاق اقطارهما ومراكزهما، والارض فى وسط الجميع مركز له كالنقطة فى وسط الدائرة والفلك متجافٍ عنها من حيث ما احاط بها *a* بمثل *b* ما كان وجهها الذى يكون عليها حيث ما كانت وهو *c* اعلى الفلك على سمت رأسك فذلك نصف قطر الفلك الّا ما اخذ منه نصف قطر الارض وهو يدور عليها من المشرق الى المغرب على اوسع موضع فيه على نقطتين وَهْمِيَّتين متقابلتين فى جنبى كرته احدهما القطب الشمالىّ وهو على شمال مستقبلِ *d* المشرق والثانية القطب الجنوبىّ وهو على يمين مستدبرِ *e* المغرب ويسمّيان المحورين f.7 v. تشبيهًا بقطب الرحى ولهذا الفلك نطاق يفصل كرته فى متوسّط ما بين قطبيه ويفصل محاذاته *f* كرة الارض بنصفين وهذا النطاق يسمّى فلك معدل *g* النهار لاستواء الليل والنهار فيه ويسمّى الفلك المستقيم لاستواء مطالعه ومغاربه واستقامة مدرجه *h* فى ارباع الفلك وما بينهما على نظام واحد وكلّ جزء من اجزاء هذا النطاق وان اتّسع فانه *i* كيف ما انحدر فى بسيطى *k* الكرة الى المحورين قلّ عرضه ودقّ حتى تجتمع اجزاء الفلك كلّها من فوق الارض وتحتها فى نقطة المحور، ومن كان تحت هذا النطاق فانه ينظر المحورين يطوفان على افق الموضع والفلك يدور منتصبا فوق رأسه واكثر هذه الافلاك مسيرها من المشرق الى المغرب موافقة فى مسيرها لسير الفلك الاعلى ومنها ما يكون مسيره موافقا لمسير *l* الكواكب من المغرب الى المشرق فما كان من الفلك

---

a) P om. *b*) L نُميل. *c*) Codd. وهى. Deinde L على. *d*) P ومستقبل. *e*) Codd. مستدير. L om. المغرب. *f*) P مخافتة. *g*) P مَعدل et مَعَدّل, sed vocales saepe falsae sunt. *h*) P مَدِحه, L درجه. *i*) P فان. *k*) P بسط. *l*) P لسير.

آخذا من الشمال الى الجنوب سمّى العرض وما كان آخذا من المغرب
الى المشرق *a*) سمّى الطول والارض من الفلك بمنزلة النقطة من الدائرة
f. 8 r. بعدها من كلّ نقطة من النقط الاربع الّتى ينقسم الفلك عليها * بعد
واحد *b*) ومن مركزها الى كلّ نقطة تسعون درجة وقطر *c*) الدائرة مائة
وثمانون درجة وهى تنقسم فى نفسها مثل هذه الاربع نقط من الشمال
والجنوب والمشرق والمغرب الّا انها غير ذات نسبة *d*) من الفلك كما ان
الفلك لا نسبة له من الدائرة، والجرم الذى من نهاية حَضيض فلك
القمر الى نهاية العالم فى العلو طبيعة خامسة ليست بحارّة ولا باردة
ولا رطبة ولا يابسة ولا مركّبة من شىء من هذه الطبائع الاربع
وهذا الجسم هو الجسم الفلكىّ ونهايته ممّا * يلينا اعنى كصورة باطن
كرة، والعناصر اربعة نار وهواء وماء وارض *e*) فاثنان من هذه العناصر
حارّان وهما النار والهواء * وهما يتحرّكان بطبعهما صُعُدًا الّا ان اسبقهما
الى العلوّ النار فهى طافية على الهواء *e*) والنار يابسة والهواء رطب
واثنان باردان وهما الماء والارض وهما يتحرّكان بطبعهما سفلا عند حركتهما
الّا ان اسبقهما الى السفل الارض والارض يابسة والماء رطب فقد حصل
بما ذكرنا ان الحرارة تفعل *f*) الحركة صُعُدًا وان البرد يفعل الحركة سفلا
وان اليبس يفعل السبق الى الموضع الاخصّ بكلّ واحد منهما وان
الرطوبة تفعل الثقل فى الحركة فما كانت *g*) حركته * صعدا سمّوه خفيفا
وما كانت *g*) حركته *h*) سفلا سمّوه ثقيلا وأنّه لا فراغ فى جرم العالم وأن
f. 8 v. الاجسام اذا حميت احتاجت الى مواضع اوسع من المواضع الّتى كانت
فيها فما تحدثه الحرارة فيها من تباعد نهاياتها عن مركزها وانها اذا
بردت صارت بضدّ ذلك لان البرد يفعل تقارب نهايات الاجسام من

---

a) P ins. فما كان من الفلك. *b*) Codd. بعدا واحدا et P وهو pro ومن. *c*) L وقطب. *d*) L نشبه et mox شبه. *e*) P om. *f*) L hic et deinde يفعل. *g*) P كان. *h*) L om.

مركزها *a* فتحتاج الى مواضع اصغر من مواضعها وأن الحرارة والبرودة تتبادل *b* المواضع فاذا كان ظاهر الارض حارًّا كان باطنها باردا على ما تكون *c* عليه السراديب وغيرها من اعماق الارض واغوارها فى نهار الصيف من البرد واذا كان ظاهرها باردا كان باطنها حارًّا على ما عليه السراديب وغيرها فى *d* ليالى الشتاء وأن الحرارة ترفع من كلّ جسم رطب لطيفه اوّلا اوّلا حتى تجفّ ارضيّته فيتحجّر *e* او تفنى جملته وأن الشمس اذا كان مسيرها *f* فى الميل الشمالىّ عن *g* معدل النهار حمى الهواء فى ناحية الشمال وبرد الهواء الجنوبىّ فيجب من ذلك ان ينقبض الهواء الجنوبىّ ويحتاج الى موضع *h* اصغر ويتّسع الهواء الشمالىّ ويحتاج الى موضع اوسع اذ لا فراغ فى العالم فبالواجب ان يكون اكثر رياح الصيف *عند من هو فى *i* ناحية الشمال شماليّة لان الهواء من عندهم يتحرّك الى ناحية الجنوب اذ ليس الريح شيئًا *k* غير حركة الهواء وتموّجه *l* وكذلك يجب ان يكون اكثر رياح الشتاء f.9 r. جنوبيّة لتحرّك الهواء الى ناحية الشمال لمسير الشمس فى الشتاء فى الميل الجنوبىّ وما ابين *للحسّ مسير *m* الشمس فى الشتاء فى الجنوب وفى الصيف فى الشمال لما نراه *فى الشتاء *n* من طول ظلال *o* المظلّات وبعد جرم الشمس فى *p* سمت رءوسنا من خطّ نصف النهار ❁

قال المسعودى وفيما ذكرنا من قسمة الافلاك وتراكيبها وما يلينا *q* من الكواكب النيّرين *r* والخمسة تنازع بين الاسلاف والاخلاف من ذلك ما ذكره ابطلميوس *s* القلوذىّ فى كتاب المجسطى وفى *t* كتابه فى الهيئة

---

a) L مراكزها. Deinde P فيحتاج. *b*) P يتبادل, L نتماثل. *c*) L يكون. *d*) L من. *e*) L فتستحجر. *f*) P سير, L سيرها. *g*) P غير. *h*) Codd. مواضع. *i*) P من عند. *k*) P شى, L من. *l*) L وتمزجه. *m*) P الحس من سير, L ut rec. leviter corruptum. *n*) P om. *o*) P اظلال. *p*) L من et mox فى pro من. *q*) L بيننا. *r*) P والنيرين. *s*) Hic codd. et infra interdum P بطلميوس. *t*) P s. و.

انه لم يظهر له ان الزهرة وعطارد فوق الشمس او دونها وحكى
يحيى النحوىّ وهو المعروف بالحَريص *a* الاسكندرانىّ فى كتابه الذى
دلّ فيه على ان العالم محدث ونقضه لكتاب برقلس *b* فى قدمه وردّه
على افلاطون وارسطاطاليس وافلوطرخس *c* وغيرهم من القائلين بقدمه ان
افلاطون كان يزعم ان فلك القمر ادنى الافلاك الينا وفلك الشمس
يليه *d* ثم فلك عطارد * ثم فلك الزهرة *e* ثم كذلك على ما رتّبها الباقون
وقد ذكرنا فى ما سلف من كتبنا السالفة تنازع الفلاسفة وغيرهم من
حكماء الامم فى هيئة الافلاك وتراكيبها والنجوم وتأثيراتها فى هذا
f 9v. العالم الارضىّ وما يمين العالم وما شماله وما خلفه وامامه وتحته وفوقه
وما ذكره ارسطاطاليس فى المقالة الثانية *f* من كتاب السماء والعالم عن
شيعة فوثاغورس *g* فى ذلك وما ذهب اليه من *ان للسماء *h* يمينا
وشمالا *واماما وخلفا *i* وفوقا واسفل فيمنة *k* السماء الجهة المشرقيّة ويسرتها *l*
المغربيّة واعلاها *m* القطب الجنوبىّ وهو فوق القطب الشمالىّ وهو اسفل
وما اتّصل بذلك، قال المسعودى واكثر من نشاهد *n* من فلكيّة
زماننا *o* ومنجّمى عصرنا مقتصرون *p* على معرفة الاحكام تاركون للنظر *q*
فى علم الهيئة ذاهبون عنها وصناعة التنجيم التى هى جزء من اجزاء
الرياضات وتسمّى باليونانيّة *r* الاصطرونوميا تنقسم قسمة اوّليّة على قسمين
احدهما العلم بهيئة الافلاك وتراكيبها ونصبها وتأليفها والثانى العلم بما
يتأثّر عن الفلك فليس العلم الثانى * وهو العلم *s* بتأثيرات الفلك وما

---

a) P بالحويص, L بالحريص. Intelligitur Johannes Philoponus. Titulum operis ejus dedit de Sacy. *b*) Proclus. *c*) De Sacy opinatur Plutarchum errore scriptum fuisse pro Protagora; cf. autem *Fihrist* ٢٥٤, 5. *d*) P عليه. *e*) L om.; P denuo عطارد. Forte addendum ثم فلك المريخ. *f*) L male الثالثه. Est *De Coelo* Lib. II, cap. 2. *g*) Pythagoras; P فوياغورس, L فوناغورس. *h*) Codd. السما sine ان. *i*) P وخلفا واماما. *k*) L مَيمنه. *l*) L وميسرتها. *m*) P واعلاه. *n*) P تشاهد. *o*) P زمننا. *p*) Codd. مقتصرين et sic in seqq. *q*) L المنظر. *r*) P بالرومية. *s*) P tantum هو.

يوجب من الاحكام بمستغنٍ عن العلم الاوّل الذى هو علم الهيئة ان التأثيرات واقعة بالحركات *وتبدُّل الاحوال واذا وقع الجهل بالحركات[a] وقع الجهل بالتأثيرات، فاذ[b] ذكرنا جملا وجوامع من علوم هيئة الافلاك والنجوم فلنذكر الآن الكلام فى جمل من اقسام الزمان وفصوله والسنين f.10r. والشهور والايّام وطباعها والاستقصّات ومرور الشمس فى فلكها وقطعها لبروجها وما تحدثه فى كلّ فصل وما لحق بذلك ۞

ذكر البيان عن قسمة الازمنة وفصول السنة وما لكلّ فصل من المنازل والتنازع فى المبتدأ به منها والاستقصّات وما اتّصل بذلك

الازمنة اربعة الربيع والصيف والخريف والشتاء فالزمان الاوّل الربيع وهو طبيعة الدم حارٌّ رطب مدّته ثلاثة وتسعون يوما وثلاث وعشرون ساعة وربْع ساعة وذلك من عشر تبقى من اذار الى ثلاثة وعشرين يوما تخلو من حزيران وهو من[c] نزول الشمس اوّل دقيقة من الحمل وهو الاستواء الربيعىّ الى دخولها اوّل دقيقة من السرطان وهو المنقلب[d] الصيفىّ، والزمان الثانى الصيف وهو[e] حارٌّ يابس سلطانه المرّة الصفراء مدّته[f] اثنان وتسعون يوما وثلاث وعشرون ساعة وثُلْث ساعة وذلك من ثلاثة وعشرين يوما[c] تمضى من حزيران الى اربعة وعشرين تمضى من ايلول وهو من دخول الشمس اوّل دقيقة من السرطان الى دخولها اوّل دقيقة من الميزان، والزمان الثالث الخريف وهو بارد يابس سلطانه f.10v. المرّة السوداء مدّته ثمانية وثمانون يوما *وسبع عشرة[g] ساعة وثُلث خُمس ساعة وذلك من اربعة وعشرين تمضى من ايلول الى اثنين وعشرين يوما تخلو[h] من كانون الاوّل وذلك من نزول الشمس اوّل دقيقة من الميزان وهو الاستواء الخريفىّ الى نزولها اوّل دقيقة من الجدى وهو

---

a) L om. *b*) Codd. فاذا ut saepe. *c*) P om. *d*) L المتغلب.
e) P s. و. *f*) P مدة. *g*) P وسُبع ; L وسبعة عشر more solito.
h) Addidi.

*المنقلب الشتوىّ a والزمان الرابع الشتاء وهو بارد رطب سلطانه البلغم مدّته تسعة وثمانون يوما واربع عشرة ساعة من تسع تبقى من كانون الاوّل b الى احد وعشرين يوما تخلو من اذار وذلك من دخول الشمس اوّل دقيقة من الجدى الى نزولها اوّل دقيقة من الحمل فانقسام c فصول السنة بالازمان الاربعة انّما هو بحركة الشمس فى الجملة قال المسعودى فقد تبيّن بما ذكرنا ان مدّة زمان الربيع مسير الشمس فى ثلاثة ابراج وهى الحمل والثور والجوزاء ومدّة زمان الصيف مسير الشمس فى ثلاثة ابراج هى السرطان والاسد والسنبلة ومدّة زمان الخريف f.11 r. مسير الشمس فى ثلاثة ابراج هى الميزان والعقرب والقوس ومدّة زمان الشتاء مسير الشمس فى ثلاثة ابراج وهى الجدى والدلو والحوت، فما اعجب واتقن اشتباك امر العالم بعضه ببعض ونظمه انّا اذا خرجنا d من ربع الصيف الى ربع الخريف فانّا نخرج من ربع حارّ يابس الى ربع بارد يابس فاختلف الربعان فى الحرّ والبرد واتّفقا فى اليبس واذا خرجنا من ربع الخريف الى ربع الشتاء خرجنا من ربع بارد يابس الى ربع بارد رطب فاختلفا فى اليبس واتّفقا فى البرد واذا خرجنا من ربع الشتاء الى ربع الربيع خرجنا من ربع بارد رطب الى ربع حارّ رطب فاختلفا c فى الحرّ واتّفقا فى الرطوبة فقد تبيّن انّا لم نخرج من ربع حارّ رطب الى ربع بارد يابس ولا من ربع بارد رطب الى ربع حارّ يابس فتأمّلْ حكمة البارئ جلّ وعزّ فى نظمه e الاستقصّات الاربعة فى العالم السفلى اعنى الارض والماء والهواء والنار فانك تجدها على هذا الترتيب مؤلّفة تجد الارض وهى b باردة يابسة ثم الماء وهو بارد رطب ثم الهواء وهو حارّ رطب ثم النار وهى حارّة يابسة فالماء الذى يلى f.11 v. الارض يوافقها فى البرودة ويختلفان f فى * الرطوبة واليبس g *والهواء

---

a) Codd. الشتوى المنقلب. *b*) P om. *c*) P c. و. *d*) Codd. اخرجنا. *e*) L نظم. *f*) L ويخالفها. *g*) P tantum اليبس.

الذى يلى الماء يوافقه فى الرطوبة ويختلفان فى الحرّ *a* والبرد والنار التى تلى الهواء توافقه فى الحرّ ويختلفان فى اليبس والرطوبة وكذلك ايضا الزمان فانه مقسوم باربعة اقسام فقسم ربيعىّ دموىّ هوائىّ *b* وقسم صيفىّ صفراوىّ نارىّ وقسم خريفىّ *سوداوىّ ارضىّ *c* وقسم شتائىّ *d* بلغمىّ مائىّ فسبحان من دبّر الامور بحكمته واتقنها بقدرته فلا يوجد فيها خلل *ولا يبين فيها زلل *a* اذ كان الاهمال *e* لا يأتى بالصواب *والتضادّ لا يأتى بالنظام *a* وقد شبّه ابطلميوس فصل الربيع بفصل الطفوليّة وفصل الصيف بالشباب والخريف بالكهولة والشتاء بالشيخوخة، وقد تنازع من *تقدّم وتأخّر *c* من حكماء الامم وفلاسفتهم فى المبتدأ به من فصول السنة ومداخلها واوائلها ومددها فنهم *f* من اختار تقديم الفصل الربيعىّ وصيّره *g* اوّل السنة لانه الوقت الذى يبتدئ *h* النهار فيه بالزيادة وانه مع ذلك رطب والرطوبة وليّنة بان تكون *i* ابتداء الاشياء الكائنة ومنهم من اختار تقديم الانقلاب الصيفىّ لانه الوقت الذى فيه *b* كمال طول النهار وان مدّ النيل بمصر فيه يكون وفيه تطلع الشعرى اليمانية التى تقطع السماء عرضا ومنهم من اختار تقديم الاعتدال الخريفىّ لان جميع الثمار فيه تستكمل f. 12r
والبذور فيه تبذر وانّما سمّى الخريف لان الثمار تخترف فيه اى تجتنى والعرب تسمّيه الوسمىّ بالمطر الذى يكون فيه وذلك ان *b* اوّل المطر يقع على الارض وهى بعيدة العهد بالرطوبة وقد يبست بالصيف فتسمّيه بهذا الاسم لانه يسم الارض وهم *a* يبتدئون *k* من *الازمان بهذا الفصل *l* لان المطر الذى به عيشهم فيه يبتدئ ومنهم من اختار تقديم الانقلاب الشتوىّ لان النهار فيه يبتدئ باسترداد ما نقص منه

a) P om. *b*) L om. *c*) P inv. ord. *d*) L شتاوى. *e*) L الاعمال. *f*) P c. و. *g*) P ويصيّر, L وتصمره. *h*) L تبدا. *i*) Codd. s. p. *k*) P يبتدون, L ينتدرون. *l*) P tantum الزمان. L هذا pro بهذا.

والازدياد فى طوله وقد ذكر ذلك ابطلميوس القلوذىّ فى كتابه المعروف بالاربع مقالات وفى كتابه *فى الانواء *a* الذى ذكر فيه احوال ايّام السنة كلّها وما يحدث فيها من طلوع الكواكب وغروبها، فاذ ذكرنا الاخبار عن قسمة الازمنة وفصول السنة وما اتّصل بذلك فلنذكر الرياح ومهابّها وما لحق بذلك ✿

ذكر الرياح الاربع *b* ومهابّها * وافعالها وتأثيراتها وما اتّصل بذلك من تقريظ مصر والتنبيه على فضلها وما شُرِفت به على غيرها *c*

تنازع الناس فى الرياح الاربع ومهابّها *وطباعها فقال *d* فريق منهم الرياح اربع شمال وجنوب وصبا ودبور *الصبا من المشرق والدبور من المغرب والشمال من تحت جدى الفرقدين والجنوب من تحت جدى سُهيل *e* فالشمال باردة يابسة وهى *ما هبّ من *f* *ناحية الجربىّ وهو الشمال *g* [f.12 v.] واشكالها من البروج والكواكب والامّهات وما *h* يشاكل ذلك ويضاف الى البرد واليبس والجنوب حارّة رطبة وهى التى تهبّ من القبلة *i* واشكالها كما وصفت مما يضاف الى الحرارة والرطوبة والدبور *k* باردة رطبة وهى التى تهبّ من المغرب *l* وكذلك اشكالها والصبا *m* حارّة يابسة وهى التى تهبّ من المشرق *n* واشكالها مما هو مضاف الى الحرارة واليبوسة قال المسعودى وذهب فريق آخر *o* من حكماء الامم من العرب وغيرهم *p* الى *o* ان الصبا هى القبول وهى ما هبّ من مطلع الشمس والدبور التى تهبّ من المغرب من دبر من استقبل المشرق فلذلك سمّيت الدبور والشمال

a) Codd. بالانواء. *b*) L om. *c*) P tantum وغير ذلك. L تقريظ pro تقريظ. *d*) L وطبايعها قال. *e*) P haec om., L habet ante والجنوب l. 14. *f*) P من ما هب. Haec ventorum definitio in codd. turbata est ut ex annot. patebit. Cf. Ibn Khord. p. ١٥٨ et *Mor.* IV, 2. *g*) Codd. المغرب. *h*) L ما et om. ذلك. *i*) Codd. المشرق. *k*) Codd. والدبور. *l*) Codd. ناحية الجربى (L الجدى) وهو الشمال. *m*) Codd. والصبا. *n*) P القبلة, L الجنوب. *o*) P om. *p*) L ins. ذهبوا.

التى تهبّ عن a شمالك اذا استقبلت المشرق والجنوب التى تهبّ عن a يمينك اذا استقبلت المشرق وقد ذكرت *العرب ذلك b فى اشعارها

قال ابو صَخْر الهُذَلىّ c

اذا قُلْتُ هذا حينُ أَسْلُو يَهيجُنى   نَسيمُ الصَّبَا من حيثُ يَطْلُعُ الفَجْرُ

وقال هُدْبَةُ العُذْرىّ وهو يومئذ بالمدينة مسجونا d

أَلَا لَيْتَ الرِّيَاحَ مُسَخَّراتٌ   بِحاجَتِنا تُباكِرُ وتَؤُوبُ e
فتُخْبِرَنا الشَّمالُ اذا أَتَتْنا f   وتُخْبِرَ أَهْلَنا عنّا الجَنُوبُ

وقال آخر

أَتانى نَسيمٌ مِنْ صَبًا بتَحِيَّةٍ   فحَمَّلْتُ مِثْلَها نَسيمَ الدَّبُورِ g

قال المسعودى والرياح h محدودة i بحسب الآفاق تكون الآفاق اثنى عشر f 13 r.
افقا والرياح كذلك فالشمال k بالحقيقة فى التى تجىء من القطب الظاهر والجنوب من القطب الخفىّ والصبا من مشرق الاعتدال *والدبور من مغرب الاعتدال l الّا ان الناس لمّا *لم يبيّن m لهم فى رأى العين تحديد n هذه نسبوا كلّ ريح تأتى من ناحية المشرق سواءً كان من مشرق الاعتدال او من مشرق الصيفىّ او الشتوىّ *او ما o بينهما بعد ان تكون p من المشرق الى الصبا وكذلك فعلوا فى الدبور واحتذوا ذلك فى الشمال *فسمّوا كلّ ريح تأتى من جانب القطب الظاهر وما يليه من جانبيه الشمال q وكذلك فعلوا بالجنوب ايضا، فاما الريح التى تسمّى ببلاد مصر المَرِيسيّة مضافة r الى بلاد مَرِيس من اوائل ارض النوبة فى اعالى النيل وهو صعيد مصر فهى k باردة تقطع الغيوم وتصفى

a) L على. b) L inv. ord. c) Wellhausen, *Skizzen*, I, ٩٣ n. ٢٦٠, vs. 7. d) L om. Versus ex eadem kacîda exstant apud Mobarrad ١١١ ult., Hamâsa Bohtorîi MS. p. 324. e) L أو توب. f) Codd. اتينا. g) L s. art. h) P s. و. i) Codd. المحدودة. k) P c. و. l) L om. m) P تبين sine لم. n) L تحديده. o) L وما. p) Codd. يكون. q) P om. r) P مضاف. Cf. de hoc vento *Moroudj* VI, 272 seq. et Ibn al-Fakîh ٧٤ ult. seqq.

الهواء وتقوى حرارة الابدان وما يهبّ من اسفل النيل من الريح ويسمّى [a] اسفل الارض فهى شمال وتفعل اضداد هذه الافعال من تخنير الابدان واهل مصر يسمّونها الجرّبية وتداومُها [b] فى الصيف يُطيب هواءهم ويُبرد ماءهم [c] فى الليل والنهار فقد تفعل ذلك الريح الغربيّة فى f.13 v. هذا الفصل الّا ان الاغلب فى ذلك الشمال [d] ويقع الوباء اذا دامت المريسيّة بمصر كما يقع الوباء بالعراق اذا دامت الريح فى ايّام البوارح والشمال عندنا ببغداد تهبّ من اعالى دجلة مما يلى سرّ من راى وتكْريت وبلاد الموصل فتنقطع السحاب وايّام هبوب المريسيّة *بمصر مقابلة لايّام البوارح ببغداد لان المريسيّة [d] تهبّ بمصر فى كانون الاوّل وهو كيهك بالقبطيّة والبوارح بالعراق [e] تهبّ فى حزيران والجنوب ببغداد تهبّ من اسفل دجلة [f] مما يلى بلاد واسط والبصرة فتثور دجلة وتكثر الغيوم والامطار والبوارح تدوم اربعين يوما والمريسيّة [g] اربعين، والهرمان العظيمان اللذان فى الجانب الغربىّ من فسطاط مصر وهما من عجائب بنيان العالم كلّ واحد منهما اربع مائة ذراع فى سمك مثل ذلك مبنيّان بالحجر العظيم على الرياح الاربع كلّ ركن من اركانهما يقابل ريحا منها فاعظمها فيهما تأثيرا الجنوب وهى [h] المريسىّ بتنسيفها [i] الركن المقابل لها منهما وأحد هذين الهرمين قبر اغاثديمون [k] والآخر قبر هرمس وبينهما نحو من الف سنة اغاثديمون المتقدّم [l] وكان سكّان مصر وهم f.14 r. الاقباط يعتقدون نبوّتهما قبل ظهور النصرانيّة فيهم على ما يوجبه راى الصابئين فى النبوّات لا [o] على طريق الوحى بل هم عندهم نفوس طاهرة صفت وتهذّبت [m] من الدناس هذا العالم فاتّحدت [n] بهم موادّ

---

a) P s. و. De Sacy اسفل الارض male pro nomine venti habuit. *b*) P ويداومها. *c*) L وتبرد ماوهم. *d*) L om. *e*) P om. *f*) P c. art. ut saepe codd. *g*) L والمريسى. *h*) Codd. وهو. *i*) L بسسفها, P بتشقيقها. *k*) P اغاذيمون, L اعاذينمون, Makrîzî I, ١١٥, 10 a f. ubi hic locus laudatur اعاديمون. *l*) L المقدم. *m*) L وهذبت. *n*) P et L فاتخذت. Makr. ut rec. Deinde P فيهم.

علويّة فاخبروا عن الكائنات قبل كونها وعن سرائر العالم وغير ذلك مما يطول وصفه ولا تحتمل كثير من النفوس شرحه وفى العرب من اليمانية من يرى انهما قبر شدّاد بن عاد وغيره من ملوكهم السالفة الذين غلبوا على بلاد مصر فى قديم الدهور*a* وهم العرب العاربة من العماليق وغيرهم وقد اتينا فى كتاب فنون المعارف، وما جرى فى الدهور السوالف،، على اخبار سائر اهرام مصر وهى عند من ذكرنا من الصابئين قبور اجساد طاهرة واخبار البرابى التى بسائر*b* بلاد مصر وهى بيوت عباداتهم*c* للكواكب السبعة النيّرين*d* والخمسة وغيرها*e* من الجواهر العقليّة والاجسام السمائيّة التى هى وسائط بين العلّة الاولى وبين الخلق وغير ذلك من اخبار مصر وعجائبها وما خُصّت به من الفضائل التى لا يشرك اهلها فيها غيرُهم من اهل البلدان وهى محدودة على تخوم افريقية وارض السودان وبحر الحجاز وبحر الشأم وهى البَرْزخ بين f.14 v. *البحرين المذكورين*f* فى القرآن*g* لانّ من القَرَما التى على ساحل بحر الروم الى القُلْزم التى هى ساحل بحر الصين مسيرة ليلة يحمل اليها من جميع الممالك المحيطة بهذين البحرين من انواع الامتعة والظرائف والتحف من الطيب والافاويه والعقاقير والجوهر والرقيق وغير ذلك من صنوف المآكل والمشارب والملابس فجميع*h* البلدان تحمل اليها وتفرغ فيها، ونيلها العجيب امره الشريف قدره يمدّ اذا حسرت مياه الامطار ويحسر اذا مدّت يأتيها فى*i* وقت الحاجة الى منفعته فيبدأ مخضرًّا ثم محمرًّا ثم كدرا ثم يتدافع*k* بامواجه ويترامى بسيوله فتكون زيادته فى اليوم الاصبع والاصبعين واكثر*l* فاذا تناهى مدّه يغشى الارض وصارت القرى*i* كالنجوم فوق الروابى والتلال والمراكب تجرى باهلها فى حاجاتهم من بعض الى بعض قد اعدّوا قبل ذلك من اقواتهم

a) L الدهور. *b*) P لساير. *c*) L عباداتهم. *d*) P والنيرين. *e*) L وغيرهم. *f*) L البحر المذكور. *g*) Kor. 55 vs. 19 seq. *h*) L c. و. *i*) P om. *k*) L يندفع. *l*) P c. ف.

وعلوفة حيوانهم *a* ما يكفيهم الى حسوره عنهم وابّان زراعتهم فدهرها من اربع صفات فضّة بيضاء او *b* مسكة سوداء او زبرجدة خضراء او f 15 r. ذهبة *c* صفراء وذلك ان نيلها يُطبقها فتصير كانها فضّة بيضاء ثم ينضب عنها فتصير مسكة سوداء ثم تزدرع فيصير زرعها زبرجدة خضراء ثم يستحصد زرعها ويصفرّ فتصير ذهبة *d* صفراء ، وكورها نيّف وثمانون كورة ليس منها كورة الّا وفيها ظريفة او عجيبة لا تكون فى غيرها تنسب *e* الى تلك الكورة وتعرف بها لكلّ كورة منها مدينة وقد ورد التنزيل بذلك بقوله عزّ وجلّ عند ذكره قصّة موسى وفرعون *f* أَرْجِهْ وَأَخَاهُ وَأَرْسِلْ فِي ٱلْمَدَائِنِ حَاشِرِينَ لا مدينة منها الّا وفيها *g* عجائب البنيان بالصخور والمرمر والبلاط وعمد الرخام لله لا يوجد مثلها فى غيرها من البلدان تؤتى *h* هذه المدن والكور كلّها فى الماء ويحمل ما يكون بها *i* من الطعام والامتعة الى فسطاطها تحمل السفينة الواحدة حمل مائة بعير واقلّ واكثر وهى حجازيّة شاميّة جبليّة اما صعيدها وهو اعلاها فارض حجازيّة حرّها كحرّ الحجاز تنبت انواع النخيل *الكبير والاراك *k* والدوم والقرظ والهليلج والفلفل والخيارشنبر واما اسفلها *l* فشاميّ يُمْطَر وينبت ثمار الشأم من الكروم واللوز والجوز وسائر الفواكه f. 15 v. والبقول والرياحين واما ناحية الاسكندريّة ولُوبية والمراقية *m* فبراريّ وجبال وغياض وزيتون وكروم جبليّة بحريّة بلاد عسل ولبن ويذكر اهلها انهم اكثر الناس قندا وشهدا وعبدا ونَقَدا *n* وصوفا وبغالا وحميرا وخيلا عتاقا ونبيذ العسل الذى لا يفى *o* به شراب ودقّ *p* تنّيس

---

a) L خيولهم. *b*) P و. *c*) P ذهبية. *d*) L ذهبيه. *e*) L فينسب. *f*) Kor. 7 vs. 108 (P ارجيه; L وابعث pro وارسل). *g*) P s. و. *h*) P يوتا. *i*) P منها. *k*) L الكثير فالاراك. *l*) P سفلها. *m*) P والمريقة, L ومراق. De Sacy forte المرمريقة legendum esse putavit. Deinde P فبواد. *n*) De Sacy cepit pro نَقْدا (d'argent en espèces). *o*) L يتقى. *p*) De Sacy male »petits roseaux".

ودمياط الذى لا يضاهيه دقّ ومعدن النبر والزمرّد الثمين الذى لا يوجد الّا بها والقراطيس ودهن البلسان وزيت الفجل والقمح اليوسفىّ وهو اعظم القمح حبًّا واطوله شكلا واثقله وزنا وطرز البَهْنَسا واسيوط [a] واخْميم ومن [b] نواحى معادنها تحمل الزرافة والكركدّن [c] وعَنَاق الارض، وان وفاء خراجها ستّ عشرة ذراعا فان زاد فى النيل ذراعا زاد فى الخراج مائة الف دينار بما يروى من الاعالى فان زاد ذراعا اخرى [d] نقص من الخراج مثلها لما [a] يستبحر من البطون والاسافل والمعمول عليه فى وقتنا هذا وهو سنة ٣٤٥ انه [a] ان زاد على الستّ عشرة ذراعا او نقص عنها [e] نقص من خراج السلطان، قالوا وجميع البلدان فى سائر النواحى والآفاق انّما تعيش بالامطار وتهلك بابطائها عنها ومصر مستغنية عن المطر غير مرتاحة ولا محتاجة اليه وسائر انواع الفواكه والثمار وكثير من الحيوان والالبان لها فى جميع البلدان ازمنة f 16 r. واوقات لا توجد الّا فيها ولا تكون الّا معها وذلك بمصر موجود غير معدوم فى سائر فصول السنة وغير ذلك من فضائلها وخصائصها [f]، فان قد [f] ذكرنا الرياح ومهابّها وما اتّصل بذلك فلنذكر الارض وشكلها ومساحتها والنواحى والآفاق وغير ذلك ۞

ذكر الارض وشكلها وما قيل فى مقدار مساحتها وعامرها وغامرها والنواحى والآفاق وما يغلب عليها وتأثيرها فى سكّانها وما اتّصل بذلك

قسم الله تبارك وتعالى الارض قسمين مشرقا ومغربا فصار المشرق والتيمن وهو الجنوب جوهرا واحدا لغلبة الحرارة عليهما وصارت جهة المغرب والجربىّ وهو الشمال جوهرا واحدا لغلبة البرودة عليهما وشدّتها فيهما وذلك لبُعد الشمس من ناحية الجربىّ لان المحور على تلك

---

a) P om. *b*) L s. و. *c*) L والكركدان. *d*) P اخر, L om. *e*) L منها. *f*) L om.

* الناحية وهى *a* اشدّها ارتفاعا فمن اجل ذلك صار الجربىّ باردا رطبا *b* وصار المغرب اقلّ بردا من الجربىّ واكثر يبسا لانحطاط الفلك هناك *c* [f.16 v.] وهاتان الجهتان المشرق والتيمن *d* بخلاف ذلك لدنوّ *e* الشمس منهما، والعالم اربعة ارباع فالربع *f* الشرقىّ وهو ما تسافل عن خطّ الجنوب والشمال الى المشرق فهو ربع مذكّر يدلّ على طول الاعمار وطول مدد الملك والتذكير وعزّة *g* الانفس وقلّة كتمان السرّ واظهار الامور والمباهاة بها وما لحق بذلك وذلك لطباع الشمس وعلمهم الاخبار والتواريخ والسير والسياسات والنجوم *h*، واما اهل الربع الغربىّ فان الغالب عليه التأنيث الّا ما استولت عليه الكواكب المذكّرة كما يغلب التذكير على المشرق الّا ما غلبته *i* عليه الكواكب المؤنّثة واهله اهل كتمان *k* للسرّ وتديّن وتألّه وكثرة انقياد الى الآراء والنحل وما لحق بهذه *l* المعانى ان كان من *m* قسم القمر، واما اهل *n* الربع الشمالىّ وهم الذين بعدت الشمس عن سمتهم من الواغلين فى الشمال *n* كالصقالبة والافرنجة ومن جاورهم *o* من الامم فان سلطان الشمس ضعف عندهم لبعدهم عنها فغلب على نواحيهم البرد والرطوبة وتواترت *p* الثلوج عندهم والجليد فقلّ مزاج [f.17 r.] الحرارة فيهم فعظمت اجسامهم * وجفت طبائعهم *q* وتوعّرت اخلاقهم وتبلّدت افهامهم وثقلت السنتهم وابيضّت الوانهم حتى افرطت فخرجت من البياض الى الزرقة ورقّت جلودهم وغلظت لحومهم وازرقّت اعينهم ايضا فلم تخرج من طبع الوانهم وسبطت شعورهم وصارت صهبًا لغلبة البخار الرطب ولم يكن فى مذاهبهم *r* متانة وذلك لطباع البرد وعدم

---

a) L tantum وهو. *b*) Sec. *Mor.* IV, 2 et Ibn Khord. ١٥٨ legendum foret يابسا et mox رطوبة pro يبسا, sed in seqq. auctor sibi constat. Cf. etiam supra p. ١٧, 12 et 15. *c*) L om. *d*) P والمغرب. *e*) L ins. فحر l. حرّ. *f*) P s. ف. *g*) L وغيرة. *h*) L والعلوم. *i*) P غلب. *k*) P الكتمان. Deinde L السر. *l*) P هذه. *m*) L فى. *n*) P om. *o*) P جاوزهم. *p*) P وتولدت. *q* L وخفت طباعهم. *r*) L مدائنهم

لحرارة ومن كان منهم اوغل فى الشمال فالغالب عليه الغباوة *a* والجفاء *b* والبهائميّة وتزايد ذلك فيهم فى الابعد فالابعد الى الشمال وكذلك من كان من الترك واغلا فى الشمال فلبعدهم من مَدار الشمس فى *c* حال طلوعها وغروبها كثرت الثلوج فيهم وغلبت البرودة والرطوبة على مساكنهم فاسترخت اجسامهم وغلظت ولانت فقارات *d* ظهورهم وخرز اعناقهم حتى تأتّى *e* لهم الرمى بالنشّاب فى كرّهم وفرّهم وغارت مفاصلهم لكثرة لحومهم فاستدارت *f* وجوههم وصغرت اعينهم لاجتماع الحرارة * فى الوجه *g* حين *h* تمكّنت البرودة من اجسادهم *i* اذ كان المزاج البارد يولد دما كثيرا واحمرّت الوانهم اذ كان من شأن البرودة جمع الحرارة واظهارها واما من f.17 v. كان خارجا عن هذا العرض *k* الى نيّف وستّين ميلا ياجوج وماجوج وهم فى الاقليم السادس فانهم فى عداد *l* البهائم، واما * اهل الربع *b* الجنوبىّ كالزنج وسائر الاحابش والذين كانوا تحت خطّ الاستواء وتحت *m* مسامتة الشمس فانهم بخلاف تلك الحال من التهاب الحرارة وقلّة الرطوبة فاسودّت الوانهم واحمرّت اعينهم *n* وتوحّشت نفوسهم وذلك لالتهاب هوائهم وافراط الارحام فى نضجهم حتى *o* احترقت الوانهم وتفلفلت شعورهم لغلبة البخار الحارّ اليابس وكذلك *p* الشعور السبطة اذا قربت *q* من حرارة النار دخلها الانقباض ثم الانضمام ثم الانعقاد على قدر قربها من الحرارة وبعدها عنها *r*، والارض قسمان على ما قدّمنا احدهما مسكون والآخر غير مسكون والعامر المسكون منهما *s* * على اقسام احدها مفرط الحرّ وهو ما كان من جهة الجنوب لان الشمس تقرب منه *t* فيلتهب هواءه والآخر الشمال وهو مفرط البرد لبعد الشمس عنه واما f.18 r.

---

a) P انعبلوه, L العبادة. *b*) P om. *c*) L الى. *d*) L قصرات l. فقرات. *e*) P ياتى. *f*) L واستدارة. *g*) L om. *h*) L حتى. *i*) L اجسامهم. *k*) Codd. الغرض. *l*) P عدد, L اعداد. *m*) P s. و. *n*) L عيونهم. *o*) L حين. *p*) P ولذلك. *q*) L اقربت. *r*) Codd. عنه. *s*) P منها, L فيها. *t*) Bis in P, sed in priore احدهما et منها.

المشرق والمغرب فعتدلان *a* وان كان فصل المشرق اظهر واعتداله اشهر، واما الذى ليس بمسكون فعلى قسمين ايضا اما ان يفرط فيه البرد ببعد الشمس عنه او يفرط فيه الحرّ لقربها منه فلا يتركّب هناك حيوان ولا ينبت نبات فالموضع *b* الذى بعده فى *c* الشمال عن خطّ معدل *d* النهار ستّاء *e* وستّين درجة لا يمكن ان يكون فيه نشوٌ لافراط البرد عليه لبعد الشمس عنه وان ما كان *f* عرضه ستّة وستّين جزء *g* وتسع دقائق تكون السنة فيه يوما وليلة ستّة اشهر نهار لا *h* ليل فيه وستّة اشهر ليل لا *h* نهار فيه يبطل نهاره فى الشتاء وليله فى الصيف والموضع *i* الذى بعده فى الجنوب عن خطّ معدل النهار تسع عشرة درجة لا يمكن ايضا ان يكون فيه نشوٌ لافراط الحرّ عليه *f* لقرب *k* الشمس منه، قال المسعودى فاما ابطلميوس فان اقصى ما وُجد عنده من العمارة فى جهة الشمال الجزيرة المعروفة بثولى فى اقصى بحر المغرب *l* من الجهة *m* الشماليّة وان عرضها من معدل النهار فى الشمال ثلاثة وستّون جزء *n* وحكاه ايضا عن مارينوس فيما ذهب اليه فى
f.18 v. حدود المعمور من الارض وذهب ابطلميوس الى ان *f* نهاية العمارة فى جهة الجنوبىّ تحت الموازى الذى *f* بُعْده من معدل النهار ستّة عشر جزء *g* * وخمس وثلاثون دقيقة *o* وربُع وسُدس *p* وذهب قوم الى ان الموضع الذى *f* لا يمكن ان يكون فيه عمارة عرضه فى الجنوب احد وعشرون جزء *g* وخمس وثلثون دقيقة والى *q* هذا ذهب يعقوب بن اسحاق الكندىّ فى كتابه فى رسم المعمور من الارض وسواء *q* قيل *r* عرض الموضع او قيل بعده عن خطّ الاستواء او قيل ارتفاع القطب عليه فقدار *s*

---

a) L فيعتدلان. *b*) L c. و. *c*) P من فى, L من expunctum cum فى superinscripto. *d*) L معتدل. *e*) P بستة, L لستة. *f*) P om. *g*) L درجة. *h*) L ولا. *i*) L c. ف. *k*) L بقرب. *l*) L الحرب. *m*) P جهة. *n*) L درجة, sed a linea حزا. *o*) L om. In P sequitur الى هذا. *p*) L s. و. *q*) P s. و. *r*) P hic et deinde قل. *s*) L بمقدار.

نهايـة العمارة فى الشمال الى نهايتها فى الجنوب ثمانون جزءًا a يكون ذلك عند هؤلاء من الاميال خمسة آلاف ميل * واقلّ من اربعمائة ميل b، واقصى العمران فى المشرق اقصى c حدود بلاد الصين والسيلى الى ان ينتهى ذلك الى ردم d ياجوج وماجوج الذى بناه الاسكندر دافعا لياجوج وماجوج عن الفساد فى الارض والجبل الذى وراءه ووقع فى فجّه الردمُ ومنه e كان مخرجهم بدوّه خارج العمران فى الاقليم لسابع *طرف مبدئه f مستقبل المشرق ثم ينعطف الى ناحية الجنوب ويستقيم ممرّه طولا الى ان ينتهى الى بحر اوقيانس المظلم المحيط فيتّصل f. 19 r. به واقصى عمران g المغرب ينتهى الى بحر اوقيانس المحيط ايضا وكذلك ينتهى اقصى عمران الشمال الى هذا البحر ايضا d واقصى عمران الجنوب ينتهى الى خطّ الاستواء الذى يكون h الليل والنهار فيه *سواءً ابدًا i وجزيرة سرنديب من البحر الصينىّ على هذا الخطّ ايضا ۞

قال المسعودى وذكر من عُنى بمساحة الارض وشكلها ان تدويرها يكون بالتقريب اربعة وعشرين الف ميل وذلك تدويرها مع المياه k والبحار فان المياه مستديرة مع الارض وحدُّها واحد فكُلّما l نقص من استدارة الارض وطولها وعرضها شىء تمّ باستدارة الماء وطوله وعرضه وذلك انهم نظروا الى m مدينتين فى خطّ واحد احداهما اقلّ عرضا من الاخرى وهما الكوفة ومدينة السلام n فاخذوا عرضيهما فنقصوا الاقلّ من الاكثر ثم قسموا ما بقى على عدد الاميال لله بينهما فكان *نصيب الدرجة مما يحاذيها من اجزاء o الارض المستديرة ستّة وستّين ميلا وثلثى

---

a) L درجة. *b*) L om. Sunt nempe $80 \times \frac{500}{7\frac{1}{2}}$; cf. Sprenger, *Post- und Reiserouten*, p. xxvi. *c*) P واقصى, L وافاصى (omisso فى المشرق). *d*) P om. *e*) L ins. ما. *f*) L ومبداه. Seq. مستقبل in P etiam يستقبل legi potest. *g*) P العمران. *h*) P ins. فيه. *i*) L inv. ord. *k*) L الما. *l*) P وكل ما. *m*) L om. *n*) Codd. fere semper السلم. *o*) Cod. اخر.

ميل على[a] ما ذكر ابطلميوس فاذا ضربوا ذلك فى جميع درج الفلك الذى هى ثلثمائة وستّون درجة كان ذلك اربعة وعشرين الف ميل، وكان قُطْرها الذى هو طولها وعرضها وغلظها سبعة آلاف ميل وستّمائة وسبعة وستّين ميلا والميل اربعة آلاف ذراع بالسوداء وهو الذراع الذى f. 19v.
وضعه المأمون لذرع الثياب ومساحة البناء وقسمة المنازل[b] والذراع اربع وعشرون اصبعا والاصبع ستّ شعيرات مضموم بعضها الى بعض والفرسخ بهذا الميل *ثلثة اميال ومنهم من يجعل الميل[a] ثلاثة آلاف ذراع والفرسخ اربعة اميال وكلاهما[c] يؤولان الى شىء واحد، وفيما ذكرناه[d] من مقدار حِصّة الدرجة من الاميال تنازع فمنهم من راى ان[a] ذلك سبعة وثمانون[e] ميلا ومنهم من راى ذلك ستّة وخمسين ميلا[a] وثلثى ميل والمعوّل فى ذلك على ما حكيناه عن ابطلميوس ۞

والارض من اربعة جواهر من الرمل والطين والاحجار والاملاح وجوفها اطباق يتخرّق[f] فيها الهواء ويجول فيها الماء مواصلا[g] لها كمواصلة الدم للجسد[h] فما غلب عليه الهواء من الماء كان عذبا[i] شروبا وما امتنع الهواء من التمكّن[k] منه وغلبت عليه املاح الارض وسبخها صار ملحا اجاجا وان كون[l] مياه العيون والانهار فى الارضين كالعروق فى البدن وان الحكمة فى كون الارض كريّة الشكل انها لو كانت مسطوحة كلّها[m] لا غور فيها ولا نشز *بخرقها لم[n] يكن[o] النبات وكانت مياه البحار
سائحة على وجهها فلم يكن الزرع ولم يكن لها غدران تفضى[p] f. 20r.
مياه السيول اليها ولا كانت لها عيون تجرى[q] تنبع بالماء ابدا لان

---

a) P om. *b*) *Moroudj* I, 183 الجنادل, sed cod. Leid. ut rec. *c*) L c. ف. *d*) P ذكرنا. *e*) Apud alios hunc numerum non invenio. Forte ex 19 Par. errore fecit 29, itaque 87 M. pro 57. *f*) P تخرق. *g*) Codd. مواصل. *h*) L فى الجسد. *i*) P عندنا. *k*) P الممكن. Deinde L فيه. *l*) L كان. *m*) P كانت. *n*) L بحرحها ولم. *o*) P تكن. Deinde L للنبات et mox للزرع. *p*) P تقضى, L om. *q*) L om.

مياه العيون لو كانت منها تخرج *a* دائما لغنيت ولصار الماء ابدا غالبا *b* على وجه الارض فكان يهلك الحيوان ولا يكون زرع ولا نبات فجعل عزّ وجلّ منها انجادا ومنها اغوارا ومنها انشازا ومنها مستوية، واما *c* انشازها فنها الجبال الشامخة ومنافعها ظاهرة فى قوّة تحدُّر السيول منها *d* فتنتهى الى الارضين *e* البعيدة بقوّة جريها ولتقبل الثلوج فتحفظها *f* الى ان تنقطع مياه الامطار وتذيبها الشمس فيقوم ما يتحلّب منها مقام الامطار ولتكون الآكام والجبال فى الارض حواشر *g* للمياه لتجرى من تحتها ومن شعوبها واوديتها فيكون منها العيون الغزيرة ليعتصم بها الحيوان ويتّخذها مأوى *h* ومسكنا ولتكون مقاطع ومعاقل وحواجز بين الارضين من غلبة *i* مياه الامطار عليها وما *k* لا يحصيه الّا خالقها *l* ۞

قال المسعودى وقد تختلف قوى الارضين *e* وفعلها فى الابدان لثلاثة اسباب كمّية المياه *m* التى فيها وكمّية الاشجار ومقدار ارتفاعها وانخفاضها فالارض التى فيها مياه كثيرة ترطّب الابدان والارض العادمة للمياه *n* f.20 v.
تجفّفها واما *o* اختلاف قوّتها من قبل الاشجار *فان الارض الكثيرة الاشجار الاشجار *p* التى فيها تقوم لها مقام السُّتْرة فبهذا *q* السبب تسخن *d* والارض المكشوفة من الاشجار *العادمة لها حالها عكس حال الارض الكثيرة الاشجار *d* واما اختلاف قواها من قبل مقدار علوّها وانخفاضها فلانّ الارض العالية المشرفة *r* فسيحة باردة والارض المنخفضة العميقة حارّة ومدة، ومنهم من راى ان اصناف اختلاف البلدان *s* اربعة اوّلها النواحى والثانى الارتفاع والانخفاض والثالث مجاورة الجبال والبحار لها والرابع طبيعة تربة *t* الارض وذلك ان ارتفاعها يجعلها ابرد

---

a) L فخرج. *b*) P عاليا. *c*) L s. و. *d*) L om. *e*) L الارض. *f*) P فتحيطها. *g*) P s. p., L حواسر. *h*) L مادًّا. *i*) P عليه. *k*) P والما. *l*) P خالقه. *m*) L الما. *n*) L للما. *o*) L c. ف. *p*) L om., P om. alterum الاشجار. *q*) L فيها. *r*) P المشرفية. Deinde L فسخه. *s*) L الابدان. *t*) L ترب s. p.

* وانخفاضها يجعلها اسخن على ما قدّمنا واما اختلافها من جهة مجاورة الجبال لها فمتى كان الجبل من البلد من ناحية الجنوب جعله ابرد لانه يكون *a* سبب امتناع الريح الجنوبيّة وانّما تهبّ فيه الشماليّة
f. 21 r. فقط ومتى ما *a* كان الجبل من البلد من ناحية الشمال جعله اسخن لامتناع هبوب الرياح الشماليّة فيه واما اختلافها لمجاورة *b* البحار لها فمتى كان البحر من البلد فى ناحية * الجنوب كان ذلك البلد اسخن وارطب وان كان من البلد فى ناحية *a* الشمال كان ذلك البلد ابرد وايبس واما اختلافها بحسب طبيعة تربتها فمتى كانت تربة *c* الارض صخريّة جعلت ذلك البلد ابرد واجفّ وان كانت تربة البلد جصّيّة *d* جعلته اسخن واجفّ وان *e* كانت طينيّة جعلته ابرد وارطب وبقاع الارض مختلفة بحسب اختلاف الطبائع وما تؤثّره *f* فيها الاجسام السمائيّة من النيّرين وغيرهما فغلب طبع *g* كلّ ارض على ساكنها كما * نشاهد الحِرار *h* السود والاغوار وحشها الى السواد ووحش الرمال البيض على ذلك اللون فان كانت الرمال احمر فوحشها عفر *i* وهو لون *c* التراب وكذلك وحش *k* الجبال من الاراوى وغيرها يكون على الوان تلك الجبال ان حمرا وان بيضا وان سودا وعلى هذا السبيل تكون القملة فى الشعر الاسود سوداء وفى الشعر *a* الابيض بيضاء وفى المشيب *l* شهباء وفى الاحمر حمراء ❁

ومن الفلكيّين من يرى ان كلّ جزء من اجزاء الارض يناسب جزءً من اجزاء الفلك ويغلب عليه طباعه لان فى اجزاء الفلك المضىء
f. 21 v. والمظلم والفصيح والاخرس وذو الاصوات والمجوّف وغير ذلك من نعوت الدرج فلذلك يكون كلام اهل الموضع الواحد مختلفا على قدر ما تصلح *m* فيه السعود وتفسد فيه النحوس ثمّ يختلف اهل اللسان

---

a) P om. *b*) L بمجاورة. *c*) Addidi. *d*) L s. p.; *Moroudj* VII, 185 حصيانية. *e*) P c. ف. *f*) L يوثره. *g*) L om. *h*) L يشاهد الجبال. *i*) P عفرا. *k*) L وحوش. *l*) L الشهب. *m*) L ويفسد et mox يصلح.

الواحد a فى المنطق واللهجات، قال المسعودى وقد نمّ ابطلميوس القلوذى آراء كثيرة b من تقدّمه c ممن عُنى بعلم معمور الارض وغايات ذلك ونهاياته مثل مارينوس *وابرّخس وطيمستانس d وغيرهم فى قبول اقاويل المخبرين من التجار وغيرهم عن نهاية المعمور وان ذلك قد يدخله الكذب والزيادة a والنقصان فيما اخبروا به من وصولهم الى *هذه المواضع e النائية والعمائر القاصية a فى البرّ والبحر ثم اضطرّ ابطلميوس لمّا اراد علم ذلك والوقوف عليه الى ان يستعمل ما انكره على من f ذكرنا من جهة الخبر فبعث بثقات من رُسُله فى الآفاق ليعرف الغايات من عمران الارض المسكونة فعمل على اخبارهم مقايسا بها ما وجده بالدلائل النجوميّة وهذا *دخول منه g فيما انكره *وقد ذكر h فى كتابه المترجم بمسكون الارض بلدانا i ومدائن كثيرة ووصف اطوالها وعروضها ورسم للناس صورة معمور الارض على ما رسم فيها من مواضع الكور والبحار f.22 r.
والانهار فى الطول والعرض وقد قال ارسطاطليس فى المقالة الثانية من كتابه فى الآثار العلويّة k *لقد اعجب l من الذين يصوّرون اقطار الارض وابعادها فانهم يصوّرون الارض المعمورة مستديرة والقياس والعيان *يشهدان على انها m على خلاف ذلك وانه لا يمكن ان يكون ذلك a اما القياس فيثبت ان عرض الارض محدود *وان طولها n ليس بمحدود اعنى ان طول الارض كلّه يمكن ان يسكن لحال o مزاجه وذلك ان الحرّ والبرد لا يكونان مفرطين فى طول الارض لكن فى عرضها ولو لم يكن البحر يمنع لكان طول الارض كلّه مسلوكا قال p والعيان يشهد ايضا على ان طول الارض يسلك فى البرّ والبحر لان

---

a) P om. *b*) L كثير. *c*) P تقدم. *d*) P وابرجس وطيمثاس. Sunt Hipparchus et Timosthenes. *e*) L هذا الموضع et mox والعمارة. *f*) P ما. *g*) P دخوله, L وصول منه. *h*) L وذكر. *i*) L om. *k*) *Metereol.* ed. Ideler I, p. 98. *l*) L قد تعجب. *m*) Codd. يشهدانها. *n*) P tantum ان. *o*) P بحال. *p*) P وقال.

الطول مخالف للعرض*a* كثيرا، قال المسعودى وقد ذكرنا فى كتاب فنون المعارف، وما جرى فى الدهور السوالف» ما ذهبت*b* اليه الفرس والنبط فى قسمة المعمور من الارض وتسميتهم مشارق الارض*c* وما قارب ذلك من مملكتها خُراسان وخُرْ*d* الشمس فاضافوا مواضع المطلع اليها والجهة الثانية وهى المغرب خُرْبَران*e* وهو مغيب الشمس والجهة f.22 v. الثالثة وهى الشمال باختر*f* والجهة الرابعة وهى الجنوب نيمروز*g* وهذه الفاظ يتّفق عليها الفرس والسريانيُّون وهم النبط، وما ذهب اليه اليونانيُّون والروم فى قسمة المعمور من الارض على ثلاثة اجزاء وهى اروفا*h* ولوبية وآسية وغير ذلك من كلام سائر*i* الامم فى هذه المعانى، فلنقل الآن فى الاقاليم وصفتها وما قيل فى قسمتها وغير ذلك ۞

ذكر الاقاليم السبعة وقسمتها وحدودها وما قيل فى طولها وعرضها وما اتّصل بذلك

كلّ ما كان من الارض معمورا فهو*k* مقسوم بسبعة*l* اقسام يسمّى كلّ قسم منها اقليما وقد تنازع من عنى من حكماء الامم وفلاسفتهم بعلم الهندسة ومساحة الارض فى هذه الاقاليم السبعة *افى الشمال والجنوب ام فى الشمال دون الجنوب فذهب الاكثرون الى ان ذلك*m* فى الشمال دون الجنوب لكثرة العمارة فى الشمال وقلّتها فى الجنوب ورأى قوم ان القدماء انّما قصدوا لقسمة الاقاليم السبعة فى الجانب الشمالىّ من خطّ معدل النهار ولم يقسموا فى الجنوبىّ شيئًا لقلّة قدر العمارة فى الجنوب عن الخطّ وذهب هرمس فى متّبعيه من المصريّين وغيرهم f.23 r. الى ان فى الجنوب سبعة اقاليم كما هى فى الشمال وكان يُجْعَل قسمة اقاليم العمران من الشمال مدوّرة فيجعل*n* الاقليم الرابع وهو اقليم

---

a) L العرض. *b*) L ذهب. *c*) P om. *d*) P وخَر. Male explic. de Sacy; cf. Reynaud *Introd.* CCXXXI ann. 8. *e*) P حِزبران, L s. p. Vid. Ibn Khord. ٧٣ *e*. *f*) P تاخير, L باخير. *g*) P يثمرون, L. بمرون. *h*) L اروفى. *i*) P تلك. *k*) L فانه. *l*) P سبعة. *m*) L om. *n*) P c. و.

بابل واسطا لها وستّة دائرة حوله وان كلّ اقليم سبع مائة فرسخ فى مثله فالاقليم الاوّل الهند والثانى الحجاز والحبشة والثالث مصر وافريقية والرابع بابل والعراق *a* والخامس الروم والسادس ياجوج وماجوج والسابع يوَمّاريس *b* والصين ويبتدأ *c* جميعها من المشرق مما *d* يمرّ ببلاد الصين وغيرها فحدّ الاقليم الاوّل البحر مما يلى المشرق والثانى البحر مما يلى الحجاز والثالث الدَّيْبُل من ساحل المنصورة من ارض السند والرابع حدّ الاقليم السابع مما يلى الصين اطول ساعات نهاره ثلث عشرة ساعة، وحدّ الاقليم الثانى البحر *e* مما يلى عمان الى الشِحْر والاحقاف الى عدن *f* أَبْيَن الى جزائر الزنج والحبشان واطول ساعات نهاره *g* ثلث عشرة ساعة ونصف، وحدّ الاقليم الثالث ينتهى الى ارض الحبشة مما يلى الحجاز الى بحر الشأم الذى بين مصر وارض الشأم الى وسط البحر الذى يلى الاندلس مما يلى المغرب اطول ساعات *h* نهاره اربع

f 23 v. عشرة ساعة، وحدّ الاقليم الرابع الثعلبيّة والثانى وسط *i* نهر بلخ والثالث خلف نصيبين باثنى عشر فرسخا من ناحية سنجار والرابع وراء *h* الدَّيْبُل من ساحل المنصورة من بلاد السند بستّة فراسخ اطول ساعات نهاره اربع عشرة ساعة ونصف ساعة *h*، وحدّ الاقليم الخامس بحر الشأم الى اقصى ارض الروم مما يلى البحر الى تراقية وبلاد بُرْجان والصقالبة والأَبَر *k* الى حدّ ارض *h* ياجوج وماجوج الى حدّ الاقليم الرابع

---

a) P s. و. *b*) Sic P, sed terminatio posset legi ين; L تومارىس. Intelligi videtur (coll. *Mor.* I, 181, l. 1) Ptolemaei Kattigara, Persarum Kangdiz, Jamakota زمكوت aut cupola Arîn (ازين, اجين) قبة ارين (Reinaud, *Introd.* ccxx seq., Berûnî, *India*, ١٥٧). Apud Hamdânî, ed. Müller, p. ٦, 8 desideratur. *c*) L وابتدا. *d*) P ما. *e*) L om. *f*) P عمان. *g*) P ins. الى. *h*) P om. *i*) Hamdânî l. l. 13 شطّ. *k*) Conjectura addidi, quoniam mox post الاقليم inepto loco P habet والاثر, L والاسر, quod sic legendum et collocandum videtur. Cf. Ibn Khord. ٩٣, 4, ١١٩, 6.

مما يلى نصيبين اطول ساعات نهاره خمس عشرة ساعة، *وحدّ الاقليم السادس من الصين a الى حدّ الاقليم الخامس الى البحر مما يلى المشرق b *اطول ساعات نهاره خمس عشرة ساعة ونصف c، وحدّ الاقليم السابع ارض الهند الى حدّ الاقليم الرابع d الى حدّ الاقليم السادس الى البحر اطول ساعات نهاره ستّ عشرة ساعة، وفى كتاب مارينوس ان مساحة *هذه الاقاليم e فى الطول ثمانية وثلثون الفا وخمس مائة فرسخ فى عرض الف فرسخ وسبع f مائة وخمسة وسبعين فرسخا وقد انكر ذلك على مارينوس جماعة ممن تقدّم وتأخّر، قال المسعودى بين الاسلاف والاخلاف من حكماء الامم فى مقادير *هذه الاقاليم e السبعة واطوالها f 24 r. وعروضها وعدد ساعاتها وابتدائها وغاياتها وما فيها من مساكن الامم فى البرّ والبحر تنازع كثير وقد اتينا على شرح كثير من ذلك فيما تقدّم من كتبنا ورايت هذه الاقاليم مصوّرة فى غير كتاب بانواع الاصباغ واحسن ما رايت من ذلك فى كتاب جغرافيا b لمارينوس وتفسير جغرافيا قطع الارض وفى الصورة المأمونيّة التى عملت للمأمون اجتمع على صنعتها عدّة من حكماء اهل عصره صوّر فيها العالم بافلاكه ونجومه وبرّه وبحره وعامره وغامره ومساكن الامم والمدن وغير ذلك وهى احسن مما g تقدّمها من جغرافيا بطلميوس وجغرافيا مارينوس وغيرهما h ۞

ذكر قسمة الاقاليم على الكواكب السبعة b الخمسة والنيّرين

قسموا هذه الاقاليم بين الكواكب السبعة على قدر تواليها وتتابعها فى الفلك فالاقليم الاوّل لزحل وهو كيوان بالفارسيّة له من البروج الجدى والدلو الاقليم الثانى للمشترى وهو بالفارسيّة أُورْمُزْدْ i له من

---

a) Codd. نصيبين; cf. Hamd. l. 21. *b*) L om. *c*) Addidi. *d*) L ins. وحد الاقليم الرابع. *e*) L هذا الاقليم. *f*) P وتسع et mox وتسعين. *g*) L ما. *h*) De Sacy: »Ce passage donne lieu de croire que l'ouvrage de Marin de Tyr avait été traduit en arabe, et se trouvait encore au temps de Masoudi". *i*) Codd. اوزمرد. Vulgo هرمزد.

البروج القوس والحوت الاقليم الثالث للمرّيخ وهو بالفارسيّة بهرام *a* له من البروج الحمل والعقرب الاقليم الرابع للشمس وهى بالفارسيّة خُرْشاد *b* f.24 v. ومن اسمائها آفتاب لها من البروج الاسد الاقليم الخامس للزهرة وهى بالفارسيّة اناهيد لها من البروج الثور والميزان الاقليم السادس لعطارد وهو بالفارسيّة تير له من البروج الجوزاء والسنبلة الاقليم السابع للقمر وهو بالفارسيّة ماه له من البروج السرطان، واسم الاقليم بالفارسيّة كِشْوَر واسم الفلك اسْپِهْر *c* وذلك بالفارسيّة الاولى وبهذه الفارسيّة حايدان *d*، قال المسعودى وفيما حكيناه تنازع بين *e* حكماء الامم من الفرس واليونانيّين والروم والهند والكلدانيّين وغيرهم والاشهر ما ذكرناه وقد انبينا على شرح ذلك فيما سلف من كتبنا وكذلك ما تنازعوا فيه من اشتراك البروج الاثنى عشر فى الاقاليم السبعة وخاصّة *f* الكواكب السبعة فى الآراء والملل *g* والنواحى والآفاق وغير ذلك، قال المسعودى ونحن ذاكرون الاقليم الرابع وما *بان به *h* عن سائر الاقاليم وجلالة f.25 r. صقعه وشرف محلّه اذ كان به *e* مولدنا وفيه منشأنا وكنّا اولى الناس بتقريظه *i* والابانة عن شرفه وفضله وان كان ذلك اشهر من ان يحتاج *a* فيه الى اطناب *k*، ولا يحويه لعظمه كتاب ،، ✿

ذكر الاقليم الرابع ووصفه *l* وفضله على سائر الاقاليم وما خُصّ
به ساكنوه من الفضائل التى باينوا بها *m* سكّان غيره منها
وما اتّصل بذلك من الكلام فى عروض البلدان واطوالها
والاهوية والترب *n* والمياه وتأثيراتها *o* وغير ذلك

---

a) L om. *b*) Berûnî, *Chron.* ١٩٢ خورشيد, Jâc. I, ٣٢, 21 خرشاذ. *c*) I. e. سِپِهْر = اِسْپِهْر. *d*) *Sic* P; L جَاندان. Incertum est utrum velit orbem in lingua Persica recentiore hoc nomine designari, an vocem اسبهر in antiqua lingua significare orbem, in recentiore aliud quid esse. *e*) P om. *f*) Codd. فى خاصة. *g*) P والمدن. *h*) P يانبه. *i*) Codd. بتفريظه. *k*) P اطيله. *l*) P ووسعه. *m*) P فيها. *n*) L والتراب. *o*) L وتاثيرها.

الاقليم الرابع يضاف الى بابل ويعرف بها وكان اسمه بالكلدانيّة وهى السريانيّة خُنيرَث a وبه كانت تسمّيه جميع طبقات الفرس وكانت بابل تسمّى بالفارسيّة والنبطيّة بابيل ومن حكماء الفرس والنبط b من يذهب الى انها سمّيت بهذا الاسم اشتقاقا من اسم المشترى وهو بلغتهم الاولى (f.25 v.) بيل لتولّيه هذا الاقليم ووقوعه فى قسمته c وحدود هذا الاقليم الشريف المفضّل على سائر الاقاليم مما يلى ارض الهند الدَّيْبُل d ومما يلى الحجاز * الثعلبيّة من طريق العراق الى الحجاز e ومما يلى الشأم نصيبين ومما يلى خراسان نهر بلخ f وقد ذكرنا فيما سلف من هذا الكتاب ما قيل فى حدوده ايضا عند ذكرنا الاقاليم فعلى هذا التحديد قد دخل فى هذا الاقليم ما دون النهر من خراسان والجبال كلّها من الماهات وغيرها والعراق بأسره وغير ذلك ولم يعرف ما حواه g هذا الاقليم من ذلك اجمع h الّا ببابل i لفضل موضعها وجلالة صقعها لان ذوى المعرفة من الناس انّما ينسبون الشىء الى e الافضل المشهور ولولا ان بابل كذلك ما نسبوا هذا الاقليم * مع سعة ارضه وجلالة ما k حوى من البلدان اليه وهذا الاقليم وسط الاقاليم السبعة واعدلها l وافضلها وبلد العراق وسطه m فهو شرف الارض وصفوتها اعدلها n غذاء واصفاه (f.26 r.) هواء متوسّط بين افراط الحرّ والبرد وموضعه الموضع الذى ينقسم فيه الزمان اربعة اقسام فلا يخرج ساكنوه * من شتاء f الى صيف حتى يمرّ بهم فصل الربيع ولا من صيف الى شتاء حتى يمرّ بهم فصل الخريف، ولما ذكرنا من توسّطه كانت ملوك سوالف الامم تحلّه اذ كان نسبة

---

a) P s. p., L حنيرت. Apud Tabarî I, ٢٣٩, 14 scribitur خنارث, I, ٥٣٩ خنيارث, Jâc. I, ٣٧, 9, 14 هُنَيْرة. Cf. (quos locos mihi laudat Nöldeke) West, Gloss. zu Minochired, p. 166, Justi, Handb. der Zendspr. p. 87. *b*) P والقبط. *c*) L قسمه. *d*) P والديبل et mox والثعلبية, ونصيبين et ونهر. *e*) L om. *f*) P om. *g*) L ins. من. *h*) P جميع. *i*) P بابل, L مسائل. *k*) P من وسعه ارضه اجلاله وما. L ارضيه pro ارضه. *l*) P واحدلها. *m*) L وسط. *n*) P واعدلها.

الملك الى المملكة التى هو عليها نسبة القلب الى البدن الذى هو فيه فكما *a* كان الله عزّ وجلّ بلطيف حكمته اذ خلق القلب اشرف الاعضاء احلّه من البدن اوسطه كانت هذه سبيل الملك فيما يسكنه من مملكته وكانت قدماء الملوك تقول الملك الاعظم مركز لدائرة *b* ملكه بُعْدُه من محيطها بُعْدٌ واحدٌ وتد مركوز وعَلَم منشور منه يستمدّ التدبير واليه ترد *c* الامور ولذلك يقال ان الملك الاعظم والمدبّر *d* الاكبر ينبغى ان يكون منزله الواسطة من هذا الاقليم وهو الرابع ، *والعراق اشرف *e* المواضع التى اختارتها ملوك الامم من النماردة وهم ملوك السريانيّين الذين تسمّيهم *f* العرب النبط ثم ملوك الفرس على طبقاتهم من الفرس الاولى الى الساسانيّة وهم الاكاسرة وهى حيث تلتقى دجلة والفرات وما قرب من ذلك وهى من السواد البقعة التى حدُّها الزابى *g* فوق *h* سرّ f.26 v.
من راى مما يلى السّنّ وتكريت وناحية حلوان مما يلى الجبل وهيت مما يلى الفرات والشأم *وواسط من اسفل دجلة والكوفة *i* من سقى الفرات الى بَهَنْدَف وبادرايا وباكُسايا وهى بالنبطيّة *k* تُرْقُف *l* من ارض جُوخَى *m* وهذه الارض هى لبُّ ايرانشهر التى تفانت عليها ملوك الامم فكان *اختيارهم بفصل *n* آرائهم المصيف بالجبال ليسلموا من سمائم العراق *o* وكثرة ذبابه وهوامّه والمشتى بالعراق ليسلموا من زمهرير الجبل *p* وكثرة ثلوجه *وامطاره ووحوله *q* واقذاره *r* وقد كان ابو دُلَف القاسم ابن عيسى العجلىّ يفعل ذلك فقال مفتخرا به فى كلمة له طويلة

اِنّى اَمْرُؤٌ كِسْرَوِىُّ الفَعالِ   أُصيفُ الجِبالَ وأَشْتُو العِراقا
وأَلْبَسُ لِلحَرْبِ أَثْوابَها   وأَعْتَنِقُ الدارِعِينَ اَعْتِناقا

---

a) Codd. فلما. *b*) P الدايرة. *c*) P يرد. *d*) L والمدير. *e*) P tantum واشرف, L واشرف العراق. *f*) L سمتهم. *g*) L s. p. *h*) P ins. من. *i*) P corrupte ووابل من اعتقل ودجلة الكوفة. *k*) P النبطية. *l*) P بوقف, L بوقف. Cf. Jâcût I, ٤٧٧, 6 cum ٨٣٨, 7 seqq. *m*) P جرخى, L حوجى. *n*) P اختيارانهم انقصا. *o*) P العرب. Cf Ibn al-Fakîh ٢٣٤, 10, Jâc. II, ١٩, 6. *p*) L الجبال. *q*) L om. *r*) L واقدارها.

ولمّا بلغ عبد الله بن طاهر هذه الابيات بعد افتتاحه مصر والشامات قال يردّ عليه

أَلَمْ تَرَ أَنّا جَلَبْنا الجيادَ الى أَرْضِ بابِلَ قُبًّا عِتاقا *a*
الى أَنْ *وَرَدْنَ بأَذْوائها *b* قُلُوبَ رِجالٍ أَرادُوا النِفاقا *c*
وأَنْتَ ابا دُلَفٍ ناعِمٌ تَصِيفُ الجِبالَ وتَشْتُو العِراقا

وكانت الفرس تسمّى هذا الصقع ايضا ايرانشهر اضافة الى ايرج بن f.27 r. افريدون حين قسم افريدون الارض بين ولده الثلاثة فجعل لسلم الروم وما يليهم من الامم ولطوج الترك وما يليها من الامم ولايرج العراق وما يليه *من الامم *d* فاضيف اليه *e* وفى ذلك يقول شاعرهم فى الاسلام مفتخرا

وقَسَمْنا مُلْكَنا فى دَهْرِنا قِسْمَةَ اللَّحْمِ على ظَهْرِ الوَضَمْ
فجَعَلْنا الشأْمَ والرُّومَ الى مَغْرِبِ الشَّمْسِ الى الغِطْرِيفِ سَلَمْ
ولِطُوجٍ جُعِلَ التُّرْكُ له فبِلادُ *f* التُّرْكِ يَحْوِيها ابنُ عَمّْ *g*
ولإيرانَ جَعَلْنا عَنْوَةً فارِسَ المُلْكِ وفُزْنا *h* بالنِّعَمْ

ومنهم من يذهب الى *ان معنى *i* ايرانشهر بلد *k* الخيار لان اير بالفارسيّة الاولى اسم جامع للخير والفضل ومن *l* ذلك قولهم لرئيس بيت النار ايربذ اى رئيس الخيار الفاضلين فعرّب فقيل هربد *m* والنبط تذكر *n* ان هذا الاقليم لها ملكته فى سالف الدهر وان ملوكهم النماردة منهم نمرود ابراهيمَ الخليلِ والنمرود سمة لملوكهم وان الفرس كانت بفارس والماهات وغيرها من بلاد الفَهْلويّين وان هذا الصقع مضاف اليهم وانّما

---

a) Jâc. l. l. 11 versum addit. *b*) Jâc. وربين باذنابها cum var. l. ورثن بـآدابها; L باودايها. *c*) P اتفاقا. *d*) P om. *e*) Addidi. *f*) Codd. ببلاد. Cf. Ibn Khord. ١٦ *a*. *g*) P بزعم, L s. p.; Ibn Khord. ut rec. et sic bonus cod. Leid. *Moroudj* 437 *a*. *h*) P وبرنا, L وقرنا. *i*) P معين sine الى. *k*) L ins. حمار, P bis habet الخيار. *l*) L ins. دون. *m*) P ins. والنبط هرمذ. *n*) L بداكر.

هو بلد اريان شهر معنى ذلك بلد السباع *لان السباع a تدعى b بالنبطيّة اريان a *احدها اريا c فشُبّهوا بالسباع لشدّة بأسهم وشجاعتهم وعظم ملكهم وكثرة جنودهم فلمّا غلبت الفرس عليهم لما كان بينهم من f 27 v التحزّب d والحروب واختلاف الكلمة وتباين e الممالك ودامت ايّامهم واتّصل ملكهم f دخلوا فى جملتهم وتعزّزوا g بهم وانتسبوا اليهم ثم جاء الاسلام فنصى على ذلك اكثرهم وانفوا h من النبطيّة لزوال العزّ الذى كان فيهم وانتمى جلّهم الى ملوك الفرس حتى قال بعض المتأخّرين فى ذلك

ابا دَهْرُ وَيْحَكَ كَمْ ذا الغَلَطْ　　وَضيعٌ عَلَا *وكَرِيمٌ سَقَطْ i
وَعَيْرٌ يُخَلَّدُ k فى جَنَّةٍ　　وطِرْفٌ بلا عَلَفٍ يُرْتَبَطْ
وأَهْلُ القُرَى كُلُّهُمْ يَدَّعُونَ　　لِكِسْرَى قُبَاذًا l فأَيْنَ النَّبَطْ

وقد حدّ كثير من الناس السواد وهو العراق فقالوا حدّه مما يلى المغرب واعلى دجلة من ناحية آثور وهى الموصل القريتان المعروفة احداهما بالعَلْث من *الجانب الشرقىّ m من دجلة وهى من طسّوج بُزُرْجَسَابُور والاخرى المعروفة بحَرْبَى وهى بازائها فى b الجانب الغربىّ من طسّوج مَسْكِن ومن جهة المشرق الجزيرة المتّصلة بالبحر الفارسىّ المعروفة بمِيَان رُوذان من n كورة بَهْمَن أَرْدَشِير وراء البصرة مما يلى البحر طول ذلك مائة وخمسة وعشرون فرسخا والحدّ الشمالىّ من عَقَبَة حُلْوان الى الموضع المعروف بالعُذَيب b وراء القادسيّة من جهة الجنوب مسافة ما بين هذين الموضعين وهو عرض السواد ثمانون فرسخا يكون ذلك مكسّرا a *عشرة آلاف فرسخ o والفرسخ اثنا عشر الف ذراع بالذراع f. 28 r. المرسلة يكون بذراع المساحة وهى الذراع p الهاشميّة تسعة آلاف ذراع

---

a) L om. b) P om. c) L احداهما اريًا. d) P التحرب, L الحزب. e) L وسادر. f) L ملكتهم. g) L وتقرروا. h) L وانفقوا. i) L ورفيع بحط. k) L s. p., P تخلف. l) P قباد, L قباذا. m) Cod. الغربى; cf. Jâc. III, ١٧٤, 21 seqq. n) P ومن, L om. o) P الف فرسخا, L الف فرسخ. p) P s. art.

وهو مائة وخمسون أَشْلًا يكون ذلك جربانا اثنين وعشرين الفا وخمس مائة جريب هذا *a* انّما هو تكسير اشل *b* فاذا ضرب *c* ذلك فى عدد الفراسخ وهو عشرة آلاف فرسخ بلغ مئتى الف الف وخمسة وعشرين الف الف جريب اسقط اربابُ الخَراج لمواضع الجبال والآكام والتلول والآجام والسباخ *d* ومدارس *e* الطرق والمحاجّ *f* ومجارى الانهار ومواضع المدن والقرى وغير ذلك من المواضع الّتى لا يتأتّى *g* فيها الحرث على التخمين والتقريب الثُلْثَ من ذلك وهو خمسة وسبعون الف الف جريب فيبقى مائة الف الف وخمسون الف الف جريب يراح النصف من ذلك ويكون النصف *h* معمورا مع ما فى الجميع من النخيل *i* والكروم وسائر الاشجار وما يعمر دائما من الارضين ، ولم يزل السواد فى ملك النبط والفرس مقاسمة الى ايّام قباذ بن فيروز الملك فانه فرض على كلّ جريب درهمين والزم الناس المساحة وأُطْلقوا فى املاكهم وكانوا ممنوعين منها الى وقت القسمة فهلك قبل اتمام ذلك فلمّا ملك انوشروان بعده تمّمه واخذ الناس به فارتفع اوّل سنة مائة *k* الف الف وخمسون f.28 v. الف الف درهم من الدراهم الّتى وزن الدرهم منها مثقال وقد كان خسْرو ابرويز بن هرمز بن انوشروان بن قباذ اجتبى مملكته فى سنة ثمانى عشرة من ملكه وكان فى يده السواد وارض الاعاجم دون اعمال الغرب *l* وكان حدُّ *d* مملكته *m* الى هيت وما وراء ذلك *d* من الموصل والجزيرة والشأم بيد الروم من الورق اربعمائة الف الف وعشرين الف الف مثقال يكون ذلك وزن *سبعة ستّمائة *n* الف الف درهم وكثير

a) P om. Vult الجريب. *b*) Codd. male فرسخ. *c*) P ضربت. *d*) P om. *e*) L ومدائن. *f*) P الحاج. *g*) L يأتى. *h*) P om., Jâc. ١٧٥, 9 seq. tacet. *i*) P النخل. *k*) P بماية et mox codd. وخمسين. Saepissime autem in utroque cod. casus obliquus pro recto et vice versa occurrit. *l*) Codd. العرب; Kodâma ٢٥٢, 4 المغرب. *m*) Codd. ins. منه. *n*) Codd. سبعماية. Vid. Ibn Khord. ١٥, 8.

من هذه a النواحى اليوم على ما كانت عليه فى ذلك الوقت لم يُغْزَ b ارضوها ولم *يَبِدْ ساكنوها c وانّما يحتاج ان يكون مع مُلّاكها ومدبّريها تقى الله اوّلا ثم درايـة ونجدة وعـدل وعفّـة وسياسـة حتى تستقيم الامور وينتظم التـدبير ويـأتى من الاموال ما يسـدّ بـه اركان الملك d وتعمر بـه البلاد ويشحن بـه الثغور ويقمع بـه العدوّ اذ e كان سلوك طريقـة العـدل يؤدّى الى a طول المـدّة واتّصال ايّـام الدولـة وبالعدل رُكّب جميع العالم *فلا جَرَم انه لا يقوم f الّا بالحقّ وهو ميزان الربّ فى الارض بُين عبـاده فلذلك حكمتـه مبرّأة من كلّ ميل وزلل فمن f 29 r.
بَخَسَه بتر عمره وانقضت ايّامه وظلم الرعيّة ، *استجلاب البليّة g ☆

وكان السواد يعـدّ فى ايّام الفرس اثنتى عشرة كورة تسمّى الكورة بلغتهم استان وطساسيج ستّون طسّوجا فى كلّ كورة عدّة طساسيج وتفسير الطسّوج الناحية ثم تغيّر ذلك على مرّ h الايّام لانخراق دجلة وخروجهـا i عن عمودها وكان مجراها فى جُوخَى k وتغريقهـا طسّوج الشَّرْثور l من بلاد كَسْكَر وغيره حتى صارت بطائح الى هـذا الوقت مسيرة ايّام وذلك بين واسط والبصرة واسمها فى هـذا الوقت فى m ديوان *السلطان آجام n البَرِيد واخْراب o جُوخى وكانت اعمر السواد واهلهـا المتقدّمون على اهله واضافـة كورة حلوان الى كورة الجبل p وكانت تدعى شـاد فيروز وغير ذلك q فصارت كور r السواد عشر كور تحوى ثمانية واربعين طسّوجا ثم آل ذلك الى نقص وخراب *لبثوق

---

a) P om. *b*) Ita P sine voc.; L دعوا ارضها; Kodâma l. 7 يعدم. *c*) L تبد سلاوها. *d*) P المدن. *e*) L ان. *f*) P فحياته لا تقوم. Pro جرم L نحكم. *g*) L استجلابا للبلية. *h*) L مر. *i*) L ودالخروجها. *k*) P جوجى, L s. p. *l*) P الثوثور, L اكثر. *m*) L om. *n*) Bis in P, quod moneo imprimis quia de Sacy e nostro loco effecit haec paludestria habuisse nomina: *marais du sultan*, *marais de bérid*, *ruines de Djoudji*. *o*) Codd. ولخراب. Deinde P جوجى, L صوخى. *p*) L الجبال. *q*) Vid. Kod. ٢٣٦, 12 seqq. *r*) P كورة.

انبثقت وجلاء *a* وانتقال وجدب وجور وحَيْف من الاتراك *b* والديلم الذين غلبوا على هذا الصقع الى هذا الوقت وهو سنة ٣٤٥ فى خلافة المطيع ، وقد وصف بعض اهل المعرفة سكّان *c* هذا الصقع الشريف f.29 v. وهو العراق فقال *d* هم اهل العقول الصحيحة والشهوات المحمودة *e* والشمائل الموزونة والبراعة فى كلّ صناعة مع اعتدال الاعضاء واستواء الاخلاط وسمرة الالوان وهى اعدلها واقصدها يستدلّ على اعتدال مزاج باطن *f* ابدانهم بالذى يرى من السمرة الظاهرة فى الوانهم واعتدال اعضائهم احسن الناس *f* الوانا ووجوها واتمّهم حلما وفهما فهم اهل العلم والخير وذلك لامتزاج صقعهم من حرّ الجنوب وبرد الشمال وغلب عليهم المشترى لامتزاجه من برد فلك زحل وحرارة فلك المرّيخ فاعتدلوا فاجتمعت *g* فيهم محاسن جميع الاقطار كما اعتدلوا فى الجبلة كذلك لطفوا فى الفطنة والتمسّك بمحاسن الامور وكيف لا يكونون *h* كذلك وهم ارباب الوافدَيْن واصحاب الرافدَيْن من دجلة والفرات والثمانية والاربعين طسّوجًا انتهى *b*، قال الفرزدق فى هجاء ابن هُبَيرة

أَأَطْعَمْتَ *i* العِراقَ ورافِدَيْهِ فَزارِيًّا أَحَذَّ يَدِ القَميصِ

f.30 r. وقال بشّار بن بُرْد *k*

الرافِدانِ تُوافِى ماء بَحْرِهِما الى الأُبُلَّةِ شُرْبًا غَيْرَ مَحْظُورِ

وقال آخر هذان الوديان رائدان لاهل العراق لا يكذبان ، قال المسعودى والصقع الذى *b* مدينة السلام منه افضل مواضع الارض جميعا فى الطيب والغذاء وذلك ان اطيب خيرات الدنيا بعد الامن والعافية

---

a) Cod. رجلا. *b*) L om. *c*) P مكان. *d*) P قال; v. Ibn al-Fakîh ١٩٢, 6 seqq. *e*) L المحدودة. *f*) P om. *g*) L c. و. *h*) L يكون. *i*) Ita Mobarrad ٤٧٩, 12, *Fragm. Hist.* ٨٣, *Lisân* sub حذّ. Var. l. est اوليت. P تعيب على s. تغيب, L نغيب على, quod unde natum sit, certo efficere nequeo. Forte est نعيتُ على aut تَعيبُ (تَعيبُ). *k*) L يَزيد et deinde الرافدون.

والعزّ والرئاسة صلاحِ *a* الماء والهواء * ثمّ افضل *b* انهار العالم دجلة والفرات وان نازع فى ذلك اهل مصر وفضّلوا نيلهم واطيب مواضع العالم فى كلّ الازمنة عند قياس بعضها الى بعض وقياس بعض البلدان الى بعض *c* موضع اجتماع دجلة والفرات وذلك ان بعض المواضع يطيب صيفه ويفسد شتاؤه فسادا يمتنع فيه من المكاسب المهنيّة *d* والمطالب الصناعيّة لشدّة برده ودوام سقوط ثلجه ومنها *e* ما يطيب شتاؤه ويفسد صيفه *حتى يشغل *f* الحرّ والومد *g* *والبقّ والهوامّ *h* عن تخشين الزىّ باللباس والتصرّف فى المهن والصناعات ويعزّز *i* علينا بما دُفعنا اليه من مفارقة هذا المصر الذى به مولدنا وفيه منشؤنا فنأت *k* الايّامُ بيننا وبينه وساحقت مسافاتنا عنه فبعدت الدار، وتراخى f.30 v. المزار،، لكنّه *l* الزمن الذى من شأنه التشتيت والدهر الذى من شرطه الافاتة *m* ولقد احسن ابو دلف القاسم بن عيسى العجلىّ حيث يقول فى هذا المعنى فى كلمة له

أَيا نَكْبَةَ الدَّهْرِ الّتى طَرَحَتْ *n* بنا   أَيادِى سَبًا فى شَرْقِها والمَغارِبِ
قِفِى بالّتى نَهْوَى *o* فقَدْ طِرْتَ بالّتى   اليها تناهَتْ فاجِعاتُ المَصايِبِ

وقال آخر

بِلادٌ بها أُنْسِى وأَهْلِى *p* وجِيرَتِى   وقد يَتَناسَى الشَّىْءَ وَهْوَ حَبِيبُ

ولولا الشوق الى الوطن والحنين الى المنشأ لم نذكر ما ذكرناه *q* من هذه المعانى، قال بعض الحكماء *r* ان من علامة وفاء المرء وحسن *s* دوام عهده حنينه *t* الى اخوانه وشوقه الى اوطانه وان *u* من علامة الرشد

---

a) L وصلاح . *b*) P فافضل . *c*) L om. *d*) Codd. المهينه . *e*) Codd. ومنه . *f*) L ويسمعل ; P يشعل . *g*) Codd. والرمد . *h*) P والدق والهوا , L واللسف الهوا . Deinde P ins. تهنى s. بناجنى indistincte, L شتى . *i*) Addidi voc.; L s. p. Cf. *Mor.* III, 133, 4 seq., 131, 4 seqq. *k*) L فبان , *Mor.* 131, 5 اناءت . *l*) P لكن ; *Mor.* 133, 6 لكن الزمن هو . *m*) *Mor.* الابانة . Deinde L وقد . *n*) L طوّحت . *o*) L تهوى . *p*) P om. *q*) P s. ه . *r*) Cf. Ibn al-Fakîh ٢٣٨, 19. *s*) L s. و . *t*) Codd. وحنينه . *u*) Cf. ib. l. 9.

ان تكون النفس الى مولدها مشتاقة، والى مسقط رأسها توّاقة،،
وقال *a* آخر عمر الله البلدان، بحبّ الاوطان،، فى علامة كرم المحتد،
الحنين الى المولد،، قال المسعودى وكثير ممن تقدّم وتأخّر من اهل
صناعة النجوم اذا حصّلوا امر بغداد قالوا عرض وسط *b* الاقليم الثالث
اى بعده من خطّ الاستواء ثلاثون درجة واثنتان وثلاثون دقيقة
f. 31 r. وعرض وسط الاقليم الرابع ستّ وثلاثون درجة ثم قالوا عرض بغداد
ثلث وثلاثون درجة وتسع دقائق فبغداد اذًا عندهم كانها قريبة من
ان تكون بين وسطى الاقليمين الثالث والرابع والاكثر منهم يرى انها
من الاقليم الرابع *b* على ما ذكرناه *c* ومن *d* يرى ذلك ممن تقدّم
مارينوس ودورثيوس وغيرهما من الفلكيّين وعرض كلّ بلد هو بعده عن
خطّ الاستواء وان شئتَ قلتَ ارتفاع القطب عليه ان *e* كان فى النصف
الشماليّ من الارض فارتفاع القطب الشماليّ *وان كان فى النصف
الجنوبيّ *b* *من الارض فارتفاع القطب الجنوبيّ *f* لانه كلّما تباعدت
المدينة عن خطّ الاستواء درجة ارتفع احد القطبين درجة وانخفض
الآخر درجة والطول هو بعد المدينة من المغرب وربّما كان بعدها من
المشرق *ومن المغرب *g* الى المشرق مائة وثمانون درجة فعرض بغداد
ثلاث وثلاثون درجة وطولها سبعون درجة وكذلك عرض دمشق
وعرض بغداد واحد وطول دمشق ستّون درجة وكذلك عرض مدينة
القيروان من بلاد افريقية من ارض المغرب وكذلك ايضا *f* عرض بيت
المقدس وقيساريّة وصيدا وصُور وانطاكية ومدينة السيرجان من ارض
كرمان ومما عرضه ثلاثون فسطاط مصر والبصرة وشيراز وشبنيز وجنّابا *h*
f. 31 v. ومهروبان وتوّج من ارض فارس والقندهار من ارض السند، ومما عرضه
ستّ وثلاثون درجة مدينة حلب من جند *i* قنّسرين من ارض الشأم

---

a) P s. و. Cf. ib. l. 1. *b*) L om. *c*) P s. ه. *d*) L ومن. *e*) P وان. *f*) P om. *g*) P والمغرب. *h*) P وخمايا, L s. p. Deinde L ومهران. *i*) P مدينة, L ارض.

ومنبج وبالس والرقّة ونصيبين ونهاوند من الماهات وهمذان وطرسوس من الثغر الشأميّ وقمّ والرىّ والموصل وبَلَد وسميساط وجسر منبج ودباوند *a* وقومس ومدينة نيسابور وبخارا وسمرقند واشروسنة من بلاد خراسان، وكلّها فى الاقاليم *b* من المدن فعلى خطّ واحد وان كان ذلك مختلفا عند من لا علم له بهذه * الامور لما يرى من اختلاف وضع هذه المدن وبعد المسافات بينها طولا وعرضا والاقاليم *c* كلّها مستقيمة كذلك رايتها فى الصورة *d* المأمونيّة وغيرها، واهوية هذه المواضع تختلف وان اتّفقت فيما ذكرنا من العرض وغيره لآفات وعوارض من ذلك ان يكون بخارات باردة فى اعماق الارض فتظهر فتكون *e* سبيل تلك المواضع من الارض ان *c* ما يتولّاها من الكواكب يوجب تأثير الحرارة فيها فيغلب ما ظهر من البرودة منها عليها وتدفع فعل الكواكب كالسَّرَوات من ارض التهائم وهى ثلاث سراة منها ما *f* بين تهامة ونجد ادناها f. 32 r. وَجٌّ وهى الطائف واقصاها قرب صنعاء من ارض اليمن والسروات ارض عالية *g* وجبال مشرفة يجب *h* ان تكون *i* حارّة لتأثير الكواكب الّا ان ما يظهر من بخار الارض يغلب *k* على البلد فصار *l* باردا وكذلك ايضا *c* دمشق عرضها وعرض بغداد واحد على ما ذكرنا فيما تقدّم فيجب *m* ان تكون حارّة كحرّ بغداد الّا ان البرد يغلب *k* عليها لما يظهر من بخار الارض من البرودة فكان الحكم *n* له وكذلك قد تكون *i* مواضع *o* من الارض ما يتولّاها من الكواكب يوجب تأثير البرودة *p* فيها فيظهر من قعور الارض بخارات كثيرة حارّة فتدفع ذلك وتصيّر الحكم لها وتجعل ذلك البلد حارًّا ككثير من البلدان الحارّة

a) P ودناوند, L ودباوند. Recepi دباوند quia infra ita scribitur. *b*) P الاقليم. *c*) P om. *d*) P الصور. *e*) L c. و. *f*) L om. *g*) P عمالية. Cf. Jâc. III, ٦٦, 17. *h*) P يوجب, L توجب. *i*) P يكون. *k*) L غلب. *l*) P c. و. *m*) Codd. فيوجب. *n*) P الحكمة. *o*) L بمواضع. *p*) L البرد.

وقد تكون a بقاع من b الارض يغلب b على ما يظهر منها b من البخار البارد تأثيرات c الكواكب بالحرّ فيكون الحكم له * ويغلب على ما ظهر منها من البخار الحارّ تأثيراتها بالبرد فيكون الحكم له d ولعلل e غير ذلك يطول ذكرها * هى موجودة f فى كتب المتقدّمين على الشرح والايضاح وقد قدّمنا فيما سمّيناه من كتبنا لُمَعًا من ذلك فاغنى عن اعادته f.32 v. فى هذا الكتاب مع اشتراطنا على انفسنا فيه الاختصار والايجاز وفى القليل كفاية لمن كان له بالعلم b عناية d، وكلّما كان على رأس قبّة الارض ووراءها الى الشقّ الشرقىّ فهو عند اهل d الشقّ الغربىّ ارفع لجهاتٍ منها ان المشرق لطلوع الكواكب وظهور النهار والمغرب لهبوطها g واخفائها والثانية ان المشرق ذكر والمغرب انثى وقسم هذا h الكواكب المذكّرة i وقسم ذلك الكواكب المؤنّثة والذكر k ابدا اعلى من b الانثى والثالثة ان حركة الفلك الى المشرق هى l ارتفاعه وحركته الى المغرب هى l انخفاضه والرابعة وهى m الوجه العيانىّ والمذهب القياسىّ انّا نجد بلد فارس ارفع من العراق والعراق ارفع من الشأم والشأم ارفع من مصر والاسكندريّة من ذلك ان حُسّاب بغداد مثل محمّد بن موسى الخوارزمىّ ويحيى بن ابى d منصور وسَنَد بن علىّ وابى معشر وغيرهم وجدوا طول بغداد من المشرق مائة درجة وعشر درجات f.33 r. يريدون من افق القبّة الى وسط سماء بغداد وذلك يعرف بساعات وسط الكسوف فى المواضع المختلفة المتباعدة ووجد ابطلميوس على ما عبّر عنه ثاون n الاسكندرانىّ طول الاسكندريّة من المشرق مائة وتسع عشرة درجة ونصفا فاذا طرحنا بُعد بغداد من بُعدها بقى تسع درجات ونصف فقلنا تطلع الشمس ببغداد * قبل الاسكندريّة d

---

a) P يكون. *b*) L om. *c*) L تاثير. *d*) P om. *e*) P والفلك.
f) L من موجود. *g*) L لظهورها. *h*) Codd. بهذه. *i*) L المذكوره.
k) P والذكور. *l*) Codd. وهو. *m*) L وهو. *n*) L بنون, L دنون.

بثُلْثَىْ ساعة *غير ثُلْثَىْ عُشْر ساعة a وكذلك تخالف البلاد فى العروض من ذلك ان ارتفاع القطب الشمالىّ عن افق صنعاء من بلاد اليمن اربع عشرة درجة ونصف وارتفاعه على بغداد ثلاث وثلاثون درجة وكسر ومن هذا يطول النهار فى بلد ويقصر b فى بلد ومن الدليل على ذلك ان c ارتفاع سُهَيل *فى وسط سمائه d على اليمن ثلاث وعشرون درجة e وهو بالعراق على c خطّ الافق وبخراسان لا يرى ولا تغيب بنات نعش هنالك f وتغيب باليمن واشباه لهذا كثيرة g انتهى ۞

قال المسعودى وقد h كان وزير المتوكّل عبيد الله بن يحيى بن خاقان لمّا امر المستعين بنفيه الى برقة وذلك فى سنة ٢٤٨ فصار الى f 33 v. الاسكندريّة من بلاد مصر راى حمرة الشمس على علو i المنارة الّتى بها وقت المغيب فقدّر انه يلزمه ان لا يفطر اذ k كان صائما او تغربَ الشمس من جميع اقطار الارض وذهب عليه ان الله عزّ وجلّ انّما فرض على كلّ قوم ان يصوموا الى *ان تغيب l الشمس فى بلدهم لان مغيبها يختلف بحسب اختلاف البلدان فيكون مغيبها فى بلاد المشرق قبل مغيبها فى بلدان m المغرب كما كان طلوعها فى المشرق قبل طلوعها فى المغرب لما قدّمنا من اقاويل المنجّمين فى ذلك ويجوز ان يكون ذلك e لاسباب استأثر الله بغيبها فامر عبيد الله انسانا ان يصعد الى اعالى n منارة الاسكندريّة ومعه حجر وان يتأمّل موضع سقوط قرص c الشمس فاذا سقطت رمى بالحجر ففعل الرجل ذلك فوصل الحجر الى قرار الارض بعد صلاة العشاء الآخرة فجعل افطاره *بعد صلاة العشاء الآخرة o فيما بعد اذا صام فى c مثل ذلك الوقت وكان عند رجوعه

a) Neglecto nempe نصف درجة. L haec om. *b*) P وينقص. *c*) L om. *d*) P om., sed in marg. cum صح habet فى سمايه. *e*) P om. *f*) L هناك. *g*) P كثير; L om. انتهى. *h*) P قد. Cf. Makrîzî, I, ١٥٦ ult. seqq. *i*) L علوه. *k*) Makr. اذا. *l*) L مَغيب. *m*) L بلاد. *n*) Makr. اعلى. *o*) Supplevi e Makr.

الى سنّ من راى لا يفطر الّا a بعد العشاء b الآخرة وعنده ان هذا فرضه وان الوقتين متساويان c وهذا غاية ما يكون من قلّة العلم f. 43 r. بالفرض d ومجارى امر * الشرق والغرب e ✿ وقد ذكر ارسطاطاليس فى * كتاب الآثار f العلويّة ان بناحية المشرق الصيفىّ * جبلا شامخا g جدًّا وان من علامة h ارتفاعه ان الشمس لا تغيب عنه الى ثلاث ساعات من الليل وتشرق عليه قبل الصبح بثلاث ساعات ✿ ومنارة الاسكندريّة احد بنيان العالم العجيب بناها i بعض البطلميوسين k من ملوك اليونانيّين بعد وفاة الاسكندر بن فيلّبس l الملك لما كان بينهم m وبين ملوك رومية n من الحروب فى البرّ والبحر فجعلوا هذه المنارة مرقبا فى اعاليها مرآة عظيمة من نوع الاحجار المشفّة يشاهد o منها مراكب البحر اذا اقبلت من رومية على مسافة تعجز الابصار p عن ادراكها فكانوا يُراعون ذلك فى تلك المرآة فيستعدّون لهم q قبل ورودهم وطول المنارة فى هذا الوقت على التقريب مائتان وثلاثون ذراعا وكان طولها قديما نحو r اربع مائة ذراع فهدمت على طول الزمان s وترادف الزلازل والامطار لان بلد الاسكندريّة يمطر وليس سبيلها سبيل فسطاط مصر اذ t كان الغالب عليها * ان لا تمطر h الّا اليسير وسنذكر فيما يرد من هذا الكتاب ما قال الناس فى ذلك والسبب فى امتناعه، وبناؤها ثلاثة اشكال فقريب من النصف واكثر من الثلث مربّع الشكل بناؤه باحجار بيض يكون نحوا من مائة ذراع وعشر u اذرع على التقريب ثم f. 34v. من بعد ذلك مثمّن الشكل مبنىّ بالآجرّ v والجصّ * نحوا من h نيّف

a) L ins. من. b) P et Makrîzî sine art. c) L الموقتين المتساوىس. d) P بالعرض. Deinde L فى مجارى. e) L المشرق والمغرب. f) P tantum اثار. Ed. Ideler I, p. 50. g) Codd. جبل شامخ. h) P om. i) P بناه. k) P الطليموسين, Makr. البطالسة. l) Makr. فيلبيش. m) P بينه. n) P الرومية, Makr. semper رومة. o) Makr. ليشاهد. p) P بالابصار. q) P لها. r) Makr. نحوا من. s) Makr. الازمان. t) Codd. اذا. u) Codd. et Makr. عشرة, sed ذراع apud nostrum plerumque est fem. v) Makr. بالحجر.

وستّين ذراعا وحواليه فضاء يدور فيه الانسان واعلاها مدوّر وكان احمد ابن طولون امير مصر والاسكندريّة والشأم رمّ منه a شيئا وجعل b فى اعلاه قبّة من الخشب المصعد c اليها من داخلها وهى مبسوطة مورّبة بغير d درج وفى * جهة الجانب الشرقىّ e من المنارة كتابة * برصاص مدفون f بقلم يونانىّ g يكون طول كلّ حرف ذراع فى عرض شبر ويكون مقدارها على وجه الارض نحوا من مائة ذراع وماء البحر قد بلغ اصلها h وقد كان تهدّم احد اركانها الغربيّة مما يلى البحر فبناها ابو الجيش خمارُويه بن احمد بن طولون وبينها وبين مدينة الاسكندريّة فى هذا الوقت نحو i ميل وهى k على طرف لسان من الارض قد l ركب ماء البحر جنبيه m مبنيّة على فم مينا الاسكندريّة وليس بالمينا القديم لان القديم * فى المدينة n العتيقة لا ترسى فيه المراكب لبُعده عن العمران والمينا هو الموضع الذى ترسى فيه مراكب o البحر واهل الاسكندريّة يخبرون عن اسلافهم انهم شاهدوا بين المنارة وبين البحر * نحوا مما p بين المدينة والمنارة فى هذا الوقت فغلب عليه ماء البحر فى المدّة اليسيرة. وانّ ذلك فى زيادة ✿ قال المسعودى وتهدّم فى شهر q رمضان سنة ٣۴۴ نحو من ثلاثين ذراعا من اعاليها بالزلزلة التى f. 35 r.
كانت ببلاد مصر وكثير من بلاد b الشأم والمغرب r فى ساعة واحدة s على ما وردت t به علينا q الاخبار المتواترة ونحن بفسطاط مصر وكانت عظيمة جدّا مهولة فظيعة اقامت نحو u نصف ساعة زمانيّة وذلك * النصف من v يوم السبت لثمانى w عشرة ليلة خلت من هذا الشهر

a) Makrîzî منها. b) Addidi e Makr. c) P لما صعد, Makr. ليصعد. d) P من غير. Deinde L دروج. e) Makr. الجهة الشمالية. f) L رصاص مدفوق. g) L اليونانى. Deinde P et Makr. om. يكون. h) P اصولها. i) Makr. ins. من. k) L وهو. l) P وقد. m) Makr. جنبتيه et add. وهى. n) P بالمدينة. o) L فى المراكب. p) P مثل ما. q) L om. r) L العرب i. e. الغرب. s) P om. t) P ورد sed post علينا ins. من. u) P نحوا من. v) Makr. لنصف. w) P لثلاث male.

وهو اليوم الخامس من كانون الآخر من شهور السريانيّين واليوم التاسع من ديماه a من شهور الفرس والتاسع ايضا من طوبة من شهور القبط وقد دخلنا اكثر المواضع المشهورة بكثرة الزلازل وعظمها مثل بلاد سيراف b من ساحل فارس وهى بين جبل وبحر وبلاد الصيمرة من مهرجان قَذَق c وماسبذان من ارض الجبال وهى * فى سفح d جبل عظيم يقال له كُبَر ومدينة انطاكية من جند قنّسرين والعواصم من ارض الشأم وهى فى e سفح جبل مطلّ عليها وبلاد قومس وهى كثيرة الزلازل جدًّا وتغور اعين وتفور فى مواضع أُخَر لعظم ذلك فالبلد f شديد الاختلال g وبين بلاد قومس وبين نيسابور جبل عظيم شامخ طويل كثير المياه والاشجار والثمار والاودية وفيه خلق من العباد يأكلون من تلك الثمار ويأوون الى كهوف وغيران h هنالك يقال لهذا الجبل جبل مورجان ومورجان *قرية بقرب i هذا الجبل والجبل بين هذه القرية وبين قرية من اعمال k نيسابور تعرف بهفدرة l تفسير ذلك f.35 v. سبعة ابواب وذلك أوّل عمل خراسان لان قومس عمل مفرد بين الرىّ وخراسان ومدنها بسطام وسمنان والدامغان ولها جبل آخر عظيم بينها وبين طبرستان يقال له قارن، ومدينة آمُل ويطلّ عليها الجبل العظيم e المعروف بدباوند m ويقال انه اعلى جبال العالم وكثير من مدن طبرستان وغير ذلك من البلاد فلم ار اعظم امرا من هذه الزلزلة ولا اطول n مُكثا وذلك انّى تبيّنتُ تحت الارض كالشيء العظيم يحاكُّها o مارًّا تحتها وهازًّا ومحرّكا لها كانه اعظم منها وكانها كالنائبة p عنه مع دوىّ عظيم فى الجوّ وكانت السلامة بحمد الله شاملة للناس والتهدّم

---

a) L s. p., P نياه, Makrîzî tacet. *b*) L سمرار. *c*) P مهرجان نقذف. *d*) P من سنح. *e*) L om. *f*) L c. و. *g*) L الاختلاف. *h*) L وخراب. *i*) P قريبة من. *k*) L عمل. *l*) L بهقدره; Ibn Rosteh ١٧٠ هفدر. *m*) L بدناوند. *n*) P اكثر. *o*) L يحاكيها. *p*) P كالنايبة, L كالباينه.

قليل وقد كان خُسف بضياع كثيرة وقرى *a* وعمائر واسعة من بلاد كشّ *b* ونَسَف مما يلى سمرقند من ارض خراسان بزلازل تواترت كان مبدأها من *c* نحو بلاد الصين الى ان اتّصلت ببلاد فرغانة وهذه البلاد هلك فيها خلق كثير *d* من الناس فمنها ما صار موضعها آجاما ومياها سودا منتنة ومنها ما صارت *e* كالرماد لانقلابها فى سفوح جبال شاهقة منيعة وذلك مشهور ببلاد خراسان وغيرها، وقد ذكرنا ما قاله الناس من الشرعيّين وغيرهم فى الزلازل وحدوثها والهدّات والخسوف وكونها فيما تقدّم من كتبنا، فاذ قد ذكرنا الاقاليم السبعة وما قيل فى اطوالها *f* وعروضها ووصفنا الاقليم الرابع وفضله على سائرها وما اتّصل f.36 r. بذلك فلنذكر البحار وكميّة اعدادها ومقادير مسافاتها وغير ذلك من الاخبار عنها ✿

ذكر البحار واعدادها وما قيل فى اطوالها وعروضها واتّصالها وانفصالها
* ومصبّات عظام *g* الانهار اليها وما يحيط بها من الممالك
وغير ذلك من احوالها

تنازع من سلف وخلف فى البحار واعدادها ومسافاتها واطوالها وعروضها واتّصالها وانفصالها وجزرها ومدّها وغير ذلك من احوالها ونحن ذاكرون اصحّ ما نقل *h* فى ذلك واشهره ومبيّنوه اذ كنّا عُنينا بذلك برهة من دهرنا وصرفنا اليه هممنا مشاهدة وخبرا حتى وقفنا منه على ما نظنّ انه استغلق على غيرنا علمه وغرب *i* عليهم فهمه، فاوّل ما نبدأ من ذلك بوصف البحر الحبشىّ اذ كان اعظم ما فى المعمور من البحار واجلّها قدرا واعظمها خطرا لاكتناف الممالك الجليلة ايّاه وما خُصّ به من الجواهر النفيسة وانواع الطيب والعقاقير فى قعوره وجزائره *k* وشطوطه وهذا حين نبتدئ بذلك على اختصار وايجاز ✿

---

a) P وقرايا, L وقرا. *b*) P كثيرة. *c*) P om. *d*) L om. *e*) Excidisse videtur vocabulum. *f*) P اطرافها. *g*) P ومصاب عظايم, L عظيم. *h*) P قيل. *i*) L وغلب (e غاب corr.?). *k*) P وجواهره.

ذكر الأوّل منها وهو الحبشىّ

البحر الحبشىّ هو بحر الصين والسند والهند والزنج والبصرة والأُبُلّة *a* وفارس وكرمان وعمان والبحرين والشِحْر واليمن وايلة *b* والقلزم من بلاد f.36 v. مصر والحبشة وليس فى المعمور بحر اعظم منه وهو مساوٍ *c* فى الطول لخطّ الاستواء آخذا *d* من اقصى بلاد الحبشان الله فى المغرب الى اقصى بلاد الهند والصين فى المشرق وطوله على هذا السمت فيما ذكر من عُنِىَ بمساحة الارض وتصويرها على مواضعها من العروض والاطوال الفلكيّة ثمانية آلاف ميل وعرضه فى الشمال الفان وسبعمائة وقيل الف وتسع مائة ميل وممن *e* ذهب الى هذا القول *b* ابطلميوس وغيره ممن *f* تقدّم عصره وتأخّر عنه وآخر من ذهب الى ذلك فى الاسلام يعقوب بن اسحاق الكندىّ فى رسالة له فى البحار والمدّ والجزر وغير ذلك وتلميذه احمد بن الطيّب فى رسالة له ايضا فى منافع * البحار والجبال *g* والانهار وادخل ابطلميوس *h* هذا البحر فى حدّ المعمور وذكر انه ينتهى الى ارض من الجنوب مجهولة وذهب آخرون الى ان طوله اربعة آلاف وخمس مائة فرسخ فى مثلها فردّ ذلك عليهم اصحاب القول الأوّل وانكروه لان اربعة آلاف فرسخ وخمس مائة فرسخ ثمانية عشر الف ميل اذ كان الفرسخ اربعة اميال بميل ثلاثة آلاف ذراع فيصير طول هذا البحر ثلاثة ارباع منطقة الارض وهى اربعة وعشرون الف ميل وعرضه ثلاثة ارباع ويصير الباقى من كرة الارض المنكشف من ماء هذا البحر جزءً يسيرا اذا اضيف الى هذا البحر وليس الوجود f.37 r. كذلك والقول الأوّل اصحّ وعليه المعمول *i* لما بيّنّا ۞

ومما يصبّ اليه من الانهار العظام المشهورة الفُرات *k* ومخرجه من الاقليم السادس من ناحية قاليقلا وكانت من ثغور ارمينية من تحت جبل

---

a) P والايلة, L s. p. *b*) L om. *c*) P مساواً, L مساوى sine فى. *d*) P آخذ, L اخذ. *e*) L s. و. *f*) L من. *g*) P tantum الجبال. *h*) Codd. h. l. sine ا. *i*) L المعمول. *k*) P semper الفراة.

هنالك يدعى افردخمش *a* ويقطع بلاد الروم ويمرّ بالقرب *b* من ملطيّة *c* وسميساط وبالس والرقّة والرحبة وهيت والانبار ويأخذ *d* منه نهر عيسى الذى ينتهى الى مدينة السلام وكان يسمّى نهر الرُّفَيْل *e* والصّراة ونهر صَرْصَر وجميعها تصبّ الى دجلة *f* ثمّ ينقسم *g* الفرات الى جهتين قسم منهما يتوجّه يسيرا نحو المغرب يسمّى العَلْقميّ يمرّ بالكوفة وغيرها والقسم الآخر يسمّى سُوَرا يمرّ بمدينة سورا الى النيل والطفوف ويسقى كثيرا من اعمال *h* السواد ثمّ ينتهى جميع ذلك الى بطيحة البصرة وواسط الّتى *i* ينتهى منها الى هذا البحر فى دجلة العوراء الّتى *k* تدعى بالفارسيّة بَهْمَنْشير *l* وهى دجلة المَفْتَح والابلّة وعبّادان فسافته *m* من ابتدائه الى انتهائه خمس مائة فرسخ وقيل ستّمائة فرسخ *h* ۞

ودجلة ومخرجها *n* من الاقليم الخامس من عيون بناحية آمد من الموضع المعروف بحصن ذى القرنين وتمرّ بجزيرة ابن عمر وباسُورِين وقبر *o* سابور من بلاد قَرْدَى وبازَبْدَى وباهَذْرَا وبَلَد والموصل ويصبّ فيها *p* الزاب الاكبر فوق العُمْر المعروف بعمر بارقانا *q* من كورة المَرْج وذلك بين الموصل والحديثة من الجانب الشرقىّ على فرسخ من الحديثة f.37 v.
ومبدأ هذا النهر *h* من بلاد مُشنْكَهَر *r* حدّه *s* بين آذربيجان وبابَغِيش *t*

---

a) L اوردحس. Cf. *Mor.* I, 214 et Kodâma ٢٣٣ *f*. *b*) L بالفرات. *c*) P مليطيه. Deinde L وشميساط. *d*) P ويوخذ. *e*) Kodâma ٢٣٤, 2 male بالدقيل l. بالرفيل. L الرقمل sine نهر. *f*) Codd. semper aut fere semper c. art. *g*) P تنقسم et mox codd. منها. *h*) P om. *i*) Codd. الذى et non habent منها quod conjectura supplevi; cf. Ibn Rosteh ٩٤, 9 seqq. *k*) L الذى. *l*) P بهشير, L بهمسمر. Cf. Jâc. I, ٧٧٠, 21. *m*) P فسافاتها, L فسى فيه. *n*) L ins. المعروف. *o*) L وقمل. Deinde P ساب و. Vid. *Mor.* I, 227 et infra. *p*) Codd. فيه. *q*) Sic P, sed بارفانا legi potest; L باردانا. *r*) P مستكنهر, L مسكنمر. Vid. Hoffmann, *Auszüge*, p. 228. *s*) Jâc. II, ٩٠٢, 21 وهو حد ما, L حدّ ما, quod forte e حدها ortum est. *t*) P وبامّقبيس, L وبامقمس. Jâc. add. وهو.

ما بين ارض قطينا والموصل من عين فى رأس جبل هنالك*a* ينحدر*b* وهو*c* شديد الحمرة ويجرى فى جبال واودية وحزونة ويصفو من حمرته ويمرّ بباشَزّى وارض حَفْتُون*d* الى ان يصبّ فى دجلة على ما ذكرنا فتكون مسافته الى ان يصبّ اليها نحوا من عشرة ايّام، والزاب الاصغر فوق السِّنّ على ميل منها فى الموضع *المعروف بدير ابن كامش ومخرجه من الموضع*e* المعروف بدينور*f* والجبال المعروفة بِسَلَق*g* من رساتيق آذربيجان ممّا يلى شَهْرَزُور*h* ومسافة جريانه الى ان يصبّ فى دجلة *نحو من*i* خمسة عشر يوما، ثمّ تمرّ دجلة بمدينة السلام فاذا خرجت عنها صبّت*k* اليها انهار كثيرة من الجانب الشرقىّ منها دَيَالَى ونهر بين*l* والنهروان ومخرجه من جبال ارمينية وسِيسَر من بلاد آذربيجان وشهرزور وبلاد الصامغان ثمّ يجتمع وينتهى الى الموضع المعروف *بباصلوى وممّا يلى جلولا وخانقين من طريق خراسان فسمّى هناك تامرّا ويستمدّ من القواطيل الآخذة من دجلة ويصير الى الموضع المعروف*m* بباجِسْرَى على فرسخين من دَسْكَرَة الملك وهناك يسمّى النهروان ويمرّ ببلاد بَعْقُوبا*n* ويشقّ مدينة النهروان وهى جانبان وجسر بوران وعَبَرْتا*o* وبُرْزاطيا واسكاف بنى الجُنَيد ويصبّ الى دجلة بناحية جَرْجَرايا، ثمّ تصير دجلة الى واسط حتى تصبّ فى بطيحة البصرة وتنتهى الى البحر، وقد ذكرنا فى كتاب الاستذكار سبب انخراق دجلة وخروجها عن عمودها وذلك فى ايّام كسرى ابرويز ملك فارس f 38 r.

---

a) P هناك. *b*) Codd. منحدر. Jâc. add. الى واد. *c*) Addidi e Jâc. Deinde P شديدة. *d*) P جبنون, L حفعون; v. Hoffmann p. 234. *e*) L om. Pro بدير ابن P بديرين. *f*) L بالدينور. *g*) L بالسلق. Cf. de hoc loco Hoffmann p. 263. *h*) P شهدوز et mox شهزود, L شهزور. *i*) L om. *k*) L صب. *l*) L ونهر بن. *m*) P om. *n*) P باعقوبنا وباعوقا وباعقوبا, variae formae nominis. Pro باعوقا forte leg. باعقوا aut باعوقبا. *o*) L s. p., P وعبرطا.

وكان مجراها فى جوخى *a* وتغريقها طسّوج الثرثور من بلاد كسكر *b* وغيره حتّى صارت بطائح على ما قدّمنا وآثار عمود دجلة الى وقتنا هذا بين فم الصّلح وبهندف وبادرايا وباكسايا وفامية العراق الى بلاد باذبين ودبرى *c* وقرقوب والطّيب وشابرزان والدرمكان *d* الى نهر جور *e* والى المذار، وقد يصبّ فى الفرات ودجلة انهار كثيرة مثل سربط وساتيدما *f* وأرسناس والزّرم *g* ونهر دوشا وهو بين جزيرة ابن عمر وباسورين، *وخابور دجلة ومصبّه اليها بين باسورين *h* وقبر سابور *i* ومخرجه من عين تعرف بعين البطريق *k* من ارض الزّوزان من بلاد ارمينية ويمرّ بين الجبل الجودىّ وجبل التّنّين *l* وغيره وعليه قصور علىّ بن داود الكردىّ من الزهرادية *m* وغيره، وسفّان ومخرجه من ناحية العمر *n* وقارة والجبل المعروف بعلم الشيطان *o* مما يلى جبل طور عبدين وهو جبل فيه بقايا الارمان من السريانيّين، وخابور الفرات ومخرجه من رأس العين وكانت تسمّى عين الوردة ومصبّه الى الفرات بناحية قرقيسيا، وغير ذلك من الانهار فمقدار مسافة دجلة من ابتدائها الى انتهائها نحو من اربع مائة فرسخ وقيل اكثر من ذلك ۞

ومنها نهر مهران السند ومخرجه من الاقليم الخامس من عيون فى *p*

---

a) P جَرخى, L حوحا. *b*) L كسرى. *c*) Sic P; L ودنرى. Ibn Rosteh ١٨٨, 13 دَيرى. *d*) P والدمركان, sed supra lineam post د additur ر. Cf. Mokadd. ١١٤, 8. *e*) Codd. جون. Vid. Jâc. IV, ٨٣٨, 5. *f*) P وسابيدما, L s. p. *g*) Ita P (L والروم); Jâc. quoque الزرْم habet. *h*) P om. *i*) Ita quoque supra et *Mor.* 1, 227. Jâc. II, ٣٨٤, 13 habet فيسابور. Dicitur etiam برسابور et فرسابور (Hoffmann p. 213) et nomen plene audit فيروز سابور. *k*) Cf. Jâc. II, ٥٥٣, 16. *l*) P التنيل, L المل; vid. Jâc. I, ٨٨٧, 6 et Freytag in Zeitschr. D.M.G. X, 463 (l. l. in ann. ad *Marâcid*). *m*) L الدهرادية. *n*) P add. العم, dittographia qua saepe peccat librarius. Forte intelligitur *Coenobium magnum* (Hoffmann p. 167). Deinde L والعارة. *o*) L السلطان. *p*) P من.

اعالى السند وجبالها من ارض قنّوج من مملكة بوورة *a* وارض قشمير والقندهار والطافن *b* حتى ينتهى الى مدينة المُولتان وتفسير المولتان f.38 v. فرج *c* الذهب وهناك يسمّى مِهْران ثم ينتهى الى بلاد المنصورة ويصبّ فى البحر على نحو من *d* فرسخين من مدينة الدَّيْبُل من ساحل السند وبين المنصورة وبين البحر *نحو من *e* سبعة ايّام وفيه السُوسمار *f* وهو التمساح على حسب *g* ما يكون *فى نيل *h* مصر وزيادته فى وقت زيادته وله بطائح وآجام عظيمة *e* من القنا والقصب *i* نحو من ثلاثمائة فرسخ فيه جنس *k* من السند يقال لهم المَيْد *l* وهم خلق عظيم حزب *m* لاهل المنصورة ولهم بوارج فى البحر تقطع على مراكب المسلمين المجتازة الى ارض الهند والصين وجدّة والقلزم وغيرها كالشوانى فى بحر الروم *n*، وقد ذكر ابو عثمان عمرو بن بحر الجاحظ فى كتابه فى *d* الاخبار عن الامصار وعجائب *o* البلدان ان *e* مخرج مهران السند والنيل من موضع واحد واستدلّ على ذلك باتّفاق زيادتهما وكون التمساح فيهما وان سبيل *زراعتهم فى البلدين *p* واحد ولا ادرى كيف ذلك *وقع له *q* وقد توجد *r* التماسيح فى اكثر اخوار *s* الهند وهى الخلجانات كخور *t* صنْدابُور وخلجان الزابج وغيرها *u* وتلحق الناس وسائر الحيوانات *v* منها الاذيّة على حسب ما يلحق اهل مصر وحيواناتهم وقد ينشعّب من مهران هذا نهر آخر يسمّى مهران الصغير بمقدار مسافة

---

a) L بروره; vid. *Mor.* I, 372. *b*) P والقاطن والطاقن quorum alter est dittographia; L والطاقن. Cf. *Mor.* I, 207, Ibn Khord. ١٦, ٦٧ etc. *c*) L مرج. *d*) L om. *e*) P om. *f*) Vid. Glossar. *g*) L نحو. *h*) P بنيل. *i*) P او الفرسخ. *k*) L جيش. *l*) P المدو, L المبد. *m*) P حرب. *n*) Cf. *Mor.* III, 37. *o*) P ins. من. Cf. *Mor.* I, 206. *p*) P زراعتهما فى البلدان. *q*) Addidi coll. *Mor.* l. l. *r*) P ins. اكثر. *s*) P اهوار, *Mor.* 207 اجوان. *t*) P وبجحور. Deinde L صيدابور. *u*) L وغيرهما. *v*) L لحيوان et mox وحيوانهم. Pro منها codd. منهم.

مهران الكبير من ابتدائه الى انتهائه نحو من *a* خمس مائة فرسخ وقيل اكثر من ذلك ۞

f.39 r. ومنها نهر الهند العظيم المعروف بجَنْجَس وهو اعظم من مهران وعليه مساكن كثيرٍ *b* *من الامم *c* من اصناف الهند وغيرهم ومخرجه *d* من جبل بناحية التبّت لا عمارة بينه وبين التبّت *e* الى ان يصبّ فى هذا البحر مما يلى الجزيرة المعروفة بجزيرة العُرَاة *f* من جزائر الهند فمسافته من ابتدائه الى انتهائه اربع مائة فرسخ وقيل خمسمائة فرسخ *c* وعلى هذا النهر كان التقاء *g* الاسكندر بن فيلبّس وفُور ملك الهند لا تناكر بين الهند فى ذلك ۞ وغير ذلك من *الانهار العظام كانهار *h* بلاد الاهواز المَشْرُقان ودُجَيل وغيرهما وانهار فارس وكرمان والهِرْمند *i* نهر سجستان وغزنين والداوَر *k* وغير ذلك من بلاد زابلستان وكابل وتيز مكران والسند والهند والصين *a* وجبال الصغد *l* وفرغانة *وغير ذلك *m* مما احاط به من الممالك ۞

ذكر البحر الثانى وهو الرومىّ

والبحر *n* الثانى وهو الرومىّ *هو بحر *c* الروم والشأم ومصر *والمغرب والاندلس *o* والافرنجة والصقالبة ورومية وغيرهم من الامم طوله *خمسة آلاف *p* ميل وعرضه مختلف فمنه *q* ثمان مائة ميل ومنه سبع *r* مائة ميل ومنه ستّ مائة واقلّ من ذلك واكثر على حسب مضايقة *s* البرّ للبحر والبحر للبرّ على مرور الازمان *t* وذهب قوم الى ان طوله ستّة آلاف ميل واعرض موضع فيه اربع *u* مائة ميل، ومبدأه خليج آخذ

---

a) L om. *b*) Codd. كثيرة. *c*) P om. *d*) L s. و. *e*) P النهر. *f*) L العواه. *g*) P قتال. *h*) P البلاد العظيمة والانهار العظيمة فانها. *i*) Ita scribitur etiam in *Mor.* II, 79 seq. *k*) P والدوار. *l*) L الصعيد. *m*) L وغيرها. *n*) P s. و. *o*) P ومغرب الاندلس. *p*) P male خمسة عشر الف; vid. *Mor.* I, 256, Ibn Rosteh ٨٤ ult. etc. *q*) L فمنه منه. *r*) L تسع. *s*) P مطابقة. *t*) P الزمان. *u*) P om.; cf. *Mor.* I, 276.

f.39 v. من بحر a اوقيانس المحيط يعرف بالزُّقاق معترض بين طنجة وسبتة من سواحل افريقية وبين سواحل a جزيرة امّ حكيم وغيرها من سواحل a جزيرة b الاندلس عرضه هنالك c نحو من عشرة اميال وجريته بيّنة يكون من b مبدئه الى ان يتّسع ويعظم نحوا من ثلاثة ايّام d ۞

ومما يصبُّ الى هذا البحر من الانهار العظام المشهورة النّيلُ ومبدأه من عين تخرج a من جبل القَمَر وراء خطّ الاستواء بسبع درج ونصف وذلك مائة فرسخ واحد واربعون فرسخا * وثلثا فرسخ b يكون اميالا اربع مائة ميل وخمسة وعشرين ميلا ثمّ ينشعّب من هذه العين عشرة انهار تصبُّ e كلُّ خمسة منها فى بطيحة من بطيحتين فى الناحية الجنوبيّة وراء خطّ الاستواء ثمّ ينشعّب من كلّ بطيحة منها ثلاثة انهار تجتمع جميعا الى بطيحة فى الاقليم الأوّل فيخرج من هذه البطيحة نيل مصر فيقطع بلاد السودان ويمرُّ بمدينة عَلْوة دار مملكة النوبة ثمّ بمدينة دُنْقلة لهم ايضا ويخرج عن الاقليم الأوّل حتى ينتهى الى الاقليم الثانى ويصير الى مدينة اسوان من صعيد مصر وهى اوّل مدن f الاسلام مما يلى النوبة ثمّ يقطع صعيد مصر ويمرُّ بفسطاطها الى ان يصبّ فى البحر الرومىّ من g مصابّ كثيرة وذلك فى الاقليم الثالث ومن h خطّ الاستواء الى مدينة الاسكندريّة التى اليها ينتهى احد مصبّات i النيل على شاطئ البحر ثلاثون درجة تكون من الاميال الف ميل وثمان مائة ميل وعشرين ميلا يكون فراسخ ستّمائة فرسخ وستّة f.40 r. فراسخ وثلثى فرسخ فيكون k من مبدئه l من جبل القمر الى منتهاه فى البحر الرومىّ سبع مائة فرسخ وثمانية واربعين فرسخا وثلثى فرسخ تكون k اميالا الفين ومائتين وخمسة واربعين ميلا ومن الناس من يرى ان * من مبدئه m الى مصبّه الف فرسخ ومائة فرسخ ونيّفا وثلاثين

---

a) L om. *b*) P om. *c*) P هناك. *d*) L اميال. *e*) L فصب.
f) L مدمه. *g*) P فى. *h*) P s. و. *i*) L مصاب. *k*) P يكون.
l) P مبدايه, L مبتداه. *m*) Codd. مبداه sine من.

فرسخا، ويقرب *a* من جبل القمر هذا *b* كثير من احواز *c* الزنج ومساكنهم الى ان يتّصل ذلك ببلاد سُفالة الزنج وجزيرة قَنْبَلُو واهلها مسلمون وبلاد *بَرْبَرَا وحَفُونِى *d* وقد ذكرنا فيما سلف *من كتبنا *e* العلّة فى نسبة هذا الجبل الى القمر وما يظهر فيه من التأثيرات البيّنة *f* العجيبة عند زيادة القمر ونقصانه وما قالته الفلاسفة فى ذلك واصحاب الاثنين من المانويّة *g* وغيرهم ✿

ومنها نهر سَيْحان *h* وهو نهر أَذَنَة من الثغر الشأمىّ ومخرجه من مدينة سيحان من *b* ناحية مَلطيّة من الثغر الجزرىّ وان كان قد غلب على اكثره فى وقتنا هذا الروم والارمن ✿

ونهر *i* جَيْحان وهو نهر المَصّيصَة من الثغر الشأمىّ ايضا *e* ومخرجه من الاقليم السابع من عيون وراء *b* بلاد مرعش ✿

وبَرَدان نهر طَرسوس من الثغر الشأمىّ ومخرجه من عيون تحت العقبة المعروفة بعقبة الاكواخ من جبل ترابىّ احمر مما يلى هِرَقْلَة من بند القبادق *k* فاذا جرى نحوا من ميل انقسم قسمين قسم يمضى f.40 v.
الى هرقلة وقسم يصير الى طرسوس فاذا *l* صار على بريدين منها الى الموضع المعروف بالقطالية *m* صبّ اليه نهر يعرف بالفاتر غزير الماء مخرجه *من عقبة تحت العقبة المعروفة بعقبة البرانع يكون جريانه *e* الى ان يصبّ الى بردان نحو يوم وليلة وانّما سمّى الفاتر بالضدّ لشدّة برودته *n* ثمّ يشقّ بردان مدينة طرسوس ويصبّ الى البحر الرومىّ على ستّة اميال منها ✿

والأُرُنْط *o* نهر حمص وحماة وشَيْزَر وانطاكية الخارج من القرية المعروفة

---

a) L وبقرب. *b*) L om. *c*) L اخوار. *d*) L ببرا وخفوى. Cf. *Mor.* I, 232 et *Adjâib al-Hind* ed. van der Lith, p. 288, 292. *e*) P om. *f*) P البيه. *g*) L المامونيه. *h*) L سجستان. *i*) P وهو نهر. *k*) P الفنادق. *l*) P c. و. *m*) P بالقطالبه. *n*) L برده. *o*) P s. و.

باللّبْوَة بين حمص ودمشق يشقّ بحيرة قَدَس وبحيرة فامية ويصبُّ اليه بالقرب من انطاكية نهر الرقيا الخارج من بحيرة جندارس *a* ۞

وغير ذلك من الانهار العظيمة الّتى تصبُّ الى هذا البحر من بلاد الاندلس والافرنجة * وبلاد الصقالبة *b* ورومية وسائر بلاد الروم واليه ينحلب *c* كثير من مياه الشمال من خليج القسطنطينيّة الآخذ من بحيرة مايطس *d* على ما نذكره فيما *e* يرد من هذا الكتاب، وقد ذكرنا فى ما سلف من كتبنا العلّة فى ارتفاع الشمال على الجنوب وكثرة مياهه وقلّتها فى الجنوب وما قالته الفلاسفة واصحاب الاثنين وغيرهم من الحكماء فى ذلك وما فى هذا البحر من الجزائر العظام كجزيرة قبرس *f* وجزيرة اقريطش/وجزيرة/سقلّيّة *g* وما يليها *h* من جبل البُرْكان *i* ومنه يخرج عين النار *k* الّتى تعرف بأَطْمة *l* سقلّيّة يستضىء *m* بضوء نارها f.41 r. السفر على اكثر من مائة فرسخ برّا وبحرا فى الليل ويرى فى شراره اذا علا لهبه فى الجوّ جثث كأبدان الناس وتنعكس الى البحر وتطفو فوق الماء فهو الحجر الابيض الخفيف الّذى يُحَكّ به الكتابة من الدفاتر والرقوق وغيرها ويعرف بالفنسك *n* ويسمّى ايضا القَيْشُورا *o* وقد يوجد بنواحى *p* هذه الاطمة الحجر المعروف بالبيشب *q* النافع لاوجاع البطن والمعدة اذا عُلّق عليها * وللماء الاصفر *p* وقد يفعل ذلك الحجر

a) Est veterum Gindarus: cf. Dimaschkî ed. Mehren p. ١٣٣ (ubi جِنْدراس) et ٢.٥. Utrum نهر الرقيا corruptum sit e نهر البيغرا (cf. Sachau, *Zur hist. Topographie v. Nordsyrien*, p. 19) affirmare nequeo. *b*) L والصقالبة. *c*) Codd. ىنىحلب. *d*) Codd. مانطس. *e*) Codd. مما. *f*) L قبرص. *g*) P اسقلية. *h*) P بينها. *i*) P التركان; cf. *Mor.* III, 67 seq. *k*) Deest in P; jam supplevit Amari in *Bibl. Sic.* ٢. *l*) P باطيمه et infra semel iterum الاطيمة. *m*) P يستضا. *n*) P بالفسك sed cum puncto altero supra س, L بالعنسك. Amari proposuit الفمسك. Est *pumex*. *o*) P العيسُورا, L الفنسورا; Amari edidit القيسور coll. Kazw. I, ٢٣٣. Vid. Dozy *Supplém.* *p*) P om. *q*) P بالنسب.

المعروف بالبُسَّد وهو اصل *a* المرجان *وهو من *b* هذا البحر يخرج، وفى هذه الاطمة هلك فُرْفوريوس صاحب كتاب *c* ايساغوجى وهو المدخل الى كتب ارسطاطاليس فى المنطق وقد ذكر *c* ذلك غير واحد ممن تقدّم وتأخّر منهم يعقوب بن اسحاق الكندىّ واحمد بن الطيّب فى اوّل مختصره لكتب المنطق *d* ۞

ذكر البحر الثالث وهو الخَزَرىّ

والبحر *e* الخزرىّ هو *f* بحر الخزر والباب والابواب وارمينية وآذربيجان ومُوقان والجِيل والدَّيْلم وآبَسْكُون *g* وهى ساحل جرجان وطبرستان *c* وخوارزم وغير ذلك من دور الاعاجم ومساكنهم المطيفة به طوله *h* ثمان مائة ميل وعرضه ستّمائة ميل وقيل اكثر من ذلك وهو مُصْرانىّ *i* الشكل الى الطول ما هو ومن الناس من يسمّيه البحر الخراسانىّ لاتّصاله ببلاد خوارزم من ارض خراسان وعليه كثير من بوادى الغُزِّيّة من *k* f.41 v.
الترك فى مفاوز هنالك وعليه ايضا *c* الموضع المعروف بباكُه *l* وهى النفّاطة من مملكة شروان مما يلى الباب والابواب *c* ومن هناك *m* يحمل النفط الابيض [وهناك آطام وهى *n* *عيون النيران تظهر *o* من الارض وفيه جزائر مقابلَ النفّاطة *p* فيها عيون للنيران كبيرة *q* ترى فى الليل على مسافة *r* نائية، وقد *s* ذكرنا فى كتاب مروج الذهب ومعادن الجوهر اخبار سائر الآطام مما فى المعمور من الارض كأطمة سقلّيّة *t* المقدّم ذكرها *c* واطمة وادى *c* برهوت من بلاد الشِحْر *u* وحضرموت وآطام البحر الخزرىّ والباب

---

a) L اصول. *b*) P ومن. *c*) P om. *d*) Vid. quae de hac re annotavit de Sacy (note 23). *e*) P s. و. *f*) Codd. وهو. *g*) P واويسكون, L واوبسكون. *h*) P وطوله. *i*) Codd. مصراى; *Mor.* I, 263 مدور. *k*) P ومن. *l*) P بباكيه, L دماله; cf. *Mor.* II, 25 seq. Bekrî apud Kunik et Rosen p. 24 باغه. *m*) P هنالك et mox وهنالك. *n*) L و. *o*) P corrupte اعين للسوا وتطير. Apud Bekrî للنيران, sed cod. Landberg ut rec. Pro تظهر L بظهر. *p*) P للنفاطة. *q*) L om. *r*) P مسافات. *s*) L s. و. *t*) P سقله. *u*) P مبجر.

والابواب واطمة آسك *a* من *b* بلاد الهندجان وذلك بين بلاد فارس والاهواز ترى بالليل *c* من *d* مسيرة اكثر *e* من اربعين فرسخا وامرها اشهر لكثرة السفر فى ذلك الطريق واطمة أربوجان *f* مما يلى السيروان من بلاد ماسبذان وهى المعروفة بحمّة تومان *g* مما يلى منجلان *h* وذلك يرى *i* على اربعين فرسخا من بغداد على طريق البندنيجين وابراز الروز وكالاطمة *k* العظيمة التى فى مملكة المهراج ملك جزائر الزابج وغيرها فى البحر الصينىّ منها كله وسربزة *l* والمهراج سمة لكلّ من ملكها وملكه لا يضبط كثرة ولا تحصى جنوده ولا يستطيع احد من الناس ان يطوف فى اسرع ما يكون من المراكب *بجزائره فى سنتين *m* f. 42 r. جميعها عامر *قد حاز *n* هذا الملك انواع الطيب والافاويه فليس لاحد من الملوك ما له ومما *o* يجهّز *من ارضه *p* من ذلك الكافور والعود والقرنفل والصندل والجوزبوا *q* والقاقلة والكبابة *d* وغير ذلك وهذه الاطمة *فى جبال *p* فى اطراف جزائره فهى بالنهار سوداء لغلبة ضوء الشمس وبالليل حمراء يلحق لهبها باعنان *r* السماء لعلوّها وذهابها *s* فى الجوّ ويظهر منها *t* كاشدّ ما يكون من اصوات الرعود والصواعق وربّما يظهر منها صوت عجيب مفزع يسمع على المسافة النائية ينذر بموت بعض ملوكهم وربّما *يكون اخفض *u* من ذلك فينذر بموت بعض رؤسائهم *v* فقد عرف بما ينذر من ذلك موت الملوك من غيرهم *w* بطول العادات والتجارب على قديم الزمان وان ذلك غير مختلف وتلى هذه الجبال

---

a) P اسل; *Mor.* III, 68. *b*) Codd. و. *c*) L فى الليل. *d*) P om. *e*) L نحو. *f*) P اديوجان, sed f. 196 v. ادبُوجان, L utroque loco ادوجان; *Mor.* 69 ut Jâc. I, ٢٣٠, 9 seqq. اريوجان. Cf. Kodâma ٢٤٤ *d*. *g*) L نوماق, *Mor.* نومان. *h*) Incertum. P s. p. aut منحلان, L مىحان. *i*) Conjectura supplevi. *k*) Codd. s. و. *l*) P وسريره, L s. p. *m*) P فى جزايره فى سنين. *n*) P فدخان. *o*) P وبما, L وما. *p*) L om. *q*) P والجوز. *r*) P عنان, *Mor.* بعنان. *s*) P وظهورها. *t*) P ملهبها. *u*) L كان اضعف. *v*) P الروسا. *w*) L غيره.

الجزيرة التى يسمع منها *a* على دوام الاوقات كاصوات العيدان والسرنايات والطبول وسائر انواع الملاهى المطربة وكانواع الرقص والتصفيق يميّز السامع لذلك بين *b* صوت كلّ نوع منها والبحريّون من اهل سيراف وعمان وغيرهم ممن اجتاز بتلك النواحى يزعمون ان الدجّال فى تلك الجزيرة *c* وامرها مشتهر، وغير ذلك من الآطام ۞

ومما يصبّ الى هذا البحر من الانهار العظام المشهورة نهر ارْتِبيش *d* الاسود ونهر ارتبيش الابيض وهما عظيمان يزيد كلّ واحد منهما على f.42 v.
دجلة والفرات وبين مصبّيهما *e* نحو من عشرة ايّام وعليهما مشتى ومصيف *f* الكيماكيّة والغزيّة من الترك ۞

ونهر الكُرّ الذى يجتاز ببلاد تفليس ومدينة صُغْدَبيل من ارض جُرْزان ثم ببلاد برذعة ويجتمع مع *g* نهر الرّسّ الذى هو نهر وَرْثان فيصبّان جميعا فيه ۞

ونهر اِسْبيذروذ *h* ومخرجه من ناحية سِيسَر وشاهروذ *i* وهما يجتازان ببلاد آذربيجان والديلم ۞

ونهر الخَزَر *k* الذى يمرّ بمدينة اتل دار مملكة الخزر فى هذا الوقت وكانت دار *l* مملكتهم قبل ذلك مدينة بَلَنْجَر واليه يصبّ نهر بُرْطاس وبرطاس امّة عظيمة من الترك بين بلاد خوارزم ومملكة الخزر الّا انها مضافة الى الخزر تجرى فى هذا النهر السفن العظام بالتجارات وانواع

---

a) L فهما. *b*) P ins. كل. *c*) L النواحى. *d*) P bis اربيش, L semel s. p., semel (omisso نهر) ازبيش, *Mor.* I, 213 bis ارشت. De Sacy dubitavit inter conjecturam intelligi flumina Jaïk et Jemba, et eam auctorem revera Irtisch voluisse, sed in cursu ejus describendo errasse. Haec mea opinio est, quia ad haec flumina Kaimâki et Ghozzi collocantur. Locos de hoc flumine laudavit Juynboll in ann. ad *Marâcid* sub اردبش. *e*) P مصيفهما. *f*) P وصيف. *g*) L من. *h*) P اسباذروذ, L اسادود; cf. *Mor.* II, 76. *i*) L s. p., P tantum سياه. *k*) L الخُزْر. *l*) L om.

الامتعة من بلاد خوارزم وغيرها ومن a بلاد برطاس تحمل جلود الثعالب السود وهى اكرم الاوبار واكثرها ثمنا ومنها a الاحمر والابيض الذى لا b يفصّل بينه وبين الفَنَك والخلنجىّ c وشرّها النوع المعروف d بالأعْرابىّ ولبس يوجد الاسود منها * فى العالم e الّا فى هذا الصقع f.43 r. وما قرب منه ويتباهى * ملوك الامم f من الاعاجم بلبس هذه الجلود ويُتّخذ منها g القلانس والفراء ويبلغ الاسود منها الثمن الكثير وقد يحمل منه h الى ناحية الباب والابواب وبرذعة وغير ذلك من بلاد خراسان وربّما يحمل الى بلاد * الجرىّ من ارض الصقالبة لاتّصالها بالجرىّ i ثمّ الى بلاد الافرنجة والاندلس ويصار بهذه الجلود من السود والحمر الى بلاد المغرب فيتوهّم المتوهّم انها من بلاد الاندلس وما اتّصل بها من ديار k الافرنجة والصقالبة وطبعها حارّ يابس شديد الحرارة يدلّ * على ذلك l مرارة لحمه وجلدُه m اشدّ حرًّا من جلود سائر الاوبار * وهو يشبه n فى مزاجه بالنار لغلبة الحرارة واليبس عليه b يصلح لبسه b للمرطوبين والشيوخ * وقد كان o المهدىّ فى مقامه بالرىّ احبّ امتحان اىّ الاوبار اشدّ حرارة p فعمد الى عدّة b قوارير فملأها ماء وشدّ رءوسها بانواع من b الاوبار وكان ذلك فى سنة شديدة البرد كثيرة الثلج ثمّ * دعا بها q حين اصبح فوجدها جامدة الّا ما شدّ رأسه بجلد الثعلب الاسود فانه لم يجمد فعلم انه اشدّها r حرًّا ويبسا ۞

---

a) P s. و. *b*) P om. *c*) L والخلمى. *d*) P om.; jam supplevit de Sacy, *Chrest.* II, 18. Cf. G. Jacob, *Welche Handelsartikel bezogen die Araber des Mittelalters aus den nordisch-baltischen Ländern?* ed. 2ª, p. 23. Seq. بالاعراق in L s. p. *e*) L للعالم. *f*) P الملوك. *g*) Codd. منه et mox P iterum منه. In *Mor.* II, 15 منه loco suo est. *h*) L om. *i*) P الجيزى الخزرى pro quo de Sacy proposuit الخيرخيز. L bis الحرى pro الجرى. *k*) P بلاد. *l*) L inv. ord. *m*) De Sacy proposuit حرارة لحمها وجلدها, male. Suffixum redit ad الثعلب. *n*) P وهى تشبه. *o*) P وكان. *p*) L حرا. *q*) P دعاها. *r*) L اشد.

ومنها نهر الخزر المعروف بأوم *a* وهو اعظم من دجلة والفرات ۞ والنهر العظيم المعروف بكِزِل رون تفسير ذلك نهر الذئب وتنحلب *b* اليه المياه من جبل القَبْق *c* ومصبّه الى هذا البحر مما *d* يلى الباب والابواب وعليه هناك قنطرة عظيمة عجيبة البناء نحو من قنطرة سَنْجة *e* وقنطرة سنجة احد عجائب العالم وهى بناحية *f* سميساط من الثغور f.43 v.
الجزريّة وسنجة نهر تعرف *g* القنطرة به يصبّ الى الفرات ۞

ومنها نهر كالِف وهو جَيْحُون نهر بلخ والترمذ وخوارزم مبدأه *h* من عيون فى الاقليم الخامس وراء الرباط المعروف ببَذَخْشان *i* وهو على نحو *f* عشرين يوما من مدينة بلخ وآخر اعمالها من ذلك الوجه وهذا الرباط ثغر بازاء اجناس من الترك يقال لهم اوخان *k* وتبّت وأَيْغان حضر وبدو ويعرف *l* هذا النهر هناك بهذا الجنس ايغان وتصبّ اليه انهار كثيرة وينحلب *m* اليه مياه *n* عظيمة فيكمل *o* هذا النهر فوق مدينة الترمذ بفرسخين ويدعى هذا الموضع ماله *p* ويعظم ماؤه ويكثر ويستبحر ويأتى التِرْمِذ وهى عالية *q* راكبة عليه من الجانب الشرقىّ مقابلة لرباط لبلخ *r* من الجانب الغربىّ على اثنى عشر فرسخا من بلخ وهذا الموضع اضيق اعبار هذا النهر واغزرها *s* ماءً عرضه نحو *t* من ميلين وقد ينبسط *u* فى غير هذا العبر كعبر زَمّ *v* وهو اسفل من *w* عبر الترمذ بنحو من اربعين فرسخا وزمّ مدينة من الجانب الغربىّ بالقرب من هذا العبر بين رمال ودهاس وما قابلها من المشرق

a) Sic P; L بادم. An forte Emba? *b*) P وتنحلب. *c*) P الفيق, L الفمف. Deinde L مصبه s. و. *d*) P ما. *e*) L نحوا. *f*) L باحيه. *g*) P يعرف. Deinde codd. بالقنطرة. *h*) P ومبداه. *i*) Codd. ببد حسان. *Mor.* I, 212 male الاخشبان. *k*) Ita quoque *Mor.* 213. Vulgo وخّان. Deinde L وبنت. *l*) P s. و. *m*) Codd. وينحلب. *n*) P امياه. *o*) L وكمل. *p*) Lectionem confirmat quod mox pro ماوه iterum ماله scribitur in P. *q*) L om. Deinde P مركبة. *r*) P بلخ, L البلخ. *s*) Codd. واغزره. *t*) P اكثر. *u*) P يكثر. *v*) P النم; L ام et mox وارم. *w*) Addidi.

فلا عمارة فيها وهى صحراء تؤدّى *a* الى بلاد نَخْشَب وسمرقند وغيرها وعبر آمُوا وهو اسفل من عبر زمّ *b* بنحو خمسين فرسخا وآموا مدينة فى الجانب الغربىّ على نحو اربعة اميال من النهر يقابلها من الجانب الشرقىّ * منه مدينة *c* يقال لها فَرَبْر *d* على ميلين من هذا النهر ومن *e* f. 44 r. فربر الى بخارا *f* دار مملكة آل اسماعيل بن احمد بن اسد بن احمد ابن *سامان خُداه *g* صاحب خراسان ثمانية عشر فرسخا منها خمسة عشر الى السور الاعظم *h* المحيط ببخارا وعمائرها ومن باب السور الى مدينة بخارا ثلاثة فراسخ بنى *i* هذا السور ملك من ملوك الصغد *k* فى سالف الدهر *l* مانعا لغارات اجناس الترك ودافعا لاذيّتهم وجُدّد فى ايّام المهدىّ *m* وقد كان تهدّم على يدى *n* ابى العبّاس الطوسىّ امير خراسان * على ما ذكر سلمويه فى كتابه فى الدولة العبّاسيّة وامراء *o* خراسان *p*، وعبر خوارزم وهو اسفل من عبر آموا بنحو سبعين فرسخا، يقال ان *p* الاسكندر بن فيلبّس الملك قطع عبر الترمذ فى خمسة اشهر بجسر عقده من خمسمائة سفينة لكثرة جنوده واتباعه، ثمّ يأتى هذا النهر بلاد خوارزم ويصبُّ فى البحيرة المعروفة بالجُرْجانيّة والجرجانيّة مدينة *q* بالقرب من هذا المصبّ وهى من *r* اعظم البحيرات فى المعمور مسافتها نحو من اربعين يوما فى مثلها ويخرج من هذه البحيرة انهار عظيمة تصبُّ فى *s* البحر الخزرىّ، الى هذه البحيرة يصبُّ نهر الشاش * وهو مغيض وجُوب *t* لا يسقى بلاد الشاش *r* وانّما سقيهم *u* وشربهم *r* من نهر عظيم يعرف بترك *v* يصبُّ فى هذا النهر هو ونهر فرغانة

---

a) P بواد. *b*) P h. l. ازم, L ارم. *c*) L om. منه, P مدينة. *d*) P hic et mox قرين, L قردن. *e*) P s. و. *f*) P hic et semel infra بخارى; L محلوا. *g*) P شاهان جداه. Cf. Ibn al-Athîr VII, ١٩٢. L حذاه. *h*) L العظيم. *i*) P ثلث ut vid., sed L بنا. *k*) P s. art. *l*) L الدهور. *m*) P المهتدى. *n*) P يد. *o*) Cod. وامير. *p*) P om. *q*) L تصب *sic*. *r*) L om. *s*) L ins. هذا. *t*) Cod. ودوب. *u*) P يستقيهم, L سفنهم. *v*) L s. p.

ونهر خُجَنْدة ايضا ويمُرّ ببلاد الفاراب *a* وقد عظم واستبحر وتجرى فيه السفن الى هذه البحيرة بانواع الامتعة حتى تخرج الى بلاد خوارزم من *b* مصبّ جيحون وهذا *c* النهر يتبحّر *d* فى ابّان *e* زيادته وذلك من اوّل *f* كانون الثانى فيركب *g* الارض من الجهة المقابلة لبلاد فاراب لانخفاضها f.44 v. اكثر من ثلاثين فرسخا عرضا *h* والقرى *i* والضياع على رؤوس التلال والروابى *k* كالقلاع لا سبيل لبعضهم الى بعض الّا فى الزواريق وسبيل *l* هذا الموضع فى الشرب *f* سبيل نيل *f* مصر فى الزيادة الّا ان اوقاتها مختلفة فيركب الارض وينبسط *m* عليها ما لا يركبه نيل مصر *لان اكثر ما يركب نيل مصر *f* الارض من جانبيه نحو من فرسخين سبحا *n* وفى خلجان، وقد قيل ان نهر جيحون ينتهى الى آجام وبطائح فيغور فيها وقد قيل انه يصبّ فى بحر الهند مما يلى كرمان وقد دخلنا بلاد فارس وكرمان وسجستان صرودها وجرومها فلم نجد لذلك حقيقة لان الانهار التى تصبّ *ببلاد كرمان *o* الى البحر من ناحية هُرْمُوز ساحل كرمان وغيرها معروفة، فيكون مسافة جريان جيحون على وجه الارض من مبدئه الى مصبّه فى هذه البحيرة نحوا من اربعمائة فرسخ وقيل اكثر من ذلك *وقيل اقلّ منه *p* ☆

ذكر البحر الرابع وهو بُنْطُس

والبحر الرابع وهو *q* بحر بنطس هو *r* بحر البُرْغَر *s* والروس وغيرهم من الامم يمتدّ من الشمال من ناحية المدينة التى تدعى لازقة وذلك وراء القسطنطينيّة طوله الف ميل وثلاثمائة *t* ميل *فى عرض ثلثمائة ميل *f*

---

a) L الفارات et mox قارات. *b*) L ومن. *c*) P فى هذا. Intelligitur Jaxartes. *d*) P ينجر ut vid., L s. p. *e*) P ايام. *f*) P om. *g*) P فركب, L فبركب. *h*) P عوضا, L om. *i*) P والقرايا. *k*) L والدوالى. *l*) L s. و. *m*) L وببسط. *n*) P سجا, L s. p. *o*) P بكرمان. *p*) L واقل. *q*) L om. *r*) Codd. وهو. *s*) P addit البلغار, glossa ad البرغر. Cf. quoque Bekrî l. l. p. 22. *t*) *Mor.* I, 260 et Bekrî مائة, sed Ibn Rosteh ٨٥, 16 ut rec.

ويتّصل ببحيرة مايطس *a* وطولها ثلاثمائة ميل وعرضها مائة ميل *b* وهى *c* فى طرف العمارة من الشمال وبعضها *d* تحت القطب الشمالىّ وبقرب منها مدينة ليس بعدها عمارة تسمّى تُولية *e* ومنها يخرج خليج القسطنطينيّة * الذى يصبّ *f* الى بحر الروم طوله ثلاثمائة ميل ونحو f.45 r. من خمسين ميلا على ما نذكره فيما يرد من هذا الكتاب وجريه وانصبابه *g* فى المواضع الضيّقة بيّن وماؤه بارد، ومن الناس من يعدّ هذا البحر وهذه البحيرة بحرا واحدا، ويتّصل هذا البحر من بعض جهاته ببحر الباب *h* والابواب من خليج وانهار عظام هنالك ولاجل ذلك غلط قوم من مصنّفى الكتب فى البحار ومعمور الارض فزعموا ان بحر بنطس وبحيرة مايطس وبحر الخزر شىء واحد ۞

ومما يصبّ الى هذا البحر من الانهار العظام *b* المشهورة النهر العظيم المسمّى طنايس *i* مبدأه *k* من الشمال وعليه *l* كثير من مساكن الصقالبة *m* وغيرهم من الامم الواغلين فى الشمال وغيره من الانهار الكبار مثل *n* نهر دنبه *o* وملاوه *p* وهذا *l* اسمه *q* بالصقلبيّة ايضا وهو نهر عظيم عرضه نحو *r* من ثلاثة اميال وهو وراء القسطنطينيّة بايّام عليه دور النامجين *s* والمراوة من الصقالبة وقد سكنها كثير من البرغر حين تنصّروا، وقيل ان * منه ياخذ *t* نهر ترك *u* الذى *r* هو نهر الشاش المقدّم ذكره ۞

---

a) Codd. مانطس. *b*) L om. *c*) P وهو. *d*) L s. و. *e*) P نولية, L دولية; cf. Jâc. I, ٥.., 4—6. *f*) P تصب الله. *g*) P وانتصابه. *h*) P الاول. *i*) P طيانس, L طنادش, *Mor.* I, 204 طنابس, 260 اطنابس, Bekrî p. 23 تنطناقش. Apud Ibn Rosteh ٨٥ ult. recepi طانيس. *k*) Addidi. *l*) P s. و. *m*) L السعالبة. *n*) P من. *o*) Ita L; P رينة. Infra f. 105 v. P دبانى, L دبانى pro دنانى. Intelligitur Danubius (Edrîsî دنو, Abulfeda طُنَا). *p*) Ita L; P وبلاوه. Suspicor nomen esse aliam formam nominis مراوه (Morava). *q*) L اسمها. *r*) P om. *s*) P البامحين, L s. p. Cf. *Mor.* III, 63. Intelliguntur Germani hoc nomine, quoque نامس scripto, de cujus significatione cf. G. Jacob, *Studien in arabischen Geographen*, p. 91 (Heft III). *t*) L دمنه نوجد. *u*) P h l. تُرك.

ذكر بحر اوقيانس وهو المحيط

فاما البحر المحيط الذى هو عند اكثر *a* الناس معظم البحار وعنصرها وانها منه تتشعّب ويسمّيه كثير منهم الاخضر ويسمّى باليونانيّة اوقيانس واكثر نهاياته *b* مجهولة عند ابطلميوس وغيره فانه يبتدئ من نهاية العمارة فى الشمال الى ان يصير الى المغرب وينتهى *a* الى نهاية f.45 v. العمارة فى الجنوب *c* وليس له فى *d* غربيّه ولا شماليّه نهاية *e* محدودة ويتّصل ببحر *f* الصين مما يلى الزابج وجزائر المهراج وشلاهط *g* وهرلج *h* وفى هذا البحر مما يلى مغربه الجزائر المسمّاة الخالدات ومما يلى شماله الجزائر المسمّاة برطانية وهى اثنتا عشرة جزيرة وعليه من بعض جهاته كثير من مدن الاندلس والافرنجة ومن جهة اخرى مدن من مدن المغرب مما *a* يلى بلاد ابى عفير *i* وبصرة المغرب *k* ثم مساكن البربر الذين يدعون اصحاب الاخصاص *l* وكثير من مساكن السودان، ويصبّ اليه *m* انهار عظيمة من بلاد الاندلس والافرنجة وغيرهم من الامم منها نهر قرطبة قصبة الاندلس فى هذا الوقت ودار مملكة بنى اميّة مبدأ *n* هذا النهر من جبل على نحو ستّة ايّام من قرطبة يدعى لينشكه *o* ويجرى فى هذا النهر مراكب كثيرة الى قرطبة فاذا فصل عنها صار الى مدينة شبيلية وهى على يومين من قرطبة ومن شبيلية *p* الى مصبّه فى هذا البحر يومان، وعلى هذا البحر المحيط مما يلى الاندلس جزيرة تعرف بقادس مقابلة لمدينة شذونة من مدن الاندلس بينها *q* وبين

---

a) L om. *b*) P نهايات, L نهايته. *c*) L جنوبه. *d*) P om. Deinde L ins. غير. *e*) P بنهاية. *f*) L بحر et mox جزاير s. و. *g*) P s. و; L وسلاهط. *h*) P وهرنج, L وهرنح; cf. Ibn Khord. ٦٦ *h*, Ibn Rosteh ١٣٨, 6. *i*) L عفير. An hic componendus sit cum ابن صغير (Ibn al-Fakîh ابن صُقَير) apud Ibn Khord. ٨٨, 4, nescio. *k*) L العرب i. e. الغرب. *l*) L الاحتصاص. *m*) P اليها. *n*) L مبتدا. *o*) Ita P; L لبنشكه. Intelligitur Sierra Segura, antiquitus Orospeda. *p*) In marg. L alia manus اشبيليه. *q*) L وبينها.

شذونة نحو من اثنى عشر ميلا فى هذه الجزيرة منارة عظيمة عجيبة البنيان على اعاليها عمود عليه تمثال من النحاس *a* يرى من شذونة وورائها لعظمه وارتفاعه ووراءه فى هذا البحر على مسافات معلومة تماثيل اخر فى جزائر يرى بعضها من بعض وهى التماثيل التى تدعى الهرقليّة f.46 r. بناها فى سالف الزمان هرقل الملك الجبّار تنذر من رآها *b* ان لا طريق وراءها ولا *c* مذهب بخطوط *d* على صدورها بيّنة ظاهرة ببعض الاقلام القديمة وضروب من الاشارات بايدى هذه التماثيل *e* تنوب عن تلك الخطوط لمن لا يحسن قراءتها صلاحا للعباد ومنعا لهم فى ذلك البحر من التغرير بانفسهم وامر هذه الاصنام *مشهور من *f* قديم الزمان الى هذا الوقت وهو *g* سنة ٣٤٥ قد ذكرتها الفلاسفة القدماء وغيرهم ممن عُنى بهيئة الارض واخبار العالم منهم صاحب المنطق فى كتابه فى الآثار العلويّة وهو اربع مقالات فقال فى المقالة الاولى *h* منه عند ذكره *i* النهر المعروف بطرسَبُوس *k* ويسيل الى ان يبلغ خارجا من الاصنام التى اقامها هرقل الملك *l* الجبّار وذكر ذلك *m* ايضا فى آخر المقالة الثانية من كتاب السماء والعالم *n* وهو اربع مقالات ايضا حين ذكر صغر الارض فقال الدليل على صغر الارض ما يزعمون ان الموضع الذى يدعى اصنام هرقل يختلط باوّل حدّ من حدود الهند فلذلك قالوا ان البحر واحد وذكر *ذلك ايضا *o* وبيّنه الاسكندر الافروديسىّ *p* فى شرحه لكتاب ارسطاطاليس فى الآثار العلويّة وهى اكبر النسخ فى الآثار تكون نحوا من خمسمائة ورقة، وقد ذكر ابطلميوس فى كتابه فى المدخل *q* الى الصناعة الكريّة ان من وراء خطّ الاستواء تحت مدار الجدى

---

a) L نحاس. *b*) P وراها. *c*) P ولها. *d*) L لخطوط. *e*) P الصور. *f*) L مشهورة فى. *g*) L ins. فى. *h*) L الاولة. *i*) P s. ه. *k*) Ita codd. Graece ὁ Ταρτησός (*Meter.* ed. Ideler I, p. 50). *l*) P om., L suppl. in marg. *m*) P om. *n*) *De coelo* II, cap. 14. *o*) L inv. ord. *p*) L الفردونسى. *q*) L المداخل.

سودان مثل السودان الة تحت مدار رأس [a] السرطان من دون خطّ f.46 v. الاستواء ممّا يلى الشمال وان بحر اوقيانس يأتى من ناحية المشرق الشتوىّ وهو مطلع الجدى ثمّ ينعطف من المشرق [b] الشتوىّ الى ناحية الشمال الى ان ينتهى الى المغرب [c] الصيفىّ وهو مغرب السرطان وذكر انه انّما وقف على هذا من الكتب الة دُوِّنت فيها اخبار المساكن الة [d] عن جنوب بلاد مصر وانهم وصلوا الى ذلك بعناية ملوك مصر وانفاذهم ثقاتهم [e] الى تلك النواحى ليُعْرَف من هناك من الامم،

قال المسعودى وقد ذهب كثير من الناس الى ان تحديدهم لمقادير مسافات هذه البحار انّما هو على طريق [f] التقريب والتخمين اذ كان ذلك لا يحاط به [g] لعجز البشر عن مشاهدته وبلوغ غاياته وقد ذكرنا فيما سمّينا من كتبنا السالفة ما قاله صاحب المنطق فى كتابه فى [g] الآثار العلويّة ومن تقدّم عنه وتأخّر فى علّة انتقال البحار والانهار عن مواضعها وشباب الارض وهرمها وحياتها وموتها والكلام فى كيفيّة المدّ والجزر السنوىّ [h] والقمرىّ الذى هو الشهرىّ ولايّة علّة صار فى بعض البحار اظهر واقوى كالبحر الحبشىّ وبحر اوقيانس المحيط وفى بعضها اضعف واخفى [i] كبحر الروم والخزرىّ [k] ومايطس على انه قد يظهر فى بحر الروم ممّا يلى المغرب ظهورا بيّنا حتى ان مدينة فى جزيرة من سواحل افريقية يقال لها جَرْبَة [l] بينها وبين البحر نحو ميل تخرج مواشيهم غدوًّا حين يجزر الماء وينصب فترعى ثمّ تروح عشيًّا [m] قبل f.47 r. المدّ، وقول بعض [a] اهل الشرائع [n] ان المدّ والجزر من [a] فعل ملك وكّله الله عزّ وجلّ بذلك [o] فى اقاصى البحار يضع رجله او بعض اصابعه

---

a) L om. *b*) Codd. المغرب. *c*) P s. art. *d*) P ins. انه انما. *e*) P نفقاتهم, L نقاتهم. *f*) L سبيل cum طريق superinscr. *g*) P om. *h*) P الشتوى, L المشترى. *i*) P واقوى; cf. *Mor.* I, 245 ويكون خفيفا مستترا. *k*) L s. و. *l*) P جوفه aut جرفه, L خونه aut جونه. *m*) In L optio inter hoc et عشية. *n*) Cf. *Mor.* I, 270. *o*) P بفعل ذلك.

فيهـا *a* فتمتلئ فيكون المدّ ثم يرفعها فيرجع الماء الى موضعه *b* فهو الجزر، وقول من قال منهم ان ذلك لامور استأثر الله بغيبها لم يطلع احدا *c* من خلقه عليها ليعتبروا بذلك ويستدلّوا على وحدانيّته وعجيب *d* حكمته، وتنازع الاوائل فى ذلك من فلاسفة الامم وحكمائهم اهو من افعال الشمس ام من افعال القمر عند زيادة نوره فيكون منه المدّ ام عند نقصانه فيكون *e* الجزر على حسب ما يظهر *من افعاله *f* عند زيادته فى ابدان الحيوان من الناطقين وغيرهم من القوّة وغلبة السخونة والرطوبة والكون والنموّ عليها وان الاخلاط التى تكون فى ابدان الناس كالدم والبلغم وغيرهما *g* عند ذلك تكون *h* فى ظاهر الابدان والعروق ويزيد ظاهر البدن بلّة ورطوبة وحسنا وان الابدان عند نقصان نوره تكون اضعف والبرد عليها اغلب وتكون هذه الاخلاط فى غور البدن والعروق ويزداد ظاهر البدن يبسا وذلك ظاهر عند ذوى *i* المعرفة والعلم بالطبّ وما يظهر من احوال الامراض فى زيادته ونقصانه وان ابدان *k* الذين يمرضون فى اوّل الشهر تكون على دفع الامراض والعلل اقوى وابدان الذين يمرضون فى *آخر الشهر *l*
f.47 v. تكون على دفع العلل اضعف وكذلك *m* ما يعلم من دلالته فى انواع البُحْران فى اليوم السابع من الامراض *n* والرابع عشر والحادى والعشرين *o* والثامن والعشرين اذ كان القمر اربعة اشكال شكل التنصيف وشكل التمام وشكل التنصيف عن التمام وشكل المحاق فان لكلّ شكل من هذه سبعة ايّام *لانه فى سبعة ايّام *p* ينتصف *وفى الرابع عشر يتمّ *q*

---

a) P فى ما. Deinde codd. فيمتلى. *b*) L مواضعه. *c*) P لاحد et mox عليه. *d*) P وعجايب. *e*) P يكون. *f*) P ponit post زيادته. *g*) P وغيرهما. Deinde L وعند. *h*) Codd. يكون. *i*) P ذى. *k*) P امراض. *l*) L اخره. *m*) P ولذلك, L وذلك. *n*) P المرض. *o*) P hic et mox عشرين, L hic وعشرين, mox والعشرون. *p*) P om. *q*) P tantum فى الرابع عشر.

وفى الحادى والعشرين *a* ينتصف وفى *b* الثامن والعشرين يمّحق فكذلك *c* البُحْرانات تصحّ *d* فى * السابع والرابع *e* عشر والحادى والعشرين والثامن والعشرين وتصحّ *f* فى تنصيفات هذه اذ *g* كانت هذه الاشكال *h* اثبت اشكال الشىء المنقسم وغير ذلك من تنازع الناس فى كيفيّة البحران، وان نتاج سائر الحيوان اذا كان فى اوّل الشهر كان المولود *i* اتمّ واعظم منه اذا كان فى آخره، وما يظهر عند زيادته من النموّ والزيادة فى شعر الحيوان وادمغته والالبان والبيض وحيض النساء وكثرة السمك فى البحار والانهار *k* وغيرها ونموّ الاشجار والبقول والفواكه والرياحين وسائر النبات وغير ذلك مما يعلمه اصحاب الفلاحة ونقصان جميع ذلك عند نقصانه وكذلك المعادن وزيادتها اوّل الشهر فى جواهرها وحسن بصيصها وصفائها *l* وان لسع سائر *m* حشرات الارض من الحيّات والعقارب وغيرها وافعال سائر السباع تكون *n* فى اوّل الشهر اقوى واشدّ وفى آخره انقص واضعف وغير ذلك من * افعاله وغيره *o* ما لم نأت على وصفه وانّما نذكر الشىء اليسير منبّهين بذلك على الشىء f. 48r. الكثير، والكواكب السبعة التى هى النيّران والخمسة المتحيّرة وغيرها لها تأثيرات فى هذا العالم عند ذوى *p* المعرفة بالنجوم الّا ان تأثيرات القمر فى العالم الارضىّ ابين منها *q* لقربه منه وبعدها عنه *r* وذلك موجود فى كتب الاوائل على الشرح والايضاح ولثابت بن قُرّة الحرّانى * كتاب جمع *s* فيه ما ذكره *t* جالينوس فى سائر كتبه من افعال

---

a) P وعشرين et sic in seqq. quoque L. *b*) P s. و . *c*) L وذلك . *d*) P فصح, L تصح, *Mor.* III, 438 يصح, sed optimus cod. Leid. 127 ut rec. *e*) P الرابع والسابع . *f*) Codd. ويصح ut in ed. *Mor.* Additur ibi ايضا . *g*) Codd. et *Mor.* اذا . *h*) P اشكل, *Mor.* اشكالا ut cod. Leid. 282, sed cod. 127 ut rec.; L om. الاشكال اثبت . *i*) L collocat ante فى اول . *k*) P om. *l*) Codd. وصفاتها . *m*) L om. *n*) Codd. يكون . *o*) P افعل . *p*) P ذى . *q*) Codd. منه . *r*) P منه . *s*) P كتابُه جميعه. *t*) P s. ه .

النيّرين وهما الشمس والقمر فى هذا العالم افادناه *a* ابنه سِنان بن ثابت *b*، وكذلك ذكرنا فيما وصفنا من كتبنا ما خُصّ به كلّ بحر من البحار *c* من انواع الجواهر *الحيوانيّة منها والمعدنيّة *d* والحجريّة كاللؤلؤ والياقوت والمرجان وغيره والادوية والعقاقير والطيب وغير ذلك *وما السبب *e* فى ملوحة ماء *f* البحار ومرارتها وغلظها وكثافتها ولايّة علّة لا تتبيّن فيها الزيادة مع *كثرة موادّها *g* من الانهار الّتى *h* تصبّ اليها وحملها السفن الثقيلة حتى اذا صارت الى العذب من الانهار عُرف *i* غرق بعضها للطافة العذب وكثافة المالح اذ كان الغليظ يمنع من الرسوب فيه وقد استدلّ صاحب المنطق فى كتاب الآثار العلويّة *k* على ذلك بانه ان *l* اخذ بيضة فصيّرها فى اناء فيه ماء عذب رسبت فيه *i* وان القى فى الماء ملحا يغلب عليه وتركه حتى ينحلّ فيه او اخذ من ماء البحر فصيّر البيضة فيه وجدها طافية قال *m* ويذكر f.48 v. المّلاحون انهم يجدون السفينة الّتى تغرق فى الماء العذب ابعد رسوبا من الّتى تغرق فى البحر *n* المالح واستدلّ ببحيرة فلسطين فانها *o* شديدة المرارة والملوحة وانه ان اخذ انسان او دابّة فشُدّ وثاقا والقى فيها وُجد *p* طافيا على الماء لخفّته عند غلظ الماء وثقله وان غمس فيها ثوب وسخ استنقى من ساعته لشدّة المرارة *q* والملوحة وانه لا يكون فيها شىء من السمك قال المسعودى وهذه البحيرة الّتى ذكرها ارسطاطاليس وغيره هى البحيرة المنتنة بحيرة أَريحا وزُغَر وقد شاهدناها واليها يصبّ نهر الاردنّ الخارج من بحيرة طبريّة *ومواد بحيرة طبريّة *f* من نهر يصبّ اليها يخرج *f* من بحيرة قَدَس وكفرلى *r* ينحلّب *s* الى

---

a) Codd. s. ة. *b*) P قرة. *c*) P البحور. *d*) P المعدنية والحيوانية. *e*) P والسبب. *f*) L om. *g*) P كثرتها. *h*) L حتى. *i*) P om. *k*) Ed. Ideler I, p. 84. *l*) P ins. أحد. *m*) Hic P ins. وذكر الملاحون الّتى الذين يجدون السفينة. *n*) L الما. *o*) P c. و. *p*) P وجدها. Deinde codd. طافية. *q*) P المرورة. *r*) Lectionem codd. confirmant *Mor.* I, 96, Abulfeda ٢٧٠, n. 12 (cf. Guy le Strange, *Palestine under*

هذه البحيرة مياه*a* كثيرة من اعمال دمشق مما يلى القَرْعُون والخَيْط*b* وغيره واذا شقّ نهر الاردنّ البحيرة المنتنة وانتهى الى وسطها متميّزا من مائها غار هناك*c* فخرج بين *d* كَفَرْسابا البريد وبين الرملة من بلاد فلسطين من عين عظيمة وهو نهر ابى فُطْرُس*e* يصبّ فى البحر الرومىّ يكون مسافته على وجه الارض بعض يوم وماؤه كالزئبق ثقلا وعليه الجادّة وانّما عرف ما ذكرنا باشياء أُلقيت فى نهر الاردنّ فظهرت فى عين نهر ابى فطرس مَن امتحن ذلك بعض ذوى العناية بامور العالم من ملك هذه البلاد فى سالف الزمان فيما قبل، وكذلك ذكر فى زَرَنْرُوذ*f* نهر اصبهان انه ينتهى الى رمل فى آخر كورتها*g* فيغور ثمّ f.49 r.
يظهر بكرمان ويصبّ فى البحر الحبشىّ وانه انّما عرف ذلك بان*h* بعض الملوك السالفة*i* كتب على قصب وطرحه*k* فى موضع مغيصه فظهر بنهر كرمان وقد شاهدناه وهو نهر حسن وللفرس*l* فيه اشعار كثيرة، وليس فى هذه البحيرة المنتنة ذو*m* روح من سمك ولا غيره ومنها يخرج الحُمَر*n* الذى يسمّى قُفْر اليهود*o* يطلى على المناجل ويكسح به الكروم ليؤمن*p* من الدود عليها ولغير*q* ذلك من العلاجات وللمخرجه منها وما يظهر من الصوت وعلى اىّ صورة يظهر اخبار عجيبة وفيها وحولها يوجد الحجر*r* الاصفر المعروف باليهودىّ المحزّز*s* على شكل البطّيخ وخطوطه وذكر ابُقراط*t* وجالينوس وغيرهما انه*u* يفتّت الحصى

---

the Moslems, p. 419). Mokadd. ١٩١, 1 كفركلا, Kodâma ٢١٩, 7 كفر ليلى. Lacus est quae antiquitus Merom, nunc Hûla appellatur. *s*) P ينحلب.

a) P امواه. *b*) L s. p. Cf. Abulfeda apud Guy le Strange p. 421 et imprimis Socin-Baedeker, *Palaestina und Syrien*, ed. 2ª, p. 272 ارض الخيط. *c*) L هنالك. *d*) P من. Deinde P كفرسانا, L كفرسابا. *e*) Fluvius notus nunc العوجاء dictus, qui de nomine Antipatris appellatus esse videtur. *f*) P زنمروذ, L ربروذ. *g*) L forte كورها. *h*) Codd. ان. *i*) P om. *k*) P وترك. *l*) P corrupte واهرس et انهار pro اشعار. *m*) P om., L ذى. Cf. *Mor.* I, 96 et 97. *n*) L الحجر. *o*) L اليهودى. *p*) P ليومر sine من. Cf. Abdollatif, p. 275. *q*) P وغير. *r*) L om. *s*) P المجزر, L المحزر. *t*) P بقراط. *u*) L وانه.

*المتولّد فى الكلى دون المثانة a *اذا بُرد وسُقى b، وليس فيما c عُرف من معمور الارض بحيرة لا *يتكوّن ذو d روح فيها الّا هذه البحيرة وبحيرة كَبُوذَان e وهى على بعض يوم من مدينة أُرْمية f وبلاد المَرَاغة وغيرهما g من بلاد آذربيجان وهى اعظم واغزر وامرّ h واملح لا *يتكوّن ذو d روح فيها ايضا وهى مضافة i الى قرية فى k جزيرة فى وسطها تعرف بكبوذان يسكنها ملّاحو l المراكب الّتى يركب فيها فى هذه البحيرة وتصبّ اليها m انهار كثيرة ومياه من بلاد آذربيجان وغيرها لم يعرض احد ممن ذكرنا لوصفها n، وقد صنّف احمد بن الطيّب السرخسىّ صاحب يعقوب بن اسحاق الكندىّ كتابا حسنا فى المسالك والممالك والبحار f.49 v. والانهار واخبار البلدان وغيرها وكذلك ابو عبد الله *محمّد بن احمد o الجَيْهانىّ وزير *نصر بن احمد بن p اسماعيل بن احمد بن اسد صاحب خراسان الّف كتابا فى صفة العالم واخباره q وما فيه من العجائب والمدن r والامصار والبحار s والانهار والامم ومساكنهم وغير ذلك من الاخبار العجيبة والقصص الظريفة t وابو القاسم *عبيد الله u ابن عبد الله بن خرداذبه فى *كتابه المعروف بالمسالك v والممالك وهو اعمّ هذه h الكتب شهرة فى خواصّ الناس وعوامّهم فى وقتنا هذا وكذلك محمّد بن احمد بن النجم بن ابى عَوْن w الكاتب فى كتابه المترجم بالنواحى والآفاق والاخبار عن البلدان وكثير من عجائب ما فى البرّ والبحر وغيرهم ممن لم نسمّه فكلٌّ استفرغ x وسعه وبذل

---

a) P المتولدة المثانا. b) L ذا برد وشفى. c) P فيها, L مما. Deinde L بعرف. d) Supplevi e *Mor.* e) P h. l. كرازان. Cf. Ibn Hauk. ٢٤٧, 11 et ann. m, Jâc. I, ٥١٣, 17. Deinde L وهو. f) L ارمينية. g) Codd. وغيرها. h) L om. i) P تضاف. k) L من. l) P ملاحون. m) P فيها. n) P لذكرها ووصفها, L لوضعها. o) L بن محمد; P om. الجيهانى. p) Addidi; cf. Mokadd. ٣٣٧. q) P واعجابه. r) L من المدن. s) P والبحر. t) L الطريفه. u) L om., P عبد الله. v) P كتاب المسالك. w) P عور. Cf. *Fihrist* ١٤٧, Jâc. I, ٧, 18, 26 et infra f. 222 r. x) P استغرق.

مجهوده a وقد يُدرك الواحد منهم ما لا يدركه الآخر وقد ذكرنا فى كتابنا هذا وما b سلف قبله من كتبنا التى c هذا سابعها اخبار العالم وعجائبه d ولم نخله من دلائل تعضدها e وبراهين توتدها f عقلا وخبرا وغير ذلك مما *استفاض واشتهر وشاهد g من الشعر على حسب الشىء المذكور وحاجته الى ذلك ونحن وان كان عصرنا متأخّرا عن h عصر من كان قبلنا من المؤلّفين وايّامنا بعيدة i عن ايّامهم k فلنرجو ان لا نقصر l عنهم فى m تصنيف نقصده وغرض نأمّه n وان كان لهم سبق الابتداء فلنا فضيلة الاقتداء وقد تشترك الخواطر وتتّفق الضمائر f.50r. وربّما كان الآخر احسن تأليفا واتقن تصنيفا لحنكة o التجارب وخشية p التتبّع والاحتراس من مواقع الخطاء ومن هاهنا صارت العلوم نامية غير متناهية لوجود الآخر ما لا يجده الأوّل وذلك الى غير غاية محصورة ولا نهاية محدودة وقد اخبر الله عزّ وجلّ بذلك فقال q وَفَوْقَ كُلِّ ذِى عِلْمٍ عَلِيمٌ على ان من شيم كثير من الناس الاطراء للمتقدّمين وتعظيم كتب السالفين ومدح الماضى r وذمّ الباقى وان s كان فى كتب المحدثين ما هو اعظم فائدة واكثر عائدة وقد s ذكر ابو عثمان عمرو بن بحر الجاحظ انه كان يؤلّف الكتاب الكثير t المعانى الحسن النظم فينسبه الى نفسه فلا يرى الاسماع تصغى اليه ولا u الارادات تيمّمْ v نحوه ثم يؤلّف ما هو انقص منه مرتبة w واقلّ فائدة ثم ينحله x عبد الله بن المقفّع او سهل بن هارون او غيرهما من المتقدّمين *ومن قد y طارت اسماؤهم فى المصنّفين فيقبلون على كتبها

---

a) P جهده. *b*) L ما. *c*) Codd. الذى et P سابعه. *d*) L وعجايبها. *e*) Codd. يعضدها. *f*) P يوتدها, L يزيدها. *g*) P استفاد واستشهر او شوهد. *h*) L من. *i*) P متوخرة. *k*) P ايامه. Deinde L فارجو. *l*) P نقتصر. *m*) P من. Deinde L نصف. *n*) P نامله. *o*) P لتحنكة, L لحكه. *p*) P وحسنة. *q*) Kor. 12 vs. 76. *r*) P الماضين. *s*) L c. ف. *t*) L الكبير. *u*) L om. *v*) P تتمم, L تمم. *w*) L رتبة. *x*) P يحله. *y*) P وقد.

ويسارعون الى نسخها لا لشىء الّا لنسبتها a الى المتقدّمين ولما يداخل اهل b هذا العصر من حسد c من هو فى عصرهم ومنافسته على d المناقب التى يخصّ e بها ويُعنى بتشييدها وهذه طائفة f لا يعبأ g بها كبار الناس وانّما h العمل على ذوى النظر i والتأمّل *الذين اعطوا k كلّ شىء حقّه من العدل ووفّوه l قسطه من الحقّ فلم يرفعوا المتقدّم اذ كان ناقصا ولم ينقصوا المتأخّر اذ كان زائدا فلمثل هؤلاء f.50 v.
تُصنَّف الكتب m وتُدوَّن العلوم ۞ وسنذكر n الآن o الامم السبع السالفة p فى * سابق الدهر q ولغاتهم ومواضع مساكنهم وغير ذلك r ۞

ذكر الامم السبع فى سالف الزمان ولغاتهم وآرائهم ومواضع مساكنهم
وما بانت به كلّ امّة من غيرها وما اتّصل بذلك

قد b قدّمنا فيما سلف من كتبنا ما قاله الناس فى بدء النسل وتفرّقهم على وجه الارض وما ذهب اليه كلّ فريق منهم فى ذلك من الشرعيّين وغيرهم ممن s قال بحدث t العالم وابى u الانقياد الى الشرائع من v البراهمة وغيرهم وما w قاله اصحاب القدم فى ذلك من x الهند والفلاسفة واصحاب الاثنين من المانويّة وغيرهم على تباينهم فى ذلك فلنذكر الآن الامم السبع، ذهب y من عُنى باخبار سوالف الامم ومساكنهم الى ان اجلّ الامم وعظماءهم كانوا فى سالف الدهر سبعا يتميّزون بثلاثة اشياء بشيمهم z الطبيعيّة وخُلقهم الطبيعيّة والسنتهم ۞

فالفُرس امّة حدّ بلادها الجبال من الماهات وغيرها وآذربيجان الى ما يلى بلاد ارمينية وأرّان والبَيْلَقان الى دَرْبَنْد وهو الباب والابواب والرىّ

---

a) L لنسبها. b) P om. c) P حد. d) P و. e) L خص et mox وعنى. f) L طريقة. g) L نعْنا. h) P واما. i) P النظرة. k) P الذى اعطى. l) Codd. وقوه. m) L h. l. العلوم, mox الكتب. n) L فلنذكر. o) P ins. الامم السالفة ونذكر. p) L om. q) L سالف الدهور. r) In P sequitur bismillah. s) P بمن. t) L تحدث. u) P واتى, L وان. v) P منهم. w) L s. و. x) L فى. y) P وذهب. z) P بشبهم. Deinde P bis, L semel الطبيعة.

وطبرستان والمَسْقَط والشابَرَان وجرجان وابرشهر وهى نيسابور وهراة ومرو وغير ذلك من بلاد خراسان وسجستان وكرمان وفارس والاهواز وما اتّصل بذلك من ارض *a* الاعاجم فى هذا الوقت وكلُّ *b* هذه البلاد f.51 r. كانت مملكة واحدة ملكها واحد ولسانها واحد الّا انهم كانوا يتباينون * فى شىء *c* يسير من اللغات وذلك ان اللغة انّما تكون واحدة بان تكون حروفها الّا تكتب واحدة وتاليف حروفها تاليف واحد وان اختلفت بعد ذلك فى سائر الاشياء الاخر كالفهلويّة والدريّة والآذريّة وغيرها *d* من لغات الفرس ٭

الامّة الثانية الكلدانيُّون *e* وهم السريانيُّون وقد ذكروا فى التوراة بقوله عزّ وجلّ لابراهيم انا الربُّ الذى انجيتك من نار الكلدانيّين لاجعل هذه البلاد لك ميراثا وذكرهم ارسطاطاليس فى كتابه الذى رسمه بسياسة المدن وهو كتاب ذكر فيه سياسة *امم ومدن كثيرة من امم *f* ومدن اليونانيّين وغيرها ويسمّى باليونانيّة بوليطيا وعدد الامم والمدن الّا ذكر مائة وسبعون وفى غيره من كتبه وابطلميوس وغيرهما بهذا الاسم اعنى الكلدانيّين وكانت دار مملكتهم العظمى مدينة كَلْوَاذَى من ارض العراق واليها اضيفوا وكانوا شعوبا وقبائل *g* منهم النُّونَويُّون *h* والأَثُوريُّون والارمان والاردوان *i* والجرامقة ونبط العراق واهل السواد وقيل انّما سمُّوا نبطا لانهم من ولد *k* نبيط بن باسور *l* بن سام بن نوح وقيل انّما *m* سمُّوا بذلك لاستنباطهم الارضين والمياه *وقيل لمعان غير f.51 v. ذلك وغيرهم من الشعوب *n* والقبائل وقيل ان الارمان انّما سمُّوا بذلك

---

a) P بلاد. *b*) L s. و. *c*) P بشى. *d*) P وغير ذلك. *e*) P hic et mox الكلانيون, saepe الكذانيون; L plerumque cum ذ. *f*) P المدن وسياسة الامم ومدنا كثيرة من مدن. Conjectura addidi ومدن. *g*) L ins. و من ارض العراق. *h*) P النيونانيين, P الكونانتس. Vult Ninevitas (نينوى = نونو). Deinde P الايوريون, L s. p. *i*) L والارداذان. *k*) P om.; L habet نبط; cf. *Mor.* II, 138. *l*) L s. p., *Mor.* ياسور cum var. l. ناسور ut Tab. I, ٢١٩, 4. Ibn Badrûn ut rec. *m*) L انهم. *n*) L om.

لان عادا لمّا هلكت قيل[a] ثمود ارم فلمّا هلكت[b] ثمود قيل لبقايا[c] ارم ارمان وهم النبط الارمانيُّون، وكذلك ذكر ابن الكلبىّ وغيره من علماء العرب باخبار سوالف الامم وكانت بلاد الكلدانيّين العراق وديار ربيعة وديار مضر والشأم وبلاد العرب[d] اليوم[e] * وبرها ومدرها[f] اليمن وتهامة والحجاز واليمامة والعَروض والبحرين والشِحْر وحضرموت وعمان وبرُّها * الذى يلى[g] العراق وبرُّها * الذى يلى الشأم[h] وهذه جزيرة العرب كانت كلُّها مملكة واحدة يملكها ملك واحد * ولسانها واحد[i] سريانىٌّ وهو اللسان الاوّل لسان آدم ونوح وابراهيم عم[i] وغيرهم من الانبياء فيما ذكر اهل الكتب وانّما تختلف لغات هذه الشعوب من السريانيّين اختلافا يسيرا على حسب ما ذكرنا من حال الفرس والعبرانيّة منها والعربيّة[k] اقرب اللغات بعد[i] العبرانيّة الى السريانيّة وليس التفاوت بينهما[l] بالكثير وقيل ان اوّل من تكلّم بالعبرانيّة ابراهيم الخليل عم[i] بعد ان خرج من قريته المعروفة باور كشد[m] من بلاد كُوثَى من خُنيرَث[n] وهو اقليم بابل وصار الى حرّان من ارض الجزيرة وعبر الفرات فى من كان معه الى الشأم فتكلّم بها فسمّيت العبرانيّة لحدوثها عند عبوره[o] اضافةً الى العبر وبها انزلت التوراة غير ان f. 52 r. للاسرائليّين بالعراق لغة سريانيّة تعرف[e] بالتَّرْجُوم يفسّرون[p] بها التوراة من العبرانيّة الاولى لوضوحها عندهم وقرب مأخذها ولفصاحة العبرانيّة وتعذُّر فهمها على كثير منهم ٭

ولا تنازع بين النزاريّة وهم ربيعة ومضر الصريحان من ولد

---

a) P قبل (supra من قبل pro وقيل). Gens nempe عاد quoque ارم appellata fuit; v. Tabarî I, ٢١٩ ult. seq., ٧٤٨, 1. b) P ins. قبل.

c) P يا. d) L المغرب. e) P om. f) L دبرها ومدها; P ومُددها. Deinde codd. واليمن. g) P الّتى تلى. h) P الّتى للشام. i) L om. k) L s. p., P والعبرانية. l) L منها. Deinde P بانبسير. m) P كينند. Mox L كوبا. n) P خيبوث, L خنيرت. o) L عبورها. Deinde P واضاف, L واضفه. p) P ويفسرون.

اسماعيل واياد وانمار على ما فيهم من التنازع بنو نزار بن معدّ بن عدنان بن ادّ بن ادد بن مقوّم بن ناخور[a] بن تيرح[b] *بن يعرب[c] ابن يشجب بن نابت[d] بن قيذر[c] بن اسماعيل بن ابراهيم وقيل انه[c] نزار بن معدّ بن عدنان بن ادّ بن ادد بن يامر بن يشجب[e] ابن يعرب بن الهميسع بن صابوح بن نابت بن قيذار[f] بن اسماعيل وبين اليمانية[g] وهم حمير وكهلان ابنا سبا بن يشجب بن يعرب بن قحطان بن عابر[h] بن شالخ[i] بن ارفخشد بن سام بن نوح وغيرهم من جرهم وحضرموت ابنى عابر وبين الاسرائيليين وغيرهم ان ابراهيم الخليل[c] كان سريانىّ اللسان وانه ابراهيم بن تارخ وهو آزر بن ناخور بن ساروغ[k] بن ارعوا بن فالغ بن عابر *بن شالخ[c] بن ارفخشد ابن سام بن نوح بن لمك[l] بن متوشلخ بن اخنوخ بن يرد بن مهلائيل[m] بن قينان *بن انوش[n] بن شيث بن آدم يجتمع مع اليمانية فى عابر، واكثر نسّاب اليمانية وذوو المعرفة منهم يذهبون الى ان اوّل[c] من تكلّم بالعربيّة يعرب بن قحطان وانه انّما سمّى بذلك لاعرابه عن المعانى وان لسان قحطان لم يكن عربيًّا بل على اللسان الاوّل لسان سام *بن نوح[o] وغيرهم[c] وان اسماعيل بن ابراهيم *انّما تكلّم بالعربيّة[c] *حين نشأ فى العماليق ولد عملاق بن لاود بن ارم f.52 v. ابن سام بن نوح[p] وجرهم مع امّه هاجر بمكّة، ولا خلاف ايضا[q] بين النزاريّة وهم ولد اسماعيل بن ابراهيم وبين الاسرائيليين وهم بنو اسحاق ابن ابراهيم ان ابراهيم لم يكن عربيًّا ولا اسحاق ابنه[q] وان ابنه اسماعيل اوّل من نطق بالعربيّة وتكلّم بها، ولا خلاف بين الجميع من[q]

---

a) P باحور et infra ناحور. *b*) P بيرح, L تنوح. Ibn Kot. ٣. تارخ. *c*) L om. *d*) P hic et mox ثابت, L نابت et نابث. *e*) L s. p. *f*) L فيذر. *g*) P hic et saepe اليمنية. Deinde L وبين. *h*) L يعرب. *i*) Codd. s. p. *k*) P s. p., L شاروع. *l*) Codd. لملك. *m*) L مهلايل ut fere semper in talibus. *n*) P om.; L انوس. *o*) P ونوح. *p*) L لما نزل هو. *q*) P om.

النزاريّة واليمانية *فى ان a هودا وصالحا كانا عربيّين أُرسلا الى عاد وثمود وانهما قبل ابرهيم الخليل وان لم يكن لهما ذكر b فى التوراة، قال المسعودى وقد ذهب فريق من اخباريّى اليمانية ونسّابهم ممن قدم وغبر الى ان المُلك افضى بعد عاد الى يقطن وهو قحطان بن عابر واستشهدوا c بقول علقمة ذى جَدَن

ومُلْكُ d قَحْطَانَ مُلْكُ عادٍ وَسَوْفَ تَفْنِيهِمُ الخُطُوبُ

ومنهم من راى انه قحطان بن هود بن عبد الله بن الخلود بن عاد ابن عوص e بن ارم بن سام بن نوح واسمه فى التوراة الجبّار بن عابر ابن شالخ بن ارفخشد بن سام بن نوح واحتجّوا لذلك بقول الشاعر

وأَبُو قَحْطَانَ هُودٌ ذُو الحِقَفْ

ومنهم *من ذهب f الى ان f هودا هو عابر بن شالخ بن ارفخشد ونسّاب ولد نزار بن معدّ وبعض اليمانية كهشام بن محمّد بن السائب الكلبىّ *والشرقىّ بن القطامى ونصر بن مزروع الكلبىّ f وغيرهم يقولون قحطان بن الهميسع بن تيمن بن نبت بن اسماعيل ابن ابرهيم ويحتجّون لذلك بما رواه الهيثم g بن عدىّ الطائىّ
f.58r. وهشام بن محمّد بن السائب الكلبىّ عن ابيه محمّد بن السائب عن ابى صالح عن ابن عبّاس ان النبىّ صلعم مرّ على فتية من الانصار يتناضلون فقال ارموا يا بنى اسماعيل فان اباكم كان راميا ارموا h فانا مع *ابن الادرع i رجل من خزاعة k فالقى القوم نبالهم وقالوا يا رسول الله من كنت معه فقد نضل فقال l ارموا وانا معكم جميعا f وسائر اليمانية *تأبى ذلك m وتذهب الى انه قحطان بن عابر بن شالخ بن

a) P وان, L ان. b) L collocat post التوراة. c) P واستشهد. d) Addidi و. Ex eodem, ut videtur, carmine duos versus dedit Müller, *Burgen und Schlösser* II, 88. e) P عود. f) L om. g) P ins. بن على et habet والطائى. h) P om. i) P الابن الاروع. Cf. *Mor.* III, 142. k) P ins. فالقى الرجلان نبالهم. Sensus est »sagittas abjecerunt, a ludo destiterunt". l) P فقالوا. m) P تاتى ذاك.

ارفخشد بن سام * بن نوح *a* على ما قدّمنا ويقولون هذا من اخبار الآحاد وليس من الاخبار المتواترة القاطعة للعُذْر *b* الموجبة للعلم والعمل ولو صحّ لكان معنى قوله صلعم ارموا يا بنى اسماعيل على الامّهات من ولد اسماعيل وقد اخبر الله عزّ وجلّ عن المسيح انه من ذرّيّة آدم * مع اخباره انه خُلق من غير اب ولو اخرجه مُخْرِج من *c* ولد آدم *a* لانه لا اب له لكان كاذبا وانّما نسب الى آدم من جهة امّه والقوم اعرف بانسابهم ينقله الباقى عن الماضى قولا وعملا موزونا انهم *d* من ولد قحطان بن عابر لا يعرفون *e* غير ذلك ومنهم من راى ان حمير بن سبا بن يشجب بن يعرب بن قحطان اقدم من عاد واحتجّوا بقول الخلجان بن الوهم *f* وكان من ملوك عاد وكان جنادة بن الاصمّ العادىّ راى فى منامه * ان وفد *g* عاد الى الحرم هلكوا فبلغ ذلك *a* الخلجان فقال f.53 v.

أَفِى كُلِّ عامٍ بِدْعَةٌ تُحْدِثُونَهَا *h* وَرُؤْيَا على غَيْرِ الطَّرِيقِ تُعَبِّرُ *i*
فَانَّ لِعادٍ سُنَّةً *k* يَحْفَظُونَهَا سَنَنْحُنا *l* عليها ما *m* حَيِينَا ونُقْبِرُ *n*
وانّا لَنَحْرَى من *o* أُمُورٍ تَسُبُّنا بها جُرْهُمٌ فيمن يَسُبُّ وحِمْيَرُ

واخبار حمير وكهلان اخبار قديمة سلفت كثيرا من الامم الماضية وتقادم بها الدهر وترادفت عليها الالوف من السنين وقال الناس فى ذلك فاكثروا وانّما يُرْجَع *p* فى اكثر *q* ذلك الى * عَبِيد بن شَرْيَة *r* الجُرْهُمىّ

---

a) L om. *b*) P للعَدَد, L العذر; cf. *Mor.* 148. *c*) Addidi من. *d*) P ins. من ولد اسماعيل. *e*) P يعرف. *f*) Ita quoque *Mor.* III, 295. L السرم. Apud Tab. I, ٢٤١ ult. et deinde nomen patris non memoratur. *g*) P ان وفد وفد, L الى وقت وفد, in quo forte latet اىّ وقت. *h*) L تحدثونها. Deinde P وريا. *i*) P يعبر, L تعمر. *k*) P سنه. Deinde L لى حفاظنا (l. لى حفاظها?). *l*) P s. p. *m*) P من. Deinde P حنينا, L حيمنا. *n*) P وتقبر, L وتعبر. *o*) L لمانحرى فى et mox سبنا. *p*) L نرجع. *q*) P ins. من. *r*) P عبيد الله من سريه.

ورواة اهل الحيرة a وغيرهم والكلام بين اليمانية والنزارية يكثر والخطوب تطول وهو باب * كبير والكلام فيه كثير b ومن ضمن الاختصار لم يَجُزْ * له الاكثار وقد بسطنا الكلام فيه واتينا على اكثر ما قيل c فى ذلك وحجاج الفريقين وافتخار بعضهم على بعض منثورا ومنظوما وغير ذلك فى كتاب فنون d المعارف، وما جرى فى الدهور السوالف» وفى كتاب الاستذكار، لما جرى فى سالف الاعصار» وانّما نذكر فى هذا الكتاب لُمَعًا جوامع نُنبّه بها على ما قدّمنا ونُشْرِف بها على ما سلف من كتبنا اذ كان مبنيًّا عليها وسُلَّمًا اليها ✿

والامّة الثالثة اليونانيّون والروم والصقالبة والافرنجة ومن اتّصل بهم من الامم فى التَجْربىّ e وهو الشمال f كانت g لغتهم واحدة ويملكهم h ملك واحد ✿

f.54r. والامّة i الرابعة لُوبية k منها مصر وما اتّصل بذلك من التيمن وهو الجنوب وارض المغرب الى بحر اوقيانس المحيط لغتهم g واحدة ويملكهم l ملك واحد ✿

والامّة الخامسة اجناس الترك من الخُرْلُخيّة m والغُزّ وكَيْماك والطُّغُزْغُز n والخزر ويدعون بالتركيّة سَبير o وبالفارسيّة خزران وهم p جنس من الترك حاضرة فعرّب اسمهم فقيل الخزر وغيرهم لغتهم g واحدة * وملكهم واحد q ✿

والامّة r السادسة اجناس الهند والسند وما اتّصل بذلك لغتهم g واحدة وملكهم واحد ✿

a) Codd. الخبرة. b) P يكثر الكلام فيه. c) L om. d) P om. e) L s. p. f) L السمالى. g) P c. و. h) P وملكهم, L s. و et s. p. i) P s. و. k) P الوَبيبه, L لوبيه. l) L دملكهم s. و. m) P الحُولخيه, L الخولخيه. Deinde P من الغز. n) Codd. والطعرغر. Cf. Bibl. Geogr. VII, Praef. p. VIII. o) P يسبير, L بشر. Itaque Hunni-Sabîr et Chazari idem populus sunt; cf. Nöldeke, *Beitr. zur Gesch. des Alexanderromans*, p. 31 (Denkschr. der K. Akad. d. Wissensch. in Wien, Bd. XXXVIII). p) L ومنهم. q) L وملكتهم واحدة. r) L s. و.

والامّة السابعة الصين والسّيلى *a* وما اتّصل بذلك من مساكن ولد عامور بن يافث بن نوح *ملكهم واحد *b* ولغتهم واحدة ۞ ثمّ كثر النسل وتجيّلت الاجيال *c* وتشعّبت الشعوب والقبائل وافترقت *d* اللغات وتفرّعت وتجنّست الامم وتنوّعت وتباينوا فى الآراء والعبادات والمساكن والمناسك *e*، فهذه الامم السبع كانت متميّزة بعضها من بعض لكلّ *f* امّة منها *ملك على حياله قد جمعهم عبادة الاصنام كلّ امّة منها *g* يعظّمون اصناما جعلوها مثالا لآلهة *h* غير الآلهة التى *g* كان يجلّ 154 v. مُثُلَها غيرُهم من الامم تمثيلا بما علا من الجواهر العلويّة والاجسام السمائيّة التى هى الاشخاص *i* الفلكيّة من السبعة النيّرين وهما الشمس والقمر والخمسة وهى زحل والمشترى والمرّيخ والزهرة وعطارد وغيرها من ذوات التأثير فى هذا العالم الارضىّ وكانت شرائع كلّ امّة بحسب مناسكهم وحسب الجهات التى منها معايشهم وشيمهم الطبيعيّة *k* التى فُطروا عليها ومَن *l* يجاورهم من سائر الامم، قال المسعودى وقد ذكرنا فى كتاب الاستذكار، لما جرى فى سالف الاعصار،، الذى كتابنا هذا تالٍ له ومبنىٌّ عليه الاجتماعات السبعة المشهورة لحكماء هؤلاء الامم السبع فى سالف الدهر *m* اجتمع فى كلّ مجمع منها سبعة حكماء فى اعصار مختلفة واوقات متباينة عند حوادث واحوال اوجبت *n* اجتماعهم فجرى لهم فنون من البحث والنظر وضروب من الحكم والعبر بما *o* يحدث فى الدهر *m* من الغِيَر *p* بتنقّل الدُّوَل وتغيُّر الملل والكلام فى العالم ما هو وكيف هو ولما هو وما علّته ومعلوله وظاهره وباطنه وحقائقه *q* واختراع الاجسام وانشائها والى ماذا يؤول هو بعد *r* فنائها

---

a) L s. p., P والسنكى. *b*) L مملكتهم واحدة. *c*) P الاحيا. *d*) L وافرقت. *e*) Codd. والمناسل. *f*) P ins. ملك منها لكل. *g*) L om. *h*) L للالهة. *i*) L ins. من. *k*) L الطبيعة. *l*) P s. و. Deinde P تجاوزهم, L s. p. *m*) L الدهور. *n*) P وجبت. *o*) L لما. *p*) L العبر. *q*) P ins. وضروب البحث. *r*) P و.

وغير ذلك من فنون *a* الفحص وضروب البحث ۞ فان قد *b* ذكرنا f. 55 r. الامم السبع ومساكنهم ولغاتهم وآراءهم وما اتّصل بذلك فلنذكر الآن الفرس وملوكهم واعدادهم وما ملكوا * من السنين *c* ۞

ذكر ملوك الفرس على طبقاتهم من جُيُومَرْت وهو الاوّل من ملوكهم الى يزدجرد بن شهريار آخرهم وعدّة ما ملكوا من السنين

جملة سنى ملوك الفرس الاولى على طبقاتهم والطوائف والفرس الثانية وهم الساسانيّة اربعة آلاف سنة ومائة واربعون *b* سنة وخمسة اشهر ونصف وقد ذهب كثير ممن عُنى باخبار الفرس وملوكها وطبقاتها الى انه قد كانت فترات فى ملك *d* الفرس الاولى مقدارها من السنين ثلاثمائة سنة واحدى وثلاثون سنة من ذلك الفترة بين ملك جيومرت واوشهنج مائتا سنة وثلاث وعشرون سنة * والفترة بين ملك اوشهنج وطهمورث مائة سنة *b* وثمان سنين *e* فاذا اضيفت سنو هذه الفترات الى ما ذكرنا من السنين صار الجميع اربعة آلاف سنة واربع مائة واحدى وسبعين سنة وخمسة اشهر ونصفا ۞

ذكر الطبقة الاولى من ملوك الفرس الاولى *c*

اوّلهم جيومرت كِلشاه * وتفسير ذلك *b* ملك الطين واليه ترجع الفرس فى انسابهم *f* وهو عندهم آدم ابو البشر واصل النسل ملك *g* اربعين f. 55 v. سنة وقيل ثلاثين وذلك فى الهزاريكه *h* الاولى من بدء النسل وتفسير ذلك الالف *i* سنة وكان ينزل *k* اصطخر فارس، اوشهنج ملك اربعين سنة، طهمورث ملك *c* ثلاثين سنة، جم ملك *c* سبع *b* مائة سنة وثلثة اشهر، البيوراسب وهو الضحّاك ملك *l* الف سنة والفرس تغلوا *m* فيه

---

a) L قول. Deinde P البحث. *b*) L om. *c*) P om. *d*) L ملوك. *e*) P وستين سنة quod falsum esse debet, quia Tabarî I, ۱۷۳, 4 confirmat intervallum inter Gayûmert et Uschheng fuisse 223 annorum. *f*) L انسابها. *g*) P وملك. *h*) P الهزانكة, L الهزاركه. *i*) L s. art. *k*) L دمنى; cf. *Mor.* II, 110. *l*) Addidi. *m*) P تقلوا.

وتذكر من اخباره ان حيّتيْن كانتا فى كتفيه تعتريانه لا تهدآن *a* الّا بادمغة الناس وانه كان ساحرا يطيعه *b* الجنّ والانس وملك الاقاليم السبعة وانه لمّا عظم بغيه وزاد *c* عتوّه واباد خلقا كثيرا *d* من اهل مملكته ظهر رجل من عوامّ الناس وذوى النسك *e* منهم من اهل اصبهان اسكاف يقال له كابى *f* ورفع راية من جلود علامة له ودعا الناس *d* الى خلع الضحّاك وقتله وتمليك *g* افريذون فاتّبعه *h* عوامّ الناس وكثير من خواصّهم وسار *i* الى الضحّاك فقبض عليه وانفذه افريذون الى اعلى جبل دباوند *k* بين الرىّ وطبرستان فأُودع هناك وانه حىّ *l* الى هذا الوقت *مقيّد هناك *m* فى اخبار يطول ذكرها قد *n* شرحناها فى كتاب مروج الذهب ومعادن الجوهر وعظم ابتهاج الناس بما نال الضحّاك *o* بجوره وسوء سياسته وتيمّنوا بتلك الراية فسمّيت درفش *p* كابيان اضافةً الى كابى *q* صاحبها والدرفش بالفارسيّة الاولى الراية وبهذه *r* الفارسيّة اشْقَى الخَرْز وحليت بالذهب وانواع الجواهر *s* الثمينة وكانت f.56 r.
لا تظهر الّا فى *حروب عظيمة *t* تنشر على رأس الملك او ولىّ عهده او من يقوم مقامه فلم تزل معظّمة عند جميع *d* ملوكهم الى ان وجّه بها يزدجرد بن شهريار آخر ملوك الفرس من *l* الساسانيّة مع رستم الآذرىّ *u* لحرب العرب بالقادسيّة فى *l* سنة ١٦ على ما فى ذلك من التنازع فلمّا هُزمت الفرس وقتل رستم صارت هذه الراية الى ضِرار ابن الخطّاب الفهرىّ فقُوّمت الفى الف دينار *v* وقبل ان اخذها كان

---

a) *Mor.* III, 251 تغذيان l. تغذيان, sed cf. Tabarî I, ٢٠٤, 12. *b*) L تطيعه. *c*) L زاد s. و, sed infra ثمّ ظهر. *d*) L om. *e*) P النسل. *f*) L s. p., P كابىّ. *g*) P وتملك. *h*) P c. و. *i*) P وساروا. *k*) L دنازند et deinde من. *l*) P om. *m*) Addidi coll. *Mor.* II, 113, III, 252. *n*) L وقد. *o*) L كابى. *p*) L درفست. *q*) P c. art. *r*) L وهذه. *s*) L الجوهر. *t*) L حرب عظيم. *u*) L الازدى. *v*) L om. Cf. Tab. I, ٢٣٣٧, 9.

يوم فتح *a* المدائن وقيل يوم فتح نهاوند وذلك فى سنة ١٩ وقيل فى *a* سنة ٢١ ، فلما *b* تهيّأ على الضحّاك من كان ومن اتّبعه *c* أكْثَرَ اردشير فى عهده التحذير *d* لمن بعده من الملوك من التهاون بما يكون من نوابغ *e* العوامّ ونسّاكهم من التجمّع والترأّس وان ذلك اذا اهمل فتفاقم آل *a* الى انتقال الملك وزوال الرسوم وكذلك فعل ارسطاطاليس فى تحذيره الاسكندر فى كثير من رسائله وغيرهما من ذوى المعرفة بسياسة الدين والملك ، واليمانية من العرب تدّعى الضحّاك وتزعم انه من الازد وقد *f* ذكرته الشعراء فى الاسلام فافتخر *b* به ابو نُوَاس الحسن بن هانئ مولى بنى حَكَم *g* بن سعد العشيرة بن مالك بن أُدَد بن زيد بن يشجب *(f.56 r.) بن عَرِيب بن زيد بن كهلان بن سبا بن يشجب *a* بن يعرب بن قحطان فى قصيدته التى هجا فيها قبائل *a* نزار بأسرها وافتخر بقحطان وقبائلها وهى قصيدته المشهورة التى اطال الرشيد حبسه بسببها وقيل انه حدّه لاجلها واوّلها *h*

لَسْتُ لِدارٍ عَفَتْ وغَيَّرَها ضَرْبانِ من قَطْرِها *i* وحاصِبِها

فقال فيها مفتخرا باليمن *a* وذاكرا *h* للضحّاك

فنحْنُ *k* أَرْبابُ ناعطٍ ولنا صَنْعاء والمِسْكُ فى مَحارِبها
وكان منّا الضحّاك يَعْبُدُه الخابِلُ *l* والطَّيْرُ *m* فى مَسارِبها

وفيها يقول يهجو نزارا

وَاهْجُ *n* نِزارًا وأَفْرِ جِلْدَتَها وَكَشِّفِ السِّتْرَ عن مَثالِبِها

وقد ردّ عليه قصيدته هذا جماعة من النزاريّة منهم *o* رجل من بنى *a* ربيعة بن نزار قال يذكر نزارا ومناقبها واليمن *p* ومثالبها فى قصيدة له اوّلها

---

a) L om. *b*) L c. و. *c*) P تبعه. *d*) L بالتحذير; deinde L من sed a lin. لمن. *e*) L توابع. *f*) P om. *g*) P حكيم, L id. s. p. *h*) L s. و. *i*) Jâc. IV, ٧٣٢, 2 نوءها. *k*) Jâc. بل نحن, Ibn Khord. ١٣٦ ونحن. *l*) Codd. الحابل; vid. Tab. I, ٢٠١ et ann. *h*. *m*) L والمطل. Tab. والجن, *Mor.* I, 114 والوحش. *n*) P واهجوا. *o*) L فمنهم et mox فقال. *p*) L والنمر.

دَعْ مَدْحَ *دارِجِنا أَوِانْتَهِى a عَهْدُ مَعَدٍّ بزَعْمِ b عاتبها

فقال

فَامْدَحْ مَعَدًّا وَافْخَرْ بِمَنْصِبِها السعالى على النّاس فى مَنَاصِبِها
وَهَتْكِ السِّتْرَ عن ذوى يَمَنٍ أَوْلادِ قَحْطانَ غَيْبَرَ هائبها

وذكر ابو تمّام الضحّاك فى قصيدة له يمدح الأَفْشِينَ ويشبّهه c بافريذون ويذكر بابك ويشبّهه بالضحّاك *هذه اوّله d

بَذَّ الجِلَادُ البَذَّ فهو دَفِينُ ما إِنْ بِهِ غَيْرُ e الوُحُوشِ قَطِينُ

فقال f

بَلْ كان كالضَّحّاكِ فى سَطَوَاتِهِ بالعالَمِينَ وَأَنْتَ أَفْرِيذُونُ f.57 r.

*وقد ذهب g كثير من ذوى المعرفة باخبار h الامم السالفة وملوكها الى ان الضحّاك كان من اوائل i ملوك الكلدانيّين النبط، افريذون ملك خمس مائة سنة ۞

ذكر الطبقة الثانية من ملوك الفرس الاولى وهم بَلَان k معنى ذلك العلويّون اوّلهم مَنُوشَهْر ملك مائة سنة وعشرين سنة والفرس تعظّم l امره وترفع من شأنه لامور ذكروها ومعجزات وصفوها وبينه وبين افريذون ثلاثة عشر آباء وهو من ولد ايرج بن افريذون وكان له سبعة اولاد اليهم m ترجع اكثر شعوب فارس فى انسابها وسائر طبقات ملوكها n وهو كالشجرة للفرس فى النسب وكذلك الاكراد عند الفرس من ولد كُرْد ابن اسفَنْدياذ o بن منوشهر منهم البازنجان p والشوهجان q والشاذنجان r

---

a) L داربا ودها et deinde عند pro عهد. *b*) L s. p. Deinde P غايبها. *c*) L ونسبه. *d*) L فقال. Diw. ١٩٤, Tab. III, ١٣٣٣; 15. *e*) Ceteri الا. *f*) Diw. ١٦٥ vs. paen., Tab. I, ٢٠١, 14. *g*) P وذهب. *h*) P بخبر. *i*) P اول. *k*) L دلس. Berûnî, *Chron.* ١٠٤ ايلان. *l*) P ins. من. *m*) P واليهم. *n*) Codd. ملوكهم. *o*) P اسفيدام, L اسفيد بن ام. Cf. ΓA² II, ٤٨٥, 2. *p*) L انبارنجان. *q*) P والشهونجان, *Mor.* III, 253 ut rec. Utrum الشاهونية apud Istachri ١١٥, 1 eandem tribum designet, affirmare nequeo. *r*) L s. p. Quatremère, *Not. et Extr.* XIII, 327 الشاونجان. Deinde L والساوره والتودىكان.

والنشاورة والبُوذيكان واللُّرِيَّة a والجُورقان b والجاوانيَّة والبارسيان c والجَلَالِيَّة d والمُسْتَكان e والجابارقة f والجُروغان والكيكان g والماجُرْدان والهَذْبانيَّة h وغيرهم *ممن بزموم i فارس وكرمان وسجستان وخراسان k واصبهان وارض الجبال من الماهات ماه الكوفة وماه البصرة وماه سبذان والايغارَيْن وهما البُرْج l وكَرَج ابى دُلَف m وهمذان وشهرزور n ودراباذ والصامغان وآذربيجان وارمينية وارّان o والبَيْلَقان والباب والابواب f 57v. ومن *بالجزيرة والشأم والثغور p وقد ذهب قوم من متأخّرى الاكراد وذوى الدراية منهم من شاهدناهم فيما ذكرنا من البلاد الى انهم من ولد كرد بن مرد بن صعصعة بن حَرْب بن هوازن q ومنهم من يرى انهم من ولد سُبَيع r بن هوازن وحرب وسبيع عند نسّاب مضر درجا فلا عقبَ لهما s وانّما العقب لهوازن من بكر *بن هوازن k ومن الاكراد من يذهب الى انهم من ربيعة ثم من بكر بن وائل وقعوا *فى قديم t الزمان لحروب كانت بينهم الى ارض الاعاجم *وتفرّقوا فيهم k وحالت لغتهم وصاروا شعوبا وقبائل، قال المسعودى وقد u ذكرنا فيما سلف من كتبنا سائر من سكن البدو v والجبال فى المشرق

a) P والكربة, *Mor.* اللزبة (cod. 537 *a* اللزابة), TA ٤٨٤, 4 a f. ut rec. (in cod. Robertson Smith operis مناهج الفكر est var. l. اللورية). Bonam lectionem jam proposuit Quatremère l. l. p. 304 ann. 1. *b*) Voc. in P, ubi praecedit والجَوركان var. l. ut vid. *c*) L والباب سيان, P والبارنيسان, *Mor.* البارسان cum var. l. البارسنان (aut البارنسان). *d*) Ita quoque legi jussit Quatremère pro الخالية in *Mor.* (sed cod. 537 *a* الخاربة); Ist. ١١٥, 3 الجليلية, *Masâlik al-abçâr* ap. Quatrem. 307 الكلالية. *e*) P والمشكان, *Mor.* ut rec. *f*) L والخانارقة, P والجبارقة. *g*) P ins. والماجركان dittogr. nominis seq. *h*) L et *Mor.* والهلبانية. Cf. Quatrem. l. l. 303 ann. 1. Apud Ibn Hauk. ١٥٩, 4 et ٢٣٩, 9 male edidi الهدنانية. *i*) P من برهوم. *k*) P om. *l*) L البروح. *m*) P ins. وهمجان. *n*) L وشهزور. *o*) L والران. *p*) L بالشام وجزيرة من الثغور. *q*) Cf. *Mor.* III, 250. *r*) L سبع. *s*) L لهم. Cf. Ibn Kot. ٤١, 4 a f. *t*) P نقديم. *u*) P s. و. *v*) P البلاد.

والمغرب والشمال والجنوب من العرب والاكراد والجت *a* والبلوج والكوج وهم القُفْص ببلاد كرمان والبربر بارض افريقية والمغرب *b* من كُتامة وزويلة ومزاتة ولواتة وهوارة وصنهاجة واوربة ولمْطة *c* وغيرهم من بطون البربر وشعوبهم والفيرة *d* والبجة وغيرهم من الامم المختيمة *e* ☆ وقيل انه ملك بعد منوشهر سَهْم بن امان *f* بن اتفيان *g* بن نوذر *h* بن منوشهر ستّين سنة ثم ملك فراسيات التركيّ اثنتى عشرة سنة *i* * ثم غلبه زَوٌّ وملك زوٌّ *k* ثلاث سنين وكَرْشاسْب *l* ثلاث سنين ☆

ذكر الطبقة الثالثة *m* من ملوك الفرس * الاولى وهم الكيانيّون

تفسير ذلك الاعزّاء *n*

اوّلهم كَيْقُباذُ ملك مائة سنة *o* وعشرين سنة، وكَيْقاوُس مائة سنة *n* f. 58 r.
وخمسين سنة، وكَيْخُسْرَو ستّين سنة، * وكَيْلُهْراسْب مائة سنة *n* وعشرين سنة *i*، وكَيْبِشْتاسب مائة سنة *n* وعشرين سنة ايضا ولثلاثين سنة خلت *n* من ملكه اتاه *p* زرادُشْت بن بورَشَسْب بن اسبيمان *q* بدين المجوسيّة فقبلها وحمل اهل مملكته عليها وقاتل عليها حتّى ظهرت وكانوا قبل ذلك على راى الحنفاء وهم الصابئون وهو المذهب الذى

---

a) P والجت; *Mor.* III, 254 ut rec. Vulgo الزط. Deinde L والحلوج. *b*) P s. و. *c*) P وليدنة, L ولبطة cum puncto supra ب. *Mor.* 241 ولفطة sed cod. 537 *a* ut rec. Ideo rejeci conjecturam وولبطة legendum esse. *d*) Sic P; L والهمزة sed littera غ non certa est. Exspectamus والنوبة. *e*) P المجتمة. *f*) *Mor.* II, 117 ابان. Forte l. نريمان coll. Tab. I, ٥٣٢, ult., Berûnî *Chron.* ١٠۴ (سام بن نريمان). *g*) P القنان, *Mor.* انقياد. Cf. Tab. I, ۳۲۷, 5 seqq. *h*) Codd. نُور, *Mor.* ut rec.; cf. Tab. ٥۳٠, 2. *i*) L om. *k*) P ملك غلبه ذو, L ملك علمه دو. Sec. Tab. ٥۳۳ et Berûnî l. l. prius ثلاث سنين delendum foret, quia unâ regnaverunt. Sed *Mor.* in cod. 537 *a*, p. 210 (desideratur locus in ed. Par.) confirmat lectionem receptam. *l*) L كرسات. *m*) P الاولى. *n*) P om. *o*) P ins. سنين. Ceteri omnes tantum 100 annos habent. *p*) L اتا. *q*) P اسيمان, L استيمان; vid. *Mor.* II, 123, Tab. I, ٦٧٦. L addit دان.

*اتى به *a* بوذاسب الى طهمورث *b* وهذه كلمة سريانيّة عُرّبت وانّما هى حنيفوا وقيل جىء بحرف بين الباء والفاء وانه ليس للسريانيّين فاءٌ وذُكر ان الصابئين نسبوا الى صابى بن متوشلخ بن ادريس وكان على الحنيفيّة الاولى وقيل *c* بل *d* الى صابى بن مارى وكان فى عصر ابراهيم الخليل عم *e* وغير ذلك من الاقاويل مما قدّمنا شرحه فيما سلف من كتبنا وجاءه زرادشت بالكتاب المعروف بالأَبَسْتا واذا عُرّب *f* اثبتت فيه قاف فقيل الابستاق *وعدد سوره احدى وعشرون سورة كلّ سورة فى مائتين من الاوراق *e* وعدد حروفه واصواته ستّون حرفا وصوتا لكلّ حرف *وصوت صورة *g* مفردة منها حروف تتكرّر ومنها حروف تسقط اذ ليست خاصّة بلسان الابستا وزرادشت احدث هذا الخطّ والمجوس تسمّيه دين دبيره *h* اى كتابة الدين وكتب *c* فى اثنى عشر الف جلد ثور *i* بقضبان الذهب حفرا باللغة الفارسيّة الاولى ولا يُعْلَم احد اليوم يعرف معنى تلك اللغة وانّما نقل لهم الى هذه الفارسيّة *k* شىءٌ

f.58r. من السور فهى فى ايديهم يقرءونها فى صلواتهم كأشتاذ *l* وجِتَرَشْت *m*

---

a) L اتانه. *b*) L c. ت. *c*) L c. ف. *d*) P om. *e*) L om. *f*) P اعرب. *g*) P وصورة سورة. L صوت وحرف. *h*) P ببيره, L بىراه. *i*) Cf. Tab. I, ٦٠٦, 3. *k*) L السور. *l*) P كاشتان, L كاسىمان, *Mor.* II, 125 اسنادا (cod. 537 *a* اشناد). Videtur intelligi Ashtâd (Astâd)-yasht (cf. Spiegel, *Avesta*, II, Einl. LXXXI). Cl. Darmesteter in dubium vocat, scribens: »Je doute fort que اشتان et باينست puissent être l'Ashtâd Yasht et l'Aban Yt. Les deux autres textes cités sont deux *nasks*, c.-à-d. deux des 21 parties de l'Avesta et en comparaison deux textes comme l'Ashtâd Yt. et l'Abân Yt. sont bien insignifiants, surtout l'Ashtâd Yt. qui est un des Yashts les moins importants. Peut-être اشتان serait-il »les Yashts" en général. Le اسنادا des *Moroudj* me semble désigner le Yasna: les détails que Masoudi en donne concordent avec cette hypothèse". Ex titulis naskorum soli qui cum nostris aliquam similitudinem habent sunt Stûd-yastô et Baghân-yastô (Haug, *Essays*, 134, 132). *m*) P ut rec. s. voc. et حترسَت, L حبرست et حمرست. Et forma nominis et argumentum optime congruere videntur cum Chidrashtô (Haug 131).

وبانْيَسنْ a وهادُوخت وغيرها من السور فى جترشت الخبر عن b مبدأ العالم ومنتهاه وفى هادوخت مواعظ وعمل زرادشت *للابستا شرحا سمّاه الزند وهو عندهم كلام الربّ المنزل على زرادشت ثم ترجمه زرادشت من لغة الفهلويّة الى الفارسيّة c * ثم عمل زرادشت d للزند شرحا سمّاه بازند e وعملت العلماء من الموابذة والهرابذة لذلك الشرح شرحا سمّوه بارده f ومنهم مَن *يسمّيه اكرده g فاحرقه الاسكندر لمّا غلب على ملك فارس وقتل h دارا بن دارا، واحدث زرادشت خطًّا آخر تسمّيه المجوس كشن i دبيره تفسيره كتابة الكلّ يكتب به سائر لغات الامم وصياح البهائم والطير وغير ذلك عدد k حروفه واصواته مائة وستّون لكلّ حرف وصوت صورة l مفردة وليس فى سائر خطوط الامم اكثر حروفا من هذين الخطّين لان حروف اليونانىّ وهو المسمّى الرومىّ فى هذا الوقت m اربعة وعشرون حرفا ليس لهم حاء ولا خاء ولا عين ولا باء ولا هاء n وحروف السريانىّ اثنان وعشرون والعبرانىّ

---

a) P وباينسن, L وبادنسن. Intelligi videtur Abân-yasht (Haug 98, 197, Spiegel l. l. LXXX), sed cf. p. ٩١ ann. *l*. Pro هادوخت L habet h. l. درخه. *b*) L سحف *sic*. *c*) P للابستا شرحا سماه الزند وهو عندهم الى الفارسيه وشرحه, L ترجمه كلام الرب ترجمه زرادشت الى الفارسية وكان كلام الربّ عندهم المنزل اعلى من لغة الفهاردة. Conjectura edidi. Cf. Spiegel I, 45. *d*) P om. *e*) P بازرند, L سموه باردند. *f*) P om., L نارده, *Mor.* بارده cum var. l. بارزه (cod. 537 *a* s. p.); Haug, *Essays*, p. 14 hinc fecit يازده et explicavit per »those pieces which are called Yashts". Deinde L منهم, P منه. *g*) P تسمية اكرده, L تسميه الرذه. Scribit ad me Cl. Darmesteter: »Je ne sais que faire de اكرده. Le seul texte auquel je puisse songer est le *Dînkart*, qui fut composé durant le 8e siècle, sur des documents qui, d'après l'auteur, auraient été en partie détruits et dispersés par Alexandre". *h*) P وقبل. *i*) P كشت, L كسن aut كسب. *Fihrist* ١٣, 11 ويش. Ibi autem dicitur 365 litteris constitisse. Pro دبيره L دبره. *k*) P وعدد. *l*) Addidi. *m*) L ins. وهو. *n*) Accuratius *Fihrist* ١٦, 16, qui pro باء et خاء habet الدال (الذال) والضاد.

هو السريانىّ غير ان حروفه مقطّعة ومنها *a* ما لا يشبه صورته صورة السريانىّ والحميرىّ وهو قلم حمير المعروف بالمسند يقرب من السريانىّ وحروف العربىّ بالخطّين *b* تسعة وعشرون حرفا وما عدا ذلك من حروف الامم يقرب بعضها من بعض، وللفرس غير هذين الخطّين الذين f.59r. احدثهما زرادشت خمسة خطوط منها ما تدخله اللغة النبطيّة ومنها ما لا تدخله وقد اتينا على شرح *جميع ذلك وبما *c* ذكروا له من المعجزات والدلائل والعلامات وما يذهبون اليه فى الخمسة القدماء عندهم اورمزد وهو الله عزّ وجلّ *واهرمن وهو الشيطان الشرير وكاه وهو الزمان *d* وجاى *e* وهو المكان وهوم *f* وهو الطيّبة والحمير *g* وحجاجهم لذلك وعلّة تعظيمهم للنيّرين وغيرهما من الانوار *والفرق بين النار والنور *h* والكلام فى بدء النسل وما كان من ميشاه *i* وهو مهلا *k* بن كيومرت ومن ميشانى *l* وهى مهلينه بنت كيومرت وان الناس من الفرس يرجعون فى انسابهم اليهما وغير ذلك من دياناتهم ووجوه عباداتهم *m* ومواضع بيوت *n* نيرانهم فيما سمّينا من كتبنا، ومتكلّمو الاسلام من اصحاب الكتب فى المقالات ومن قصد الى *o* الرّد على هؤلاء القوم ممن سلف وخلف يحكون عنهم انهم يزعمون ان الله تفكّر فحدث من فكره *شرّ وانه *h* الشيطان وانه صالحه وامهله مدّة من الزمان يفتننه فيها وغير ذلك من مذاهبهم مما تأباه المجوس ولا تنقاد اليه ولا تقرّ به وارى

---

a) L ومنه. *b*) L الخطين, P om. Videtur velle occidentalem et orientalem. *c*) L tantum ما. *d*) P haec om. Pro واهرمن, L وهومىد et كام pro كاه (كّاه). *e*) Codd. وجام. *f*) Intelligitur *homa* (cf. Haug 176, Spiegel II Einl. LXXII seq., III Einl. XLI). Codd. habent يوم. Pro وهو P وهى. *g*) P والحميره. *h*) P om. *i*) P منشاه, L موسى (sine من). Cf. Berûnî ١٠٣ et Vullers, ubi ميشه, Tab. I, ١٥٤ مشى. Lectionem receptam confirmat forma corrupta *Mor.* II, ١١٥ شابه. *k*) P مهل. *l*) P سبنانى, L ومرسيانى (om. من), *Mor.* منشابه, Ber. ميشانه. Lectionem receptam tuetur forma nominis سيامى (Tab. l. 7). *m*) P iterum دياناتهم. *n*) L om. *o*) P فى, L om.

ان ذلك حكاية عن بعض عوامّهم ممّن سُمع يعتقد ذلك فنسب الى الجميع ☆

وبَهْمَن ملك مائة سنة *a* واثنتى عشرة سنة وخُمانى *b* ابنته ثلاثين سنة ودارا *c* الاكبر بن بهمن اثنتى عشرة سنة ودارا بن دارا اربع عشرة سنة وغلب *d* الاسكندر على ملكهم *ستّ سنين *e* قال المسعودى f.59 v. وقد *f* ذكرنا فى آخر *a* الجزء *g* السابع من كتاب مروج الذهب ومعادن الجوهر لايّة علّة كثّرت *h* الفرس سنى هؤلاء الملوك واسرارهم فى ذلك وحروبهم مع ملوك الترك وتسمّى تلك الحروب بيكار *i* معنى ذلك الاجْهاد *k* وغيرهم من الامم وحروب *l* رستم بن دستان واسبندياذ *m* ببلاد *خراسان وسجستان *n* وزابلستان وغير ذلك مما كان من الكوائن والاحداث فى ايّامهم، وذكرنا فى كتابنا فى اخبار الزمان، ومن اباده *o* الحدثان،، من الامم الماضية والاجيال الخالية والممالك الدائرة تنازع الناس فى هؤلاء الفرس الاولى اهم الكلدانيّون ام الملك افضى اليهم عنهم وقول من قال ان الكلدانيّين انّما زال ملكهم بالاثوريّين ملوك الموصل بعد ما كان بينهم من التحزّب والحروب التى افنتهم، ومن قال ان اوّل مملكة *p* كانت فى اقليم بابل بعد الطوفان ملك نمرود الجبّار ومن تلاه من النماردة وكذلك هو فى التوراة، وغير ذلك من التنازع فى الامم الذين *q* بعدت عنا *اعصارهم وتقطّعت *g* اخبارهم وقد نفى الله عزّ وجلّ الاحاطة بعلم احوال القرون *r* الخالية والامم السالفة عمن سواه لتقادم زمانها وبُعد ايّامها فقال سبحانه *s* أَلَمْ يَأْتِهِمْ نَبَأُ ٱلَّذِينَ

a) P om. *b*) Ita codd. (L s. p. et ut supra et infra s. و); cf. Tab. I, ٦٨٦ *h*. *Mor.* II, 129 خمايه. *c*) L وداراب. *d*) L s. و, P وغلبه. *e*) P سنة سنين. *f*) P ins. كتبنا وقد. *g*) L om. *h*) L ذكرت فى. *i*) P نيكان, L تنكمان. *k*) Ita L s. p., P الاحقاد. *l*) L وحرب. *m*) P واسنديان, L واسفنديار. *n*) L tantum سجستان. *o*) P ins. من. *p*) P ملكه. *q*) P التى. *r*) P الملوك. *s*) P om.; Kor. 14 vs. 9 seq., sed يأتهم et قبلهم e 9 vs. 71.

مِنْ قَبْلِهِمْ قَوْمِ نُوحٍ وَعَادٍ وَثَمُودَ وَٱلَّذِينَ مِن بَعْدِهِمْ لَا يَعْلَمُهُمْ إِلَّا ٱللَّهُ ۝ f. 60 r.

ذكر ما ادركه الاحصاء a من ملوك الطوائف وهى الطبقة الرابعة من ملوك الفرس وجملة ما ملكوا من السنين

كانت ملوك الطوائف نحوا من مائة ملك فرس ونبط وعرب من حدّ بلاد اثور وهى الموصل الى *اقصى بلاد b الاعاجم وكان المعظّمين c *منهم والذين ينقاد الباقون d اليهم الأَشْغانيّون وهم من ولد اشغان ابن اش e الجبّار بن سِيَاوُخْش بن كيقاوس f الملك وكانوا ينزلون فى الشتاء العراق وفى الصيف الشِيز من بلاد آذربيجان وفيها الى هذا الوقت آثار عجيبة g من *البنيان والصور h بانواع الاصباغ العجيبة من *صور الافلاك i والنجوم والعالم وما فيه من برّ وبحر وعامر k ونبات وحيوان وغير ذلك من العجائب ولهم فيها بيت نار l معظّم عند سائر طبقات الفرس يقال له آذَرْخُش m وآذر احد اسماء النار بالفارسيّة والخش الطيّب وكان الملك من ملوك الفرس اذا ملك زاره *ماشيا تعظيما له وتُنذر له النذور l وتحمل n اليه *التحف والاموال o، وغير ذلك من البلاد كالماهات وارض الجبال، ولم يُعَدّ من ملوك الطوائف فى التواريخ والسير الّا الاشغانيّون لما ذكرنا من عظم شأنهم واتّساق p ملكهم وكان q اوّل من يعدّ منهم اشك r بن اشك بن اردوان بن اشغان ابن اش s الجبّار بن سياوخش بن كيقاوس f الملك ملك عشر سنين

---

a) L الاختصار. *b*) L ارض. *c*) Codd. المعظمون. *d*) P الذى ينقاد الباقين. *e*) L اسن. Post الجبار in marg. L cum صح ins. بن كيحسر. *f*) In L corr. in كيكاوس. *g*) L عظيمة. *h*) P inv. ord. *i*) P صورة الفلك. *k*) Recens manus in L ins. وخراب et ومعدن post وحيوان. *l*) L om. *m*) L s. p. et انه pro له. Hinc patet apud Ibn Khord. ١٢٠, 1 lectionem A et apud Ibn al-Fakîh ٢٨٦, 3 lectionem codd. servandam fuisse. Dubito nunc an recte ediderim Ibn al-Fakîh ٢٤٦, 11. *n*) P ويحمل, L وحمل. *o*) P tantum الاموال. *p*) L واتساع. *q*) L c. ف. *r*) P شل, L hic et mox شك. *s*) L اسن بن.

*وسابور بن اشك ستّين سنة a وجوذرز بن اشك عشر سنين بيزن b f.60 v.
ابن سابور احدى وعشرين سنة *جوذرز بن بيزن تسع عشرة سنة c
نرسى بن بيزن اربعين سنة هرمز بن بيزن تسع d عشرة سنة اردوان
الاكبر اثنتى عشرة سنة خُسْرَو بن اردوان اربعين سنة بلاش بن
خسرو اربعا وعشرين سنة *اردوان الاصغر ثلاث عشرة سنة c فهذه
جملة ما ادركه e الاحصاء من ملوك الطوائف وسنى ملكهم f وهم احد
عشر ملكا ملكوا مائتى سنة a وثمانى وستّين سنة، وقد كانت لهم ملوك
لم g تعرف اسماؤهم ومدّة سنى ملكهم ولم يذكروا فى شىء من كتب a
الفرس وغيرها من كتب سِيَر الملوك لاضطراب امر الملك فى تلك الاعصار
والتنازع الواقع h من اختلاف الكلمة والتحزُّب i وغلبة كلّ واحد منهم
على صقعه ولِمَا نحن ذاكروه فى آخر هذا الباب من فعل اردشير
بابكان، والصحيح عند من عنى باخبار سوالف الامم وملوكهم ان
مدّة ملوك الطوائف بعد قتل داريوش وهو دارا بن دارا الى قيام
اردشير بن بابك خمس مائة سنة a وثلاث عشرة سنة وذلك ان من a
اوّل السنة التى ملك فيها الاسكندر بن فيلبّس الملك المقدونىّ a الى
وقتنا هذا وهو سنة ٣٤٥ للهجرة الف سنة ومائتين وسبعا k وستّين
سنة فاذا اسقط من ذلك *ما بين سنة l ٣٤٥ وسنة ٣٢ للهجرة وهى
السنة التى a قُتل فيها يزدجرد بن شهريار الملك وذلك ثلاثمائة وثلاث
عشر سنة وما ملكت الفرس من a الساسانيّة *من السنين a وهو اربع f.61 r.

---

a) P om. b) P ter بيرز, semel ميزن, L دمور, دمرس et دنور. c) L om. d) L سبع ut Tab. ٧٠٧, 7, ٧٠٩, 9 et alii, hoc vero summam annorum 266 efficit pro 268 ut noster habet (cf. ann. Tab. ٧٠٦ *d*). e) P ادرك. f) L ملوكهم. g) L لن. h) L الرابع. Codd. om. من. i) L s. p. et s. و, P والتجرب. k) Legendum videtur وخمسا ut habeamus 513 sicut supra et infra est et aliunde constat (Tab. ٧١ *m*). In *Mor.* II, 135, IV, 107 pro 513 datur 517, quod haberemus si hic وتسعا legeretur. l) P tantum مادنين, L ماتين.

مائة وتسع وثلاثون سنة كان *a* الذى يبقى بعد ذلك *b* من السنين منذ *c* قتل الاسكندر لداريوش *d* وهو دارا *بن دارا *b* الى قيام اردشير ابن بابك خمسمائة سنة وثلاث عشرة سنة وهى مدّة مُلك ملوك الطوائف، وقد ذكرنا جميع ما قيل فى ذلك على الشرح والايضاح فى كتابنا فى اخبار الزمان وفيما تلاه من الكتاب الاوسط ثم *e* فى *b* الجزء السابع من كتاب مروج الذهب ومعادن الجوهر فى النسخة الاخيرة *b* التى قرّرنا امرها فى هذا الوقت على ما يجب من الزيادات الكثيرة وتبديل المعانى وتغيير العبارات وهى اضعاف النسخة الاولى التى الّفناها فى سنة ٣٣٢ وانّما ذكرنا ذلك لاستفاضة *f* تلك النسخة وكثرتها فى ايدى الناس ثم فى *b* كتاب فنون المعارف، وما جرى فى الدهور السوالف، ثم فى *b* كتاب ذخائر العلوم وما جرى فى سالف الدهور *g* ثم فى كتاب الاستذكار، لما *h* جرى فى سالف الاعصار، الذى كتابنا هذا تالٍ له ومبنىٌّ عليه وهو سابعها وكلّ واحد من هذه الكتب تالٍ لما قبله ومبنىٌّ عليه وخصصنا كلّ كتاب منها بتلاقين *i* وعبارات مما لم تخصص *k* به الآخر الّا ما لا يسع تركه ۞

وبين الفرس وغيرهم من الامم فى *l* تأريخ الاسكندر تفاوت عظيم وقد اغفل ذلك كثير من الناس وهو سرٌّ ديانىٌّ وملوكىٌّ من اسرار الفرس لا يكاد يعرفه الّا الموابذة والهرابذة وغيرهم *e* من ذوى التحصيل منهم *e*
f.61v. والدراية على ما شاهدناه *m* بارض فارس وكرمان وغيرهما *n* من ارض الاعاجم وليس يوجد فى شىء من الكتب المؤلّفة لاخبار الفرس وغيرها من كتب السير والتواريخ وهو ان زرادشت بن *بورشسب بن اسبيمان *o*

---

a) P وكان. *b*) L om. *c*) P مدة, L om. *d*) P لداريبوش ut quoque supra, L دارىنوس. *e*) P om. *f*) P لاستفادة, L لاستنباطه. *g*) P الروم. *h*) L وما. *i*) P بثلاثين s. بثلاثين, L pro hoc et seq. بكثير. Conjectura edidi. *k*) P تخص. *l*) P و. *m*) L s. ه. *n*) Codd. c. ها. *o*) P بورسست بن استتمان, L ورشسب بن اسنيمان.

ذكر فى الابستا وهو الكتاب المنزل عليه عندهم a ان ملكهم يضطرب بعد ثلاثمائة سنة ويبقى دينهم فاذا كان على رأس الف سنة ذهب الدين والملك جميعا، وكان بين زرادشت * والاسكندر نحو من ثلاثمائة سنة لان زرادشت b ظهر فى ملك a كَيْبِشْتاسْب بن كَيْلُهْراسْب على ما قدّمنا من خبره فيما سلف من هذا الكتاب واردشير بن بابك حاز الملك وجمع c الممالك بعد الاسكندر بخمس مائة سنة وبضع عشرة سنة فنظر d فاذا الذى بقى الى تمام الالف e سنة نحو من مائتى سنة فاراد ان يمدّ f الملك مائتى g سنة اخرى لانه خشى ان تمّت مائتا سنة بعده ان يترك الناس نصرة الملك والذبّ عنه ثقة بخبر نبيّهم فى زواله فنقص من الخمس مائة سنة h والبضع عشرة سنة الّتى بينه وبين الاسكندر نحوا من نصفها وذكر من ملوك الطوائف مَن ملك هذه السنين واسقط من عدادهم واشاع فى المملكة ان ظهوره واستيلاءه * على ملوك الطوائف وقتله اردوان اعظمهم شأنا واكبرهم جنودا انّما كان فى a سنة مائتين وستّين i بعد الاسكندر فاوقع التاريخ بذلك وانتشر فى الناس k فلهذا وقع الخلاف بين الفرس وغيرهم * من الامم a واضطرب تأريخ سنى a ملوك الطوائف لهذه العلّة، وقد ذكر ذلك اردشير بن بابك فى آخر عهده الذى اورثه مَن بعده من الملوك من ولده فى سياسة الدين والملك فقال ولولا l اليقين بالبوار النازل على f.62 r. * رأس الالف m سنة لظننت انّى قد خلّفت فيكم من عهدى ما n ان تمسّكتم به كان علامة لبقائكم ما بقى الليل والنهار ولكن الفناء اذا جاءت أيّامه اطعتم اهواءكم o واطّرحتم آراءكم وملّكتم شراركم واذللتم

---

a) P om. *b*) L om. *c*) Codd. وجميع . *d*) P فنظرنا , L ونظرنا . Subjectum est Ardaschîr. *e*) P الف . *f*) L يتم . *g*) P ماية . Jam correxit de Sacy. *h*) Codd., mox L السنة . *i*) L ins. سنة . *k*) Hinc illi 266 anni in Libro regum, Nöldeke, *Gesch.* p. 403 ann. 1, ad quos etiam propius accedimus si cum Tab. I, ٧II, 3 sumimus 523 pro 513. *l*) P s. و . *m*) P tantum الف . *n*) L من . *o*) L هواكم .

خيارکم، وذکر ذلك ايضا تنشر *a* موبذ *b* اردشير الداعى *c* اليه والمبشّر بظهوره فى آخر رسالته الى ماجُشْنَس *d* صاحب جبال دباوند *e* والرىّ وطبرستان والديلم وجيلان فقال ولولا انّا قد علمنا ان بليّة نازلة على رأس الالف سنة *لقلنا ان *f* ملك الملوك قد احكم الامر للابد *g* ولكنّا قد علمنا ان البلايا على رأس الالف سنة *g* وان سبب ذلك *ترك امر *h* الملوك واغلاق *i* ما اطلق واطلاق ما اغلق وذلك لَلفناء *k* الذى لا بدّ منه ولكنّا وان كنّا اهل فناء فانّ علينا ان نعمل للبقاء ونحتال *l* له الى امد *m* الفناء فكن من اهل ذلك ولا تُعِن الفناء على نفسك وقومك فان الفناء مكتفٍ بقوّته عن *n* ان يعان وانت محتاج الى ان تعين نفسك بما يزينك *o* فى دار الفناء وينفعك *p* فى دار البقاء ونسأل الله ان يجعلك من ذلك بارفع منزلة *q* واعلى درجة ۞

ذكر ملوك الفرس الثانية وهم الساسانيّة وهى الطبقة الخامسة من ملوكهم

كان اوّلهم اردشير بن بابك بن ساسان بن بابك من ولد بهمن بن اسبنديار *o* بن كيبشتاسب بن كيلهراسب وهو الذى ازال ملوك الطوائف ويسمّى ملكه ملك الاجتماع ملك اربع عشرة سنة وشهورا f.62v.

---

a) P hic et semel infra بنشر, semel ut *Mor.* II, 161 ببيشر, L h. l. بنشر, infra تبسر et بىشر. Veram lectionem debeo Cl° Darmesteter qui ad me scribit: »Il est évidemment identique au Tannasar تننسر mentionné dans Rieu, Catal. I, 202 *b*, 203 *a*, dont Ibn al-Mokaffa aurait traduit la lettre du pehlvi en arabe. Je le retrouve en pehlevi: le Dastur d'Ardshir d'après le Dînkart était [illegible] qui peut se lire Tôsar ou Tansar". Optime cum hoc convenit quod Mas. dicit nonnullos eum appellare دوشر. *b*) Codd. هوبذ. *c*) L والداعى et mox المفسر s. و pro والمبشر. *d*) P ماحسنس et infra ما حسان, L ماحسنيس et infra جنسيس. In vers. Ibn al-Mokaffae (Rieu l. l.) جسنفشاه. Cf. Nöldeke p. 110 ann. 3. *e*) P دواباوند, L دناوند. *f*) P وان سبب ذلك. *g*) L om. *h*) P ملك. *i*) P s. و. *k*) P الفنا. *l*) L ونحال. *m*) P ins. اهل. *n*) L على. *o*) L s. p. *p*) L ويرفعك. *q*) L h. l. درجة, mox منزلة.

ثم زهد فى الملك وسلّمه الى ولده سابور وتفرّد بالعبادة[a] وبُعْدَ ملكه مذ[b] قتل اردوان الملك وكان[c] من اعظم ملوك الطوائف بالعراق وقد ذكرنا السبب فى مبدأ ظهور اردشير وخبر داعيه[d] تنشر الزاهد وفى الناس من يسمّيه دَوشر[e] وكان افلاطونىّ المذهب من ابناء ملوك الطوائف افضى ملك ابيه[f] اليه[g] بارض فارس فزهد فيه وكيف دعا الى اردشير *وبشّر بظهوره وبثّ الدعاة فى البلاد لذلك[h] ووطّأ[i] له الامر حتى اجتمع له الملك واستظهر على جميع ملوك[h] الطوائف ولتنشر رسائل حسان فى انواع السياسة الملوكيّة والديانيّة يخبر عن اردشير *وحاله ويعتذر عنه مما فعل فى ملكه من امور احدثها فى الدين والملك[g] لم تعهد[k] لاحد من الملوك قبله وان ذلك هو الصلاح لما توجبه الاحوال فى ذلك الزمان منها رسالته[l] الى ماجشنس المقدّم ذكرها ورسالته الى ملك الهند وغيرهما من رسائله، الثانى[m] سابور بن اردشير ملك احدى وثلاثين سنة وستّة اشهر وفى ايّامه[n] كان مانى واليه تضاف المانويّة من اصحاب الاثنين، الثالث[m] هرمز بن سابور ملك سنة وعشرة اشهر، الرابع[m] بَهْرام بن هرمز ملك ثلاث سنين وثلاثة اشهر وقتل مانى وعدّة من متّبعيه وذلك بمدينة سابور فارس، الخامس بهرام بن بهرام ملك سبع عشرة سنة وقيل ثمانى عشرة، السادس بهرام بن بهرام ملك اربع سنين واربعة اشهر، السابع نرسى بن بهرام f.63 r. *ابن بهرام[g] ملك تسع سنين وستّة[o] اشهر، الثامن هرمز بن نرسى ملك سبع سنين وخمسة[p] اشهر، التاسع سابور ذو الاكتاف *بن هرمز[g] ملك اثنتين وسبعين سنة، العاشر اردشير بن هرمز ملك[g] اربع سنين، الحادى عشر سابور بن سابور ذى الاكتاف ملك خمس سنين

---

a) P فى العبادة. *b*) L مد, P قد. *c*) P s. و. *d*) P داعيته. *e*) P s. p. *f*) Codd. ابنه. *g*) P om. *h*) L om. *i*) P ووطن, L ووطن e ووطى corruptum. *k*) Codd. يعهد. *l*) L hic et mox رساله. *m*) In P praec. و. *n*) P زمانه. *o*) P وتسعة. *p*) P واربعة.

واربعة اشهر، والثانى عشر بهرام بن سابور ملك احدى عشرة[a] سنة، والثالث عشر يزدجرد *الاثيم بن سابور[b] ملك *احدى وعشرين[c] سنة، الرابع عشر بهرام جور[b] بن يزدجرد ملك ثلاثا وعشرين سنة وهو الذى نشأ عند ملوك الحيرة وبنى له الخَوَرْنَق لامور قد ذكرناها *فيما سلف[d] من كتبنا وكان فصيحا بالعربيّة وله بها[e] شعر صالح، الخامس عشر يزدجرد بن بهرام جور[f] ملك ثمانى عشرة سنة واربعة اشهر وسبعة ايّام، السادس عشر فيروز بن يزدجرد ملك سبعا وعشرين سنة وقتله اخشنوار[g] ملك الهياطلة، السابع عشر بَلاش *بن فيروز[h] ملك اربع سنين، الثامن عشر قباذ بن فيروز ملك[b] ثلاثا واربعين سنة *وفى ايّامه كان[i] مَزْدَق الموبذ[k] المتاوّل كتاب زرادشت المعروف بالابستاق والجاعل لظاهره[l] باطنا بخلاف ظاهره وهو اوّل من يُعَدُّ من اصحاب التأويل والباطن والعدول عن الظاهر فى شريعة زرادشت واليه تضاف المزدقيّة، والتاسع عشر انوشروان بن قباذ ملك ثمانى واربعين سنة وقتل مزدقا ومتّبعيه وقد اتينا على الفرق بين مذهب[m] مزدق f.68v. وما كان يذهب اليه فى التأويل وبين ما ذهب اليه مانى والفرق بين مانى ومن تقدّمه من اصحاب[b] الاثنين كابن دَيْصان ومرقيون[n] وغيرهما وما ذهبوا اليه جميعا فى الفاعلَيْن *وان احدهما خير[b] محمود مرغوب[o] والآخر شرير مذموم مرهوب منه والفرق بين هؤلاء جميعا وما يذهب اليه الباطنيّة اصحاب التأويل فى هذا الوقت فى كتاب خزائن[p] الدين، وسرّ العالمين» وانوشروان اوّل من سنّ رسوم الخراج وبيّن وضائعه[q] وكان

---

a) P وعشرين; cf. *Mor.* II, 190, Tabarî I, ٨٤٧, 7. b) P om. c) P اربعين; cf. *Mor.* l. l., Tab. ٨٥٠. d) P فى سالف. e) P فيها. f) P add. بن بهرام. g) P اخشوان, L اخشوار. Vid. Tab. ٨٧٤ ult. et ann. *h*. h) L om. i) L وكان فى ايامه. k) L الموبّد. Cf. Nöldeke *Gesch.* p. 454. l) L الظاهره, P الظاهر. m) Codd. مذاهب. n) Codd. ومرقبون. o) P مرعوب. p) L حوابن. q) P ضياعه, L وضانفه (i. e. وظائفه?). Cf. *Mor.* II, 204, Tab. ٩٦٢ seq.

فيما سلف مقاسمة وقد كان ابوه قباذ شرع فى ذلك فى آخر ايّامه *a* ولم يتمّه *b* وقد ذكرنا ذلك فى كتاب الاستذكار، *لما جرى فى سالف الاعصار *c* فى باب ذكر السواد ومساحته *d* ووصف طساسيجه وقسمته *c* والعراق وحدوده من الارض ووصف نهاياته فى الطول والعرض، والعشرون هرمز *e* بن انوشروان ملك اثنتى عشرة سنة وخالف عليه بهرام جُوبين *f* الرازىّ *g* فآل ذلك الى ان سُمل هرمز ولا يعلم فيمن قبله وبعده من ملوك الفرس من *c* سمل غيره *h*، والحادى والعشرون خُسْرو أبَرْويز بن هرمز ملك ثمانى وثلاثين سنة وقتله ابنه شيرويه *بن ابرويز *c*، والثانى والعشرون شيرويه بن ابرويز قاتلُ ابيه *واسمه قباذ *c* ملك ستّة *i* اشهر، والثالث والعشرون اردشير بن شيرويه ملك *سنة وستّة *k* اشهر، الرابع والعشرون شَهْرَبَراز ملك اربعين يوما وقد اتينا على خبره وسبب مقتله ومقتل غيره من فرسان الفرس وشجعانهم على طبقاتهم f. 64 r. من الملوك وغيرهم ممّن *l* أُجمع على *تقديمه وتفضيله *m* وشجاعته ومقاماته *n* المشهورة وايّامه المذكورة *فى كتاب *o* لنا ترجمناه بكتاب *c* مقاتل فرسان العجم معارضة لكتاب ابى عُبَيدة مَعْمَر بن المثنّى فى مقاتل فرسان العرب، والخامس والعشرون كسرى بن *p* قباذ ملك ثلاثة اشهر، *السادس والعشرون بُوران ابنة كسرى ابرويز ملكت سنة وستّة اشهر *p* وكان ملكها فى *q* السنة الثانية من الهجرة وفيها قال رسول الله صلعم حين بلغه تمليك *r* الفرس ايّاها وما بينهم من التحزّب *s* والفتن لا يفلح

---

a) P زمانه. *b*) P يتممه. *c*) P om. *d*) L وممساحته. *e*) In L hic et infra in هرمزد correctum. *f*) P جوش, L جونين. *g*) L الرى forte omisso مرزبان ut *Mor.* 213. Deinde P قال. *h*) Itaque male *Mor.* 232 de Perwiz dicitur وسملت عيناه. *i*) P ut *Mor.* l. l. سنة وستة, Tab. et Hamza 8 menses. Cf. Nöldeke p. 435 (25 Febr. 628—Sept. 628). *k*) L ستة, *Mor.* 233 5 menses. Tab. ut rec. *l*) P من. *m*) L inv. ord. *n*) P ومقامته. *o*) P بكتاب sed ب postea addita videtur. *p*) L om. *q*) P سنة. *r*) P بملك. *s*) L التجارب.

قوم *يدبّر امرهم*a* امرأة، السابع والعشرون فيروز جُشْنَس بنده*b* ملك ستّة اشهر، الثامن والعشرون أَزَرْمِيدُخْت*c* بنت كسرى ابرويز ملكت ستّة اشهر، وكان خُرّهرمز*d* الآذرىّ اصبهبذ خراسان وهو ابو رستم صاحب القادسيّة بالحضرة فطمع فيها وراسلها فى الاجتماع معها فواعدته ليلا وامرت صاحب الحرس بالفتك به ففعل ذلك وكان رستم يخلف اباه بخراسان وقيل بآذربيجان*e* وارمينية فلمّا بلغه قتلُها لابيه سار اليها فقتلها به وذلك *فى السنة*f* العاشرة *من الهجرة*g*، التاسع والعشرون فَرُّخْزاد خُسْرو بن ابرويز ملك سنة، الثلاثون يزدجرد بن شهريار ابن كسرى ابرويز بن هرمز بن انوشروان بن قباذ بن فيروز بن f.64v. يزدجرد بن بهرام*h* جُور بن يزدجرد الاثيم بن سابور *الاصغر بن سابور الاكبر*i* *ذى الاكتاف*k* بن هرمز بن نرسى بن بهرام بن بهرام ابن بهرام بن هرمز بن سابور بن اردشير*l* بن بابك ملك عشرين سنة وهو آخر ملوكهم والمقتول بمرو من بلاد خراسان سنة ٣٢ فى خلافة عثمان بن عفّان ۞

وكانت للفرس مراتب اعظمها *خمس هم*m* وسائط بين الملك وبين سائر رعيّته فاوّلها واعلاها المُوبذ تفسيره حافظ الدين *لان الدين*k* بلغتهم مو وبذ حافظ وهو موبذانِ موبذ رئيس الموابذة وقاضى القضاة ومرتبته عندهم عظيمة نحو من*k* مراتب الانبياء والهرابذة دون الموابذة فى الرئاسة، والثانى الوزير واسمه بُزُرْجْفْرَمَذار تفسير ذلك اكبر مأمور*n*، والثالث الاصبهبذ وهو امير الامراء وتفسيره حافظ الجيش *لانّ الجيش*o*

---

a) P يدبرهم. *b*) P حسنس بند, L حسنس بنده. Tab. ١٠٦٤, ١٠٦٦ posteriorem partem scribit ده et sic *Mor.* 234 l. 1. Hamza in cod. Leid. habet حسمسعناه. *c*) P ارزمذدحت, L ارزمدخت.

d) P جوهرمز, L حومه من. Vulgo فَرّخهرمز; vid. Nöldeke p. 394 ann. 1. *e*) P s. ب. *f*) P للسنة. *g*) L للهجرة. *h*) Codd. ins. بن. *i*) P om. *k*) L om. *l*) L ازدشير ut saepe. *m*) P خمسة هي. *n*) L مادور. *o*) Addidi.

اصبه وبذ حافظ على ما رتّبنا، والرابع دَبيربذ *a* تفسيره حافظ
الكتاب، والخامس هوتخشه *b* بذ تفسيره حافظ كلّ من يكدّ بيديه *c*
كالمهنة والفلّاحين والتجار وغيرهم ورئيسهم ومنهم من يسمّيه واستريوش *d*،
وكان *e* هؤلاء المدبّرين *f* للملك والقوّام به والوسائط بين الملك * وبين
رعيّته، فاما *g* المرزبان فهو صاحب الثغر لان المرز هو الثغر بلغتهم وبان
القيّم وكانت *h* المرازبة اربعة *i* للمشرق *k* والمغرب والشمال والجنوب كلّ
واحد على ربع المملكة، وللفرس كتاب يقال له كهناماه فيه مراتب
مملكة فارس وانها ستّمائة مرتبة *l* على حسب ترتيبهم * لها وهذا *m* f.65 r.
الكتاب من جملة آئين ناماه *n* تفسير آئين *o* ناماه كتاب الرسوم *p* وهو
عظيم فى الالوف من الاوراق لا يكاد يوجد كاملا *o* الّا عند الموابذة
وغيرهم *q* من ذوى الرئاسات والموبذ *r* لهم فى هذا الوقت المؤرّخ به
كتابنا وهو سنة ٣٤٥ بارض الجبال والعراق وسائر بلاد *s* الاعاجم انماذ
ابن اشرهشت *t* وكان الموبذ قبله * اسفنديار بن اذرباد *u* بن انميذ

---

a) L دفربه. *b*) P et L (s. p.) استخشه. De Sacy legit استخمنه et ex دستبيشه corruptum esse opinatus est. Correcturam debeo Cl° Darmesteter qui eam adstruit verbis: »car le nom des artisans en zend *hûiti* est traduit en pehlevi *hûtûkhsh* (traduction du Yasna 19, 46 ed. Spiegel; Shikand Gumenik *hûtukhsh*"). Cf. etiam Spiegel I, 20. *c*) L بيده. *d*) L واسمردوش, P استربوش. Proprie deberet esse سلار s. واستريوشان بذ (Tab. ٨٦٩ *g*, Vullers, App. in v.). *e*) L c. ف. *f*) P المدبرون et mox والقوامون. *g*) P ورعيته واما. *h*) P وكان. *i*) L om. *k*) P المشرق. *l*) P مملكة. *m*) P وكان هذا. *n*) L ماه. *o*) P om. *p*) P للركوم. *q*) P او غيرهم. *r*) L والموابذ. *s*) L ارض. *t*) Codd. استوهشت. Correxi auctoritate Cl[i] Darmesteter qui ad me scribit: »ازرباد بن انميذ, c.-à-d. Adarbad fils de Hamîd, est le nom du dernier éditeur du Dînkart [cf. Haug 55]; il est aussi cité dans la liste des Mobeds chefs dans le Bundahish (34, 11 ed. West), comme contemporain de Zad Sparom qui florissait à la fin du 9e siècle. Je ne serais pas étonné que le انماذ بن استوهشت qui a succédé à Isfendiar soit le fils de l'Ashrahisht fils de Fresh Srôsh, cité dans le même passage par le Bundahish". Statuendum itaque nomen انماذ s. انميذ

الــذى قتله الراضى *a* بمدينــة السلام فى *b* سنة ٣٢٥ وقد اتينـا على خبره وقصّة مقتله وما ذكر من سببه *c* مع القرمطىّ سليمان بن الحسن ابن بهرام الجنّابىّ صاحب البحرين فى ذلك فى *d* اخبـار الراضى من كتاب مروج الذهب ومعادن الجوهر ❊

وقـد تنـازع من عُنى باخبار الملوك والامم فى انساب الفرس وتسمية ملوكهم ومدّة *e* ما ملكوا ولم نذكر *f* من ذلـك الّا ما ذكرتـه الفرس دون غيرهم من الامم كـالاسرائليّين واليونانيّين والروم * اذ كـان *g* ما يذهبون اليه فى ذلك خلاف ما *h* حكتـه الفرس وكانت الفرس احقّ ان يؤخـذ عنهـا وان كان اخبارهم قـد دَرست ومناقبهم قـد نسيت ورسومهم قـد انقطعت لمرّ الزمان وتتابع الحدثان * فلا نذكر *i* منهـا الّا اليسير وكانوا اهـل *k* العزّ الشامخ والشرف *b* الباذخ والرئاسـة والسياسة فرسانا فى الوغى صُبّرا *l* عند اللقاء ادّت اليهم الامم الاتاوات وانقـادت الى طاعتهم خشيةَ صولتهم وكثرةِ جنودهم، وقـد اتينـا على تنـازع *m* الـنـاس فى انساب فارس وتفرّع اقاويلهم فى ذلك فى الجزء السابع من f.65 v. كتـاب مروج الـذهب ومعـادن الجوهر، وللبابليّين *n* ملوك قـد ذُكروا فى كثير من الكتب والزيجات فى النجوم مثـل النمرود *o* ومن تـلاه من النماردة وسنحاريب *p* وبخت نصّر ومن كان * بعده من ولده وغيرهم لم *q* نعرض لذكرهم فى هذا الكتـاب للتنازع الواقع *r* فى اعدادهم وتسميتهم

---

corruptum esse ex ايميذ (ايماذ) quo Masûdî reddidit transcriptionem pehleviticam Arabici حميد, quae, ut Cl. Darmesteter docet, est *hâmît* s. *hîmît*. *u*) P اسفندبار بن ازرياد, L tantum اسفبدبار. Pro انميذ L habet ادهد.

a) P ins. بارض. *b*) P om. *c*) L سننه. *d*) P من. In edit. operis *Moroudj* quam habemus non exstat. *e*) P وعدة. *f*) P يذكروا. *g*) L وكان. *h*) L لما. *i*) P ولا يذكر. *k*) P اصحاب. *l*) P صبورين. *m*) L تاريخ. *n*) P والبابليين. *o*) L النمرود, P الفروذ. *p*) P والسنجاريب. Deinde L والبخت. *q*) P معه من داره ومن بعده ومن عدادهم وغيره فلم. *r*) L والوقايع.

وسنى ملكهم وتقادم ايّامهم والفرس تذكره *a* ان هؤلاء الملوك البابليّين انّما كانوا خلفاء لملوكهم الاولى وموازبة على العراق *وما يليه من المغرب حيث كانت دار مملكتهم بلخ الى ان انتقلوا عنها ونزلوا *b* المدائن من ارض العراق *c* وكان اوّل من فعل ذلك خمانى ابنة بهمن بن اسبنديار *d*، قال المسعودى ورايت بمدينة اصطخر من ارض فارس فى سنة ٣٠٣ عند بعض اهل البيوتات *المشرّفة من الفرس *e* كتابا عظيما يشتمل على علوم كثيرة من *علومهم واخبار ملوكهم *f* وابنيتهم وسياساتهم لم اجدها *g* فى *شىء من *h* كتب الفرس كالخُداى ناماه *وآئين ناماه *c* وكهناماه وغيرها مصوّر فيه ملوك فارس من آل ساسان سبعة وعشرون ملكا منهم خمسة وعشرون رجلا وامرأتان قد صُوِّر *i* الواحد منهم يوم مات شيخا كان او شابًّا وحليته وتاجه ومخطّ لحيته وصورة وجهه وانهم ملكوا الارض اربع مائة سنة وثلاثين سنة وشهرا وسبعة ايّام وانهم كانوا اذا مات ملك من ملوكهم صوّروه على هيئته ورفعوه الى *k* f. 66 r.
الخزائن كى لا يخفى *على الحىّ منهم صفة الميّت *l* وصورة كلّ ملك كان فى حرب *m* قائما وكلّ من كان *فى امر *h* جالسا وسيرة كلّ واحد منهم فى خواصّه وعوامّه *n* وما حدث فى ملكه من الكوائن العظيمة والاحداث الجليلة *o* *وكان تأريخ *p* هذا الكتاب انه كتب مما *q* وجد فى خزائن ملوك فارس للنصف *r* من جمادى الآخرة سنة ١١٣ ونُقل لهشام بن عبد الملك بن مروان من الفارسيّة الى العربيّة *فكان اوّل ملوكهم فيه *s* اردشير شعارُه فى صورته احمر مدنّر وسراويله لون السماء وتاجه اخضر فى *t* ذهب بيده رمح وهو قائم وآخرهم يزدجرد بن

---

a) P يذكرون. *b*) Cod. وتركوا. *c*) L om. *d*) P اسبنديار, L اسندار.
e) P الشريفة. *f*) P علوم اخبار ملكهم. *g*) P اجد, L اخذها. *h*) P om.
i) L صوروا. *k*) P فى. *l*) P عن حى صفة ميت; L om. صفة. *m*) P حربه.
n) P وعمومه. *o*) L الحليّه. *p*) P وتاريخ. *q*) L بما. *r*) P النصف.
s) P وكان اول ملكهم. *t*) P من. Cf. Hamza ٤٨, 9.

شهريار بن كسرى ابرويز شعاره اخضر موشّى وسراويله موشّى لون السماء وتاجه احمر قائم *a* بيده رمح معتمد *b* على سيفه بانواع الاصباغ العجميّة *c* التى لا يوجد مثلها فى هذا الوقت والذهب والفضّة المحلولَيْن * ونحاسه محكوك *d* والورق فرفيرىّ *e* اللون عجيب الصبغ فلا *f* ادرى اورق هو ام رقّ لحسنه واتقان *g* صنعته، وقد اتينا على جمل من ذلك فى الجزء السابع من كتاب *h* مروج الذهب ومعادن الجوهر الحاوى *i* لاخبار الفرس الاولى وهم الكيانيّون *k* والطوائف من الاشغان والاردوان *l* وغيرهم والساسانيّة وطبقاتهم وانسابهم وملوكهم الى يزدجرد بن شهريار آخرهم ومن اعقب منهم ومن لم يعقب وسيرهم وحروبهم وحيلهم ومكايدهم فيها *m* وكيفيّة غلبتهم على العراق وزوال ملك *h* النبط الاردوان منهم والارمان وضروب
f.66 v. سياساتهم الديانيّة والملوكيّة الخاصّة *n* منها والعامّة وعهودهم وخطبهم *o* ورسائلهم ومبلغ سنى *ملكهم وشعارهم *p* وما كان من الكوائن والاحداث فى اعصارهم ومبدأ دين المجوسيّة وظهورها وخبر زرادشت نبيّهم *q* وما جاء به وخطوطهم السبعة التى كانوا يكتبون بها واحرف كلّ خطّ منها ولِما *r* أُفرد واعيادهم من النواريز والمهرجان وعلّة كلّ نوروز منها وغير ذلك من الاعياد والعلّة فى ايقادهم *s* النيران وصبّهم المياه وشدّهم الكساتيج فى اوساطهم كشدّ النصارى الزنانير واسباب الملك وحاجة الناس الى الملوك والتدبير والحوادث المنذرات بزوال * الملك من *t* فارس الى العرب وما كانوا يروونه *u* عن اسلافهم ويتوقّعونه من الدلائل والعلامات فى ذلك واحتراس ملوكهم *v* * عن وقوعه *m* * وضروب آنيتهم *w* من المآكل والمشارب

a) P قايم, L قائم. *b*) L معمد. *c*) P العظيمة. *d*) P ونحاسية محلولة. *e*) L فرفرى. *f*) P c. و. *g*) L واتفاق. Deinde in L optio inter صنعته et صبغته. *h*) P om. *i*) P الحادى. *k*) L الكيان. *l*) L والاردان. *m*) L om. *n*) P الخاصيه. Deinde L فيها. *o*) L وخطهم. *p*) L ملوكهم واشعارهم. *q*) Codd. بينهم. *r*) P s. و. Deinde L افردوا اعيادهم. *s*) P اتقادهم, L انقادهم. *t*) P ملك. *u*) Codd. يرونه. *v*) P ملكهم. *w*) Cod. ابنيتهم.

والملابس والمراكب والمساكن وغيرها واحكامهم a في خواصّهم وعوامّهم وما بنوا من المدن وكوّروا من الكور وحفروا من الانهار b واثّروا في الارض من عجيب البنيان وبيوت النيران والعلّة a في عبادتهم ايّاها وما قالوه c في مراتب الانوار والفرق بين * النار والنور واضداد d الانوار ومراتبها ومراتب ذوى الرئاسات الملوكيّة والديانيّة من المرازبة والاصبهبذين e والهرابذة والموابذة ومن دونهم ورايات الفرس واعلامهم وتشعّب انسابهم وما قال الناس في ذلك والبيوت المشرّفة فيهم من ابناء الملوك وغيرهم والشهارجة f والدهاقين والفرق بينهم وبين من سكن منهم في b السواد f. 67 r. وغيره g من البلاد قبل h ظهور الاسلام وبعده b الى هذا الوقت المؤرّخ وما تذكره الفرس في المستقبل من الزمان وينتظرونه في الآتى من الايّام من عود الملك اليهم ورجوعه فيهم * وظهوره عليهم i وما يذكرون من دلائل ذلك ونذاراته بتأثيرات النجوم وغيرها من الامارات k والعلامات كظهور المنتظرين عندهم كبهرام l هماوند وسشياوس m وغيرهما وما يكون من قصصهم وما يحدث في الارض من الآيات ووقوف الشمس نحوا من ثلاثة ايّام وغير ذلك وذلك a الى b مدّة حدّوها n واوقات قرّروها o راينا الاضرابَ عن ذكرها في هذا الكتاب وقول من قال منهم p بعد ظهور الاسلام ان الفرس من ولد اسحاق بن ابراهيم الخليل وما استشهدوا به على ذلك من اشعار ولد معدّ بن عدنان * في افتخارهم q بالفرس على اليمانية وانهم من ولد ابيهم ابراهيم كقول جرير بن الخطفى

---

a) P om. *b*) L om. *c*) P قالوا. *d*) P الانوار والنار وضدادها.
e) L والاصفهبذين. *f*) P والسَهارجة. Cf. *Mor.* II, 240. *g*) P وغيرها. *h*) P من. *i*) P وطور تحليهم; L علمهم. *k*) L الارمان. *l*) L وهم بهرام. *m*) P ونشسباوين, L وسمسادس. Conjectura edidi non dubitans intelligi Soshyâns s. Sôshâns (Sosyosh, Sôsyôsh). Cf. Spiegel I, 32, Haug l. l. sub Sôshâns et Sôshyâns. Profetae Behrâm Hamâwaud mentionem facit Spiegel I, 33 ann. 1. *n*) P حدودها.
o) P قربوها, L فروها. *p*) L بهم. *q*) L بافتخارهم.

التميمىّ مفتخرا لنزار على اليمن *a*

أَبُونـا خَلِيـلُ اللّـه لا تُنْكِرونـه   فـأَكْرِمْ بإبْراهيمَ *b* جَـدًّا ومَفْخَرَا
وأَبْناءُ اسْحاقَ اللُّيُوثُ اذا ٱرْتَدَوْا   حَمَـائِلَ مَـوْتٍ لابسِينَ السَّنَـوَّرَا
اذا ٱفْتَخَرُوا *c* عَدُّوا الصَّبَهْبَذَ منهمُ   وكِسْرَى وعَدُّوا الهُرْمُزانَ وقَيْصَرَا
أَبُونا ابو اسْحٰقَ يَجْمَعُ بَيْنَنا   أَبٌ *d* كان مَهْدِيًّا نَبِيًّا مُطَهَّرَا
ويَجْمَعُنا والغُرَّ أَبْنـاءَ فـارِسٍ *e*   أَبٌ لا نُبالِى *f* بَعْدَهُ مَنْ تَأَخَّرَا
أَبُونـا خَلِيلُ اللّـه واللّـهُ رَبُّنـا   رَضِينا بما أَعْطَى الالٰـهُ وقَدَّرَا

f.67v. وكقول اسحاق بن سُوَيد العدوىّ عَدِىّ قريش *g*

اذا افتخَرَتْ قَحْطانُ يَوْمًا بسُودَدٍ   *أَتَى فَخْرُنا *h* أَعْلَى عليها وأَسْوَدَا
مَلَكْناهمُ *i* بَدْءًا باسْحاقَ عَمِّنا   وكانوا لنا عَوْدًا على الدهرِ أَعْبُدَا
ويَجْمَعُنا والغُـرَّ أَبْناءَ فارس *k*   ابٌ لا يبالِى *l* بَعْدَهُ من تَفَرَّدَا

وكقول بعض النزاريّة

واسْحـاقُ واسْمـاعِيـلُ مَـدَّا   معالِى الفَخْرِ والحَسَبَ اللُّبابا
فـوارِسُ فـارِسٍ وبـنـو نِـزارٍ   كِلَا الفَرْعَيْنِ قد كَبُرَا *m* وطابا

وان *n* الفرس قد كانت فى سالف الدهر *o* تقصد البيت الحرام بالنذور العظام *p* تعظيما *q* لابراهيم الخليل *p* عمّ بابنه وانه عندهم اجلّ الهياكل السبعة المعظّمة *r* والبيوت المشرّفة فى العالم وان رجلا تولّاه فاعطاه المدّة والبقاء واستشهدوا بقول بعض *p* * العرب فى *s* الجاهليّة

زَمْزَمَتِ الفُرْسُ على زَمْزَمِ   وذاك فى سالِفِها الأَقْدَمِ

وقول من قال منهم *t* ان منوشهر الذى ترجع اليه الفرس جميعا *p* فى

---

a) P add. ذلك. Vid. *Mor.* II, 143, Tab. I, ۴۳۳, Jâc. II, ۸۶۲ seq. *b*) L ابرهيم. *c*) Tab. انتسبوا. *d*) L وان. *e*) Diwân et Jâc. سارة. *f*) P يبالى ut cod. 537 *a*. *g*) *Mor.* 142. *h*) L فنحن اذًا. *i*) L ملكنا. *k*) *Mor.* سارة. *l*) L نبالى ut cod. 537 *a*. Pro تفردا P تاخرا. *m*) L كثرا. *n*) L فان. In P praec. وان الاسرار قد كانت. *o*) L الدهور. *p*) P om. *q*) P وتعظيما. Cf. *Mor.* 148. *r*) L العظيمة. *s*) L om. *t*) L فيهم, P om.

انسابها هو *منشخر بن منشخرباغ *a* وهو يعيش *b* بن *ويزك وويزك *c* هو اسحاق بن ابراهيم الخليل واستشهادهم *d* بقول *بعض شعراء *e* الفرس فى الاسلام مفتخرا

أَبُونَا وَيزَكٌ وَبِهِ أُسَامِى اذا اَفْتَخَرَ الْمُفَاخِرُ بِالوِلَادَه
أَبُونَا وَيزَكٌ عَبْدٌ رَسُولٌ لَهُ شَرَفُ الرِّسَالَةِ وَالزَّهَادَه *f*
فَمَنْ مِثْلِى اذا *اَفْتَخَرَتْ قُرُومٌ *g* وَبَيْتِى مِثْلُ وَاسِطَةِ القِلَادَه

وقول من قال منهم جميعا ان الملك سينتقل *h* من ولد اسماعيل الى f. 68 r. ولد اسحاق وهذا هو الاغلب على باطنة *i* عصرنا من اصحاب التأويل مع من ينازعهم هل *k* ذلك فى ولد العيص *l* ام فى المصطفين *m* من ولد *n* آل عمران ولذوى المعرفة منهم فى ذلك *o* الغاز ورموز واعراض وغير ذلك من اخبارهم والغرر *p* من ايّامهم *مما اخذنا *q* عن علمائهم كالموابذة والهرابذة وغيرهم من ذوى المعرفة باخبارهم بارض العراق وخوزستان وفارس وكرمان وسجستان والماهات *وغير ذلك *r* من ارض الاعاجم ونقلناه من الكتب *الصحيحة المشهورة *s* عندهم، وكتاب مروج الذهب يشتمل على *الاخبار عن *n* بدء العالم واوّليّته واقاويل الامم فى ذلك من اصحاب القدم والحدث وما احتجّ به كلّ فريق منهم لقولهم *n* على تباينهم والخلق *t* وتفرّقهم على الارض والانبياء وشرائعهم والملوك وسيرهم وسياساتهم

---

a) P بن مسخر بن مسخربا, L مساجر بن مسحربا. Cf. Tab. I, ٤٣. seqq. *b*) Videtur significari عيص Esau. Tab. ٤٣٣, 3 افريقيس, *Mor.* فريقس. *c*) P ويزر وويزر, in poëmate وَيزل, L وبرل وقد برل, in poëmate وترك et وبزك, *Mor.* 141 et 144 ويرك ut Tab. ٤٣٢, 2, qui vero etiam habet nomen ايزك. Cod. 537 *a* وَتْرَك et اترك. *d*) L وانهم يستشهدون. *e*) P tantum من. *f*) *Mor.* 144 والرفادة. *g*) L فخرت بقومى. *Mor.* قرون. *h*) P سينقل. *i*) L ما ظنه, quae lectio si bona est, excidit اهل ante مصرنا. *k*) Codd. اهل. *l*) P البعض, L العيض. *m*) P المطقين. *n*) P om. *o*) L om. *p*) L والغمر. *q*) P بما اخبرناه. *r*) L وغيرهم. *s*) L inv. ord. *t*) P ins. وتشرفهم.

والامم وآرائهم ونحلهم a وشيمهم واخلاقهم *ومساكنهم من اخبارb العرب والفرس والسريانيّين واليونانيّين *والروم والهند c والصين وغيرهم من الامم ومن كان فيهم من الاطبّاء والحكماء والفلاسفة القدماء والنواحى والآفاق والارض *وشكلها وقسمتها d وما على ظهرها من عجيب البنيان والعامر منها والغامر والافلاك وهيئاتها e والنجوم وكيفيّة تأثيراتها فى هذا a العالم الارضىّ ووصف الاقاليم السبعة ومقاديرها واطوالها وعروضها f والبحار وخلجانها والمتّصل منها والمنفصل وما فيها وحولها f.68 v. من العجائب g وما كان من الارض *برًّا فصار بحرا وبحرا فصار برًّا h على مرور الازمان وكرور الدهور وعلّة ذلك وسببه الفلكىّ والطبيعىّ i والانهار ومبادئها ونهاياتها واخبار الامم الداثرة والممالك البائدة k وجامع تاريخ العالم والانبياء والملوك *من آدم الى نبيّنا صلعم ومولده ومبعثه وهجرته ومغازيه وسراياه وسواربه l الى وفاته والخلفاء والملوك من m بعده وكتّابهم n ووزرائهم والغرر من اخبارهم وما o كان من الكوائن والاحداث والحروب فى ايّامهم الى سنة ٣٤٥ فى خلافة المطيع وهو مجزّأ على ثلاثمائة *وخمسة وستّين p جزءا فاذا اجتمع *كانت سمته q كتاب مروج الذهب ومعادن الجوهر واذا افترق كان *كلّ جزء r منه كتابا قائما بنفسه مضافا الى ما اشتمل عليه وأُفرد له s ۞

ذكر ملوك اليونانيّين *ومدّة ما t ملكوا من السنين

عدّة ملوك اليونانيّين من فيلبّس ابى الاسكندر الى قلوبطرة آخرهم ستّة عشر ملكا وجملة ما ملكوا من السنين *مائتا سنة u وثلاث وتسعون

---

a) P om. b) P ومواكبهم واخبارهم والامم من. c) P inv. ord. d) P وسكانها وتسميتها. e) L وهيئتها. f) P واعراضها. g) P ins. وما كان فى ذلك. h) P بحرا فصار برا او برا فصار بحرا. i) P s. و. k) P البادية. l) Cod. وسواريه. m) L om. n) P وكماتهم. o) L ولما. p) P وخمسين. q) P كان منه. r) L ذلك جزّا. Deinde codd. منها. s) In P sequitur bismillah. t) L وما. u) P مايتنان.

سنة وثمانية عشر يوما وذلك موجود فى قانون ثاون *a* الاسكندرانىّ وغيره وقد ذهب قوم ممّن عنى *باخبار سير *b* الملوك وتواريخ الامم الى ان عدّة ما ملكوا من السنين *c* ثلاثمائة سنة وثلاث سنين *d* وقيل فى عدّة ملوكهم ومدّة سنيهم اكثر من ذلك واقلّ غير ان الاشهر ما ذكرناه، وكان *e* اوّل من يعدّ *f* من ملوك اليونانيّين فى *التاريخ المقدّم f.69 r. للحنفاء *g* والقوانين *والزيجات فى النجوم *h* وغيرها فيلبّس ابو الاسكندر ملك سبع *i* سنين وكان لليونانيّين قبله ملوك سلفوا يُتنازع *k* فى *l* اعدادهم وسمائهم ومدّة ما ملكوا من السنين، الثانى *m* ابنه *l* الاسكندر الملك ملك خمس عشرة سنة تسعا منها قبل قتله دارا بن دارا وستّا بعد قتله ايّاه على ما فى ذلك من التنازع فى مدّة ملكه بين المجوس والنصارى وغيرهم وافضى الملك اليه وله ستّ وثلاثون سنة والعوامّ تكثر من سنيه *n* وهذا هو المعوّل *o* عليه، الثالث ابطلميوس *اورنداس *p* ملك سبع سنين، الرابع ابطلميوس *l* الكصندرس *q* ملك اثنتين وعشرين سنة وهو الذى نقلت له التوراة *r* نقلها اثنان وسبعون حبرا بالاسكندريّة من بلاد مصر من اللغة العبرانيّة الى اليونانيّة وقد ترجم هذه النسخة الى العربىّ عدّة ممّن تقدّم وتاخّر *s* منهم *l* حُنَين ابن اسحاق وهى اصحّ نسخ التوراة عند كثير من الناس فاما الاسرائيليّون من الأَشْمَعَث *t* وهم الحشر *u* والجمهور الاعظم والعنانيّة وهم

---

a) P ناقون, L فانون. *b*) L بسير. *c*) P ins. مايتان وثلاث وتسعون سنة وثمانية عشر يوما وذلك موجود وقيل ان عدة ما ملكوا من السنين. Mox codd. om. سنة. *d*) P وستون سنة. *Mor.* II, 292 وسنة واحدة. *e*) P c. ف. *f*) P يذكر. *g*) P تاريخ القدما لحنفا. *h*) P فى الزيجات النجومية. *i*) L تسع, *Mor.* 247 ut rec. *k*) P متنازعهم, L تنازع. *l*) L om. *m*) P والثانى et mox والثالث. *n*) L سنه. *o*) P المعمول. *p*) Sic cod. nisi quod punctum litterae ذ incertum est; Eutychius, *Ann.* I, 297 اريداوس. Sine dubio ex *Euergetes* corruptum nomen, quod Tab. v.٣, 2, 5 اورغاطس scribit. *q*) P الكصندرين ut quoque infra. *r*) L التوريه hic et deinde. *s*) P او اتاخر. *t*) Vid. de Sacy, *Chrest.* I, 349 seqq. L الاشعث et deinde وهو. *u*) P الحشو.

من يذهب الى العدل والتوحيد a فيعتمدون فى تفسير الكتب العبرانيّة التوراة والانبياء والزبور وهى اربعة وعشرون كتابا وترجمتها الى العربيّة على b عدّة من الاسرائيليّين المحمودين عندهم قد شاهدنا اكثرهم منهم *ابو كثير يحيى بن زكريّاء الكاتب الطبرانيّ d اشمعثيّ المذهب وكانت وفاته فى حدود العشرين والثلاثمائة ومنهم سعيد بن يعقوب الفيّوميّ اشمعثيّ المذهب ايضا وكان قد b قرأ على ابى كثير وقد f.69 v. *يفصّل تفسيره e كثير منهم f وكانت له قصص بالعراق مع رأس الجالوت داود بن زَكّى من ولد داود واعتراض g عليه وذلك فى خلافة المقتدر وتحزّب من اليهود لاجلهما h وحضر فى مجلس الوزير علىّ بن عيسى وغيره من الوزراء والقضاة *واهل العلم لفصل i ما بينهم وترأّس k الفيّوميّ على كثير منهم وانقادوا اليه وكانت وفاته بعد الثلاثين والثلاثمائة، ومنهم داود المعروف بالقومسيّ l وكانت وفاته c سنة ٣٣٤ وكان مقيما ببيت المقدس وابراهيم البغداديّ ولم اشاهدهما وقد كانت جرت c بيننا وبين ابى كثير ببلاد فلسطين والاردنّ مناظرات كثيرة فى نسخ الشرائع والفرق بين ذلك *وبين اعبيدا m وغير ذلك b وبين يهودا n بن يوسف المعروف بابن ابى الثناء o تلميذ ثابت بن قرّة الصابئ فى الفلسفة والطبّ *فى الرقّة من ديار مضر وبين سعيد بن علىّ المعروف بابن اشلميا b بالرقّة ايضا وكذلك p بين من b شاهدنا

---

a) L التوحّد. *b*) L om. *c*) P om. *d*) L الطهرانى. *e*) P تفصل تفسيره. *f*) P ممن عنى. *g*) P واعترض. L s. و. *h*) P لاجلها et deinde وحضور quod de Sacy corr. in وحضروا. *i*) P وغيرهما واهل الفصل والعلم. *k*) L s. p., P وترآس quod de Sacy recepit, sed cod. in talibus auctoritate caret. *l*) P بالقومسى pro quo de Sacy proposuit legere بالمقدسى. *m*) Probabiliter vult העבודה »de discrimine inter legem et operas religiosas". De Sacy pro nomine doctoris habuit, quod seq. وغير ذلك vetat admittere. *n*) P يهود. *o*) L الشآ. *p*) L وذلك.

من متكلّميهم بمدينة السلام مثل يعقوب بن مَرْدَوَيْه ويوسف بن قيوما وآخر من شاهدنا منهم ممن تقدّم *a* الينا من مدينة السلام بعد الثلاثمائة ابراهيم اليهودىّ التسترىّ *b* وكان احذق من تأخّر منهم فى النظر واحسنهم تصرّفًا فيه *c* ۞

الخامس *d* ابطلميوس الاريب *e* ملك سبعا وعشرين سنة، السادس ابطلميوس محبّ اخيه ملك ستّا وعشرين سنة، السابع ابطلميوس الصانع *f* ملك خمسا وعشرين سنة، الثامن ابطلميوس محبّ ابيه *g* ملك سبع عشرة سنة، التاسع ابطلميوس الظاهر *h* ملك اربعا وعشرين سنة، العاشر ابطلميوس محبّ امّه ملك عشرين سنة، الحادى عشر ابطلميوس f. 70 r. الجوّال *i* ملك ثلاثا وعشرين سنة، الثانى عشر ابطلميوس المُخْلص *k* ملك سبع عشرة سنة، الثالث عشر ابطلميوس الاسكندرس *l* ايضا ملك عشرين سنة، الرابع عشر ابطلميوس *m* قسّاس ملك * ثمانية عشر يوما *n*، الخامس عشر ابطلميوس *c* ديونسيوس *o* ملك تسعا *p* وعشرين سنة، * السادس عشر قلوبطرة ابنة ابطلميوس ملكت اثنتين وعشرين سنة *c* وكانت حكيمة *q* ولها كتب فى الرقية وغيرها، وليس ابطلميوس

---

a) In L superinscr. قدم. *b*) L السنترى. *c*) L om. *d*) L h. l. c. و. *e*) Ita P; L الاديب; *Mafâtîh al-ʿolûm*, cod. Leid. p. 69 بطلميوس الأَرِيب بن الْذِيَب (cod. Brill tantum بطلميوس الاديب). Probabiliter corruptum est ex الارنب, ut Eutychius p. 298, aut ex ابن ارنب (*Mor.* II, 257 male بن اريب), ut Hamza et Berûni ٩٢ (ابن ارنبا) habent, et quae est versio Graeci λαγος. *f*) Ut *Mor.* 284, Eutychius et *Maf. al-ʿOl.*; Hamza in cod. Leid. et Ber. الصائغ. *g*) L ابنه. *h*) Epiphanes. *i*) Ita quoque *Mor.* 285 (cod. 537 *a* الجوال) et Hamza l. l., sed alio loco ponur.c. L الحوالى. *k*) Soter (Tab. I, v.١٣ ساطر). *l*) B ut supra الاسكندرين, L الاسكندروس. *m*) P ins. قصاص var. l. ad seq. قساس; Eutych. فساس, *Maf. al-ʿOl.* الخبيث. Respondet Graeco κακος. *n*) L تسعا وعشرين سنة. *o*) P ديوسيوس, L ديوشبرس, Ber. ديونسيس, Tab. دونسيوس, Eutych. ديونيسيوس. *p*) P سبعا. *q*) L حكمة.

القلوذىّ صاحب كتاب المجسطى وغيره من الكتب من هؤلاء البطلميوسيين *a* ولم يكن ملكا وقد بيّنّا ذلك فى كتاب اخبار ملوك الروم الاولى فيما يرد من هذا الكتاب فى *ملك انطونيوس بيوس *b* مجملا وفيما تقدّمه من الكتب مشروحا ۞

واتينا *c* فى كتاب فنون المعارف، وما جرى فى الدهور السوالف،، على اخبار اليونانيّين وانسابهم وآرائهم وديارهم والتنازع فى بدء انسابهم ومن قال انهم من ولد يونان بن يافث بن نوح ومن قال بل هو *d* يونان بن ارعوا بن فالغ *e* بن عابر بن شالخ بن ارفخشذ بن سام ابن نوح ومن قال بل *f* هو يونان بن عابر اخو قحطان بن عابر ومن ذهب الى انهم من ولد اليفز بن العيص بن اسحاق بن ابراهيم وانهم اخوة الروم وغير ذلك من الاقاويل *وكيفيّة غلبة *g* الروم عليهم ودخولهم فى جملتهم حتى زال اسمهم وانقطع ذكرهم ونسب الجميع الى الروم بغلبة اوغسطس *h* الملك عليهم *عند خروجه من *i* رومية ومسيره الى الشأم ومصر وتنازع الناس فى *k* الفلاسفة كفيثاغورس *l* وثاليس وانبدقليس *m* f.70 v. والرِوّاقيّين *n* واصحاب *الاصطوان واميروس وارسيلاوس وسقراط *o* وافلاطون وارسطاطاليس *وثاوفرسطس وثامسطيوس *p* وابقراط وجالينوس وغيرهم من الفلاسفة والاطبّاء اروم هم ام يونانيّون *وما ذكرنا من الشواهد من كتبهم انهم يونانيّون *q* وقول من قال انهم روم وسير ملوكهم وحروبهم *r*

---

a) L البطلميوسيين . *b*) P ابطونيبوس بنوس sine ملك, L ملوك ايطونيوس . *c*) Lector in P correxit in ابنا probabiliter propter عن quod habet pro على . *d*) P انه . *e*) P فالح . *f*) L om. *g*) L وكيف غلب . *h*) P لوغسطين لوغسطس . *i*) L ان دخلوا به عند . P خروجهم . *k*) P من . *l*) P كفيساغورس, L كففتاغورس. Alibi فوثاغورس scribit auctor. *m*) P وانبذطيس, L وانبدفليس . *n*) P والرواقيان , L والرواسيين . *o*) L الاسطوان وامروس وارسلاوس وسقرط . *p*) P وناقوسطس وامسيطانوس , L وثاوفوسطس وثامسطوس. Deinde L وبقراط . *q*) P om. *r*) P وحروحهم .

واخبار الاسكندر وسيره ومسيره فى مشارق الارض ومغاربها وما وطئ من الممالك ولقى من الملوك وبنى من المدن ورای من العجائب واخبار الردم وهو سدّ ياجوج وماجوج وما كان بينه وبين معلّمه ارسطاطاليس ابن نيقوماخس [a] صاحب كتب المنطق وغيرها وتفسير ارسطاطاليس الغداء [b] التامّ وقيل تامُّ الفضيلة لان ارسطو هو الفضيلة وطاليس [c] تامٌّ وتفسير نيقوماخس قاهر [d] للخصم من الرسائل والمكاتبات فى ضروب السياسات الملوكيّة والديانيّة *وغير ذلك [e]، وتنازع الناس فى الاسكندر اهو ذو القرنين ام غيره وما قيل فى ذلك وما كان من [f] اخبار خلفائه بعده [g] كانطيانحس البانى مدينة انطاكية *والى اسمه اضيفت فعرّبتها العرب فسمّتها انطاكية [h] وكسليقس [i] البانى مدينة سَلوقية وغيرهما [k] وما كان بينهم وبين من كان بالاسكندريّة من بلاد مصر من الحروب، واخبار الفلاسفة وآرائهم *الالهيّين منهم والطبيعيّين ومن قتل منهم وما كانوا عليه من الآراء الى عهد [l] سقراط وافلاطون وارسطاطاليس من الفلسفة *المدنيّة وما احدثوه من الآراء خلافا على من تقدّم ومباينة للفلسفة [m] الاولى الطبيعيّة *الّتى اليها [n] كان يذهب فوثاغورس [o] وثاليس الملطىّ وعوامّ اليونانيّين وصابئو [p] المصريّين الذين بقيّتهم فى هذا الوقت f.71 r.
صابئو الحرّانيّين [q] وقد ذكر ذلك ارسطاطاليس فى كتابه فى الحيوان وهو تسع عشرة مقالة فقال ولمّا [r] كان منذ عشرين [s] سنة من زمن سقراط

---

a) P ببقرماحس, mox تبيقوماخس, L منقوماحس, mox بنقوماحس.
b) Codd. العدا. Cogitat de *ἄριστον*. *c*) P وتاليبس. *d*) L فانه.
e) P وغيره. *f*) L فى. *g*) P ins. كانجاحش البانى مدينة سلوقية وغيرهما et habet deinde وادطنخس. Cf. *Mor.* II, 282, III, 409.
h) L om. *i*) P وكسيقلير, L وكسيفلس. Tab. ٧٠٤, 9 سلقيس.
k) L وغيرها من المدن. *l*) L pro his الاهيين وما ذهب اليه. In P وما احدثوه pro واحدثوه et و. s. الطبيعيين. *m*) L haec om. P للفلسفة pro الفلاسفة. *n*) L الذى. *o*) P فوساغورس, L فوباغورس.
p) P hic et mox صاموا; L وصابى. *q*) L الخراسانيين. *r*) L s. و.
s) In P superinscribitur ماية. L مذ ماية.

مال الناس عن الفلسفة الطبيعيّة الى الفلسفة المدنيّة *a* وما ذهب اليه سقراط ومن رأى رأيه من سمّيناه *b* فى الموجود الأوّل الذى اقتبست *c* الموجودات وجودَها عنه وكيف * يفيض عليها *d* بجوده وكيف حصلت الموجودات عنه وعلى اىّ شىء هو سبب وجودها وغاية لها وعلى *e* اىّ جهة ينبغى ان يعتقد وكيف ترتيب مراتبها فى الوجود وكيف ارتبط بعضها ببعض وبأىّ شىء ارتبطت وائتلفت *f* ومن اىّ شىء موادُّها وما جواهر *g* الاجسام الطبيعيّة التى تحتوى عليها الاجسام السمائيّة *h* وهى الاجسام الهيولانيّة وما مراتب الروحانيّين وما فُوّض الى كلّ واحد منهم من التدبير ونفس الانسان وكم قواها وما فعل كلّ واحد منها ومراتب بعضها فى *i* بعض واحصاء جمل اعضائها *k* ومراتبها واىّ القوى * هى الرئيسة *l* وما مراتبها * ومن انتهى *m* فى الرئاسة وايُّها المخدومة * وايُّها الخادمة *n* وكيف يحدث العقل فى الانسان وكيف فعل العقل الفعّال فى *m* الحرّ الناطق وتنازع الناس فى السعادة المطلوبة التى لها *o* كون الانسان وما الشقاء الذى يصير اليه اذا حاد عن طريق *p* السعادة وذكر المنام واصناف الرؤيا ولاىّ جزء من اجزاء النفس ذلك *q* وما الرؤيا *r* الصادقة ومن *s* اين تحصل للنفس وكيف صارت الصادقة تدلّ * وعلى اىّ جهة تدلّ *m* وكيف f.71v. الطريق الى علم عبارة الرؤيا، وما الحاجة الى الاجتماعات الانسانيّة واصناف الاجتماعات وهى *m* التى بها يتعاونون على بلوغ اغراضهم التى اليها يأتمّون *t* وايُّها عظمى وايُّها وسطى وايُّها صغرى وما الاجتماع

---

a) P المدينية. *b*) P s. ه. *c*) P افسمت الموجودات وافتنشت.
d) P يقنص علها. *e*) Codd. s. و. *f*) P واتلفت. *g*) P جوهر.
h) L السماويه. *i*) P ins. جمل. *k*) P اعضايه. *l*) Conj.; P هو الرتبة, L على الرىىسه. *m*) P om. *n*) L والخادمة. *o*) P بها.
p) P الطريق. *q*) P ins. الى علم عبارة الرويا. *r*) P الروية. *s*) P s. و.
t) P يامنون. Deinde P ter وايهما.

المدنىّ الذى يكون فى المدينة الفاضلة *a* وما المدينة الفاضلة وما مراتب اجزائها *b* ومراتب رئاساتها وكيف صارت منزلة اجزاء هذه المدينة منزلة اعضاء الحيوان من الحيوان فانهم يتعاونون على تكميل *السعادة للانسان كما يتعاون *c* اعضاء الحيوان على تكميل *d* حياة الحيوان وكيف ينبغى ان يكون ملك هذه المدينة ورئيسها الاوّل وایّ علامات وشرائط ينبغى ان تكون فيه من مولده وفى *e* صبائه وحداثته يرشّح بها *f* لملك المدينة الفاضلة والفضائل *g* التى يصير بها سائسا كاملا ورئيسا فاضلا ويأتى آداب وصناعات يؤدّب فتمكّن *h* فيه حتى تحصل له مهنة الملكيّة الفاضلة وفى اىّ الامم يوجد ذلك فى الاغلب وفى ايّها فى النادر *i* وهل هو جزء من اجزاء المدينة ام *k* غيرها على *l* ما فى ذلك من التنازع بين افلاطون وارسطاطاليس على حسب ما ذكره افلاطون فى كتاب الفحص عن ملك المدينة الفاضلة الذى هو الفيلسوف فى الحقيقة وذكره ارسطاطاليس فى كتابه فى السياسة المدنيّة وعدد اجزاء هذه المدينة ومُثُلها *m* الطبيعيّة وكيف f. 72 r. ينبغى ان تكون الرئاسات التى *تتبع الرئيس *n* الاوّل فى هذه المدينة وبما *ذا تكمل وتلتئم تلك *o* الرئاسات وكم اصناف المدن المضادّة للمدينة الفاضلة كالمدن الجاهليّة والمدن الضالّة والمدن الفاسقة ومراتب ملوكهم ورئاساتهم ونحو ما ذا يأمّون وعلى بلوغ اىّ غرض يتعاونون وما اصناف *p* السعادات التى تصير اليها انفس اهل المدينة الفاضلة فى الحياة *q* الآخرة *واصناف الشقاء التى تصير اليها انفس اهل المدن

---

a) P الفضيلة, L hic et mox الفاصلمه. *b*) Codd. ins. ورياساتها. *c*) Cod. يتعاونون. *d*) P om. *e*) L ومن. *f*) P فيها. *g*) L والفضيلة. *h*) Codd. ويمكن. *i*) P الثالث. *k*) P او. *l*) P ماجتلى. *m*) L s. p. et voc., P وما. Deinde L الطبعه. *n*) P تلك. omisso ذكرت كمل وتلت ام *o*) P . نتنع L . ينبغى للرييس L يكمل et وىلتمام. *p*) L اضعاف. *q*) L hic et deinde الحيوه. Deinde P الاخرى.

المضادّة للمدينة الفاضلة فى الحياة الآخرة *a* وما الاشياء التى ينبغى ان يعلمها *b* ويعمل بها اهل المدينة الفاضلة باشتراك وعلى العموم *c* لينالوا بها السعادة الكاملة *d* المطلوبة وما العلامات التى يتميّز بها اهل المدينة الفاضلة من باقى الامم والمدن المضادّة لهم وما ينبغى ان تكون *e* عليه احوال اهل المدينة الفاضلة متى لم تكن لهم مدينة تخصّهم وكانوا غرباء * فى المدن *f* المضادّة لمدينتهم وذكر الاصول الفاسدة التى منها تفرّعت *g* اصناف الآراء *h* * والاجتماعات والمدن والرئاسات الجاهليّة والاصول الفاسدة التى منها تنشؤ اصناف *a* الآراء والاجتماعات والمدن والرئاسات الضالّة، وقولهم فى الاوائل التى بها وجود سائر الموجودات وهى الاوّل اكملها وجودا اذ *i* لم يكن وجوده لاجل غيره ووجود كلّ ما سواه لاجله والاشياء منه لا هو منها *k* اقتبست وجودها * من وجوده *a* فهو كلّ الاشياء وليست الاشياء هو ومعرفته الواجبة الّا طريق اليه الّا منه ولا سبيل اليه الّا به اذ كانت العلّة لا * يدركه معلول *l* ولا محدث *m* قديما ولا مخلوق خالقا والثوانى *n* التى تليه فى الوجود ومراتبها f.72v. بحسب مراتب الاجسام السمائيّة وعددها على * عددها والعقل *o* الفعّال والنفس والصورة والهيولى * وان باقى الموجودات *p* هى الاجسام واجناسها ستّة الجسم السمائىّ والحيوان الناطق والحيوان غير الناطق والنبات والاجسام الحجريّة وهى المعدنيّة والاستقصّات *q* الاربعة وهى النار والهواء والماء والارض وما ذهبوا اليه فى العقل *r* الاوّل والثانى والنفس وما تحت ذلك من الطبائع وان العقل هو العلّة المتوسّطة *s* بين الله عزّ وجلّ

---

a) P om. *b*) L يعملها. *c*) P s. art. *d*) L om. *e*) P يكون. *f*) L بالمدن. *g*) L ins. منها. *h*) Codd. الامرا. *i*) Codd. اذا. *k*) L بها. *l*) Codd. (L معلوما) تدرك معلولا. *m*) P محدثا, L محذوف. *n*) L s. p. Deinde P الذى يليه. *o*) L عدد العقل. *p*) P والموجودات. *q*) P والاسطقسات, L والاسقصات. *r*) L ins. هو العقل. *s*) L s. art.

وبين خلقه والسبب الذى شرفت به *a* النفس الناطقة فى عالمها والمرآة التى بها تنظر الى محاسنها ومساويها وبها تتأمّل صور مهالكها ومناجيها وقولهم فى النفس الناطقة وغيرها من النفوس كالنزاعيّة والتخيُّليّة *b* والحسّيّة والبهيميّة وما يرتبط منها بالاجسام السمائية التى هى على اعدادها ومقسومة *c* عليها وان النفس الناطقة جوهر بسيط من جوهر الحىّ *d* الذى لا يموت وان موتها انتقالها من *جسم الى جسم *e* وانها اذا فارقت البدن عاينت كلّ ما فى العوالم ولم يخف عليها خافية وان غرضها وغايتها القصوى السعادة واللحاق بعالم العقل وهى الانسان *f* على الحقيقة والعلّة فى نزولها من عالم العقل الى عالم الحسّ *g* حتى نسيت *h* بعد الذكر وجهلت بعد العلم وقول *i* من راى ذلك منهم ولايّة *k* علّة صار الانسان العالم الصغير وما اجتمع فيه وشبّه به من f.78 r. سائر الاشياء وما *الاتّصال والنسبة *l* بين العوالم عند من ذكرنا قوله، وما ذهب اليه ارسطاطاليس فى ازليّة العلّة والمعلول وذكره ذلك فى المقالة الاولى من كتابه فى سمع الكيان *m* وفى المقالة الثامنة *n* منه ايضا وهو *o* ثمانى مقالات وفى *p* كتاب السماء والعالم وهو اربع مقالات وفى كتاب ما بعد الطبيعة وهو ثلاث عشرة مقالة وقول سائر اهل *q* الشرائع مع تنازعهم وغيرهم من اصحاب القدم *فى المعاد *r* بعد مفارقة النفوس الاجساد وقول اصحاب التاويل وغيرهم فى الروح اللطيف الغير محسوس والكثيف المحسوس *وغير ذلك من حدودهم المؤيّد *s* منها والمقصود وسائر الآراء *q* والنحل *t*، قال المسعودى وارسطاطاليس هو *u*

---

a) L om. *b*) L والمحلية. Deinde P والحية, L حسّية et P والبهيمة. *c*) P ومقسوم. *d*) L الحق. Addidi الذى. *e*) P حى الى حى. *f*) P الايمان. *g*) P الحى او الى عالم الناجر. *h*) L بنسب. *i*) L فى قول. *k*) Sic L ex corr.; P ولاى. *l*) L الافضال ونسبه. *m*) Vulgo السماع الطبيعى. *n*) L الثانمه. *o*) L وهى. *p*) Codd. s. و. *q*) P om. *r*) P والمعاد. Deinde L عند. *s*) Cod. s. p. *t*) P والمحل. *u*) P وهو, L om.

تلميذ افلاطون وافلاطون تلميذ سقراط وسقراط تلميذ ارسيلاوس فى الطبيعيّات دون غيرها من العلوم[a] وتفسير ارسيلاوس * رأس السباع وارسيلاوس[b] تلميذ انكساغورس، وقد ذكرنا فى كتاب فنون المعارف، وما جرى فى الدهور السوالف،، الفلسفة وحدودها والاخبار عن كميّة اجزائها[c] وما ذكره فوثاغورس[d] وثاليس الملطىّ والرواقيّون وافلاطون وارسطاطاليس وغيرهم وتنازعهم فى ذلك وصفة الفيلسوف الذى[e] يجب له فى الحقيقة هذا الاسم ويطلق عليه وكيفيّة سيرته واخلاقه واوصافه وصورته[f] ومراتب الفلسفة وعلى ما ذا استقرّت وكيف وقعت التعاليم بها الى هذا الوقت والى ما ذا انتهت[g] والغرض من كتب المنطق *ووصفها والحاجة التى دعت الى تاليف كتب المنطق[b] وما المنفعة التى f.78v. تستفاد[h] منها ولم صارت ثمانية كتب وما العلّة فى هذا الترتيب وما الغرض المقصود فى كلّ واحد منها وما الاشياء التى ينبغى ان يبتدئ بالنظر فيها من[i] اراد قراءة كتب المنطق وفى اىّ صنف[k] من الصناعات تدخل صناعة[b] الفلسفة وكم حدودها والى من يضاف كلّ حدّ[l] منها من الفلاسفة ومن اىّ الجهات استخرجت حدودها وما معنى كلّ حدّ منها وكم اقسام الفلسفة الاولى والثوانى[m] ولما قسمت بهذه القسمة وجرت قسمتها هذا المجرى ولايّة علّة ابتدئ بالفلسفة المدنيّة من سقراط ثم افلاطون ثم ارسطاطاليس ثم ابن خالته ثاوفرسطس ثم اوذيمس[n] ومن تلاه[o] منهم واحد بعد آخر وكيف انتقل مجلس التعليم من أثينة[p] الى الاسكندريّة من بلاد مصر وجعل اوغسطس الملك لمّا قتل قلوبطرة الملكة التعليمَ بمكانَيْن الاسكندريّة وروميّة ونقل

---

a) L المعلوم. b) L om. c) P om. d) P قوناغورس, L فثاغورس.
e) L والذى. f) P وصوره sed collocat ante واوصافه. g) P اثبتت.
h) L تعاد. i) P لمن. k) P صناعة. Deinde L الاصناف من.
l) Codd. واحد. m) L والثانى s. p. Deinde P وكم اقسمت. n) P اوديموس, L اوذيموش. o) L تلمه. p) L اسنه, P ابنيته.

تيدوسيوس *a* الملك الذى ظهر فى ايّامه اصحاب *b* الكهف التعليم *b* من رومية ورَدّه ايّاه الى الاسكندريّة، ولاىّ سبب نقل *التعليم فى ايّام *c* عمر بن عبد العزيز من الاسكندريّة الى انطاكية *d* ثمّ انتقاله الى حرّان فى ايّام المتوكّل وانتهى ذلك فى ايّام المعتضد الى قويرى *e* ويوحنّا *f* ابن حيلان وكانت وفاته بمدينة السلام فى ايّام المقتدر وابراهيم المروزىّ ثمّ الى ابى *g* محمّد بن كرنيب وابى بشر مَتّى بن يونس تلميذَى ابراهيم المروزىّ وعلى شرح متّى لكتب ارسطاطاليس المنطقيّة يعوّل الناس فى وقتنا هذا وكانت وفاته ببغداد فى خلافة الراضى ثمّ الى ابى *h* نصر محمّد بن محمّد الفارابىّ تلميذ يوحنّا بن حيلان وكانت وفاته f.74 r. بدمشق *i* فى رجب سنة ٣٣٩ ولا اعلم فى هذا الوقت احدا *k* يرجع اليه فى ذلك *l* الّا رجلا واحدا *m* من النصارى بمدينة السلام يعرف بابى زكريّاء بن عدىّ *n* وكان مبدأ امره ورأيه وطريقته *فى درس *h* طريقة محمّد بن زكريّاء الرازىّ وهو رأى الفوثاغوريّين فى الفلسفة الاولى على ما قدّمنا ۞ فلنذكر الآن ملوك الروم على طبقاتهم الصابئين منهم والمتنصّرة وجملة ما ملكوا من السنين *o* وما كان من الحوادث العظيمة فى ايّامهم وبلادهم وغير ذلك من اخبارهم ۞

ذكر ملوك الروم على طبقاتهم من الحنفاء وهم الصابئون
والمتنصّرة وعدّتهم وجملة ما ملكوا من السنين

عدّة ملوك الروم جميعا من غائيوس *p* قيصر اوّل ملوكهم الى قسطنطين

---

a) Cod. ديموسموس. Infra f. 86 v. تدوس (Theodosius). Verba inde a ونقله ad رومية in L desunt. *b*) Addidi. *c*) L التعليل فى ايامه. *d*) L c. art. *e*) P فوترى (sine الى), L فرترى. Cf. Ibn abî Oseibia I, ٢٣٤. *f*) P s. و, L ويرحما. Cf. Ibn abî Os. II, ١٣٥. In L حيلان s. p. *g*) L بن. Pro محمد Ibn abî Os. I, ٢٣٤ احمد. L كربت. *h*) P om. *i*) L فى دمشق. *k*) P رجل. *l*) P هذا. *m*) L om. P رجل واحد. *n*) Ibn abî Os. I, ٢٣٥. *o*) L سنين. *p*) Codd. hic et infra غـلبيوس ut IA I, ٢٣٠; *Mor.* 295 غـلوس et

ابن لاون بن بسيل الملك عليهم فى هذا الوقت وهو سنة ٣٤٥ فى خلافة المطيع ثمانية وسبعون ملكا من ذلك الملوك الصابئون المسمّون a بالحنفاء قبل النصرانيّة اربعون ملكا والمتنصّرة من قسطنطين بن هيلانى الى قسطنطين بن لاون هذا ثمانية وثلاثون ملكا وجملة b ما ملكوا من السنين تسع مائة وستّ وستّون سنة وشهر *من ذلك c الصابئون ثلاثمائة واربع وسبعون سنة *وثلاثة اشهر والمتنصّرة الى ملك قسطنطين ابن لاون خمس مائة واحدى وتسعون سنة d وعشرة e اشهر ۞

*ذكر الطبقة الاولى من ملوك الروم وهم الصابئون c

f.74v. كان اوّل من f يُعَدُّ ممن ملك منهم برومية غائيوس قيصر ملك c ثمانى عشرة سنة وقد كان ملك بها *قبله ملوك g اوّلهم روملس وارمانوس البانيان لها المعروفان بابنى الذئبة والى اسمهما اضيفت رومية واضيف الروم الى اسمها h وغيرهما من الملوك غير ان غائيوس اوّل من يعدّ i فى التاريخ القديم وقيل ان اوّل من c ملك الروم رُهماساطوخاس k وهو جائيوس l الاصفر m بن روم بن سملاحين n بن هريا o بن علقا p بن العيص بن اسحاق بن ابراهيم، الثانى من ملوك رومية يوليوس q ملك اربع سنين واربعة اشهر، الثالث r اوغسطس وتفسير اوغسطس *باللغة الافرنجيّة s الاولى الضياء وسمّى قيصر *تفسير ذلك t بهذه اللغة شُقّ

جاليوس (ut Jakûbî I, ١٦٤), Tab. ٧٠٣ جايوس, Eutych. p. 301 غابيوس; Ber. ٩٢ ut rec.

a) P المتسمون. *b*) L s. و. *c*) P om. *d*) L om. *e*) P وستة. *f*) P ممن et mox codd. من. *g*) L قبلهم. *h*) P اسمهما; IA ٢٣. paen. اليهما. *i*) L يرد s. p. *k*) Ita L; P وهاساطوخاس, *Mor.* II, 295 وماساطوخاس (cf. var. l. p. 453), Jakûbî I, ١٦٤ مهاساطق. *l*) P حاينوس, L حابنوس. *m*) *Mor.* et Jak. الاصغر, IA ut rec. *n*) Sic P h. l. et codd. infra f. 101 r.; L h. l. سملاحر, *Mor.* 293 et 295 سماحليف, Jak. سماحير, Jâc. II, ٨٦١, 16 سماحيق. *o*) L هرما, infra P هونا, L هوبا; *Mor.* هريان, Jak. هوبا, Jâc. هريذان. Fortasse e חורי (Genes. 36 vs. 23). *p*) Jâc. علقان, ceteri ut rec. *q*) L دوليبس. *r*) P c. و. *s*) L tantum بالافرنجية. *t*) P تفسيره.

صنه *a* وذلك انهم ذكروا ان امّه ماتت وهى مُقْرِبٌ به *b* فشُقَّ عنه *c* بطنها واستخرج وصار ذلك كالسمة للكثير من ملوكهم واشتهر ذلك عنهم *b* فسمّتهم العرب القياصرة ملك ستًّا وخمسين سنة وخمسة اشهر، واكثر من عُنى باخبار ملوك الروم *وتواريخهم باوغسطس *d* يبتدئ لانه اوّل *e* ملك من ملوك الروم خرج عن مدينة رومية دار مملكته *b* وسيّر جنوده برًّا وبحرا فاستولى على ملك اليونانيّين *ومصر والشأم وقتل قلوبطرة آخر ملوك اليونانيّين *b* فاجتمع *f* له ملك الروم واليونانيّين وزالت رسوم اليونانيّين فسمّى الجميع رومًا وذلك لاثنتى عشرة سنة خلت من ملكه وولّى *هيرودس بن انطيقوس *g* على اورشلم وهى ببيت f. 75 r. المقدس وجبل يهودا *h* وجبل الجِليل *i*، ولاثنتين واربعين سنة خلت من ملكه كان مولد المسيح عم *b* ببيت لحم من بلاد فلسطين يوم *k* الاربعاء لستّ بقين من كانون الأوّل *l* وكانت مريم يوم ولدته بنت ثلاث *m* عشرة سنة عند النصارى وكان جميع عمرها احدى وخمسين سنة منها بعد رفع *l* المسيح ستّ سنين فكان *n* من آدم الى مولده عندهم *l* خمسة آلاف سنة وخمسمائة سنة وستّ سنين ومن زوال ملك *قلوبطرة آخر من ملك *b* اليونانيّين على ما قدّمنا فى هذا الكتاب الى مولده ثلاثون سنة ✿

الرابع *o* طيباريوس قيصر ملك ثلاثا وعشرين سنة وهو الذى بنى مدينة طبريّة *p* من بلاد الاردنّ من ارض الشأم والى اسمه اضيفت

---

a) IA ٢٣١, 2 add. بطن امه, sed *Mor.* 296 et *Maf. al-ʿOl.* ut rec. *b*) L om. *c*) Codd. عن. *d*) Cod. تاغسطس; cf. IA l. 4. *e*) Addidi اول. *f*) I. فاجمع. *g*) P هيروس بن ارطيقوس. Cf. IA l. l., Tab. ٧٤٠, *Mor.* 298, qui habent هيردوس. Pro انطيقوس Eutych. p. 309 recte انطيبطرس. *h*) L يهوذا. *i*) Galilaea. Codd. الخليل. *k*) P ليلة cum يوم superinscr. *Mor.* I, 122 ut rec. *l*) P om. *m*) *Mor.* l. l. سبع, sed Tab. ٧١١, 11 ut rec. *n*) L c. و. *o*) Codd. c. و. *p*) L hic et mox c. art.

فعرّبتها a العرب حين افتتحت b البلاد فقالت طبريّة ولخمس عشرة سنة خلت c من ملكه عُمّد ايشوع d الناصريّ عند النصارى فى نهر e الاردنّ وكان المعمّد له *ابن خالته f يحيى بن زكريّاء ولذلك سمّى يحيى المعمدانيّ واسم امّه صابات g وكان اكبر من ايشوع بستّة اشهر ولسبع عشرة سنة خلت من ملكه وهى سنة ٣٤٢ للاسكندر بن فيلبّس الملك كان عند النصارى صلب ايشوع الناصريّ وذلك فى h يوم الجمعة الثالث والعشرين من اذار وهو عندهم *منه فى مثل اليوم الذى اهبط فيه آدم من الجنّة ومات عندهم c ودُفن وقام وانبعث من f.75v. بين الموتى حيًّا وصعد الى السماء وله ثلاث وثلاثون سنة ولا i يصعد عندهم الى k السماء الّا من نزل منها، وكان فصح l اليهود فى هذه السنة يوم السبت لسبع بقين من اذار وفصح النصارى الى قيامة المسيح يوم الاحد لستّ بقين من اذار والصعود يوم الخميس لثلاث خلون m من نيسان والنصارى تصوم يوم الاربعاء لان ايشوع *ولد فيه n والجمعة h لانه صلب فيه h عندهم تطوّعًا لا فريضة ❀

الخامس غائيوس o بن طيباريوس ملك اربع سنين وقتل اصطفنوس p رئيس الشمامسة والشهداء عند النصارى ويعقوب اخا يوحنّا بن *زبدى فى q خلق كثير من النصارى، السادس قلوذيوس بن طيباريوس ملك اربع عشرة سنة وفى اوّل سنة من ملكه قتل اغريفوس r عامله على الاسرائيليّين يوحنّا s بن زبدى احد التلاميذ وحبس t شمعون

---

a) P فاعربتها. b) P فتحت. c) L om. d) P ايسوغ et infra quater اشيوع, L s. p. In P additur الناظرى. e) P ارض; cf. *Mor.* I, 124. f) L collocat post زكرياء. g) Pro اليصابات. *Mor.* 120 seq. اشباع. h) P om. i) P ولم. k) P من. l) P hic et deinde فصيح, L فسح. m) P خلين. Pro نيسان codd: اذار. n) P inv. ord. o) P اغمانوس, L اغانوس. p) P اصفيوس, L اصطفيوس; vid. IA ٢٣١. q) P زبدة و. r) P عريقوس, L اعرنفوس. Intelligitur Herodes Agrippa (اغربيباس Abu 'l-Faradj ed. Beir. ١١٥). s) Male pro fratre ejus Jacobo (Act. Apost. 12 vs. 1 seqq.). t) P حبس و; cf. IA.

الصفا ثمّ خلص شمعون الصفا من الحبس وصار الى مدينة انطاكية والنصارى يدعونها مدينة الله ومدينة الملك وامّ المدن *a* لانها اوّل بلد اظهر *b* فيه دين *c* النصرانيّة وبها كرسىّ بطرس ويسمّى شمعون وسمعان وهو خليفة ايشوع الناصرىّ والمرأّس على سائر التلاميذ الاثنى عشر والسبعين وغيرهم فشرع بطرس فى بناء الكنيسة المعروفة فى انطاكية بالقُسْيان الى هذا الوقت، وفى السنة الثالثة من ملكه دخل شمعون الصفا مدينة رومية وسُقّف *d* بها ودبّرها سنين *c* ودانت *e* امرأة الملك وكان اسمها فروطانيقى *f* ويقال لها *g* بطريقيّة النصرانيّة *h* وصارت الى *c* اورشلم وهى بيت المقدس فاخرجت الخشبة التى *تظنّ النصارى *i* ان المسيح صلب عليها *ويسمّونها صليب المسيح *g* وكانت فى ايدى اليهود قد منعوا النصارى منها فاخذتها منهم وردّتها على النصارى f.76 r. وقوّت امرهم *g* ونحن ذاكرون لُمَعًا من اخبار هذه الخشبة والى ما آل امرها فى قصّة هيلانى امّ قسطنطين فيما يرد من هذا الكتاب وان كنّا قد اتينا على شرح ذلك فيما سلف من كتبنا ۞

السابع *نيرُون بن قلوذيوس *k* ملك ثلاث عشرة سنة وثلاثة اشهر ولثلاث عشرة سنة خلت من ملكه قتل بطرس وبولس بمدينة رومية *l* وصلبهما منكّسين وذلك بعد ايشوع باثنتين وعشرين سنة وقد اتينا على خبر بطرس بمدينة رومية مع سيمن *m* المصرىّ الذى تسمّيه النصارى جميعا الّا الأَرِيُوسيّة الساحر وكان صحب *n* ايشوع ثمّ خالفهم فيما سلف من كتبنا، *وفى السنة *c* الثامنة من ملكه وثبت اليهود

---

a) P الملك; cf. *Mor.* III, 406. *b*) L ظهر. *c*) P om. *d*) P s. و. *e*) P ودايت; IA فاجابته. *f*) P قزوطانيقى, L قروطانس. Est Πρώτη νίκη; cf. Duval in *Journ. asiat.* 1891, II, 249 seqq. *g*) L om. *h*) L بالنصرانيه. *i*) L كانت النصرانى تذكر. *k*) P مرور بن قليذيوس. L فيلواديوس. *l*) P ins. مع سيمن المصرى الذى يسميه النصارى ذلك. *m*) L سليمن. In *Mor.* I, 129, II, 299 سيما appellatur (cod. 537 *a* سبيم). *n*) P صاحب.

باروشلم فيما ذكرت النصارى على يعقوب بن يوسف اخى ايشوع الناصرىّ عندهم فى الجسميّة وكان اوّل اساقفة بيت المقدس وألقوه على رأسه من اعلى الهيكل فمات لامتناعه من الرجوع الى مذهبهم ومقامه على دين النصرانيّة ودفن الى جانب الهيكل وهدموا البيعة واخذوا خشبة الصليب وخشبتى اللّصّيْن فدفنوها *a* فى قبر واحد، وفى ايّام هذا الملك فيما قيل كان مارينوس الحكيم صاحب كتاب جغرافيا فى صورة الارض وشكلها وبحارها وانهارها وعامرها وغامرها وقد ذكره ابطلميوس القلوذىُّ فى كتاب جغرافيا *فى صورة الارض وشكلها *b* ايضا *c* وانكر عليه اشياء ذكرها ☆

f.76 v. الثامن غلباس *d* ملك سبعة اشهر، التاسع اوثون ملك ثلاثة اشهر، العاشر بيطليس *e* ملك ثمانية اشهر *f*، الحادى عشر اسباسيانوس ملك تسع *g* سنين وسبعة اشهر ووجّه بابنه طيطوس فى السنة الثانية من ملكه الى اورشلم للخلاف كان منهم عليه فحصرها وافتتحها عنوة وقتل اكثر اهلها من اليهود والنصارى وخرّب *h* الهيكل وكان عدّة من قتل من الاسرائليّين فيما ذُكر *i* نحوا من *ثلاثة آلاف *k* الف وعمّ الاذى اليهود والنصارى فى ايّامه، الثانى عشر طيطوس بن اسباسيانوس ملك سنتين وثلاثة اشهر وفى اوّل سنة من ملكه اظهر مرقيون *l* مقالته وهى القول بالاثنين الخير والشرّ وسعد *m* ثالث بينهما وكان ابنا لبعض الاساقفة ببلاد حرّان *n* واليه تنسب المرقيونيّة *o* من اصحاب الاثنين، الثالث عشر دومطيانوس بن اسباسيانوس ملك خمس عشرة سنة

---

a) Codd. فدفنوهما. *b*) L om. *c*) L ins. وغيره. *d*) P علباس, L من الناس. *e*) P بنطالس, L بنيطالس; IA ut rec.; Tab. ٧٤١ بوطلايوس. *f*) IA احد عشر شهرا, Tab. اربع اشهر. *g*) IA سبع male. *h*) L واخرب. *i*) P ذكره. *k*) Ita quoque Eutych. 342; *Mor.* II, 304 ثلاث مئة. *l*) L من الفيبون. *m*) IA ٢٣٣, 5 وبعد. L والشرس والعدل sed litterae العـ exesae sunt. *n*) P خراسان. *o*) P المرقونية, L الرقينونه.

وعشرة اشهر، الرابع عشر نرواس *a* قيصر ملك سنة وخمسة اشهر ۞ الخامس عشر طرايانوس قيصر ملك تسع *b* عشرة سنة وفى السنة السادسة من ملكه كانت وفاة يوحنّا التلميذ بمدينة افسيس *c* بعد ان كتب الانجيل فى جزيرة من جزائر البحر، السادس عشر ايليا اذريانوس *d* ملك عشرين سنة وقتل من اليهود باورشلم وجبل يهودا وجبل الجليل *e* وغيرها من ارض الشأم مقتلة عظيمة لخلاف كان منهم عليه وكذلك من النصارى وخرّب اورشلم وهو آخر خرابها فلمّا مضى من ملكه ثمان سنين عمرها وسمّاها ايليا فصارت سمة لها الى هذا الوقت f.77 r.
واسكنها جماعة من اليونانيّين والروم وبنى على الاقرانيون *f* المقبرة هيكلا عظيما * للزهرة وبنى نحو الهيكل الذى يُدعى البهاء *g* برجا عظيما *h* وجعل على اعلاه لوحا من الرخام مكتوبا فيه بالذهب *i* اسم الملك ايليا وهذا البرج الى هذا الوقت وهى *k* سنة ٣٤٥ يسمّى محراب داود وهو متّصل بسور المدينة وانّما بُنى بعد داود بمئين *l* من السنين وكان بنيانا عظيما سبع طبقات فهدم من اعاليه، وفى ايّامه كان ساقندس *m* الفيلسوف الصامت وقد اتينا على خبره مع هذا الملك وغيره واشاراته ورموزه فى كتاب الاستذكار، * لما جرى فى سالف الاعصار، *n* ۞

---

a) P برواس, IA ut rec.; Tab. نارواس et sic L s. p. *b*) P سبع. *c*) P وافسس; IA ut rec. *d*) Codd. et IA اندريانوس. *e*) P التخليل, L s. p. *f*) Codd. الافرانيون. Est Golgotha (κρανίου τόπος), Eutychius 354, 452, 474, Sepp, *Jerusalem und das heilige Land*, I, 265. Pro المقبرة L habet والمنبرة. *g*) Cod. البيها. Secutus sum Eutych. 354 qui habet على باب الهيكل الذى يقال له البها. *h*) L om. *i*) P بالرخامية. *k*) L وهو. *l*) P بماتين, L بماتين السنتين. IA de suo tempore aliquid addit *m*) P et IA ساقيدس, L سافيديس. Intelligitur Neo-Pythagoreus Secundus (Suidas, Vincent. Bellov. *Spec. Hist.* X, cap. 71), sed ut monet amicissimus Land, cui haec debeo, saepe confunditur cum antiquiori Sextio et cum Epicteto. Vid. porro Bachmann, *Secundi philosophi taciturni vita ac sententiae* et ejusdem *Die Philosophie des Neopythagoreers Secundus*. *n*) P om.

السابع عشر *انطونينوس بيوس *a* ملك اثنتين وعشرين سنة

قال المسعودى وفى ايّامه كان ابطلميوس القلوذىّ صاحب كتاب المجسطى وجغرافيا والمقالات الاربع والقانون الذى عمل عليه ثاون الاسكندرانىّ وكتاب الانواء *b* وكتاب الموسيقى وان لم يذكر العود فيه فذلك *c* دليل على ان حدث بعده وغير ذلك ممّا اضيف اليه من الكتب وهو بطلاماوس *d* بلغتهم وقيل انه من ولد قلوذيوس السادس *e* من ملوك الروم على ما قدّمنا فيما سلف من هذا الكتاب وكانت ارصاده التى أرّخ بها المجسطى فى ملك انطونينوس *f* هذا وذلك موجود فى المقالة التاسعة *g* من هذا الكتاب وقد ادرك جالينوس عصره وشاهده فى حال صباه وجالينوس يعينه فى كثير من اقاويله

f. 77 r. وارصاده لمخالفته ابّرخس صاحب الارصاد القديمة وقد غلط كثير *من الناس *h* ممّن يدّعى المعرفة باخبار حكماء الامم وفلاسفتهم والملوك ومن كان منهم فى اعصارهم فجعلوه بعض ملوك اليونانيّين بعد الاسكندر المسمّين بهذا الاسم وانه ابو قلوبطرة الملكة الحكيمة *آخر من ملك من ملوك اليونانيّين المقدّم ذكرها *i* فيما سلف من هذا الكتاب وذكروا امورا *ايّدوا بها *k* قولهم هذا قد اتينا عليها فيما سلف من كتبنا

قال المسعودى ومن ادلّ الدلائل على بطلان قولهم ان ابطلميوس ذكر فى النوع الثامن من القول الثالث من كتاب المجسطى انه رصد الشمس بالاسكندريّة فوجد الاعتدال الخريفىّ فى اليوم السابع من الشهر الثالث من شهور القبط سنة ٨٨٠ لبخت نصّر فاذا نظرنا ما بين ملك *l* بخت

---

a) P ابطونيبوس om. بيبوس, L انطوسوس دموس, IA انطنينس بيوس.
b) P الانوار. *c*) Codd. c. و. *d*) P طبلماوس, L طلاوس. *e*) P الثانى. *f*) P hic et deinde انطونيوس, L h. l. انطونوس, deinde ut P.
g) L السابعة. *h*) P om. *i*) P om.; L omisso ملوك hic addit ومن ملوك اليونانيين. *k*) P يداويها. *l*) P ذلك, L om.; vid. IA ٢٣٣ paen.

نصّر الى غلبة الاسكندر لدارا وهو اربع مائة سنة *a* وتسع وعشرون سنة وثلاثمائة وستّة عشر يوما ومن غلبته ايّاه الى زوال ملك قلوبطرة آخر من ملك من اليونانيّين الملقّبين بابطلميوسين *b* الذين ملكوا بالاسكندريّة *c* بعد الاسكندر بغلبة اوغسطس ملك الروم على ملكها على ما قدّمنا فيما سلف من هذا الكتاب مائتنا سنة وستّ وثمانون سنة وثمانية عشر يوما ومنذ *d* غلبة اوغسطس الى وفاته اربع واربعون سنة وملك بعده من ملوك الروم الى انطونينوس الذى ذكرنا ان ابطلميوس كان فى ايّامه من السنين مائة سنة *a* وثلاثا وعشرين سنة وسبعة اشهر فمنذ *e* ملك بخت نصّر الى ملك *انطونينوس هذا *f* على هذه المسافة ثمان مائة واثنتان وثمانون سنة وثمانية اشهر واربعة عشر يوما وجدنا ذلك موافقا لما حكيناه عن ابطلميوس من *تاريخ f.78 r رصده *g* ✿

الثامن عشر مرقس ويسمّى اورليوس قيصر ملك تسع عشرة سنة وفى ملكه اظهر ابر *h* ديصان مقالته وكان *i* اسقفا للرهاء *k* من بلاد الجزيرة واليه تضاف الديصانيّة من اصحاب الاثنين وتفسير ابر *l* ديصان وهى كلمة سريانيّة ابن النهر والنهر هناك معروف بدَيْصان الى هذا الوقت على باب من ابواب *الرهاء يعرف *m* بشاعا *n* مصبّه الى ناحية حرّان ثم ينتهى الى نهره *o* البليخ وانّما يجرى شهورا وينقطع فى القيظ وله كنيسة على هذا النهر مما يلى الباب يعيّد لها النصارى عيدا فى السنة وقيل انه كان منبوذا *p* اصيب على شاطئ هذا *a* النهر فاضيف اليه ، التاسع عشر قومودوس بن انطونينوس *q* ملك اثنتى عشرة سنة

---

a) P om. *b*) ? بالبطلميوس. *c*) P s. ب. *d*) L وقد i. e. ومذ. *e*) L فهذا. *f*) L ابطلميوس فهذا. *g*) L تاريخه ورصده. *h*) L بن, IA ابن. *i*) P s. و. *k*) IA بالرهاء; L للزهاد. *l*) P h. l. ابن, mox deinde ابر pro ابن; L بن et mox من. *m*) L الزهاد تعرف. P ins. ذلك. *n*) L s. p. *o*) L om. *p*) P ins. اعيد. *q*) P انطونيبون, L انطوسموس.

وفى ايّامه *a* كان جالينوس تاج الاطبّاء وامامهم فى عصره الذى به يقتدون وعلى كتبه يعوّلون والمفسّر لكتب ابّقراط والمخلص *b* لها بمدينة ابرغامس *c* من ارض اليونانيّين وقد ذكر *d* ذلك جالينوس فى كتابه * فى اخلاق النفس فى فهرست كتبه *e* وبين الاسكندر وقومودوس *f* الملك هذا خمس مائة سنة ونيّف قد بيّن ذلك جالينوس فى كتابه *g* فى الاخلاق ايضا فينبغى ان يكون لجالينوس الى وقتنا هذا وهو سنة ١٣٦٧ للاسكندر وسنة ٣٤٥ للهجرة سبع مائة سنة ونيّفا على التقريب وكان جالينوس *h* بعد المسيح بنحو مائتى سنة وقد كان دين النصرانيّة ظهر فى الروم واليونانيّين وغيرهم فى ايّامه وذكر جالينوس المتديّنين من النصارى فى كتابه فى جوامع كتاب افلاطون فى السياسة لانه *i* كان متديّنا بذلك وبين جالينوس وبين ابّقراط نحو من ستّمائة
f.78v. سنة لان ابّقراط *k* كان قبل الاسكندر بقريب من مائة سنة فى *l* ايّام ارطخشْشت *m* من ملوك الفرس الاولى * وارى انه *n* بهمن بن اسبنديار ابن كبيشْتاسب بن كيلُهْراسب وقد ذكر ذلك جالينوس فى تفسير *g* كتاب ايمان ابّقراط وشرحه له وترجمه *o* حنين بن اسحاق فحكى *p* ان ارطخشست هذا وجّه الى عامله على مدينة قُوس *q* من ارض اليونانيّين وهم يومئذ فى طاعته يأمره بدفع قناطير *r* من المال اليه وحمله اليه مكرمًا لانه نال من *s* الفرس فى ذلك * الوقت داء يقال له المُوتان *t* فامتنع ابّقراط من ذلك *s* لانه لم ير من العدل اشفاء

a) P زمانه. *b*) L والمحص. *c*) Pergamos. Eutych. 365 فرغاموس. *d*) P ذكرنا. *e*) Cod. ins. وغيرهم. *f*) Cod. وقومودس. *g*) P om. *h*) P لجالينوس et mox نحو; Ibn abî Os. I, ٧٢, 10, ubi haec verba laudantur, ut rec. *i*) L الا انه. *k*) Hic et interdum P بقراط. *l*) P وفى. *m*) P ارطحششب, L ارطحشينت et ارطخست. *n*) L وازاله. Ibn abî Os. I, ٢٧, 21 eum بهمن appellat, cf. l. 11. *o*) P بترجمة. *p*) L يحكى. *q*) P قوم, L قر; Ibn abî Os. I, ٢٤, 9 a f. قوّ, ٢٧, 12 فاوان. *r*) L ins. كثير. *s*) L om. *t*) Cod. اموتان.

الفرس *a* وهم اعداء اليونانيّين، قال المسعودى والبقارطة ثلاثة ابقراط هذا *b* صاحب الكتب المصنّفة فى الطبّ الّتى ترجمها وشرحها جالينوس وغيره ككتاب الفصول *وكتاب تقدمة المعرفة وهو كتاب الامراض الحادثة *c* وكتاب ماء الشعير *وهو كتاب *d* تدبير الامراض وكتاب ابتديما وهو كتاب الاهوية والبلدان وغير ذلك من الكتب المنسوبة اليه من السنن *e* وغيرها وهو من ولد سقلابيوس *وكان معظّما فى اليونانيّين وله هيكل *b* وسقلابيوس هذا من ولد *b* ابلّون *f* وكان معظّما لحكمته *g* له ايضا هيكل فى بعض الجزائر كان يُحَجّ اليه فى ايّام اليونانيّين قبل ظهور النصرانيّة وقد ذكره *h* افلاطون فى كتابه المسمّى *c* فادُن فى النفس والاثنان الباقيان *c* من البقارطة من اولاده *i* ايضا لانه كان لابقراط *k* الكبير ابنان احدهما يقال له تاسلوس *l* والآخر دراقن وكان لكلّ واحد منهما ابن سمّاه باسم جدّه ابقراط ذكر ذلك غير واحد ممّن تقدّم وتأخّر منهم حنين بن اسحاق فى كتابه فى الاسطقسّات على راى f.79r.
جالينوس على طريق المسئلة والجواب الى ابنيه *m* اسحاق وداود ✿

العشرون برطينقس *c* قيصر ملك ثلاثة اشهر، الحادى والعشرون يوليانوس قيصر ملك شهرين، الثانى والعشرون سورس *n* ملك سبع عشرة سنة وشمل اليهود والنصارى فى ايّامه القتل والاذى والتشريد وسار *o* الى بلاد مصر فبنى بالاسكندريّة هيكلا عظيما سمّاه هيكل الالهة، الثالث والعشرون انطونيوس *p* ملك ستّ سنين، الرابع والعشرون

---

a) L للفرس. *b*) P om. *c*) L om. *d*) P وكتاب. *e*) L السنين. *f*) Codd. ايلون. *g*) P بحكمته. *h*) L ذكر. *i*) L ولده. *k*) P لبقراط. *l*) P باسلوس, L s. p. *m*) L ابنه. *n*) IA سيبوارس, *Mor.* II, 306 سويرس, Tab. سبيوس. *o*) P وصار. *p*) Pro انطونينوس (Caracalla) ut mox ١٣٣, 1, ubi Elagabalus intelligitur. P ins. الثانى quod *Mor.* et IA non habent et a librario additum fuisse videtur, quoniam nomen Antonini Pii etiam pro انطونيوس sumsit. In L verba inde ab انطونيوس ad والعشرون desiderantur.

مقربنوس *a* ملك سنة وشهرين، الخامس والعشرون انطونيوس الثانى *b* ملك اربع سنين، السادس والعشرون الاكصندرس *c* ويلقّب مامياس ملك ثلاث عشرة سنة، السابع والعشرون مقسميانوس *d* ملك ثلاث سنين، الثامن والعشرون بوبينوس *e* ملك ثلاثة اشهر، التاسع والعشرون غرديانوس ملك ستّ سنين، الثلاثون فيلبّس قيصر *f* ملك ستّ سنين ودُعى *g* الى دين النصرانيّة فاجاب *f* وترك ما كان عليه من مذاهب الصابئين واتّبعه على ذلك كثير من اهل مملكته فآل ذلك الى تحزّبهم واختلاف كلمتهم فى الديانة وكان فيمن *خالفه عليه *h* بطريق من بطارقته *يقال له *i* داقيوس فقتل فيلبّس واستولى *k* على الملك ۞

الحادى والثلاثون داقيوس ملك سنتين وتتبّع *l* النصارى فقتل منهم مقتلة عظيمة ومنه هرب الفتية اصحاب الكهف وهم فى جبل من جبال الروم يعرف بخاوس *m* شرقىّ مدينة افسيس *n* وهو *o* على نحو الف f.79v. ذراع منها وكانت هذه المدينة على *بحر الروم *p* *فبعُد البحر *o* عنها فى هذا الوقت *وخربت واحدثت مدينة على نحو ميل منها قال المسعودى *o* وقد ذكرنا فى كتاب الاستذكار، لما *q* جرى فى سالف الاعصار، الذى كتابنا هذا تالٍ له فى اخبار ملوك الروم تنازع الناس فى اصحاب الكهف *والرقيم ومواضعهم وهل *f* هم *o* اصحاب الرقيم ام

---

a) P ut IA مقرونيبوس, L مقروسوس. *b*) P الثالث, L om.; IA et *Mor.* ut rec. *c*) L الاكصندوس, IA الاكصندروس, Tab. الحسندروس, *Mor.* الاسكندر. *d*) P مقسيانوس, L ميسماقوس; *Mor.* مقسمس. Est Maximinus. *e*) P بربرينوس, L بربرينوس IA male مقسموس; Eutych. I, 387 ut rec. Est Pupienus. L om. et seqq. ad والعشرون. *f*) P om. *g*) P ودعا. *h*) L خالفهم sine عليه. *i*) L ويقال انه. *k*) L واحتوى. *l*) P واتبع, IA ٢٣٤, 1 ut rec. L c. ف. *m*) Codd. بحاوس. Chaus est inter varias lectiones nominis hujus montis quas dedit Tomaschek, *Zur hist. Topogr. von Kleinasien*, I, 33 et ita habet Eutych. 390. *n*) P ut solet افسس. *o*) L om. *p*) L البحر الرومى. *q*) L وما.

هؤلاء غيرهم *a* ومن قال منهم ان الرقيم بالهُوتنة *b* وهى خارمى *c* من بلاد الروم بين عمّورية ونيقية وكيفيّة تزاور الشمس فى حال طلوعها وغروبها عن الكهف والعلّة *فى ذلك *d* على الشرح والايضاح وما كان من *d* توجيه الواثق لمحمّد *e* بن موسى بن شاكر المنجّم الى هناك وما شاهد قال المسعودى وللناس ممن عُنى *ببهجة الفلك *f* وعلم النواحى والآفاق وتأثيرات الاجسام السمائيّة فى هذا العالم فى كيفيّة ازورار الشمس عن كهفهم فى حال طلوعها وغروبها لموضعهم *g* من الشمال كلام كثير من ذلك ان كلّ بيت *h* يستقبل بابه الشمال فى البلدان الخارجة عن مدار السرطان الى ناحية الشمال وكلّ بلد عرضه اكثر من اربع وعشرين درجة فان الشمس اذا طلعت اخذت عن يمين الباب واذا *i* توسّطت السماء كانت على ظهر البيت واذا غربت اخذت عن *a* ذات الشمال وهذا الصقع *k* الذى فيه *l* الكهف واغل *m* فى الشمال وباب الكهف مستقبل الشمال، وذكر هؤلاء ان مدينة افسيس الله هى مدينة اصحاب الكهف فى *n* الاقليم الخامس طولها من المغرب سبع وخمسون درجة تامّة وعرضها ثمان وثلاثون درجة ويمكن ان يكون الله عزّ وجلّ خلق لهم هذا الكهف مستقبل الشمال على ما ذكرنا f.80 r
تكرمة *o* لهم وليجعلهم آية للعالمين وقد اخبر الله *عزّ وجلّ عن ذلك بقوله *p* وَتَرَى ٱلشَّمْسَ اذا طَلَعَتْ تَزَاوَرُ عن كَهْفِهِمْ ذَاتَ ٱلْيَمِينِ وَاذَا غَرَبَتْ تَقْرِضُهُمْ ذَاتَ ٱلشِّمَالِ وَهُمْ فِى فَجْوَةٍ مِنْهُ ذٰلِكَ من آيَاتِ

---

a) L om. *b*) L بالهويه ut P f. 86 v. *c*) P hic et f. 86 v. خارمى, sed punctum supra ر posset esse voc. *dhamma*, L s. p. et infra om.; *Mor.* 307 حارمى sed cod. 537 *a* جازمى, Ibn Khord. ١٠٦, 10 خرمة. *d*) P om. *e*) L محمد. *f*) L tantum بالفلك. *g*) L لموضعهم. *h*) P باب. Deinde L مستقبل. *i*) L c. ف. *k*) L الموضع. *l*) P فى. *m*) L داخل. *n*) L هى. *o*) P بكرمه. *p*) L جل وعز فى كتابه فقال. Kor. 18 vs. 16. Cf. *Mor.* 325.

ٱللَّـهُ مَنْ يَهْدِ ٱللَّهُ فَهُوَ ٱلْمُهْتَدِى وَمَنْ يُضْلِلْ فَلَنْ تَجِدَ لَـهُ وَلِيًّـا مُرْشِـدًا ۞

الثانى والثلاثون غليبوس *a* قيصر ملك سنتين وكان شريكه فى الملك اخوه *b* بوليانوس *c*، * الثالث والثلاثون غالينوس قيصر ويلقّب والاريانوس *d* ملك خمس عشرة سنة، الرابع والثلاثون قلوذيوس الثانى ملك سنة *b* وفى ايامه *e* كان ظهور مانى واليه اضيفت المانويّة من اصحاب الاثنين وقد تقدّم ذكره فيما سلف من *f* هذا الكتاب فى اخبار ملوك *g* الفرس الثانية وهم الساسانيّة فى ملك سابور بن اردشير وما كان من مقتله فى ملك بهرام بن هرمز بن سابور مجملا وفيما سلف من كتبنا مفصّلا مشروحا وقول اصحاب المانويّة انه *b* الفارقليط *h* الذى وعد به المسيح وما * ذكر مانى *i* * من ذلك *b* فى الجبلّة *k* وفى كتابه المترجم بالشابرقان *l* * وفى كتاب *m* سفر الاسفار *n* وغيرها من كتبه والحجاج بين سائر *o* اصحاب الاثنين من المانويّة والديصانيّة والمرقيونيّة *p* وغيرهم من الفلاسفة فى *o* المبادئ الاول وغير ذلك وقد ذكر مانى فى * كثير من *b* كتبه المرقيونيّة والديصانيّة وافرد للمرقيونيّة بابا فى كتابه المترجم بالكنز وللديصانيّة بابا فى كتابه *q* سفر الاسفار *r* * وغير ذلك من كتبه *b* وانّما *s* ذكرنا ذلك دلالة على انهما كانا قبله اذ كثير ممن *t* لا علم له * بارباب الآراء *u* والنحل والمذاهب * والملل يعتقد انهما *v* كانا بعده ۞

---

a) Pro غلّوس (Gallus). L غلبوس, IA et Eutych. 393 ut rec.; *Mor.* 309 جالنوس i. e. جاليوس. *b*) P om. *c*) P بوليانوس, L دوليبانوس, IA ut rec. Intelligitur Hostilianus. *d*) P om., L الاربانوس. Cf. Tab. ٧٤٣, 3. Est Valerianus qui Gallienum socium assumsit. *e*) P ملكه. *f*) P فى. *g*) Addidi. *h*) L المارفلمط; cf. *Fihrist* ٣٢٨, 24. *i*) P ذكرنا. *k*) P الخليه, L انجيله; vid. Shahrastânî ١٩٢. *l*) P بالثنابرقان, L بالسابرقان. *m*) L وكتاب. *n*) *Fihr.* ٣٣٦ الاسرار, sed var. l. ut rec. Deinde L وغيرهما. *o*) L om. *p*) L والمرقونيه. *q*) P كتاب. *r*) L h. l. الاسرار. *s*) P ins. كانا. *t*) Codd. مما. *u*) P بالارا. *v*) P والملك يعتقدونهما.

لخامس والثلاثون اورلليبوس *a* بن قلوذيوس ملك ستّ سنين ، السادس والثلاثون طاقطوس *b* وعاضده على الملك اخوه فوروس *c* ملكا تسعة اشهر ، السابع والثلاثون بروبس *d* ملك تسع سنين ، الثامن والثلاثون قاروس *e* ملك سنتين وخمسة اشهر ، التاسع والثلاثون دقلطيانوس ملك سبع *f* عشرة سنة ، الاربعون مقسيميانوس *g* وشاركه فى الملك مقسنطيوس *h* ابن مقسيميانوس فاقتسما المملكة *i* بعد خطوب *كثيرة وحروب *k* عظيمة قد *l* ذكرناها فى كتاب اخبار الزمان ، ومن اباده الحدثان ، من الامم الماضية والاجيال الخالية والممالك الدائرة فتملّك مقسيميانوس على الشأم وما يلى بلاد الجزيرة ومواضع من ارض الروم وتملّك مقسنطيوس *m* على مدينة رومية وما اتّصل بذلك من ارض الافرنجة *n* وتملّك معهما *o* على *i* بلاد بوزنطيا *p* وما يليها *q* قسطنس *r* ابو قسطنطين ثم هلك قسطنس فافضى *امر المملكة *s* الى ولده قسطنطين المعروف بامّه هيلانى وكانت له مع مقسيميانوس ومقسنطيوس برومية وغيرها حروب طويلة *t* الى ان هلك مقسنطيوس وخلع مقسيميانوس نفسه *وكانت مدّة ملكهما *u* نحوا من تسع سنين ۞ قال ابو الحسن علىّ بن الحسين بن علىّ المسعودىّ فهذه الطبقة الاولى من ملوك الروم الذين كانوا على دين *v* الصابئة وهى الحنيفيّة *w* الاولى وهم اربعون ملكا وفى *زيج ثاون *x* الاسكندرانىّ ان عدّة الملوك من اوغسطس الى قسطنطين f. 80 v.

a) L اولليبوس, IA recte اورليانوس. *b*) P et IA طافسطوس, L طاقسوس, Eutych. 401 طاقسطوس. Tacitus. *c*) P et IA فورس, Tab. فلوريوس, Eutychius قوريـنوس. Intelligitur Florianus. *d*) P برونس, L بروهس. *e*) P باوراس, L ناروّاس. *f*) L تسع. *g*) Codd. مقسيمانوس, nisi quod P semel ut rec.; IA مقسمانوس. *h*) Codd. مقسطيوس. *i*) P om. *k*) L om. *l*) L وقد. *m*) L h. l. مقسطونوس. *n*) P الافرنجية. *o*) Codd. معها. *p*) P نوريطيا, L بورمطيا. *q*) L يلى. *r*) P قسطس et mox قسطس, L قسطنطين. *s*) P امره. *t*) P كثيرة. *u*) L فكانت مدة ملكه. *v*) Addidi. *w*) P الحنفية. *x*) L زيج ناون, P تاريخ باون.

f.81r ابن هيلانى تسعة وعشرون ملكا، وسبيل هؤلاء الملوك من اوغسطس الى قسطنس *a* الى قسطنطين سبيل ملوك *b* الفرس الاولى والطوائف من جيومرث الى اردشير مضطرب تاريخهم متنازع فى اعدادهم غير محصّلة اوقاتهم وانّما يعوّل *c* على تاريخ ملوك الروم من قسطنطين المظهر لدين النصرانيّة والمحارب *d* عليها كما تعوّل الفرس فى تاريخ سنيها وتحصيل *e* ايّام ملوكها مذ ملك اردشير بن بابك على *h* انّا لم نألُ جهدا فى تحصيل اعداد ملوكهم ومدّة ايّامهم ونحن ذاكرون الطبقة الثانية من ملوك الروم المتنصّرة قبل ظهور الاسلام وبعده الى هذا الوقت المؤرَّخ به *b* كتابنا وهو سنة ٣٤٥ ✿

ذكر الطبقة الثانية من ملوك الروم وهم المتنصّرة وتأريخهم واعدادهم *f* وما كان من الكوائن والاحداث العظام الديانيّة والملوكيّة فى ايّامهم

اوّل ملوك هذه الطبقة قسطنطين بن قسطنس *g* يعرف بامّه هيلانى واليها ينسب على ما قدّمنا ملك *h* اثنتين *i* وثلاثين سنة وثلاثة اشهر وهو الذى اظهر دين النصرانيّة وحارب عليها حتى قُبلت وانتشرت فى البلاد الى هذه الغاية وقد ذكرنا فى كتاب الاستذكار، لما *k* جرى فى سالف الاعصار، التنازع *l* فى سبب *b* تنصّره وتركه ما كان عليه من مذاهب الحنفاء وما قالت الحنفاء فى ذلك من ظهور الوضح فى جسمه واجماعهم *m* على خلعه اذ كان فى اصل دياناتهم وواجب *n* عباداتهم ان *o* f.81v من كان به ذلك لا يصلح للملك وانه مايل من فشى فيه دين النصرانيّة واستظهر بهم *وبخاصّته وصنائعه *p* على من خالفه واظهر

---

a) L قسطنطس. *b*) P om. *c*) L نعول. *d*) P s. و. *e*) P وتحصل. *f*) P واعداد ملوكهم. *g*) Codd. قسطنطين. *h*) P وملك. *i*) IA ثلاثا, sed Abu 'l-Faradj ut rec. *k*) L وما. *l*) P فى التنازع, L والتنازع. Deinde P بين. *m*) P واجتماعهم. *n*) P واوجب. *o*) L انه. *p*) L وبخاصتهم وصناعه. P وصناعته.

النصرانيّة اذ كان غير محظور فيها تمليك من *a* به ذلك وقول من قال منهم انه كتم ما ظهر به وافشاه الى بعض وزرائه ممن كان يخفى النصرانيّة واعلمه انه يخشى خلعه عن *b* الملك فضمن *c* له القيام بكفايته ذلك وانفذ عدّة عساكر *d* الى من حوله من الاعداء مرّة بعد اخرى باسماء الاصنام السبعة *التى كانت على اسماء الكواكب السبعة *e* ومثالات لها من النيّرين والخمسة وكان الصابئون يقرّبون لها القرابين ويعتكفون على عبادتها *بعد ان جعلها *f* فى غاية الضعف فعادت منكوبة مهزومة فاظهر الازراء بها والتنقّص *g* لمن يرى عبادتها واشار عليه *h* حينئذ بالانتقال الى النصرانيّة ففعل، وما ذهب *i* اليه النصارى من ان السبب فى ذلك ظهور صليب له نوريّ *k* فى السماء فى نومه *l* فى حال حربه مع ملك برجان وانه قيل له استنصرْ *m* به على عدوّك تُنْصَر عليه وانه ركّب مثل ذلك على رءوس الاعلام كالاسنّة فظهر على عدوّه بعد ان كانوا الظاهرين عليه فدان *بها حينئذ *n* وقول من قال منهم *e* انه راى ذلك فى يقظته وغير ذلك من اقاويل الفريقين على الشرح والايضاح، ولثلاث سنين خلت *e* من ملكه بنى *o* مدينة القسطنطينيّة *p* على الخليج الآخذ من بحر مايطس *q* ويعرف فى هذا الوقت بحر الخزر الى بحر الروم والشأم ومصر وذلك فى الموضع المعروف f.82 r. بطابلا *r* من صقع *s* بوزنطيا *t* وبالغ فى تحصينها واحكام بنائها وجعلها دار مملكة له *a* اضيفت الى اسمه ونزلها *u* ملوك الروم بعده الى هذا الوقت غير ان الروم يسمّونها الى وقتنا هذا المؤرّخ به كتابنا بُولِن

---

a) P om. *b*) P من. *c*) L c. و. *d*) P عساكره. *e*) L om. *f*) P ويعتمدون فجعلها. L وبعد. *g*) P والنقص. *h*) In P male correctum in اليه. *i*) P ذهبت. *k*) P نور. *l*) P يومه. *m*) P انتصر. Post به P add. من عدوه. *n*) L inv. ord. *o*) P بدا. *p*) P h. l. قسطنطينة. *q*) Codd. مانطس. *r*) P بطايلا, L نظلابلا; vid. Ibn Khord. ١٠٥ *i*. *s*) L سقع. *t*) L s. p., P بوريطا. *u*) P ونزلت. Deinde L ملك.

واذا ارادوا العبارة عنها انها دار الملك لعظمها قالوا استن بُولن *a* ولا يدعونها القسطنطينيّة وانّما العرب تعبر عنها * بذلك والقسطنطينيّة *b* من الارض الكبيرة المتّصلة برومية وبلاد الافرنجة والصقالبة والاندلس وغيرهم من الامم الواغلين فى الشمال واتّصل *c* ذلك بالمشرق كارض الترك وغيرها من خراسان الى الهند والصين *d*، والخليج الآخذ من بحر مايطس الذى يعرف بالخزرىّ يحيط بها من ثلاث *e* جهاتها ويصبُّ فى البحر الرومىّ وقيل انه يحيط بها *d* من جهتين المشرق والشمال وجانباها الغربىُّ والجنوبىُّ فى البرّ وطول *f* الخليج ثلاثمائة وستّون ميلا وقيل *g* وثلاثون عليه ستُّ عدوات لمن يريد من *h* دار الاسلام اليها مما يلى الثغور الشاميّة والجزريّة *d* وغيرها فالعدوة الاولى تعرف باقروبلى *i* عرض الخليج هناك ميل وعلى هذا الموضع نزل *k* سابور الجنود بن اردشير وحاصر *f* القسطنطينيّة وبنى هناك بيت نار واشترط على الروم عند
f.82v. انصرافه بقاءه فلم يزل ذلك البيت قائما الى ايّام المهدىّ فخرب ثم نزل عليه بعده *l* انوشروان بن قباذ ملك الفرس فى بعض غزواته فاجرى الى ما *d* هناك نهرا ونصب عليه *m* ارحاء واراد سكر *n* هذا الموضع من الخليج بالحجارة وجرب الرمل ليعبره *o* عليه فغلبه *p* الماء لشدّة انصبابه من البحر الخزرىّ الى * الرومىّ الذى هو *q* بحر الشأم ومصر *h*، والعدوة الثانية يقال لها الافقاطى *r* تكون من هذه العدوة على نحو من ثلاثين ميلا وعرضها من الجانب *s* الشامىّ الى ذلك

---

a) IA ٢٣٥, 4 a f. استنبول. P ستن pro استن. *b*) P بقسطنطينية. *c*) Codd. واتصال. *d*) P om. *e*) P جميع. *f*) L s. و. *g*) P s. و. *h*) L om. *i*) P باقرَوْبلى, L باقروبلى. Acropoli videtur fuisse nomen partis Chrysopolis quae vulgo Damalis vocatur (Tomaschek l. l. p. 3 seq.). *k*) L نزول. Cf. *Mor.* IV, 80 seq. *l*) P بعد. *m*) P اليه. *n*) P يسكر, L سد. *o*) P لتغيُره. *p*) L فغلب. *q*) P وهو الروم. *r*) Λευκάτης (Tomaschek p. 5). *s*) P ins. الشرق من الجانب.

الجانب تسعة اميال ومن هذه العدوة تعبر *a* عساكر الروم اذا ارادوا الخروج الى دار الاسلام، والعدوة الثالثة تعرف بسنكرة *b* وبينها *c* وبين عدوة الافقاطى نحو من ثلاثين ميلا يكون عرض هذه العدوة اثنى عشر ميلا وهذه العدوة تقرب *d* من مدينة نيقية، والعدوة الرابعة تعرف بفيلاس *e* بينها وبين عدوة سنكرة نحو من ثمانية اميال يكون عرض هذه العدوة من الجانب الشأمىّ الى ذلك الجانب وهو بند تراقية *f* نحوا من اربعين ميلا ومن هذه العدوة يُعدى باسارى *g* الروم اذا ارادوا بهم الفداء الى اللامس *h* لانها عدوة عريضة يرهبون *i* بها الاسرى *k*، والعدوة الخامسة تعرف بلبادوا *l* وبينها وبين عدوة فيلاس f.83 r.
نحو من عشرين ميلا يكون عرض هذه العدوة من الجانب الشأمىّ الى ذلك الجانب وهو بند تراقية *نحوا من *m* عشرين ميلا وقد حاصر القسطنطينيّة *فى الاسلام *k* من هذه العدوة ثلاثة امراء آباؤهم ملوك وخلفاء اوّلهم يزيد بن معاوية بن ابى سفيان والثانى مسلمة بن عبد الملك بن مروان والثالث هارون الرشيد بن المهدىّ، والعدوة السادسة تعرف بابدو *n* وهى فم الخليج الصابّ فى بحر مصر والشأم ومبدأه من *بحر مايطس المسمّى بحر *o* الخزر وعرضه فى المبدأ نحو من *k* عشرة اميال وهناك مدينة للروم تعرف بمسنّاة *p* تمنع من يرد فى ذلك

a) P تُغْبِر, L ودعبر. *b*) P h. l. بنكرة, L h. l. بشبكره, infra سبكره. A fluvio Sangario (Ibn Rosteh ١١٩, 7 سنقرة) nomen accepisse videtur. *c*) P s. و. *d*) L دعرب (om. من). *e*) P h. l. بقيلاس, L بعدوة فملاس (infra وملاونس). Est Πύλας (Tomaschek p. 11). *f*) P براقيه, L براقبه. *g*) L باسرى. *h*) P الاسلام. *i*) L برهنون.

k) P om. *l*) P ببابُدوا, L بمابدوا. Intelligi videtur Λουπάδιον (Lupato), v. Tomaschek p. 12 seq. et imprimis 13 l. ult. *m*) P نحو. *n*) P h. l. بابدا, infra ابدوا et امداوه, L h. l. بادوا, infra ابدوا. Abydos. Deinde P وهو. *o*) L om. *p*) P بمسياه, L بشاه. Vid. Ibn Khord. ١٠٣, 8 et vers. p. 75 ann. Tomaschek meam interpretationem accepit (p. 3). Quod Harkavy proposuit in ephemeride Ministerii

البحر من مراكب الكوذكانه *a* وغيرهم من اجناس الروس والروم *b* تسمّيهم روسيا *c* معنى ذلك الحُمْر *d* وقد دخل كثير منهم فى وقتنا هذا فى جملة الروم * كدخول الارمن *e* والبرغر وهم *f* نوع من الصقالبة والبجناك من الاتراك فشحنوا بهم كثيرا من حصونهم الله تلى الثغور الشأميّة وجعلوهم *g* بازاء برجان *h* وغيرهم من الامم المتأبّدة لهم والمحيطة بملكهم، وابدو مدينة على هذا الخليج مما يلى الشأم والجزيرة *i* لا من جانب القسطنطينيّة *ومن هذه العدوة الى القسطنطينيّة *b* مائتا ميل روميّة تكون اميالا *b* باميالنا *k* نحو مائة وعشرين ميلا *b* وابدو جبلان جبل
f. 83 v. من هذا الجانب من عمل الابسيق وجبل من ذلك الجانب من عمل تراقية وكان على هذين الجبلين حرس *l* على كلّ جبل عشرون رجلا يحرسون المراكب اذا دخلت وخرجت ويفتّشونها *m* وكانت فيه سلسلة *تفتح وتغلق *n* فى عمودى *o* حديد من هذا الجانب الى ذلك الجانب هو باب الخليج الذى *يحاصر به *k* القسطنطينيّة حين كان للمسلمين اسطول يغزونهم *p* من الثغر الشأمىّ والشأم ومصر والاسطول *q* كلمة روميّة سمة للمراكب *r* الحربيّة المجتمعة، وقد ذكرنا فيما سلف من كتبنا السبب فى كيفيّة بناء القسطنطينيّة والتنازع فى ذلك وقول من قال ان

---

eruditionis publicae Aprilis anni 1872, p. 238 (locum debeo amicissimo Rosen), legere بخرسانه, ipse deinde in dubium vocavit.

a) Ita P; L اللودكانه, *Mor.* II, 18 اللوذغانة (editor in vers. explicavit per Lithuaniens). Harkavy l. l. proposuit legere الكويابانه (de urbe كويابا Kiew), parum probabile. Non sine haesitatione propono الكوذلانه cogitans de Gotland. *b*) P om. *c*) P اروسيا, L اوسنا. *d*) Confuderunt nempe gentilicium Ρούσιος pro Ῥώσικος cum adjectivo ῥούσιος, ut alii quoque (Dorn, *Caspia*, 223). P النجْم, sed punctum e ح subscripta ortum esse potest, ut saepius, L النخم. Harkavy veram lectionem restituit. *e*) P بدخول الارض. *f*) L وهو. *g*) L وجعلوا. *h*) L توخان. *i*) L ins. الله. *k*) L om. *l*) P حرسة. *m*) P s. و. *n*) L بقفل وتفتح. *o*) P عمود. *p*) L يغزوهم. *q*) L c. ص h. l. *r*) L المراكب.

ما وراء الخليج كان من ارض برجان فاحتال قسطنطين على ملك برجان لعلمه بالموضع وحصانته حتى اذن له فى بنائها وما يُذَمُّ من خصالها وهوائها ومائها وتربتها وان الخيل لا تنزو *a* بها ولا تصهل لما يلحقها من الرَّبْو *b* لنداوة البلد وعفونته وقيل ان ذلك لطلسم فيها وغير *c* ذلك من اخبارها ۞

ولعشرين سنة خلت من ملك قسطنطين كان السنهودس *d* الاوّل بمدينة نيقية من بلاد الروم تفسير ذلك المجمع *e* وهو القدّاس *f* * حضر هذا المجمع *g* الفان وثمانية *h* واربعون اسقفا مختلفو *i* الآراء فاختير منهم ثلاثمائة وثمانية عشر اسقفا متّفقين *k* غير مختلفين فحرموا اريوس الاسكندرانىّ والى اسمه *l* اضيفت الاريوسيّة من النصارى ووضعوا فى هذا المجمع الامانة الّتى يتّفق عليها سائر النصارى من الملكيّة *m* واليعقوبيّة والعِباد وهم النسطوريّة *n* ويذكرونها *o* كلّ يوم فى القدّاس *ولهم اربعون *p* f.84 r. كتابا فيها السنن والشرائع واتّفقوا على ان يكون فصح *q* النصارى يوم الاحد الذى يكون بعد *r* فصح اليهود والّا يكون فصح اليهود مع فصح النصارى وكان المقدَّم والرئيس *s* فى هذا المجمع الاسكندر *t* بطريك الاسكندريّة من بلاد مصر وهو بالروميّة بطرياركس تفسيره رئيس الآباء فخفّف *u* وحضر اسطاث *v* بطريك انطاكية ومارقس *w* اسقف

---

a) P تبيروا, L بنزوا. *b*) L الدنو. *c*) P ولغير. *d*) P النهُودس, L hic et interdum انشنهودس; cf. IA ٢٣٥, *Mor.* II, 313 (ubi السنودسات). *e*) L التجمع, IA الاجتماع. *f*) Hoc reponendum *Mor.* l. l. pro القوانين (bonam lectionem habet cod. 537 *a*). *g*) P هذا المجمع حضره. Pro مجمع L hic et deinde جمع. *h*) L وثمان مايه. IA ut rec. *i*) P مختلفة. *k*) P om. *l*) P اسمهم. *m*) P hic et saepe الملايكة. *n*) Cf. *Mor.* I, 200, II, 314, 328. *o*) P ins. فى. *p*) L واربعين. *q*) P hic et deinde فضبح. *r*) P om. Cf. Eutych. 445, 448. *s*) P s. و. *t*) L ins. من. Pro بطريك L semper بطريك, IA بطرق. *u*) P يخفف. *v*) Eustathius. Makrîzî, *Gesch. der Kopten*, ed. Wüstenfeld, ١٢, 1 اسطاس. *w*) Eutych. 445 et Makr. recte مقاريوس.

بيت المقدس وبوليبوس *a* بطريك رومية وكان هذا الاجتماع فى اليوم التاسع عشر *b* من حزيران سنة ٦٣٦ للاسكندر الملك وقيل انها السنة التاسعة عشرة من ملك قسطنطين *c*، وكثير من النصارى يعدّ ذلك من شمعون بن قلوفا * فاخفاها بلبّه *d*، وبنت هيلانى بايليا الكنيسة المعروفة بالقيامة *e* فى هذا الوقت الذى يظهر منها النار فى يوم السبت الكبير الذى صبحه *f* الفصح وكنيسة قسطنطين وديارات كثيرة للنساء والرجال على الجبل المظلّ على مدينة بيت المقدس المعروف بطور زَيْتا *g* وهو بازاء *h* قبلة اليهود وعمرت مدينة ايليا عمارة لم يكن قبلها مثلها ولم يزل ذلك عامرا الى ان اخربته جنود الفرس *i* حين غلبت على الشأم ومصر وسبَتْ من كان فى تلك الديارات وغيرها قبل ظهور الاسلام وذلك فى ملك كسرى ابرويز ملك فارس والملك على الروم يومئذ f.84 v. فوقاس على ما نحن ذاكروه فيما يرد من هذا الكتاب جملا وقد سلف فى كتبنا مشروحا ❁

والاطوار المقدّسة *k* للنصارى اربعة فاوّلها طور سينا الذى كلّم الله موسى عليه وأُنزلت عليه التوراة *l* وهو على ايّام من مدينة القلزم وعلى يوم وبعض *m* آخر من رايَة *n* من ساحل بحر القلزم، والثانى هور *o*

---

a) Sic P; L وموقنو.س partim exesum. Probabiliter inest nomen Osii (يوسيوس), Cordubae episcopi, qui nomine papae Sylvestris praesidium concilii tenuit. *b*) Addidi. *c*) *Mor.* II, 313 habet annum 17[um]. *d*) Ita P; L فاحصاها بانيه. Origo igitur haereseos tribuitur Simeoni Klopae filio, sed probabiliter hic confunditur cum Simeone mago, cui originem haereseos Gnosticorum adscribunt Patres; cf. Tillemont, *Mémoires pour servir* etc. Bruxelles 1732, II, 22 *b*: »Les Gnostiques .... ont trouvé leur commencement et leur origine dans Simon le magicien, dit le mesme Père (S. Epiphane) après S. Irenée". *e*) P بالقسمة, L بالسامه; IA بقمامة وتسمى القيامة. *f*) P صبحته (pro صبيحته?). *g*) L سينا. *h*) L بازا, P بنا. *i*) L فارس. *k*) P المقصودة المقدر. *l*) L ut solet التوريه. *m*) P ins. من. *n*) Jâc. II, ٧٤٩, 10; cf. Eutych. II, 162. Deinde L وهو ساحل القلزم. *o*) L هو, P om.

طور هارون وهو[a] على ايّام من جبل[b] طور سينا، والثالث طور زيتا على ما ذكرناه، والرابع طور الاردنّ بين فلسطين وطبريّة جميعها للملكيّة من النصارى والاطوار الجبال ٭

وبنت هيلانى كنيسة حمص وهى احدى[c] عجائب العالم على اربعة اركان وكنيسة الرهاء من بلاد ديار مضر وهى احدى *عجائب العالم[d] الاربع المذكورة[e]، وكانت هيلانى من بلاد الرهاء من قرية تعرف بتلّ فخّار[f] الى هذا الوقت المؤرّخ به كتابنا هذا على طريق آمد وقد اتينا على خبر قسطنس[g] ابى قسطنطين والسبب فى تزوّجه[h] بها عند مشاهدته ايّاها[i]، *والعجائب الاربع جامع دمشق ومنارة الاسكندريّة وقنطرة سَنْجة وهذه الكنيسة[b]، وقد اغفل قوم من مصنّفى الكتب فى التواريخ والسير من النصارى فزعموا ان خروج هيلانى امّ قسطنطين *الى الشأم[a] كان لسبع[k] سنين من ملك ابنها قسطنطين f. 85 r.
وهذا غلط متفاحش[l] لان قسطنطين دان بالنصرانيّة بعد مضىّ[m] عشرين سنة من ملكه ٭

قال المسعودى ولقسطنطين اخبار وسير وسياسات فى الملك والدين وسير[n] فى الارض وحروب قبل تنصّره وبعده وقد اتينا على جميع ذلك فى كتابنا فى[a] اخبار الزمان، ومن اباده الحدثان، من الامم الماضية والاجيال الخالية *والممالك الداثرة وما تلاه من الكتاب الاوسط[o] وفى النسخة الاخيرة من كتاب مروج الذهب ومعادن الجوهر وفى كتاب فنون المعارف، وما جرى فى الدهور السوالف، وفى كتاب الاستذكار،

---

a) P om. *b*) L om. *c*) Codd. احد. *d*) P العجايب. *e*) L h. l. ins. مسجد دمشق ومناره الاسكندريه وقنطره سيحه (sic) وهذه الكنيسه. *f*) Eutych. I, 409 كفر فخار. *g*) Codd. قسطس. *h*) L تزوبحه. *i*) Desiderari videtur فى كتاب الاستذكار vel tale quid. *k*) Codd. لتسع; cf. *Mor.* II, 311, IA ٢٣٦, 3. *l*) L متفاوت. *m*) P ins. امه. Cf. IA l. 9 et Eutych. 451, 454. *n*) P ومسيرة. *o*) Cod. ins. فى النسخه.

لما a جرى فى سالف الاعصار، وانّما نذكر فى هذا الكتاب لمعا من ذلك ليكون منبّها عليها ومدخلا اليها b ✿ الثانى من المتنصّرة قسطنطين * بن قسطنطين c بن هيلانى ملك اربعا وعشرين سنة وكان ابوه قسطنطين عهد اليه بالملك فى حياته وولّاه القسطنطينيّة وولّى اخاه قسطنس d انطاكية والشأم ومصر والجزيرة وجعل مقامه بانطاكية وولّى اخاه قسطوس رومية وما يليها من بلاد الافرنجة والصقالبة وغيرهم من الامم وانزله رومية واخذ على اخويه هذين العهود والمواثيق بالانقياد * لاخيهما قسطنطين e فاستقام ملكه الى ان هلك، الثالث يوليانوس ابن اخى قسطنطين بن هيلانى ملك سنتين وكان يخفى الصابئيّة فى ايّام عمّه وابن عمّه فلمّا ملك اظهرها وارتدّ عن دين النصرانيّة وخرّب الكنائس وردّ التماثيل التى جعلها الصابئون مُثُلاً f للجواهر العلويّة والاجسام السمائيّة التى هى وسائط بين العلّة الاولى عندهم وبين الخليقة فى العبادات g وقتل من النصارى خلقا كثيرا وجعل عقوبة h من لم يرتدّ الى الحنيفيّة i القتل وكان يأخذ من عاد الى f.85 v. الحنيفيّة بالقاء اللبان على النار والاكل من ذبيحة الحنفاء وغير ذلك، وكان عظيم السطوة k كثير الجنود قال المسعودى وسار الى ارض العراق فى ملك سابور بن اردشير l فهلك * بسهم غرب اصابه m وقد اتينا على خبره وخبر سابور الجنود ملك بابل وما كان بينهما n من الحروب فى الجزء السابع من كتاب مروج الذهب ومعادن الجوهر فى اخبار الفرس فى ملك سابور والروم تسميه باربديس o تفسير ذلك المرتدّ والصابئة

---

a) Cod. وما. *b*) P om. *c*) L om. *d*) L قسطنطين. *e*) Addidi ex IA. *f*) Voc. addidi; L مثلا. *g*) L العباده. *h*) L عقوبته. *i*) P الحنفية hic et deinde. *k*) L الصوله et الجيوش pro الجنود. *l*) False; est Sàpor II. Idem vitium apud IA. L ازدشير ut solet. *m*) P سببهم عرب اصحابه. *n*) Codd. بينهم. *o*) Παραβάτης. P بارنديس, L بارنذس. Cf. Abu 'l-Faradj ed. Beir. ١٣٨.

اوسبيبوس *a* تفسير ذلك المؤمن النقىّ والنصارى جميعا * يتبرّأون منه *b* ومنهم من يدعوه البُرْتّاط *c* ۞

الرابع يوبيانوس ملك بسنة وكان خليفة يوليانوس المقتول ومعه *d* فى عسكره ففزعوا الى تمليكه عليهم فأبى الّا ان يرجعوا الى النصرانيّة * فاجابوا الى ذلك فردّ دين النصرانيّة *e* وانصرف بجيوش الروم عن العراق بعد قصص كانت له مع سابور ومهادنة قد ذكرناها فيما سلف من كتبنا، الخامس والنطيوس *f* ملك اثنتى عشرة سنة وخمسة اشهر، السادس * والنس ملك ثلاث سنين وثلاثة اشهر، السابع *e* والنطيانوس ملك ثلاث سنين واربعة اشهر وعاضده على ملكه غراطيانوس فهلك قبله، الثامن *g* تدوس الكبير وتفسير تدوس عطيّة الله ملك تسع *h* عشرة سنة وفى ملكه كان * السنهودس الثانى *i* وهو المجمع بمدينة قسطنطينيّة من بلاد بوزنطيا *k* اجتمع فيه مائة وخمسون اسقفا فلعنوا مقذونس واشياعه * مع البطارقة الذين *l* بعده قالوا بمقالته وكان المقدّم فى هذا المجمع طيموثاوس بطريرك الاسكندريّة ومليطيوس *m* بطريرك انطاكية f. 86 r. وقورنّس *n* بطريرك بيت المقدس وفى هذا المجمع *o* بُطْرِك وهو اوّل بطريرك لبيت المقدس وانّما كانوا اساقفة وكانت البطاركة *p* اصحاب الكراسىّ اربعة اوّلها *q* مدينة رومية وهى *r* لبطرس رئيس الحواريّين وخليفة ايشوع الثانى الاسكندريّة من بلاد مصر وهى لمرقس احد اصحاب الاناجيل الاربعة والثالث قسطنطينيّة من بلاد بوزنطيا *s* وكان اوّل بطريرك لها

---

a) Codd. اوسنتوس. *b*) P مرواميبة, L بمراون منه. *c*) P النبريبط, L البريـاط; *Mor.* II, 323 ut rec. *d*) L s. و. *e*) L om. *f*) P النطيوس, L النطيوش. *g*) L السابع. P plerumque تذوس. *h*) Ita quoque IA, sed *Mc.:.* 327 سبع ut Abu 'l-Faradj ١٤٢. *i*) P النهودس الشامى; L h. l. انسينهودس. *k*) P بوريطـ, L بوريطنيـا. *l*) P والبطارقة الله. *m*) Meletius. P وميلطيبوس. *n*) L وقرلس. *o*) L الجمع et deinde بطريك. *p*) P البطارقة. *q*) L فاولها. *r*) P ins. ربطلس ربيس الحواريين وقيل. *s*) P بيوزيطيا, L بوزيطيا.

مطروفانس رتّبه الثلاثمائة والثمانية*a* عشر اسقفا الذين اقاموا دين النصرانيّة بمدينة نيقية المقدّم ذكرهم*b*. والرابع انطاكية وهى لبطرس ايضا واستخلف بطرس على الكرسىّ بها حين سار الى مدينة رومية واذيوس*c* فصارت البطاركة خمسة الى هذا الوقت المؤرّخ به كتابنا وهى*d* سنة ٣٤٥ للهجرة جميعا للملكيّة فكان*e* من السنهودس الاوّل بنيقية *الثلاثمائة والثمانية عشر*f* اسقفا الى هذا الاجتماع ستّ وخمسون سنة، واطلق طيماثاوس بطريك الاسكندريّة فى هذا المجمع للبطاركة والاساقفة والرهبان ببلاد مصر والاسكندريّة اكل اللحم لاجل الثنويّة ليعرف من كان منهم مثنوىّ المذهب اذ كانت الثنويّة تمتنع من ذلك فاما البطاركة والاساقفة والرهبان بغير مصر والاسكندريّة كرومية وانطاكية f.86v. وغيرهما من البلاد فانهم امتنعوا من*g* اكل اللحم واكلوا بدلا عنه السمك محنة لهم اذ كانت الثنويّة لا تأكل اللحم ولا السمك الّا السمّاعين*h* منهم فان منهم من ياكل اللحم والسمك*i* ومنهم من ياكل السمك*k* دون اللحم، قال المسعودى ولثمانى سنين خلت من ملكه ظهر الفتية اصحاب الكهف الذين كانوا قد*l* هربوا من داقيوس*m* الملك على ما قدّمنا فى اخبار الطبقة الاولى من ملوك الروم*n* فى هذا الكتاب وقد ذكرنا فى كتاب فنون المعارف، *وما جرى فى الدهور السوالف»*i* اخبارهم وما قيل فيهم والتنازع فى موضعهم*o* اهو الموضع الذى بمدينة افسيس*p* وراء مدينة زمرنى على البحر الرومىّ *ام الهويّة التى تسمّى خارمى مما يلى قرّة بارض الروم*l* ام غيرهما*q* من المواضع التى يشار اليها بذلك

---

a) P s. art. *b*) P ذكرها. *c*) Evodius. L s. p. *d*) L وهو. *e*) P c. و. *f*) P الثمانية عشر والثلاثماية. *g*) P عن. *h*) *Adepti*; v. Berûnî, *Chron.* ٢٠٨, 2. Restituendum ita est *Mor.* I, 200 pro الشماع. Eutych. vero p. 517, 521 hos السماكون appellat. L السامعين. *i*) P om. *k*) P ponit post دون اللحم. *l*) L om. *m*) L دقيانوس. *n*) L ins. الاولى. *o*) Codd. مواضعهم. *p*) Codd. h. l. افسس. *q*) L غير ذلك.

وخبر *a* تدوس الملك والسبب فى افضاء الملك اليه وما كان من خبره قبل ذلك وبعده ✿

التاسع ارقاذيوس بن تدوس ملك ثلاث عشرة سنة، العاشر تدوس الصغير * بن تدوس الكبير *b* ملك اثنتين واربعين سنة ولاحدى وعشرين سنة خلت من ملكه كان السنهودس الثالث بمدينة افسيس *c* على بطريك القسطنطينيّة نسطورس وكان على كرسيّها اربع سنين * حضر هذا المجمع *d* مائتا اسقف وكان المقدّم فيه قورلس بطريك الاسكندريّة وكلسْطوس *e* بطريك رومية وبولانيوس *f* بطريك ايليا فلعنوا *g* نسطورس وتبرّأوا منه ونفوه فسار *h* الى صعيد مصر فاقام ببلاد اخْميم والبُلْيَنا ومات بقرية يقال لها سيفلح *i* وموضعه معروف فى هذا الوقت المؤرّخ به *k* كتابنا واضافت الملكيّة العبادَ من النصارى وهم المشارقة اليه تقريعا لهم بذلك فسمّوا النسطوريّة وكانت رئاسة البطركة للمشارقة *l* فى ذلك الوقت بالمدائن *m* من ارض العراق * لداديشوع يعدّ بلادها فى *n* ملك فارس، قال المسعودى فذكرت *o* العبادُ ان تيادوس *p* الملك كان كتب الى يوحنّا بطريك انطاكية واساقفته ان يسيروا *q* الى مدينة افسيس لينظروا فيما بين نسطورس وقورلس *r* بطريك الاسكندريّة من الخلاف فاجتمع نسطورس واصحابه وقورلس واصحابه بها فانتدب *s* قورلس فحرم نسطورس قبل موافاة *t* يوحنّا صاحب انطاكية الذى جعله الملك حكما بينهما فلمّا راى نسطورس ان قورلس يجرى الى الحيلة والمغالبة f. 87 r.

a) L وعبر. *b*) L om. *c*) P ut solet افسس, L اقسيش, infra اقسس. *d*) L ملك هذا الجميع. *e*) Celestinus. L وكالسطوس. Makrîzî ١٥, 1 اكليمس Clemens. *f*) L s. p.; Makr. يوبنااليوس Juvenalis. *g*) L فغلبوا. *h*) L فصار. *i*) L سفلح. Ut rec. quoque var. l. ad IA ٢٣٧, ubi in textu سيصلح. Eutych. II, 13 سقلان. *k*) P فى. *l*) L للمشاركه. *m*) P للمداين. *n*) L ارادادشوع دعد دملاها وذلك. P ببلادها. *o*) P قد ذكرت. *p*) L بيدوامن. *q*) L يصيروا. *r*) P h. l. et interdum وقورلس, saepe فورللس ut plerumque L. *s*) P فابتدوا. *t*) P موافقته.

والعدول عن الحقّ اعتزل وقال الديانة [a] لا تكون بالمجاذبات والحيل وطلب الرئاسات وان يوحنّا بطريرك انطاكية لمّا *وافى فوقف [b] على فعل قورلس *انكره عليه وحرمه وانكر ذلك عليه عند قراءته مقالة نسطورس ومقالة قورلس [c] وصحّح [d] مقالة نسطورس وامانته وردّ مقالة قورلس وذكر انها مخالفة للحقّ لا يجوز لاحد ان يقول بها ولا يتقلّدها وان يوحنّا عاد الى انطاكية وكتب الى بطريرك المشرق بما جرى وتوجّه الحيلة على نسطورس من صاحب الاسكندريّة ببذل الاموال لبطانة الملك حتى حلّ الحرم عنه وبقى حرم نسطورس فكان هذا
f.87v. احد اسباب الخلاف بين اهل المشرق من النصارى واهل المغرب وداعية الى ما كان بينهم [c] من العداوة والقتال وسفك الدماء، والعباد تذكر ان اوّل البطاركة السريانيّين الذين نزلوا [e] كرسيّ المشرق على قديم الايّام بعد صعود المسيح الى السماء بنحو ثلاثين سنة بعد [c] توما *احد الاثنى عشر ادى السليح قبل حدوث الخلاف بين النصارى [f] *وهو ادى بر مارى السليح من السبعين [c] وهو نصّر اهل [g] المدائن ودير قُنّى وكَسْكَر وغيرها من السواد وبنى بيعتين احداهما بالمدائن دار [a] مملكة فارس يومئذ وجعلها [h] كرسيًّا لمن يأتى بعده من البطاركة ورسم ألّا تتمّ [i] البطركة لمن نصب لها [k] الّا فى هذه البيعة واخرى بدير قنّى وقبره بها، وقد ذكرنا فيما سلف من كتبنا خبر المشارقة من النصارى مع سابور ملك فارس حين اخذهم بالتمجّس وامتناعهم من ذلك وقتله منهم نحوا من مائتى الف وغير ذلك من اخبارهم، وذكر [l]

---

a) L om. b) P لما وقف فوافى اعنى لما وافى وقف. c) P om. d) L وصح. e) P تولوا, L بركوا. f) P لا احد لا اثنى عشر ادى السليح وذلك بعد حدوث الخلاف بين النصارى وقبل ادى بن مارى السليح من السبعين, sed cum م م supra بعد et وقبل. In *Mor.* II, 300 مارى appellatur. g) P احد. h) P وجعله. i) P يتم. k) P اليها. l) P وذكرت.

الملكيّة ان مقالة نسطورس كانت درست فاحياها برسوما *a* مطران نصيبين ودعا اليها المشارقة من النصارى فدانوا بها، قال المسعودى وفى هذا المجمع خالفت النسطوريّة الملكيّة وافترقوا عنهم فمن المجمع الثانى المائة والخمسين الاسقف الذين اجتمعوا بمدينة القسطنطينيّة *b* ولعنوا مقذونس الى هذا المجمع *المائتى اسقف الذين اجتمعوا بمدينة افسيس *c* احدى وخمسون سنة، وكان فى ايّام تدوس هذا عند النصارى حوادث فى الدين والملك منها نفيه *d* يوحنّا المعروف بفم f.88 r. الذهب بطريرك القسطنطينيّة بحكومة حكمها فى كرم فكرهت ذلك زوجة الملك يدوقية *e* وغير ذلك *f* ✿

الحادى عشر مرقيان ملك ستّ سنين وفى *g* اوّل سنة من ملكه كان السنهودس الرابع بمدينة خلقيذون *h* على ديسقرس *i* بطريرك القسطنطينيّة واوطيسوس *k* اجتمع فيه ستّمائة وثلاثون اسقفا فمن المجمع الثالث المائتى اسقف الذين اجتمعوا بمدينة افسيس الى هذا المجمع احدى وعشرون سنة وفى هذا المجمع خالفت اليعقوبيّة سائر النصارى وفارقوهم وقد ذكرنا فى كتاب اخبار الزمان، ومن اباده الحدثان،، من الامم الماضية *والاجيال الخالية والممالك الداثرة *l* فى اخبار ملوك الروم وطبقاتهم *m* وسيرهم خبر يعقوب البرذعانىّ *n* الانطاكىّ وقبل الحرّانىّ

a) P برسومها. *Mor.* II, 328 ut IA et Eutychius برصوما. *b*) P افسس. *c*) Codd. om., sed P infra habet loco inepto. *d*) P ثقته; cf. *Mor.* l. l., Abu 'l-Faradj ١٤٢ seq. *e*) Codd. بدوقيه. Eudoxia. Cf. de vineae illius historia Eutych. 542. *f*) Hic in P sequitur من الخامس et deinde verba المائتى — افسيس quae supra exciderant. *g*) L من. *h*) P حلقدور, infra حلقندون, L حلقمدو, infra حلقمدون. *i*) L ددسقوق, P سفرس, *Mor.* II, 330 بسقره, sed cf. var. l. p. 454, IA تسقرس. Intelligitur Dioscurus, sed القسطنطينية male positum est pro الاسكندرية. *k*) Ita P; L واوطسوس. Intelligitur Eutyches. Apud Jakûbî, *Hist.* I, ١٧٥ in الطرسيبوس et طرسيبوس nomen corruptum est. *l*) P om. *m*) L واخبارهم. *n*) P البرذغانى, L الدروغانى, *Mor.* البرذعائى. Lectio recepta quoque defendi

تلميذ سورس *a* وكيف اضيف اهل مقالة ديسقرس *b* الى اليعاقبة ونسبوا الى يعقوب وما كان من سوارى وقد ذكرنا فى اخبار ملوك الروم المتنصّرة من كتاب فنون المعارف، وما جرى فى الدهور السوالف، عند ذكرنا مرقيان هذا والسنهودس الذى كان فى ايّامه ما اتّفقت عليه الملكيّة والنسطوريّة واليعقوبيّة وما اختلفت فيه من *الكلام فى *c* الاقانيم والجوهر وغير ذلك وما احتجّ به كلّ فريق منهم لذلك على الشرح وقول من خالف هؤلاء من فرق *d* النصارى الاريوسيّة والمارونيّة والبيالقة *e* وهو المذهب الذى احدثه *f* بولس الشمشاطىّ وهو من اوّل f.88r. بطاركة انطاكية واصحاب الكراسىّ بها متوسّطا بين مذاهب النصارى والمجوس واصحاب الاثنين من تعظيم سائر الانوار وعبادتها *g* على مراتبها وغير ذلك وانّما نذكر فى هذا الكتاب لُمَعًا وجوامع منبّهين بذلك على ما تقدّم من كتبنا *وسبق من تصنيفنا*c*، ولليعاقبة كرسيّان لا ثالث لهما احدهما بانطاكية والآخر بمصر والغالب على نصارى مصر من الاقباط وغيرها بفسطاطها وسائر كورها وما يليها من ارض النوبة والاحابش راى اليعقوبيّة وبها منهم ما لا يحيط به الاحصاء كثرة *ومقام بطركتهم *h* بدير يعرف بأبّى مقارا *i* بناحية الاسكندريّة والملكيّة

---

potest. Vid. Klein, *Jacobus Baradaeüs*, p. 53. Makr. ١٦ scribit البرادعى ut Eutych. II, 146.

a) Severus. Mox scribitur سوارى quod retinui quia etiam ita est in *Mor.* l. l. *b*) P دىسقوس. *c*) P om. *d*) P فريق. *e*) P والنيالقه, L والىمالقه. Sunt Pauliciani, quos Shahrastânî ١٧٣ appellat البولية ut auctorem doctrinae بولا (p. ١٧٦). Appellantur البيالقة quoque infra f. 105 r. et *Mor.* VIII, 75 l. 1 et 4 cum sing. البيلقانى ib. 74 l. ult. Collata hac forma apud nostrum, quaestio oriri potest, an apud Ibn al-Fakîh ٧٧, 17, ubi نيقلاءى recepi, codd. ىملقاى habent, item de Pauliciano sermo sit. Paulus de Samosata episcopus Antiochiae fuit ad annum 269 quo munere depositus est. Eutych. 397 et 442, Makrîzî ١١ scribunt بولص السميساطى. *f*) P احدث. *g*) L وحماوانها. *h*) P ومقامهم وديرهم يحضرهم. *i*) Makr. ٤٥ et alibi بو مقار.

والنسطوريّة بمصر قليلون جدًّا وما عدا هذين البلدين فانّما لليعقوبيّة مطارنة [a] واساقفة ۞

الثانى عشر لاوون [b] الكبير ملك ستّ عشرة سنة، الثالث عشر لاوون الصغير ملك سنة وكان يعقوبىّ المذهب واراد حمل اهل [c] مملكته على ذلك فهلك ولم يبلغ ما اراده وقيل انه اغتيل [d] بالسمّ، الرابع عشر زينون ملك *سبع عشرة سنة [e] وكان يعقوبىّ المذهب وزهد فى الملك وجعله الى ولده فهلك ولده فعاد الى الملك، الخامس عشر انسطاس ملك سبعا وعشرين سنة وكان يعقوبىّ المذهب، السادس عشر يوسطين ملك تسع [f] سنين وتتبّع اليعقوبيّة بالقتل والنفى، السابع عشر يوسطانوس ملك تسعا وعشرين سنة [c] وفى ملكه كان السنهودس الخامس بمدينة القسطنطينيّة [g] فحرموا اريجانس [h] اسقف منبج لقوله [i] بتناسخ f 89r الارواح فى اجسام الحيوان وتبديل الاسماء *وتغيّر الاجسام [k] وان الله عزّ وجلّ لا يفعل ذلك بخلقه الّا باستحقاق لما ارتكبوه من الاجرام وانه لا يجلب بعذابهم منفعة ولا يدفع عن ذاته مضرّة اذ كان غنيًّا من جميع ذلك وغير ذلك من الكلام فى ايلام [l] الحيوان والتعديل والتحرير [m]، وايبا [n] اسقف الرهاء وتدوس [o] اسقف المصّيصة وتوذروطس [p] اسقف انقرة لاقاويل اظهروها حضر [q] هذا الجمع [r] اصحاب الكراسىّ الاربعة واساقفتهم [s] وهم مائة واربعة [i] وستّون اسقفا [t] ولم يحضر بطريرك ايليا

---

a) P مطاواسقفا, L مطاركا. Metropolitae. *b*) P hic et mox لاورن, L bis لاون, IA ليون, *Mor.* اليون. *c*) L om. *d*) P اعتل, L اغ. ل semi exesum. *e*) IA male سبع سنين. *f*) Idem male سبع ut quoque Tab. *g*) P s. art. *h*) Origenes. P اذريجانس, L ادرنحانس, IA ٢٣٨, 3 ادريحا; Makr. ١٨ ut rec. *i*) P om. *k*) L وتعبير الاحلام. *l*) L ايام. *m*) L والجرير. *n*) L s. p., P وانبا. Est Ibas. *o*) Male pro تدور. Est Theodorus. *p*) Theodoretus. P ونوزروطس, L s. p. *q*) P وحضر. *r*) L الجمع. *s*) P واسقفتهم. *t*) P add. واربعة اسقفا et deinde ولم يترك بطريرك. Papa Vigilius non adfuit.

وحصر اصحابه فكان *a* من المجمع الرابع الستّمائة والثلاثين الذين اجتمعوا بخلقيذون الى هذا المجمع *b* مئة وستّ وثلاثون سنة، وقد ذكرنا فى كتاب فنون المعارف، *وما جرى فى الدهور السوالف *c*» ما كان فى ايّام هذا الملك من امر اليعاقبة والملكيّة ببلاد مصر والاسكندريّة وامر اليهود بايليا وجبل يهودا *d* وجبل الجليل *e* وقتلهم النصارى وما بنى هذا الملك من الكنائس والديارات *f* وبطور سينا على الناطس والعُلّيقة *g* وهو الموضع الذى انزلت فيه التوراة على موسى بن عمران عم وغير ذلك من احواله ☆

الثامن عشر يوسطينوس ملك ثلاث عشرة سنة *وكان فى ايّامه *h* انوشروان الملك، التاسع عشر طيباريوس ملك ثلاث سنين وثمانية اشهر وكان *i* بينه وبين انوشروان مراسلات ومهاداة *k*، العشرون موريق f.89r. ملك عشرين سنة واربعة اشهر وظهر فى ايّامه رجل *من اهل مدينة حماة *c* من اعمال حمص يعرف بمارون اليه تنتسب *l* المارونيّة من النصارى الى *m* هذا الوقت المؤرّخ به كتابنا وامرهم مشهور بالشأم وغيرها اكثرهم *n* بجبل لبنان وسنير *o* وحمص واعمالها كحماة وشَيْزَر ومعرّة النعمان وكان له دير عظيم *يعرف به *c* شرقىّ حماة وشيزر ذو بنيان عظيم حوله اكثر من ثلاثمائة صومعة فيها الرهبان وكان فيه من آلات الذهب والفضّة والجوهر شىء عظيم فخرب هذا الدير وما حوله من الصوامع

---

a) P c. و. *b*) L الجمع. *c*) P om. *d*) P يهوذا, L هود. *e*) L s. p., P الخليل ut IA. *f*) Videtur aliquid excidisse e. g. بفلسطين وغيرها. *g*) Nomen الناطس aliunde illustrare nequeo; العليقة vero est Rubus e quo Deus allocutus est Mosen (Eutych. II, 162, 165). Forte hinc nomen habet tribus in peninsula degens ʿAlêḳât (Baedeker, *Aegypten*, p. 501). Fortasse الناطس est pro برج الناطس et intelligitur turris ad Rubum (Eutych. l. l.). *h*) L وسحان فى ايام. *i*) L وكانت. *k*) L ومهاديات. *l*) L ينسب (om. اليه). *m*) L فى. *n*) P واكثرهم. *o*) P وشيبير, L s. p.

بتواتر الفتن من الاعراب وحيف السلطان وهو يقرب من نهر الارنط نهر حمص وانطاكية *a* وكان مارون قد احدث *آراء بان بها *b* *عمن تقدّمه *c* من النصارى *فى المشيئة وغيرها *d* وكثر متّبعوه وقد اتينا على شرح مذهبه وموافقته الملكيّة *e* والنسطوريّة واليعاقبة فى الثالوث ومخالفته ايّاهم فيما يذهب *f* اليه من ان المسيح جوهران اقنوم واحد مشيئة واحدة *وهذا القول *g* متوسّط بين قول النسطوريّة والملكيّة وغير ذلك فى كتابنا فى المقالات فى اصول الديانات ولبعض متّبعيه من المارونيّة ويعرف بقيس *h* المارونىّ *i* كتاب حسن فى التاريخ وابتداء الخليقة والانبياء والكتب *k* والمدن والامم وملوك الروم وغيرهم *l* واخبارهم *m* انتهى بتصنيفه الى خلافة المكتفى ولم ار للمارونيّة فى هذا المعنى كتابا *n* مؤلّفا غيره وقد ألّف جماعة من الملكيّة والنسطوريّة واليعقوبيّة كتبا كثيرة ممن *o* سلف وخلف منهم واحسن كتاب رايته للملكيّة *k* فى تاريخ الملوك والانبياء والامم *k* والبلدان وغير ذلك كتاب محبوب f. 90 r. ابن قسطنطين المنبجىّ *p* وكتاب سعيد بن البطريق المعروف بابن الفرّاش المصرىّ بطريرك كرسىّ مارقس بالاسكندريّة وقد شاهدناه بفسطاط مصر انتهى بتصنيفه *q* الى خلافة الراضى *r* وكتاب اثنايوس *s* الراهب

---

a) L c. art. *b*) L اترابها. *c*) P مما تقدم. IA يخالف من تقدمه. *d*) P والمثمنه s. والميشه وغيرهما. L المشبه. *e*) P للملكية. *f*) P يذهبون, quod jam corrigere proposuit de Sacy; recte, cf. Makrîzî ١٩, 2 seq. Quod h. l. de Mârûno docemur, est opinio Eutychii, II, 190; cf. *Hist. des Maronites* par Mgr Istifan ud-Dwayhi 'l-Ihdini, Beyr. 1890, p. ٩, ٦٦, ٨٤, ٢٩٢ seq. Auctor hujus historiae pro errore habet. *g*) P وهو الوقت. *h*) P نقيس in نفيس correctum. *i*) P ins. فى. *k*) P om. *l*) L om. *m*) L hic repetit verba وغير ذلك فى كتابنا من المقالات فى اصول الديانات hinc mox scribit تصنيفنا. *n*) P ponit ante فى هذا المعنى. *o*) L مع من. *p*) L المنبحى, P المنبجى. De Sacy legere proposuit المسبحى. *q*) L تصنيفه. *r*) Nempe ad annum 321, quo Patriarcha creatus est (*Annales*, II, 472, 527). Obiit Eutychius anno 328 (Makr. ٢٥, Wüstenfeld,

المصرى رتّب فيه ملوك الروم وغيرهم من الامم *وسيرهم واخبارهم a من آدم الى قسطنطين بن هيلانى ورايت لاهل المشرق *من العباد b كتابا ليعقوب بن زكريّاء الكَسْكرىّ c الكتب وقد شاهدناه بارض العراق والشأم يشتمل على انواع من العلوم فى هذه المعانى يزيد على غيره من كتب d النصارى وكتاب لليعاقبة e فى ذكر ملوك الروم واليونانيّين وفلاسفتهم وسيرهم واخبارهم الّفه ابو زكريّاء دنخا f النصرانىّ وكان b متفلسفا جدلا b نظّارا جرت بينى g وبينه مناظرات كثيرة ببغداد فى الجانب الغربىّ بقطيعة h امّ جعفر وبمدينة تكريت *فى الكنيسة i المعروفة بالخضراء فى الثالوث وغيره k وقد اتينا على ذكرها فى كتاب المسائل والعلل، فى المذاهب والملل، وفى كتاب سرّ l الحياة وذلك فى سنة ٣١٣ ☆

قال المسعودى وقد كان b خسرو ابرويز بن هرمز بن m انوشروان لمّا هزمه بهرام جُوبين n واحتوى على الملك وقتل هرمز لجأ الى موريق مستنجدا به b فانجده وزوّجه ابنته مريم وهى امّ شيرويه القاتل لابيه
f.90v. ابرويز o *وانجده بجيش كثيف فسار بهم ابرويز m ممّا يلى ارمينية وآذربيجان فواقع بهرام وكشفه فلحق p بارض الترك الى ان قتل بها هناك غيلة وقد اتينا على ما كان فى ايّامه فى كتاب b مروج الذهب ومعادن الجوهر فى النسخة q الاخيرة التى قرّرنا r امرها فى هذا الوقت وهى سنة ٣٤٥ وهى اضعاف ما تقدّم من النسخة s المؤلّفة فى سنة

Geschichtschr. n. 108). s) L ادمانوس. Pro الراهب P الذهب. De Sacy conjectavit legendum esse فم الذهب.

a) L وسيرته واخباره. b) P om. c) P السكسرى. d) P ins. المعانى. e) Codd. اليعقبة. f) P ذنحا aut ذدنخا. g) P بينه. h) P s. ب. i) P بالكنيسة. k) P وغيرها. l) P سرة. L الحيوة ut solet. m) L om. n) P بن خودس, L حوردن. Patris nomen inesse, improbabile videtur coll. Nöldeke, *Gesch.* 270. IA ut rec. o) P h. l. برويز. p) L فلحقه. q) P المقالة. r) P قدرنا. s) P النسخ.

٣٣٢ ۞ الحادى والعشرون فوقاس[a] ملك ثمانى سنين واربعة اشهر ولمّا ملك تتّبع ولد موريقيس[b] حمو ابرويز وحاشيته بالقتل فلمّا بلغ ذلك ابرويز احفظه[c] وسيّر الجنود الى بلاد الشأم ومصر فاحتوى عليها وقتلوا من النصارى خلقا كثيرا وخرّبوا الكنائس بايليا وغيرها وتوجّه شَهْرَبَراز[d] فى جيوش كثيرة[e] كثيفة نحو القسطنطينيّة فخيّموا على الخليج بازائهم[f] واشتدّ حصارهم ايّاها وكان *هرقل بن فوق[g] بن مرقس يختلف من مدينة صلونيقى وهو من اهلها الى القسطنطينيّة بالزاد فى البحر وهم محاصرون فبانت شهامته وظهرت شجاعته واحبّه اهل القسطنطينيّة فخلا بالبطارقة وذوى المراتب فاغراهم بفوقاس وذكر لهم ما نزل بهم فى ايّامه وذكرهم بسوء *آثاره فيهم وغلبة[h] الفرس على ملكهم بسوء تدبيره وقبح سياسته واقدامه على الدماء ودعاهم الى الفتك به فاجابوه الى ذلك فقتلوه ۞

ذكر ملوك الروم من الهجرة الى سنة ٣٤٥

واجتمعت البطارقة وغيرهم من ذوى المراتب من الروم وغيرهم بعد قتل فوقاس لاختيار[i] من يصلح للملك فوقع اختيارهم بعد خطب f. 91 r. طويل وتنازع كثير على هرقل فملّكوه ورجوا صلاح احوالهم بتمليكه[k] وهو الثانى والعشرون من ملوك الروم[l] المتنصّرة وكان ملكه لثلاث[m] وثلاثين سنة خلت من ملك كسرى ابرويز بن[l] هرمز ملك بابل فملك خمسا وعشرين سنة وقيل اكثر من ذلك، وفى اوّل سنة من ملكه كانت هجرة رسول الله صلّعم *فاقام فى الملك ايّام النبىّ صلّعم[e]

---

a) P semper قوقاس, L h. l. دوقاس, mox قوفاس et s. p. b) P مولوديعيس, L مورنقش; cf. *Mor.* II, 226. c) P حفظه. d) P شهريرار, L سهزرار. e) L om. f) P s. ب. g) P قرقل بن فوق; L مرق. Pater Heraclii item Heraclius appellabatur, sed lectionem receptam tuetur *Mor.* II, 334. Pro مرقس L habet مرقوش. h) P اثارهم فهم عليه. L ناره pro اثاره. i) P باختيار. k) P بتمليكهم. l) P om. m) P من ثلاثة.

*وايّام ابى *a* بكر وعمر وسنتين من خلافة عثمان وفى ايّامه غلب *b* المسلمون على بلاد سورية *c* وهى الشأم *d* والجزيرة وكان اخوه قسطنطين *e* معاضدا له على الملك فهلك قبله، ولمّا ملك *f* هرقل *e* جدّ فى حرب *g* الفرس فكانت *h* له معهم حروب كثيرة وفسد الامر *بين كسرى *i* ابرويز وصاحب جيشه المحاصر للقسطنطينيّة *شهربراز واتاه *k* هرقل وملأه على ابرويز فخرج هرقل فى مراكب كثيرة فى الخليج الى بحر الخزر وسار *l* الى طرابزندة *m* وابواب لازقة *n* واستنجد هناك ملوك الاعاجم من اللان والخزر والسرير *o* والابخاز *وجُرْزان والارمن *p* وغيرهم حتى صار *q* الى بلاد آران والبيلقان وآذربيجان والماهات من ارض الجبل واتّصلت جيوشه بارض العراق فشنّ الغارات وقتل وسبى وانصرف راجعا الى القسطنطينيّة بحيلة اوقعها *e* ابرويز عليه قال المسعودى وقد اتينا على خبر شهربراز والسبب فى فساد الحال بينه وبين ابرويز والى *r* ما آل امرهما وشرح f. 91 v. اخبار هرقل وما كان بينه *وبين فارس *s* من الحروب وحيله ومكايده وما كان بينه وبين النبىّ صلعم من المكاتبات والمراسلات وما كان *t* بين جنوده وبين المسلمين من الحروب بالشأم ومصر وغيرهما *u* فى خلافة ابى بكر وعمر *v* وخروجه عن *w* الشأم وقطعه الدرب الى بلاد الروم وقوله

---

a) L وانى. *b*) P غلبت. *c*) P سُوريّة. *d*) L بالشام. *e*) L om. *f*) L هلك. *g*) P حروب. *h*) P c. و. *i*) P om. *k*) P شهرويّاه; L om. واتاه. Cf. *Mor.* II, 227 et Nöldeke 302. *l*) L وصار. *m*) P طرابيزنده, L s. p. *n*) P الازقّة. *o*) Docet nos Eutych. (II, 230) regem qui ab hoc inde tempore صاحب السرير appellabatur, revera esse regem Çanâriorum (الصنارية) et Heraclium ei tribuisse jus in palatio Constantinopolitano throno insidendi. Aliter titulum explicat Masûdî *Moroudj* II, 41 et regi Çanâriorum alium tribuit (p. 67). *p*) P وحوارب الارمن, L وحران والارض. *q*) P سار. *r*) L s. و. *s*) L وبينه. *t*) P ins. بينه وما كان. *u*) L وغيرها. *v*) P ins. وغيرهما. *w*) P من.

عند صعوده *a* جبل الاكام *واشرافه على الشأم عليك السلام يا سوريه سلام مودّع لا يعود اليك ابدا حتى يولد الغلام المشؤوم وليته لا يولد فما احلى رضاعه وامرّ فطامه وما كان بينه وبين معاوية بن ابى سفيان فى حال امرته على الشأم من قبل عمر وعثمان من المراسلات والملاطفات واخباره فناق *b* غلام معاوية بان عثمان بن عفّان يقتل وما يؤول اليه امر المسلمين بعد ذلك *c* وغير ذلك *من اخباره *c* فى كتاب اخبار الزمان، ومن اباده الحدثان، *من الامم الماضية والممالك الداثرة وفى كتاب فنون المعارف، وما جرى فى الدهور السوالف، وانّما نذكر فى هذا الكتاب لمعا وجوامع منبّهين بذلك على ما تقدّم تاليفه من كتبنا ومدخلا الى علم ما سبق ايضاحه من تصنيفنا *c* ❁

الثالث والعشرون *قسطنطين بن قسطنطين *d* اخى هرقل وقيل انه ابن هرقل ملك تسع سنين وستّة اشهر فى خلافة عثمان *بن عفّان *c* وهو الذى غزا فى البحر فى *e* نحو الف مركب حربيّة وغيرها فيها الخيل والخزائن والعدد يريد *f* الاسكندريّة من بلاد مصر وكان عامل مصر والاسكندريّة لعثمان عبد الله بن سعد بن ابى سرح فالتقوا فى البحر فكانت *g* على قسطنطين فعطبت مراكبه وهلك اكثر رجاله *h* ونجا فى مركب *i* فوقع فى جزيرة سقلّيّة *k* من بلاد افريقية فقتله جرجيق *l* ملكها تشاءمًا *m* به لاهلاكه النصرانيّة وسمّيت هذه الغزاة ذات الصوارى لكثرة المراكب وصواريها وهى الادقال وكان *n* ذلك فى سنة ٣٤ للهجرة ❁ قال المسعودى وفى ملكه كان السنهودس f. 92 r.

---

a) L قدئعه. *b*) Sec. *Mor.* II, 335. Cod. دمساف. *c*) P om. *d*) P قلسطين بن قلسطين. Pro اخى L بن. *e*) L om. *f*) L ins. على. *g*) P c. و. *h*) P اهله ورجاله. *i*) P مراكب. *k*) P سقلية. Cf. IA III, ٩٠ seqq., Makrîzî I, ١٦٩. *l*) Codd. حرحيق. Apud Theophanem p. 537 seqq. (Bonn) nomen ejus non exstat. Cf. *Mor.* 1, 359 جرجس. *m*) Codd. تاشما. *n*) P وكل.

السادس وهو المجمع بالقسطنطينيّة من بلاد بوزنطيا[a] وقيل بل كان قبل هذا الوقت وكان اجتماعهم على لعن رجل يقال له قورس الاسكندرانىّ خالف الملكيّة واحدث قولا نحو[b] قول المارونيّة فى المشيّة والفعل وكان عدّة من اجتمع فيه[c] من الاساقفة مئتين وتسعة وثمانين اسقفا وقيل دون ذلك فمن السنهودس الخامس الى هذه السنهودس ثمان وستّون سنة واربعة اشهر وقيل[d] دون ذلك وهذا آخر السنهودسات لم يكن لهم الى هذا الوقت المؤرّخ به كتابنا وهو سنة ٣٤٥ والملك على الروم قسطنطين بن *لاون بن بسيل[e] اجتماع فيما بلغنى مع قربنا من ديارهم وبحثنا عن[f] اخبارهم وتنقّلنا بالثغر[g] الشأمىّ وانطاكية[h] والشأم ومصر، والملكيّة تذكر هذه الاجتماعات الستّة فى قدّاسها وهى الصلاة على القربان فى كلّ يوم، وقد اختلف[i] اهل دين[k] النصرانيّة فى *العبارة عن[l] اسماء هذه المجامع عند مقابلتهم الامانات بالتراجم المعروفة فمنه[m] ما يسمّيه اهل مصر السنهودسات[n] احدها سُنهُودس وبها عبرنا فى كتابنا هذا لانها افصحها ولمقامنا بمصر فى هذا الوقت ويسمّيه اهل المشرق[o] السنادسات[p] وقوم يقولون سناطس[q] وقد اتينا على شرحها والسبب فى وقوعها وما كان فى ذلك من الخلاف والمناظرات بينهم واخبار اصحاب الكراسىّ الذين هم البطاركة f. 92 r. احدهم بطربرك[r] ومراتبهم وتسميتهم واعدادهم الى هذا الوقت المؤرّخ به كتابنا ممن كان منهم بمدينة رومية والاسكندريّة من بلاد مصر وانطاكية والقسطنطينيّة[s] وايليا فى كتاب مروج الذهب ومعادن الجوهر

a) L s. p., P بوزيطا. b) P يجز; IA I, ٢٣٩ ووافق. c) P معه. d) L ومن. e) P لاوز بن قسطل; L سبل. f) P على. g) P من الثغر. h) P وبالانطاكية. i) L اختلفت. k) L c. art. l) L عبارتهم عن pro عبادتهم من. m) P فمنهم. n) P للشهودسات. o) P الشرق. p) P الشنارسات, L السناوسات. q) P شاطس, L ساطس. r) L ut semper بطريك. s) L وقسطنطينيه quod ponit ante وانطاكية.

وفى كتاب فنون المعارف، وما جرى فى الدهور السوالف» وان كانت اسماؤهم مثبتة فى الدِّبْطخة *a* التى تقرأها *b* النصارى فى القدّاس وذكرنا اسماء الاثنى عشر والسبعين تلاميذ المسيح وتفرّقهم فى البلاد واخبارهم وما كان *منهم ومواضع قبورهم وان اصحاب *c* الاناجيل الاربعة منهم يوحنّا ومتّى من الاثنى عشر ولوقا *d* ومرقس من السبعين وان مرقس صاحب *e* الاسكندريّة ومن كان بعده *f* من البطاركة *g* على هذا الكرسىّ *الحكّام على سائر اصحاب الكراسىّ *h* فى كلّ ما يختلفون فيه والقضاة عليهم اذا تنازعوا ومتى اجتمعوا فى محفل جلسوا حُسّرا وصاحب هذا الكرسىّ بعمامة اذ كان خليفة بطرس وان السبب فى ذلك ان بطرس لمّا دعا *i* التلاميذ الى ان يسير بعضهم الى الاسكندريّة بالانجيل الذى كتبه ويدعو الناس جزعوا من ذلك لاجل من كان بها من الصابئين والقاطرين احدهم قاطر ويسمّى بالقبطيّة هيراتقس *k* وهم الكهنة f.93r
وان مرقس انتدب لذلك وكان اصغر القوم سنّا فناوله بطرس الانجيل ومحا اسمه منه واثبت فيه اسم مرقس وقال له قد جعلتك *l* الحاكم عليهم فيما تنازعوا فيه وغير ذلك من اسرار دين النصرانيّة واخبارهم *m* من السليحين *n* وغيرهم ممّا هو موجود فى الكتاب المعروف ببركسيس *o* وفى كتاب ديونوسيوس *p* الفلوباخيطلوا فى اسرارهم ايضا وفى كتاب اقليمنس *q* وكان تلميذا لبطرس ورايت كثيرا من النصارى يقف فى هذا الكتاب ويدفع ان يكون صحيحا وفى الاربع عشرة رسالة *r* لبولس

---

a) L الدقحطه. *b*) L تقرا دها. *c*) P وان فتورهم واخبار معهم. *d*) L ولوقيا. *e*) P من اصحب. *f*) L معه. *g*) P ins. اخبار. ومن بعده من البطاركة. *h*) L om. *i*) L عاد. Mox codd. يصير. *k*) P متعارقس. L متعراقس. *Haereticus*, sed confunditur cum *Hieraticus*. *l*) P جعلتك. *m*) P واسرارهم. *n*) L السليمين. *o*) Πράξεις. P بركسين, L بلادركسمس. Jam correxit de Sacy. *p*) P سيوسيوس, L دبوسبواس. Sequens nomen (P om., L s. p.) est Areopagita. *q*) L اقليمس. *r*) L الرسالة. Deinde P لبيوس.

التى كتب بها فى اوقات متفرّقة الى اهل رومية وغيرهم وتدعى هذه الرسائل كتاب السليح *a*، وذكرنا فى كتاب المقالات، فى اصول الديانات،، وكتاب خزائن الدين، وسرّ *b* العالمين،، اقاويل الامم فى العوالم الاربعة عالم الربوبيّة وعالم العقل وعالم النفس وعالم الطبيعة ومراتب الروحانيّة والجواهر العلويّة والاجسام السمائيّة وسائر الوسائط والفرق بين النار والنور ومراتب الانوار وما قاله كلّ فريق منهم فى ذلك من الهند وقدماء الفلكيّين واصحاب الاثنين ومن وافقهم من اصحاب التأويل فى هذا الوقت والحنفاء والكلدانيّين وهم البابليّون الذين بقيّتهم فى هذا f.93 v. الوقت بالبطائح *c* بين واسط *d* والبصرة فى قرايا هناك وتوجّههم فى صلاتهم الى القطب الشمالىّ والجدى والشمنيّة *e* وهم صابئة لصين وغيرهم وهم على مذاهب بوداسب *f* وعوامّ اليونانيّين وتوجّههم فى صلاتهم *g* الى المشرق وصابئة المصريّين الذين بقيّتهم فى هذا الوقت صابئو الحرّانيّين وتوجّههم *h* فى صلاتهم *g* الى التيمن وهو *i* القبلة واستدبارهم الشمال وامتناعهم من كثير من *k* المآكل التى كان *l* صابئة اليونانيّين يأكلونها كلحم الخنزير والفراخ والثوم *m* والباقلى وغير ذلك وقولهم بنبوّة اغاثذيمون *n* وهرمس واميروس *o* واراطس صاحب كتاب صورة الفلك والكواكب *p* وغير ذلك واريباسيس *q* وارانى *r* الاوّل والثانى

---

a) P المسيح. *b*) P فى سر. *c*) P فى البطايح. *d*) P الوسايط. *e*) L s. p., P والتسمينه. Berûnî scribit السُّمَنية (Ind. çramana). Deinde L وهى. *f*) P بوداشت, L دوداست. Vulgo بوداسف, cf. *Mor.* II, 111 seq. etc., quapropter بوداست recipere non ausus sum, licet haec quoque forma e Bodhisattva orta esse posset. Cf. etiam ٩١, 1. *g*) P صلواتهم. *h*) L الذين توجههم. *i*) L وهى. *k*) P om. *l*) P كانت. *m*) P والفوم. *n*) P اعاديثمون, L id. s. p. *o*) L وامموس. *p*) Cf. Jakûbî, *Hist.* I, ١٤٣. Titulus Graecus operis Arati est *Φαινόμενα καὶ διοσημεῖα.* *q*) Oribasius. L واروباسيس, in P nomen leviter corruptum est. *r*) *Fihrist* ٣١٨, 20 idem habet, contra *Mor.* III, 348 اوربايس. Legendum est ibi اورانيس Uranius. Male Chwolson, *Ssabier*,

وغيرهم واسرارهم فى الذبائح والصلوات للكواكب السبعة وغيرها والقوفات *a* وهى الدخن * للكواكب وتمثيلهم مراتب الكهنوت *b* فى هياكلهم بما علا من الروحانية *c* وتسميتهم اعلى الكهنة رأس كمرين *d* وما يذهبون اليه من قول افلاطون ان من عرف نفسه حقيقة المعرفة *e* تألّه ومن قول صاحب المنطق من عرف نفسه فقد عرف بها كلّ شىء وما جرى بين فرفريوس *f* الصورىّ صاحب كتاب ايساغوجى *g* فى المدخل الى كتاب *h* ارسطاطاليس فى المنطق وكان نصرانيًّا ينصر مذاهب صابئة اليونانيّين مخفيًا *i* لذلك وبين انابو *k* الكاهن المصرىّ وكان ينصر الفلسفة الاولى *l* انّه كان عليها فوثاغورس وثانيس الملطىّ وغيرهما وهى مذهب f. 94 r صابئة المصريّين من المسائل والجوابات فى العلوم الالاهيّة وذلك فى رسائل بينهم *m* معروفة عند من عُنى بعلوم الاوائل وما كانوا عليه من الآراء والنحل *c* وقد صُنّف *n* على مذاهب الفوثاغوريّين والانتصار لهم كتب كثيرة وآخر من صنّف فى ذلك * ابو بكر *o* محمّد بن زكريّاء الرازىّ صاحب كتاب المنصورىّ فى الطبّ وغيره كتابا *p* فى ثلاث مقالات وذلك بعد سنة ٣١٠ وقد ذكر افلاطون ترتيب العوالم فى كتابه المعروف بطيماوس فيما بعد الطبيعة وهو ثلاث مقالات الى

I, 800 seq. ex Orphei nomine corruptum existimavit. Deinde P للثانى والاول وغيرهما.

a) L والموقعات. Cf. Dozy, *Supplém.* sub قوفىّ. Locus nostri ostendit lectionem Nowairîi probam esse. *b*) Cod. الكهوت. *c*) P om. *d*) *Mor.* I, 199 كمرى sed unus cod. (p. 401) ut rec. Esse potest pro كمريّين, ut habet Ibn abî Oseibia (Müller, *Ueber Text und Sprachgebrauch von Ibn Abî Uṣeibiʿa's Geschichte der Aertze* in Sitz. Ber. der ph. u. hist. Classe der K. Bayer. Akad. d. Wiss. 1884, p. 966). Cf. quoque *Mor.* II, 112, IV, 68, ubi sec. Chwolson, *Ssabier* II, 374 seqq. الكيماريون editum est. *e*) L om. *f*) L s. p., P قرفريوس. *g*) L ايساغون. *h*) L كتب. *i*) L محمفيا. *k*) Codd. ابانوا. Cf. *Fihr.* ٣٠٠. *l*) P. ins. كانوا عليها و. *m*) P عندهم. *n*) L صنفت. *o*) P om., L add. بن. *p*) P كتاب.

تلميذه طيماوس مما ترجمه يحيى بن[a] البطريق وهو غير كتابه طيماوس الطبّى الذى ذكر فيه كون العالم الطبيعىّ وما فيه والهيئات والالوان وتراكيبها واختلافها وغير ذلك شرحه جالينوس وفسّره حُنين[a] بن اسحاق وذكر[b] بانه سقط عنه منه كرّاستان الاولى والثانية والذى حصل من ترجمته اربع مقالات، ذكر ارسطاطاليس ترتيب العوالم فى كتابه فيما بعد الطبيعة فى الحرف المعروف باللام وغيره من الاحرف فيما فسّره طامستيوس[c] وترجمه الى العربىّ اسحاق ابن حنين، وذكرنا فيما سلف من كتبنا ما ذهب[d] اليه النصارى
f. 94r. من ان البارئ عزّ وجلّ *خلق فى الابتداء جنس الملائكة المقربين روحانيّين ذوى[e] جواهر بسائط احياء ناطقة ليمجّدوه من غير حاجة منه عزّ وجلّ[a] الى ذلك وانه تعالى[a] جعلهم منقسمين لطبقات تسع وعلى طبقات بعضها اعلى من بعض واسم جملة الروحانيّين بالسريانيّة وهو اللسان الاوّل طُغَم[f] وبالروميّة[b] طغمانس[g] وبالعربيّة تغم والكنيسة عندهم كنيسة السماء ومراتب الكهنوت على مقدار طغمات[h] الملائكة وهى تسع فالطغمة الاولى عندهم طغمة البطارقة ثم ما يلى ذلك من مراتب الكهنة وذكرنا مذاهب الصابئين فى ذلك وانهم يرون ان هذه المراتب على ترتيب الافلاك *التسعة وكذلك[i] مذاهب اصحاب الاثنين فى ذلك قبل ظهور مانى واسماء كلّ فرقة منهم وما رتّب لها من ذوى الرئاسات الديانيّة تشبيها بما علا من الجواهر العلويّة والاجسام[k] السمائيّة ۞

قال المسعودى فلنرجع الآن الى سياقة الملوك على الترتيب، الرابع

a) L om. b) P s. و. c) L بلطيموس. P ins. وفسره الى العرب بترجمة. d) P ذهبت. e) Cod. ذوا. f) Voc. addidi; L طعمى i. e. طغمى. g) P طعمانس, L طغمانس. Deinde L والعربية. h) P om. i) L السبعة وذلك. Cf. *Mor.* I, 199 ubi pro الطعات repon. الطغمات. k) P والاسما.

والعشرون قسطا *a* بن قسطنطين ملك خمس عشرة سنة وذلك فى خلافة علىّ بن ابى طالب عمّ *b* وصدرا من ايّام معاوية بن ابى سفيان، الخامس والعشرون هرقليانس بن قسطنطين وهو هرقل الاصغر وقيل ان جدّه هرقل الاكبر ملك اربع سنين وثلاثة اشهر فى ايّام معاوية، السادس والعشرون قسطنطين بن قسطا ملك ثلاث عشرة سنة بقيّة ايّام معاوية وايّام يزيد ومروان بن الحكم وصدرا من ايّام عبد الملك بن مروان، السابع والعشرون اسطنيانس *c* المعروف بالاخرم f. 95 r. ملك تسع سنين فى ايّام عبد الملك ثمّ خلع وخرم انفه وقطع عرق تحت لسانه ليخرس فسلم من ذلك وحمل الى بعض الجزائر فهرب ولحق بملك الخزر مستنجدا به وتزوّج هناك فلم يرد *d* عندهم ما يحبّ فصار الى طرفلا *e* ملك برجان، الثامن والعشرون اولنطس *f* وقيل لونطس ملك ثلاث سنين فى ايّام عبد الملك ثمّ زهد فى الملك واظهر *العجز عنه فلحق *g* بالدير فترهّب، التاسع والعشرون ابسيمر *h* المعروف بالطرسوسىّ ملك سبع *i* سنين فى ايّام عبد الملك فسار *k* اسطنيانس الاخرم ومعه طرفلا ملك برجان منجدا له فى جيوش كثيفة فكانت له مع ابسيمر حروب يطول شرحها قد *l* ذكرناها فى كتاب اخبار الزمان، * وما اباده الحدثان» من الامم الماضية والاجيال الخالية والممالك الدائرة *m* فغلب اسطنيانس على الملك وخلع *m* ابسيمر وكان ذلك فى

---

a) L قسطاس. *b*) P صلى الله عليه. Talia in seqq. non notabo. Omitto si unus tantum cod. habet, alias simpliciorem do. *c*) P h. l. اسنطيناس, infra اسطينان (ut IA) et اسطيطان, L اسطمان, اسطينان et اشطينان. *d*) L يجد. *e*) P hic et mox طوفلا ut semel L. Est Τερβέλης, Theoph. 572 seq. *f*) P اوليطس, in L optio inter hoc et lect. rec. Pro لونطس IA لونطش. Leontius. *g*) P عنه العجز ولحق. *h*) Apsimaros. P نسيمس et infra bis اليميس, L بسيس et ابشميس, IA السمين. *i*) Codd. تسع. Secutus sum IA et Hamzam vv paen. qui eum nomine Tiberii (طبارس) memorat, coll. Theoph. 553. *k*) P فصار. *l*) P وقد. *m*) P om.

السنة الاولى من ملك الوليد بن عبد الملك واستوى[a] الامر له الملك[b] الثانى وهو الثلاثون من ملوكهم وقد كان شرط لطرفلا ملك برجان اذا رجع الملك اليه ان يحمل اليه فى كلّ سنة خراجا وكان يفعل ذلك واشتدّ عسفه للروم[c] وبسط يده فى القتل فيهم واباد[d] كثيرا من رؤسائهم[e] وبطارقتهم فاجمعوا[f] على قتله فقتلوه فكان ملكه الثانى سنتين ونصفا[g]، الحادى والثلاثون فيلبّقوس[h] ملك سنتين وستّة اشهر بقيّة ايّام الوليد وهلك فى اوّل سنة من ملك سليمان بن عبد الملك، الثانى f.95v. والثلاثون نسطاس[i] بن فيلبّقوس ملك * ثلثة اشهر[k] على * تحزّب كثير[l] واختلاف كلمة ثمّ خلع ونفى[m] ۞

الثالث والثلاثون تيدوس[n] المعروف بالارمنىّ كان ملكه فى السنة التى بويع فيها سليمان بن عبد الملك فبعث اليه[o] سليمان اخاه مَسْلَمَة لغزو القسطنطينيّة برًّا وبحرا وذلك فى[o] سنة ٩٧[p] وكان فى مائة الف وعشرين الف مقاتل وكان على اسطول المسلمين فى البحر عمر[q] بن هبيرة الفزارىّ فانضمّ الى مسلمة بطريق[r] يعرف بالبيون بن قسطنطين المَرْعَشىّ وضمن له ان يناصحه على اهل القسطنطينيّة[s] فركن مسلمة الى ذلك وعبر الخليج وحصر القسطنطينيّة فوجّه اهلها الى مسلمة[s] يبذلون الفدية فأبى فكر به البيون واستأذنه فى مكاتبة رؤساء الروم والتوسّط بينه وبينهم فكاتبهم[o] وسار[t] اليهم فخلا بالبطريرك صاحب كرسىّ القسطنطينيّة ورئيس[u] الديانة وسائر البطارقة[v] اصحاب

---

a) L واستوثق. *b*) L والملك. *c*) P الروم. *d*) L ins. منهم. *e*) P راساتهم, ut saepissime deinde راسا pro روسا. *f*) P فاجتمعوا. *g*) Revera 6 annos regnavit. *h*) P فيلبوس, infra فيلقوس, L فملبوس et فملفوس, IA ٣٣٩, 3 a f. فيلفوس. *i*) P قسطاس. *k*) P om. *l*) L حرب شديد ; P كثيرة. *m*) P وبقى. *n*) L s. p., infra بيدرس, P hic et infra تيذرس. *o*) L om. *p*) L تسع وتسعون. *q*) L عمرو. *r*) P ins. يونان او بطريق. *s*) P قسطنطينه. *t*) L وصار. *u*) L وراس. *v*) L البطاركه.

السيوف وولاة الاعمال فدعاهم الى ان يملّكوه عليهم ليقوم بامرهم ويصرف مسلمة عنهم وذكر لهم ضعف تيدوس ملكهم عن مقاومته فاجابوه الى ذلك وعاد الى مسلمة فاخبره انهم قد a دخلوا فى طاعته وسأله التبعّد b عنهم قليلا وترك حصارهم ليطمئنّوا c اليه ففعل d ذلك فدخل اليون القسطنطينيّة فملك ونصب التاج على رأسه فامر بنقل e ما كان f مسلمة f.96 r.
اعدّه من الاقوات لعسكره فأُدخل g القسطنطينيّة وبلغ مسلمة ذلك فعلم انه ممكور به فرجع الى حصارهم وعاودهم الحرب وعظم البلاء h على من مع مسلمة لذهاب اقواتهم وولى عمر بن عبد العزيز على i تلك الحال فكتب الى مسلمة يأمره بالقفول k واستحثّه على ذلك فقفل l بعد كره شديد وخطب طويل وذلك * فى سنة m ١٠٠ وقد اتينا على شرح هذه الحروب وما كان فيها من الحيل والمكايد فى كتاب فنون المعارف، * وما جرى فى الدهور السوالف a ،، ✿

الرابع والثلاثون اليون بن قسطنطين ملك ستّا وعشرين سنة بقيّة ايّام سليمان بن عبد الملك وايّام عمر بن عبد العزيز ويزيد بن عبد الملك وهشام وهلك فى السنة الّتى بويع فيها الوليد بن يزيد، الخامس والثلاثون * قسطنطين بن اليون n ملك احدى وعشرين سنة ايّام الوليد بن يزيد ويزيد بن الوليد ومروان بن محمّد وابى العبّاس السفّاح وعشر سنين من خلافة المنصور، السادس والثلاثون اليون بن قسطنطين ملك سبع o عشرة سنة واربعة اشهر بقيّة ايّام المنصور وخمس سنين من خلافة المهدىّ، السابع والثلاثون ريني p امرأة اليون بن قسطنطين وتفسير ريني صلاح ثم لقّبت بعد ذلك اغسطة وملك معها ابنها قسطنطين بن اليون فلم يزالا ملكين بقيّة ايّام

---

a) P om. b) L البعد. c) P ليطمانوا. d) P ليفعل. e) P باخذ. f) P ins. معه. g) P فدخل. h) L الحرب. i) P الى. k) P s. ب. l) L ففعل. m) P بعد. n) P اليون ان قسطنطين. o) L et IA تسع. p) P زيني et mox زيني, L h. l. s. p., mox رنني.

المهدىّ وايّام الهادى وصدرا من خلافة الرشيد وكانت هى تمضى f. 96 r. الامور والاسم لابنها وكانت *كالمهادنة للمهدىّ والهادى a والرشيد فلمّا نشأ ابنها افسد b وتعدّى وطغى ونابذ الرشيد ونقض ما كان بينهم c من الصلح فغزاه الرشيد واوقع d به فهرب فكاد e ان يؤخذ فلمّا صار الى قراره خافت امّه ان يكرّ عليهم f الرشيد وكان طغيان ابنها وقبح سياسته قد ظهر g فى رعيّته حتى سبّوه h وانكروه فاحتالت عليه امّه *ليبقى ملكها عليها فامرت بمرآة فأُحميت i فى حال نومه ثم انبهته وقابلته بالمرآة ففقح عينيه k على غرّة فذهب بصره l وكان مدّة ملكه مع امّه سبع m عشرة سنة وتفرّدت بالامر خمس سنين وذلك فى ايّام الرشيد * وهادنت الرشيد n وحملت o اليه الاتاوة فتطرّق p بذلك عليها نقفور q فأُعين وعُوضد حتى خلعت وانتزع الملك منها وذلك فى سنة ١٨٧ وهى فى بلاط بنته بالقسطنطينيّة يعرف بالابتارو r الى هذا الوقت ولغثيطها s الباطس وكان ذا t راى وحزم وسياسة والبلاط القصر *وفى هذا u البلاط مينا عليه سلسلة فيه v ينزل رُسُل العرب اذا قدموا للفداء ۞

الثامن والثلاثون نَقْفُور بن n استَبْراق ملك سبع سنين وثلاثة اشهر فى ايّام الرشيد وهلك فى اوّل خلافة الامين وقيل انه كان من ولد *جفنة من w غسّان ممن تنصّر اباؤه وقيل بل من x ولد متنصّرة

---

a) P كالمهاذ للهادى. *b*) L فسد. *c*) P عندهم. *d*) P وواقع. *e*) P وكان كاد. *f*) P عليها. *g*) P ضهرت. *h*) L بمهوه. *i*) P corrupte نيتقى امها عليها فامره هو فاحتملت واحميت. L ut restitui, nisi quod habet فى مراه. Theoph. 726, 732 paucis verbis rem absolvit. *k*) P عينه. *l*) P نصر عينه. *m*) Codd. تسع (spatium est inde a 773 ad 790). *n*) L om. *o*) P c. ف. *p*) P وتطرقت et mox اليها. *q*) P نفقو, infra نفقور. Cf. de pronunt. IA ٣٤., 14 seq. *r*) P بالابيارو, L بمارو. Est τὸ παλάτιον τοῦ 'Ελευθερίου, Theoph. 723, 739. *s*) P ولعثتها et deinde الباطس (L s. p.). Est Aëtios. *t*) P om. *u*) L وهذا. *v*) L فيها. Deinde P تنزل, L ينزل. *w*) P اخفيه بن. *x*) Addidi من. L quoque om. ولد.

اياد الذين دخلوا فى a ارض الروم من بلاد الجزيرة فى خلافة عمر بن الخطّاب رضه b وبايع لابنه استبراق بالملك بعده c ولم يعهد هذا فيمن d f.97 r. سلف من ملوك الروم وكانت كتبه e تصدر من نقفور واستبراق ملكى الروم وكانت ملوك الروم قبله تحلق لحاها وكذلك ملوك الفرس لامور قد ذكرناها فى غير هذا الكتاب فأبى ذلك نقفور وقال هذا تغيير f لخلق البارئ سبحانه g وكانت مرتبته قبل ان يلى الملك لغثيط *ولى ولاية h ديوان الخراج وكانت ملوك الروم تكتب على كتبها من فلان i ملك النصرانيّة فغيّر ذلك نقفور وكتب k ملك الروم وقال هذا b كذب ليس انا ملك النصرانيّة l انا ملك الروم والملوك لا b تكذب وانكر *على الروم b تسميتهم العربَ m ساراقينوس تفسير ذلك عبيد سارة *طعنا منهم n على هاجر وابنها اسماعيل وانها كانت *امة لسارة o *وقال تسميتهم عبيد سارة g كذب والروم الى هذا الوقت تسمّى العرب ساراقينوس p، وكان مقتل نقفور فى حرب كانت q بينه وبين برجان فى g سنة ١٩٣ وقد اتينا على اخباره مع الرشيد وحروبه لبرجان وقتلهم ايّاه وغير ذلك من اخباره فى كتاب g مروج الذهب ومعادن الجوهر r ✿

التاسع والثلاثون استبراق بن نقفور بن استبراق ملك شهرين، الاربعون ميخائيل بن جورجس وكان ابن عمّ نقفور وصهره ملك سنتين فى ايّام الامين وقيل اكثر من ذلك فوثب به اليون المعروف بالبطريق

---

a) L على. *b*) P om. *c*) P قبله. *d*) P فى ما. *e*) P كتب. *f*) L تغير. *g*) L om. *h*) P وفى رواية. Pro ديوان L دون, pro الخراج P الخز. Cf. Ibn Khord. ١١٢, 3. *i*) P ins. من. *k*) IA ins. من فلان. *l*) IA ins. كلها. *m*) P ins. افتنا et habet سارافنوس hic et mox; L سارافيوس, IA سارقيوس. *n*) P طغيانهم. *o*) P اسمها سارة. *p*) Zosomenos contra, Lib. VI, cap. 38, ed. Hussey II, 671, dicit Ismaëlitas semet ipsos ita nominasse, *ὡς ἀπὸ Σάρρας τῆς Ἀβραὰμ γαμετῆς καλουμένους*. Versionem nominis per عبيد سارة explicare nequeo nisi conjectura posteriorem partem pro *κτῆνος* sumtam fuisse. *q*) P كان. *r*) II, 337 seqq.

f.97 v. *وغلب على الامر واقام ميخائيل قِبَلَه مخفيًّا امره واشاع هلكه بعد ان ناله بانواع المكاره ، الحادى والاربعون اليون المعروف بالبطريق *a* ملك سبع سنين وثلاثة اشهر وذلك *a* بقيّة ايّام الامين وصدرا من خلافة المأمون فاحتال صنائع ميخائيل فاستخلصوه فوثب باليون وهو مغترّ فقتله وعاد الملك اليه *وقيل انه *b* فى حال غلبة اليون على الامر ترهّب *c* ، الثانى والاربعون ميخائيل بن جورجس المُلْك *d* الثانى ملك تسع سنين فى ايّام المأمون وقيل اكثر من ذلك وقد اتينا على خبره وما كان من امره وعوده الى الملك ثانية فى كتاب مروج الذهب ومعادن الجوهر ۞

الثالث والاربعون توفيل بن ميخائيل ملك اربع عشرة سنة بقيّة ايّام المأمون وايّام المعتصم وصدرا من ايّام الواثق وهو *e* الذى فتح مدينة زبطرة من الثغور الجزريّة فخرج المعتصم نافرا *f* غازيا حتى نزل *g* على عمُّورية فافتتحها وذلك فى *a* سنة ٢٢٣ وكان دخوله من الثغور الشأميّة ودخل الافشين خَيْذَر *h* بن كاوس الاشروسنىّ فيمن *i* كان معه من الاولياء وعمر بن عبيد الله *k* بن مروان الاقطع السلمىّ صاحب ملطيّة من الثغور الجزريّة فلقيهم الملك توفيل بن ميخائيل *فكانت بينهم *l* حروب عظيمة فانكشف الملك وحماه من كان معه من المحمّرة f. 98 r. والخُرَّميّة ممن كان استأمن اليه من ناحية آذربيجان والجبال لمّا واقعهم اسحاق بن ابراهيم بن مصعب الطاهرىّ وكانوا الوفا ولحق الافشين بالمعتصم فنزل معه على عمُّورية وفى ذلك يقول الحسين بن الضحّاك الخليع الباهلىّ فى قصيدة له *a* طويلة يمدح ابا الحسن *m* الافشين *n*

---

a) L om. *b*) P وقتل ابنه (L وقمل). *c*) P فذهب. *d*) P om. *e*) L وهذا. *f*) P ثافرا. Deinde L وغازيا. *g*) L الى. *h*) L s. p., P ut solent codd. حيدر; vid. *Moschtabih* ١٨١ ann. 3. *i*) L بمن. *k*) Major pars codd. عبد الله, cf. Tab. III, ١٢٣٤, 9, ١٥٠٩, ann. *c*. et Abu 'l-Mahâsin l. l. in ind. Pro مروان L قردان. *l*) P وكانت بينهما. *m*) L حسن. *n*) Tab. III, ١٢٥٦.

أَثْبَتَ المعصومُ عِزًّا لِأَبِى حَسَنٍ أَثْبَتَ من رُكْنِ اِضَمْ
كُلُّ مَجْدٍ دُونَ مَا أَثَّلَهُ لبنى كَاوُسَ أَمْلَاكِ العَجَمْ
لم يَدَعْ بِالْبَذِّ من ساكِنَةٍ a غَيْرَ امثالٍ كَأَمْثَالِ اِرَمْ
وقرا تَوْفِيلَ طَعْنًا صَادِقًا فَضَّ جَمْعَيْهِ جَمِيعًا وهَزَمْ

وقد ذكره b ابو تمّام فى قصيدته c مدح بها المعتصم وذكر فتح عمّورية اوّلها d .

السَّيْفُ أَصْدَقُ اِنْبَاءً من الكُتُبِ فى حَدِّهِ الحَدُّ e بين الجِدِّ واللَّعِبِ

وقال

لَمَّا رَأَى الحربَ رَأْىَ العَيْنِ تَوْفَلُسُ والحَرْبُ مُشْتَقَّةُ المَعْنَى من الحَرَبِ

وقال الحسين بن الضحّاك ايضا فى كلمة له f طويلة يخاطب المعتصم

لم تُبْقِ من أَنْقِرَةٍ نَقْرَةً g وَاجْتَحْتَ عَمُّورِيَّةَ الكُبْرَى h
اِنْ يَشْكُ i تَوْفِيلُ بتأريخه فحقّ ان يُعْذَرَ بالشَّكْوَى

وقال

تَفْنَى بنو العِيصِ وأَيَّامُهُمْ وذِكْرُ أَيَّامِكَ لا تَفْنَى
يا رَبِّ قد أَمْلَكْتَ من بابكٍ فَاجْعَلْ لِتَوْفِيلِهِمِ العُقْبَى

وانّما ذكرنا هذه الشواهد *لان فريقا k ممّن l لا علم له بسير الملوك f.98v.
وايّامهم ذهبوا الى ان المواقع m للافشين والذى فتح عمّورية الكبرى k فى ايّامه هو نقفور الذى كان فى ايّام الرشيد وما ذكرنا اشهر واوضح اذ كان من الكوائن التى n يشترك الناس فى *علمها بسبب o شهرتها واستفاضة انبائها ولكن الحاجة دعت الى الاستشهاد ✿

الرابع والاربعون ميخائيل بن توفيل ملك ثمانى وعشرين سنة بقيّة ايّام الواثق والمتوكّل والمنتصر والمستعين وكانت امّه تدورة تدبّر الملك

---

a) Codd. ساكنه . *b*) P ذكر . *c*) L ins. بها et P habet يمدح. *d*) Diw. ٥. *e*) L الفضل l. الفصل . *f*) L om. *g*) L بقره . *h*) P الكثوى , L المكرى ; vid. Ibn Khord. ١٠١, 13. *i*) L شك . *k*) P om. *l*) P لما . *m*) P المواضع . *n*) P ins. لا . *o*) L عملها لسبب .

معه ثم اراد قتلها لامر كان منها *a فهربت ولحقت بالدير b فترهّبت c ونازعه فى c الملك رجل من اهل عمّورية من ابناء الملوك السالفة يعرف بابن بقراط فلقيه ميخائيل وقد اخرج مَن فى b سجونه من المسلمين للقتال معه وقوّاهم بالخيل والسلاح فظفر بابن بقراط فشوّه بخلقه ولم يقتله لانه لم يلبس ثياب الفرفير والخفّ d الاحمر وقتل ميخائيلَ بسيلُ الصقلبىُّ جدُّ قسطنطين بن لاون بن بسيل الملك على الروم فى هذا الوقت المؤرَّخ به كتابنا وهو سنة ٣٤٥ فى خلافة المطيع وكان قتله ايّاه فى b سنة ٢٥٣ فى خلافة المعتزّ وقيل فى b سنة ٢٥٢،

الخامس والاربعون بسيل الصقلبىّ ملك عشرين سنة ايّام المعتزّ والمهتدى *وصدرا من خلافة المعتمد وكانت امّه صقلبيّة فنسب اليها فقيل الصقلبىّ b قال المسعودى b وقد اتينا على خبره وبدء امره وخروجه من بلده وهو *بند تراقية e الى القسطنطينيّة ملتمسا للرزق
f.99r. طالبا f للمعاش وما كان عليه من الشدّة والشجاعة والهمّة والمعرفة بامور الخيل وكيف اتّصاله بميخائيل بن توفيل الى ان صار المدبّر لخيله g وانتقاله فى h المراتب الى ان سمّى براكنميس i تفسير ذلك المدبّر للملك وقيل ان توفيل استحضره *لمّا نمى k اليه خبره l وخبر الامرأتين اللتين تزوّج الملك باحداهما وزوّجه الاخرى اذ كانت شريعتهم تمنع من c الجمع بينهما c وكان الملك يختلف اليهما وما توجّه لبسيل عليه من الحيلة حتى قتله .وصفا له الملك وغير ذلك من احواله فى كتاب فنون المعارف، وما جرى فى الدهور السوالف» ✡

السادس والاربعون اليون بن بسيل ملك ستّا وعشرين سنة بقيّة ايّام المعتمد والمعتضد والمكتفى وصدرا من ايّام المقتدر وقبل ان وفاته

---

a) P معها. *b*) P om. *c*) L om. *d*) P والخز, L والخرز. *e*) P يتدبر فيه. Pro بند L بعد. *f*) L جالبا. *g*) L لجنره i. e. لجنده. *h*) L من. *i*) Ὑπεροικονόμης. L براكيمش. *k*) L لمانى. *l*) P خبر, L om.

كانت فى [a] سنة ٣٩٧ [b]، السابع والاربعون اخوه الاكصندرس [c] بن بسيل ملك سنة وقيل اكثر *من ذلك [d] وقيل انه [e] اغتيل لسوء سيرته وقبح سياسته، الثامن والاربعون قسطنطين بن لاون *بن بسيل [a] ملك وله نحو من ستّ سنين وقيل اكثر من ذلك [f] فى سنة ٣٠١ وغلب على امره بطريق البحر وصاحب مغازيه رومانوس [g] فقام بامر الملك *وشرط على نفسه شروطا منها انه لا يطلب الملك [a] ولا يريده ولا يتسمّى به ولا احد [h] من ولده واقام على ذلك نحوا من سنتين ومن رسوم ملوك الروم الّا يجلس معهم فى مجلسهم احد ولا يلبس خفّين احمرين غيرهم 299 v.
فجعل لارمانوس ان يجلس معه ويلبس خفّا احمر والآخر اسود ثم نقض *الشروط وسمّى [i] نفسه ملكا ولبس التاج والثياب الفرفير التى لا يلبسها الّا الملوك وخفّين احمرين وحجر على قسطنطين [k] ونشأ لارمانوس اربعة اولاد فخصى الاوسط [d] واسمه توفيلقطس [l] وجعله خادما للكنيسة فلمّا كبر وبلغ مبلغ الرجال جعله بطريرخًا [m] وهو ملك الدين والقيّم [n] به كما ان الملك صاحب السيف فهو صاحب كرسىّ *القسطنطينيّة الى هذا الوقت المؤرّخ به كتابنا وصاحب الكرسىّ [d] هو [o] شريك الملك [p] ليس يساوى الملك *فى الخلق [a] احد [q] الّا هو ولا يكفّر [r] الملك الّا له واذا جلس الملك جلس على كرسىّ من ذهب [s] وجلس البطريرخ [t] على كرسىّ من حديد فما كان من نفقات الحرب وجباية الخراج واعطاء الجند فهو الى [u] الملك وما كان من اموال الاحباس

a) L om. b) L ٣٧٧ (وسبعين). c) L الاكصندوس. d) P om. e) P. ins. او اعتزل. f) P ins. وقيل. g) L h. l. رومانس. h) P احدا. i) P الشريطة وتسمى. k) P ins. وجعل لارمانوس ذلك. l) Theophylactus. P توفيلقس, L بومعلفطس. m) P h. l. بطريق, L بتركا, IA بطرقا. n) P القيم. Deinde L بها. o) Codd. فهو. p) P للملك. q) P واحد. r) L نكون. s) P الذهب t) L البطريق. u) P من.

والوقوف لنفقات الكنائس والديرة والاساقفة والرهبان وما اشبه ذلك من امر دينهم فهو الى البطريك a *وله فى b كلّ بند c عامل d مثل *عامل الملك e والبطريرخ لا يأكل اللحم ولا يطأ النساء ولا يتقلّد السيف ولا يركب الخيل واذا اراد ان يركب ركب حمارا وحوّل رجليه على f جانب مثل ركوب النساء، وكان اولاد ارمانوس الباقون اخرصطفورس h واصطفن وقسطنطين وكانوا g جميعا يخاطبون بالملك وزوّج *ارمانوس ابنته النا بقسطنطين فكانت تخاطب i بالملكة ايضا وولُد f.100r. لقسطنطين الملك *منها ولد k سمّاه ارمانوس فهو l ولّى عهده والمرشّح m للملك بعده فى هذا الوقت وهلك اخرصطفورس وبقى اخواه قسطنطين واصطفن فلم يزل الامر على ذلك الى n نحو من سنة ٣٣٣. للهجرة g فواطأ ابنا ارمانوس قسطنطين بن لاون على ازالة ابيهم ارمانوس عن الملك ليصفو لهم الامر فدخلوا عليه o فى بعض الايّام فى عدّة من الناس p فقبضوا عليه وانفذوه q الى دير كان بناه r فى بعض الجزائر بالقرب من القسطنطينيّة واقام ولداه s مع قسطنطين نحوا من اربعين يوما وعملا على الفتك به والاستيلاء على الملك ونذر بما دبّراه فسبقهما الى ذلك فاحضرهما طعامه وقد اعدّ لهما عدّة من خواصّه فقبض عليهما ونفاهما الى جزيرتين t فى البحر منفردتين ففتك احدهما وهو قسطنطين بالموكّل به ورام من اصحابه واهل الجزيرة طاعته فقتلوه وحملوا u رأسه الى الملك قسطنطين فاظهر الجزع عليه، وتوفّى ارمانوس بعد اربع

---

a) L البطريق. *b*) P وفى. *c*) L بلد. *d*) P له عامر. *e*) L عمال. Deinde L والبطريخ. *f*) L من. *g*) P om. *h*) Christophorus. P الاخرصفُورس, infra اخواصطفورس. *i*) P ابنا ارمانوس ابنته تلك لقسطنطين وكان يخاطب. Est Ἑλένη, Theoph. contin. 394. *k*) P ولد منها. Deinde L فسماه. *l*) P هو. *m*) P والموشح, L والموسح. *n*) L om. *o*) L اليه. *p*) L سادتهم i. e. ثقاتهم. *q*) P وانقذوه, L وانفصوه. *r*) P بناوه. *s*) L ولده. *t*) P جزيرة يثمين et mox منفردتين. *u*) P وحمل.

سنين من ترهُّبه وبقى اصطفن فى هذه *a* الجزيرة الى هذا الوقت على ما ينمى *b* الينا من اخبارهم ونحن بفسطاط مصر ممّن يرد فى المراكب من القسطنطينيّة *c* من التجار والرسل الى السلطان بها، وصفا الملك لقسطنطين فبقى *d* فى الملك بقيّة ايّام المقتدر والقاهر *والراضى والمتّقى *e* والمستكفى والى هذا الوقت من خلافة المطيع، قال المسعودى وقد ذكرنا فى كتاب فنون المعارف، *وما جرى فى الدهور السوالف *f*، خبر من خرج عليه من الخوارج ونازعه فى الملك قبل *g* استيلاء (f.100 v.) ارمانوس عليه وقيامه به كقسطنطين بن اندرونقس *h* الملقّب بدوقاس *i* وكان ابوه اندرونقس استأمن الى المكتفى من ناحية طرسوس وكان صاحب جيش اليون ملك الروم وصار الى مدينة السلام فى *f* سنة ٢٩٤ واسلم على يد المكتفى ثم *هلك فهرب *k* ابنه هذا على طريق الجبل وارمينية وآذربيجان فكثر *l* اتباعه والمعاضدون له وصار *m* الى القسطنطينيّة *c* ونازع قسطنطين بن اليون على *a* الملك وكاد ان يتمّ له *ثم وثب *n* به صنائع قسطنطين فقتلوه وذلك فى سنة ٣٠١، وكفرقاس *o* اخى الدمستق بارزوس *p* بن الفقاس المساجل *a* *فى هذا الوقت *f* لابى *q* الحسن علىّ بن عبد الله بن حمدان *بن حمدون *f* بن الحارث العدوىّ عدىّ بن اسامة بن مالك بن بكر بن حُبَيب بن عمرو بن غنم بن تغلب صاحب جند حمص وجند قنّسرين والثغور الشاميّة

---

a) L om. *b*) L ينما, P اتى. *c*) Codd. s. art. (P قسطنطينه). *d*) L وله. *e*) P والرضى والمكتفى. *f*) P om. *g*) P بعد et post عليه ins. وقبل استيلا ارمانوس عليه. *h*) P ابدرونقس, L اندرفرقس. Pro الملقب P الملك. *i*) P بدوقادوس. Constantinus appellabatur Δούξ (dux), Theoph. contin. 381 seqq. *k*) P tantum هرب, L هلك ثمرت. *l*) P c. و. *m*) P وصاروا. *n*) L ووثب. *o*) Codd. وكفوقاس (L s. و); IA VIII, ٢٢١ الدمستق قرقاش. Deinde P اخو. *p*) L بادرس. *q*) L الى. Sermo est de Seifaddaula. Cf. Wüstenf. *Gen. Tab.* C, 33.

والجزيرة وديار مضر وديار بكر والمواقع له مرّة بعد اخرى وكان قرقاس *a* طلب الملك *وطمع فيه فقبض عليه وسمل ☆

وقد انبينا على سير هؤلاء *b* واخبارهم وحروبهم مع سائر الامم وما بنوا من المدن وكوّروا من الكور وشيّدوا من الهياكل حين كانوا على الحنيفيّة *c* والكنائس حين دانوا بالنصرانيّة وما كان من الكوائن والاحداث فى ايّامهم ودياناتهم *d* ووجوه سياساتهم الى هذا الوقت والتنازع فى اعدادهم وما ملكوا من السنين وما كان *بينهم وبين *e* ملوك الفرس f.101 r. وغيرهم من الامم من *الحروب والوقائع *f* والزحوف *g* والحيل والمكايد وما كان بينهم وبين خلفاء المسلمين وملوكهم من المغازى والوقائع المشهورة فى البرّ والبحر واخبار الرسل والوفود *h* بينهم والمهادنات والافدية وغير ذلك *والتنازع فى انساب الروم وما قيل فى ذلك *b* وما يذهب اليه بعض *b* ذوى المعرفة منهم والدراية فى هذا الوقت من *انهم ولد *b* رومى بن لنطى *i* بن يونان بن نويه *k* بن سرجون *l* بن بزنط *m* بن توفيل بن رومى بن الاصفر بن اليفز *n* بن العيص بن اسحاق بن ابراهيم *فسمّوا باسم جدّهم واضيفوا اليه ومن قال منهم انهم *o* من ولد روم بن سملاحين بن هربا *p* بن علقا *بن العيص بن اسحاق بن ابراهيم *g* وغير ذلك من الاقاويل فى كتاب *b* اخبار الزمان، ومن اباده الحدثان، *من الامم الماضية والاجيال الخالية والممالك الداثرة *g* وفى الكتاب *q* الاوسط وفى *r* النسخة الاخيرة من كتاب مروج الذهب ومعادن الجوهر التى قرّرنا *s* امرها فى هذا الوقت المؤرّخ به كتابنا وهى اضعاف

---

a) L فوقاس, P om. *b*) L om. *c*) P الحنفية. *d*) P ودوناتهم. *e*) L منهم من. *f*) P الوقايع والحروب. *g*) P om. *h*) P والوفد. *i*) P انطى, L s. p., *Mor.* II, 293 لبط sed cod. 537 *a* لبيطن, IA I, ٥٨, 1 ut rec. Jâc. II, ٨٦٣, 3 بزنطى cum var. l. لنطى. E *Latino* ortum videtur. *k*) Sic P; L يومه, *Mor.* ثونة (cod. Leid. s. p.). *l*) Codd. s. p. *m*) L s. p., *Mor.* بربط. *n*) L s. p., P النصر. *o*) P om., sed hic habet وغير ذلك. *p*) P هونا, L هوبا. Vid. supra p. ١٢٣, l. 14. *q*) P s. art. *r*) Codd. s. و. *s*) P قدرنا.

ما تقدّم من النسخ وفى كتاب فنون المعارف، *وما جرى فى الدهور السوالف[a]» *وفى كتاب ذخائر العلوم[b] وفى كتاب الاستذكار، *لما جرى فى سالف الاعصار[a]»، الذى كتابنا هذا تالٍ له ومبنىٌّ عليه *وقد خصصنا[c] كلّ كتاب منها من اخبارهم بما لم نخصص به الآخر الّا ما لا يسع تركه وانّما ذكرنا فى هذا الكتاب جملا وجوامع *استذكارا لما[d] تقدّم، وقد قدّمنا فى اوّل اخبار الروم من هذا الكتاب ان[b] عدّة ملوك الروم ثمانية وسبعون ملكا من الصابئين والمتنصّرة قبل الاسلام وبعده وان مدّة سنيهم الى ملك قسطنطين هذا تسع مائة سنة[a] f.101 v. وستّ وستّون سنة وشهر وفصّلنا ما ملكه الصابئون والمتنصّرة فان قد[b] ذكرنا الروم وانسابهم وتأريخ[e] سنيهم وطبقات ملوكهم الى وقتنا هذا فلنذكر الآن حدود بلادهم وبنودهم وما يتّصل منها[b] بالبحار وما لا يتّصل ☼

ذكر بنود[f] الروم وحدودها ومقاديرها وما يتّصل منها بالخليج وبحرى[g] الروم والخزر[a] وما اتّصل بذلك من اللمع المنبّهة على ما تقدّم من تأليفنا فيما[h] سلف من كتبنا

ارض الروم ارض واسعة فى الطول والعرض آخذة فى الشمال بين المشرق والمغرب مقسومة فى قديم الزمان على اربعة عشر قسما *اعمال مفردة[i] تسمّى البنود كما يقال اجناد الشأم كجند فلسطين وجند الاردنّ وجند دمشق وجند حمص وجند قنّسرين غير ان بنود الروم اوسع من هذه الاجناد واطول والروم يسمّون بلادهم ارمانيا[k] ويسمّون البلاد[l] التى سكّانها المسلمون فى هذا الوقت من الشأم والعراق سوريا والفرس الى هذا الوقت تقارب الروم[a] فى هذه التسمية فيسمّون العراق

a) P om. b) L om. c) L وخصصنا. d) Codd. استذكار ما. e) P ins. و انسابهم. f) L ملوك. g) Codd. ويجرى L addito الى. Cf. supra ٦, 7. h) P وما. i) L الاعمالا مفرده. k) Pro رومانيا ut ارمانوس pro رومانوس. L اورمانىا. l) L البنود.

والجزيرة والشأم سورستان *a* اضافة الى السريانيّين الذين هم الكلدانيّون ويسمّون سوريان ولغتهم سوريّة وتسمّيهم العرب النبط ۞

f. 102r. فالبند الأوّل يسمّى الافتى ماتى *b* تفسير ذلك الاذن والعين وهو بند الناطليق *c* اعظم بنود الروم فيه عمّورية أوّله مما *d* يلى بلاد الاسلام من الثغور الشأميّة حصن هرقلة وأوّل عمل الناطليق رستاق يعرف بغُصْطُوبُلى *e* وفيه يقوم سوق البخور *f* وهو سوق يقوم فى السنة مرّة ۞

البند الثانى بند الابسيق *g* فيه مدينة نيقية *h* أوّل عمل هذا البند غصطوبلى وآخره خليج القسطنطينيّة *i* *فهذان البندان من دار الاسلام الى خليج القسطنطينيّة *k* فى الطول يكون اميالا اربع مائة ميل واربعة وثلاثين ميلا ۞

البند الثالث يسرة *m* الناطليق يعرف بترقسين *n* وهو بند افسيس *o* مدينة أصحاب الكهف ومدينة زمرنى *p* اخرج هذا البند عدّة من الحكماء فى سالف الزمان فلاسفة واطبّاء فمن الاطبّاء روفس الافسيسىّ له مصنّفات كثيرة فى الطبّ وجالينوس يمدحه فى كثير من كتبه ويذمّ *q* روفس الحينيطىّ *r* وهذا البند متّصل ببحر الروم والشأم ۞

البند الرابع بند بنطيليا *s* وهى دقابلى يتّصل بالبحر الرومىّ ايضا وفى آخر هذا البند عمل سَلُوقية وحصن بوقية *t* واللامس الذى

---

a) L سوريا. *b*) P الاتى مانى, L id. s. p. Male h. l. collocatur. *c*) L الىطاليق! hic et mox. *d*) L ما. *e*) P ىعصطوبلى, L بعصطَرْبلى hic et mox. Est Ἀυγουστόπολις, Tomaschek, *Kleinasien*, p. 83 seq. *f*) L السىحور. *g*) L الادسىق, P الافسيق. *h*) P بيصه. *i*) P قسطنطينه. *k*) P om. *l*) Cod. s. art. *m*) L ميسره. *n*) P بقرفسن, L يىرقس. *o*) Codd. افسس et mox الافسسى. *p*) P زمرنى, L وقرى. *q*) P وبدمر. *r*) Ita P; L الحىنطى. *s*) P نيطيليا, L ىنطلىلا. Videtur designari Pamphylia. Continet Cibyrraeotorum et Seleuciae themata. Decapolis est in themate Seleuciae, vid. Constant., *Them.* p. 36 et cf. Tomaschek p. 59, 64. *t*) Ita P; L درقىه. De حصن بوقا in ditione Antiochiae cogitandum esse, non opinor.

يكون فيه a الفداء بين المسلمين والروم ومنه b الى طرسوس خمسة وثلاثون ميل وهو بند ضيّق وحروب المسلمين عليه برًّا وبحرا فهذان f.102 v. البندان متّصلان من دار الاسلام على البحر الروميّ الى خليج القسطنطينيّة ايضا يكون طولهما * ثلاثمائة ميل وخمسة وستّين ميلا c ✿

البند الخامس بند القباذق d وهو يمنة عمّورية فيه قُرّة e وحصن يدفسى f وحصن سلندو وذو الكلاع واسمه g بالروميّة كوبسطرة h وقُونية i * ووادى سالمون k ووادى طامسة وأوّل عمل هذا البند ممّا يلى الثغور الشاميّة مطمورة تعرف بماجدة من قلعة l لؤلؤة على نحو عشرين ميلا وآخره نهر آلس * وتفسير آلس بالعربيّة نهر الملح وهو نهر مقلوب يجرى ممّا يلى الجنوب l مستقبلا للشمال كنيل مصر ومهران السند l ونهر انطاكية المعروف بالارنط وما عدا ذلك من الانهار الكبار فصبُّها كلّها من الشمال الى ناحية الجنوب لارتفاع الشمال على m الجنوب وكثرة مياهه وقد اتينا على علّة ذلك فيما سمّينا من كتبنا ✿

البند السادس بند البقلّار وهو بند l عمل انقرة وأوّل عمل انقرة نهر آلس n وهو آخر عمل القباذق وآخر عمل البقلّار بحر الخزر الذى هو بحر مايطس o فهذان البندان متّصلان من دار الاسلام الى بحر الخزر p فى الطول يكون اميالا q اربع مئة ميل q وخمسة واربعين ميلا f.103 r. وليس للروم اطول من بند r البقلّار هذا ولا اكثر رجالة منه ✿

البند السابع بند الافطماط وهو عمل نِقْمودية s وهو بند مربّع بين

---

a) L فى. *b*) P s. و. *c*) P خمسة وستين ميلا وثلاثماية ميل. *d*) L القمادق. *e*) P قوه, L قمره. *f*) P بذفسى, L ىدىفسى. Intelligi videtur Ἐυδοξιὰς, Hierocl. 396, 24, Constant. 225, 11. *g*) P واشهر. *h*) Κύβιστρα. P كسوطره, L كيبوسطره. Cf. Ibn Khord. ١٠٨, 10 seq. *i*) P وقرنبية, L ودودنه. *k*) Bis in P. *l*) L om. *m*) P عن. *n*) L السن. *o*) Codd. مانطس. *p*) L الخزرى. *q*) P om. *r*) P نهر. *s*) P بقردبه, L نقردبه.

البقّلار والابسيق وآخر عمل هذا البند خليج القسطنطينيّة a وعرض الخليج هناك ميل ويسمّى ذلك الموضع الى هذا الوقت اقروبلى وقد قدّمنا صفة ذلك فيما سلف من هذا الكتاب فى ملك قسطنطين ابن هيلانى عند ذكر بنائه b القسطنطينيّة ووصف خليجها والعدوات الستّ الله عليه ۞

البند الثامن بند الارمنياق يمنة c البقّلار وهو عمل ماسية d *وفى طرف e هذا البند عمل خرشنة وآخره بحر مايطس f الذى يسمّيه كثير من الناس بحر الخزر وانّما هو متّصل به لان بحر الخزر هو الذى عليه دور الاعاجم كالباب والابواب وموقان والجيل والديلم وآبسكون ساحل جرجان والهمّ g *ساحل آمل h قصبة i طبرستان على ما قدّمنا *فيما سلف من هذا الكتاب h عند اخبارنا عن البحار وترتيبها وما يصبّ اليها من كبار الانهار ۞

f. 108r. البند التاسع بند فلاغونية وهو يمنة الارمنياق وفى طرفه k عمل قلونية، فهذه تسعة بنود دون الخليج مما يلى الثغور الشاميّة والجزريّة وغيرها من بلاد الاسلام والخمسة l الباقية من البنود وراء الخليج متّصلة بالقسطنطينيّة وهى m بند طابلا n ومنه القسطنطينيّة حدّه من جهة المشرق الخليج الآخذ من بحر الخزر الى بحر الشأم ومن القبلة بحر الشأم ومن المغرب سور ممدود من بحر الشأم الى بحر الخزر يسمّى مقرون تيخس تفسيره السور الطويل طوله مسيرة اربعة ايّام وبينه o وبين القسطنطينيّة يومان واكثر هذا البلد ضياع الملك والبطارقة

---

a) P قسطنطينه. Infra القسطنطينه. *b*) L s. p., P لبنائه. Vid. supra p. ١٣٩, 10. *c*) P بمدينة. *d*) 'Αμάσεια. L ماسه. *e*) P فى قديم عمل pro quo emendaveram فى قديم الزمان واول عمل coll. Constant. 21, 6 ἣ νῦν ὀνομάζεται 'Αρμενιακόν, sed lectio L وفى طريق aliter monuit. *f*) Codd. مانطس. *g*) L والبيم. *h*) P om. *i*) L مصبه. *k*) L طريقه. *l*) L ins. البنود sed om. من البنود. *m*) P ins. بلاد. *n*) Codd. طايلا. *o*) P s. و.

ومروج المواشى ' بند تراقية بند مقدونية بند بلبونيسة *a* تفسير ذلك الجزائر الكثيرة وقبيل البلدان *b* الكثيرة وهو غربىّ القسطنطينيّة فيه خرقيذية *c* ومثونية *d* وقرنتو *e* واثينس وهى مدينة ارسطاطاليس بن نيقوماخس وثاوفرسطس ودار ارسطاطاليس فيها بيّنة الى هذا الوقت معروفة معظّمة، بند *f* سالونيكة التى افتتحها لاون *g* غلام زرافة فى البحر سنة ٢٩٠ فى خلافة المكتفى وهى مدينة عظيمة بنيت *h* قبل القسطنطينيّة بناها الاسكندر بن فيلبّس الملك وقد غلبت *i* البرغر واجناس من الترك بدوٌ *k* *يسمّون الولندريّة *l* اضافة الى مدينة فى اقاصى ثغور الروم مما يلى المشرق تعرف بولندر وهم بجناك وبجنى *m* وبجغرد *n* ونوكبردة *o* على اكثر هذه البنود الخمسة وذلك بعد العشرين *p* f.104 r. والثلاثمائة وخيّموا هناك ومنعوا الطريق من القسطنطينيّة الى رومية وهو مسافة نحو اربعين يوما واخربوا اكثر ما هناك من العمائر واتّصلت غاراتهم *q* بالقسطنطينيّة فلا وصول لمن فى القسطنطينيّة الى رومية فى هذا الوقت *الّا فى البحر وانّما العمارة بينهما *k* مما *r* يلى القسطنطينيّة مسيرة ايّام كثيرة وقد ذكرنا فى كتاب فنون المعارف، وما جرى فى الدهور السوالف،، السبب فى انتقال هذه الاجناس الاربعة من الترك

---

a) P براقيه, مقرونيه et بلبوسه, L دراقيه, مقدومه et بلبوقسه. *b*) P البلاد. *c*) Chalcidice aut Chalcis. P حرقيذيه, L خرفيدته. *d*) P ومتوشية ومشويه, L وموسبه ومتونمه. Dittographiam esse opinor. Intelligitur Methone. *e*) P وفرشون s. وفرشول, L وقردنوا. Corinthus. Deinde P واتينس. *f*) In L praecedit بند فبليس, forte Nicopolis, sed recipere non audeo, quia numerum thematum sex faceret. Pro سالونيكة P سانوكية, L سليكونه. *g*) L لاول. *Mor.* I, 282 لاوى. *h*) Addidi. *i*) P i.us. عليه. *k*) L om. *l*) L ويسمون الوليدريه. *m*) L وبلحنى, IA I, ٣٤٣, 4 البلخنى, *Mor.* I, 262 بجنى, sed II, 59 ut rec. *n*) L دبحرم. *o*) P وبوكرده, L ونوكرده ut *Mor.* II, 59. Longobardi intelliguntur; cf. e. g. Jâc. I, ٣٢٤, 10. *p*) P العشر, L العشره. Secutus sum *Moroudj* l. l. quia IA habet annum 322. *q*) L عماراتهم. *r*) L وهما.

عن المشرق وما كان بينهم وبين *الغُزّيّة والخَزْلُخيّة[a] والكيماكيّة من الحروب والغارات على البحيرة الجرجانيّة واليها يصبُّ نهر[b] جيحون ونهر الشاش وفرغانة وبلاد الفاراب تجرى فيها السفن الكبار من بلاد خوارزم الى بلاد الشاش وغيرها[c] بانواع التجارات على ما قدّمنا فيما سلف من هذا الكتاب[d] وليس فى المعمور اكبر[e] منها لانها مسيرة شهر[f] فى مثل ذلك *وقيل اكثر[g] على ما قدّمنا وماؤها[h] عذب ويليها فى العظم بحيرة المارزبون[i] بارض الروم وسبب مصيرهم الى هذه الديار[k]، وكان صاحب رومية منقادا الى صاحب[l] القسطنطينيّة مطيعا له ممتثلا لامره لا يلبس تاجا ولا يتسمّى بالملك على ذلك جرت رسومهم قديما قبل ظهور[m] الاسلام الى نحو سنة ٣٤٠ للهجرة فان صاحب رومية f. 104 r. قوى امره وكثرت[n] جموعه فلبس[o] التاج والثياب الفرفير والخفاف الحمر وغير ذلك مما يختصُّ به ملك الروم وتسمّى ملكا فلمّا بلغ قسطنطين ابن البيون الملك على الروم فى هذا الوقت ذلك انفذ اليه الجيوش فعادت اليه[p] منكوبة مهزومة فكاتبه[q] حينئذ ورضى منه بالمسالمة وقد كان[g] جرى بينهما مصاهرة قبل هذه المنابذة زوّج ملك رومية ابنته بارمانوس بن قسطنطين وحملها اليه وجهّزها بافخر ما تجهّز به بنات الملوك واعظمه قدرا فهلكت عنده[r]، وسائر اجناس الافرنجيّة من الجلالقة والجاسقس[s] والوشكنس[t] وارمانجس واكثر الصقالبة والبرغر وغيرهم

---

a) L العرلمه والحرمخيه. P والخزلجية. b) L بحر. c) Codd. وغيره. Deinde P من انواع. d) P ins. وفى هذا. Sec. locum supra p. ٦٦, 2, legendum foret الى بلاد خوارزم من. e) L اكثر. f) P شهور. g) P om. h) L s. و. i) Ita *Mor.* I, 214. P مارزبون, L الماذزبون. k) P الدار. Deinde codd. s. و كان. l) P ins. رومية والى صاحب. m) P شهور. n) P وكثر. o) P c. و. p) L om. q) L فكاتفه. r) De filia Hugonis sermo est; Theoph. contin. 431, 748, 917. s) P والجلسقس, L والجلسعس. Vid. Jakûbî in Bibl. geogr. VII, ٣٥٥, 13 et *e.* t) P والوجكس والوشكس, L والرسكس, *Mor.* I, 360, 363 الوشكند.

من الامم فدائنون بالنصرانيّة منقادون الى صاحب رومية ورومية *a* دار مملكة الافرنجيّة *b* العظمى قديما وحديثا وقد ذكر ذلك ارسطاطاليس فى رسالته الى الاسكندر التى يحرّضه *c* فيها على المسير لحرب دارا بن دارا ملك فارس فقال انك *d* ايّها الملك قد رايت امارات الظفر عند مسيرك اوّلا الى الافرنجيّة *e* فان مشايخهم *f* الذين كانوا على تخوم * بلادهم ثمّ دنوت منهم اسلموا اطراف بلادهم والتجعوا الى مدينتهم العظمى *g* رومية ، قال المسعودى وكانت مساكن الروم واليونانيّين متجاورة * كمجاورة سكّان *h* العراق وهم النبط للفرس *i* سكّان فارس والاهواز وارض الجبال من الماهات وغيرها على ما ذكرنا فيما سلف من هذا الكتاب فى باب الامم السبع قبل تجيّل الاجيال وتحزّب الامم الى ان غلبت الروم على ديار f.105 r.
اليونانيّين وصار الجميع روما *k* كغلبة الفرس على مملكة *l* النبط غير ان كلّ فريق منهم يحفظون انسابهم ويرجعون الى شعوبهم، وقد ذكرنا فى اخبار اليونانيّين من كتاب فنون المعارف ، * وما جرى فى الدهور السوالف *m* ،، ان هذه البنود التسعة التى تلى ارض الاسلام فى هذا الوقت كانت ديار اليونانيّين فالى وراء الخليج بايّام وكانت ديار *n* الروم ما وراء ذلك * الى وراء بلاد رومية وارض *o* الافرنجة برّا وبحرا وذلك نحو من خمس مائة فرسخ الى ان تتّصل ببحر اوقيانس المحيط وبلاد الاندلس *p* واتينا *q* على اخبار هذه البنود ومقاديرها *r* وما يتّصل منها بالبحر *s* وما لا يتّصل وما فيها من الحصون العظام والموانى والبحيرات والانهار والهوتات *t* والحمّات *a* وما وطئ منها المسلمون فى ايّام *a* مغازيهم

a) L om. *b*) P افرنجة. *c*) L يحضه. *d*) L ins. رايت mox om. قد رايت. *e*) Codd. s. art. *f*) P مسالحهم. Deinde L الذى. *g*) P tantum بلاد; pro altero بلادهم L بلاد. *h*) P نمجاورة ارض. *i*) P الفرس. *k*) P روم et post كغلبة ins. الروم وكغلبة. *l*) L ارض. *m*) P om. *n*) P بلاد. *o*) P tantum بلاد. *p*) P s. art. *q*) P وقد اتينا. *r*) L وما نقديرها. *s*) Codd. بالبحار. *t*) P والهوهات, L والهوبات.

الى هذا الوقت المؤرَّخ به كتابنا وحدودها *وبما ذا التنازع فى اسمائها a والى ما ذا اضيفت وولاتها ومراتبها ومواضعهم وسماتهم b ومقادير جيوشهم ومن يحاربهم من الامم فى البرّ والبحر وما استرجعوه مما كان المسلمون غلبوا عليه من بلادهم كملطيّة c وشمشاط وحصن منصور وقلعة ابريق التى d كانت مدينة البيالقة وكان بها e عدّة من بطارقتهم منهم قَرْبياس f مولى *آل طاهر g بن الحسين وخرسخارس h
وغيرهما ومدينة سيحان التى يخرج منها i العيون التى فى اصل k نهر f.105r.
سيحان وهو نهر اذنة من الثغر الشامىّ l وغير ذلك من الثغور الجزريّة فالى بلاد قاليقلا m وما يتّصل n بذلك من *المشرق والشمال o كارمينية وغيرها والحصون p التى عمرت مما كان المسلمون اخربوه *فى اوّل q الاسلام مما r يلى الثغور الشاميّة وما غلبت عليه s البرغر وبجناك من الترك وغيرهم من الولندريّة من ثغور الروم فى هذا الوقت وخبر السور المسمّى بالروميّة مقرون تيانخس تفسير ذلك السور الطويل *كما ذكرنا انفا t الحاجز بين بلاد برجان وبين البنود الخمسة التى وراء القسطنطينيّة المبنىّ فى سالف الدهر بين جبلين عظيمين وهو دون النهر العظيم المسمّى بالصقلبيّة دنابى u وعرضه نحو من ثلاثة اميال على ما قدّمنا ذكره v وعليه كثير من البرغر والصقالبة وغيرهم من الامم الواغلين فى الشمال وقول من قال انه جيحون نهر بلخ على ما ذكرناه w فيما

---

a) L والتنازع فى انسابهم. b) P ins. ومقاديرهم. c) L c. art. Deinde L وسمشاط. d) P ins. كانوا عليهم. Intelligitur urbs Τεφρική. Cf. *Mor.* VIII, 74. Jâc. habet ابروق. e) L ايضا. f) Codd. فرساس, *Mor.* قرنياس. Est Καρβέας Constant. 31, Theoph. contin. 166, 176. g) P الطهر. h) Χρυσόχειρ, Constant. ib., Theoph. contin. 266. i) P ins. فرسان ويخرج منها. Quam urbem nomine مدينة سيحان intelligat auctor hic et supra p. ٥٨, 8 non liquet. k) L om. l) L المانى. m) P فيلاقيا. n) P اتصل. o) L inv. ord. p) P من الحصون. q) P اول فى. r) Codd. ومما. s) Codd. ins. من. t) L على ما ذكرنا ايضا. u) P ديانى, L دبانى. Vid. supra p. ٦٧ ann. *o*. v) P om. w) L ذكرنا.

سلف a من هذا الكتاب فى اخبار انهار العالم الكبار ومصبّاتها فى البحار وغير ذلك من اخبار الروم وبلادهم، وانّما ذكرنا b فى هذا الكتاب لمعاً c استذكارا لما تقدّم تصنيفه وتنبيهاً c على ما سلف * تاليفه وذكرنا c فيما تقدم c من كتبنا d سائر الممالك والامم ومساكنهم وملوكهم وسيرهم وسياساتهم وحروبهم ووجوه e عباداتهم ممن سكن المشرق والمغرب والشمال والجنوب كالهند والصين f والترك والخزر واللان ومن سكن جبل القبق f 106 r. من اللكز g ومن جاور الباب والابواب وقرب من هذا الجبل من الامم كاللان والسرير والخزر وجرزان والابخاز والصنارية وكشك h والكاسكيّة وغيرهم والابر وبرجان والروس والبرغر والافرنجة والصقالبة واجناس السودان مع اختلاف ديارهم وبنائهم وتباينهم i فى مساكنهم ولغاتهم واخبار مصر والاسكندريّة وملوكها ونيلها وما عليه من ممالك الكوشانيّين وهم ولد حام بن نوح واخبار الكلدانيّين وهم السريانيّون المسمّون النبط واخبار بنى اسرائيل وانبيائهم وملوكهم ورؤسائهم k وقوّامهم والاربعة والعشرين كتابا التى تجتمع l اليهود والنصارى عليها وتسمّيها اليهود الكتب الجامعة والنصارى * كتب الصورة والصورة m القديمة اثنا عشر منها صغار واثنا عشر كبار وتسمّى ايضا كتب الانبياء منها التوراة خمسة اسفار وليس تقرأ النصارى * فى الكنائس n من التوراة الّا السفر الاوّل وهو الخليقة وغير ذلك مما تقدّم عنها o وتأخّر، واخبار العرب البائدة كعاد * وعَبِيل ابنى p عوص بن ارم بن سام بن نوح * وثمود وجديس ابنى عابر ابن ارم بن سام n وعمليق q وطسم ابنى r لاود بن ارم بن سام ابن نوح * ووبار بن اميم بن * لاود بن ارم s بن سام بن نوح n

---

a) L ins. منها. b) L نذكر. c) P om. d) L كتابنا. e) Codd. ووجود. Deinde P عباراتهم. f) P ins. والهند. g) P المكر. h) P وكشل; vid. *Mor.* II, 3, 45 seq. L h. l. وبرجان quod mox om. i) L وسامهم. k) P وراساتهم. l) P يجتمع. m) Ita L; P tantum الصور. n) L om. o) L منها. p) L وعبد بن. q) L وعملاق. r) P ابن. Deinde L لاوذ. s) Cod. لاوز ارمه.

وجرهم بن قحطان بن عابر بن شالخ بن ارفخشذ بن سام *وعبد ابن ضخم *a* بن عبس بن هزم بن عابر بن ارم بن سام *b* وغيرهم وتفرّقهم عن ارض العراق بعد تبلبل الالسن وما كان من قصّية *b* f.106r. المجدل وما ارتجز به كلّ فريق منهم واخبار العرب الباقية *c* من معدّ وقحطان وانسابهم *واخبار ملوكهم *d* واخبار ملوك حمير من التبابعة *e* وغيرهم والتنازع *f* فى كميّة اعدادهم ومن قال انهم سبعون تبّعا واستشهد بقول عبد الرحمان بن حسّان بن ثابت او النعمان بن بشير الانصاريّين

لنا من بنى قحطانَ سبعون تُبَّعًا *g* اقرّتْ لها بالخَرْجِ منها الاعاجمُ

وقول من *قال اقلّ *h* من ذلك واكثر *i* والسبب الذى به *سمّوا التبابعة *k* ومن قال ان هذه السمة *l* لم يكن يستحقّها منهم الّا من ملك اليمن وحضرموت واجتمعت له طاعتهم *m* ومن راى انه *b* انّما قيل للملك منهم تبّع *n* تشبيهًا بالظلّ الذى يتفيّأ به وان التُّبّع فى اصل اللغة الظلّ *o* اذ كان *p* الملوك السُعداء *q* ظلًّا لرعيّتهم *r* وكهفا لها *b* وملجأ واستشهادهم بقول ليلى *s* الجهنيّة وقيل *قول سُعْدَى *t* الجهنيّة

يرِدُ *u* المِياهَ حَضِيرةً ونفِيضَةً وِرْدَ القَطاةِ اذا اَسْمَأَلَّ التُّبَّعُ

يعنى ارتفع *v* الظلّ وقيل لمعانٍ غير ذلك ومن سار منهم فى البلاد ووطئ الممالك ووصاياهم *w* وعهودهم وحكمهم ومغازيهم من لدن حمير وهو العَرَنْجَج *x* ويسمّى ايضا زيد بن سبأ وهو عبد شمس الى زوال

---

a) Cod. s. p. Cf. Tab. I, ٢١٤, 2. *b*) P om. *c*) P الاولى. *d*) L om. *e*) P التابعة, L الممامنه. *f*) Codd. من التنازع. *g*) P تابعا. *h*) P tantum قل. *i*) P او اكثر. *k*) P تسموا التابعة والتبابعة. *l*) L التسمية. *m*) Cf. *Mor.* III, 225. *n*) P تبعا. *o*) L للظل. *p*) P كانت. *q*) P السبعة. *r*) L لرعيتها. *s*) Lane I, 295 *c* سلمى; cf. quoque *Lisân* IX, ٣٧٩. *t*) L سعيد. *u*) P ترد. *v*) L يرتفع. *w*) P ووسايهم ووصاياتهم. *x*) P العرعج, L العودنحج. Vid. Ibn Dor. ٢١٧, 3 a f.

نظامهم وانقضاء ملكهم بغلبة *a* الحبشة عليهم والتنازع فى مدّة *b* ما f. 107 r.
ملكوا من السنين من مكثر ومقلّل واقلّ *ما قيل *c* فى مدّة ملكهم *d*
ما حكاه محمّد بن موسى الخوارزمىّ فى زيجه *e* فى النجوم وغيره *f* ان
ذلك الف وتسع مائة سنة *c* وثمان وثلاثون سنة *ومن تلاهم *g* من
ذوى المراتب الملوكيّة كالاقيال *h* والاذواء والمثامنة والعباهلة *i* وغيرهم
وقيل ان الاذواء لم تكن مرتبة وانّما هى سمات لملوكهم كذى
*الاذعار وذى المنار *k* وذى يزن وذى رعين وذى نواس وذى كلاع
وذى اصبح وغيرهم، *ومن ملّكته *l* الروم *من اليمن *m* بالشأم من
تنوخ والضجاعم *n* من سليح بن حلوان بن عمران *o* بن الحاف بن
قضاعة وغسّان استكفاء *p* بهم من يليهم من بادية *q* العرب اوّلهم
جفنة بن عمرو مزيقياء بن عامر ماء السماء بن حارثة بن امرئ
القيس *بن ثعلبة *c* بن مازن بن الازد وآخرهم جبلة بن الايهم بن
جبلة بن الحارث *بن حجر بن النعمان بن الحارث بن الايهم بن
الحارث *r* *بن جبلة بن الحارث *c* بن ثعلبة بن عمرو بن جفنة *s* الذى
لحق بالروم بعد فتوح الشأم ومن ملّكته الفرس بالحيرة من ارض
العراق من بنى نصر بن لخم من النعامنة والمناذرة وهم ولد عمرو بن
عدىّ بن نصر بن ربيعة بن عمرو بن الحارث بن سعود بن مالك
ابن غنم بن نمارة بن لخم واسمه مالك بن عدىّ بن الحارث بن مرّة
ابن ادد بن زيد بن كهلان *لتكفو بهم *t* من يليهم من بوادى العرب
ايضا وآخرهم النعمان بن المنذر الذى قتله كسرى ابرويز وملك

---

a) L لغلبة. *b*) P عدة. *c*) P om. *d*) L ملوكهم. *e*) P تاريخه. *f*) P غير. *g*) L من بلادهم. *h*) L الاقيال. P add. والاذما dittographia sequentis. *i*) Codd. والعباهلة. *k*) P الاذعان ذوى المثان. L ubique وذوى. *l*) P وما ملكت; L ملكه. *m*) L om. *n*) L s. و. *o*) P عمرو. *p*) L استكفى. *q*) L ديانه. *r*) Addidi. *s*) P add. بن حقبة (ut ubique pro جفنة). *t*) P لتيكفونهم, L لتكفو بهم.

f.107v. الحيرة بعده اياس بن قبيصة *a* الطائىّ وغيره الى ان جاء الله بالاسلام وكان عدّة من ملك الحيرة من بنى نصر والعباد وغسّان *b* وتميم وكندة والفرس وغيرهم نيّفا وعشرين ملكا ملكوا خمس مائة سنة *c* واثنتين وعشرين سنة وشهورا، وعمرو بن *عدىّ هو *d* صاحب المثل السائر *e* كَبُرَ عمرو عن الطوق وهو ابن اخت جذيمة الابرش الذى قتلته الزبّاء ابنة عمرو بن ضرب *f* *وجذيمة صاحب النديمين الذين يضرب بهما المثل *c* وفيهما قال متمّم بن نويرة اليربوعىّ فى مرثيته اخاه مالك بن نويرة

وكنّا كندْمانَىْ جَذِيمَةَ حِقْبَةً من الدّهْرِ حتّى قيل لَنْ يتصدّعا

فلمّا تفرّقنا كأنّى ومالكًا لطُول اجتماعٍ لم نَبِتْ ليلةً مَعا

ومن ملك من كندة على معدّ وغيرها اوّلهم معاوية بن *ثَوْر بن مرتِع *g* وهو من كندة وآخرهم حُجْر *بن الحارث *h* بن عمرو ابو *i* امرئ القيس بن حُجْر وهو الذى قتله بنو اسد بن خزيمة، واخبار ولد نزار بن معدّ بن عدنان بن ادّ بن ادد بن الهميسع بن تيمن بن نبت بن اسماعيل بن ابراهيم *k* ربيعة ومضر وهما الصريحان من ولد اسماعيل *بن ابراهيم *c* واياد وانمار مع *l* تنازع النسّاب فيهما من اليمن هم ام من نزار واستشهاد من ألحق ايادا *m* بنزار بقول ابى دؤاد *n* جارية بن الحجّاج الايادىّ

وفُتُوٍّ حَسَنٍ أَوْجُهُهُمْ من ايادِ بن نِزارِ بن مَعَدّْ

وبقول الكُمَيت *o* بن زيد الاسدىّ

---

a) P قبضة, L قبصه. *b*) L من غسان. *c*) P om. *d*) Codd. معدى وهو. *e*) Freytag, *Prov.* II, 319 n. 37, *Mor.* III, 189, cet. *f*) P ظارب, L ظرب; vid. *Mor.* l. l. et Jâc. IV, ٥٦٠ paen. *g*) P مرتع بن ثور. *h*) Addidi. *i*) L ابن. *k*) Codd. ins. ابن (بن). *l*) L om. *m*) Codd. اياد. *n*) P داوود وبقول ابى داود, L دود et mox حارثه. *o*) P hic ins. بن يزيد et الاسامى post زيد.

f.108 r. اياذٌ حينَ تُنْسَبُ *a* من مَعَدّ   وانْ رَغِمتْ أُنُوفُ الراغمينا
وكانوا فى الذُّؤابة من نِزارٍ   وأَهْلُ لِوائها مُتَرَزِّنينا *b*

وقول نسّاب اليمانية انه اياد بن أُحاظة *c* بن سعد من *d* حمير واستشهاد من ألحق انمارا بنزار بقول الكميت ايضا

وأَنْمارٌ وانْ رَغِمتْ أُنوفٌ   مَعَدِّيو العُمومَةِ والخُؤولِ
لَهُمْ لُغَةٌ تُبَيِّنُ مِنْ أَبيهِمْ   مع *الغُرِّ الشَّواذِخِ *e* ذى الحُجُولِ

وقول اليمن انه انمار بن اراش *f* بن الغوث وهو الازد بن نبت بن *g* مالك بن زيد بن كهلان وانه ولد له *h* سبعة من الذكور فخمسة منهم يدعون *i* بَجيلة وواحد *k* يدعى خَثْعَمًا وواحد ينسب *والده الى *h* الازد وسبب *l* تفرّق هذه القبائل وغيرها من معدّ عن الحجاز، وما قالته نسّاب القحطانيّة فيمن تخلّج وتنقّل عن قبائلهم الى معدّ وانتسبوا فيهم وما قالته نسّاب المعدّيّة فيمن تخلّج ايضا وتنقّل عن قبائلهم الى قحطان والسبب الذى لاجله انقادت القحطانيّة الى تمليك الملوك عليها وأبت المعدّيّة ذلك الى ان جاء الله بالاسلام ولم سمّت القحطانيّة انفسها ومن تقدّمها *m* من العرب البائدة *n* العرب العاربة وسمّوا معدًّا العرب المتعرّبة *o*، وغير ذلك من فنون الاخبار وضروب السير والآثار على الشرح والايضاح ۞

f.108 v. قال المسعودى فاذ *p* ذكرنا اليونانيّين وملوكهم وغلبة الروم عليهم ودخولهم فى جملتهم وملوك الروم على طبقاتهم من الحنفاء والمتنصّرة *q* قبل ظهور الاسلام وبعده الى وقتنا هذا وهو سنة ٣٤٥ فلنذكر الآن *r*

---

a) P ينسب. Pro معد L نزار. *b*) P مسترزنينا. L hunc vers. om. *c*) Codd. احاطة; cf. Jâc. IV, ٩٠٧, 14. *d*) Codd. بن. *e*) P الغرا السوانح, L العز السوادح. Frustra alibi versum quaesivi. *f*) L s. p., P اراث. *g*) P ins. الملك بن. *h*) P om. *i*) L تدعا. *k*) P وياخذ. Mox codd. ختعم. *l*) P وليست. *m*) P يقدمها. *n*) P البادية. Deinde P بالعرب, L والعرب. *o*) L المستعربه. *p*) L فاذا, P وقد. *q*) L الى المتنصره. *r*) L om.

*ما كان *a* من الافدية والهدن بين الروم والعرب فى ايّام ولد العبّاس اذ لم يكن فى ايّام بنى اميّة فداء معروف مشهور فنذكره بل كان يفادى بالنفر بعد النفر فى سواحل الشأم ومصر والاسكندريّة وبلاد ملطيّة وغيرها من الثغور الجزريّة اذ كانت امويّة والثغور الشأميّة عبّاسيّة ۞

ذكر الافدية بين المسلمين والروم *b*

الفداء الأوّل فداء ابى سُلَيم *c* كان اوّل فداء جرى فى ايّام ولد العبّاس فى خلافة الرشيد باللامس من ساحل البحر الرومىّ على نحو من خمسة وثلاثين ميلا من طرسوس سنة ١٨٩ *d* والملك على الروم نقفور ابن استَبْراق يقال *e* انه فودى بكلّ اسير *كان بارض *f* الروم من ذكر وانثى *فيما ظهر *g* وذلك على *يد القاسم *h* بن الرشيد وباسمه وهو معسكر بمرج دابق من بلاد قنّسرين من اعمال حلب *i* وفيه قيل

يا *a* ايُّها النَّفَرُ *الغُزَاةُ النازلون *k* بمَرْجِ دابِقْ
انّى لَغازٍ لو تُرِكْتُ الى حَبيبٍ لى مُوافِقْ

f. 109r. حضر هذا الفداء وقام *l* به ابو سُلَيم فَرَج خادم الرشيد *m* المتولّى له *n* بناء طرسوس فى سنة ١٧١ للهجرة وسالم البَرَلُّسىّ *o* البربرىّ مولى بنى العبّاس فى ثلاثين الفا من المرتزقة وحضره *p* من اهل الثغور وغيرهم من اهل الامصار وغيرهم *n* نحو من خمس مائة الف وقيل اكثر من ذلك باحسن *q* ما يكون من العدد والخيل والسلاح والقوّة قد اخذوا السهل والجبل وضاق بهم الفضاء وحضرت مراكب الروم الحربيّة باحسن ما يكون من الزىّ ومعهم *r* اسارى المسلمين وكان عدّة *s* من فودى به

---

a) P om. *b*) Cum seqq. cf. Makr. II, ١٩١ seq. qui ea excerpsit. *c*) Belâdh. ١٦٨, Tab. III, ٧٠٦ seq. *d*) L سبع وثمانين. *e*) P يقول. Pro فودى L فدى. *f*) L فى ارض. *g*) L om.; P فيما. *h*) L يدى الهيثم. *i*) P ins. والشام. *k*) L الغواه النازلين. *l*) P واقام. *m*) P للرشيد. *n*) L om. *o*) L البزنسى. Deinde P و البربر. *p*) P s. ه. *q*) P باكثر. *r*) L معهم من. *s*) P عدد.

من المسلمين فى اثنى عشر يوما ثلاثة آلاف وسبع مائة وقيل اكثر من ذلك واقلّ والمقام باللامس نحو من اربعين يوما قبل الايّام الّتى وقع * الفداء فيها وبعدها وانّما نذكر فى كلّ فداء يرد فيما بعد هذا الفداء الايّامَ الّتى وقع a فيها الفداء لا b مدّةَ مقام الناس باللامس اذ كان يطول ويقصر وفى هذا الفداء يقول مروان بن ابى حفصة فى كلمة له c طويلة يمدح بها الرشيد d

وفُكّتْ بِكَ الأَسْرَى الّتى شُيِّدَتْ لها   محابِسُ ما فيها حَمِيمٌ يزورُها
على حِينِ أَعْيَا المُسْلِمِينَ فِكاكُها   وقالوا سُجُونُ المُشْرِكِينَ قُبُورُها ۞

الفداء الثانى فداء ثابت فى خلافة الرشيد ايضا باللامس فى سنة ١٩٢ والملك على الروم نقفور بن استبراق ايضا وكان القيّم به ثابت بن نصر ابن مالك الخزاعىّ امير الثغور الشاميّة e حضره مئوه الوف من الناس f.109 v. وكان عدّة من * فودى به f من المسلمين فى سبعة ايّام الفين وخمس مائة ونيّفا من ذكر وانثى ۞

الفداء الثالث فداء خاقان فى خلافة الواثق باللامس فى المحرّم سنة ٢٣١ g والملك على الروم ميخائيل بن توفيل وكان القيّم به خاقان الخادم التركىّ وعدّة من فودى به من المسلمين فى عشرة ايّام اربعة آلاف وثلاثمائة واثنين وستّين من ذكر وانثى وقيل اربعة آلاف وسبعة واربعين على ما فى كتب الصوائف h وقيل اقلّ من ذلك وفى هذا الفداء اخرج اهل زبطرة وفيه خرج مسلم بن ابى c مسلم الجرمىّ i وكان ذا محلّ * فى الثغور k ومعرفة * باهل الروم وارضها l وله مصنّفات m

---

a) L om. *b*) P الا. *c*) P om. *d*) Tab. III, ٧٠٧, Makr. l. l. *e*) P ما بين, L ما نحن (et المسرف pro الوف); de Sacy »deux cent mille". Makr. om. *f*) L فُدى. *g*) Cf. de hac redemtione Tab. III, ١٣٣٩. *h*) L الصوارىف. *i*) P الحزمى, L الجرمى ut Makrîzî, Ibn Khord. ١٠٥, 5 ut rec. *k*) P بالثغور. *l*) L بارض الروم. *m*) L كتب مصنفة.

فى اخبار الروم وملوكهم وذوى المراتب منهم وبلادهم وطرقها ومسالكها واوقات الغزو اليها والغارات عليها ومن جاورهم من الممالك من برجان والابر[a] والبُرغر والصقالبة والخزر وغيرهم[b]، وحضر هذا الفداء مع خاقان رجل يكنى ابا رملة[c] من قبل احمد بن ابى دؤاد[d] قاضى القضاة يمتحن الاسارى وقت المفاداة فمن قال منهم بخلق التلاوة[e] ونفى الرؤية فودى به * وأُحسن اليه[f] ومن أَبى تُرك بارض الروم فاختار جماعة من الاسارى الرجوع الى ارض النصرانيّة على القول بذلك وأَبى مسلم[g] f.110r. الانقياد الى ذلك فنالته[h] محن ومهانة الى ان تخلّص ❁

الفداء الرابع فداء شُنَيف[i] فى خلافة المتوكل باللامس فى شوّال سنة ٢٤١[k] والملك على الروم ميخائيل بن توفيل وكان القيّم به شنيف الخادم مولاه وحضر جعفر بن عبد الواحد الهاشمىّ القرشىّ[l] القاضى وعلىّ بن يحيى الارمنىّ صاحب الثغور الشاميّة فكان عدّة من فودى به من[l] المسلمين فى سبعة ايّام الفين[m] ومائتى رجل وقيل الفى رجل ومائة امرأة وكان مع الروم من النصارى المأسورين من ارض الاسلام مائة رجل ونيّف فعُوّضوا مكانهم عدّة اعلاج اذ كان الفداء لا يقع على نصرانىّ ولا ينعقد ❁

الفداء الخامس فداء نصر بن الازهر وعلىّ بن يحيى[n] فى خلافة المتوكّل ايضا باللامس مستهلّ صفر سنة ٢٤٦ والملك على الروم ميخائيل ابن توفيل ايضا[f] وكان القيّم به علىّ بن يحيى الارمنىّ امير الثغور الشاميّة ونصر بن الازهر الطائىّ[f] الشيعىّ[o] من شيعة ولد العبّاس

---

a) P s. و. b) L وغير ذلك. c) Nomine يحيى بن آدم الكرخى Tab. III, ١٣٥٣, 8. d) Codd. ut solent داود. e) L s. p., P البلادة. Makr. القرآن. f) P om. g) L ان يسلم. h) L فناله. i) Cf. Tab. III, ١٤٢٦ seq. k) L ٢٤٩ (ست). l) L om. m) Addidi. L etiam seqq. ad وقيل om. Tab. habet 785 viros, 125 feminas. n) Cf. Tab. III, ١٤٤٩. o) L السبيعى, sed Makr. et Tab. ut rec.

المراسل الى الملك فى امر هذا الفداء من قبل المتوكل وعدّة *a* من فودى به *b* من المسلمين فى سبعة ايّام الفان وثلثمائة *c* وسبعة وستّون من ذكر وانثى، وقد ذكر بعض من لحقنا ايّامه من مصنّفى الكتب فى الكوائن والاحداث والسير والتواريخ ان فداء *d* كان فى ايّام المعتزّ f.110v. والملك على الروم بسيل على يد شفيع الخادم فى سنة ٢٥٣ ۞

الفداء السادس فداء ابن طُغان فى خلافة المعتضد *e* باللامس فى شعبان *f* سنة ٢٨٣ والملك على الروم *اليون بن بسيل ابو قسطنطين ابن اليون الملك على الروم *b* فى وقتنا هذا وكان القيّم به احمد بن طغان امير *الثغور الشاميّة وانطاكية من قبل ابى الجيش خمارويه بن احمد بن طولون صاحب مصر واجناد *b* الشأم وديار مضر وغيرها وكانت الهدنة لهذا الفداء وقعت فى ايّام ابى الجيش *فى سنة ٢٨٢ فقُتل ابو الجيش *g* بدمشق فى ذى القعدة من *h* هذه السنة وتمّ *i* الفداء فى ايّام ولده جيش بن خمارويه فكان عدّة من فودى به من المسلمين فى عشرة ايّام الفين واربعمائة وخمسة وتسعين من ذكر وانثى وقيل ثلاثة آلاف رجل *b* ۞

الفداء السابع فداء رُسْتم ويعرف بفداء الغدر *k* فى خلافة المكتفى باللامس فى ذى القعدة سنة ٢٩٢ والملك على الروم اليون بن بسيل ايضا القيّم به رستم بن بردو *l* الفرغانىّ امير الثغور الشاميّة وكان عدّة من فودى به *b* من المسلمين فى اربعة ايّام الفًا ومائة وخمسة f.111r. وخمسين من ذكر وانثى ثم غدر الروم وانصرفوا ببقيّة الاسارى ۞

الفداء الثامن فداء رستم ايضا *b* ويعرف *i* بفداء التمام *m* فى خلافة

---

a) L s. و. *b*) L om. *c*) P وسبعمائة cum ٣ superinscripto; Makr. ut rec. *d*) L فدى. Makr. hanc redemtionem facit sextam. *e*) Cf. Tab. III, ٢١٥٣ seq. *f*) L فى شوال. *g*) P om. *h*) P فى. *i*) P s. و. *k*) Cf. Tab. III, ٢٢٥٤, *Mor.* VIII, 224. *l*) Makr. نزدوى, L بردوا. *m*) Cf. Tab. III, ٢٢٨٠.

المكتفى ايضا باللامس فى شوّال سنة ٢٩٥ والملك على الروم اليون ايضا القيّم به رستم *بن بردو *a* وكان عدّة من فودى به من المسلمين الفين وثمانمائة واثنين واربعين من ذكر وانثى ۞

الفداء التاسع فداء مونِس فى خلافة المقتدر باللامس فى شهر ربيع الآخر سنة ٣٠٥ والملكان على الروم قسطنطين بن اليون ملكهم فى وقتنا هذا *وارمانوس وقسطنطين يومئذ صغير فى حجره *b* وكان القيّم به مونس الخادم وبشر *c* الخادم الافشينىّ امير الثغور الشاميّة وانطاكية والمتوسّط له *b* والمعاون *d* عليه ابو عُمَير عدىّ بن احمد بن عبد الباقى التميمىّ الاذنىّ *e* وعدّة من فودى *f* به من المسلمين فى ثمانية ايّام ثلاثة آلاف وثلاثمائة وستّة وثلاثون من ذكر وانثى ۞

الفداء العاشر فداء مُفْلِح فى خلافة المقتدر ايضا باللامس فى رجب *g* سنة ٣١٣ والملكان على الروم قسطنطين وارمانوس وكان القيّم به مفلح f.111r. الخادم الاسود *b* المقتدرىّ وبشرى *h* خليفة ثمل الخادم الدُّلفىّ *i* على الثغور الشاميّة وعدّة من فودى *f* به من المسلمين فى تسعة عشر يوما ثلاثة آلاف وتسع مائة وثلاثة وثمانون *k* من ذكر وانثى ۞

الفداء الحادى عشر فداء ابن وَرْقاء *l* فى خلافة الراضى باللامس فى سلخ ذى القعدة وايّام من *a* ذى الحجّة سنة ٣٢٦ والملكان على الروم قسطنطين وارمانوس وكان القيّم به ابن ورقاء الشيبانىّ من قبل الوزير الفضل بن جعفر بن الفرات وبشرى الثملىّ امير الثغور الشاميّة وكان عدّة من فودى به من المسلمين فى ستّة عشر يوما ستّة آلاف وثلاثمائة ونيّفا من ذكر وانثى وفضل فى ايدى الروم من المسلمين ثمانمائة رجل رُدّوا وفودى بهم *m* على نهر البدندون فى مرار شتّى

---

a) P om. *b*) L om. *c*) P ويشد, L ودسبر; Makr. بشير. Vid. IA indicem. *d*) L والمعارف. *e*) Makr. add. من اهل اذنة. *f*) L فدى. *g*) P om. sed post ٣١٣ ins. فى رجب. *h*) L hic et infra ودسرى, Makr. وبشبير. *i*) *Mor.* II, 17 male المعروف بالزلفى. *k*) Makr. وثلاثون. L add. رجلا. *l*) Cf. IA VIII, ٣٦٤. *m*) P به.

وزيد فى الهدنة بعد انقضاء الفداء مدّة ستّة اشهر لاجل من تخلّف فى ايدى الروم من المسلمين حتى جمع الاسارى لهم ۞

الفداء الثانى عشر فداء ابن حمدان *a* فى خلافة المطيع باللامس فى شهر ربيع الاوّل سنة ٣٣٥ *b* والملك على الروم قسطنطين وكان القيّم به نصر الثملىّ امير الثغور الشأميّة من قبل ابى الحسن علىّ *بن عبد الله *c* بن حمدان صاحب جند حمص *وجند قنّسرين *d* وديار مصر وديار بكر والثغور الشأميّة والجزريّة وكان عدّة من فودى به من f.112r. المسلمين الفين واربعمائة واثنين وثمانين من ذكر وانثى وفضل للروم على المسلمين قرضا *e* *مائتان وثلاثون لكثرة من *f* كان فى ايديهم فوقّاهم *g* ابو الحسن ذلك وحمله اليهم وكان الذى شرع فى هذا الفداء *وابتدأ به *h* الاخشيذ محمّد بن طغج امير مصر والشأم والثغور الشأميّة وكان ابوا *i* عُمَير عدىّ بن احمد بن عبد الباقى الاذنى *k* شيخ *الثغر والمنظور *l* اليه منهم قدم اليه الى دمشق فى ذى الحجّة سنة ٣٣٤ ونحن يومئذ بها ومعه يوانس *m* الانسيبطوس *البطريقوس المسدقوس *n* المترقّب رسول ملك الروم فى اتمام هذا الفداء وكان ذا راى وفهم باخبار ملوك *o* اليونانيّين والروم ومن كان فى اعصارهم من الفلاسفة وقد اشرف على شىء من آرائهم والاخشيذ حينئذ *p* شديد العلّة *q* فتوفّى يوم الجمعة لثمان خلون من ذى الحجّة من هذه السنة وسار *r* ابو المسك كافور الاخشيذىّ بالجيش راجعا الى مصر وحمل

---

a) Cf. IA VIII, ٣٥٣. *b*) L ins. فى. *c*) L om. *d*) P وقنسرين. *e*) P ins. وذلك, quod forte post وثلاثون suo loco est. IA ibi ins. اسيرا. *f*) L tantum اكثر مما. *g*) L فوفا نهم. Pro ابو الحسن Makr. سيف الدولة. *h*) L وافتدا. *i*) P ins. عدى عمير وعمير ابو عدى وابو. Cf. de eo *Mor.* II, 318, 340. *k*) P om. *l*) P الثغور المنظور. *m*) P بوانس, L يوانش. Deinde P الانيسبطوس, L الانيسيطوس. Reddit Graecum *ἀνθύπατος*, ut jam ostendit de Sacy. *n*) L والبطريقوس الميدقوس. Graec. *μυστικός*. *o*) P c. art. *p*) P يوميذ. *q*) P الغلبة. *r*) P وصار.

معه ابا عمير والمسدقوس *a* الى بلاد فلسطين فدفع اليهما ثلاثين الف دينار من مال هذا الفداء وصارا *b* الى مدينة صور فركبا فى البحر الى طرسوس فالى ما *c* وصلا اليها *ما كاتب *d* نصر الثملىّ امير الثغور الشأميّة *e* ابا الحسن ابن حمدان ودعا له *f* على *g* منابر الثغور الشأميّة فجدّ فى اتمام هذا الفداء *فعرف به *g* ونسب اليه ☆

قال المسعودى وهذا آخر فداء كان بين المسلمين والروم الى وقتنا f.112v. المؤرّخ به كتابنا وقد ذُكرت افدية غير هذه لم *h* نجد لها حقيقة لا اشتهر امرها ولا استفاض *i* خبرها منها فداء كان فى ايّام المهدىّ *k* على يد *l* المعروف بالنقّاش الانطاكىّ ومنها فداء كان فى ايّام الرشيد فى شوّال سنة ١٨١ على يد *l* عياض *m* بن سنان امير الثغور الشأميّة وفداء *n* كان على يد ثابت بن نصر فى ايّام الامين فى ذى القعدة سنة ١٩٤ وفداء *n* كان فى ايّام المأمون *o* فى ذى القعدة سنة ٢٠١ على يد ثابت ايضا وفداء *n* كان فى ايّام المتوكّل سنة *p* ٢٤٧ على يد *q* محمّد بن علىّ *r* وفداء كان فى ايّام المعتمد *s* فى شهر رمضان سنة ٢٥٨ على يد شفيع ومحمّد بن علىّ *t*، والصحيح منها والمعوّل عليه هو ما رسمناه دون ما عداه وقد ذكرنا فى كتاب فنون المعارف، *وما جرى فى الدهور السوالف *g*،، وفى كتاب الاستذكار، *لما جرى فى سالف الاعصار *g*،، شرح هذه الافدية ومن حضرها وكيفيّة وقوعها ومن ترسّل

---

a) P ثم pro و. L والمبندرفوس. *b*) L وصار. *c*) P والى ما, Makr. فلما. *d*) P ما كانت. L ما كاتب, Makr. om. ما. *e*) L ins. وما حى من الثمليه (l. غيره) غبره quae quomodo emendanda sint, non video. *f*) L om. *g*) P om. *h*) P ins. تذكر ولم. *i*) P استفاد. *k*) P المهتدى. *l*) L يدى. *m*) L عباس. *n*) P وقد. *o*) Makr. male الامين. *p*) P ins. اربع وقيل سنة. *q*) P ins. ابن. *r*) L ins. وقد (l. وفداء) كان فى ايام المعتضد (l. المعتزّ) سنة ٢٥٣ على يد شفيع الخادم على ما قدمنا ايضا (l. انفا). Deinde iterum وقد. *s*) P المعتز. *t*) Makr. addit redemtionem ex anno 342.

فيها وتوسّطها بين المسلمين والروم *وشروطها ومقادير النفقات فيها وهدنها وما كان بين المسلمين والروم a من المغازى فى البرّ والبحر من b الصوائف c والشواتى والربيعيّات وما جرى بين الروم وبرجان *والبرغر والنرك d وغيرهم من الوقائع المشهورة والحروب المذكورة وغير ذلك e فلنذكر الآن *جامع تأريخ f العالم والانبياء والملوك وما اتّصل بذلك ☆

ذكر تأريخ الامم والانبياء والملوك وجامع تأريخ العالم من آدم الى نبيّنا صلّى الله عليه *وعلى آله a f.113 r.

وما اتّصل بذلك

ليس امّة من الامم من b الشريعيّين وغيرهم ممّن سلف وخلف *الّا ولها g تأريخ ترجع h اليه وتعوّل عليه *فى اكثر امورها b ينقل ذلك خلف عن سلف وباقٍ عن ماضٍ اذ كان به تعرف الحوادث العظام والكوائن الجسام وما كان فى الازمان i الماضية والدهور الخالية ولولا ضبط ذلك وتقييده لانقطعت الاخبار ودرست الآثار وجهلت الانساب k ولذلك اخذ الاسكندر اهل مملكته بتقييد ايّامه وحفظ تأريخه وسيره لكيلا l يضيع ما بان من امره وحمد من سعيه ولا يجهل كثرة من ناصب من الاعداء وقتل من الملوك ووطئ من m البلاد وحوى من المملكة لعلمه بما يلحق كثيرا من الناس من التوانى عن نقل الاخبار وتقييد السير والآثار واعراضهم عن ذلك ايثارا n للدعة وميلا الى التخفيف واحتذى فعله اردشير بن بابك لمّا قتل ملوك الطوائف واستوسقت له الامور وانقاد الناس الى طاعته قام بضبط سيرته وعهوده وايّامه وحروبه

---

a) L om. *b*) P om. *c*) P الصوافى والصوايف. Deinde L والسوارى.
d) P والبربر والغرغر (L والبرعز). *e*) L ins. الى نبيينا صلعم. *f*) L تاريخ جميع. *g*) P او لها. *h*) P يرجعون et mox ويعول. *i*) L الدهور et mox والازمان. *k*) L الادساب, P الاسباب. *l*) P لكى et deinde in eo magna lacuna non indicata est, quam complet L f. 91 r. l. 6 a f. ad f. 97 r. l. 9. *m*) Deëst. *n*) S. p.

الّا انه اطّرح ما كان قبل ذلك وتناساه[a] لكى يكون الذكر لايّامه وسيرته فضُبط ذلك ضبطا شديدا الى يزدجرد بن شهريار آخر ملوكهم فكانت الامم السالفة والاجيال الخالية والقرون الماضية تؤرّخ الكوائن العظام والاحداث الكبار عندها وتملّك[a] الملوك فمن اقرّ بالطوفان من الامم كانوا يؤرّخون به ثم ارّخوا العام بتبلبل الالسن باقليم بابل فاما المجوس فلانكارهم كون الطوفان المستولى على جميع الارض ارّخوا بكيومرت كلشاه معنى ذلك ملك الطين وهو عندهم آدم *ابو البشر واصل[b] النسل واليه ترجع[c] الفرس فى انسابها على ما قدّمنا فيما سلف من هذا الكتاب فى آخر[a] ملوك الفرس وطبقاتهم مجملا وفى[d] غيره من كتبنا مفسّرا مشروحا ثم ارّخوا بقتل داريوس[e] الملك وظهور الاسكندر الملك ثم ارّخوا بظهور اردشير[f] بن بابك وجمعه الملك واستيلائه على ملوك الطوائف ثم ارّخوا بملك[g] يزدجرد بن شهريار بن كسرى ابرويز ابن هرمز بن خسرو انوشروان بن قباذ الملك وهو آخر ملوكهم الى هذا الوقت واوّل سنته يوم الثلاثاء[h]، وكان سوالف اليونانيّين والروم والنبط وهم السريانيّون يؤرّخون بملوك لهم متقدّمين وكوائن واحداث ثم ارّخوا بسنى[g] الاسكندر بن فيلبّس فاستقرّ تاريخهم على ذلك الى هذا الوقت، وقد تنوزع فى مبدأ تاريخ الاسكندر فمنهم من راى ان ذلك من ابتداء ملكه ومنهم من راى ذلك من اوّل السنة السابعة من ملكه حين خرج عن بلاد مقدونية الى ناحية المغرب وغيرها من بلاد الافرنجيّة[i] ومنهم من راى ذلك من غلبته على اقليم بابل وقتله دارا ابن دارا ومنهم من راى ان ذلك من وفاته، ومن آدم الى ملك الاسكندر خمسة آلاف سنة ومائة واحدى وثمانون سنة وقيل خمسة

---

a) S. p. *b*) Addidi sec. p. ٨٥ l. 17. *c*) Cod. يرجع. *d*) Cod. s. و. *e*) Cod. داريموس. *f*) Cod. ut solet c. ز. *g*) Cod. s. ب. *h*) Nempe 16 Junii 632 (Nöldeke, *Gesch.* 434) qui in diem Martii cadit. *i*) Conjecturâ addidi coll. p. ١٨٢ l. 5.

آلاف سنة ومائتان وتسع وخمسون سنة وبين الطوفان الى ملكه الفان وتسع مائة وخمس وعشرون سنة ومن فالغ بن عابر الى ملكه الفان وثلثمائة واربع وتسعون سنة ومن ابراهيم الى ملكه الف وثمان مائة وثلاث وخمسون سنة ومن خروج بنى اسرائل *a* من مصر الى ملكه الف وثلثمائة وستّ واربعون سنة ومن ملك داود الى ملكه سبع مائة سنة واربعون سنة ومن سبى بخت نصّر لبنى اسرائل الى ملكه مائتان وثلاث وستّون سنة وقد ذهب قوم الى ان من ابتداء ملك بخت نصّر الى غلبة الاسكندر لدارا اربع مائة سنة وتسع وعشرون سنة وثلثمائة وستّة وخمسون يوما ومنهم من راى ان ذلك مائتا سنة وتسع وثمانون سنة ومن الاسكندر الى صلب ايشوع عند النصارى ثلثمائة واثنتان واربعون سنة ومن الاسكندر الى هذا الوقت الذى الّف ابو الحسن علىّ بن الحسين المسعودىّ فيه الكتاب وهو سنة ٣٤٥ للهجرة الف سنة ومائتا سنة وثمان وستّون سنة، وكانت القبط بارض مصر تؤرّخ باوّل السنة الّتى ملك فيها بخت نصّر واوّلها يوم الاربعاء وقد ذكر ذلك ابطلميوس فى كتاب المجسطى فاما تاريخهم فى زيجه فمن اوّل سنى فيلبّس الى الاسكندر واوّل سنته يوم الاحد وبين *b* تاريخ فيلبّس وتاريخ الاسكندر اثنتا عشرة سنة وعشرة اشهر وعشرون يوما ثمّ ارّخوا بملك دقلطيانوس *c* الملك القبطىّ لعظم ملكه واستقرّ تاريخهم على ذلك الى هذه الغاية، وبين تاريخ بخت نصّر وتاريخ يزدجرد الف وثلثمائة وتسع وسبعون سنة *d* فارسيّة وثلثة اشهر وبين تاريخ فيلبّس وتاريخ يزدجرد تسع مائة وخمس وخمسون سنة وثلثة اشهر وبين تاريخ الاسكندر وتاريخ يزدجرد تسع *e* مائة واثنتان واربعون سنة من سنى الروم ومائتان وخمسون يوما وبين تاريخ الهجرة وتاريخ يزدجرد من الايّام ثلثة *f* آلاف يوم وستّمائة

---

a) Cod. ut semper اسرايل. *b*) Cod. ومن. *c*) Cod. دقلطانوس. *d*) Deëst. *e*) Cod. سبع. Cf. Hamza ٨٣. *f*) Cod. ثلثما.

واربعة وعشرون يوما فأوّل هذه التواريخ تاريخ بخت نصّر ثم تاريخ فيلبّس ثم تاريخ الهجرة ثم تاريخ يزدجرد كذلك ذكر محمّد بن كثير الفرغانىّ فى كتاب الثلثين فصلا الذى فيه ناكر جوامع المجسطى لابطلميوس وغيره من اصحاب الزيجة فى النجوم والقوانين كالفزارىّ ويحيى بن ابى منصور والخوارزمىّ وحَبَش *a* وما شاء الله ومحمّد بن خالد المروروذىّ *b* وابى معشر جعفر بن محمّد البلخىّ وابن الفرّخان الطبرىّ والحسن بن الخصيب ومحمّد بن جابر البتّانىّ *c* والنيريزىّ *d* وغيرهم ممن تقدّم وتاخّر، وكان الاسرائليّون يؤرّخون بوفاة اسرائل وهو يعقوب بن اسحاق بن ابراهيم ثم بخروجهم من ارض مصر مع موسى وكان دخول اسرائل الى مصر وولده الاسباط واولادهم وهم سبعون نفسا حين قصدوا يوسف فكان مقامهم بمصر الى ان خرجوا عنها مع موسى الى التيه مائتى سنة وسبع عشرة سنة يتداولهم ملوك مصر واحصاهم موسى وهارون فى التيه فكان من يصلح لحمل السلاح والقتال منهم من ابن عشرين سنة فصاعدا سوى سبط لاوى ستّمائة الف وثلثة آلاف وخمس مائة وخمسة وخمسين نفسا واحصى سبط لاوى بن يعقوب وهو *e* ابن سبطها من ابن شهر الى فوق فكانوا اثنين وعشرين الفا ومائتين وثلثة وسبعين فجميع بنى اسرائل على ما احصينا ستّمائة وخمسة وعشرون الفا وثمان مائة وثلثة وعشرون الفا، وكانت وفاة موسى وهارون واختهما مريم بالتيه فى سنة واحدة لتمام اربعين سنة لهم فى التيه وهم لامّ واحدة اسمها اماحيه *f* ماتت اوّلا مريم اختهما فى ستّة ايّام *g* من نيسان ولها مائة وسبع وعشرون سنة ومات هارون

---

a) Cod. وحبس et deinde om. و. *b*) Aliunde mihi ignotus. Nomine المروروذى notus est عمر بن محمد *Fihrist* ٢٧٩. *c*) S. p. *d*) Cod. والردرى. *Mor.* II, 431 البيزيدى, III, 443 النبريزى, sed ibi cod. Leid. 127 p. 92 perspicue ut rec. ut quoque cod. Leid. Hamzae p. 189 pro النزيرى in ed. Gottw. ٨٢. *e*) Cod. وهم. *f*) Cf. Tab. I, ٤٤٣, 12 et ann. *k*. *g*) Deëst.

في أوّل يوم من آب ودفن في جبل هور وهو احد الاطوار الاربعة المقدّم ذكرها وله مائة وثلاث وعشرون سنة ومات موسى في سبعة ايّام من اذار في ارض مواب [a] ودفن في الوادي من ارض مآب وله مائة وعشرون سنة وتولّى الامر بعد موسى يوشع بن نون وحارب ملوك الشأم وغيرها واستولى على اكثر البلاد فاقام ستّ سنين ومات وله مائة وعشرون سنة ودبّر الامر بعده فينحاس [b] بن العازر [c] بن هارون وما كان كاهنا والاسرائليّون يذكرون انه النبيّ الذي تسمّيه المسلمون الخضر والفرس تزعم ان الخضر هو احد السبعة *بنى منوشهر [d] على ما قدّمنا فيما سلف من هذا الكتاب ولاهل الشرائع وغيرهم من اصحاب التاويل في وقتنا هذا فيه كلام طويل يطول ذكره، فكان من ابراهيم الى خروج بنى اسرائل من مصر خمس مائة وسبع وستّون سنة ومن الطوفان الى خروجهم ثلثة آلاف وثمان مائة وخمس وثلثون سنة، ثم أرّخوا باخراب بخت نصّر اورشلم [e] وهي بيت المقدس وسبيهم الى بابل وكان من ابتداء ملك بخت نصّر الى ظهور الاسرائليّين وسبيهم احدى وثلثون سنة واربعة وثلثون يوما ومن ملك داود الى سبى بابل اربع مائة سنة وسبع وسبعون سنة ومن خروج بنى اسرائل من مصر الى سبيهم الف وثلاث وثمانون سنة ومن ابراهيم الى سبيهم الف وخمس مائة وتسعون سنة ومن فالغ بن عابر الى سبيهم الفان ومائة واحدى وثلثون سنة ومن الطوفان الى سبيهم الفان وستّمائة واثنتان وستّون ومن آدم الى سبيهم اربعة آلاف وتسع مائة وثماني عشرة سنة وكان مقامهم ببابل سبعين سنة الى ان ردّهم بهمن بن اسبنديار بن كيبشتاسب بن كيلهراسب الى [f] اورشلم وامر بعمارتها والاسرائليّون وكثير من الناس يسمّونه كورش وغير ذلك من الكوائن

---

a) Cod. موار. *b*) S. p. *c*) Cod. العارز. *d*) Cod. بنى منوسهر. Cf. supra p. ٨٨, l. 16. *e*) Cod. ورسلم, mox اورسلم. *f*) Deëst.

التى كانت فيهم، وكذلك ارّخت النصارى من مولد المسيح وغير ذلك من احواله، واما الهند والصين ومن وافقهم من الامم ممن قال بقدم العالم وازليّته فيأبون كون الطوفان عمّ جميع الارض وما ذُكر *a* من تبلبل الالسن وتواريخهم موضوعة *b* على سوالف ملوكهم واحداث عظيمة كانت فى ايّامهم يبعد علينا فى هذا الكتاب وصفها وقد قدّمنا فيما سلف من كتبنا شرحها وباعالى الهند ومشارقها البيت المعروف ببيت الذهب بدء *c* تاريخهم بعد ظهور البُدّ *d* الاوّل فيهم وهو اثنا عشر الف عام مضروبة فى ثلثة وثلثين الف عام وهو البيت الذى دخله الاسكندر بن فيلبّس الملك حين قتل فور ملكهم وكتب بخبره الى ارسطاطاليس وما شاهد منه من العجائب فاجابه ارسطاطاليس بالرسالة المعروفة برسائل بيت الذهب التى اوّلها الى الاسكندر ملك ملوك الامم من عبده ارسطاطاليس اما بعد كتبت التى تذكر الذى اعجبك من بنيان بيت الذهب بالهند وما ذكرت انك رايت فيه من العجائب والبنيان الشامخ المزخرف بانواع الجوهر وما يؤنّق *e* العين من الذهب الاحمر حتى قد بهر العيون منظره وسار فى الامم ذكره وقد كتبت اليك ايّها الملك أُصونك *f* لمعرفتك بالامور السابقة العليا والارضيّة السفلى ان يعجبك شىء صنعته الايدى المنينة *g* بالحكمة فى الايّام القصيرة ومدّة الزمان اليسيرة ولكنى ارضى لك ايّها الملك ان ترفع نظرك الى ما فوقك وتحتك وعن يمينك وعن شمالك من السماء والصخور والجبال والبحور وما فى ذلك من العجائب الغامضة والمصانع الظاهرة *h* والبنيان الشامخ الذى لا ينحته الحديد ولا يثلمه المجانيق ولا يعمله الاجساد المتخلخلة الضعيفة فى المدّة المنقطعة، ثم مرّ فى اتمام *i* الرسالة فى وصف الارضين والبحار والافلاك والنجوم

---

a) Cod. ذكره. *b*) Cod. موضعه. *c*) Cod. بدو. *d*) Cod. المبد. *e*) Cod. دوتف. *f*) Cod. اصوبك. *g*) Cod. المننه. *h*) S. p. *i*) Cod. c. art.

والآثار العلويّة وغير ذلك ممّا يحدث فى الجوّ ممّا قد ذكرناه مع رسائل ارسطاطاليس الى الاسكندر فى السياسات الديانيّة والملوكيّة وغير ذلك فى كتاب فنون المعارف، وما جرى فى الدهور السوالف» وهذه الرسالة مستفيضة فى ايدى الناس ۞

وكانت العرب قبل ظهور الاسلام تؤرّخ بتواريخ كثيرة فاما حمير وكهلان ابنا سبا بن يشجب بن يعرب بن قحطان بارض اليمن فانهم كانوا يؤرّخون بملوكهم السالفة من التبابعة وغيرهم كملك تبّع الاكبر وتبّع الاصغر وتبّع ذى الاذعار وتبّع ذى المنار وارّخوا بنار صوران *a* وهى نار كانت تظهر ببعض الحرار *b* من اقاصى بلاد اليمن احدها حرّ والله يقال ان الحبرين الذين قدم بهما تبّع ابو كرب من المدينة الى اليمن حاكما اهل اليمن اليها وكان ذلك سبب تهوّد *c* كثير من اهل اليمن وذلك مشهور فى اخبارهم وارّخوا ببعث شُعيب بن مهذم وملك ذى نواس وملك * جذيمة بن مالك بن فهم *d* بن غنم الدوسىّ وملك آل ابى * شمر من *e* غسّان بالشأم وارّخوا بعام السيل وهو سيل العرم الذى ذكره الله عزّ وجلّ فى القرآن وخروج عمرو بن مزيقياء ابن عامر *f* ماء السماء بن حارثة الغطريف بن امرئ القيس بن ثعلبة ابن مازن بن الازد من *g* مأرب جماع غسّان فى قومه من الازد وغيرهم من كهلان وحمير وتفرّقهم فى البلاد ثم ارّخوا بظهور الحبشة على اليمن ثم غلبة *h* الفرس على اليمن وازالة الحبشة الى ان جاء الله بالاسلام،

فاما تاريخ ولد معدّ بن عدنان فانهم كانوا يؤرّخون بغلبة جرهم العماليق واخراجهم ايّاهم عن الحرم ثم أرّخوا بهلاك جرهم *d* فى الحرم ثم ارّخوا بعد ذلك بعام التفرّق وهو العام الذى افترق فيه ولد نزار بن معدّ ابن عدنان من ربيعة ومضر واياد وانمار على ما فى ذلك من التنازع

a) In cod. duo puncta supra صد. *b*) Cod. الجرار et mox الجر. *c*) Cod. يهود. *d*) Deëst. *e*) Conj.; cod. سمون بن. *f*) Cod. ins. بن. *g*) Cod. بن. *h*) Cod. غلبت.

فى نسبة اياد وانمار الى نزار على ما قدّمنا فيما سلف من هذا الكتاب ثمّ ارّخوا بعد ذلك بعام الفساد وهو عام وقع فيه بين احياء العرب وقبائلها التنازع a والحروب فاستبدلوا الديار وتنقّلوا فى المساكن وارّخوا بحجّة الغَدْر وكانت قبل الاسلام بنحو b من مائة وخمسين سنة وكان سببها ان اوساء c وحَصْبة ابنى ازنم d بن عُبيد بن ثعلبة بن يربوع e ابن حنظلة بن مالك بن زيد مناة بن f تميم بن ادّ بن طابخة بن الياس بن مضر بن نزار خرجا فى عدّة من قومهما حجّاجا فلقوا بانصاب الحرم اناسا من اليمن معهم كسوةٌ للكعبة ومال للسدنة حمل ذلك بعض ملوكهم فقتلوهم واخذوا ما كان معهم ودخلوا مكّة فلمّا كان فى ايّام منا فشا الخبر بالناس فوُثب بهم وتحزّب معهم قوم فانتهبت الناس بعضهم بعضا فسمّيت حجّة الغدر، وارّخوا * بالحرب بين ابنى g وائل بكر وتغلب المعروفة بحرب البسوس وكان الذى هاجها قتل جسّاس بن مرّة بن ذهل بن شيبان بن ثعلبة بن عُكابة بن صعب ابن علىّ بن بكر بن وائل كليبًا وهو وائل بن ربيعة بن الحارث لقتل كليب ناقة يقال لها سراب لجار لخالة جسّاس وهى البسوس ابنة المُنْقِذ التميميّة ثمّ السعديّة من قضاعة من بنى جرم وارّخوا بحربِ بنى بغيض بن ريث بن غطفان المعروفة بحرب داحس والغبراء وذلك قبل البعث بنحو من ستّين سنة وبحرب الاوس والخزرج ابنى حارثة بن ثعلبة وهو h العنقاء وانّما سمّى العنقاء لطول عنقه i ابن عمرو هو مزيقياء بن عامر ماء السماء بن حارثة الغطريف بن امرئ القيس البطريق بن ثعلبة البهلوان بن مازن بن الازد وهو درّا ابن الغوث ابن نبت بن مالك بن زيد بن كهلان بن سبا بن يشجب بن يعرب بن قحطان وهما اخوان لاب ولامّ نسبا الى امّهما قيلة بنت

---

a) Cod. والتنازع. b) Cod. s. ب. c) Cod. اوشا. De fratre حصبة v. TA. d) Cod. s. p. e) Cod. نوع. f) Cod. ثمّ. g) Cod. الحرب بنى. h) Cod. وهى. i) Deëst.

جَفْنة بن عتبة *a* بن عمرو ونسّاب قضاعة يذكرون انها قبيلة بنت كاهل بن عذرة بن سعد بن زيد بن سُود بن أَسْلَم بن الحاف بن قضاعة وارّخوا بعام الخُنان *b* وهو عام شمل اكثر الناس فيه الخُنان قال النابغة الجعدىّ *c*

فمن يَكُ سائلًا عنّى فانّى   من الفتْيان فى عام الخُنانِ

وذهب ابو جعفر محمّد بنُ حبيب فى آخرين الى انه سمّى عام الخنان *d* ان بنى عامر بن صعصعة بن معاوية بن بكر بن هوازن كانت لهم وقعة مع بعض العرب فلم يصل بعضهم الى بعض من كثرة الحديد فقال قائل يا بنى عامر خنّوهم بالسيوف فلقّب ذلك عام الخنان، قال المسعودى وكانت كلّ قبيلة من قبائل العرب تؤرّخ بيوم من ايّامها المشهورة فى حروبها فكانت بكر وتغلب ابنا وائل بن قاسط بن هِنْب بن افصى *e* بن دُعْمىّ بن جديلة *f* بن اسد بن ربيعة بن نزار تؤرّخ بعام التحالف من ايّام حروبهم المنسوبات *g* الى حرب البسوس، وفزارة وعبس ابنا بغيض بن ريث *h* بن غطفان بن سعد بن قيس ابن عيلان بن مضر بن نزار يؤرّخون بيوم الجَبَلة *i* وهو اليوم الذى ظهرت فيه عبس على فزارة وقتل حذيفة وحَمَل ابنا بدر وغيرهما، وبنو عامر بن صعصعة بن معاوية بن بكر بن هوازن يؤرّخون بيوم شعب جبلة وكان قبل الاسلام بنيّف *k* واربعين سنة بين *l* بنى عامر واحلافها من عبس وبين من سار اليهم من تميم وعليهم حاجب ولقيط ابنا زرارة بن عدس بن زيد بن عبد الله بن دارم بن مالك بن حنظلة بن مالك بن زيد مناة بن تميم بن مرّ بن ادّ *m* بن طابخة

---

a) Alibi hunc inter Djafna et ʿAmr non inveni. *b*) Cod. s. p., sed in versu الخنان. *c*) *Lisân* XVI, ٣٠١ ubi فمن يحرص على كبرى et من الشبان. *d*) Cod. hic et infra الجنان et جنوهم. *e*) Cod. اقصى. *f*) Cod. حرملة. *g*) Cod. s. art. *h*) S. p. *i*) Cod. الحماه. *k*) Cod. s. ب. *l*) Cod. من. *m*) Cod. حداد.

ابن الياس وهو خندف بن مضر بن نزار ومن عاضدهما من اليمن مع ابنى الجون الكنديّين الملكيّين وفى ذلك يقول جرير

كأنّك لم تَشْهَدْ لَقيطًا وحاجبًا   وعَمْرَو بن عَمْرٍو اذ دعا[a] يالَ دارِمِ
ولم تَشْهدِ الجَوْنَيْنِ والشِعْبَ ذا الصَّفا   وشَدّاتِ قَيْسٍ[b] يومَ دَيْرِ الجَماجِمِ

واياد تورّخ بخروجها عن تهامة وحروبها مع فارس الحرب المعروفة بوقعة دير الجماجم وبذلك الوقعة سمّى الدير لكثرة الجماجم[c] على السواد وذلك فى ملك سابور بن سابور ذى الاكتاف ملك فارس وفى ذلك يقول الشاعر شاعر اياد[d]

على رَغْمِ سابُورَ بن سابُورَ أَصْبَحَتْ   قِبابُ ايادٍ حَوْلَها الخَيْلُ والنَّعَمْ

وقد ذكر ذلك ابو دُوَاد[e] الايادىّ فقال

أَلا أَبْلِغْ خُزاعَةَ اهلَ مَرٍّ   واخْوَتَهُمْ كِنانَةَ عن ايادِ
تَرَكْنا دارَهُم لَمّا تَرَوْنا[f]   وكُنّا أَهْلَها من عَهْدِ عادِ
وأَسْهَلْنا وسَهْلُ الأَرضِ يُخْشَى[g]   بجُرْدِ الخَيْلِ مَشْقَةَ القِيادِ[h]
فنازَعْنا بنى الأَحْرارِ حَتّى   عَلَفْنا الخَيْلَ من خَضِرِ[i] السَّوادِ

ثم ارّخوا بخروجهم عن العراق الى الجزيرة حين اوقع بهم سابور وكان لَقيط الايادىّ كتب اليهم وهو فى حبس الملك ينذرهم ويحذّرهم بقصيدته المشهورة التى اوّلها[k]

يا دارَ عَمْرَةَ من تَذَكّارِها الجَرَعا[l]   هَيَّجْتِ لى الهَمَّ والأَحْزانَ والوَجَعا
أَلا تَخافُونَ قَوْمًا لا أَبا لَكُمْ   أَمْسَوْا[m] اليكم كأَمْثالِ الدَّبا سَرَعا
أَحْرارُ فارسَ أَبْناءُ المُلُوكِ لهُمْ   مِنَ الجُمُوعِ جُمُوعٌ تَلْقُطُ السَّلَعا

---

a) Mobarrad ١٢٠, 8 دعوا. *b*) Cod. هش. Vid. quoque Jâc. II, ٦٥٣, 1. *c*) Deëst. *d*) Cf. *Mor.* II, 189. *e*) Cod. ut semper داود. *f*) S. p. *g*) Conj.; cod. نحسا. *h*) Cod. مسقة العباد. *i*) Cod. حضر. *k*) Cf. Nöldeke in *Orient u. Occident* I, p. 703, 709. *l*) *Mor.* II, 177 ut rec. Alii من محتلّها الجرعا. *m*) Cod. امشوا. Est vs. ١٠. Versus 3us e vs. ١١ et ١٢ concoctus est.

ولذلك قال مرّة بن مِحْكان السعدىّ حين وجّه معاوية عامر بن الحضرمىّ الى البصرة فنزل فى تميم يدعوهم الى اخذ البصرة والوثوب بزياد خليفة عبد الله بن عبّاس على البصرة وقد سار ابن عبّاس الى علىّ عمّ بالكوفة فقال مرّة مخوّفا لقومه زاجرا لهم

قُلْتُ والليلُ مُطْبِقٌ بغراه *a*   أَرْقُبُ النَّجْمَ لا أُحِسُّ رُقادا

انّ حَيًّا يَرَى الصَّلاحَ فَسادًا   ويَرَى *b* الغَىَّ فى الأُمورِ رَشادا

لَقَرِيبٌ من الهَلاكِ كما أَهْلَكَ سابورُ بالعِراقِ ايادا

فى كلمة طويلة ثم أرّخوا بعام الانتقال من ديارهم الى بلد الروم وآخر من *c* دخل منهم الى هناك من ارض الجزيرة والموصل فى خلافة عمر بن الخطّاب نحو من اربعين الفا كانوا على النصرانيّة وانفوا من الجزية حين اخذوا بها، وتميم تورّخ بعام الكُلاب وهى الحرب الّتى كانت بين ربيعة وتميم، واسد وخزيمة تورّخ بعام مأقط الذى قتلوا فيه الملك *حُجْر ابن الحارث بن عمرو *d* آكل المرار الكندىّ ابا امرئ القيس وفى ذلك يقول امرؤ القيس حين بلغه قتله

أَرِقْتُ لِبَرْقٍ بليلٍ أَهَلّْ *e*   يَلُوحُ سَناهُ بأَعْلَى الجَبَلْ

بَنُو أَسَدٍ قَتَلُوا رَبَّهُمْ   أَلَا كُلُّ شَىْءٍ سِواهُ جَلَلْ

والاوس والخزرج ابنا حارثة تورّخ بعام الآطام لما تحاربوا على الآطام وهى الحصون والقصور وذهب الاصمعىّ فى آخرين من اهل اللغة الى انها الدور *f* المسطّحة السقوف وكانت الاوس والخزرج تتمنّع بها فأخربت فى ايّام عثمان بن عفّان ورسومها باقية الى وقتنا هذا قال قيس بن الخطيم بن عدىّ بن عمرو بن سواد بن ظفر الاوسىّ يذكر الآطام فى قصيدته الّتى يذكر فيها يوم بُعاث *g* وهو احد الايّام المشهورة بين الاوس والخزرج اوّلها

---

a) Sic. Nom. loci esse videtur. Forte l. بغراب. *b*) *Mor.* 178 او يرى et سدادا pro رشادا. *c*) Cod. ما. *d*) Cod. عمرو بن حجر. Cf. supra ١٨٧, 12. *e*) Cod. افل (Ahlwardt p. ١٤٣). *f*) Cod. s. art. *g*) Cod. بغات.

اتعرف رسما كأطراد a المذاهب   لعمرة وحشا غير موقف راكب

وقال

فلولا ذرى الآطام قد تعلمونه   وترك الفضا شوركتم فى الكواعب

وطىّء وحليمه b واسمه مالك بن ادد بن زيد بن يشجب بن *عريب بن زيد بن كهلان بن سبا بن يشجب بن c يعرب بن قحطان تؤرّخ بعام الفساد وهى الحرب التى كانت بين *الغوث بن d طىّء وجديلة بن سعد بن فطرة بن طىّء بجبلى طىّء أجأ وسلمى وما يلى ذلك من السهل دامت هذه الحرب بينهم ثلثين ومائة سنة وفيها ولد فيما ذكر الهيثم بن عدىّ الطائىّ حاتم بن عبد الله بن سعد بن c الحشرج e بن امرئ القيس بن عدىّ بن ابى اخزم e بن ربيعة بن جرول f بن ثعل e بن عمرو بن الغوث بن طىّء واوس ابن حارثة بن لام بن طريف من بنى مازن g بن جندب بن خارجة ابن سعد بن فطرة بن طىّء وزيد الخيل بن مهلهل بن زيد بن منهب بن عبد رضا بن المختلس بن ثوب h بن كنانة بن عدىّ ابن مالك بن نابل بن نبهان بن عمرو بن الغوث بن طىّء وقد ذكرنا حاتما i وكان اعتزل حربهم حين تطاولت ولحق ببنى بدر بن عمرو بن جويّة e بن لوذان k بن ثعلبة بن عدىّ بن فزارة فنزل عليهم وقال يمدحهم

ان كنت كارهة لعيشتنا l   هاتى فحلّى فى بنى بدر

جاورتهم زمن الفساد فنعم الحىّ فى السرّاء والضرّ m

---

a) Cod. كـاطوار. Cf. *Agh.* II, ١٦٢. b) Sic cod. Inesse videri posset جلهمة nomen proprium tribus Tayi, sed sequens واسمه مالك potius suadet مذحج. Probabiliter textus mancus est. c) Deëst. d) Cod. المعوں. e) S. p. f) Cod. حدول. g) Legendum videtur رومان. h) Cod. ىوف. Cf. Tab. III, ٢٣٣٦., 14. i) Cod. حاتم. k) Cod. اردان. Vid. Wüstenfeld, *Geneal. Tab.* H 15. l) *Agh.* XVI, ١٠٨ معيشتنا. Cod. لعنسا. m) *Agh.* العوصاء واليسر.

وفى تلك الحروب تفرّق السّلْميّون من طىّء فلحقوا بحاضر قنّسرين من اعمال حلب الى هذا الوقت وخالطوا الاسباط وغيرهم وتزوّجوا فيهم ومن لزم جبلى طىّء اجأ وسلمى يقال لهم الاجأيّون، ولم يزل من وصفنا من قبائل العرب يؤرّخون بالامور المشهورة من موت رؤسائهم ووقائع وحروب كانت بينهم الى ان جاء الله بالاسلام فاجمع المسلمون على التاريخ من الهجرة على ما نحن ذاكروه فيما يرد من هذا الكتاب فى خلافة عمر بن الخطّاب رضه ✿

وقد ذهب قوم من اصحاب السير والآثار الى ان آدم لمّا هبط من الجنّة وانتشر *a* ولده ارّخ بنوه من هبوطه فكان *b* ذلك هو *c* التأريخ حتى بعث الله نوحا فارّخوا من *d* مبعثه حتى كان الطوفان فكان *e* التأريخ منه الى نار ابراهيم فلمّا كثر ولد ابراهيم افترقوا *f* فارّخ بنو اسحاق من نار ابراهيم الى يوسف ومن يوسف الى مبعث موسى ومن مبعث موسى الى ملك داود وسليمان وما كان بعد ذلك من الكوائن والاحداث وارّخ بنو اسماعيل *g* من بناء البيت حين بناه *e* ابراهيم واسماعيل فلم يزالوا يؤرّخون بذلك حتى تفرّقت معدّ وكان كلّما خرج قوم من تهامة ارّخوا بمخرجهم *h* ومن بقى بتهامة من بنى *i* اسماعيل يؤرّخون بخروج آخر من خرج منها من قضاعة وهم سعد ونَهْد وجهينة بنو زيد بن ليث بن سُود بن أسْلُم بن الحاف بن قضاعة حتّى مات كعب بن لؤىّ فارّخوا من موته الى الفيل ومنهم من كان f. 113v. يؤرّخ بيوم الفجار بين قريش وسائر كنانة بن لؤىّ وبين قيس *بن عيلان *k* لمّا قتل البرّاض بن قيس بن رافع الضمرىّ ضمرة بكر بن عبد مناة بن كنانة عروةَ الرحّال *l* بن جعفر بن كلاب واحتوى *m*

---

a) Finis lacunae in P. *b*) P c. و. *c*) P om. *d*) Addidi. Deinde L بعثه. *e*) L om. *f*) P فافترقوا. *g*) P اسرايل. *h*) P لمخرجهم. *i*) L ولد. *k*) L غيلان. *l*) P الرجل. IA I, ۴۴٠. *m*) L s. و.

على اللطيمة لله كانت معه للنعمان بن المنذر فاقتتلت *a* قيس وكنانة قتالا شديدا فكان *b* الظفر لكنانة على قيس وحضر *c* هذا الفجار *d* رسول الله صلّعم وله عشرون سنة وانّما سمّى الفجار لانهم تفاجروا فيها واقتتلوا فى الاشهر الحرم وهو من ايّام العرب المذكورة وفى ذلك يقول *خِدَاش بن *e* زُهَير العامرىُّ

فلا تُوعِدُنّى *f* بالفِجارِ فانّه أَحَلَّ ببَطْحاء الحَجُونِ المَحَارِما

وقال فى ذلك ابو اسماء الضَّرِيبة النصرىُّ نصر بن سعد بن بكر ابن هوازن

نَحْنُ كُنّا المُلُوكَ *من اهل *g* نَجْدِ وحُمَاةَ الذِمارِ *h* عند الذَّمَارِ

ومَنَعْنا الحِجازَ *i* من كُلِّ حَيٍّ فمنعنا *k* الفِجارَ يومَ الفِجارِ

والفجار *l* اربعة الاوّل يعرف بفجار الرَّجُلِ وهو بدر بن مَعْشَر الضمرىُّ والثانى الفجار *e* المعروف بالرُّبّاح *m* وهو القِرْد الثالث فجار المرأة القيسيّة والرابع فجار البرّاض وهو اعظمها ✿

ومنهم من كان يؤرّخ بحلف الفُضُول *n* وكان *بعد منفرقهم *o* من الفجار لاجل رجل من بنى زُبَيد *p* وجماع *زُبَيد، منبّه *q* بن صعب ابن سعد العشيرة بن مالك بن ادد بن زيد *بن يشجب بن عريب f. 114r ابن زيد *r* بن كهلان باع سلعة له من العاص بن وائل السهمىّ *s*

---

a) L c. و. *b*) P c. و. *c*) L s. و. *d*) P الفخار hic et deinde et تفاخروا. *e*) L om. *f*) L توعدونى. Cf. *Mor.* IV, 123, ubi male اجلّ — المحاربا. *g*) L فى ال. *Mor.*, ubi nomen poëtae non datur, ut rec. *h*) P a prima manu الذماء, *Mor.* الزمان, mox P الزمار, *Mor.* الذمار. Apud Lane يوم الذمار falsum est pro يوم الدمار. *i*) *Mor.* الحجون. *k*) L وقبعنا. *l*) P والفجر, L بالفجار. *m*) P بالرياح, L بالرباحى. Mox P الفرد; vid. *Agh.* XIX, ٧۴ et cf. *Mor.* II, 54. *n*) P الاصول. *o*) P منصور فهى. *p*) P الزبير. *q*) P زبير منبيت; cf. *Agh.* XVI, ٦۴ seq., *Mor.* l. l., Wüstenfeld, *Geneal. Tab.* 7. *r*) P om. *s*) L التميمى. Deinde codd. فدفعه باليمن وغارة (L وعاره).

فدافعه بالثمن وعازّه فلمّا آيس علا على ابى قُبَيس فنادى *a*

يا لَلرِّجال لِمَظْلومٍ بِضاعَتُهُ   بِبَطْنِ مَكَّةَ نائِى الحَيِّ والنَّفَرِ *b*
اِنّ الحَرامَ لِمَنْ تَمَّتْ حَرامَتُهُ   ولا حَرامَ لِثَوْبَىْ *c* لابِسِ الغَدَرِ

فاجتمعت بنو هاشم وبنو *d* المطّلب ابنى *e* عبد مناف وزهرة بن كلاب وتيم بن مرّة وبنو الحارث بن فهر فتحالفوا فى دار عبد الله بن جُدْعان التيمىّ ليكوننّ *f* مع المظلوم حتى ينصف فسمّته قريش حلف الفضول *g* وفى ذلك يقول الزبير بن عبد المطّلب بن هاشم

حَلَفْتُ لَنَعْقِدَنْ *h* حِلْفًا علينا   وانْ كُنّا جَميعًا أَهْلَ دارِ
نُسَمّيهِ *i* الفُضُولَ اذا عَقَدْنا   يَعِزُّ به الغَرِيبُ لَدَى *k* الجِوارِ
ويَعْلَمُ *l* مَن حَوالَى البَيْتِ أَنّا   أُباةُ الضَيْمِ نَهْجُرُ *m* كلَّ عارِ

قال النبىّ *n* صلعم بعد مهاجرته الى المدينة لقد شهدت حلفا فى دار عبد الله بن جدعان لو دُعيتُ الى مثله لاجبتُ وما زاده الاسلام الّا تشديدا ۞

فاما حلف المطيّبين فهو قبل *n* حلف الفضول وكان سببه فيما ذكر ابو عبيدة معمر بن المثنّى فى كتاب مناقب قريش وفضائلها ان قصىّ ابن كلاب بن مرّة بن كعب بن لؤىّ كان جعل الى ابنه عبد الدار الحجابة ودار الندوة واللواء وجعل الى ابنه عبد مناف السقاية والرفادة فلمّا كثرت بنو عبد مناف فى الجاهليّة قالوا نحن احقّ باللواء والحجابة والندوة من بنى *o* عبد الدار فتفرّقت عند ذلك قريش f.114 v. وعبد الله بن جدعان التيمىّ حىّ *o* وقال بعضهم والله لا يُرَدّ امر

---

a) P ثم نادى. *b*) L والطير. *c*) P لبونى, *Mor.* لمثوى, sed *Agh.* bis لثوب, semel (٧٠, 5 a f.) ut rec. *d*) P ins. عبد. *e*) Codd. وبنو. *f*) L ليكون. *g*) P الزبير. *h*) Codd. ليعقدن. *Mor.* 464 in ann. ad p. 124 ut rec. *i*) P فسمته, *Mor.* تسميه. In P hic versus post sequentem collocatus est. *k*) Codd. لذى. *l*) P وتعلم. *m*) *Mor.* 124 نمنع. *n*) L om. *o*) P om.

قصىّ فنصرت بنو مخزوم وجُمَح وسهم وعدىّ بنى عبد الدار وتحالفوا عند الكعبة فسمّوا الاحلاف فلمّا رات ذلك بنو عبد مناف حالفوا بنى اسد بن عبد العزّى وبنى زهرة بن كلاب وبنى تيم بن مرّة وبنى الحارث بن فهر فتحالفوا فى دار عبد الله بن جدعان وجاءهم عبد الله بآنية فيها طيب فغمسوا ايديهم فيها ويقال اخرج اليهم الطيب احدى بنات عبد المطّلب ويقال انهم وضعوا الطيب فى المسجد وغمسوا ايديهم فيه ثم مسحوا الكعبة وتحالفوا ان لا يُسْلم *a* بعضهم بعضا *فسمّوا المطيّبين فحصلت خمس قبائل بازاء خمس *b* فسمّوا اولئك الاحلاف وهؤلاء *c* المطيّبين قال عمر بن ابى ربيعة المخزومىّ ويقال عبيد *d* الله بن قيس الرقيات *e* يذكر المطيّبين والاحلاف *f*

ولها فى المُطَيَّبِينَ جُدُودٌ   ثُمَّ نالَتْ ذَوائِبَ الأَحْلافِ
انّها بين عامر بن لُؤَىّ   حينَ تُدْعَى وبَيْنَ عَبْدِ مَنافِ

وبعثَ رسول الله صلعم وقريش تؤرّخ بموت هشام بن المغيرة المخزومىّ والفيل *g* ۞

وقد ذكر للابراهيميّين *h* تواريخ كثيرة منها التاريخ بوفاة ابراهيم ثم بوفاة اسحاق وفى الاسماعيليّين من كان يؤرّخ بوفاة *i* اسماعيل وغير ذلك f.115r. مما قدّمنا فيما سلف من كتبنا شرحه، فكان من آدم الى الطوفان فيما ذكر اهل الكتب الفان ومائتان واثنتان واربعون سنة ومن الطوفان الى تبلبل الالسن بارض بابل ستّمائة وسبعون سنة ومن تبلبل الالسن الى ولادة ابراهيم اربع مائة واحدى عشرة سنة ومن ولادة ابراهيم الى وفاة موسى عم خمس مائة وخمس واربعون سنة ومن وفاة موسى الى ابتداء ملك بخت نصّر تسع مائة وثمان وسبعون سنة ومائتان وستّة واربعون يوما ومن ابتداء ملكه الى ان ظهر على بنى اسرائل فسباهم الى

---

a) P يسمع; cf. Ibn Hisch. ٨٥. *b*) L om. *c*) P واوليك. *d*) Codd. عبد. *e*) P om. *f*) *Mor.* III, 121. *g*) P والقتل. *h*) L ins. فى. *i*) P فى وفاة.

ارض بابل احدى وثلاثون سنة *واربعة وثلثون a يوما فمن b وفاة موسى الى سبى بخت نصّر لبنى اسرائيل الف سنة c وتسع سنين d واثنان وثلاثون يوما ومن سبى بخت نصّر لبنى اسرائيل الى ولادة e المسيح عم تسع مائة سنة c وثمان سنين f وسبعة وثلاثون يوما ومن ولادة المسيح الى هجرة نبيّنا صلعم ستّمائة سنة c وتسع وعشرون سنة وثلاثمائة واحد وستّون يوما فذلك سبعة آلاف سنة c وثلاثمائة وثلاث وعشرون سنة واحد عشر شهرا وعشرة ايّام g ✿ وذهب آخرون من اصحاب التواريخ الى ان من آدم الى ابتداء c ملك بخت نصّر اربعة آلاف وثمانمائة سنة h واربعين سنة ومائتين وثمانية واربعين يوما بالسنين L115v. الفارسيّة التى هى ثلاثمائة وخمسة وستّون يوما وربع ومن ابتداء ملك بخت نصّر الى غلبة الاسكندر لدارا *بن دارا c اربع مائة وتسع وعشرون سنة وثلاثمائة وتسعة i وعشرون يوما ومن غلبة الاسكندر الى قيام اردشير بن بابك خمس مائة سنة c واحدى عشرة سنة ومائتان وستّة وستّون يوما وهذه *هى مدّة k ملوك الطوائف عند هؤلاء ومن قيام اردشير الى ابتداء تاريخ يزدجرد اربع مائة وسبع وثلاثون سنة وثمانية وعشرون يوما فمن آدم عم الى ابتداء ملك يزدجرد ستّة آلاف سنة c ومائتان وخمس وعشرون سنة وثلاثمائة وثمانية l وثلاثون يوما الباقى الى تمام سبعة آلاف سنة للعالم سبع مائة سنة واربع وسبعون سنة وستّة وعشرون يوما، وجملة السنين من هبوط آدم عم من الجنّة الى هجرة النبىّ صلعم على ما توجبه التوراة التى نقلها لابطلميوس m الملك الى اللغة اليونانيّة اثنان وسبعون حبرا من احبار اليهود بالاسكندريّة

---

a) P واربعون sed superinscribitur ٣. *b*) Codd. ومن. *c*) P om. *d*) L مايه سنة, P مايـة وستون سنة. Revera sunt e computatione 1009 anni, sed numerus dierum est 280. *e*) L om. *f*) P وستون سنة. *g*) Computatio numerum longe minorem praebet. *h*) P وست. *i*) P وستة. *k*) P على عدة. *l*) In P praec. وثلاثة. *m*) P البطلميوس, L الابطلميوس.

من ارض *a* مصر واجمعوا *b* على صحّتها على ما قدّمنا فيما سلف من هذا الكتاب فى اخبار *ملوك اليونانيّين*c* ستّة آلاف سنة ومائتان وستّ عشرة سنة وبين هذه السنين وما يوجبه حساب التوراة العبرانيّة تفاوت كثير وكذلك *d* نسخة التوراة الّتى بايدى السامرة *e* وهم الكُوشان *f* f.116r. والدُوستان *g* من اليهود بارض فلسطين والاردنّ بينها وبين هاتين ايضا تفاوت بعيد، وقد ذكر عدّة من مستأخرى اصحاب *h* السير والتواريخ ان من آدم الى نوح الف سنة *h* ومائتى *i* سنة ومن نوح الى ابراهيم الف سنة *h* ومائة سنة وثلاثا واربعين سنة ومن ابراهيم الى موسى خمس مائة سنة *h* وخمسا وسبعين سنة ومن موسى الى داود خمس مائة سنة *h* وتسعا وسبعين سنة ومن وفاة موسى الى ملك الاسكندر الف سنة *h* واربع مائة سنة وسبع سنين *k* ومن داود الى عيسى الف سنة *h* وثلاثا وخمسين سنة ومن عيسى الى نبيّنا *l* محمّد صلعم ستّمائة سنة، قال المسعودى وفيما ذكرنا تنازع كثير بين *m* الاسلاف والاخلاف من الامم ومن *n* عنى بتواريخ الانبياء والملوك قد اتينا على جميع ما قيل فى ذلك فى *m* كتاب مروج الذهب ومعادن الجوهر وفى كتاب فنون المعارف، *وما جرى فى الدهور السوالف *h*، وفى كتاب الاستذكار، *لما جرى فى سالف الاعصار *h*، وغيره وانّما نذكره *o* فى هذا المختصر لُمَعًا وجوامع استذكارًا *لما تقدّم من كتبنا فلنذكر الآن سنى الامم الشمسيّة والقمريّة وشهورها وكبسها *h* ونسيئها *p* لاتّصال ذلك بما ذكرناه والحاجة الداعية *q* الى معرفته ۞

---

a) P اهل. *b*) P واجتمعوا. *c*) L الملوك. *d*) L وذلك. *e*) L السمرة. *f*) L s. p. *g*) P والدوشان; vid. *Mor.* I, 115, de Sacy, *Chrest.* I, 305, 343 seqq. *h*) P om. *i*) Codd. hic et deinde nomin. In *Mor.* IV, 107 seq. omnes numeri differunt a nostris. *k*) P وستون سنة. *l*) L om. *m*) P من. *n*) P وممن. *o*) P يذكر sine فى; L نذكره. *p*) P ونسبها ut mox etiam L. *q*) L s. art.

ذكر جمل من الكلام فى سنى الامم وشهورها وكبسها ونسبئها وما اتّصل بذلك

جميع ما تؤرّخ[a] به الامم من السنين شمسيّة على ذلك عمل[b] سائرهم من السريانيّين والفرس واليونانيّين والروم والقبط والهند والصين f.116 v. الّا العرب والاسرائليّين[c] ومقدار سنتهم[d] الشمسيّة من الزمان ثلاثمائة وخمسة وستّون يوما وربع يوم وعلى[e] التحقيق وجزء * من ثلثمائة جزء[f] من يوم ومراعاتهم فى ذلك ابتداء سير[d] الشمس من[g] نقطة * الاعتدال الربيعىّ[f] الى عودها اليها[h] وهم مجمعون[i] على ان شهور سنتهم[k] اثنا عشر شهرا وان كانت عدّتها[l] مختلفة ولذلك احتاجوا[m] الى كبس ايّام لتتمّة مدّة السنة فشهور اليونانيّين والروم الّتى غلب عليها تسمية السريانيّين ايّاها لموافقتهم ايّاهم عليها[n] اوّلها تشرين الاوّل وهو احد وثلاثون يوما، تشرين الثانى ثلاثون يوما، كانون الاوّل احد وثلاثون يوما وليلة[o] خمس وعشرين منه ليلة الميلاد، كانون[p] الثانى احد وثلاثون يوما، شباط[p] ثمانية وعشرون يوما وربع يعدّ[q] ثلاث سنين متواليات ثمانية وعشرون يوما[f] وفى السنة الرابعة تجبر الكسور[r] فيعدّ تسعة وعشرون يوما فتسمّى[s] تلك السنة كبيسة بسبب زيادة ذلك[d] اليوم، اذار احد وثلاثون يوما، نيسان ثلاثون يوما، ايار احد وثلاثون يوما، حزيران ثلاثون يوما، تمّوز احد وثلاثون يوما، آب[t] احد وثلاثون يوما، ايلول ثلاثون يوما، فذلك[p] ثلاثمائة وخمسة وستّون يوما وربع يوم[f] ✿

---

a) P توحر. *b*) L فحمل. Deinde P اكثرهم. *c*) P s. و. L addit والفرس. *d*) L om. *e*) P s. و. Pro وجزء infra p. ٢٢٠, 8 est الّا جزءً. *f*) P om. *g*) L فى. *h*) L اليه. *i*) L مجتمعون. *k*) P سنيهم. *l*) Pro عدة ايامها. *m*) P احتالوا. *n*) Cf. *Mor.* III, 402 seq. L فاولها. *o*) L وفى ليلة. *p*) P c. و. *q*) Codd. بعد. *r*) L الكسر من اليوم. *s*) L c. و. *t*) P ابيب.

فاما شهور الفرس فاوّلها فروردين ماه اوّل يوم منه النوروز معنى *a* ذلك *b* بالفارسيّة اليوم الجديد *لان الجديد *c* فى لغتهم نو واليوم روز f. 117 r. وهو اعظم الاعياد *d* عندهم، ارديبهشت ماه، خُرْدادْماه، تيرماه، مردادماه، شهريرماه، مهرماه يوم السادس عشر منه المهرجان وبينه *e* وبين النوروز ستّة اشهر ونصف تكون ايّاما *f* مائة وخمسة وتسعين يوما، آبان ماه يوم السادس والعشرين منه تدخل الايّام العشرة المعروفة بالفرودجان *g* منها تمام آبان ماه وخمسة كبيسة لا تعدّ من الشهور *h* تسمّى الأَنْدَرْجاهان، آذرماه اوّل يوم منه ركوب الكوسج بالعراق وغيرها من ارض فارس وذلك من رسوم الفرس فى ايّام ملوكها، *ديماه، بهمن ماه *i*، اسفندارمذماه، عدد *a* كلّ شهر منها ثلاثون يوما وهى هرمز، بهمن، اردبهشت، شهرير، اسفندارمذ، خرداد، مرداد، ديباذر *k*، آذر، آبان، خور، ماه، تير، جوش، ديبمهر *l*، مهر، اسروش، رشن، فروردين *m*، بهرام، رام، باد، ديبدين، دين، ارد، اشتاد، اسمان، زامياد، مارسفند، انيران، وليس *يُتكرّر كتكرار *n* ايّام الجمعة للعرب فتصير جملتها مع الخمسة الايّام الغير معدودة ثلاثمائة وخمسة وستّين يوما، وكانوا يؤرّخون ربع *o* اليوم الذى يجب لتمام السنة الى مائة وعشرين سنة فيكبسون حينئذ شهرا *p* وانّما امتنعوا من كبس يوم فى اربع سنين f. 117 v. لامور ذكروها منها اعتقادهم فى ايّام شهورهم انها اسماء *q* ملائكة وكراهيتهم ان يزيدوا فيها ما ليس منها وغير ذلك من الوجوه ممّا *r* تقدّم شرحها

---

a) P c. و. *b*) P add. اليوم. *c*) L om. *d*) P الايام. *e*) L s. و. *f*) P ايامه. *g*) L بالفرودون. *h*) L الشهر. In *Mor.* III, 413 haec lacunosa sunt. Cf. Berûnî *Chron.* ٤٣, 15. *i*) L ديمن ماه. *k*) P ديناذر, L دينارذ. *l*) P نبيمهر, L دينمهر, *Mor.* 415 دبر. *m*) P أفروديين, L فرودس. *n*) L يتكرر كتكرر. *o*) P الربع, L الرابع. *p*) P شهور, in L praec. يوما. Cf. Ber. ٤٤, 7 seq. *q*) P ins. ملوكهم او اسما. Deinde L ملكيه. *r*) P ما.

فيما ذكرنا *a* من كتبنا، ولمّا زال ملكهم وفنيت *b* ملّتهم وذهب من *c* كان يكبس ذلك * ربع اليوم *d* من ملوكهم انتقلت ايّامهم فدار نوروزهم فى مدّة مائتين وخمسين سنة الى *e* ايّام المعتضد نحوا من شهرين وتقدّم لذلك استفتاح الخراج عن الوقت الذى يحصل فيه *f* غلال *g* الناس فردّه المعتضد فى سنة ٢٨٢ للهجرة نحوا من مدّة شهرين *h* وقرّره على الشهور السريانيّة لئلّا يعود دورانه اذ كانت محفوظة بالكبس لا يتغيّر اوقاتها فجعله فى اليوم الحادى عشر من حزيران ونُسب *i* اليه فقيل النوروز المعتضدىّ وبقى النوروز الفارسىّ يدور فى سائر الفصول الاربعة فيتقدّم *k* فى كلّ مائة وعشرين سنة شهرا وانّما كان موقعه فى اوّل الفصل الصيفىّ والمهرجان فى اوّل الفصل الشتوىّ ۞

فاما القبط فيوافقون الفرس فى عدد ايّام *f* شهورهم وهى ثلاثون يوما اوّل *l* شهورهم توت اوّل يوم منه النوروز القبطىّ بارض مصر، بابه، هتور، كيهك، طُوبه، امشير، برمهات، برموده، بشنس، بوونه، ابيب، مسرى، وفى آخر مسرى تكبس الخمسة ايّام المسمّاة *m* بالقبطيّة ابغمنا *n* وتعرف f. 118 r. باللواحق *o* يفعلون ذلك ثلاث سنين متواليات فاذا كانت السنة الرابعة جعلوا الكبيسة ستّة ايّام لتنجبر *p* الارباع من اليوم الواجبة لكلّ *q* سنة فتحصل ايّام سنيهم على الحقيقة ثلاثمائة وخمسة وستّين يوما وربع يوم ۞

فاما العرب فانها تراعى رؤية الاهلّة فتجعل حساب سنتها *r* عليها وشهورهم *s* شهر ثلثون يوما وشهر تسعة وعشرون يوما فيكون ستّة اشهر

---

a) L قدمنا. *b*) P وبقى, L وبقيت, sed Ber. l. 11 habet وباد دينهم. Locus supra p. ٩٨ l. 2 nil facit pro lectione codd. Deinde P ملهم. *c*) P ما. *d*) P اربع يوم. *e*) P فى. *f*) P om. *g*) P غلايل, L علامات. *h*) L c. art. *i*) Codd. ونسبه. *k*) L فيقدم. *l*) L واول. *m*) P المعروفة. *n*) L s. p., P انعميا, *Mor.* III, 399 العميا, Ber. ٤٩, 20 seq. ابو غنما. *o*) L باللوضين. *p*) L لتجبر. *q*) P بكل. *r*) P سنيها. *s*) L ins. كل.

من السنة تامّة وستّة a ناقصة وايّام سنتهم ثلاثمائة واربعة وخمسون يوما بالحساب المطلق وهو الجليل b فاما على التحصيل c والتدقيق فان عدد هذه الايّام للسنة تزيد فى كلّ ثلاثين سنة احد عشر يوما تكون d حصّة السنة الواحدة من ذلك خُمسا *وسُدس يوم e فتكون ايّام السنة بالحقيقة ثلاثمائة واربعة وخمسين يوما وخُمسا f وسُدس يوم والسنة التى ينجبر g فيها هذا الكسر تكون شهورها سبعة تامّة وخمسة ناقصة وهذا العدد لايّام الشهور هو بالحساب المصحّح h من اجتماع الشمس والقمر *بمسيرهما الاوسط i فاما برؤية الاهلّة فانه يختلف بزيادة ونقصان فيمكن ان تكون شهور متوالية *تامّة وشهور متوالية k f.118v. ناقصة ولا يكاد يتّفق فى كلّ وقت ان يكون اوّل l لحساب بالشهور m والرؤية يوما n واحدا الّا انهما يتساويان على مرور الزمان، وايّام العرب التى *تعدّ بها o من غروب الشمس وهى الايّام السبعة التى اوّلها الاحد *ابتداؤه من غروب الشمس من يوم السبت وآخره غروبها فى يوم الاحد n وكذلك سائر n الايّام وانّما جعلوا ابتداء كلّ يوم بليلته من وقت *غروب الشمس لاجل انها تعدّ ايّام الشهر من وقت k رؤية الهلال *ورؤية الهلال p تكون عند غروب الشمس فاما من سمّينا من n الامم ممّن لا يراعى فى الشهور q رؤية الاهلّة فان النهار عندهم قبل الليل وابتداء كلّ يوم بليلته من n وقت طلوع الشمس الى وقت طلوعها *من الغد n، قال المسعودى وقد كان العرب فى الجاهليّة تنسئ r لاجل اختلاف الزمان والمواقيت وما بين السنة الشمسيّة والقمريّة وفيه

---

a) P c. art. *b*) Cf. Ber. ١١ ult. *c*) P التحصل. *d*) L s. p., P فيكون. *e*) P وسدسا. *f*) Codd. وخمس. *g*) L s. p. *h*) L الصحيح. *i*) L لسيرهما التوسط. *k*) L om. *l*) P ins. الشهور او يكون اول. *m*) P ins. والايام واحدا وان يكون بالشهور. *n*) P om. *o*) P تعدها. Doinde addidi من غروب. *p*) L tantum ان. *q*) P الشهر. *r*) L نسى.

انزل *a* اِنَّمَا ٱلنَّسِىٓءُ زِيَادَةٌ فِى ٱلْكُفْرِ وكان المتولّون لذلك النسأة من بنى الحارث بن كنانة بن مالك بن خزيمة بن مدركة بن الياس بن مضر اوّلهم *b* ابو ثُمَامة جُنَادة *بن عوف *c* بن امية وكان يعرف بالقَلَمّس وبه سمّى *d* من بعده من النسأة فقيل *e* القلامس وكانوا ينسـُون فى كلّ ثلاث سنين شهرا يسقطونه من السنة ويسمّون الشهر *f* الذى يليه باسمه ويجعلون يوم التروية ويوم عرفة ويوم النحر الثامن والتاسع والعاشر من ذلك الشهر فيكون ذلك دائرا فى سائر شهور السنة موجبا *g* وكانوا *h* بذلك مقاربين *i* لغيرهم *g* من الامم فى مدّة *زمان سنتهم *k* الشمسيّة فلم يزالوا على ذلك الى ان ظهر الاسلام وفتح رسول f.119 r. الله صلّعم مكّة فوجّه ابا بكر فى السنة *l* التاسعة من الهجرة على الموسم فحجّ بالناس وهى آخر حجّة حجّها المشركون وكان الحجّ فى تلك السنة اليوم العاشر من ذى القعدة ونزلت آيات من سورة براءة *m* فبعث بها رسول الله صلّعم مع علىّ بن ابى طالب عمّ وامره بقراءتها *n* على الناس بمنى وكانت *o* الاشهر الله قال فَسِيحُوا فِى ٱلْأَرْضِ أَرْبَعَةَ أَشْهُرٍ *p* عشرين يوما من ذى القعدة وذا الحجّة والمحرّم *q* وصفر وعشرة *r* ايّام من شهر *s* ربيع الاوّل وامر رسول الله صلّعم عليًّا عمّ باداء اربع كلمات ان *t* لا يحجّنّ بعد *u* العام مشرك ولا يطوفنّ بالبيت عريان ولا يدخل الجنّة *v* الّا مسلم ومن كانت بينه وبين رسول الله صلّعم مدّة فاجّله الى مدّته، فلمّا كان من قابل حجّ رسول

a) Kor. 9 vs. 37. *b*) Sec. *Mor.* III, 116, Ber. ١٣, 1 seq., Ibn Hisch. ٣٠, Tab. ١١٣٤, 9 et Ibn al-Kelbî, cod. Mus. Britt. Add. 23297 f. 50 r. postremus fuit. *c*) Addidi. *d*) L يسمّى. *e*) P وقيل et mox فكانوا. *f*) L ins. العاشر. *g*) L om. *h*) P c. ف. *i*) P مفارس, L مفارنين. *k*) P سنتهم زمانهم. *l*) L ins. السابعة وذكر. *m*) Sura 9. *n*) P يقرا بها. *o*) P وكان. *p*) Vs. 2. *q*) P وذى المحرم et collocat ante الحجة (codd. وذا ذى). *r*) P وثلاثة. *s*) P om. *t*) L الا. *u*) P ins. هذا. *v*) L الكعبة.

الله صلعم a فى ذى الحجّة * وهى حجّة الوداع b وخطب c الناس d فقال ألا انّ الزمان قد استدار كهيئته e يومَ خلق الله f السموات والارض السنة اثنا عشر شهرا منها اربعة حُرُمٌ g ذو القعدة وذو الحجّة والمحرّم ورجب h مضر بين جمادى وشعبان هذه حكاية لفظه عمّ ولو عدّ عادٌّ هذه الاشهر i فبدأ بالمحرّم ثمّ رجب وذى القعدة وذى الحجّة لكان ذلك k جائزا وانّما ذكرنا هذا لان فى الناس من يجعلها من f سنتين والنبىّ صلعم انّما قال منها فدلّ على انها من سنة واحدة ۞

f. 119r. فامّا الاسرائيليّون فالاشمعث l منهم وهم الجمهور الاعظم يراعون رؤية الاهلّة * وعدد الاشهر f وحصر ايّامها ويسمّون ذلك العِبُّور m ورأيت الاقباط بارض مصر يسمّونه الافقطى n ومراعاتهم ذلك لاجل عيد الفصح o ثمّ تنازعوا بعد ذلك فقال فريق من العنانيّة اصحاب * عَنَان بن نبادود p وكان من رؤساء q الجوالى بارض العراق والقرائيّة r انهم لا يُوقعون الفصح حتى يتكامل ادراك السنبل ويسمّونه ابيب s ومنهم من يقول بالفصح عند ادراك البعض منه ولا يراعى الكلّ ۞

قال المسعودى وقد ذكرنا t فيما سلف من كتبنا تنازع من ذكرنا من الامم فى السنين الشمسيّة والقمريّة وشهورها وكيفيّة كبس الامم ونسيئها والعلّة فى ذلك على الشرح والايضاح والخلاف بين ابّرخس

---

a) L ins. حجة الوداع. *b*) L om. *c*) P c. ف. *d*) P بالناس, Ber. ٦٣, 2 للناس. *e*) L كهيبه ut male quoque Ber. l. l. Contra ١٢, 15 ut rec. et ita Ibn Hisch. ٩٦٨ paen., Tab. I, ١٧٥٤, 6. *f*) P om. *g*) Kor. 9 vs. 36. *h*) L ins. شهر. *i*) P الشهور. *k*) P هذا. *l*) P c. و; L فانا سمعت. *m*) Revera est *intercalatio*; vid. de Sacy, *Chrest.* I, 355, Ber. ٥٣, 14. *n*) *Epacta.* L الافطى. *o*) P الفصيح. *p*) Ananjas ibn Nebedäus; P عايد بن يادود, L عانن بن داود. De Sacy »Anan fils de Daoud". Aliter Ber. ٥٨, 22. *q*) P رآءسا. *r*) P والقراتبه; L والعرا بىد. *s*) P انيبت, L ابىت. *t*) P كتبنا.

ومتّبعيه وابطلميوس القلوذىّ فى ارصادهما وطلبهما مقدار سنة الشمس وما ذهب اليه ابّرخس من ان ذلك يعلم بوجهين احدهما مقارنة الشمس للكواكب a الثابتة التى عودتها اليها فان b مدّة ذلك من الزمان ثلاثمائة وخمسة وستّون يوما واقلّ من ربع يوم وما ذهب اليه c ابطلميوس من ان الغرض والغاية فى علم زمان سنة c الشمس حركتها وابتداؤها من نقطة الفلك الخارج المائل حتى يعود الى تلك النقطة وان مدّة ذلك *من الزمان d ثلاثمائة وخمسة وستّون يوما e وربع يوم الّا جزء من ثلاثمائة جزء من يوم على ما قلنا وعليه العمل f.120 r.
الاعمّ فى وقتنا هذا ، ومقدارَ e المدّة *بين رصد ابّرخس f ورصد ابطلميوس g *بمدينة الاسكندريّة من بلاد مصر وما بين رصد ابطلميوس d ورصد المأمون بالشماسيّة من بلاد دمشق من ارض الشأم فى سنة ٢١٧ للهجرة واوّل يوم من فروردين ماه سنة ٢٠١ ليزدجرد وعليه *عمل الزيج h الممتحن ، وما ذهبت اليه الهند d فى مدّة ايّام الدنيا وتنازعهم فى عدّتها وان الاصل فى ذلك عدّة ايّام السِنْدِهِنْد تفسير ذلك دهر الدهور وهو الكتاب الجامع لعلم الافلاك والنجوم والحساب *وغير ذلك i من امر العالم وعنه ناضل ابطلميوس وشابَهَهُ k بارصاد ابّرخس وارصاده ، وكيف عملت الهند كتاب الارجبهز l من كتاب c السندهند *الارجبهز جزءٌ من الف جزء من السندهند c وكتاب d الاركند من كتاب الارجبهز ، وان الله عزّ وجلّ بلطيف حكمته وعظم قدرته خلق الكواكب على قدر اوجاتها وجوزهراتها فى اوّل دقيقة من الحمل ثم سيّرها جميعا d فتحرّكت جملة m واحدة فى *طرفة عين n على سيرها

a) L اللواكب et om. الثابتة; P والثانية الى. *b*) P c. و. *c*) L om. *d*) P om. *e*) L ومقدارة. *f*) P من رُخّس; L quoque من. *g*) L ins. ومن رصد ابرخس. *h*) P زيج العمل. Deinde L المنتدح. *i*) P وغيره. *k*) L وشانه. *l*) Cf. *Mor.* I, 150, Ber. ٢٥, 13. *m*) L حكمة. *n*) P طُرفة واحدة.

المعلوم فكانت *a* حركتها *b* اوّل يوم من الدنيا ولا تزال تسبح فى دور الفلك فاذا اجتمعت لا موضع منه *c* اثّرت فى العالم تأثيرا عظيما منكرا *d* بدبور واحتراق وغير ذلك وكثيرا ما لا تجتمع كلّها وان اجتمعت كلّها لم تجتمع معها الاوجات والجوزهرات فلا *a* تزال *e* * على ذلك *c* طول ايّام السندهند حتى تنتهى بجميع اوجاتها وجوزهراتها الى f.120 v. الموضع الذى *فيه خلقت *f* بهيئتها الاولى وذلك انقضاء الدنيا عندهم فان *a* جميع ايّام السندهند مذ اوّل ما دارت الكواكب الى ان تجتمع *g* جميعها من السنين اربعة آلاف الف الف *h* وثلاثمائة الف الف وعشرون الف الف سنة شمسيّة *i* على مدار الشمس السنة *k* منها ثلاثمائة وخمسة وستّون يوما وربع يوم وخُمْس ساعة وجزء من اربع مائة جزء من ساعة، وما فى بيت الذهب الذى *c* باعالى ارض *i* الهند ومشارقها وهو الذى دخله الاسكندر الملك من حساب ظهور البُدّ الاوّل بارضهم *l* وتاريخه ان ذلك اثنا عشر الف *m* الف عام مضروبة فى ستّة وثلاثين الف عام على ما قدّمنا فيما سلف من هذا الكتاب، وتنازع حكماء الامم من الفلكيّة *n* وغيرهم فى اوج الشمس وهو اعلى موضع *o* فى فلكها وجوزهرها *p* من تحتها *p* مقابل له وكذلك كلّ كوكب من السبعة وعند كثير منهم فى هذا الوقت وهو سنة ٣٤٥ للهجرة انه فى *q* ستّ درج ونصف من الجوزاء ايضا *r* على ما ذكرنا من الدرج فيها وعلى مذهب السندهند فى سبع عشرة درجة وخمس

---

a) P c. و. *b*) P ins. على. *c*) P om. *d*) L منكسرا. *e*) Codd. يزال. *f*) L inv. ord. *g*) L بجمع. *h*) L add. الف. *i*) L om. *k*) L لسنة. *l*) P ins. وذلك ان تاريخهم quae verba continent var. l. ad seq. وتاريخه. Cf. *Mor.* I, 151. *m*) Addidi الف ut efficiatur numerus supra datus 4,320,000,000, qui confirmatur a Berûnîo, *India* I, 368, II, 18 vers. Sachau. *n*) P الفلاسفة. *o*) P موضعا. *p*) Codd. c. suff. ه. *q*) L من. *r*) Aut aliquid excidisse e textu ostendit, aut hic delendum, infra post الجوزاء inserendum est.

وخمسين دقيقة واربع عشرة ثانية من الجوزاء كذلك ذكر فى زيج a محمّد بن موسى الخوارزمىّ وزيج حَبش بن عبد الله السندهند لان f.121 r. لحبش ثلاثة زيجات المشهور عند الناس زيج الممتحن والثانى b السندهند ولم يخالف c الخوارزمىّ فيه الّا بدقائق والثالث الشاه فاذا قيل *زيج حبش d مطلقا فانّما يراد به الممتحن والذى حكاه e عن ابطلميوس فهو قانون ثاون f وثاون عن المجسطى اخذ وذكر اصحاب زيج الشاه انه فى عشرين درجة من الجوزاء وذكر اصحاب زيج f الممتحن انه كان فى السنة التى قُبس g فيها وهى سنة ٢١٧ h على ما قدّمنا فى هذا الباب i فى اثنتين وعشرين درجة وتسع وثلاثين دقيقة من الجوزاء وذهب ما شاء الله المنجّم الى ان اوج الشمس هو k عضادة عدل *الله بها f الفلك وهذا احد ما *عُنّت به l، وما *ذهب اليه m الهند وغيرها f من ان الاوج يتحرّك n فى كلّ مائة سنة درجة واحدة فيكون مقامه فى كلّ برج ثلاثة آلاف سنة *وقطعه الفلك فى ستّة وثلاثين الف سنة o وكيفيّة تنقّله ودورانه f اذا انتقل عن البروج الشماليّة الى الجنوبيّة انتقلت العمارة فصار الشمال جنوبا p والجنوب *شمالا والعامر q غامرا *والغامر عامرا f وانه لا خلاف بين حكماء الهند والكلدانيّين والمصريّين واليونانيّين والروم وغيرهم وبين r منجّمى عصرنا وفلكيّة وقتنا انه فى برج الجوزاء وانّما التنازع بينهم فى ثباته وتنقّله f.121 v. على ما ذكرنا، ولثابت بن قرّة الصابئ الحرّانىّ رسالة فى نصرة راى ابرّخس على ان *لاوج الشمس s حركة مخالفا لقول ابطلميوس وقد امتحن هذه الرسالة عدّة من اهل الهندسة t فوجدوا الاوج فى اربع

---

a) P تاريخ. *b*) L وقال الثانى. *c*) L يخالفوا. *d*) P جيش زيج. *e*) P حكيناه. *f*) L om. *g*) P om. *h*) L ٢٠٧ (om. عشرة). *i*) L الكتاب. *k*) P هى. *l*) Addidi voc.; P عيننه. *m*) L ذهبت به. *n*) L ينحرك. *o*) Cf. *Mor.* 150, Kazw. I, ٢٥, 3 a f. seqq. *p*) L جنوبيا. *q*) L شمائيا والعماير. *r*) Codd. ومن. *s*) P لا دنج. *t*) P عصرنا. Deinde L جذوا الازج.

وعشرين درجة ودقائق كثيرة تكون من[a] اوّل[b] الحمل *اربعا وستّين[c] درجة ودقائق كثيرة[d] وهذا خلاف لما ذكره[e] اصحاب رصد الممتحن لانهم اجمعوا الّا محمّد بن جابر البتّانىّ[f] الحرّانىّ على ان بُعْد الاوج من رأس الحمل اثنتان وثمانون درجة وتسع واربعون دقيقة، وذكرنا ما ذهب اليه هؤلاء من ان السبب فى كسوف القمر *ان ضوءه انّما[g] هو شىء يقبله من الشمس *فمتى تهيّأ[h] ان يكون ظلّ الارض فيما بين الشمس والقمر فستره *او ستره[i] بعضه انكسف او انكسف بعضه على قدر ما يستره[k] منه وان السبب فى كسوف الشمس ان القمر يستر الشمس عنا ولذلك صار كسوف[d] القمر انّما يعرض فى وقت مقابلته للشمس وكسوف الشمس انّما يعرض فى وقت الاجتماع وان اقلّ ما يكون بين الكسوفين[l] الشمسيّة والقمريّة جميعا ستّة اشهر قمريّة وذلك على الامر الاوسط وانه قد يمكن *ان يكون[m] بين كسوفين[n] شمسيّتين او قمريّتين خمسة اشهر وذلك عند اتّفاق شهور *عظمى ويمكن ان يكون بين كسوفين ستّة اشهر وذلك عند اتّفاق شهور[o] صغرى وانه لا يمكن ان تنكسف الشمس فى شهر واحد مرّتين فى موضع واحد
f 122r. ولا فى[m] موضعين مختلفين من الاقاليم الشماليّة ابدا وقد يمكن ذلك فى موضعين مختلفين عن خطّ الاستواء احدهما فى الاقاليم الشماليّة والآخر فى الناحية الجنوبيّة، وما ذهبوا اليه من انه اذا كان الصيف[m] فى ناحية الشمال كان الشتاء فى ناحية *الجنوب واذا كان الصيف فى ناحية الجنوب كان الشتاء فى ناحية[m] الشمال ولاجل ذلك صار[d] نيل مصر زائدا فى *الشهور الصيفيّة[p] لترادف الشتاء والانداء بسائر ارض

---

a) L فى. *b*) P ins. الجوزا او. *c*) L اربع وثمانين. *d*) P om. *e*) P ذكرنا. *f*) L s. p., P البنانى. *g*) P انما ضوه. *h*) L فمن هنا. *i*) L وستر. *k*) L يسمر, P يستتر. *l*) L الكسوفات. *m*) L om. *n*) P c. art. Deinde L شمسىن او قمرىن. *o*) P om. Pro عظمى ويمكن L عظم ىىفق. *p*) P الصيف.

الاحابش a من النوبة والزغاوة والزنج الى جبل القمر الذى b وراء خطّ الاستواء ومبدأُ *منبع b عيون النيل منه ومصبّ السيول اليه على ما قدّمنا فيما سلف من هذا الكتاب عند ذكرنا البحار والانهار الكبار، وكذلك الشتاء بارض الهند سبيله سبيل شتاء c ارض الاحابش واليمن على ما d شاهدناه بارض اللار e الكبيرة *من ارض f الهند وغيرها *مما ذكرنا من البلاد b وذلك فى سنتى ٣٠٣ و ٣٠٤ c ويسمّى هناك اليسارة g *والعلّة فى h ذلك عند من ذكرنا كون الشمس وتنقّلها *فى البروج b من الشمال الى الجنوب ومن الجنوب الى الشمال اذا قربت من موضع كان الصيف واذا بعدت عنه كان الشتاء وانه اذا كان فى مكان نهار كان فى ضدّه ليل واذا كان فى موضع ليل كان فى ضدّه نهار وان نصف الارض ابدا نهار *ونصفها ابدا i ليل والشمس حيث كانت من جميع نواحى الارض *الاربع فانها انّما تضىء على نصف f.122v. الارض c سواءً k ربع امامها وربع خلفها وربع عن *يمينها وربع عن شمالها l وذلك تمام نصف الارض *والنصف الآخر m ستره ان تضىء n فيه كثافة الارض وتدويرها فيكون فى ذلك النصف الذى c لا تضىء n فيه الليل لان الليل ظلّ الارض اذا ستر بعضُها عن بعض ضوءَ الشمس فحيث ما كانت الشمس فهناك o النهار وحيث لا ترى فهناك الليل، وما ذهبوا اليه من ان اقواما p يشتون مرّتين ويصيفون q مرّتين فى سنة واحدة وهم اهل خطّ الاستواء الذى يقسم *مجرى

---

a) P الحبايش. *b*) P om. *c*) L om. *d*) P ins. و قدمنا. *e*) P الارو, L اللاو; cf. *Mor.* II, 85, Abulfeda ٣٥٧. *f*) P بارض. *g*) P البشارة; cf. *Mor.* I, 327 seq., Reinaud, *Relation* ١٣٦. *h*) L tantum وعلة. *i*) P وابدا, L ونصفها. *k*) L سوى. Deinde P ربعها ربع يمينها وربع امامها وربع عن خلفها; L ubique ربعا. *l*) P tantum يسارها. *m*) P ونصف الارض. Deinde codd. سترها. *n*) L يضى. *o*) P هناك. *p*) P قوما. *q*) L ويضيّفون.

الشمس [a] بنصفين ياخذ من الشرق [b] حتى يعود الى الشرق والمدن التى على هذا الخط فزان [c] وأُزَيْن [d] وعَدَن والشِحْر وغير ذلك من البلاد وان الشمس اذا صارت * الى اوّل برج الحمل كان الحرّ عندهم مفرطا جدًّا واذا صارت [d] الى السرطان زالت عن سمت رؤوسهم اربعا وعشرين درجة التى هى الميل [d] فشتوا [e] ثم تعود الشمس اليهم اذا صارت الى اوّل الميزان فيصيفون ثانية ويشتدّ الحرّ عليهم فاذا هى زالت الى ناحية الربع الجنوبىّ وصارت الى اوّل الجدى شتوا ثانية وانهم على هذا الترتيب يصيفون مرّتين ويشتون مرّتين غير ان شتاءهم ابدا قريب من صيفهم، وانه قد يكون فى بعض المواضع [f] مقدار شهر من الصيف نهار كلّه لا ليل فيه وشهر [g] من الشتاء ليل [h] لا نهار فيه وتكون
f.123r. العشرة اشهر الباقية من السنة كلّ يوم وليلة اربعا وعشرين ساعة وهى المواضع التى يرتفع فيها القطب عن الآفاق سبعة وستّين جزءًا ورُبْعا فهناك يكون مدار ما بين النصف من الجوزاء الى النصف من السرطان ظاهرا فوق الارض ابدا وما بين النصف من * القوس الى [i] نصف الجدى غائبا ابدا، وما قالوه فى المواضع التى يطول نهارها ويقصر ليلها حتى يكون الساعة والساعتين [k] والثلاث وذلك * فى اقاصى بلاد الروم وبلاد البرغر وبلاد [l] خوارزم مما يلى البحر الخزرىّ [m]، وما قالوه فى الساعات المعتدلة وهى التى تكون كلّ ساعة منها بمقدار ما يدور الفلك خمس عشرة درجة والساعات الزمانيّة وهى المعوجّة التى تكون [d] كلّ واحدة منها مقدار نصف سدس النهار ونصف سدس الليل، وما ذهبوا اليه من تاثيرات الكواكب السبعة من النيّرين

---

a) L نصفى محمه الارض; P post مجرى ins. نصف. *b*) L المشرق.
c) P قرار, L فران. *d*) L om. *e*) L فشتّوا. *f*) L ins. عندهم فى. *g*) P ونهار وليل. *h*) P مدة شهر. *i*) P السرطان طاهر.
k) L والساعتان. *l*) L باقاصى بلاد غز وراء بلاد. *m*) L الخُزرى.

والخمسة وخاصّتها فى a الاديان والبقاع والحيوان والنبات وغير ذلك ، وفيما خالف بين b لغات الناس والوانهم فى a المعمور من الارض والعلّة فى مطر الاقليم الاوّل فى القيظ دون سائر البلاد ، وما قالوه فى العلّة التى صار لها c كثير من المواضع لا تمطر كفسطاط مصر وغيرها d الّا اليسير وان السبب فى ذلك ان *جزء بلاد e مصر من جهة شمالها عادم الجبال الشوامخ واكثر ما يسيل اليه من جهة بحر الحبشة يحجز f.123 v.
بينه وبين مصر جبال البُجة كالمقطّم وما يليه فيمنع ذلك البخار فيسيل f الى جهة الشأم والعراق وليس فى سمت مصر من جهة الجنوب بحر فما g يسيل الى سمتها من البخار اقلّ مما يسيل من جهة بحر الحبشة الى الشأم والعراق h والنيلُ يعين i حركة الهواء من الجنوب الى الشمال بجريته فينقاد سيلان تلك الابخرة الى الشمال فى k بلاد كلّها l حارّة لقلّة العرض ومجاورة البحار اما بحر الحبشة فمن جهة شرقها واما بحر الاسكندريّة وهو بحر الروم فمن جهة شمالها فيحمى جوّها فلا يغلظ البخار السائل اليها ولا يجتمع حتى يخالط بحر الاسكندريّة ويمتزج به ويجوزان معًا c جهة الشمال من بلاد اروفى m واذا صارا الى الموضع الذى يعرض لهما فيه الانحصار ببرد الجوّ وما يحيط n به من الجبال سالت تلك الابخرة هنالك فصارت o امطارا فى تلك المواضع الشماليّة فلهذه العلّة عدم اهل مصر المطر ولان النيل بزيادته يفيض على بلاد مصر فاذا نقص ترادّ c الى قعره فقبلت تلك الارض حسيا كثيرا لكثرة اقامة الماء عليها فيكثر ما p يرتفع من ارضها فى كلّ يوم من البخار بحرّ q الشمس فاذا جاء الليل *يبرد جوّها r بالاضافة الى s

---

a) L و. b) L من. c) L om. d) L ونحوها. e) P جزيلات; L جو pro جز. f) P فيسير. g) L ماء. h) P om. i) L يغمر. k) L من. l) P كله. m) L ارومى. n) P احاط. o) L فصار. p) L مما. q) P نحو. r) P يزدجرها. s) L التى.

قدر ما كان عليه عند شروق الشمس فاستحال [a] البخار ماء [b] فسال بالليل سيلانا [c] ضعيفا لعدمه التكاثف والانحصار فصار طلّا عائدا الى f.124 r. الارض [d] ولعلل غير ذلك ذكروها ويجوز ان يكون ذلك لعلل استأثر الله عزّ وجلّ بعلمها ولم يظهر احدا من خلقه عليها لما هو عزّ وجلّ اعلم به من عمارة البلاد وصلاح العباد ۞

قال ابو الحسن علىّ بن الحسين المسعودىّ ولما ذكرنا شرح طويل والكلام فيه كثير ومن ضمن الاختصار لم يجز له الاكثار وانّما نذكر فى هذا الكتاب طرفاء [e] من كلّ باب ليستدلّ الناظر فيه [f] بما رسمناه على المراد مما تركنا قانعين [g] بالتعريض والاشاره، من التطويل فى العباره، فاذ ذكرنا جامع التأريخ من آدم الى نبيّنا صلّعم وسنى الامم وشهورها ونسيئها وكبائسها وما اتّصل بذلك فلنذكر الآن التأريخ من مولد رسول الله صلّعم الى مبعثه وهجرته ووفاته ومن [h] كان بعده من الخلفاء والملوك الى هذا الوقت ۞

ذكر التأريخ من مولد رسول الله صلّعم ومبعثه وهجرته ومغازيه وسراياه وسواربه [i] وكتّابه ووفاته وتأريخ الخلفاء والملوك بعده وايّامهم وكتّابهم ووزرائهم وحجّابهم وقضاتهم ونقوش خواتيمهم وما كان من الحوادث العظيمة الديانيّة والملوكيّة فى ايّامهم وحصر تواريخهم الى سنة ٣٤٥ فى خلافة المطيع

f.124 v. قد ذكرنا فيما سلف من كتبنا تواتر النذارات وما ظهر فى العالم من الآيات المؤذنة بمولد نبيّنا صلّعم ونبوّته وما ايّده الله به [d] عند مبعثه من المعجزات والدلائل والعلامات مثل انبائه [k] الكائنات قبل

---

a) P add. المومن واستحال. *b*) P ماييا. *c*) L سيلا. *d*) P om. *e*) P طرف. *f*) L om. *g*) L s. p., P فا نعين. *h*) P ومـا. *i*) P وسواربه. *k*) P اتبيانه, L ادمانه. Deinde P بالكاينات.

كونها واطعامه الخلق الكثير من الزاد القليل وهطل الغمام ونطق الذراع وتحويله الماء المالح عذبا وارواثه الخلق الكثير من الماء اليسير وغير ذلك وما اتى به من[a] القرآن المعجز الذى عجز الخلق عن[b] ان يأتوا بمثله مع *تحدّيه ايّاهم[c] وتقريعهم بالعجز عنه فاغنى ذلك عن اعادة شىء منه فى هذا الكتاب لشرطنا فيه[a] على انفسنا الاختصار والايجاز ونحن بادئون بحصر التاريخ من مولده صلعم ۞

كان[d] مولد رسول الله صلعم محمّد بن عبد الله بن عبد المطّلب ابن هاشم بن عبد مناف بن قصىّ بن *كلاب بن[a] مرّة بن كعب ابن لؤىّ بن غالب بن فهر بن مالك بن النضر بن كنانة بن خزيمة ابن مدركة بن الياس بن مضر بن نزار بن معدّ وانّما لم نجاوز[e] بنسبه صلعم معدًّا لنهيه عن ذلك بقوله كذب النسّابون واذ[f] كان التنازع بين معدّ واسماعيل بن ابراهيم يكثر[g] ويختلف فى العدد والاسماء والعمل الموزون[h] الذى يقطع عليه ولا ينازع[i] فيه اتّصال f.125 r. نسبه الى معدّ بن عدنان وقد استقصينا شرح[a] ذلك وما قيل فيه من الوجوه فى كتاب الاستذكار، لما جرى فى سالف الاعصار، واتينا[k] فيما سلف من هذا الكتاب على ما اشتهر[l] واستفاض من اتّصال معدّ باسماعيل بن ابراهيم وما بين ابراهيم وآدم من الآباء على ما ذكره اهل الكتاب[m] واهل النسب ويكنى ابا القاسم وامّه آمنة بنت وهب ابن عبد مناف بن زهرة بن كلاب علمَ الفيل لثمان خلون من شهر ربيع الأوّل وقيل لعشر وهو اليوم الثامن من ديماه سنة ١٣١٧[n] من بدء ملك بخت نصّر واليوم العشرون من نيسان سنة ٨٨٢

a) L om. *b*) P om. *c*) L بحديراياهم. *d*) L ذكر. *e*) L نجاوز. *f*) Codd. وان. *g*) L فكثر. *h*) L الموثور (pro المأثور ?). *i*) L تنازع. *k*) L واتيت s. p. *l*) L اشهر. Deinde P واستفاد. *m*) P add. والسنة. *n*) Codd. تسع pro سبع. Infra videbimus annum ejus 40um fuisse 1357, annum 63um i. e. annum mortis 1380.

للاسكندر بن فيلبّس الملك وسنة *a* ٣٩ من ملك انوشروان خسرو بن قباذ بن فيروز وذلك بعد *b* قدوم اصحاب الفيل مكّة بخمسة وستّين يوما وقيل اقلّ من ذلك وكان قدومهم مكّة يوم الاحد لخمس ليال خلون من المحرّم وتوفّى ابوه عبد الله بن عبد المطّلب وهو عمّ حملٌ وقيل بل مات بعد *c* مولده بشهر وقيل بل *d* فى السنة الثانية من *e* مولده وقيل بعد ثمانية وعشرين شهرا من مولده وانه كان *d* خرج فى تجارة الى الشأم وتوفّى بالمدينة وله خمس وعشرون سنة ودُفع عمّ الى حَليمة بنت ابى ذؤيب وهو *عبد الله بن الحارث *f* بن شِجْنَة *g* بن

f.125 v. جابر *بن رِزام *h* بن ناصرة *i* بن قُصَيَّة بن *نصر بن سعد *k* بن بكر بن هوازن لترضعه فارضعته بلبن بنيها عبد الله والشَّيْماء *l* وأُنَيسة بنى الحارث بن عبد العزّى بن رِفاعة بن ملّان بن *ناصرة بن قصيّة ابن نصر بن *m* سعد بن بكر والشيماء التى كان النبىّ صلعم عضّها على كتفها وهى تحمله *n* فى حال صباه فلمّا هُزمت هوازن بحُنين *d* واحتوى رسول الله صلعم على اموالهم وذراريّهم سارت *o* اليه الشيماء فاستعطفته وذكّرته وأرته اثر *p* العضّة فعرفها عمّ وكان ذلك احد اسباب ردّ رسول الله صلعم وسائر بنى هاشم وبنى *q* المطّلب بن عبد مناف ما صار اليهم من ذلك السبى وردّ اصحابه ما صار اليهم منه *r* حين راوا ذلك منه عمّ، وكان مقامه صلعم مسترضعا فيهم اربع سنين فلمّا

---

a) P ولد سنة. Tab. I, ٨٩٩, 15, ٩٦٦, 12 habet annum 42, *Mor.* IV, 129 annum 40. *b*) P قبل cum بعد superinscripto. *c*) P قبل. *d*) P om. *e*) P ins. موضعه. *f*) Codd. male الحرث بن عبد الله. *g*) L شعبة et om. seqq. ad سعد. *h*) Addidi coll. Tab. I, ٩٦٩, 9, *Mor.* IV, 151 (ubi male درام), Wüstenf., *Geneal. Tab.* F, 16. *i*) Cod. عاصرة. *k*) Cod. سعد بن نصر. Secutus sum Ibn Hisch. ١٠٣ et Wüstenf. l. l.; Tab. et *Mor.* om. نصر بن. *l*) L s. p., P h. l. والشيمة. *m*) Addidi e Tab. et Ibn Hisch. *n*) P تحله; Tab. I, ١٦٦٨ et Ibn Hadjar تورّكه. *o*) P صارت. *p*) L موضع. *q*) L ins. عبد. *r*) P منهم.

كان فى السنة الخامسة ردّته حليمة الى امّه آمنة[a] فلمّا كان فى السنة السابعة من مولده اخرجته امّه[a] الى اخوال جدّه عبد المطّلب بن هاشم من[b] بنى عدىّ بن النجّار بالمدينة يزورهم وامّ عبد المطّلب سَلْمَى ابنة *زيد بن عمرو[c] بن لَبيد بن حرام بن خِداش بن جُنْدُب بن عدىّ بن النجّار فتوفّيت امّه ثَمّ بالأَبْواء[d] وقدمت به امّ ايمن وهى امّ أُسامة بن زيد بن حارثة الى مكّة، وفى السنة الثامنة *من مولده[b] توفّى جدّه[e] عبد المطّلب فضمّه ابو طالب اليه[a] f. 126 r. فكان[f] فى حجره حتى بلغ ثلاث عشرة سنة فخرج معه فى تجارة الى الشأم فنظر اليه بَحيرَا الراهب فبشر بنبوّته واخبر بعلاماته[g]، وحضر صلّعم حرب الفِجار وحِلْف الفضول على ما قدّمنا فيما سلف من *هذا الكتاب[h] وله عشرون سنة، ولمّا كمّل خمسا وعشرين سنة[i] خرج فى تجارة لخديجة بنت[k] خُوَيلد بن أَسَد بن عبد العزّى بن قصىّ بن كلاب الى الشأم مع غلامها مَيْسَرة فنظر[l] نَسْطُور الراهب الى اظلال الغمامة ايّاه[a] وظهور[m] الآيات فيه فبشر بنبوّته ولمّا عاد الغلام اخبر خديجة بذلك فارسلت[n] اليه فى تزويجها فتزوّجها[o]، فلمّا كمّل خمسا وثلاثين سنة شهد بنيان الكعبة وتراضت به قريش فى وضع الحجر الاسود حين كثر من[b] قبائلهم التنازع[p] فى ذلك فوضعه رسول الله صلّعم فى موضعه، فلمّا بلغ اربعين سنة بعثه الله *عزّ وجلّ[b] الى الناس كافّة يوم الاثنين لعشر خلون من شهر ربيع الأوّل وهو اليوم[b] الثالث والعشرون من آبان ماه سنة ١٣٥٧ من ملك بخت نصّر واليوم

---

a) L om. *b*) P om. *c*) Ibn Hisch. et Wüstenfeld *Tab.* 19 عمرو بن زيد, sed Tab. I, ١٠٨٣ utrumque tradit. *d*) P بالاتوى. *e*) L ponit post عبد المطلب. *f*) P c. و. *g*) P بعلامته. *h*) P كتابنا هذا وغيره. *i*) P ins. حتى. *k*) L ابنة. *l*) L فبصر sed saepius ص (ض) pro ظ scriptum in cod. offenditur ut mox اصلال pro اظلال. *m*) P ins. المعجزات و. *n*) L فبعثت. *o*) P فتزوج بها. *p*) P النزاع.

الثامن من شباط سنة ٩٣١ للاسكندر الملك وله صلعم يومئذ *a* اربعون سنة، وتنوزع فى اوّل من آمن به من الذكور بعد اجماعهم على ان اوّل من آمن به من الاناث *b* خديجة فقال فريق منهم اوّل ذكر آمن به علىّ بن ابى طالب هذا قول اهل البيت وشيعتهم وروى ذلك f.126r. عبد الله *بن عبّاس *c* بن عبد المطّلب وجابر بن عبد الله الانصارىّ وزيد بن ارقم *فى آخرين *d* وتنوزع فى سنّه يومَ اسلم فقال فرقة كانت سنّة يومئذ خمس عشرة سنة *a* وقال آخرون ثلاث عشرة سنة *a* وقيل احدى عشرة سنة *a* وقيل تسع وقيل ثمان وقيل سبع وقيل ستّ وقيل خمس وهذا قول من قصد الى ازالة فضائله ودفع مناقبه لجعل اسلامه اسلام طفل صغير وصبىّ غرير لا يفرق بين الفضل والنقصان ولا يميّز بين الشكّ واليقين ولا يعرف حقًّا فيطلبه ولا باطلا فيجتنبه وسنذكر فيما يرد من هذا الكتاب عند ذكرنا *خلافته ووفاته *e* جملا مما قيل فى ذلك وان كنّا قد ذكرناه *f* فيما سلف من كتبنا مفسّرا مشروحا واتينا على قول كلّ فريق من هؤلاء وما احتجّ به لمذهبه وصحّح به قوله والكلام بين متكلّمى العثمانيّة والزيديّة من معتزلة البغداديّين القائلين بامامة المفضول *g* وغيرهم من البتريّة *h* وفرق الزيديّة والقطعيّة *i* بالامامة الاثناعشريّة منهم الذين *k* اصلهم فى حصر هذا العدد ما ذكره سُلَيم بن قيس الهلالىّ *l* فى كتابه الذى رواه عنه ابان بن ابى *m* عيّاش ان النبىّ صلعم قال لامير المؤمنين علىّ *بن ابى طالب عم *a* انت واثنا *n* عشر من ولدك ائمّة الحقّ ولم يرو هذا الخبر *c* غير سليم بن قيس وان امامهم المنتظر ظهوره *c*

---

a) P om. *b*) P النسا. *c*) L om. *d*) P واخرون. *e*) P وفاته وخلافته. *f*) Codd. s. ه. *g*) L الفضول; cf. Shahrastânî ١١٩, 6. *h*) L s. p.; cf. ib. ١١٨, ١٢.. *i*) Ibid. ١٢٨. P والقطيعه hic et deinde. L add. والقايلين. *k*) P ins. فى. *l*) P الهلاطى; cf. *Fihrist* ٢١٩. *m*) Addidi. Deinde L عباس. *n*) L والاثنى.

في وقتنا هذا المؤرّخ به كتابنا محمّد بن الحسن بن عليّ بن محمّد ابن عليّ بن موسى بن جعفر بن محمّد بن عليّ بن الحسين بن عليّ بن ابي طالب رضوان *a* الله عليهم اجمعين واصحاب النسق *b* منهم *c* القائلون بان *d* الله عزّ وجلّ لا يخلي كلّ عصر من امام قائم f.127r. لله بحقّ ظاهر ام *e* باطن ولم يقطعوا على عدد محصور ولا وقت *f* *معيّن مفهوم *g* وان ذاك *h* نصّ من الله ورسوله على اسم كلّ امام وعينه *i* الى ان يفني الله *عزّ وجلّ *k* الارض ومن عليها وانّما سمّوا القطعيّة لقطعهم على وفاة موسى بن جعفر وتركهم الوقوف عليه *l* وغيرهم من فرق الشيعة وسائر من قال باختيار *m* الامام وان ذلك الى *الامّة او الى *n* بعضها من المعتزلة والمرجئة وفرق الخوارج من الازارقة والاباضيّة والصفريّة والنجدات وسائر فرق الخوارج الى هذه الاصناف يرجعون وعنهم يتفرّقون والنابتة *o* والحشويّة *k* وغيرهم من فقهاء الامصار، وقال آخرون ان اوّل من آمن به عمّ *من الرجال *k* ابو بكر *الصدّيق عمّ *c* رُوي ذلك عن عمرو بن عَبَسَة *p* وجُبَير بن نُفَير وابراهيم النخعيّ في آخرين، وقال آخرون ان *c* اوّل من آمن به زيد بن حارثة الكلبيّ مولاه رُوي ذلك عن الزهريّ وعروة بن الزبير وسليمان *q* بن يَسار في آخرين، وقال آخرون *r* اوّلهم اسلاما خبّاب بن الارتّ من بني سعد ابن زيد مناة بن تميم، وقال آخرون بلال بن حمامة

وكان مقام رسول الله صلعم بمكّة بعد مبعثه ثلاث عشرة سنة وتوفّي عمّه ابو طالب وله بضع وثمانون *s* سنة وزوجته خديجة بنت

a) L صلوات. *b*) L السبق. *c*) P om. *d*) L ان. *e*) P او. *f*) P عدد. *g*) P inv. ord. *h*) P ذلك. *i*) L s. p. Cf. Shahr. ٨٥, 3. *k*) L om. *l*) L عليهم. *m*) P باخبار. *n*) L الكفه الاولى. *o*) P والنادبة, L والبانية. Vid. Chafâdjî, *Schifâ* ٢٣٩ et cf. Lane. In *Fihrist* ١٨٠, 11 ita restituatur pro بابية. *p*) P عبينه, L عنبسه; cf. Tab. I, ١١٦٦, 6. *q*) L وسلمان, mox P بشار, L دشار. *r*) L قوم. *s*) P وثلاثون; cf. Ibn Hadjar IV, ٣١٨.

f.127v. خويلد ولها خمس وستّون سنة *a* فى السنة العاشرة من مبعثه بينهما ثلاثة ايّام وقيل اكثر من ذلك وذلك بعد ابطال الصحيفة وخروج بنى هاشم بنى المطّلب من *b* الحصار فى الشعب بسنة *c* وستّة اشهر وكان مدّة مقامهم *d* فى الحصار ثلاث سنين وقيل سنتين ونصفا وقيل سنتين على ما فى ذلك من التنازع، وفى هذه السنة وهى سنة خمسين من مولده كان خروجه الى الطائف، وفى سنة احدى وخمسين كان المسرى على ما فى ذلك من التنازع بين فرق الامّة فى كيفيّته ۞

ثمّ هاجر صلعم الى المدينة فدخلها يوم الاثنين لاثنتى عشرة ليلة خلت من شهر ربيع الأوّل وله ثلاث وخمسون سنة وذلك فى سنة اربع وثلاثين من ملك كسرى ابرويز وامر عليًّا رضه بالتخلّف بعده ليؤدّى عنه ودائع كانت للناس عنده فتخلّف بعد خروجه ثلاثة ايّام الى ان ادّى ما كان عنده من الودائع ثمّ لحق به، وقد كان رسول الله صلعم امر اصحابه قبل هجرته بالهجرة الى المدينة فخرجوا ارسالا فكان اوّلهم اليها قدوما ابو سَلَمَة عبد الله بن عبد الأَسَد بن هلال ابن عبد الله بن عمرو *e* بن مخزوم وعامر بن ربيعة وعبد الله بن جَحْش الاسدىّ وعمر بن الخطّاب وعيّاش *f* بن ابى *g* ربيعة ۞

f.128r وكان اوّل لواء عقده رسول الله صلعم بعد قدومه المدينة لحمزة بن عبد المطّلب فى شهر رمضان لسبعة *h* اشهر من قدومه ايّاها فى ثلاثين *راكبا من *i* المهاجرين الى العِيص من بلاد جُهَينة يعترض عيرًا لقريش جاءت من الشأم تريد مكّة فلقى ابا جهل عمرو بن هشام ابن المغيرة بن عبد الله بن عمر بن مخزوم *بن يقظة *k* بن مرّة بن كعب بن لؤىّ بن غالب وهو فى ثلاثمائة رجل من اهل *a* مكّة فتحاجزوا من غير قتال وفى ذلك يقول حَمْزة *l*

---

a) P om. *b*) L عن. *c*) L لسنة. *d*) P قيامهم. *e*) L عمرو ut quoque deinde. *f*) L s. p. *g*) L om. *h*) L سبعة. *i*) P من الناس. *k*) P post مرة collocat. *l*) P عمرة; vid. Ibn Hisch. ۴۱۹.

بِأَمْرِ رَسُولِ ٱللّٰهِ أَوَّلُ خافِقٍ *a*   عليه لواءٌ لم يَكُنْ لاحَ مِنْ قَبْلِى

*ثمّ سريّة عُبَيدة بن الحارث *b* الى رابغ وهى *c* على عشرة اميال من الجُحْفَة لمن اراد من المدينة قُدَيدا وذلك فى شوّال لثمانية اشهر من قدومه *d* المدينة فلقى ابا سفيان صخر بن حرب بن اميّة بن عبد شمس بن عبد مناف على الماء المعروف بأَحْياء *e* وكان ابو سفيان فى مائتين وعُبَيدة فى ستّين راكبا من المهاجرين وكان *f* بينهم رمى من غير سلّ السيوف فكان *g* اوّل *من رمى بسهم *h* فى الاسلام سعد بن ابى وقّاص مالك بن وُهَيب *i* بن عبد مناف بن زهرة بن كلاب فى هذه السريّة وفى ذلك يقول سعد *k*

أَلا هَلْ أَتَى رَسُولَ ٱللّٰهِ أَنّى   حَمَيْتُ صَحابَتِى بِصُدُورِ نَبْلِى
فما يَعْتَدُّ رامٍ فى مَعَدٍّ *l*   بِسَهْمٍ يا رسولَ ٱللّٰهِ قَبْلِى

وبنى *m* رسول الله صلّعم بعائشة ابنة ابى بكر فى شوّال وهى بنت *n* f.128 v. تسع سنين وقيل دون ذلك وكان تزوّجها بمكّة *وهى ابنة *o* سبع وقيل ستّ *p* ✿ ثمّ سريّة سعد بن ابى وقّاص *فى ذى القعدة *q* على تسعة اشهر من مهاجرته فى عشرين رجلا الى الخَرّار وهو من الجُحْفة قريب من خُمّ يعترض عيرا لقريش فوافى الموضع وقد سبقه العير ✿ وفى هذه السنة ولد عبد الله بن الزُّبير بن العوّام وكان اوّل مولود ولد فى دار الهجرة للمهاجرين والنعمان بن بشير الانصارىّ *r* وهو ايضا اوّل مولود ولد للانصار بعد الهجرة، وفيها كانت وفاة ابى امامة اسعد *s* بن زرارة

---

a) L حاقن. *b*) Bis in P; pro عبيدة primum عبد الله, deinde عبدة habet. *c*) L وهو. *d*) P ins. الى. *e*) Codd. باحنى; vid. Tab. I, ١٣٦٥, 11 et ١٧٥٨, 9. Jâcût I, ١٥٧ habet nomen ex Ibn Ishâk, sed non exstat in edit. Ibn Hisch. ٤١٦. *f*) P c. ف. *g*) L c. و. *h*) L سهم رمى. *i*) P هيب quod quoque e اهيب ortum esse potest. *k*) Ibn Hisch. ٤١٨. *l*) Ibn Hisch. عدو. *m*) L وسار. *n*) L ابنة. *o*) L وقيل. *p*) P سنة. *q*) P om. *r*) Infra sub anno 2 collocatur hujus nativitas, quod plus auctoritatis habet; cf. Tab. I, ١٣٦٤. *s*) L سعد.

الخزرجىّ من بنى غنم بن مالك بن النجّار فى شوّال، وفيها كان اسلام عبد الله بن سلام ☆

ذكر السنة الثانية من الهجرة وتعرف بسنة الامر[a] لانه امر فيها بالقتال

ثمّ غزوة *رسول الله صلّعم فى صفر[b] فى المهاجرين خاصّة حتى بلغ ودّان والابواء[c] وبينهما ثمانية اميال يعترض عير قريش فرجع ولم يلق كيدا فكانت غيبته خمس عشرة ليلة واستخلف على المدينة سعد بن عُبادة بن دُلَيم[d] الانصارىّ ثمّ الخزرجىّ، وفى هذا الشهر f.129 r. تزوّج امير المؤمنين علىّ بن ابى طالب بفاطمة رضّهما ☆ ثمّ غزوته صلّعم بُوَاط فى شهر ربيع الاوّل فى مائتين يعترض عيرا لقريش وكانت الفين[e] وخمس مائة بعير فيها مائة رجل من قريش منهم اميّة بن خَلَف الجُمَحىّ ففاتته[f] العير[g] ورجع ولم يلق[h] كيدا وبُوَاط *جبل من[i] جبال جُهَينة من ناحية ذى خُشُب من طريق الشأم وبين بواط والمدينة ثمانية[k] برد وقيل اقلّ من ذلك واستخلف على المدينة سعد بن معاذ ☆ ثمّ غزوته صلّعم فى هذا الشهر ايضا فى طلب كُرْز بن جابر الفهرىّ وكان اغار على سَرْح المدينة[g] من ناحية العَقيق فبلغ الى سَفَوان[l] وهى من بَدْر ففاته كرز بالسرح فرجع واستخلف على[m] المدينه مولاه[g] زيد بن حارثة بن شراحيل الكلبىّ ثمّ الكنانىّ كنانة[n] ابن عوف بن عُذْرة[o] بن زيد اللات بن رُفَيدة بن ثَوْر بن كلب ابن وَبَرَة بن تغلب[p] بن حلوان بن عمران[q] بن الحاف بن قضاعة

---

a) L الامر. *b*) L فى صفر غزاها رسول الله صلّعم. *c*) P s. و.

d) P دابرّ. *e*) P الفا; cf. Wâkidî apud Wellhausen, *Muhammed in Medina*, p. 34. *f*) L c. و. *g*) L om. *h*) L دملع. *i*) Addidi sec. Jâc. I, ٧٥٠, 18. *k*) Codd. ثمان. Sec. Wâkidî ap. Wellh. l. l. legendum foret ثلاثة. *l*) P سفران, L صبوان. *m*) L فى. *n*) P om. *o*) L عروه; cf. Wüstenf. *Geneal. Tab.* 2, 21. *p*) L ins. بن وبره. *q*) P عمر. Pro الحاف L الحارث.

وفى الناس من يسمّى هذه الغزاة بدر[a] الاولى ۞ ثم غزوته[b] صلعم فى جمادى الاولى من هذه السنة وقيل جمادى الاخيرة ذا العُشَيرة يعترض عيرا لقريش ذاهبة الى الشأم ففاتته[c] وهى العير التى كان القتال ببَدْر بسببها فى رجعتها وذو العشيرة بناحية يَنْبُع وبين المدينة وينبع تسعة[d] برد واستخلف *على المدينة[e] ابا سَلَمَة بن عبد الاسد f.129 v. المخزوميّ[f] وقيل ان[g] خروجه فى طلب كُرْز بعد[h] غزوته ذات[i] العشيرة والاشهر ما ذكرناه، وولد النعمان بن بشير الانصارىّ من بنى الحارث بن الخزرج وهو اوّل مولود ولد للانصار بعد الهجرة ۞ ثم سريّة عبد الله ابن جَحْش من بنى دُودان[k] بن أَسَد بن خُزَيمة فى رجب فى احد عشر رجلا[l] وقيل ثمانية الى نَخْلة وهو الموضع المعروف فى هذا الوقت ببستان ابن عامر على جادّة العراق فلقوا عير قريش[m] فقتلوا ابن الحضرمىّ واسروا منهم نفرا[c] واستاقوا العير[n] وقسم عبد الله بن جحش الغنيمة واخرج منها الخُمْس قبل ان ينزل القرآن بذلك فعزله رسول الله صلعم حتى جاء الاذن من الله فانفذه وكان اوّل[o] فىء[c] قسمه وفى هذه الغزاة فيما ذُكر سُمّى عبد الله بن جحش امير المؤمنين وهو اوّل من سمّى[p] بذلك، وقالت قريش استحلّ محمّد القتل فى الشهر الحرام يعنون[q] رجب[c] وندم[r] اصحابُ رسول الله صلعم لذلك لانه قال لهم ما امرتكم بقتال فى الاشهر الحرم[s] فانزل الله عزّ وجلّ فى ذلك[t] يَسْأَلُونَكَ عَنِ ٱلشَّهْرِ الْحَرَامِ قِتَالٍ فِيهِ الآية، وفرض صوم شهر رمضان فى شعبان من هذه السنة وصرفت القبلة من بيت المقدس

---

a) P ins. الامر ابدر. b) P غزاته. c) L om. d) L تسع. e) P om. f) P h. l. habet على المدينة. g) P ins. طلبه. h) L ins. خروجه. i) P ذى, L ذو. k) P دوان, L داود. Pro اسد L اسعد. l) L يوم منه. m) L لقريش. n) P الغنيمة. o) P ins. من. p) L لقب. q) P فيعنون. r) P وبدم. Cf. Tab. ١٢٧٥, 16 سقط فى ايدى القوم. s) L الحرام. t) Kor. 2 vs. 214.

الى الكعبة فى صلاة الظهر من يوم الثلاثاء للنصف *a* من شعبان فاستدار f.130r. * النبىّ صلعم *b* وهو راكع فى الركعة *c* الثانية * ودارت الصفوف خلفه *d* فسمّى ذلك المسجد مسجد *e* القبلتين وقيل ان ذلك بعد افتراض *f* صوم شهر رمضان بثلاثة *g* عشر يوما، وفيها أُرى عبد الله بن زيد *ابن عبد ربّه *c* الانصارىّ من بنى زيد *h* مناة بن الحارث بن الخزرج الاذان فى النوم وورد *i* الوحى بذلك فعمل به ✿

ثم غزوة رسول الله صلعم بَدْر العظمى وهى بدر القتال وبين بدر والمدينة ثمانية برد وميلان وكان خروجه لثلاث خلون من شهر رمضان فى ثلاثمائة واحد عشر رجلا من المهاجرين والانصار عدّة المهاجرين *اربعة وسبعون رجلا وباقيهم من الانصار وقيل *c*. ثلاثمائة وثلاثة عشر رجلا وقيل واربعة *k* عشر رجلا *l* الخبر المستفيض انه كان فى ثلاثمائة وبضعة عشر رجلا *l* فوقع التنازع فيما زاد على الثلاثمائة والعشرة وهو *m* البضع، وكانت قريش تسع مائة وخمسين مقاتلا منهم ستّمائة دارع *n* معهم من الخيل مائة *o* فرس وكانت الوقعة يوم الجمعة صبيحةً لتسعة *p* عشر يوما *l* من شهر رمضان كذلك *q* روى * عبد الرحمان بن الاسود عن ابيه عن عبد الله بن مسعود وخارجة بن زيد الانصارىّ ثم الخزرجىّ عن ابيه زيد وقد روى علقمة بن زيد عن ابن مسعود غير هذا وهو انها كانت صبيحة اليوم السابع عشر من شهر رمضان كذلك روى *l* عن خارجة بن زيد عن ابيه زيد *l* ايضا وكذلك روى عن الحسن بن علىّ بن ابى طالب رضهما فيما ذكر ابو عبد الرحمان

a) P النصف. *b*) L رسول الله عم. *c*) L om. *d*) P ودار الصفوف مختلفة. *e*) P بمسجد. *f*) L افترض. *g*) L ثلثه. *h*) P بسيم *sic* forte e جشم ortum, *Osd* III, ١٦٥ seq. Lectionem confirmat Ibn Hisch. ٣٠٨; Ibn Hadjar II, ٧٦١ et Wüstenf. *Gen. Tab.* **16**, 22 tantum زيد. *i*) L وورود. *k*) P s. و. *l*) P om. *m*) L s. و. *n*) P دراع. *o*) L ستمايه. *p*) L تسع. *q*) L ذلك ut mox infra etiam pro كذلك habet.

السلمىّ والى هذا القول ذهب محمّد بن عمر الواقدىّ صاحب المغازى والسير فقُتل من قريش سبعون رجلا وأُسر سبعون رجلا *a* كذلك *b* f. 180v. ذكر *a* احمد *c* بن منصور الرَّمادىّ عن عاصم بن علىّ *d* عن عكرمة ابن عمّار *e* قال حدّثنا ابو زُمَيل قال حدّثنى *f* عبد الله بن العبّاس قال حدّثنى عمر بن الخطّاب قال لمّا كان يوم بدر * التقينا فهزم *g* الله المشركين فقتل منهم سبعون رجلا واسر سبعون رجلا وقيل ان عدّة من قتل يوم بدر من قريش وحلفائهم سبعة واربعون رجلا * والاسرى تسعة *h* واربعون * رجلا وقيل ان عدّة القتلى منهم يومئذ خمسة واربعون رجلا والاسرى *i* مثل ذلك *k* رجلا *l*، * واستشهد من المسلمين اربعة عشر رجلا *a* قال المسعودى وقسم رسول الله صلّعم ما افاء الله عليه لكلّ رجل سهما وللفرس سهمين وضرب لثمانية نفر بأسهمهم لم يشهدوا القتال *l* وهم عثمان بن عفّان تخلّف عن بدر لموت رُقيّة بنت رسول الله صلّعم فضرب له بسهمه *m* فقال يا رسول الله وأَجرى * قال وأَجرك *n* ومنهم طلحة بن عبيد الله *o* بن عثمان بن عمرو بن كعب بن سعد بن * تَيْم بن مرّة *p* بن كعب بن لؤىّ بن غالب يجتمع مع ابى بكر * الصدّيق عمّ *a* فى عمرو بن كعب بن سعد وسعيد *q* بن زيد بن عمرو بن نُفَيل بن عبد العزّى *r* بن رياح *s* بن عبد الله بن قُرْط بن رَزَاح بن عدىّ بن كعب بن لوىّ بن غالب يجتمع مع عمر بن الخطّاب فى نفيل بن عبد العزّى وكان رسول

a) P om. *b*) P وكذلك. *c*) P محمد. Pro الرمادى codd. النزيادى. Vid. Jâc. II, ٨١٣, 11 et l. l. in indice. Obiit anno 265. Traditionem habet Tab. ١٣٠٤, 17 seqq. *d*) P ins. ذكر. *e*) Obiit anno 159 sec. Abu 'l-Mah. I, ٤٢٧. *f*) P حدثنا. *g*) P والتقينا هزم. *h*) P واسر ثلاثة. Secutus sum L, licet pro seq. واربعون habeat وثلثون, coll. Wâkidî p. 71. *i*) Cod. واسرى. *k*) Cod. ins. وذكر. Cf. cum his Tab. ١٣٣٥, 12 seq. ubi 44. *l*) L om. *m*) P بسهم. *n*) P وقال اجرك. *o*) P عبد الله. *p*) P تميم بن مر. *q*) P بن سعيد. *r*) P om. seqq. ad عبد العزى l. 19. *s*) L رباح et om. seqq. ad رزاح.

الله صلعم بعثهما لمّا خرج من المدينة يتحسّسان اخبار العير فعادا
f. 131 r. بعد انقضاء الحرب وقيل a انهما كانا بالشأم فى تجارة لهما فقدما بعد
رجوع *رسول الله b صلعم من بدر فضرب لهما بسهميهما c فقالا يا
رسول الله واجرنا قال d واجركما *على الله e والاوّل اشهر وعليه العمل
والحارث بن الصِمّة f من بنى مالك بن النجّار بن ثعلبة بن عمرو
*بن حارثة بن الخزرج وخوّات بن جُبَير بن ثعلبة بن عمرو g بن
عَوْف بن مالك بن الأوْس والحارث بن حاطب وعاصم بن عدىّ
الانصاريّان وابو لُبابة بَشِير بن عبد المنذر الانصارىّ ثمّ الاوسىّ وكان
استخلفه h على المدينة، وما ذكرنا من ان رسول الله صلعم قسم للفرس
سهمين ولفارسه سهما باتّفاق i من سائر *فقهاء الامصار k وغيرهم الّا
ابا l حنيفة النعمان بن ثابت فانه قال يسهم m للفرس سهما ولفارسه
سهما وخالفه صاحباه ابو يوسف ومحمّد بن الحسن فى ذلك واعتلّ
اصحاب ابى حنيفة لصحّة n قوله *باحاديث رووها عن اصحاب رسول الله
صلعم وعن امير المؤمنين علىّ بن ابى طالب وابى موسى الاشعرىّ g
وغيرهم وانّما ذكرنا ذلك الخلاف للخلاف o الواقع بينهم g فى الخبر،
وكانت غيبة رسول الله صلعم الى ان عاد p الى المدينة تسعة عشر يوما
ودخلها لثمان بقين من شهر رمضان وكان استخلف عليها ابن امّ
f. 131 v. مكتوم الضرير وهو عمرو q بن قيس من بنى عامر بن لؤىّ بن غالب
وكانت وفاة ابى لَهَب عبد العزّى بن عبد المطّلب عمّ النبىّ صلعم
بمكّة فى اليوم الذى ورد فيه خبر وقعة e بدر ✿

---

a) P وقد قيل. *b*) L النبى. *c*) L بسهمهما. *d*) P فقال. *e*) P om. *f*) P الصمت. *g*) L om. *h*) L استخلف. *i*) L فاتفاق. *k*) P الفقها. *l*) Codd. ابو. *m*) Nempe dux; L سُهم. *n*) Codd. بصحة. *o*) Addidi. *p*) L رجع. *q*) P عمر, sed saepissime ita scribit pro عمرو. Cf. Ibn Hisch. ٣٤١, 1.

ثم سريّة عُمَير بن عدىّ بن خَرَشَة *a* الاوسىّ * ثم الخَطْمىّ *b* الى عَصْماء ابنة مروان من بنى اميّة بن بدر *c* وكانت * تؤذى المسلمين وتحرّض عليهم اعداءهم *d* فقتلها عمير ۞ وفى هذه السنة امر رسول الله صلّعم باخراج زكاة الفطر ۞ ثم سريّة سالم بن عُمَير الانصارىّ *e* الى ابى عَفَك *f* شيخ من بنى عمرو بن عوف وكان يحرّض على رسول الله صلّعم فقتله فى شوّال من هذه السنة ۞ ثم غزوة رسول الله صلّعم للنصف *g* من شوّال الى بنى *b* قَيْنُقاع من اليهود وكانوا اربع مائة فحصرهم الى هلال ذى القعدة فنزلوا على حكمه فاستوهبهم منه عبد الله بن أُبىّ بن *h* سَلُول وكانوا حلفاء للخزرج فاجلاهم الى اذرعات من ارض الشأم وغنم اموالهم واخذ الخمس وهو اوّل خمس خمسه وفضّ *i* الاربعة اخماس على اصحابه وقيل ان فعله ذلك كان ببدر وكان استخلف على المدينة ابا لبابة بن عبد المنذر الخزرجىّ ۞ ثم غزوة f.132 r.
رسول الله صلّعم المعروفة بغزوة السّويق خرج فى ذى الحجّة فى طلب ابى سفيان صخر بن حرب وكان اقبل فى مائتى راكب من اهل مكّة ليبرّ *k* نذره ان لا يمسّ النساء ولا الطيب حتى يثأر باهل بدر فصار *l* الى العُرَيض فقتل *m* رجلا من الانصار وحرق ابياتا هنالك *n* فلمّا بلغه خروج رسول الله صلّعم واصحابه فى طلبه * جعل واصحابه يلقون جُرُب *o* السويق تخفّفا فسمّيت غزوة السويق وكان استخلف على المدينة ابا

---

a) P s. p.; cf. Ibn Hadjar III, ٦٤ ult., Wâkidî ap. Wellh. p. 90. *b*) L om. *c*) Ita quoque var. l. apud Ibn Hadjar ٦٥; in textu زيد ut Ibn Hisch. ٩٩٥ et Wâk. *d*) L دروى المسلمين ودىحرر عليهم اعدادهم. *e*) P البصرى. Sec. Wüstenf. *Gen. Tab.* **14**, 28 ad Aus, sec. Wâk. p. 91 ad Naddjâr pertinuit. Cf. etiam *Osd* II, ٢٤٨ seq. et Ibn Hadjar II, ١٠٥ seq. *f*) L عقيل. *g*) P النصف. *h*) Addidi. *i*) L وقص; P وفرق. Cf. Tab. ١٣٦٣, 4. *k*) L ليوف. Deinde P الا بدره. *l*) P فسار. *m*) P c. و. *n*) P هناك. *o*) P جعلوا اصحابه يلقبون حرب.

لبابة بن عبد المنذر ايضا، وفى هذا الشهر بنى علىّ بفاطمة a قال المسعودى وقد ذكرنا التنازع فى سنّها b عند ذكر c وفاتها فى خلافة ابى بكر a فيما يرد من هذا الكتاب وضحّى رسول الله صلّعم اوّل اضحى d رآه المسلمون *وأُمر بذلك c وخرج الى المصلّى وذبح به شاتين بيده وقيل *شاة ☆ وفى e هذه السنة كانت الوقعة f بذى قار بين بكر بن وائل وعليهم حنظلة بن سَيّار من ولد جَذيمة g بن سعد بن عِجْل بن لُجَيم بن صَعْب بن علىّ *بن بكر c بن وائل ابن قاسط بن هِنْب بن أَفْصَى بن دُعْمِى بن جَديلة بن أَسَد بن ربيعة بن نزار وقيل انه من ولد كعب بن سعد h بن ضُبَيعة بن عِجْل وبين الجيش الذى بعثه اليهم الملك خُسْرَوْ i ابرويز عليهم الهامَرْز f.132 v. وذلك لمّا امتنع هانئ *بن قَبيصة بن هانئ k بن مسعود بن l عامر ابن عمرو بن ابى c ربيعة بن ذُهْل بن شيبان m بن ثعلبة بن عُكابة بن صعب بن علىّ بن بكر بن وائل من تسليم n ما كان النعمان c بن المنذر اللخمىّ ملك الحيرة اودعه ايّاه من اهله وماله k وسلاحه قبل قتل كسرى ايّاه فاقتتلوا قتالا شديدا فهزمت الفرس ومن كان معها من العرب من تغلب وعليها بشر بن سوادة التغلبىّ وطيّء وعليها اياس بن قبيصة الطائىّ وضبّة وتميم وعليهما o عُطارد ابن حاجب بن زُرارة *والنِمر وعليها p اوس بن الخزرج النمرىّ *وبهراء وتنوخ وغيرهم من العرب وقُتل الهامرز c وقيل ان ذلك كان c قبل الهجرة وان اناسا من عبد القيس وحنيفة وغيرهم من بكر بن وائل

---

a) L add. عم. *b*) L سنهما et mox وفاتهما. *c*) P om. *d*) P ضحى. Pro رآه L زار. *e*) L tantum فى. *f*) P s. art. Sec. traditionem Jâcût IV, 11, 20, *Agh.* XX, ١٣٥, 5 a f. seqq., *Mor.* II, 228. *g*) Codd. خزيمة et P om. بن. *h*) L صعب. Pro ضبيعة P سنيعة. *i*) L كسرى. *k*) L om. *l*) L من. Cf. Tab. I, ١٠٢٨, ١٠٣١. *m*) L سنان. *n*) L تسلم. *o*) Codd. وعليها. *p*) L واليمن عليها.

جاءوا من اليمامة وبلاد البحرين الموسم يريدون[a] المضىّ الى بكر لانجادها[b] فوقف عليهم النبىّ صلّعم وهو يعرض نفسه على قبائل العرب ومعه[c] ابو بكر[d] فدعاهم الى الايمان بالله وجرى بين ابى بكر ودَغْفَل ابن حنظلة بن زيد[e] بن عبدة بن عبد الله بن ربيعة بن عمرو بن شيبان[f] النسّابة ما جرى حتّى قال النبىّ صلّعم ان البلاء موكّل بالمنطق[g] فوعدوا النبىّ صلّعم ان نصرهم الله على الاعاجم آمنوا به *وصدقوا بنبوّته[h] فدعا لهم النبىّ صلّعم بالنصر فلمّا بلغه ظهورهم على الاعاجم قال هذا اوّل يوم انتصفت فيه[i] العرب من العجم وبى[k] نُصروا وهذا يوم تفتخر به بكر بن وائل على سائر العرب وفُوضِل[l] به فى مناقبها وذكره[m] مَن تقدّم *من الشعراء وتاخّر[n] فى *مدح بكر[o] وذكر ايّامها المذكورة ووقائعها المشهورة ولقد احسن ابو تمّام حبيب بن f.133 r. اوس الطائىّ فى *تلطّفه لذلك[p] *فى مديحه ابا دُلَف القاسم بن عيسى بن ادريس بن مَعْقِل بن عُمَير بن[i] شَيْخ بن معاوية بن خُزاعىّ بن عبد العزّى بن دُلَف بن جُشَم بن قيس بن سعد ابن عِجْل بن لُجَيم بن صعب[q] بن علىّ بن بكر بن وائل ببائيّته[r] الّتى اوّلها

عَلَى مِثْلِهَا من أَرْبُعٍ ومَلَاعِبِ[s]

فقال[t]

---

a) P ins. الموسم. *b*) P لايجادها, L لانجاذها. Deinde P ins. فوقفوا عليهم. *c*) P ومعهم. *d*) L add. عمّ. *e*) *Osd* II, ١٣٢ et Ibn Hadjar I, ٩٧٥ يزيد. Cf. de hoc viro *Fihrist* ٨٩, 15 et quos auctores laudat Flügel ad h. l. *f*) L سنان. *g*) Freytag, *Prov.* I, 19, *Mor.* IV, 166. Deinde L فوعد. *h*) L وصدقوه. *i*) L om. *k*) P اى; cf. *Agh.* l. l. ١٣٨, 4 a f., Jâc. l. l. 21. *l*) Conj.; P وفضول, L وتصول. *m*) Codd. وذكر. *n*) P او تاخر من العشر. *o*) L مدحها. *p*) L لفظة لذكر. *q*) P صبيعه. *r*) P بنناسة; L بكلمته. Diw. ٢١. *s*) P وملاعبى et mox مناقبى. *t*) P om.

اذا افتخرتْ[a] يَوْمًا تَمِيمٌ بقَوْسها   *على الناس او[b] ما وَطّدتْ من مَنَاقِبِ
فأَنْتُمْ بذى قارٍ امالتْ[c] سُيُوفُكم   عُرُوشَ الّذينَ استَرْهَنُوا[d] قَوْسَ حاجِبِ

وقد ذكر ابو عبيدة معمر بن المثنّى فى كتابه المترجم[e] بالديباج اوفياء العرب فعدّ السموءل[f] بن عادياء الغسّانىّ والحارث بن ظالم المرّىّ وعُمير بن سَلْمى الحنفىّ ولم يذكر هانئا وهو اعظم العرب وفاءً واعزّهم جوارا[g] وامنعهم جارا لانه عرض نفسه وقومه للحتوف ونعمهم للزوال وحرمهم للسبى[h] ولم يخفر امانته ولا ضيّع[i] وديعته ۞

ذكر السنة الثالثة من الهجرة وتعرف بسنة التمحيص[k]

ثم غزوة رسول الله صلعم للنصف[l] من المحرّم فى مائتين الى الماء المعروف بقَرْقَرة الكُدْر ناحية معدن بنى *سُلَيم مما يلى جادّة العراق الى مكّة وبين المعدن والمدينة[m] ثمانية[n] برد يريد سُلَيم بن منصور ابن عكرمة بن خَصَفَة[o] بن قيس بن[m] عَيْلان *بن مضر[n] بن نزار *وغطفان بن سعد بن قيس بن عيلان بن مضر بن نزار[n] فاجفلوا وغنم من اموالهم ورجع ولم يلق كيدا وكان استخلف على المدينة f.138 v. ابن امّ مكتوم ۞ ثم سريّة محمّد بن مَسْلَمة الانصارىّ من بنى حارثة ابن الحارث بن الخزرج بن عمرو بن مالك بن الاوس فى اربعة نفر من الانصار الى كعب بن الاشرف اليهودىّ وكان رجلا من طىّء ثم من بنى نَبْهان بن عمرو بن الغَوْث بن[p] طىّء وامّه من بنى النَّضِير من اليهود وكان يشبّب بنساء المسلمين ويحرّض على النبىّ صلعم ويرثى[q] اهل القَلِيب فقتلوه فى حصنه للنصف[l] من شهر[m] ربيع الاوّل ۞ *ثم

---

a) L فخرت. b) Diw., *Agh.* XV, ١٠٣, Jâc. l. l. وزادت على. c) P امدت. d) P استوهبوا, L استرهبوا. e) P المسمى. f) L الشمول. g) P جارا et mox جوارا. h) P للسبا. i) Codd. يضيع (L بضيع). Deinde L وداعته. k) P add. وغزوة رسول الله. l) P النصف. m) L om. n) P om. o) Codd. حفصة. p) L من. q) P ويربى.

غزوة رسول الله صلعم فى جمادى الآخرة بُحْران *a* وهو معدن بنى سُلَيم *b* بناحية الفُرْع من الحجاز فصار اليه وقد تقدّم *اليهم خبره فتفرّقوا *c* فرجع ولم يلق كيدا وكانت غيبته عشرة ايّام واستخلف على المدينة ابن امّ مكتوم *d* ✿ ثم *غزوة رسول الله *e* صلعم فى هذا الشهر فى اربعمائة وخمسين الى نجد يريد غطفان فبلغ الموضع المعروف بذى أَمَرّ *f* وراء بطن *نخل فاجفلوا *g* من بين يديه فرجع *d* ولم يلق كيدا وكانت *h* غيبته عشرة ايّام واستخلف على المدينة عثمان بن عفّان ✿ ثم سريّة مولاه زيد بن حارثة الكلبىّ *i* مستهلّ جمادى الآخرة *k* الى الموضع المعروف بالقَرْدَة من ارض نجد بين الرَّبَذة *l* والغَمْر وذات عِرْق من جادّة العراق يعترض عيرا لقريش تريد الشأم فظفر بها

f.134 r. *وبلغ الخُمس عشرين *m* الفا وهذا اوّل بعث خرج فيه زيد اميرا ✿
وفى شعبان من هذه السنة تزوّج رسول الله صلعم حَفْصَة ابنة عمر ابن الخطّاب وكانت *n* قبله عند خُنَيس *o* بن حُذافة بن قيس بن عدىّ بن سعد بن سهم وكان بدريًّا ولم يشهد بدرا *مع رسول الله صلعم *d* من بنى سهم غيره، وللنصف من شهر رمضان كان مولد الحسن بن علىّ *بن ابى طالب عم *d*، وفيه تزوّج رسول الله صلعم زينب بنت خُزَيمة المعروفة بأُمّ المساكين ✿

ثم *غزوة رسول الله *e* صلعم أُحُدًا *n* خرج اليها فى نحو من الف رجل فانخزل *p* عنه عبد الله بن أُبَىّ بن *q* سَلُول فى نحو من ثُلث

---

a) Cod. نجران. *b*) Jâc. I, ٤٩٨ seq. non habet. Cf. autem Wâkidî p. 100 et imprimis Tab. ١٣٦٨, 2 seq. *c*) Conj.; cod. tantum تفرقوا. *d*) L om. *e*) L غزوته. *f*) Ita efferre solent, sed Jâc. أُمَر sine *teschdîd.* *g*) P نجد فاجفلوا. Cf. ad lect. نخل Samhûdî ٣٦. بقرية النخيل وقيل نخل et Jâc. I, ٣٦. ult. من ناحية النخيل. *h*) P c. ف. *i*) P الكلابى. *k*) L الاخرى. *l*) L ربذه. *m*) P وكانت خمسة وعشرين. *n*) P om. *o*) P حبيش. *p*) L s. p., P فانعزل. *q*) Addidi.

الناس وكان اشار على رسول الله صلعم بترك الخروج اليهم والتمسُّك بالمدينة وقال عصانى ولم يقبل رأيى وبقى رسول الله صلعم فى نحو من سبع مائة وكانت قريش وكنانة بن خزيمة واحلافها ثلاثة آلاف فيهم سبع مائة دارع والخيل مائتا فرس ومعهم a من النساء خمس عشرة امرأة يحرّضنهم فيهن هند ابنة عتبة وعلى الناس ابو سفيان صخر ابن حرب بن اميّة بن عبد شمس بن عبد مناف فالتقوا يوم السبت لسبع خلون من شوّال فاستشهد من المسلمين سبعون رجلا وقيل خمسة b وستّون رجلا اربعة منهم من المهاجرين احدهم حمزة c ابن عبد المطّلب والباقون من الانصار وقتل من المشركين ثلاثة وعشرون رجلا وعاد الى المدينة وكان استخلف عليها ابن امّ مكتوم f.134v. ثم خرج d من الغد وهو ثانى يوم أُحُد فى طلب ابى سفيان واصحابه حتى انتهى الى الموضع المعروف بحَمْراء الأَسَد وهى e على عشرة اميال من f المدينة على طريق *العَقيق متياسرة g عن ذى الحُلَيفة ففاته قريش فاقام ثلاثا ثم عاد *وفى الناس من يعدّ هذه غزاة h ۞

ذكر السنة الرابعة من الهجرة وتعرف بسنة الترفيه i

ثم سريّة ابى سَلَمة بن عبد الاسد المخزومىّ فى المحرّم الى قَطَن وهو جبل بناحية فَيْد من *آخر بلاد k نجد ۞ ثم سريّة عبد الله ابن أُنيس الجُهَنىّ جُهَينة بن زيد بن لَيْث l بن سُود بن أَسْلُم ابن الحاف m بن قضاعة الى سفيان بن خالد n الهذلىّ فى المحرّم ايضا فقتله وقيل ان قتله ايّاه كان o فى السنة الخامسة *من

---

a) L وفيهم. b) L ستة, cf. Ibn Hisch. ٦.٩ ult. c) P عمرة. d) P اخذ. e) L وهو. f) P ins. العقيق اى وهى على عشرة اميال. g) L المدينة مياسره. h) P من بعد هذه الغزاة. i) L المرّقية sed puncta postea sunt addita. k) L ارض. l) P لبيب. m) L الحارث. n) Ibn Hisch. ٩٨١ habet خالد بن سفيان, sed Wâk. p. 157, 224 ut rec. o) P om.

الهجرة *a* ✿ ثمّ بعث المنذر بن عمرو الانصاريّ فى صفر فى سبعين رجلا من الانصار الى اهل نجد ليقرءوهم *b* القرآن ويعلّموهم الدين فلمّا انتهوا الى الموضع المعروف ببئر مَعُونة *c* على اربع مراحل من المدينة بين ارض بنى سُلَيم *d* وارض بنى كِلاب اغار عليهم عامر بن الطُّفيل الكلابىّ فقتلهم وكان فيهم عامر بن فُهَيرة مولى ابى بكر الصدّيق ✿ ثمّ بعث رسول الله f. 135 r. صلّعم عاصم بن ثابت بن ابى الاقلح *e* الانصاريَّ ثمّ الاوسىَّ * فى صفر *d* فى تسعة نفر من * اصحابه مع رهط من *f* القارة *g* * وهم من *h* الهُوْن ابن خُزَيمة بن مُدْرِكة بن الياس بن * مضر وعَضَل *i* وهم من القارة وكانوا *k* قدموا على النبىّ صلّعم فسألوه ان يبعث معهم من يفقّههم فى الدين فبعثهم فلمّا صاروا *l* بالموضع المعروف بالرَّجِيع وذلك على سبعة * اميال من الموضع المعروف * بالهَدْءة والهدءة *m* على سبعة *k* اميال *n* من عُسْفان * غُدر بهم *o* فقتلت لِحْيان بن هُذيل بن مدركة بن الياس بن مضر منهم سبعة نفر واسر *p* اثنان خُبَيب *q* بن عدىّ الانصارىّ * من بنى *r* عمرو بن عوف بن مالك بن الاوس وزيد *k* بن الدَّثِنة *s* فذهب بهما الى مكّة فقُتلا هنالك *t* ✿ ثمّ سريّة عمرو بن اميّة الضَّمْرىّ وسَلَمة بن أَسْلَم * بن حَرِيش *u* الى ابى سفيان بمكّة ليغتالاه *v* فنذر بهما فعادا وقيل ان *d* ذلك فى السنة الخامسة * من الهجرة *k* ✿

ثمّ غزوة رسول الله صلّعم فى شهر *d* ربيع الاوّل بنى النَّضير من اليهود وقيل انهم وقُرَيظة *w* من ولد هارون بن عمران وقيل انهم من

---

a) L للهجرة. *b*) P ليقرونهم et mox codd. ويعلمونهم. *c*) P معاوية. *d*) P om. *e*) P الافلح. *f*) Conjectura addidi; cf. Tab. ١٤٣١, 13, 16, Ibn Hisch. ٦٣٨. *g*) P ins. فى صفر. *h*) P وهو, L وهم sine من. *i*) P مصل وعصل, L tantum مضر. *k*) L om. *l*) P ساروا. Deinde L فى الموضع. *m*) Cod. بالهدة والهدة. *n*) L ايام. *o*) L غدرتهم. *p*) L واسروا. *q*) P ins. على وقيل خبيب بن. *r*) P بن. *s*) P الدثينة. *t*) P هناك. *u*) L وحرش. *v*) L ليقتلاه. *w*) L من قريظه.

جذام وانّما رغبوا عن دين العمالقة وعبادة الاصنام فاتّبعوا *a* شريعة *b* موسى وانتقلوا من الشأم الى الحجاز وكانت منازل النضير بناحية الغَرْس *c* f.135 v. وما والاها ومقبرة بنى خَطْمة *d* وكانوا موادعين لرسول الله صلّعم ثمّ همّوا بالغدر به *فنذر بهم *e* فنبذ اليهم *f* فاقاموا على الحرب فسار اليهم فحصرهم خمسة عشر يوما ثمّ اجلاهم الى فَدَك وخَيْبَر وقبض ما لهم *g* من الحلقة والكراع فخرجوا يريدون خيبر وهم يضربون بالدفوف ويزمرون بالمزامير وعلى النساء المصبّغات والمعصفرات وحلى الذهب مظهرين بذلك تجلّدا وكان فيهم فيما أُخبرنا به عن *عمر بن شبّة النّميرىّ *h* عُرْوة الصعاليك بن الورد العبسىّ وكان حليفا فى بنى عمرو بن عوف وكان شاعرا مجيدا وهو القائل فى كلمة له طويلة *i*

دَعينى للغِنَى أَسْعَى فانّى *رَأَيْتُ النّاسَ شَرُّهُمُ *k* الفَقيرُ

وعاد رسول الله صلّعم الى المدينة وكان استخلف عليها ابن امّ مكتوم ☆ قال المسعودى وفى هذا الشهر فيما ذُكر حُرمت الخمر على ما فى ذلك من التنازع فى سبب تحريمها، وفى شعبان من هذه السنة كان مولد الحسين بن علىّ بن ابى طالب، وفى شوّال تزوّج *رسول الله *l* صلّعم بأُمّ سَلَمة هند *بنت ابى *m* اميّة المخزومىّ، وفى هذا الشهر فيما ذكر رُجم يهودىّ ويهوديّة *كانا قد *f* زنيا ☆ ثمّ غزوته صلّعم فى ذى القعدة فى الف وخمسمائة والخيل عشرة بدرًا *لموعد ابى *n* سفيان صخر بن حرب حين اراد الانصراف من أُحُد فاقام بها f.136 r. *ثمانية ايّام *o* وتسمّى بدر الثالثة *p* وخرج ابو سفيان فى قريش من

---

a) L c. و. *b*) L s. p., P دين. L om. موسى. *c*) P العرش; cf. Jâc. III, ٧٨٥, 2. *d*) P s. p., L حنظلة ut Jâc. Vid. Wellhausen, *Skizzen* IV, 11 et imprimis Samhûdî ٢٣٤ (حنظلة قلت اظنه تصحيف خطمة). *e*) P om. *f*) L om. *g*) L له. *h*) L عمرو بن شيبة النمرى. P quoque شيبة. *i*) Nöldeke, *Urwa*, p. 54. *k*) P اشر الناس عندهم. *l*) L النبى. *m*) P ابنة. *n*) L مواعدا لابى. *o*) Addidi sec. Tab. ١٤٥٨, 4, Wâkidî p. 168, alios. *p*) P الثانية ut Tab. ١٤٥٧ ult.

مكّـة الى عُسْفـان فى a ٱلْفين وٱلخيل خمسون ثم لم يقف ورجع رسول اللـه صلّعم الى المدينـة وكان استخلف عليهـا عبـد الله بن b رَوَاحـة الانصارىّ وكانت غيبته ستّة عشر يوما ۞

ذكر السنة الخامسة من الهجرة وتعرف بسنة الاحزاب

ثم غزوتـه صلّعم لعشر خلون من المحرّم فى ثمان مائـة الى الموضع المعروف بـذات الرّقاع وهو جبـل قريب من c النُّخَيل مـا يلى السَّعْـد والشُّقْرَة مختلفـة * الوانه فيه d بقع حمر وبيض وسود وقيل e انها انما f سمّيت غزوة ذات الرقاع * لكثرة الرقاع g فى الرايات فاجفلت h العرب من بين يـديـه ولحقوا برءوس الجبـال وبطون الاوديـة، قال المسعودى وفى هـذه الغزاة صلّى * رسول الله صلّعم f صلاة الخوف لقرب العـدوّ منهم i واشرافهم عليـه k على ما فى ذلـك من التنـازع فى وصفهـا l وكيفيّتهـا بين فقهاء الامصار وغيرهم * من السلف m وعاد الى المدينة وكان استخلف عليها عثمان بن عفّان وكانت غيبته خمس عشرة ليلة ۞ ثم غزوته صلّعم دُومة n الجَنْدَل وهى اوّل غزواته للروم وبين دومة الجندل * وبين دمشق o خمس ليال وبينها وبين المدينـة خمس عشرة ليلـة وقيل ثلاث عشرة وكـان صاحبهـا أُكَيْدِر بن عبد الملك الكندىّ يـدين بالنصرانيّة p وهو فى طاعة هِرَقْل ملك الروم وكان يعترض سفر المدينـة وتجارهم q فبلغ اكيدرا r مسيره فهرب وتفرّق اهـل دومـة الجندل f.136 v.

a) P ins. الفيل. b) P ins. ابى. c) P ins. الرقاع; cf. Jâc. II, ٧٩٩, 6. Sequitur noster traditionem Wâkidîi (vid. quoque Samhûdî ٣٠١), qui habet النخيل pro نَخْل aliorum (Tab. ١٤٥٦, 15, Jâc. IV, ٧٦٨, 17 seqq.). d) L الروايـه وفيـه. e) P ins. سميت. f) P om. g) L om. h) L فجفلت. i) P منه. k) L عليهم. l) L وضعها. Cf. Tab. ١٤٥٥, 3. m) L من سلف. n) L دَومـه; P h. l. رومـيـه. o) P ودمشق. Ibn Khord. ١٢٩, 3 habet 10 dies, Samhûdî ٢٧٥ ut rec. p) L دين النصرانيه. q) P ويجاورهم. r) L اكيدر, P لكندر et supra اكندر.

وصار *a* اليها فلم يجد بها احدا فاقام ايّاما وعاد الى المدينة وكان استخلف عليها ابن امّ مكتوم *b*، وفى هذه السنة *c* وادع رسول الله صلّعم *عُيَينة بن حِصْن *d* بن حُذَيفة بن بَدْر الفزارىّ ۞ ثمّ غزوته *e* صلّعم لليلتين خلتا من شعبان بنى المُصْطَلِق بن سعد بن عمرو وهو خُزاعة *f* ومنه تفرّقت بطونهم ابن ربيعة بن حارثة بن عمرو بن عامر *g* وانّما سمّوا خزاعة *h* *بانخزاعهم من جملة *i* الازد الى بطن مَرّ *k* عند مسيرهم من مأرب وفى ذلك يقول شاعرهم

ولمّا هَبَطْنا بَطْنَ مَرٍّ تَخَزَّعَتْ خُزاعَةُ منّا فى حُلُولٍ *l* كَرَاكِرِ

وكانوا على ماء لهم يعرف بالمُرَيْسِيع بطريق *m* *الفُرْع والفرع على ثمانية برد من المدينة فناجزهم *n* فانهزموا *فقتل واسر وسبى الذرارىّ والاموال *o* فكان *p* فى السبى جُوَيْرِيَة بنت الحارث بن ابى ضِرار رئيس بنى المصطلق وكانت صارت لبعض الانصار فكاتَبَها فأدّى النبىّ صلّعم كتابتها وتزوّجها فعتق الناس بقيّة *q* السبى ببركتها *r* وعاد الى المدينة وكان قد *o* استخلف عليها زيد بن حارثة مولاه وكانت غيبته ثمانية عشر يوما، وفى هذه الغزاة فقد عقد *o* عائشة وقال *s* فيها اهل الافك ما قالوا وهم مِسْطَح بن أُثاثة *t* بن عبّاد بن *u* المطّلب بن عبد مناف وهو ابن خالة ابى بكر وكان فى عياله وحسّان بن ثابت بن المُنْذِر f 137r. ابن حَرَام بن عمرو بن زيد مناة بن عدىّ بن عمرو *v* بن مالك بن

---

a) P وسار. *b*) Ceteri سباع بن عرفطة. *c*) Codd. male الغزاة; vid. e. g. Tab. ١٤٦٣, 4. *d*) P عتيبه بن حفص. Pro بدر L زيد. *e*) L غزاته. *f*) P بخزاعة. Cf. Wüstenf. *Gen. Tab.* **11**, 19. Deinde L منه. *g*) L addit مزيقيا quod post عمرو suo loco foret. *h*) L سميت. *i*) P لانخزاعهم عن جلة. *k*) Codd. من et L add. بنى. Vid. Jâc. IV, ٤٩٤ et l. l. in ann. *l*) P قلوب, L فلول. *m*) L بناحية. Deinde P القرع والقرع. *n*) P وتاخرهم. *o*) L om. *p*) P c. و. *q*) P جميع. *r*) P بتركها, L ببركته; cf. Tab. ١٥١٧, 17. *s*) L وقالوا. *t*) P ابابه, L s. p. *u*) Codd. ins. عبد. Deinde P الملك. *v*) P عامر.

النجّار وهو تيم الله بن ثعلبة بن عمرو بن الخزرَج وعبد الله بن أُبَىّ بن a سَلُول الخزرجىُّ وهو * الذى تولّى b كُبْرَه منهم c * وحَمْنَة ابنة d جَاحْش بن * رئاب والذى e ذكروه صَفْوان بن المعطّل السلمىُّ وكان صاحب الساقة فى تلك الغزاة فلمّا انزلت براءتها جلدهم رسول الله صلّعم f ثمانين جلدة الّا عبد الله بن أُبىّ بن a سلول c فانه لم يجلده وفى ذلك يقول عبد الله بن رَوَاحة * وقيل كعب بن مالك c

لقد ذاق حَسّانُ الّذى هو g اهلُه وحَمْنَةُ h اذ قالوا هَجِيرًا ومِسْطَحُ
تَعاطَوْا برَجْم الغَيْب زَوْجَ نَبِيّهم وسَخْطَةَ ذى العَرْش الكريم فأَبْرَحُوا i

وفيها نزلت آية التيمُّم على ما * فى ذلك k من التنازع بين الاسلاف والاخلاف فى كيفيّة التيمُّم ۞

ثم غزوته صلّعم الخندق وهى غزوة l الاحزاب سارت اليه قريش وغَطَفان وسُلَيم وأَسَد وأَشْجَع وقُرَيظة والنَّضير وغيرهم من اليهود فكان عدّة الجميع اربعة وعشرين الفا منها m قريش واتباعها اربعة آلاف معهم n ثلاثمائة فرس والف واربع مائة بعير قائدهم ابو سفيان صخر ابن حرب والمسلمون نحو من ثلاثة آلاف وذلك فى شوّال وقيل فى ذى القعدة فاشار سَلْمان الفارسىُّ على رسول الله صلّعم * بالخندق فخندق o واقاموا محاصرين للمدينة p يتناوشون ثم نصر الله رسوله وهزم الاحزاب وردّهم بغيظهم * لم ينالوا q خيرا واستخلف رسول الله صلّعم f. 137 v. على المدينة ابن امّ مكتوم، وقد تنوزع فى مدّة اقامتهم على الخندق فمنهم من قال شهر ومنهم من قال خمسة عشر يوما وقيل غير ذلك ۞

ثم غزوته صلّعم قُرَيظة من اليهود لمظاهرتهم قريشا عليه سار اليهم

---

a) Addidi. *b*) P الى الذى. Cf. Ibn Hisch. ٧٣٦, 12, 14, Tab. ١٥٢٣, 7. *c*) P om. *d*) P وحمية ابن. *e*) P رباب الذى. Deinde L ذكره. *f*) P ins. وقيل كعب بن مالك. *g*) Ibn Hisch. ٧٤٠ كان. *h*) P وحمزة. *i*) Ita L; P فانزح quod propius accedit ad lect. Ibn Hisch. فانرحوا. *k*) L فيها. *l*) P غزاة. *m*) L من ذلك. *n*) L منهم. *o*) P بحفر الخندق. *p*) L المدينة. *q*) P ثم سالوا.

عند منصرفه *a* من الخندق *وذلك لسبع *b* بقين من ذى القعدة وكانوا على بعض يوم من المدينة فحصرهم خمسة عشر يوما وقيل اكثر من ذلك ثم نزلوا على حكم سيّد الاوس سعد بن معاذ بن النعمان بن امرئ القيس بن زيد بن عبد الاشهل فحكم بقتل مقاتلتهم وسبى ذراريّهم وكان سعد رُمى يوم الخندق بسهم فقطع اكحله فكان لمآبه فقتل من قريظة سبع مائة وخمسين رجلا صبرا وعاد الى المدينة وكان استخلف عليها ابا رُهْم الغفارىّ كلثوم بن الحُصَين *c* وتوفّى سعد بن معاذ بعد رجوع رسول الله صلعم الى المدينة ۞ وفى هذه السنة تزوّج رسول الله صلعم زينب ابنة جَحْش بن رِئاب *d* الاسديّة اسد ابن خزيمة بن مدركة بن الياس بن مضر وهى ابنة عمّته أُميمة بنت عبد المطّلب ۞ ثم سريّة ابى عُبَيدة بن الجرّاح الفهرىّ فِهْر f 138r. قريش وهو عامر بن عبد الله بن الجرّاح بن هِلال بن أُهيب *e* بن ضبّة بن الحارث بن فهر بن مالك بن النضر *f* بن كنانة فى ذى الحجّة الى سيف البحر ۞

ذكر السنة السادسة من الهجرة وتعرف بسنة الاستئناس

ثم سريّة محمّد بن مَسْلَمة الانصارىّ فى المحرّم الى القُرَطاء *g* من بنى ابى *h* بكر بن كلاب بناحية ضَرِيّة بموضع *i* يقال له البَكَرات *k* وضريّة على سبعة ايّام *l* من المدينة ۞ ثم غزوة رسول الله صلعم بنى لِحْيان من هُذيل وكانوا *m* بالقرب من عسفان خرج اليهم لهلال ربيع الاوّل ثائرا بمن *n* قتلوا من اصحابه بالرّجيع فاعتصموا برؤوس الجبال، وفيها بعث فيما قيل عمر بن الخطّاب سريّة الى القارة *o* فاعتصموا بالجبل

---

a) P منصرفهم. *b*) P ولسبع. *c*) L الحسين. *d*) P رباب. *e*) P اعنب. Saepe وهيب scribitur. *f*) P نصر. *g*) P الى القرضار القرظا; vid. Jâc. II, ٩١٩, 1. *h*) L om. *i*) L موضع. *k*) P التنكرات. Jâc. I, ٧٠٨, 10 vult البكران, sed Samhûdî habet ut rec. *l*) L اميال. *m*) P c. ف. *n*) P لمن. *o*) P العارة s. الغارة.

ايضا *a* ، وبعث هلال بن الحارث المزنىّ الى بنى مالك بن فهر فهربوا منه ، وبعث *b* بشر بن سويد الجهنىّ الى بنى الحارث *c* بن كنانة فاعتصموا *d* بغيضة فاضرمها عليهم فاحترقوا فانكر النبىّ صلعم ذلك *a* ورجع الى المدينة ولم يلق كيدا وكان استخلف عليها ابن امّ مكتوم وكانت غيبته اربع عشرة ليلة ۞ ثم غزوته صلعم الموضع المعروف بذى قَرَد من *a* طريق خيبر *e* وهو على ليلتين من المدينة وكان عُيَينة بن حِصْن بن حُذَيفة بن بدر *f* الفَزارىّ اغار على لقاحه وهى بالغابة وهى *a* على بريد من المدينة *او اكثر *g* فخرج رسول الله صلعم يوم الاربعاء لاربع خلون من شهر ربيع الاوّل فاستنقذ بعضها وعاد f.138 v. الى المدينة وكان استخلف عليها ابن امّ مكتوم وكانت غيبته خمس ليال ، ثم سريّة سعد بن عُبادة الخزرجىّ الى *h* الموضع المعروف بالغَميم ، ثم سريّة ابى عبيدة بن الجرّاح الى جبلى طىّء أَجَأ *a* وسَلْمَى ، ثم سريّة عُكّاشة بن مِحْصَن الاسدىّ الغَمْر *i* غمر مرزوق قال المسعودى والغمر على ليلتين من فَيْد طريق الكوفة *k* وكان لبنى اسد ۞ ثم سريّة محمّد بن مَسْلَمة الانصارىّ فى شهر ربيع الاوّل الى ذى القَصّة *وبين ذى القصّة *h* والمدينة عشرون ميلا على طريق الرَّبَذة من جادّة العراق الى بنى ثَعْلبة *واناس من تغلب *l* وكان فى عشرة نفر فقُتلوا وهم نيام وافلت *m* محمّد جريحا ، ثم سريّة ابى عبيدة بن الجرّاح *الى ذى القصّة ايضا فى شهر ربيع الآخر *h* ۞ ثم سريّة زيد بن

a) P om. *b*) L وبعثوا. De hoc viro alibi mentionem non invenio, nisi quod Ibn Hadjar II, ٣٨١ memorat سويد الجهنى. *c*) L حَرْب; cf. Tab. I, ١١٠٥, 18. *d*) L فاعتصم. *e*) P حمير. *f*) P زيد. *g*) L واكثر. *h*) L om. *i*) Jâcût III, ٨١٤ ult. et Samhûdî ٣٩, ut Ibn Hisch. ٩٧٥ الغمرة, sed Ibn Sa'd, Wâkidî p. 232 et Tab. ١٥٥٤, 6 ut rec. Cf. porro Jâc. ٨١٤, 10. Deinde P مر غمرزوق, L بن روق. *k*) Nempe prope توز; vid. Jâc. ٨١٤, 6. *l*) Wâkidî p. 232 وعوال. P habet ثعلب. *m*) P واقبل et post محمد ins. وهو. Cf. Tab. ١٥٥٤, 12.

حارثة الى بنى سُلَيم بالجَمُوم والجَمُوم من[a] بَطْن نَخْل[b] عن يسارها وبطن نخل على[c] اربعة برد من المدينة ۞ ثم سريّة زيد بن حارثة ايضا فى جمادى الاولى الى العِيص وهى طريق ذى المَرْوة عن يمينها على ليلة منها مما يلى البحر وهى على اربع مراحل من المدينة ۞ ثم سريّة زيد بن حارثة ايضا فى جمادى الآخرة[d] الى بنى ثعلبة بالطَّرَف f.139 r. والطرف ماءٌ قُرْبَ من المَرَاض[e] دون النُّخَيل وهو على ستّة وثلاثين ميلا من المدينة على طريق العراق ۞ ثم سريّة زيد بن حارثة ايضا فى جمادى الآخرة ايضا[f] الى جُذام بحِسْمَى وحسمى وراء وادى القرى مما يلى بلاد فلسطين من ارض الشأم ۞ ثم سريّة زيد بن حارثة ايضا فى رجب الى وادى القرى لاجتماع فزارة هنالك[g] فقامت بالحرب[h] امُّ قِرْفَة[i] فانصرف زيد راجعا ۞ ثم سريّة عبد الرحمان[k] بن عوف بن عَبْد *عوف بن عبد بن[a] الحارث بن زُهْرة بن كلاب فى شعبان الى دُومة الجَنْدَل ۞ ثم سريّة[l] علىّ بن ابى طالب رضه الى بنى سعد بفَدَك وبين[m] فدك وبين المدينة نحو من خمس ليال ۞ ثم سريّة زيد بن حارثة فى شهر رمضان الى امّ قِرْفة وهى فاطمة ابنة ربيعة بن زيد[n] الفزاريّة وكانت بنواحى وادى القرى على سبع ليال من المدينة فهزم فزارة وقتل امّ قرفة ۞ ثم سريّة عبد الله بن عَتِيك فى هذا الشهر الى ابى رافع سَلّام بن ابى الحُقَيْق النَّضَرىّ بخَيْبَر فقتله، ثم سريّة عبد الله بن رَوَاحة الانصارىّ من بنى كعب بن الحارث بن الخزرج الى *أُسَيْر بن رِزَام[o] اليهودىّ بخَيْبَر فقتله ۞ ثم سريّة كُرْز

a) Addidi. b) P hic et mox فحل. Samh. ٣٦٧ ناحية ببطن نجد. c) L من. d) L الاخرى. e) Jâc. III, ٥٣١, 11 male المرقى. Deinde L ins. من. f) P om. g) P هناك. h) P ins. ام قرارة وقيل. i) L فرقر, infra قرقر et قرقر. k) L عبد الله. l) L ins. امير المومنين. m) P ins. بنى. Deinde L المدينة وفدك. n) Ita quoque Wâkidî p. 238. Ibn Hisch. ٩٨٠ et Tab. ١٥٥٧, 2, 14 بدر. o) P يسير بنى رُوام, L اسير بن درام. Wâk. p. 239 رازم, sed Jâc. I, ٩١٩, 12 ut

ابن جابر الفهرىّ فى شوّال الى العُرَنيّين الذين ارتدّوا عن الاسلام f.139 v. وقتلوا راعى رسول الله صلّعم واستاقوا الابل وذلك بالموضع a المعروف *بذى الجَدْر b بناحية قُباء c قريب من عين c على ستّة اميال من المدينة *فاتى بهم c فسملت اعينهم وقطعت ايديهم وارجلهم d على ما فى هذا الخبر من التنازع بين فقهاء الامصار فى معناه وفى آية المحاربة واحكام المحاربين e وحدّثنا ابو مسلم ابراهيم بن عبد الله الكشّىّ f عن ابى النعمان عارم بن الفضل السدوسىّ g وسليمان بن حرب *بن عَثْم h عن حمّاد بن زيد وحدّثنا ابو خليفة الفضل بن *الحباب الجُمَحىّ i قال حدّثنا سليمان k بن حرب عن حمّاد بن زيد *عن ايّوب l عن ابى قِلَابة عن أَنَس بن مالك الانصارىّ ان قوما من عُكْل او عُرَينة قدموا على رسول الله صلّعم فاجتووا المدينة فامر لهم m رسول الله صلّعم بلقاح n وامرهم ان يشربوا من البانها وابوالها فانطلقوا فلمّا صحّوا قتلوا رعاة o رسول الله صلّعم واستاقوا النعم p فبلغ q رسول الله صلّعم *الخبر من اوّل النهار c فارسل فى طلبهم فما r ارتفع النهار حتى أُتى بهم فقطعت ايديهم وارجلهم وسملت اعينهم والقوا بالحرّة فيستسقون s فلا يسقون حتى ماتوا، وقد روى ان النبىّ صلّعم انّما سمل اعينهم لانهم سملوا اعين الرعاة t فجعل السمل قصاصا كذلك ذكر u f.140 r.

---

rec. Cf. porro Ibn Hisch. ٩٨٠ qui habet اليسير بن رزام cum var. l. رازم et Tab. ١٥٥٩, 12 seq. cum ann. *i* et *k*.

a) L فى الموضع. *b*) P بجدر; L s. p. *c*) L om. *d*) P وايديهم. *e*) P المحاربة. *f*) *Moschtabih* ۴۴٧, 3 a f. *g*) P السدودى; vid. *Moschtab.* ٣٣٢ ann. 1. *h*) L om. P عيم; cf. *Moschtab.* ٣٨٨, 5 seq. *i*) P حباب اللخمى. *k*) P سليم; L حارث pro حرب. *l*) P om. Est ايوب السختيانى. *m*) P بهم. Deinde L النبى. *n*) P om. *o*) L راعى ut Ibn Hisch. ٩٩٩, 3 et Wâkidî p. 240; vid. infra l. 17. *p*) P العنم; Ibn Hisch. اللقاح. *q*) L ins. ذلك. *r*) L فلما et جى pro حتى اتى. *s*) L s. ف. *t*) L الرعا. *u*) L ins. بن.

يزيد بن زُرَيع *عن سليمان a التَّيْمىّ عن انس بن مالك، قال المسعودى والعُرَنيّون من ولد عُرَينة بن نَذير بن قَسْر بن عَبْقَر بن بَجيلة وبجيلة b امرأة سمى ولدها بها وهم بنو أَنْمار بن أَراش بن عمرو بن الغَوْث اخى الأَزْد بن الغوث وعند نسّاب ربيعة ومضر ابنى نزار بجيلة c من ولد انمار بن نزار بن معدّ d وفى كَلْب عُرَينة اخرى وهى عرينة بن ثَوْر e بن كلب بن وَبَرة، والعُكْليّون ولد عُكْل بن عبد مناة f بن أُدّ بن طابخة بن الياس بن مضر ✿

ثم غزوة رسول الله صلعم الحُدَيْبِيَة خرج للعمرة فى ذى القعدة فى الف وستّمائة رجل وساق معه سبعين بدنة فصدّه المشركون عن الدخول الى مكّة فاقام بالحديبية وهى من مكّة على تسعة g اميال مما يلى طرف الحرم، وفيها كانت بيعة الرضوان تحت الشجرة على الموت وذلك لمّا بعث رسول الله صلعم عثمان بن عفّان الى اهل مكّة يعلمهم h انه لم يأت محاربا وانّما جاء معتمرا فاحتبسوا عثمان واستفاضت i الاخبار بقتله فوقعت البيعة حينئذ وخرج اليه سُهيل بن عمرو بن عبد شمس من بنى عامر بن لؤىّ بن غالب فصالحه على موادعة عشر سنين على ان ينصرف k فى تلك السنة ويأتى فى العام المقبل فيخلّوا l له مكّة m ثلاثة ايّام فنحر وحلق بالحديبية وجعلها عمرة وانصرف الى المدينة وكان استخلف عليها ابن امّ مكتوم وفى n منصرفه عن f.140v. الحديبية قال لامير o المؤمنين *علىّ بن ابى طالب b رضه بغدير خُمّ p من كنتُ مولاه فعلىّ مولاه وذلك فى اليوم الثامن عشر من ذى

a) L وسليمان. Deinde P التميمى. b) P om. c) P فحبلت. d) P ins. وفى كرب. e) P معد. Deinde L من. f) L منف. g) L سبعة; Jâc. II, ٢٢٣, 13 اكثر من يوم. h) P يعلمه انهم. i) P واستعاص. k) P ينصرف addens فى كل سنة. l) Codd. فيخلون. m) L om. n) P s. و. o) P اميرا. p) L رَخْم et mox رخم.

الحجّة وغدير خمّ *يقرب من a الماء المعروف بالخرّار بناحية الجُحْفة وولد علىّ رضّه وشيعته يعظّمون هذا اليوم ۞ وفى هذه السنة اجدب الناس فاستسقى b رسول الله صلّعم فى شهر رمضان ۞ وفيها اسلم المغيرة بن شعبة ۞ وفيها انكشف c شَهْرَبَرَاز صاحب ابرويز ابن هرمز عن الروم وظهرت الروم على الفرس وفيهم d نزلت e آلم غُلِبَتِ الرُّومُ فِى أَدْنَى ٱلْأَرْضِ وَهُمْ مِنْ بَعْدِ غَلَبِهِمْ سَيَغْلِبُونَ ۞

ذكر السنة السابعة من الهجرة وتعرف بسنة الاستغلاب

ثمّ غزوة رسول الله صلّعم فى المحرّم خَيْبَر وهى على ثمانية f برد من المدينة فى الف واربعمائة راجل g والخيل مائتا فرس فحاربه بعض اهل الحصون فافتتحها عنوة وبعضهم h جنح الى الصلح فاجلاهم ثمّ سألوه ان يقرّ الارض فى ايديهم على ان يعتملوها ولهم شطر الثمرة فاجابهم الى ذلك فكان يبعث عبد الله بن رَوَاحة الانصارىّ فى كلّ سنة فيخرص عليهم فلمّا قُتل بمؤتة وجّه مكانه جَبّار i بن صَخْر فكانوا على ذلك الى ايّام عمر بن الخطّاب فاخرجهم من k الحجاز لانه بلغه ان رسول الله f.141 r. صلّعم قال فى مرضه الذى مات فيه l لا يجتمع دينان فى جزيرة العرب على ما فى هذا الخبر من التنازع بين فقهاء الامصار فى المساقاة، واصطفى رسول الله صلّعم من سبى m حصن القَمُوص صَفيّة بنت حُيَىّ ابن أَخْطب من النَّضير وكانت عند كنانة بن ابى الحُقَيق فاعتقها رسول الله صلّعم وجعل عتقها صداقها كذلك ذكر عبد العزيز بن صُهَيب وثابت البُنانىّ وشُعَيب بن الحَبْحاب عن انس بن مالك على ما فى ذلك من التنازع فى معنى هذا الخبر وهل ذلك خاصًّا للنبىّ صلّعم ام لأُمّته التأسّى به فيه، وفى هذه الغزاة قدم جعفر بن

---

a) L بقرب. b) P c. و. c) P انكسر. d) P وفيها. e) Kor. 30 vs. 1, 2. f) P ins. اميال وقيل ثمانية. g) P om. h) L وبعض. i) P s. p., L خبار. k) L عن. l) L ins. قال. m) P بنى.

ابى طالب رضه a ومن معه من ارض الحبشة ومعهم امُّ حَبيبة b رَمْلة بنت ابى سفيان صخر بن حرب وكان النجاشى ملك الحبشة زوّجها من النبىّ صلّعم وادّى عنه المهر وكانت عند عبد الله بن جَحْش ابن رئاب c من بنى غَنْم d بن دُودان بن أَسَد بن خُزيمة بن مُدْرِكة ابن الياس بن مضر وكان هاجر الى ارض الحبشة وهى معه فتنصّر ففارقته وقال رسول الله صلّعم عند e قدوم جعفر ما f ادرى بايّهما انا
f. 141 r. ابشر g بفتح خيبر ام بقدوم جعفر، وفى هذه الغزاة سُمّ النبىُّ صلّعم فى ذراع شاة اهدتها له h زينب بنت i الحارث اليهوديّة امرأة سَلّام بن مِشْكَم k اليهودىّ وكانت سألت اىّ عضو من الشاة احبُّ الى رسول الله صلّعم فقيل لها الذراع فاكثرت فيها l السمّ *وسمّت سائر الشاة a ثم m جاءت بها فلمّا h وضعتها بين يدى رسول الله صلّعم تناول الذراع فلاك منها مضغة فلم يُسِغْها ومعه بِشْر بن البَرَاء بن مَعْرُور n الانصارىّ من بنى سَلِمَة من o الخزرج قد اخذ منها كما اخذ h رسول الله صلّعم فاما p بشر فاساغها واما رسول الله صلّعم فلفظها ثم قال ان هذا العظم ليخبرنى انه مسموم ودعا بها فاعترفت فقال ما حملك على ذلك q قالت بلغتَ من قومى ما لم يَخْفَ عليك فقلتُ ان كان نبيًّا فسيُخْبَر وان كان ملكا استرحتُ منه وقومى فتجاوز عنها *رسول الله صلّعم a ومات بشر من اكلته التى اكل فقتلها رسول الله صلّعم حينئذ وقال *رسول الله h صلّعم فى مرضه الذى توفّى فيه ودخلت عليه امّ بشر بن البراء تعوده فقال يا امّ بشر ان هذا الاوان وجدت انقطاع ابهرى من الاكلة التى اكلت مع ابنك بخيبر وكان r المسلمون يرون ان رسول الله صلّعم قد h مات شهيدا مع ما اكرمه الله به h من النبوّة

a) L om. b) P حبيب. c) P رباب. d) P عيم et داوران. e) L فى. f) L لا. g) P اسر. h) P om. i) P ابنة. k) L et P antea مشكر. l) P فيه. m) P فلما. Cf. Tab. ١٥٨٣, 13. n) P مغرور. o) P بن. p) P. c. و. q) P هذا. r) P c. ف.

كذلك *a* ذكر سَلَمة بن الفضل عن محمّد بن اسحاق عن مروان بن f.142 r.
عثمان بن *b* ابي سعيد *c* بن المعلّى، قال المسعودى وذكر ابو عُبيد
القاسم بن سلّام فى كتاب غريب الحديث انه قال صلعم ما زالت
اكلة خيبر تُعادُّنى *فى كلّ عام *d* فهذا اوان قطعت *e* ابهرى قال *f* ابو
عبيد مفسّرا لذلك تعادُّنى من العداد *g* وهو الشيء الذى يأتيك
لوقت معلوم *d* مثل الحُمّى الرِّبْع والسمّ الذى يقتل لوقت فانه يعادّ
صاحبه لايّام حتى *يأتى وقته *h* الذى يقتل فيه واصله من العدد
والابهر عِرْق مستبطِنُ الصُّلْب والقلبُ متّصل به فاذا انقطع لم يكن
معه حيوة، ولمّا سمع اهل فَدَك بما نال اهل خيبر ومن صالح رسول
الله صلعم منهم ومساقاته ايّاهم بعثوا اليه يسألونه ان يحقن دماءهم
ويخلّوا *i* له الاموال ففعل *k* فكانت فدك خالصةً لرسول الله صلعم *d* لان
المسلمين لم يوجفوا عليها بخيل ولا ركاب، وسار رسول الله صلعم عن
خيبر الى وادى القرى فحصرهم ايّاما حتى افتتحها عنوة، وكان اهل
*تَيْماء اعداءً *l* لرسول الله صلعم ورؤساؤهم *m* آل السموءل *n* بن عادياء *بن
حيّا *o* بن رفاعة *بن الحارث بن ثعلبة بن كعب بن عمرو مُزَيقياء *k*
ابن عامر *p* والسموءل احد اوفياء العرب وهو صاحب الحصن المعروف
بالابلق الفَرْد وقد ذكره اعشى بنى *q* قيس بن ثعلبة *فى مديحة *r* f.142v.
لشُرَيح بن السموءل فقال *s*

بالأبلق الفَرْد من تَيْماء مَنْزِلُهُ   حِصْنٌ حَصِينٌ وجارٌ غيرُ غدّارِ *t*

---

a) L فذلك. *b*) P عن; Ibn Hisch. ٧٦٥, 5 et Tab. ١٥٨٤, 4 ut rec. *c*) L سعد. *d*) P om. *e*) P قطع; Zamachschari *Fâik* I, 40 et *Lisân* IV, ١٧٤ ut rec. *f*) P c. ف. *g*) P العد. Deinde L هو. *h*) L يانى نبيه. *i*) P ويحملوا. Cf. Ibn Hisch. ٧٦٤. *k*) L om. *l*) L تنمال عدوا. *m*) P ورأساتهم. *n*) L الشمول hic et deinde. *o*) L s. p., P om. Ibn Dor. ٢٥٩ et Wüstenf. *Gen. Tab.* **12**, 24 ante بن عادياء ponunt, sed cf. *Agh.* XIX, ٩٨. *p*) L male add. مزيقيا. *q*) P بن. *r*) P بن مديحة. *s*) Vid. e. g. Ibn Khord. ١٢٩, 1. *t*) P غرار.

فلمّا بلغهم ما نزل باهل وادى القرى صالحوا a رسول الله صلّعم على b اداء الجزية، ورجع رسول الله صلّعم * الى المدينة c وكان استخلف عليها سِبَاع بن عُرْفُطة الانصارىّ b ۞

واتّخذ رسول الله صلّعم الخاتم فى المحرّم ونقش عليه محمد رسول الله وكاتَبَ الملوك فى شهر ربيع الاوّل ونفذت كتبه ورسله اليهم يدعوهم الى الاسلام وافتتح كتبه اليهم ببسم الله الرحمن الرحيم وكان صلّعم اوّلا b يكتب كما تكتب قريش باسمك d اللهمّ حتى نزل e عليه f * ارْكَبُوا فِيهَا g بِسْمِ ٱللّٰهِ مَجْرَاهَا g فكتب b بذلك h الى ان نزل عليه i قُلِ ٱدْعُوا ٱللّٰهَ أَوِ ٱدْعُوا ٱلرَّحْمٰنَ * أَيًّا مَا تَدْعُوا فَلَهُ ٱلْأَسْمَاءُ ٱلْحُسْنَى b فكتب بسم الله الرحمن حتى نزل e عليه k إِنَّهُ مِنْ سُلَيْمَانَ وَإِنَّهُ بِسْمِ ٱللّٰهِ ٱلرَّحْمٰنِ ٱلرَّحِيمِ فكتب بذلك وقد اتينا على السبب فى كتبة l قريش باسمك d اللهمّ فى اخبار اميّة بن ابى b الصَّلْت الثقفىّ من الاخبار المسعوديّات المنسوبة الينا، فبعث عبد الله بن حُذافة السهمىّ الى كسرى ابرويز بن هرمز ملك فارس وهو يومئذ بالمدائن من ارض العراق فمزّق كتاب رسول الله صلّعم وكتب الى باذام m عامله على اليمن f.143r. ان يشخصه اليه فبعث اليه اساورين فى عدّة وهما فيروز بن الديلمىّ وخرخسره n وقيل * بابويه وقال o تاتونى به فقدما المدينة على النبىّ صلّعم فاخبرهما p ان شيرويه بن ابرويز b ملكهم قد g قتل اباه فى تلك الليلة فرجعا q الى باذام فاخبراه فكان الامر كما ذكر صلّعم b فاسلما r واسلم باذام والابناء s بصنعاء وهم الذين ساروا t الى اليمن مع

---

a) L راسلوا. b) P om. c) Addidi. d) L بسمك. e) P نزلت. f) Kor. 11 vs. 43. g) L om. h) P بذاك. i) Kor. 17 vs. 110. k) Kor. 27 vs. 30. l) L كتب. m) L semper باذان. n) P s. p., L وحرحسرنر; Tab. ١٥٧٣, 1 et Ibn Hadjar I, ٣٤٥, 1 ut rec., sed in *Fâik* II, 113 scribitur nomen خَوخُسْرو. o) Addidi coll. Tab. ١٥٧٢ ann. h. p) P فاخبرهم. q) L فرجع. r) L فاسلم. s) P والابنا. t) P صاروا.

خرزاد بن نرسى *a* بن جاماسْب اخى قباذ بن فيروز الملك وكان انوشروان سمّى مرتبته *b* وَهْرِز حين انفذه مع سيف بن ذى يَزَن الحميرىّ منجدا له على الحبشة حين غلبت على اليمن ففلّوا *c* مَسْروق *d* ابن ابرهة الاشرم آخر ملوك الحبشة باليمن واقاموا بها، وكان جميع من *c* ملك اليمن من الحبشة اربعة *e* اوّلهم ارياط وقبيل ابرهة الاشرم * ثمّ ابرهة *e* وهو السائر الى البيت الحرام بالفيل المذكور *f* فى القرآن ثمّ يكسوم ابنه ثمّ مسروق ابنه ايضا ومدّة *g* ما ملكوا من السنين نيّف وسبعون سنة وكان قطعهم البحر من *h* ساحل الحبشة الى ساحل اليمن من الموضع المعروف بالمَنْدَب وهما جبلان وهذا الموضع اضيق اعبار هذا البحر وانّما عرضه نحو من ميل ويتّصل به من ساحل اليمن ساحل المُخَا *i* وهى متّصلة بغَلَافقة *k* ساحل زَبِيد من اعمال *l* ابن زياد فى هذا الوقت، ومن *g* الناس من يسمّى وَهْرِزَ الديلمىّ لانه ولى مرزبة f.143 v.
الديلم والجبل * لا انه *m* كان ديلميًّا، وبعث رسول الله صلعم دِحْيَة ابن خَليفة * الكلبىّ وهو دحية بن خليفة *e* بن فَرْوة *n* بن فَضالة ابن زيد بن امرئ القيس بن * الخَزْرج والخزرج *o* العظم وهو زيد مناة ابن عامر * بن بكر بن عامر *e* الاكبر بن عوف بن عذرة بن زيد اللات ابن *p* رُفَيدة بن ثَوْر *q* بن كلب الى هرقل ملك الروم وعمرو بن اميّة الضمرىّ الى النجاشى اصمحه *r* بن ابحره ملك الحبشة والعلاء بن الحضرمىّ الى المنذر بن ساوَى اخا *s* بنى عبد القيس صاحب البحرين

---

a) P موسى, mox L جاماسست. Cf. Nöldeke, *Gesch.* p. 223 ann. 2. *b*) L s. p., P صردىمنة; cf. Nöld. l. l. Deinde P وهور. *c*) P om. *d*) P semper مسرق. *e*) L om. *f*) P المذكورة. *g*) L s. و. *h*) P فى. *i*) L s. p., P اصماخا. Cf. Hamdânî ed. Müller ١١٩, 18. *k*) P باولافقة. Cf. *Mor.* III, 157 et Kay, *Yaman*, p. 221. *l*) P عمل. *m*) Codd. لانه. *n*) L فيروز. *o*) P الخزرج والخزرج, L tantum الحرج. Vid. Tab. III, ٢٣٤٩, 14. *p*) P من. *q*) L نون. *r*) P اصحمه. Est Atzbeha (Nöldeke p. 188 ann.). Pro ابحره L ادىخره. *s*) P احد; cf. Tab. I, ١٥٦١, 2.

وسَليط بن عمرو العامرىّ الى هَوْذة بن a علىّ الحنفىّ صاحب اليمامة وشجاع بن وهب الاسدىّ الى الحارث بن ابى شمر الغسّانىّ عامل هرقل ملك الروم على دمشق واعمالها وكان ينزل الجَوْلان ومرج الصفّر وحاطبَ بن ابى بَلْتَعة اللخمىّ وقيل العبسىّ حليف بنى اسد b بن عبد العزّى الى المقوقس القَرْقَب c النُّوبىّ d بالنون عظيم القبط ببلاد e الاسكندريّة ومصر f والنون هو g قبيل من القبط، قال المسعودى وقد اتينا على اخبار هؤلاء الرسل مع من ارسلوا اليه ورسل من كان بعد

f.144 r. النبىّ صلعم من الخلفاء والملوك ووفودهم h الى سائر *الملوك والامم i الى هذا الوقت وهو سنة ٣٤٥ فى خلافة المطيع فى كتاب فنون المعارف، وما جرى فى الدهور السوالف، وقيل ان بعثه k الرسل الى هؤلاء الملوك كان l فى السنة السادسة من الهجرة قبل فتحه خيبر ۞

ثمّ سريّة عمر بن الخطّاب فى شعبان الى الموضع المعروف بتُرَبَة m وتربة ناحية العَبْلاء n على اربع ليال من مكّة وقيل خمس طريقَ صنعاء ونَجْران اليمن ۞ ثمّ سريّة ابى بكر فى هذا الشهر الى بنى كلاب بن ربيعة بن عامر بن صَعْصَعَة *بن معاوية f بن بكر بن هوازن بن منصور ابن عكرمة بن خَصَفَة o بن *قيس بن f عيلان بن مضر *بن نزار f بناحية ضريّة ۞ ثمّ سريّة بشير p بن سعد الانصارىّ *ثمّ الخزرجىّ فى هذا الشهر ايضا f الى بنى l مرّة بن عوف بن سعد بن ذُبْيان بن

---

a) L ابى. *b*) L اسيد. *c*) P المقرقب; cf. Karabacek, *der Mokaukis von Aegypten* in Mitth. Pap. Erzherzog Rainer, I, p. 2 seq. L hoc et seqq. ad القبط om. *d*) Voc. in cod. Apud Makrîzî I, ٢٨٩ ut quoque apud al-Kindî, Hist. Aegypti, cod. Mus. Britt. Add. 23, 324 in اليونانى corruptum est. Post بالنون cod. ins. العظيم. *e*) L ملك. *f*) L om. *g*) P وهو, L om. et habet قبيلة. *h*) P s. و. *i*) L tantum الامم. *k*) P بعثة et mox فتحة. *l*) P om. *m*) Ibn Hisch. ٩٧٣, Wâkidî p. 297 male ذُرْبَة. *n*) P العيْلا, L الفملا; cf. Bekrî ٤٩٣, 6, 8. *o*) Codd. حَفْصَة. *p*) P بشر.

بَغِيض بن رَيْث بن غطفان بن *سعد بن قيس a بن عيلان بن مصر بفَدَك b فأُصيب اصحابه وارتُثَّ c فى القتلى ✿ ثمّ سَرِيّة غالب بن عبد الله اللَّيْثىّ فى شهر رمضان الى d المَيْفَعَة وراء بطن نَخْل الى ناحية النَّقْرَة ممّا يلى نجدا على ثمانية e برد من المدينة وفيها قتل أُسامةُ بن زيد بن حارثة الرجلَ الذى قال لا اله الّا الله فلامه النبىُّ صلّعم على قتله فقال انّما قالها احتجاراً f فقال *هلّا شققتَ g f.144 v.
*عن قلبه h فتعلمَ i اصادق هو ام كاذب فانزل الله عزّ وجلّ فى ذلك k وَلَا تَقُولُوا لِمَنْ أَلْقَى إِلَيْكُمُ ٱلسَّلَامَ لَسْتَ مُؤْمِنًا ✿ ثمّ سَرِيّة بشير بن سعد الانصارىّ فى شوّال الى يُمْن l وجُبار وهما موضعان m نحو الجِنَاب والجناب h يعارض n خيبر ووادى القرى ✿ .

ثمّ خرج رسول الله صلّعم عن *المدينة يوم h الاثنين لستّ ليال d خلون من ذى القعدة لعُمْرة القضاء الّتى o كان المشركون صدّوه عنها بالحديبية فخرج المشركون عن مكّة ودخلها رسول الله صلّعم فاقام بها واصحابه ثلاثا ثمّ خرج عنها وعاد الى المدينة وكان استخلف عليها سِباع بن عُرْفُطة ، وفيها تزوّج ميمونة الهلاليّة خالة عبد الله بن العبّاس على ما فى هذا الخبر من التنازع بين فقهاء الامصار وغيرهم ممّن تقدّم انكحها d وهو محلٌّ ام p محرم وهى ميمونة بنت الحارث بن حَزْن بن بُجَير *بن الهُزَم q بن رُوَيبة r بن عبد الله بن هلال بن عامر بن صعصعة *بن معاوية بن بكر بن هوازن وامّها هند بنت

a) P قيس بن عطفان. b) L بفتك. Deinde P فاصبحت; cf. Tab. ١٥٩٢, 7. c) P وارتثت. d) P om. e) P ins. اميال; cf. Samhûdî ٣٠١ et Tab. l. l. ann. *d*. f) L احتجابا. Ibn Hisch. ٩٨٤ تعوذا. g) P فهل لاسففت له et mox قتله; cf. Wâkidî p. 298. h) L om. i) L فعلمت. k) Kor. 4 vs. 96. l) P نمر. Cf. Tab. ١٥٩٣, 6, ١٧٥٩, 7, Jâc. IV, ١٠٣٧, 14 seqq., Bekrî ٨٠٩. m) L من ضعاف. n) Jâc. II, ١٣٠, 5 بعراض. o) L الذى. p) L او. q) P om.; L الهرمز. r) P روينة, L روبة.

عوف بن زهير بن الحارث بن حَمَاطة بن جُرَش من حمير وهي العجوزة *a* الجرشيّة اكرم الناس اصهارا كان لها ثماني بنات ميمونة ولُبابة الكبرى ولبابة الصغرى وعصماء وعزّة بنات الحارث بن حَزْن وسَلْمى واسماء *b* وسَلَامة بنات عُمَيس *c* بن مَعْد بن الحارث بن تيم بن كعب بن مالك بن قُحَافة بن عامر بن ربيعة بن عامر بن *معاوية بن زيد *d* ابن مالك بن نسر بن وهب الله *e* بن شَهْران بن عِفْرِس *f* بن أَفْتَل *g* f. 145 r. وهم جماعة *h* خَثْعَم بن أَنْمار على ما فى ذلك من التنازع فى نسب انمار ومن الحقه من نسّاب النزاريّة بنزار بن معدّ بن عدنان ومن الحقه من نسّاب القحطانيّة بأَرَاش بن عمرو بن غَوْث بن نَبْت بن زيد بن كهلان بن سبا بن يعرب *بن قحطان *i*، تزوّج رسول الله صلّعم ميمونة *k* على ما وصفنا *l* وتزوّج حمزة بن عبد المطّلب سَلْمى فولدت له امة الله وقيل امامة *m* وتزوّج العبّاس بن عبد المطّلب لبابة الكبرى وتكنى *n* امّ الفضل فولدت له الفضل لا عقب له وعبد الله ابا الخلفاء من بنى العبّاس وعبيد الله ومعبدا لهما عقب وقُثَم وعبد الرحمان لا *o* عقب لهما وامّ حبيب ولم يكن اخوة لامّ وأب اشرف منهم ولا ابعد قبورا مات الفضل بالشأم فى طاعون عمواس وعبد الرحمان ومعبد بافريقية وقثم بسمرقند وعبد الله بالطائف وعبيد الله بالمدينة، وتزوّج جعفر *بن ابى طالب *i* اسماء فولدت *p* له عبد الله وعونا *q* ومحمّدا ثم تزوّجها ابو بكر فولدت له *محمّدا ثم تزوّجها علىّ بن ابى طالب فولدت له *l* يحيى وعونا *q* لا عقب لهما، وتزوّج

---

a) P haec om.; L om. بن زهير et habet حاطمه بن حرير بن حمير; cf. Tab. III, ٢٤٥٣, 6, ٢٤٩٦, 7. Deinde P الحارثية, *Mor.* IV, 181 الحريشية, sed cod. Leid. 127, p. 167 perspicue ut rec. *b*) L واسمى, P om. *c*) P خميس. *d*) Wüstenf. *Gen. Tab.*. 9, 20 سعد, Tab. I, ٢١٣٥, 2 om. *e*) P tantum بن هبة الله. Pro نسر L بشر. *f*) L غفر. *g*) P افيل, L اقيل. *h*) P ins. نعيم اجمع وقيل هم جماعة. *i*) P om. *k*) L om. *l*) P وصفناه. *m*) L امة. Tab. III, ٢٤٧٠, 10 عمارة. *n*) P وتسمى. *o*) P ولا. *p*) Codd. s. ف. *q*) P وعوفا.

الوليد بن المغيرة المخزوميّ لبابة الصغرى فولدت له خالد بن الوليد، وباقى البنات عند ازواج شتّى ليس لهم من السابقة فى الدين والشرف فى النسب *ما لهؤلاء* a ۞

ثمّ سريّة ابن ابى العوجاء السُّلَمىّ فى ذى الحجّة الى بنى سُلَيم f.145 v. فاصيب a اصحابه ونجا مكلوما ۞ ثمّ سريّة عبد الله بن ابى حَدْرَد b الاسلمىّ فى ذى الحجّة الى الغابة c فقتل رفاعة بن زيد d الجُشَمىّ ۞ ثمّ سريّة مُحَيِّصَة بن مسعود الى ناحية a فَدَك ۞ ثمّ سريّة عبد الله ابن ابى حَدْرَد الى اِضَم فى ذى الحجّة ايضا وكان فيهم *ابو قَتَادة e ومحلّم بن جثّامة f فقتل محلّم عامرَ بن الاضبط الاشجعىّ لشىء كان بينهما g فى الجاهليّة وقيل بل قتله بعد ان حيّاه h بتحيّة الاسلام فقيل i ان فيه نزل k ولا تَقُولُوا لِمَنْ أَلْقَى إِلَيْكُمُ السَّلَامَ لَسْتَ مُؤْمِنًا تَبْتَغُونَ عَرَضَ الحَيَاةِ الدُّنْيَا ۞

ذكر السنة الثامنة من الهجرة وتسمّى سنة الفتح

ثمّ سريّة غالب l بن عبد الله الليثىّ فى صفر الى بنى المُلَوَّح بكَدِيد بين عُسْفان وقُدَيد ۞ ثمّ سريّة ايضا فى صفر الى m مُصاب اصحاب بُشَير n بفَدَك، وفى *هذا الشهر o قدم عمرو بن العاص بن وائل بن هاشم بن سُعَيد بن سَهْم بن عمرو بن هُصَيص بن كعب بن لُوَىّ ابن غالب وخالد بن الوليد بن المغيرة بن عبد الله بن عمر بن مخزوم بن يَقَظَة بن مرّة بن كعب بن لُوَىّ مهاجرين ۞ ثمّ سريّة

a) P om. b) P hic et mox حزرد. Deinde habet الى سلمى. c) L العانة. d) Ibn Hisch. ٩٨٩ قيس, sed vid. Wâkidî p. 235. e) P ابوا قبانة, L بن قماده. Deinde L ومحكم ut etiam infra. f) L s. p., P حنامة. g) L بينهم. h) L حيا. i) L c. و. k) Kor. 4 vs. 96. Cf. Ibn Hisch. ٩٨٧, 4 a f,, Wâkidî p. 325. l) L طالب. m) P ins. رمضان الى, et habet واصحاب. n) L s. p., P بشير. Supra p. ٢٥٣, 20 اسير. Alibi haec traditio non exstat. o) L هذه السنة.

شُجَاع بن وهب الاسدىّ فى شهر ربيع الأوّل الى بنى عامر بالسّىّ a من ناحية رُكْبَة b *مما يلى تُرَبَة وركبة c وراء معدن بنى سُلَيم من المدينة على خمس ليالٍ ۞ ثمّ سريّة كعب بن عُمَير الغفارىّ فى هذا الشهر الى ذات أَطْلاح وهى وراء وادى القرى بين تَبُوك وأَذْرِعات من بلاد f. 146 r. دمشق من ارض الشأم فقتل اصحابه جميعا وتحامَل d الى المدينة جريحا ۞ ثمّ سريّة زيد بن حارثة وجعفر بن ابى طالب وعبد الله ابن رَوَاحة الانصارىّ *من بنى e الحارث بن الخزرج فى جمادى الاولى f لغزو الروم الى مُؤْتة من ناحية البَلْقاء من اعمال دمشق من g الشأم لقتل شُرَحْبِيل بن عمرو الغسّانىّ الحارثَ بن عُمَير الازدىّ رسول رسول h الله صلّعم الى صاحب i بُصْرَى ولم يُقْتَل للنبىّ صلّعم رسول غيره وكانوا فى c نحو من ثلاثة آلاف فلقيهم جموع الروم فى مائة الف انفذهم هرقل للقائهم وهو يومئذ مقيم بانطاكية وعلى k الروم تيادوقس l البطريق وعلى متنصّرة العرب من غسّان وقضاعة وغيرهم شرحبيل بن عمرو الغسّانىّ فقتل زيد بن حارثة وجعفر بن ابى طالب بعد ان عرقب m فرسه وهو اوّل فرس عُرْقِبَت n فى الاسلام وجُرِح نيّفا وتسعين جراحة كلّها فى مقادمه وعبد الله بن رواحة ورجع خالد بن الوليد بالناس o ۞ ثمّ سريّة عمرو بن العاص فى جمادى الآخرة الى ذات السلاسل وراء وادى القرى بينها وبين المدينة عشرة ايّام فلقيه جموع الروم ومتنصّرة العرب فاستمدّ النبىّ صلّعم فامدّه h بسريّة فيها p ابو بكر وعمر وابو عبيدة بن الجرّاح رضّهم h وكان لعمرو فى هذه السريّة افعال أُنكرت

---

a) L بلمس. b) Codd. رَكية. Idem vitium Samhûdî ٢٨٢, 3. c) L om. d) P وحمل, L وتحمل; cf. Tab. ١٦٠١, 9. e) L بن ابى. f) P الاخرة. Deinde L لتعروا. g) P ins. اعمال. h) P om. i) P ناحية. k) L s. و. l) P تناووقس, L بمادوقس. Caussin III, 211 seq. Théodore. m) P عرقبوا. n) P عرقب; cf. Ibn Hisch. ٧٩٤ فعقرها. o) P والناس. p) P فيهم.

عليه منها صلاته بالناس جنبا ومنعه ايقاد النار مع حاجتهم اليها لشدّة القرّ وكثرة *a* الجراح وغير ذلك وبلغ النبىّ صلّعم *ما فعل *b* f.146 v. فاجازه *c* لما ذكر فيه من المصلحة للجيش ۞ ثم سريّة ابى عبيدة ابن الجرّاح فى رجب الى ارض جُهينة بناحية البحر بينها وبين المدينة خمس ليال ۞ ثم سريّة ابى قَتادة النعمان بن رِبْعىّ الانصارىّ ثم الخزرجىّ فى شعبان الى خَضِرة *d* ارض محارب بنجد، ثم سريّة ابى قتادة ايضا *b* فى هذا الشهر الى بطن اِضَم بين ذى خُشُب وذى المَرْوَة بينها وبين المدينة ثلاثة برد ۞

ثم غزوة رسول الله صلّعم مكّة وهى غزوة الفتح سار اليها لثلاث ليال *c* خلون من شهر رمضان فى عشرة آلاف من المسلمين فدخلها وكان *e* استخلف على المدينة ابا رُهْم الغفارىّ *قال المسعودى *b* وتنوزع فى دخوله اصلحًا كان ام عنوة فقال ابو عمرو عبد الرحمان بن عمرو الاوزاعىّ *من الاوزاع *c* من حمير فى آخرين من اهل الشأم واهل العراق وغيرهم من اهل الظاهر كابى سليمان داود بن علىّ الاصبهانىّ وغيره فتح رسول الله صلّعم مكّة *b* عنوة *f* فخلّى بين المهاجرين وارضهم ودورهم بمكّة ولم يجعلها فيئًا واحتجّوا بقول النبىّ صلّعم ألَا *b* ان الله حبس الفيل عن مكّة وسلّط عليهم رسوله *g* والمؤمنين ألَا *c* انها لم تحلّ لاحد قبلى ولا تحلّ لاحد بعدى وبقوله اترون اوباش قريش انّى *h* لقيتموهم فاحصدوهم حصدا وامره بقتل ابن خَطَل وعبد الله بن سعد بن ابى سَرْح ومِقْيَس بن صُبابة وغيرهم *وغير ذلك *c* من الحجاج فقال *i* ابو f.147 r. عبد الله محمّد بن ادريس الشافعىّ وموافقته *k* لم يدخلها رسول الله صلّعم عنوة وانّما دخلها صلحا وقد تقدّم لهم امان بقوله من دخل

a) P وشدة. *b*) P om. *c*) L om. *d*) P s. p. Deinde L اهل. *e*) L وقد. *f*) Addidi. *g*) L رسول الله صلّعم. *h*) P اذا. *i*) L c. و. *k*) P فى موافقته.

داره فهو آمن ومن القى السلاح فهو آمن *ودليل قول a الله عزّ وجلّ b وَهُوَ ٱلَّذِى كَفَّ أَيْدِيَهُمْ عَنْكُمْ وَأَيْدِيَكُمْ عَنْهُمْ بِبَطْنِ مَكَّةَ مِنْ بَعْدِ أَنْ أَظْفَرَكُمْ c عَلَيْهِمْ وقد روى ان هذه الآية نزلت d فى غزوة الحديبية كذلك e حدّثنا ابو جعفر محمّد بن جرير الطبرىّ f عن بشر g بن *معاذ عن h يزيد *بن زُريع h عن سعيد عن قتادة وذهب ابو i عبد الله مالك *بن انس h الاصبحىّ من ذى أَصْبَح بن مالك من k حمير وغيره من اهل المدينة *الى مثل l ذلك فانهم m لمّا اومنوا على انفسهم كانت اموالهم تبعا لهم وقال آخرون منهم ابو h عُبيد n القاسم ابن سَلّام افتتح رسول الله صلّعم مكّة ومنّ على اهلها فردّها o عليهم ولم يقسمها ولا جعلها فيئًا وغير ذلك من الحجاج، وامر رسول الله صلّعم بقتل عدّة منهم عبد الله بن سعد بن ابى سرح بن حُبيب ابن جَذِيمَة بن نصر بن مالك بن حِسْل p بن عامر بن لؤىّ وكان اخا عثمان بن عفّان لامّه وأحد *مَن كتب q الوحى فارتدّ مشركا ولحق بمكّة فلمّا امر النبىّ صلّعم بقتله اخفاه عثمان ثم اتى به النبىّ صلّعم سائلا فيه فصمت النبىّ صلّعم طويلا h ثم قال نعم فلمّا انصرف f. 147 v. به عثمان قال رسول لله صلّعم لمن حضره من اصحابه اما h والله لقد صمتّ ليقوم اليه بعضكم فيضرب عنقه فقال رجل من الانصار فهلّا اومأت يا رسول الله فقال ان النبىّ لا يقتل r بالاشارة، ومنهم عبد الله بن خَطَل من بنى تيم s بن غالب بن فهر بن مالك وقيل ان اسمه هِلال بن خطل *وابن خطل t هو عبد الله وكان رسول الله

---

a) P وبقول. *b*) Kor. 48 vs. 24. *c*) P اظهركم. *d*) P انزلت. *e*) P وكذلك. *f*) Tab. ١٥٤١, 4 seq. et ١٥٣٢, 1 seqq. *g*) L انس. *h*) P om. *i*) Addidi. *k*) Codd. بن. *l*) P وغير. *m*) L انهم. *n*) L ins. الله. *o*) L فرد. *p*) P خيل, L حنبل. Genealogia differt ab ea quam habet Wüstenf. *Tab.* O. Cf. Tab. ١٦٣٩. *q*) P ممن يكتب. *r*) P يعمل. *s*) L تميم. *t*) P om. Forte l. وخطل; cf. Belâdh. ٤١ ann. *a*.

صلعم امّره *a* مصدّقا *وكان معه *b* رجل من الانصار وغلام له فقتل الغلام لخلاف كان *a* منه عليه وارتدّ مشركا وكانت له قينتان تغنّيان بهجاء النبيّ *c* صلعم فامر بقتلهما معه، ومِقْيَس بن صُبابة من بنى كلب بن عوف بن كعب بن عامر بن ليث بن بكر بن عبد مناة *d* ابن كنانة بن خُزيمة بن مدركة بن الياس بن مضر وكان قتل رجلا من الانصار قتل اخا له خطأً وكان رجع الى مكّة مرتدًّا، وعكرمة بن ابى جهل المخزوميّ والحُوَيرث بن نُقَيذ *e* بن وهب بن عبد *f* بن قُصَىّ وكان ممّن يؤذيه بمكّة فقتله *علىّ بن ابى طالب *g* عمّ، وسارة *h* مولاة كانت لبنى عبد المطّلب وكانت ممّن يؤذيه *i* بمكّة ايضا، وبثّ رسول الله صلعم السرايا حول مكّة وكان *g* اوّلها سريّة خالد بن الوليد فى شهر رمضان الى نَخْلَة *اليمانية لهدم العُزّى فهدمها *k*، ثمّ سريّة عمرو بن العاص فى شهر رمضان الى سُواع برُهاط فهدمه، *ثمّ سريّة سعد *l* بن زيد الأَشْهَلىّ من الاوس فى هذا الشهر الى مناة بالمُشَلَّل *m* فهدمه *g*، ثم سريّة خالد بن سعيد بن العاص الى عُرَنَة *n*، ثمّ سريّة f.148 r.
هشام بن العاص الى يَلَمْلَم، ثم سريّة الطُّفَيل بن عمرو الدَّوْسىّ فى شوّال الى ذى الكَفَّين *o* صنم عمرو بن حُمَمَة *p* الدوسىّ فهدمه، ثم سريّة خالد بن الوليد الى بنى جَذِيمة *q* بن عامر بن عبد مناة بن كنانة بن خزيمة بن مدركة وكانوا باسفل مكّة على ليلة منها نحو يلملم بعثه رسول الله صلعم داعيا ولم يأمره بالقتال *r* فقتلهم بالغُمَيصاء *s* فوداهم رسول الله صلعم ✿

---

a) P om. *b*) P ومعه. *c*) L رسول الله. *d*) L مناف. *e*) P تقيل, L بقيه. *f*) L عبيد. *g*) L om. *h*) P وصارت. *i*) Codd. توذيه. *k*) P اليمامة لعدم العزى فهزمه. *l*) Cod. سعيد. *m*) Cod. بالسلك. *n*) L s. p., P غزية; cf. Wâkidî p. 351 l. 1. *o*) P s. art., sed Wâkidî p. 350 et Ibn Hisch. ٢٥٤ ut rec. *p*) P حمية, L حمه. *q*) P خزيمة et mox عبد مناف. *r*) L بالقتل. *s*) P بالغميص.

ثم غزوة رسول الله صلعم هوازن وهى غزوة حُنَين قال المسعودى وحُنَين وادٍ الى جانب ذى المَجَاز بينه وبين مكّة ثلاث *a* ليال وكان خروجه صلّعم فى اثنى عشر الفا من اهل مكّة والخيل مائتا فرس وقيل اكثر من ذلك وطلب صلعم من صَفْوان بن اميّة عاريّة *b* ادراعا *c* كانت عنده وصفوان يومئذ مشرك *d* قد استأجل النبىّ صلعم باسلامه *b* شهرين فقال اغصبًا *e* يا محمّد فقال بل عاريّةً مضمونةً حتى نؤدّيها *f* اليك *b* فأعطاه مائة درع بما يصلحها من السلاح على ما فى هذا *g* الخبر من اختلاف الالفاظ واضطراب الاسانيد وتنازع الناس فى العاريّة مضمّنة *h* هى *b* كما قال الشافعىّ وغيره اشترط ذلك المعير ام لم يشترط وهو قول يعزى *i* الى ابن عبّاس وابى هُرَيرة وغيرهما ام غير *k* مضمّنة
f 148 v. كما قال ابو حنيفة النعمان بن ثابت وصاحباه وسفيان الثورىّ واهل الظاهر ويعزى ذلك الى امير المؤمنين علىّ بن ابى طالب عم *l* وعبد الله بن مسعود *ام تكون متضمّنة *b* اذا اشترط ضمانها كما قال قتادة وغيره * او كما قال مالك *m* ما كان من ذلك ظاهرا مثل الرقيق وغيره *b* من الحيوان او الربع *n* فلم يبعد ذلك لم يكن *o* ضامنا وما كان من العروض والحلى *p* وغير ذلك فهو ضامن الّا ان يصيبه امر من امر الله تعالى يعذر به *او يقوم *q* له بيّنة فلا يضمن وغير ذلك من الاقاويل مع اتّفاق الجميع على *b* ان المستعير لا يملك بالعاريّة *r* *واتّفاقهم على ان له *b* الشىء المستعار فيما اذن له مالكه ان يستعمله فيه واتّفاقهم على ان المستعير اذا اتلف الشىء المستعار ان عليه ضمانه،

---

a) P لثلاث. *b*) L om. *c*) P درعا. Deinde L وكانت. *d*) P مشركا. *e*) P اعصابا. *f*) P نعود بها; Ibn Hisch. et Tab. ut rec. *g*) L ins. من. *h*) L المضمونه. *i*) P معزى. *k*) P غيره. *l*) P om. *m*) Cod. ملكن. *n*) L s. p., P الرفع. Deinde L لم et post يبعد ins. فى. *o*) P يكون. *p*) P والحطمى. *q*) Bis in P. *r*) P ins. الشى المستعير لا يملك بالعارية et mox om. الشىء P. 142.

فلقى رسول الله صلعم هوازن بأَوْطاس عليهم مالك بن عوف a النصرىّ b نصر بن معاوية بن بكر بن هوازن * بن منصور بن عكرمة بن خَصَفَة c ابن قيس بن عيلان بن مضر بن نزار d ودُرَيد بن الصِّمّة الجُشَمىّ جشم بن d بكر بن هوازن وكان احد فرسان العرب وشجعانهم وهو يومئذ شيخ كبير ضرير قبل e قد جاوز المائتى f سنة g ليس فيه الّا التيمّن برأيه وكان من حضر * ذلك اليوم h من هوازن نصر g وجشم ابنا معاوية بن بكر بن هوازن وسعد بن بكر بن هوازن ونفر من بنى i هِلال بن * عامر بن g صَعْصَعَة بن معاوية * بن بكر g f.149 r ابن هوازن ولم يحضرها احد من بنى d نُمَير k ولد عامر بن صعصعة * ابن معاوية بن بكر بن هوازن ولا من كلاب بن ربيعة بن عامر ابن صعصعة ولا من ولد كعب بن ربيعة بن عامر بن صعصعة g وهم عُقيل والحريش l وقُشَير m وجَعْدَة وعبد الله وحبيب بنو n كعب فهزمهم الله وغنّم رسوله o اموالهم وذراريّهم وقُتل دريد * بن الصمّة d يومئذ g فى نحو من مائة وخمسين رجلا من هوازن وهرب d * مالك بن عوف p ✿

ثم g غزوة رسول الله صلعم فى رجب تَبُوك مما يلى دمشق من ارض الشأم وبين تبوك والمدينة تسعون فرسخا وذلك مسيرة اثنتى عشرة ليلة وكان معه فى هذه الغزاة ثلاثون الفا الخيل q عشرة آلاف

---

a) P ins. الانصارى. *b*) L ins. ابن. *c*) Cod. حفصة. *d*) L om. *e*) P كان. *f*) P المابة. Sec. Wâkidî p. 355 erat 160 annos natus. *g*) P om. *h*) L هنالك. *i*) P ins. هوازن او من بنى. *k*) P نصير. Pro ولد L بن. *l*) P بن الجُريش, L لحرس s. و. *m*) P ins. وجهد. *n*) L بنى. *o*) P رسول الله صلعم. *p*) Conjectura supplevi, sed hic in utroque codice (L f. 125 v.) est magna lacuna sine ulla indicatione. Hinc enim jam in anno 9 versamur. Cf. infra sub Abû Bakr f. 157 v. infra. *q*) P والخيل.

والابل اثنا عشر الف [a] بعير ويسمّى جيش العُسْرة لانهم أُمروا بالخروج [b] لمّا طابت الثمار واشتدّ الحرّ وطاب لهم الظلال وشقّ عليهم الخروج لبعد المسافة وعسرة من الماء وعسرة من النفقة والظهر وحثّ رسول الله صلّعم الاغنياء على النفقة والحملان [a] فصار الى تبوك فاقام بها بضع عشرة ليلة [c] وقيل عشرين يصلّى ركعتين وعاد الى المدينة وكان استخلف عليها علىّ بن ابى طالب *وقد ذهب قوم الى انه استخلف عليها ابا رُهْم الغفارىّ وعلى اهله علىّ بن ابى طالب [a] وقيل بل استخلف عليها [d] ابن امّ مكتوم وقيل محمّد بن مسلمة [e] وقيل سِباع بن عُرْفُطَة وتخلّف عبد الله بن أُبَىّ معسكرا فى الموضع المعروف بالجُرْف فى قطعة من الجيش، وفى هذه الغزاة قال رسول الله صلّعم لعلىّ *بن ابى طالب [f] لمّا خلّفه بالمدينة ولم يخلّفه قبلها وقد راى f. 149v. كراهية علىّ لذلك أَفَلا [g] ترضى ان تكون منى بمنزلة هارون من موسى أَلَا انه لا نبىّ بعدى والاشهر ان رسول الله صلّعم استخلف عليًّا على المدينة *ليكون مع [h] من ذكرنا من المتخلّفين [i] وقد ذكرنا السبب الذى له ومن اجله خلّفه [k] وسبب تخلُّف عبد الله بن ابىّ فيمن ذكرنا فى كتاب الاستذكار، لما [l] جرى فى سالف الاعصار، الذى كتابنا هذا تالٍ له، وفيها كانت قصّة الثلاثة الذين خُلّفوا فانزل الله عزّ وجلّ [m] وَعَلَى ٱلثَّلَاثَةِ ٱلَّذِينَ خُلِّفُوا حَتَّى اذا ضَاقَتْ عَلَيْهِمُ ٱلْأَرْضُ بِمَا رَحُبَتْ وهم من الانصار كعب بن مالك الخزرجىّ ومُرارة بن الربيع وهِلال بن اميّة الاوسيّان، وقد اتينا على ما كان بينه وبين هرقل ملك الروم من المراسلات [n] فى هذه الغزاة فى حال

---

a) P om. *b*) P بالخراج. *c*) P ليال. *d*) P ins. على. *e*) P سلمة. *f*) L عمّ. *g*) P اولا. Cf. Tab. ١٦٩٦, 10. *h*) L دون. *i*) L المستخلفين. *k*) P ins. والسبب. *l*) P وما. *m*) Kor. 9 vs. 119. *n*) L الرسالات.

مقامه صلعم بتبوك وهرقل *يومئذ بحمص *a* وقيل بدمشق *فيما سلف *b* من كتبنا *c*، وبعث من *d* هناك خالد بن الوليد المخزوميّ الى أُكَيْدِر ابن عبد الملك الكنديّ *e* صاحب دُومة الجَنْدَل فاخذه اسيرا وفتح الله عليه دومة وجاءه وهو بتبوك اسقف أَيْلة *f* يُحَنّه بن رُوبة فصالحه على ان على *d* كلّ حالم *g* بها دينارا فى السنة وقدم عليه *d* اهل أَذْرُح فسألوه الصلح على الجزية فقبلها وكتب لهم كتابا، وفى هذه الغزاة نهى عن اخصاء *h* الخيل، وغزوة تبوك آخر غزواته صلعم وفى انصرافه f.150 r من هذه الغزاة همّ عدّة من المنافقين باغتياله صلعم ليلا *d* والقائه فى الثنيّة وهم المعروفون باصحاب العقبة *i* فحال الله بينهم وبين ما ارادوا بنبيّه واظهره عليهم وقد اتينا على شرح خبرهم *k* واسمائهم فى كتاب الاستذكار عند ذكرنا هذه الغزاة، وامر رسول الله صلعم بهدم مسجد الضرار واحراقه *b* وكان فى بنى سالم بن عوف من الاوس وفيه *l* انزل الله عزّ وجلّ *m* ٱلَّذِينَ ٱتَّخَذُوا مَسْجِدًا ضِرَارًا وَكُفْرًا وَتَفْرِيقًا بَيْنَ ٱلْمُؤْمِنِينَ *وَإِرْصَادًا لِمَنْ حَارَبَ ٱللَّهَ وَرَسُولَهُ *d* ☆

وتوفّيت امّ كلثوم ابنة *رسول الله *n* صلعم فى شعبان، وفى ذى القعدة من هذه السنة كانت وفاة عبد الله بن *أُبَىّ بن مالك بن *b* الحارث بن عبيد *o* بن مالك بن الحُبْلَى وهو سالم *p* بن غَنْم بن عوف بن الخزرج بن حارثة وامّ ابيه *q* سَلُول امرأة من خزاعة بها تعرّف وكان احد المنافقين وقدم رسول الله صلعم المدينة *d* مهاجرا والتاج ينظم *r* له ليملّك، وسنّ رسول الله صلعم فى هذه السنة فرائض

a) P inv. ord *b*) L om. *c*) P كتابنا. *d*) P om. *e*) P الكندرى. *f*) P ايليه. Deinde L دحيه بن رربه. *g*) P حاكم. *h*) P s. p. Cf. Wâkidî p. 402. *i*) Cf. Wâkidî p. 409. *k*) P اخبارهم. *l*) L s. و. *m*) Kor. 9 vs. 108. *n*) L النبى. *o*) L عبد. *p*) P سلام. *q*) P ابنه, L ابى. *r*) P منطرا; cf. Ibn Hisch. ۴۱۱.

الصدقات *a* واوجب فى الغلّات مما سُقى سيحا *او سقته *b* السماء العشر وما سُقى بالنواضح *c* نصف العشر على ما فى ذلك من التنازع بين فقهاء الامصار فى الوسق والحصر وغير ذلك، ثم وجّه عمّ ابا بكر الصدّيق رضه *d* فى ذى الحجّة ليحجّ بالناس ونزلت عليه سورة براءة *e* *f.150v. فبعث بسبع آيات من صدرها مع علىّ بن ابى طالب *f* وامره ان يقوم بها على الناس بمنى اذا اجتمعوا وقال أَذِّنْ فى الناس انه لا يدخل الجنّة كافر ولا يحجّ بعد هذا العام مشرك ولا يطوف بالبيت عريان ومن كان له *g* عند رسول الله صلعم عهد فهو له الى مدّته *h* وأَجِّلِ الناس *i* اربعة اشهر من يوم تنادى *k* ليرجع كلّ قوم الى مأمنهم ثم لا عهد لمشرك ولا ذمّة وحمل عليًّا على ناقته العضباء *l* على ما فى هذا الخبر من التنازع والتأوّل بين *m* فرق *اهل الصلاة *n* من اصحاب النصّ من الشيعة واصحاب الاختيار من المعتزلة والخوارج والمرجئة وفقهاء الامصار وغيرهم *من الحشويّة والنابتة *o* فحجّ المسلمون وحجّ المشركون على منازلهم *d* من الشرك وقام علىّ بمنى على ما امره رسول الله صلعم فلم تمض *p* سنة حتى دخلت العرب فى الاسلام *q* وكانوا *r* اكثر من مائة الف *s* وتعايروا بالشرك بينهم *t* والمقام عليه ✿

ذكر السنة العاشرة من الهجرة وهى سنة حجّة الوداع

ثم سريّة أُسامة بن زيد الى يُبْنى *u* وأَزْدُود من ارض فلسطين من بلاد *v* الشأم ✿ ثم سريّة خالد بن الوليد فى شهر ربيع الاوّل الى بنى

---

a) P الصدقة. *b*) P وسقت, L او سقت. *c*) P بالنضاح. *d*) P om. *e*) Kor. 9. Deinde L وبعث. *f*) L ins. كرم الله وجهه. *g*) L om. *h*) P المدة. *i*) P ins. من. *k*) P ينادى. *l*) P الغضبا; cf. Tab. ١٧٨٤, 11, 13, Ibn Hisch. ٩٢١, 6 a f. *m*) L من. *n*) P tantum لاهل. *o*) Cod. s. p. *p*) P يمض. *q*) P الامصار. *r*) L s. و. *s*) P ins. ودخلت العرب فى الاسلام; deinde L habet وتعاندوا. *t*) P منهم. Deinde L والمقامة. *u*) L s. p., P دبنى. *v*) P ارض.

عبد المدان من بنى الحارث بن كعب من ولد عَريب بن زيد بن كهلان بنَجْران اليمن، وفى *a* هذا الشهر توفّى ابراهيم ابن رسول الله صلّعم وكان من مولده الى وفاته سنة وعشرة اشهر وعشرة ايّام وكسفت f 151 r. الشمس يومئذ فقال قوم انّما كُسفت لموته فصلّى رسول الله صلّعم صلاة الكسوف ثمّ قال ايُّها الناس ان الشمس والقمر آيتان من آيات الله *عزّ وجلّ *b* لا يكسفان لموت احد ولا لحياته *c* فاذا رايتم ذلك فافزعوا الى الله ۞ ثمّ سريّة علىّ بن ابى طالب عمّ *d* فى شهر رمضان الى اليمن وكتب معه رسول الله صلّعم كتابا يدعوهم الى الاسلام *فجمعوا له فقرأ عليهم كتاب رسول الله صلّعم ودعاهم الى الاسلام *e* فاسلمت هَمْدان كلّها فى يوم واحد واسم همدان أَوْسَلَة *f* بن ربيعة بن الخِيَار *g* بن مالك بن زيد بن كهلان بن سبا بن يشجب بن يعرب بن قحطان ثمّ تتابعت اليمن على *h* الاسلام وقدمت *على رسول الله صلّعم *i* وفودهم فكتب *k* لهم كتبا *l* باقرارهم *b* على ما اسلموا عليه من اموالهم وارضهم *m* ووجّه اليهم عمّاله *لتعريفهم شرائع *n* الاسلام *وقبض صدقاتهم وجزية من اقام على دين النصرانيّة والمجوسيّة واليهوديّة منهم *b*، وقُدم على رسول الله صلّعم *b* بمال البحرين وهو ثمانون الف درهم *وجّه به *o* العَلاء بن عبد الله بن ضماد *p* الحضرمىّ *وكان حليفا *q* لبنى اميّة وهو اوّل مال حُمل الى المدينة ففرّقه على الناس،

---

a) L ins. هذه السنة فى. *b*) P om. *c*) P حياته. *d*) P كرم الله وجهه. *e*) L om. *f*) P اوسلة. Deinde codd. ins. بن مالك بن زيد بن اوسلة. *g*) L s. p. *h*) P ins. رسول الله صلعم الى. *i*) P عليه. *k*) P c. و. *l*) L كتابا. *m*) P واراضيهم. *n*) P ليعرفهم بشرايع. *o*) P وجذبه, L وجزيه. *p*) Wüstenfeld *Gen. Tab.* 3, 31 عباد, Nawâwî ۴۳۲ عباد et عماد, sed *Osd* **IV**, v praeter عباد quoque عمار et ضمار. Quoniam عمار est falsa lectio pro عماد (cf. quoque Ibn Hadjar II, ۱۱۸۴), suspicor pro ضمار quoque legendum esse ضماد. *q*) P حليف.

f.151v. وقدمت وفود العرب عليه a من كلّ وجه من معدّ واليمن وكانت تتربّص باسلامها فلمّا فتح رسول الله صلعم مكّة b ودانت له قريش انقادت له العرب الى الاسلام وقدم c وفد بنى حَنيفة بن لُجَيم ابن صَعْب بن علىّ بن بكر بن وائل من اليمامة فيمن قدم من الوفود وفيهم d مُسَيْلِمَة الكذّاب ابن ثُمامة بن كثير بن حبيب بن الحارث بن عبد الحارث بن عدىّ بن حنيفة ويكنى ابا ثمامة وبنو e حنيفة يسترونه بالثياب فلمّا رجعوا اظهر مسيلمة امره بادّعائه النبوّة، وصار اليه فى هذه السنة السيّد والعاقب وافدا f اهل نجران يسألانه الصلح فصالحهما عن g اهل نجران على الفى حلّة فى السنة وغير ذلك ۞

ثمّ خرج رسول الله صلعم حاجّا h لخمس بقين من i ذى القعدة وقد ساق معه الهدى k ستّين بدنة وقيل اكثر من ذلك واقلّ فلمّا صار l بالموضع المعروف بسَرِف امر الناس *ان يحلّوا m بعمرة الّا من ساق الهدى ودخل مكّة وقدم علىّ بن ابى طالب من نجران اليمن مهلّا بالحجّ فقال له النبىّ صلعم بأىّ شىء اهللت n قال قلتُ حين احرمتُ اللهمّ انّى اهلّ o بما اهلّ به عبدك ورسولك فقال له هل معك من هدى قال لا فاشركه *رسول الله p صلعم فى هديه وثبت على
f.152r. احرامه مع رسول الله صلعم حتى فرغا من الحجّ ونحر رسول الله صلعم الهدى عنهما، وحجّ بالناس واراهم مناسكهم وعرّفهم سنن b حجّهم واعلمهم ان دماءهم واموالهم *عليهم حرام q وان كلّ دم موضوع فسمّيت

---

a) P اليه. *b*) P om. *c*) P وقدمت. *d*) P ومعه. *e*) P وابوا. Cf. Tab. ١٧٣٨, 1, 3. *f*) P وافد et mox يسالونه. *g*) P على. *h*) L ponit post ذى القعدة. *i*) P ins. ذى الحجّة وقيل quod est absurdum. *k*) P الهدية. *l*) P سار. *m*) P يحلون. *n*) P هللت. *o*) P اهلل; cf. Tab. ١٧٥٢, 5, Ibn Hisch. ٩٦٧, 8. *p*) P النبى. *q*) P inv. ord.

حَجَّة الوَداع لانه ودعهم ولم يحجّ بعدها وتسمّى ايضا حجّة البَلَاغ *a* لانه حين *b* ودعهم خطبهم فقال فى خطبته ألَا انّ *c* الزمان قد استدار كهيئته *d* يومَ خلق الله *e* السموات والارض *f* * وهذا القول *g* بين * ماضى الزمان ومستقبله *h* مثبتا لبطلان النسىء على ما قدّمنا مفصّلا فيما سلف من كتابنا هذا ثم قال اللهمّ هل بلّغت فقالوا نعم فقال *i* اللهمّ اشهدْ، واحجّ رسول الله صلّعم نساءه كلّهن معه * وابنته فاطمة *k*، وقيل انه افرد الحجّ وقيل اقرن وقيل تمتّع وقيل انه كسا البيت فى حجّته الحبرات ✿

ذكر السنة الحادية عشرة من الهجرة وهى سنة الوفاة

فيها *l* كان توجيه رسول الله صلّعم عمرو بن العاص * الى جَيْفَر *m* وعبّاد ابنى الجُلَنْدَى * بن مسعود *n* الازديّين صاحبى عمان *o* يدعوهما الى الاسلام فاسلما ✿ وفى هذه السنة قوى امر الاسود العَنْسىّ *p* الكذّاب المتنبّى باليمن وهو عَبْهَلَة *q* بن كعب بن الحارث بن عمرو ابن عبد الله بن سعد بن عَنْس بن مَذْحِج وهو مالك بن أُدَد * بن زيد *r* بن يَشْجُب بن عَرِيب *s* بن * زيد بن كهلان بن سبا f.152 v. ابن يشجب بن يعرب بن *e* قَحْطان وكان بدوُ امره بالموضع المعروف

---

a) P ins. لانها. *b*) P اول ما. *c*) P وان. *d*) L كهيه ut supra p. ٢١٩, 2. *e*) P om. *f*) Codd. h. l. ins. مفصلا quod infra l. 4 om. *g*) L om. *h*) P ماضى ومستقبل. Deinde L ومبينا. *i*) P فمن قال. *k*) L وفاطمه ابنته et add. عم. *l*) L بها. *m*) P بن خنفر; L خيبر. Deinde L وعباده بن ابى الجليدى. *n*) P وسعود. Deinde L ازدىين. *o*) L عثمان. *p*) L العبسى. *q*) Ita quoque Tab. ١٧٩٥ paen. et *Moschtabih* ١١٣, 2. Apud Belâdh. ١٠٥ edidi عيهلة ut habent L et *Mor.* IV, 187. Cf. Tab. ١٨٥٨, 14, 15. Avum ejus Tab. l.l. et Ibn Dor. ٢٤٨, 1 appellant غوث, Belâdh. عوف. *r*) Addidi. *s*) L يعرب.

بكهف [a] خُبّان وكان يدعى ذا [b] الحمار لحمار *كان معه [c] قد راضه وعلّمه [d] يقول له اسجد فيسجد ويقول له [d] *اجْثُ فيجثو [e] وغير ذلك من امور كان يدّعيها ومخاريق كان [d] يأتى بها يجتذب [f] بها قلوب متّبعيه وقتل باذام [g] رئيس الابناء الذين شخصوا مع وَهْرِز الى اليمن وكانوا اسلموا وتزوّج امرأته فوثب عليه فيروز بن [d] الديلميّ من الابناء وعاضده [d] *فى ذلك [h] داذويه [i] وقيس بن مكشوح المُراديّ وكان النبيّ صلعم كاتبهم فقتلوه فأخبر النبيّ صلعم اصحابه [d] بقتله وقيل ان *رأسه حمل [k] الى المدينة وقد [l] قبض رسول الله صلعم وتنوزع [m] هل كان مقتله فى حياته ام بعد وفاته ثم وثب قيس بن مكشوح المراديّ على داذويه [n] فقتله متقرّبا بذلك [d] الى قوم ذى الحمار من عنس [o] وقال فى ذلك

قد عَلِمَ الأَحْياءُ من مَذْحِجٍ   ما قَتَلَ الأَسْوَدَ [p] الّا أَنا
طَلَبْتُ ثَأْرًا كان لى عنده   بقَتْلَةِ الأَسْوَدِ مُسْتَمْكِنا

فى كلمة له [q] طويلة اوّلها

أَلْمِمْ بسَلْمَى قَبْلَ أَنْ تَظْعَنا   إِنّ بنا [r] من حُبّها دَيْدَنا

ثم ندب رسول الله صلعم اسامة بن زيد فى صفر الى بلاد البَلْقاء وأَذْرِعات [s] ومُؤْتة من ارض دمشق من الشأم *ثائرا بابيه [d] ولاسامة يومئذ ثمانى عشرة سنة وكان فى بعثه عمر بن الخطّاب والزبير وابو عبيدة بن الجرّاح وتنوزع فى ابى بكر اكان [t] فى هذا البعث ام لا f.153r.

---

a) P ins. ابن. L حبان. Cf. Tab. ١٧٩٦, 2, Jâc. II, ٣٩٧. *b*) Codd. ذو. Pro لحمار Tab. ١٧٩٥ paen. male الخمار. *c*) L له. *d*) P om. *e*) P احتثوا فيحتثوا, L اجثوا فيجثوا. *f*) P يجذب. *g*) L ut solet باذان. *h*) L om. *i*) P ودويه, L بادويه. *k*) P رايته حملت.

l) P وقيل. Cf. Tab. ١٨٦٣, ١٨٦٨. *m*) L وقد تنوزع. *n*) P مدوية. *o*) P عبس. *p*) L الاسوار. *q*) L om. *r*) P بها et دندنا. *s*) P واوروات, L واروات. Ibn Hisch. ٩٧٠, ٩٩٩, Tab. ١٧٦٤ الداروم habent. *t*) L كان.

فاقاموا a يتجهّزون الى ان توفّى رسول الله صلّعم وكان يقول فى علّته جهّزوا جيش اسامة ☼

قال المسعودى وكانت غزوات رسول الله صلّعم التى غزاها بنفسه سبعا وعشرين *غزوة ومن b الناس من يذهب الى انها ثمان وعشرون فالذين c ذهبوا الى انها سبع وعشرون جعلوا منصرف النبىّ صلّعم من خيبر الى وادى القرى غزوة واحدة والذين رووا d انها ثمان وعشرون جعلوا غزاة خيبر مفردة ووادى القرى غزوة اخرى قاتل منها فى تسع اوّلها e بدر وأُحُد والخندق وقُريظة والمصطلق وخيبر *والفتح وحنين f والطائف هذا g قول محمّد بن اسحاق فى آخرين ووافق الواقدىّ ابن اسحاق فى h ان النبىّ صلّعم قاتل فى هذه التسع *غزوات وذكر انه قاتل فى غزاة وادى القرى وفى يوم الغابة فقتاله فى التسع i اتّفاق وزاد الواقدىّ k ما ذكرنا وانّما حكينا تنازع هذين لانهما *قدوة فى حَمَلة l المغازى والسير واليهما يرجع فى ذلك ، *وكانت سراياه وسواربه m وبعوثه على ما رتّبنا فى هذا الكتاب ثلاثا وسبعين وتنازع مصنّفو الكتب فى التواريخ والسير فى ذلك n فذهب قوم منهم الى ان سراياه وسواربه ستّ وستّون وقال آخرون نيّف وخمسون وقال محمّد بن اسحاق فى عدّة من اصحاب السير والمغازى بل ذلك خمس o وثلاثون وقال محمّد p بن عمر الواقدىّ فى آخرين من اصحاب *المغازى والسير q انّما r كانت السرايا والسوارب s ثمانى واربعين قال المسعودى وارى ان السبب الذى اوجب هذا التنازع f.153 v.

a) P فقاموا. *b*) L وفى غزاة. *c*) L c. و. *d*) L راوا. *e*) L om. *f*) P inv. ord. *g*) P وهذا. *h*) Addidi. *i*) P om. Cf. *Mor.* IV, 144 et Tab. ١٧٥٨, 1 seqq. *k*) Codd. ابن اسحاق. Mox P ذكره. *l*) P قدرة فى حمل. *m*) Cod. وسواربه ut mox uterque cod. *n*) P om. *o*) Ibn Hisch. ٩٧٣ ثمان, sed cf. Tab. ١٧٥٨, 8. *p*) P مجاهد. *q*) L inv. ord. *r*) P انصا, L ايضا. *s*) P والسواب, L والسوارى. Pro 48 Wellhausen p. 29 ann. 1 habet 47, sed cf. Tab. ١٧٦٣, 8.

المتفاوت فى اعداد هذه السرايا ان منهم[a] من يعتدّ بسرايا لا يعتدّ بها آخرون[b] وذلك انه[c] كانت سرايا فى جملة مغازٍ فافردها بعضهم[d] واعتدّ بها وبعض جعلها فى جملة تلك المغازى لان رسول الله صلعم قد وجّه فى كثير من غزواته سرايا *الى ماء[e] يلى البلاد الّتى حلّها *بعد هزيمة المشركين بخيبر فى الطلب على ما قدّمنا[f] ووجّه بعد فتح مكّة سرايا لهدم الاصنام الّتى حول مكّة فوقع التنازع لاجل ذلك فجمعنا فى كتابنا هذا جميع ذلك ولم نألُ جهدا فى حصره[g] وترتيبه ولم نخلُه من ذكر خلاف اصحاب السير فى ذلك ليكون اعمّ لفائدته واجزل لعائدته *على انّا[h] لم نجد احدا حصّل ذلك تحصيلنا ولا رتّبه ترتيبنا فمن اراد علم ذلك فليتصفّح كتب مَن عُنى بهذه الشأن من الاسلاف والاخلاف يقف[i] على حقيقة ما قلنا وفضيلة ما اتينا ففهمُ ذلك بعد الكفاية[k] يسير *ومطلبه قبل[l] الكفاية عسير وقد ذكرنا ذلك على الشرح والايضاح وما فيه من التنازع فى كتاب فنون المعارف، وما جرى فى الدهور السوالف» وفى كتاب الاستذكار، لما[m] جرى فى سوالف الاعصار»، الذى كتابنا هذا تالٍ له *ومبنىٌّ[o] عليه[f] وانّما حذفنا من كتابنا هذا الاسانيد *ليخفّ تحمّله ويقرب[n] متناوله، قال المسعودى وقد ذكر عدّة من ذوى المعرفة بسياسة الحروب f.154r. وتدبير العساكر والجيوش ومقاديرها وسماتها ان السرايا ما بين الثلاث نفر الى الخمس مائة وهى الّتى تخرج بالليل فاما[o] الّتى تخرج بالنهار فتسمّى السوارب وذلك[p] قوله عزّ وجلّ[q] وَمَنْ هُوَ مُسْتَخْفٍ بِٱللَّيْلِ وَسَارِبٌ بِٱلنَّهَارِ وما زاد على الخمس مائة الى دون الثمان مائة فهى المناسر وما

---

a) L فبهم. *b*) L الاخرون. *c*) L انها. *d*) P بعضها et mox بهم pro بها. *e*) P مما. *f*) L om. *g*) P ins. ذلك. *h*) P انما. *i*) P ويقع. *k*) P الكتابة. *l*) P وبعد. *m*) P وما. *n*) P ليقرب محمله ويخف. *o*) P c. و. *p*) L وقال. *q*) Kor. 13 vs. 11.

بلغ الثمان مائة *فهو جيش وهو اقلّ الجيوش وما زاد على الثمان مائة *a* الى دون الالف *b* فهو الخَشْخاش *c* وما بلغ الالف *b* فهو الجيش *الآن لم يبلغ *d* وما بلغ الاربعة *e* آلاف فهو الجيش الجحفل *f* وما بلغ اثنى عشر الفا فهو الجيش الجرّار، واذا افترقت *g* السرايا والسوارب بعد خروجها فما كان دون الاربعين فهى الجرائد وما كان من *h* *الاربعين الى دون *a* الثلاثمائة *b* فهى المقانب وما كان من الثلاثمائة الى دون الخمس مائة فهى الجمرات، وكانوا يسمّون الاربعين رجلا اذا وجّهوا العُصْبة ويقولون *i* خير السرايا اربع مائة وخير الجيوش اربعة آلاف ولن يؤتى اثنا عشر الفا من قلّة وقد راى قوم ان المقنب مثل المنسر وان كلّ واحد منهما ما بين الثلاثين رجلا الى الاربعين واستشهدوا *k* على تقاربهما *l* بقول الشاعر *m*

واذا تَوَاكَلَتِ المَقانِبُ لم يَزَلْ بالثَّغْرِ مِنّا مِنْسَرٌ وعَظِيمُ

*وان الكتيبة ما جمع فلم ينتشر *n* وان الحضيرة النفر الذين *o* يُغْزَى بهم العشرة *p* فمن دونهم والنفيضة *q* جماعة يغزى بهم ليسوا *r* الجيش وان الارعن الجيش الكثير *s* الذى له مثل رعن *الجبل والخميس *t* f.154 v.
الجيش العظيم والجرّار الذى لا يسير *u* الّا زحفًا لكثرته والجرّار *v*

---

a) P om. *b*) P s. art. *c*) L ins. الجيش et habet الخشخاش s. p. (P الحسحاس). *d*) P الازلم. Cf. Thaâlibî, *Fikh al-Logha* ١١٨. *e*) L s. art. *f*) P المحاحفل. *g*) L فرقت. *h*) P دون. *i*) P وقالوا. *k*) P واستشهد. *l*) L نقاربهما. *m*) P الراجز falso, nam metrum est الكامل. *n*) L om.; P ينتسر; cf. Hamadhâni *Alfâth* ٢٧٦, 1 ed. Beir. *o*) Addidi. *p*) L العشيرة. *q*) P والقبطة, L والهبطة. Apud Hamadhânî l. 3 etiam pejus in الهصاء corruptum est (editor forte voluit الهيضاء s. الهضاء). Vid. *Lisân* in v. et sub حضيرة. *r*) L ليس; Ham. وليسوا بالجيش كثير. *s*) L الكبير. *t*) L الخيل والجيش. *u*) P يسيل. *v*) L والحر.

اكثر ما يكون *من الجيوش العظمى *a* ويقول الناس *b* فيما ذكرنا كلاما كثيرا وقد ذكرنا من ذلك افضل ما قيل فيه *c* واوجزه ❁

وتنوزع فى اىّ يوم من شهر ربيع الاوّل كانت وفاته عم بعد *c* اجماعهم على ان *d* وفاته يوم الاثنين فى شهر ربيع الاوّل فقال الاكثرون كانت وفاته لاثنتى عشرة ليلة *d* خلت من هذا الشهر وقال آخرون بل ذلك لليلتين *خلتا منه *d* وقال آخرون لتسع *e* خلون *d* منه وكان ذلك اليوم السادس عشر من شهر *c* اسفندارماه من شهور الفرس سنة ١٣٨٠ *f* لبختنصّر وهو اليوم *d* الثالث من حزيران سنة ٩٤٣ *g* للاسكندر ابن فيلبّس الملك وسنة ١٠٠ من ملك *كسرى انوشروان *h* بن قباذ وكانت شكاته *i* اربعة عشر يوما وقيل دون ذلك، وكان الذين تولّوا غسله صلعم علىّ بن ابى طالب والعبّاس بن عبد المطّلب وابناه الفضل وقثم واسامة بن زيد وشُقْران مولى *k* رسول الله صلعم، وتنوزع فيما كُفّن *l* به رسول الله صلعم فروى جعفر بن محمّد *m* عن ابيه محمّد بن علىّ عن ابيه علىّ بن الحسين قال لمّا فرغ من غسل رسول الله صلعم كفن فى ثلاثة اثواب ثوبين *c* صُحَاريّين *n* وقيل سَحُوليّين وبردِ *o* حِبَرةٍ أُدرج فيها ادراجا، قال المسعودى والثياب الصحاريّة مضافة f.155r. الى صحار وهى قصبة عمان والسحوليّة ثياب بيض من قطن تعمل بموضع من اليمن يعرف بسَحُولا، *والى هذه *p* الرواية يذهب اهل البيت وشيعتهم وبذلك كُفن امير المؤمنين علىّ بن ابى طالب عم *d* غير انه عُمّم بعمامة لاجل الضربة فصارت عندهم سنّة مأثورة *q* معمول بها وليس تعدُّ *r* العمامة والمئزر من الكفن *المفروض والكفن المفروض *s*

a) Cod. ins. اذا اعظم. *b*) Cod. للناس. *c*) L om. *d*) P om. *e*) L لسبع. *f*) L male ثلثين pro ثمانين. *g*) L تسع وثلثمايه. *h*) P inv. ord. *i*) L شكايته. *k*) P مولىيا. Cf. Tab. ١٨٣, 11. *l*) P امر. *m*) L احمد. Vid. Tab. ١٨٣١, 13 seqq. *n*) P ubique c. خ. *o*) P وبردة. *p*) P وهذه sed addit اليها post الرواية. *q*) P منورة. *r*) L يعد. *s*) P tantum والمفروض.

عندهم ثوب واحد اذا لم يوجد غيره وثلاثة وخمسة لمن وجد سَعَةً *a* وروى بعضهم ما زاد على خمسة فيدعه يشقّ *b* احد هذه الاثواب فى وسطه ويقمّص به من غير خياطة فيسمّى القميص لذلك، وعن *c* عائشة رضها ان رسول الله صلّعم كُفن فى ثلاثة اثواب كرسف ليس فيها قميص ولا عمامة، وعنها فى *d* رواية اخرى انه صلّعم *d* كُفن فى ثلاثة اثواب سَحوليّة ليس فيها قميص ولا عمامة، وحكى عن ابراهيم قال كُفن النبىّ صلّعم فى حلّة يمانية وقميص، ثم صلّى عليه الناس افواجا *e* بغير امام ودُفن من الغد يوم الثلاثاء فى حجرة عائشة وقيل ليلة الاربعاء وقيل انه دُفن بعد وفاته بثلاثة ايّام وكان الذين *نزلوا قبره *f* علىّ بن ابى طالب والفضل وقثم ابنا العبّاس وشُقْران من سمّينا *g* ۞

كتب مَن حضر من الكتّاب وكان خالد بن سعيد بن العاص بن f.155 v.
امية بن عبد شمس بن عبد مناف يكتب بين يديه فى سائر ما يعرض من اموره والمغيرة بن شُعْبة الثقفىّ والحُصَين بن نُمَير يكتبان ايضا فيما يعرض من حوائجه وعبد الله بن الارقم بن عبد يغوث *h* الزهرىّ والعلاء بن عُقْبة يكتبان *i* بين الناس المداينات وسائر العقود والمعاملات والزبير بن العوّام وجُهَيم *k* بن الصّلْت يكتبان اموال الصدقات وحُذيفة بن اليمان يكتب خرص *l* الحجاز ومُعَيْقيب بن ابى فاطمة الدَّوْسىّ دوس بن عُدْثان *m* بن عبد الله بن زَهْران بن كعب *n* ابن الحارث بن كعب بن عبد الله بن مالك بن نصر بن الازد *o*

---

a) P وسبعة. *b*) L بشق et mox وبقمّص. *c*) L s. و. *d*) L om. *e*) P افرادا; Tab. ١٨٣٢, 12 ارسالا. *f*) L تولوا دفنه صلّعم; cf. Tab. ١٨٣٣, 2. *g*) Forte aliquid excidit; codd. statim pergunt verbis كتب السخ. *h*) P الغوث; vid. Tab. II, ٨٣٦, 10. *i*) P يكتبون. *k*) Codd. وجهم. *l*) P حرص. *m*) Codd. عدنان. *n*) Hic Kaʿb appellatur Azd Schanûa. *o*) L الازدى, P ازد.

وكان حليفا لبنى اسد يكتب مغانم رسول الله صلعم وكان عليها من قبله وزيد بن ثابت الانصارىّ ثمّ الخزرجىّ *من بنى a غنم بن مالك ابن النجّار يكتب الى الملوك ويجيب بحضرة النبىّ صلعم وكان *يترجم للنبىّ b صلعم بالفارسيّة والروميّة *والقبطيّة والحَبَشيّة c تعلّم ذلك بالمدينة من اهل هذه الالسن وكان حنظلة بن الربيع بن صَيْفىّ الأُسيّدىّ d التميمىّ يكتب بين يديه صلعم e فى هذه f الامور اذا غاب من سمّينا من سائره e الكتّاب g ينوب عنهم فى سائر ما ينفرد به f.156 r. كلّ واحد منهم وكان يدعى حنظلة الكاتب وكانت h وفاته فى خلافة عمر بن الخطّاب بعد ان فتح الله e على المسلمين البلاد وتفرّقوا فيها فصار الى الرُّهاء من بلاد e ديار مضر فمات هناك فرثته امرأة من قومه فقالت i

*يا عَجَبَ الدَّهْرِ k لِمَحْزُونَةٍ   تَبْكِى على ذى شَيْبَةٍ شاحِبِ
انْ تَسْأَلِينى الدَّهْرَ l ما شَفَّنى m   أُخْبِرْكِ قِيلًا n لَيْسَ بِالكاذِبِ
انَّ *سَوَادَ الرَّأْسِ أَوْدَى بِهِ o   حُزْنِى p على حَنْظَلَةَ الكاتِبِ

وكتب له عبد الله *بن سعد e بن ابى سَرْح من بنى عامر بن لؤىّ ابن غالب ثمّ لحق بالمشركين بمكّة مرتدًّا، وكتب له شُرَحْبِيل بن حَسَنَة الطابخىّ من q خِنْدِف حليف قريش ويقال بل هو كندىّ، وكان أَبان بن سعيد r والعلاء بن الحضرمىّ ربّما كتبا s بين يديه، وكتب له معاوية *قبل وفاته t باشهر، وانّما ذكرنا من اسماء كتّابه صلعم من ثبت على كتابته واتّصلت ايّامه فيها وطالت مدّته

---

a) L بن. b) L ترجمان النبى. c) L inv. ord. d) Codd. الاسدى; cf. Tab. I, ١٧٨٢, 12. e) L om. f) L ساير. g) P الكتب. h) P فكان. i) Osd II, ٦٧. k) Osd تعجبت دعد. l) Osd اليوم. m) L نستغى. n) Osd قولا; P فيه. o) P corrupte بنوذا الراس وذواته. Pro الراس Osd et Ibn Hadjar I, ٧٣٩ العين. p) L ut Osd حزن. q) P بن. r) P سعد; cf. Tab. I, ١٧٨٢, 8. s) P كتب بن يزيد وربما كتب. t) P om.

وصحّت الرواية على ذلك من امره دون من كتب الكتاب والكتابين والثلاثة اذ كان لا يستحقّ بذلك ان *يسمّى كاتبا a ويضاف الى *جملة كتّابه b ☆

ذكر خلافة ابى بكر الصدّيق c رضه

وبويع ابو بكر عبد الله بن عثمان بن عامر بن عمرو بن كعب ابن سعد بن تيم بن مرّة بن كعب بن لؤىّ يلتقى مع النبىّ صلعم عند d مرّة بن كعب *وهما فى القعدد e واحد بين كلّ واحد منهما وبين مرّة ستّة اباء وكان اسمه فى الجاهليّة عبد الكعبة فلمّا f.156 v. اسلم سمّاه النبىّ صلعم عبد الله *ولقبُه عتيق f قيل لجماله وقيل لعتقه g *من النار h ويقال ان ذلك كان c اسمه فى الجاهليّة وامّه امّ الخير بنت صخر بن عامر بن كعب بن سعد بن تيم بن مرّة فى سقيفة i بنى ساعدة بن كعب بن الخزرج فى اليوم الذى توفّى فيه رسول الله صلعم وهو يوم الاثنين لاثنتى عشرة ليلة خلت من شهر ربيع الاوّل سنة ١١ *من الهجرة k وقد كانت الانصار نصبت للبيعة سعد بن عُبادة بن دُلَيم l الانصارىّ ثمّ h الخزرجىّ *فكانت بينه وبين من حضر من المهاجرين فى السقيفة منازعة طويلة وخطوب عظيمة وعلىّ والعبّاس وغيرهم من المهاجرين مشتغلون بتجهيز النبىّ صلعم c ودفنه وكان ذلك اوّل خلاف حدث فى الاسلام بعد مضىّ النبىّ صلعم، وارتدّ اكثر العرب بعد وفاة رسول الله صلعم فمن كافر ومانع للزكاة m والصدقة وكان اعظمهم شوكة واخوفهم امرا مسيلمة

---

a) P تسمى كتابا. *b*) P ذكر الكتاب. *c*) P om. *d*) P مع. *e*) P وهم فى التعدد, L وهم فى العدد et mox uterque منهم. *f*) Codd. وعتيق. Deinde P قبل الجماعة, L om. قيل. Cf. *Mor.* IV, 177, Ibn Kot. ٨٣. *g*) P العتق. *h*) L om. *i*) P شقيقة sine فى; in L praec. بويع. *k*) P للهجرة. *l*) P دنلم, L ديلم. *m*) P الزكوة.

الكذّاب الحنفىّ باليمامة وطُلَيحة بن خُوَيلد الأَسَدىّ ثمّ الفَقْعسىّ فى أَسَد بن خُزَيمة وقد عاضده عُيَينة a بن حِصْن الفزارىّ فى غَطَفان فوجّه ابو بكر اليهم b والى جميع من ارتدّ من *ضاحية مضر c خالد ابن الوليد بن المغيرة المخزومىّ فلقى طليحة فهزمه وفضّ جموعه وأَسَر عُيَينة وذلك فى سنة ١١ وسار الى البُطاح واثخن فى ارض تميم وقتل
f.157 r. مالك بن نُويرة اليربوعىّ وسار d الى اليمامة فقاتله e بنو حنيفة قتالا شديدا الى ان قتل مسيلمة وصالحه بقيّتهم وذلك فى سنة ١٢ واستشهد باليمامة f من المسلمين الف ومائتا رجل منهم من قريش ثلاثة وعشرون رجلا فيهم زيد بن الخطّاب اخو عمر *بن الخطّاب رضه g ومن الانصار سبعون وقبيل دون ذلك، ولم يزل خالد يطأ فرقة فرقة ممن ارتدّ حتى رجعوا عن ردّتهم، وكانت سَجَاح h بنت الحارث بن سُوَيد بن عُقْفان التميميّة اليربوعيّة يربوع بن i حنظلة *بن مالك g بن زيد مناة بن تميم *قد تنبّتْ k وتبعها نفر كثير منهم الزِبْرِقان بن بدر وعُطارد بن حاجب بن زُرارة وشَبَث بن رِبْعىّ وكان مؤذّنها وعمرو بن الأَهْتَم l التميميّون وسارت m الى مسيلمة الى اليمامة فتزوّجها واقامت عنده ثلاثا *وفى ذلك n يقول الطِرِمّاح *بن حَكيم الطائىّ g

لعَمْرى لقد سارتْ سَجَاحُ بقَوْمها   فلمّا أَتَتْ عِزَّ اليَمامَةِ حَلَّتِ
فدارَسَها o البَكْرىُّ حتّى استزلّها   فأَصْبَحتْ عَرُوسًا فيهمُ قد تَجَلَّتِ p
فتلك نبىُّ *الحَنْظَلِيّين أَصْبَحتْ q   مُصَمَّخةً فى خِدْرِها قد تَظَلَّتِ

---

a) P hic et mox عتيبة. b) L اليه. c) P صاحبه مصر. d) L وصار. e) P فقاتلته. f) P collocat post المسلمين. g) P om. h) P شجاع et infra سجاع. i) Codd. ins. مالك بن. k) P وقد نبتت, L نبيت sine قد; cf. Tab. ١٩١١, 15. l) Codd. الاعثم. m) P وصارت. n) L وفيه. o) P فوارسها. p) P تحلت. q) P الحنظلين فاصبحت.

وقال عطارد بن حاجب بن زرارة a

أَمْسَتْ نَبِيَّتُنا أُنْثَى نُطِيفُ b بها   وأَصْبَحَتْ أَنْبِيَاءُ الناسِ ذُكْرانا

ويريد بالانبياء الاسود العَنْسىّ c وطليحة بن خويلد ومسيلمة ❊

وجهّز ابو بكر d الجيوش لغزو e الروم بالشأم وأمّر الامراء وهم يزيد بن ابى سفيان وعمرو بن العاص وابو عبيدة بن الجرّاح وشُرَحْبيل بن f.157 v. حَسَنَة وكتب الى خالد بن الوليد وكان سار الى ناحية العراق فى الانضمام اليهم f فسار معهم فافتتحوا من الشأم بُصْرَى وحَوْران والبَثَنيّة والبَلْقاء من اعمال دمشق ولقيتهم الروم باجنادين ثم بمرج الصُّفَّر فهزموا g وقُتِلوا h قتلا ذريعا وسار المسلمون الى دمشق فنزلوا عليها وتوفّى ابو بكر وهم محاصروها، وكانت وفاته بالمدينة ليلة الثلاثاء لثمان خلون من جمادى الآخرة سنة ١٣ للهجرة وهو ابن ثلاث وستّين سنة i وقيل اكثر من ذلك ودُفن مع النبىّ صلعم فى حجرة عائشة وكانت خلافته سنتين وثلاثة اشهر *وعشرة ايّام وقيل i وعشرين k يوما وكان طوالا آدم نحيفا خفيف العارضين غائر العينين مشرف الجبهة ناتئ الوجنتين يغيّر شيبه بالحنّاء والكَتَم وكان كتّابه عثمان بن عفّان وزيد بن ثابت وعبد الله بن الارقم l ونقش خاتمه نعم القادر الله وقاضيه عمر* بن الخطّاب رضه d وحاجبه شديد m مولاه وكان له من البنين ثلاثة عبد الله المقدّم ذكره n فى سنة ٨ فى حصار النبىّ صلعم الطائف وقد انقرض ولده وكان o آخرهم اسماعيل p بن عبد الله بن ابى بكر، وعبد الرحمان بن ابى بكر وله صحبة والعدد d فى ولده q منهم الطلحيّون

---

a) Tab. ١٩١٩, 6. *b*) L يُطاف. *c*) P العبسى. *d*) P om. *e*) P لغزوة. *f*) L معهم et mox اليهم pro معهم. *g*) P فانهزمت الروم. *h*) P ins. منهم. *i*) L om. *k*) P s. و. *l*) P s. art. *m*) P سديد, L سرد. Secutus sum Ibn Hadjar II, ٣٥٤, ٤٤٩ ubi laudatur locus e *Moschtabih* qui in edit. de Jong non exstat. *n*) In magna lacuna supra p. ٢٧٠, 15. Cf. *Mor.* IV, 180. L ins. فقتل. *o*) L s. و. *p*) P ins. بن ابراهيم; cf. Ibn Kot. ١٧, 1. *q*) P ولد.

f.158r. *بنو طلحة *a* بن عبد الله بن عبد الرحمان بن ابى بكر اكثرهم *b* بادية منازلهم *حاذة والصُّفَينة بقفا *c* من الأَيْم من جادّة العراق *حذاء المِسْلَح *d* وأُنَيْعِيَة والغَمْرَة *e* لهم الى هذا الوقت لهم عدد وقوّة، محمّد بن ابى بكر العقب له من القاسم بن محمّد وكان احد فقهاء المدينة ومن خيار التابعين وعقبه قليل من ولده محمّد بن عبد الله ابن عبد الرحمان بن القاسم بن محمّد، ومن البنات ثلاث منهن عائشة زوجة النبىّ صلعم وأَسْماء أُمّ عبد الله بن الزُّبير، ولم يلِ *f* الخلافة منذ *g* عهد النبىّ صلعم الى وقتنا هذا احد ابوه *h* حىّ الّا ابو بكر وكان ابوه ابو قُحافة فى *i* الوقت الذى توفّى فيه ابو بكر مقيم بمكّة *فلمّا نعى اليه *k* قال رُزْءٌ جليل وورثه *l* السُّدْس وتوفّى *بعده بسبعة *m* اشهر وقيل بستّة مكفوفا وله *سبع وتسعون *n* سنة وكان اسلامه يوم فتح مكّة وكانت وفاته ووفاة هند ابنة عتبة *بن ربيعة *k* بن عبد شمس بن عبد مناف امّ معاوية بن ابى سفيان فى يوم واحد، وتوفّيت *o* فاطمة ابنة *p* رسول الله صلعم ليلة الثلاثاء لثلاث خلون من شهر رمضان سنة ١١ وقيل انها توفّيت بعد وفاة رسول الله صلعم بثلاثة اشهر وقيل بستّة *q* وقيل بسبعين يوما وغير ذلك من الاقاويل ثم تنوزع فى سنّها فقال فريق منهم توفّيت ولها ثلاث f.158v. وثلاثون سنة وقال آخرون بل ثلاثون وقال آخرون بل *u* تسع وعشرون *r*

---

a) L om. *b*) L om., P تكبوهم. *c*) P جادة والصفيتية نقفا, L جاده والصفمنه ونقها et deinde من الامم. *Mor.* 181 الصفينيات. Cf. Bekrî ٣٦٢, Jâcût III, ٤٠٣ (in ditione Banû Solaim). *d*) P حد المسبج; L المسمح, *Mor.* المسح (ut in marg. cod. 127 c. خ, textus والسبيج). Cf. Mokadd. ١٠٨ *k*, Ibn Khord. ١٣٢. *e*) Codd. العمر. Sequens لهم non est in L et forte delendum est. *f*) P يتلى, L يلى. *g*) L مذ. *h*) P ابويه. *i*) L ins. هذا. *k*) P om. *l*) P s. و. *m*) P بعد بتسعة et سنة pro بستة. *n*) P تسعون; cf. Tab. I, ٢١٣٧, 4. *o*) P hic et deinde وتوفت. *p*) L بنت. *q*) P ستة et mox سبعين. *r*) P وثلاثون; cf. Tab. I, ١٨٦٩, 4, III, ٢٣٠٢, 15, ٢٤٣٥, 10.

سنة *وهذا قول *a* اكثر اهل البيت وشيعتهم وقيل دون ذلك وتولّى غسلها *امير المؤمنين *b* علىٌّ *بن ابى طالب *b* رضه ودفنها ليلا بالبقيع وقيل غيره ولم *يؤذن بها ابو *c* بكر وكانت مهاجرة له منذ طالبَتْه بارْثها من ابيها صلعم من فَدَك وغيرها وما كان بينهما *d* من النزاع فى ذلك *الى ان ماتت ولم يبايع علىٌّ عمّ ابا بكر رضه الى ان توفّيت *e* وتنوزع فى كيفيّة بيعته ايّاه وقد اتينا على ما قيل فى ذلك فى كتاب الاستذكار، *لما جرى فى سالف الاعصار *e* ،، ✿

ذكر خلافة عمر بن الخطّاب رضه

وبويع عمر بن الخطّاب بن نُفَيل بن عبد العزّى بن رِيَاح *f* بن عبد الله بن قُرْط بن رَزَاح *g* بن عدىّ بن كعب بن لُؤىّ ويكنى ابا حفص وامّه حَنْتَمَة ابنة هشام *h* بن المغيرة بن عبد الله بن عمر ابن مخزوم فى الوقت الذى كانت فيه وفاة ابى بكر ففتح الله على *يديه اكثر البلاد *i* فجنّد الاجناد ومصّر الامصار ودوّن الدواوين *k* وفرض العطاء وكتب التأريخ وسنّ صلاة التراويح فى شهر رمضان وقُتل بالمدينة *l* يوم الاربعاء لاربع بقين من ذى الحجّة سنة ٢٣ وهو ابن ثلاث وستّين سنة وقيل اقلّ من ذلك والاوّل اشهر قتله *m* ابو لؤلؤة f.159 r. الفارسىّ عبد المغيرة بن شعبة ودُفن مع النبىّ صلعم وابى بكر فى حجرة عائشة، وقد تنوزع فى كيفيّة قبورهم وصفاتها فروى هشام بن عروة عن ابيه *عن عائشة قالت *n* لمّا توفّى ابو بكر دُفن الى جانب رسول الله صلعم رأسه بين كتفى رسول الله ثم توفّى عمر فدفن الى جانب ابى بكر رأسه بين كتفى ابى بكر، وذكر القاسم بن محمّد بن

---

a) P وهو. *b*) L om. *c*) L دون دهما ابى. *d*) L بينهم.
e) P om. *f*) L s. p., P رَبَاح. *g*) P مزارع. *h*) Codd. هاشم.
i) L يده اكثر البلدان. *k*) P الادوان. *l*) L فى المدينة. *m*) P قتل. *n*) L tantum قال. Hic post ابو بكر et عمر ubique ins. رضه aut عمّ.

ابى بكر قال *a* دخلتُ على عائشة فقلت يا أُمَّهْ اكشفى لى عن قبر النبىّ صلعم وصاحبيه *b* فكشفت لى عن قبور ثلاثة ليست بالمشرفة ولا فى باللاطئة *c* بالارض مسطوحة *d* ببطحاء العرصة *e* الحمراء قال *f* فرايت قبر *b* النبىّ صلعم مقدّما ورايت ابا بكر رأسه *g* *عند رجلى *h* النبىّ صلعم من خلفه ورايت عمر رأسه *i* عند رجلى *k* ابى بكر، وذكر ابو عبد الله *جعفر بن محمّد *l* بن علىّ بن الحسين بن علىّ بن ابى طالب *عن ابيه رضّهما *b* قال رفعة *m* القبور من الارض قدر شبر *مربّعة مدكّنة *n* ❁

وكانت خلافته عشر سنين وستّة اشهر وثمانية عشر يوما وكان *o* آدم مشرفا على الناس *من طوله *b* كانه راكب اعسر يَسَرًا *p* كثّ اللحية وكان كاتبه زيد بن ثابت وعبد الله بن الارقم ونقش خاتمه كفى بالموت واعظا يا عمر وقيل آمنت بالذى خلقنى وحاجبه يَرْفَى *q* مولاه وقاضيه ابو اميّة *شُرَيح بن *b* الحارث *بن قيس *r* بن الجَهْم ابن معاوية بن عامر بن الرائش *s* بن الحارث بن معاوية بن ثَوْر بن مرتّع بن معاوية بن كندة وهو ثور بن عفير بن عدىّ بن الحارث *t* ابن مرّة بن أُدَد بن زيد بن يشجب *بن عريب بن زيد بن كهلان بن سبا بن يشجب *r* بن يعرب بن قحطان وقيل ان اوّل

---

a) Tab. I, ٢١٣١, Samh. ١٥٠. *b*) P om. *c*) P لاطية. *d*) Tab. et Samh. مبطوحة. *e*) P العرص. *f*) P قالت et sic L, sed superinsc. قل. *g*) P واصحابه وراسه. *h*) Samh. بين كتفى, sed in alia trad. ١٥١, 1 ut rec.; Tab. habet عند راسه sed in alia trad. عند كتفى. L رجل. *i*) L om. *k*) P ins. النبى صلعم, quae est lectio Tab. et Samh. ut quoque *Mor.* IV, 191. *l*) P محمد بن جعفر. *m*) P وقعة. *n*) L مرفوعة قدر كفّه. *o*) P s. و. *p*) P بسر, L اشقر, IA III, ٤١, 5 ايسر. Deinde L اكب. *q*) P يرقى, L درقا. *r*) Addidi. *s*) L الراس. *t*) P pro his omnibus بن امية. Pro ثور L دون et تور, et دبع pro مرتع.

من قضى لعمر بالعراق سلمان بن ربيعة الباهلىّ وقيل انه قضى بالمدينة فى ايّامه وبعد ذلك السائب بن يزيد ابن اخت *a* النَّمِر الكندىّ، وكان لعمر من البنين تسعة عبد الله وعبد الرحمان الاكبر وزيد الاكبر وعبيد الله المقتول بصفّين وعاصم وزيد الاصغر وعبد الرحمان الاصغر *وعياض وعبد الله الاصغر المعقبون منهم اربعة عبد الله الاكبر وعاصم وعبيد الله وعبد الرحمان الاصغر *b* ومن البنات اربع منهن حفصة زوجة النبىّ صلّعم ۞ f.159v.

وكان عمر *b* شاور الناس فى التأريخ لامور حدثت فى ايّامه لم يعرف لها وقت تؤرّخ به فكثر منهم القول وطال الخطب فى تواريخ *c* الاعاجم وغيرها *فاشار عليه *d* علىّ بن ابى طالب ان يؤرّخ بهجرة النبىّ *e* صلّعم وتركه ارض الشرك فجعلوا التأريخ من المحرّم وذلك قبل مقدم النبىّ صلّعم الى *f* المدينة بشهرين واثنى عشر يوما لانهم احبّوا *g* ان يبتدءوا بالتأريخ من اوّل السنة وكان ذلك فى سنة ١٧ *او ١٨ *b* يتنازع *h* الناس فى ذلك، قال المسعودى وقد روى الزهرىّ محمّد بن *مسلم بن عبيد الله *i* بن عبد الله بن شهاب بن عبد الله بن الحارث بن زهرة بن كلاب ان رسول الله صلّعم لمّا قدم المدينة مهاجرا امر بالتأريخ وهذا *خبر مجتنب *k* من حيث الآحاد ومرسَل عند من لا يرى قبول المراسيل *l* وما حكيناه اوّلا هو المتّفق عليه اذ كان *b* ليس فى هذا الخبر وقت معلوم ارّخ به ولا نُقل كيفيّة ذلك ۞

وجعل عمر *الامر بعده *m* شورى فى ستّة *n* نفر علىّ وعثمان وطلحة f.160r.

---

a) P ins. النضر; cf. Ibn Hadjar II, ١٣١ seq. *b*) P om. *c*) P تاريخ. *d*) P واشار اليه. *e*) L رسول الله. *f*) L om. *g*) P اخبرا. *h*) Codd. لتنازع; *Mor.* IX, 53 على حسب التنازع. Sec. Tab. ٢٤٨٠ anno 16 instituta est chronologia. *i*) P tantum اسلم. *k*) P اخر محببه; L بحسب. *l*) L المراسل. *m*) L inv. ord. P بعد. *n*) P ins. اشهر او فى ستة.

وكان غائبا والزبير وعبد الرحمان a بن عوف وسعد بن ابى وقّاص وجعل معهم ابنه عبد الله بن عمر مشيرا ومؤامرا وحاكما وليس له من الامر شىء وامهلهم ثلاثة ايّام وامر b ان يصلّى بالناس فيها ابو يحيى صُهَيب الرومىُّ مولى عبد الله بن جُدْعان التيمىّ وكان يقول انه من النَّمِر بن قاسط وانه صُهَيب بن سِنَان ووكّل بهم ابا طلحة زيد بن c سهل الانصارىّ ثمّ d الخزرجىّ من بنى عدىّ بن عمرو بن مالك بن النجّار وهو زوج امّ سُلَيم امّ أَنَس بن مالك فى خمسين رجلا من الانصار وامره باستحثاثهم وان لا تمضى الثلاثة ايّام e الّا وقد ابرموا امرهم واجمعوا على رجل منهم وقال ان اجتمع f خمسة وخالف واحد فاقتلوه وكذلك ان خالف اثنان واجتمع g اربعة نفر h فان افترقوا فرقتين فكونوا فى الفرقة التى فيها عبد الرحمان بن عوف وان ابت الفرقة الاخرى الدخول فيما *اجتمع عليه المسلمون i فاقتلوهم فعرض k عليهم عبد الرحمان ان يُخرج احدهم l نفسه ويختار m من الباقين واحدا فاحجموا عن ذلك فاخرج نفسه من الامر على ان يختار احدهم فمكثوا ثلاثة ايّام يتراضون ثمّ بايع عبد الرحمان لعثمان n وكان صهره واستوسق o الامر له بعد خطب طويل ومنازعة كانت بينهم وفى p ذلك يقول الفرزدق

صَلَّى صُهَيْبٌ ثلاثًا ثمّ أَرْسَلَها q الى ابْنِ عَفَّانَ مُلْكًا غَيْرَ مَقْسُورِ

ذكر خلافة عثمان بن عفّان

f.160 v.

وبويع عثمان بن عفّان بن ابى العاص بن اميّة بن عبد شمس ابن عبد مناف ويكنى ابا عبد الله وابا عمرو وامّه أَرْوَى ابنة كُرَيز

---

a) P وعبد الله. b) P وامرهم. c) P ins. صهيب. d) L om. e) L الايام. f) P اجتمعت. g) P واجمع. h) P om. i) P اجمع المسلمون عليه. k) L فمعرض. l) P احد. m) L وىحىار. n) L عثمان. o) P واستوثق. p) P s. و et mox بقول (L ىقول). q) Diw. ed. Boucher ١٠٣ انزلها et مقصور.

ابن ربيعة بن حَبيب بن عبد شمس بن عبد مناف يوم الجمعة غرّة المحرّم *a* سنة ٢٤ وقُتل بالمدينة يوم *b* الجمعة لاثنتى عشرة ليلة بقيت من ذى الحجّة سنة ٣٥ وهو ابن اثنتين وثمانين سنة وقيل ثمان وثمانين وذهب قوم من اهل *c* السير والآثار الى ان قتله كان يوم الاضحى واستشهدوا على ذلك بقول الفرزدق *d*

عُثْمانَ اذْ قَتَلُوهُ وانْتَهَكُوا دَمَهُ صَبِيحَةَ لَيْلَةِ النَّحْرِ

وبقول *أَيْمَنَ بنِ خُرَيْمِ بن فاتك *e* الأَسَدِىّ وكان عثمانيًّا

*تَعَاقَدَ الذّابِحُوا *f* عُثْمانَ ضاحِيَةً
فَأَىَّ ذَبْحٍ حَرَامٍ وَيْحَهُمْ ذَبَحُوا
ضَحَّوْا بِعُثْمانَ فى الشَّهْرِ الحَرَامِ ولَمْ
يَخْشُوا *g* على مَطْمَحِ الكُفْرِ *h* الَّذى طَمَحُوا

وبقول *حسّان بن ثابت الانصارىّ *i*

ضَحَّوْا بِأَشْمَطَ عُنْوانُ السُّجُودِ بِهِ يُقَطِّعُ اللَّيْلَ تَسْبِيحًا وقُرْآنا

ودُفن بموضع من المدينة *يعرف بحُشّ *k* كَوْكَب بضمّ الحاء *يضاف الى رجل *l* من الانصار يعرف *m* بكوكب والحُشّ هو البستان فكانت خلافته احدى عشرة سنة *واحد عشر شهرا *n* واثنين وعشرين يوما وكان مربوعا حسن الوجه اسمر وافر اللحية بصفّرها *o* مشدود الاسنان

---

a) P om. *b*) L لليلة. *c*) L اصحاب. *d*) Ibn Kot. ٩٩. *e*) P اسمور حرىم بن بابك. *f*) Ibn Kot. تعاقدوا ذابحو. Pro ضاحية codd. صاحبه. In *Agh.* versus non exstat, sed vid. Ibn Badrûn ١٤٩. *g*) L يمسوا. *h*) Codd. الكف, Ibn Badr. اللب. *i*) P غيره. Hassâno tribuunt IA III, ١٥١ (*Osd* III, ٣٨٣) et alii laudati in *Delectu veterum carminum* ed. Nöldeke et Müller, p. 77, sed in Diw. ٩٨ hic versus carminis desideratur. *k*) L يقال له خُشّ et mox الخا et والخش. Cf. Jâc. in v. et Samh. ٣٢٠. *l*) P يعرف برجل. *m*) P معروف et post بكوكب ins. وللحوش. *n*) L om. *o*) P يصفرها, sed IA ١٤٩ et Jakûbî II, ٢٠٥ ut rec. Deinde P مشدد الاسنار.

بالذهب وكان كاتبه مروان بن الحكم وحاجبه حُمْران مولاه وقاضيه f.161r. زيد بن ثابت الانصارىّ *وقد كتب له وقيل انه قضى بالمدينة فى ايّام عمر *a* السائب بن يزيد *b* ابن اخت النَّمِر الكندىّ *c* وقيل انه كان على شرطه والاوّل *d* اثبت، قال المسعودى حدّثنا ابو بكر محمّد ابن خَلَف *e* وَكيع قال حدّثنا محمّد بن احمد بن الجنيد قال حدّثنا ابو احمد الزبيرىّ *f* قال حدّثنا مِسْعَر عن محارب بن دثار قال لمّا استخلف ابو بكر قال له عمر بن الخطّاب انا اكفيك القضاء فمكث عمر سنة *g* لا يختلف اليه احد، قال وكيع فاما *h* ايّام عمر فان الصّغانىّ *i* حدّثنى عن عفّان *k* عن عبد الواحد *l* بن زياد عن حجّاج عن نافع ان عمر استعمل زيد بن ثابت على القضاء وفرض له اجرا، وقال يونس عن الزهرىّ ما اتّخذ رسول الله صلّعم قاضيا ولا ابو بكر ولا عمر، وقال محمّد *m* بن يحيى ابو غسّان لم اسمع احدا من اهل العلم يذكر ان عثمان استقضى احدا *n* حتى مات ✿

وكان نقش خاتمه آمنت بالله مخلصا وقيل آمنت بالله العظيم وقيل *لتصبرنّ او لتندمنّ *o*، ولم يزل خاتم النبىّ صلّعم باقيا *p* الى ايّامه فسقط من يده فنقش له *g* على هيئته فكان *h* *خاتم الخلافة *q* متداولا ولكلّ واحد ممن طرأ بعده خاتم مفرد ينقش عليه ما احبّ على ما نحن ذاكروه *r* الى خلافة المطيع فيما *s* يرد من هذا الكتاب،

---

a) Addidi عمر. *b*) Cod. زيد. P haec inde a وقد om. *c*) P والكندى. *d*) P s. و. Pro اثبت L اصح. *e*) P ins. بن male; vid. Abu 'l-Mahâsin II, ٢٠٥, 2 Ibn Khallicân n 170. Apud Jâc. I, ٩٣٩, 17 l. وكيع pro ووكيع. *f*) P الزبير; v. Dhahabî *Tab.* 7, 33. *g*) P om. *h*) P c. و. *i*) Codd. s. p. Vid. Dhahabî 9, 53, Jâc. III, ٣٩٣, 21. *k*) L عثمن. *l*) P عبد الرحمن. *m*) P محمد. Mox pro ابو L بن. Quid verum sit nescio. *n*) Codd. احد. *o* Incertum. P لنضربن او لينـدس وقيـل نتضربن او لممدمن, L ليحميرن او لممدمن. *p*) L بادما. *q*) L خاتما للخلافة. Deinde codd. متداول. *r*) L ذاكرون. *s*) P على ما.

وقد روى *عبيد الله *a* بن عمر عن نافع عن ابن عمر ان النبىّ صلّعم اتّخذ خاتما من ورق فكان *b* فى يده وبيد ابى بكر وبيد عمر f.161 v. وبيد عثمان حتى وقع فى بئر أَرِيس ۞

وكان له من البنين تسعة عبد الله الاكبر توفّى وله *من العمر *c* ستّ سنين *d* امّه رُقَيّة بنت رسول الله صلّعم على ما قدّمنا وعبد الله الاصغر وعمرو *c* وعمر وخالد وابان والوليد وسعيد وعبد الملك *e* المعقبون منهم *c* خمسة عمرو وكان *f* اكبر ولده والذين *f* اعقبوا من ولده *g* محمّد بن عبد الله بن عمرو بن عثمان الملقّب بالديباج *h* لحسنه *امّه فاطمة *i* بنت الحسين بن علىّ بن ابى طالب وعمر وابان والوليد وسعيد، ومن البنات ثمان ۞

وفى السنة التاسعة من خلافته وهى سنة ۳۲ توفّى العبّاس بن عبد المطّلب وله ثمان وثمانون سنة وكان مولده قبل عام الفيل بثلاث سنين، وفيها مات *عبد الرحمان *k* بن عوف الزهرىّ وهو ابن خمس وسبعين سنة، وعبد الله بن مسعود بن غافل *l* بن حَبيب بن شَمْخ *m* بن فار بن مخزوم بن صاهلة *n* بن كاهل بن الحارث *o* بن تميم بن *سعد ابن *c* هُذَيل بن مدركة بن الياس بن مضر بن نزار وله بعض وستّون سنة، وفى سنة ۳۱ كانت وفاة ابى سفيان صخر بن حرب بن اميّة ابن عبد شمس بن عبد مناف وقد استوفى سنّ *p* العبّاس ثمانى وثمانين سنة ۞

---

a) Codd. عبد الله; cf. Dhahabî **3**, 27. *b*) L c. و. *c*) P om. *d*) Pessime *Mor.* IV, 252 ستّا وسبعين سنة. Cf. quoque Ibn Hadjar IV, ٥٨٣, 4. *e*) P h. l. add. وعمرو. *Mor.* l. l. et Kot. ٩٩ habent quoque المغيرة, non vero IA III, ١۴٩. Deinde P add. copulam. *f*) P s. و. *g*) L ولد. *h*) P الديباج. *i*) P tantum وامه. *k*) P عبد الله. Cf. e. g. Ibn Kot. ١٢٣, 3 seq. *l*) L عاقل. *m*) Codd. سفح. Deinde addidi بن فار. *n*) Codd. صبيح (L s. p.). *o*) L حرب. *p*) L om.

ذكر خلافة علىّ بن ابى طالب f. 162 r.

وبويع علىّ بن ابى طالب بن عبد المطّلب بن هاشم بن عبد مناف ويكنى ابا الحسن وامّه فاطمة ابنة *a* اسد بن هاشم بن عبد مناف فى اليوم الذى قُتل فيه عثمان، قال المسعودى وكان بين بيعته الى وقعة الجمل بالبصرة خمسة اشهر واحد وعشرون يوما وقُتل من اصحاب الجمل *ثلثة عشر الفا من الازد *b* اربعة آلاف وقيل دون ذلك ومن ضبّة الف ومائة وباقيهم *c* من سائر الناس *وقُتل من *d* اصحاب علىّ رضه نحو *e* الف وقيل *دون ذلك او اكثر *f* وكانت الوقعة يوم الخميس لعشر ليال *g* خلون من جمادى الآخرة سنة ٣٦، وبين وقعة الجمل والتقائه مع معاوية للقتال بصفّين سبعة اشهر وثلاثة عشر يوما وكان *h* اوّل يوم وقعت *i* الحرب بينهم بصفّين يوم الاربعاء غرّة *k* صفر سنة ٣٧ وتنوزع فى عدّة من كان مع علىّ عمّ *e* فكثر ومقلّل *l* والمتّفق عليه من تنازعهم انه كان فى تسعين الفا وكان معاوية فى مائة الف وعشرين الفا *وقيل دون ذلك واكثر منه وقُتل بصفّين سبعون الفا من اصحاب علىّ رضه منهم خمسة وعشرون الفا *g* *منهم خمسة وعشرون بدريّا *m* *من الصحابة *g* منهم *n* عمّار بن ياسر *العَنْسىّ عنس *o* بن
f. 162 v. مالك بن أُدَد بن زيد بن يشجب بن عَرِيب بن زيد بن كهلان ابن سبا بن يشجب بن يعرب بن قحطان وكان حليفا لبنى مخزوم وقُتل من اصحاب معاوية خمسة واربعون الفا وقيل *g* فى عدّة من قتل بينهما دون ذلك واكثر وكان المقام بصفّين مائة يوم وعشرة ايّام والوقائع بينهم تسعون وقيعة *p*، وبين وقعة صفّين والتقاء الحكمين الى

---

a) L بنت. *b*) P ثمانية الف منهم et post الاف add. من الازد. Cf. *Mor.* IV, 293. *c*) P وباقيتهم. *d*) L ومن. *e*) P om. *f*) L اكثر واقل. *g*) L om. *h*) L c. ف. *i*) P وقع. *k*) P عشر. Vid. e. g. Jâc. III, ٣٠٢ ult. *l*) L ومقل. *m*) P om.; cf. *Mor.* IV, 294. *n*) L فيهم. *o*) L s. p., P العبسى عبس. *p*) P وقعة.

موسى الاشعرىّ وعمرو بن العاص بدومة الجندل فى شهر رمضان سنة ٣٨ سنة[a] وخمسة اشهر واربعة وعشرون يوما وبين التقائهما[b] وخروج علىّ الى الخوارج بالنهروان وقتله ايّاهم سنة وشهران وكانت الخوارج اربعة آلاف عليهم عبد الله بن وهب الراسبىّ راسب بن مَيْدعان[c] بن مالك بن نصر بن الازد وليس براسب بن الخزرج بن جُدّة بن جَرْم[d] ابن *رَبّان بالراء بن[e] حُلْوان بن عِمْران بن الحاف بن قضاعة ولا راسب فى العرب من معدّ وقحطان غير هذين فتفرّقوا[f] عند نزول علىّ رضه بازائهم ودعائه ايّاهم وبقى عبد الله بن وهب فى الف[g] وثمان مائة وقيل الف وخمس مائة وقيل الف ومائتين فقُتلوا[h] الّا *نفرا قليلا[i] وقيل ان السبب فى تفرّق من تفرّق عنه ان الخوارج تنادوا عند احاطة اصحاب علىّ عم[k] بهم واسراعهم فيهم يا اخوتنا اسرعوا بنا[h] f.163 r. الروحة[l] الى الجنّة فقال عبد الله بن وهب فلعلّها الى النار فقال من فارَقَه[m] مُرائيًا نقاتل مع رجل شاكّ ففارقوه، وبين خروجه الى الخوارج وقتل عبد الرحمن بن مُلْجم المحسبىّ[n] وعداده فى مراد ايّاه سنة وخمسة اشهر وخمسة ايّام وكثير من الخوارج لا يتولّى ابن ملجم لقتله ايّاه غيلة، وبين ذلك وبين اوّل الهجرة تسع وثلاثون سنة وثمانية اشهر وعشرون يوما واستشهد بالكوفة[o] فى اوّل العشر الاواخر من شهر رمضان سنة ٤٠، وتنوزع فى مقدار عمره فذهب قوم الى *انه استشهد وله ثمان وستّون سنة هذا قول من يذهب الى[h] انه اسلم وله خمس عشرة سنة وقال آخرون استشهد وله ستّ وستّون سنة هذا

a) Addidi. Deinde L om. و. b) P التقايهم. c) P مبدعان, L مدعان. d) L s. p., P حريم. Cf. Wüstenfeld *Tab.* 2, 16, *Hamâsa* ١٩٢. e) P ريان بالمداين, L رباب بالراس. f) P s. ف. g) L الفين; v. IA III, ٢٩٠, sed cf. Brünnow, *die Charidjiten*, p. 21 ann. 1. h) P om. i) P نفر يسير. k) P كرم الله وجهه. l) P الكروحة; cf. IA l. l. 8 a f. m) P فارقنا. Deinde L مرايا, P ترانا. n) L om. o) L فى الكوفة.

قول من يذهب الى انه اسلم وله ثلاث عشرة سنة وقال آخرون استشهد وله ثلاث وستّون سنة هذا قول من يرى انه اسلم وله عشر سنين، وقد ذكرنا فيما تقدّم من هذا الكتاب عند ذكرنا مبعث النبيّ *a* صلعم وهجرته *b* التنازعَ فى اوّل من اسلم وقولَ *c* من قال انه اسلم وله دون ذلك الى خمس سنين وهؤلاء يذهبون الى انه استشهد وله ثمان وخمسون سنة وهذا *d* اقلّ ما قيل فى مقدار عمره وبيّنّا اغراضهم فى ذلك وقصدهم لازالة فضائله ودفع مناقبه، وتنوزع فى موضع قبره فمنهم من قال دُفن بالغَرِيّ *e* وهو الموضع المشهور فى هذا *f* الوقت f.163v. على اميال من الكوفة ومنهم من قال دفن فى مسجد الكوفة ومنهم من قال بل فى رحبة القصر بها ومنهم من قال بل حُمل الى المدينة فدفن بها مع فاطمة وغير ذلك من الاقاويل مما قد اتينا على *ذكره وقد ذكرنا *g* مَقاتل آل ابى طالب وانسابهم ومواضع قبورهم ومصارعهم فى كتابنا فى اخبار الزمان، ومن اباده الحدثان» من الامم الماضية والاجيال *h* الخالية والممالك الداثرة وفى رسالة البيان فى اسماء الائمّة وما قالته *i* الامامية فى *k* ذلك ومقادير اعمارهم وكيفيّة اعدادهم ۞

وكانت خلافته اربع سنين وتسعة اشهر وثمانية ايّام وكان اسمر *l* عظيم البطن اصلع ابيض الرأس واللحية ادعج عظيم العينين ليس بالطويل ولا بالقصير تملأ لحيته صدره لا يغيّر شيبه، وكان كاتبه *عبيد الله *m* ابن ابى رافع مولى رسول الله صلعم ونقش خاتمه الملك لله وقاضيه شُرَيح وحاجبه قَنْبَر مولاه، وكان له من البنين احد عشر للحسن

---

a) L رسول الله. *b*) P فى هجرته. Deinde P والتنازع, L وتنوزع. *c*) P s. و. *d*) P وهو. *e*) P s. p. et voc., L فى العدا; vid. Jâc. III, ٧٩٠, 11. *f*) P ذلك. *g*) P ذلك مع ذكرنا عند ذلك. *h*) P والجبال. *i*) P قالت. *k*) P ins. مقادير. *l*) L اشمّ. *m*) Codd. عبد الله; cf. Tab. II, ٨٣٠, 8.

والحسين امّهما a فاطمة بنت رسول الله صلعم ومحمّد بن الحنفيّة b وامّه خولة ابنة جعفر بن قيس بن مَسْلمة بن عُبيد c *بن ثعلبة d ابن يربوع بن ثعلبة e بن الدُّول بن *حَنيفة بن لُجَيم f بن صَعْب ابن علىّ بن بكر بن وائل وعمرو g امّه امّ حَبيب الصهباء بنت ربيعة بن بُجَير h *بن العبد i بن علقمة بن الحارث بن *عتبة ابن k سعد *بن زهير l بن جُشَم بن بكر بن حُبَيب *بن عمرو d ابن تغلب بن وائل والعبّاس امّه امّ البنين ابنة حِزَام m بن خالد f.164 r. ابن ربيعة بن الوَحِيد n وهو عامر *بن كعب بن عامر l بن كلاب بن ربيعة بن عامر بن صعصعة بن معاوية بن بكر بن هوازن وعبد الله *وجعفر وعثمان o ومحمّد الاصغر ويكنى p ابا بكر وعبيد الله ويحيى والمُعْقِبون منهم خمسة الحسن والحسين ومحمّد بن الحنفيّة وعمر والعبّاس، ومن البنات ستّ عشرة منهن زينب وامّ كلثوم وامّهما فاطمة بنت رسول الله صلعم، فالعقب للحسن *بن علىّ بن ابى طالب d من زيد والحسن q والعقب لزيد من الحسن بن زيد والعقب للحسن بن الحسن من جعفر وداود وعبد الله والحسن ومحمّد r وابراهيم والعقب للحسين s بن علىّ *بن ابى طالب d من علىّ d الاصغر بن الحسين والعقب لعلىّ بن الحسين من t محمّد وعبد الله وعمرو g وزيد والحسين ابن علىّ، والعقب *لمحمّد بن u الحنفيّة من جعفر وعلىّ وعون v

---

a) P وامّهم. Lectio L probat non excidisse والحسن (IA ٣٣٣, Ibn Kot. ١٠٧). *b*) P semper الحنيفية. *c*) Codd. عبد الله. *d*) L om. *e*) Hic L ins. مرة اخرى; vult in archetypo hic بن ثعلبة scriptum esse. Deinde L من pro بن. *f*) P حنيفية بن لخيم. Mox L مصعب. *g*) L وعمرو. *h*) P حبير, L الخير. Cf. Wüstenfeld *Reg.* 145. *i*) P om. *k*) P عبد الله, L عبيد الله sine بن. *l*) Addidi. *m*) Codd. حرام. *n*) Codd. الوليد. *o*) L inv. ord. *p*) L s. و. *q*) L والحسين. P hic et deinde والمعقب. *r*) L om., P بن. *s*) P لحسين, L للحسن. *t*) P بن. *u*) L من. *v*) L وعوف.

وابراهيم والعقب لجعفر *بن محمّد من عبد الله ولعلىّ بن محمّد من عون ولعون بن محمّد من محمّد ولابراهيم بن محمّد من محمّد a فامّا ابو هاشم عبد الله بن محمّد بن الحنفيّة وهو اكبر ولده فقد ظنّ قوم ان له عقبا ولم يعقب، والعقب لعمر بن علىّ بن ابى طالب من محمّد بن عمر والعقب لمحمّد بن عمر *من عمر b *وعبد الله c وعبيد الله وجعفر d، والعقب للعبّاس *بن علىّ بن ابى طالب عمّ من عبيد الله بن العبّاس b والعقب لعبيد الله من *الحسن بن عبيد الله e، f.164v. وكان العقب لابى طالب بن عبد المطّلب من ثلاثة f عَقيل وجعفر وعلىّ لان طالبا الذى به كان يكنى لا عقب له وبين g كلّ واحد من الاخوة h عشر سنين اكبرهم طالب ثمّ يليه c عقيل *ثمّ يلى i عقيلا جعفر ويلى جعفرا علىٌّ وكان k له من البنات اثنتان امّ هانئ وجُمانة، قال المسعودى فاذ قد بيّنّا ولد امير المؤمنين علىّ وعقبه فلنذكر ولد جعفر وعقيل والمعقبين منهم ولد جعفر بن ابى طالب عبد الله وعون ومحمّد المقتول بصفّين التقى b وعبيد الله l بن عمر بن الخطّاب m فقتل كلٌّ واحد منهما صاحبه والى هذا ذهب نسّاب آل ابى طالب وان كانت ربيعة تنكر ذلك وتذكر ان بكر بن وائل قتلت عبيد الله بن عمر، المعقب n منهم عبد الله *وبه كان يكنى o وقيل بابى الفضل والاوّل اشهر والعقب لعبد الله من علىّ

a) Haec in codd. corrupta restitui ope Obaidallîi, cod. Leid. 686, f. 120 v.—125 v. P habet ولمحمد بن عبد الله ومحمد بن على ابن عون ولعون ولمحمد بن محمد ولابراهيم بن محمد بن محمد, L بن محمد بن عبد الله ولعلى بن محمد بن عوف ولعوف بن محمد من محمد ولابراهيم من محمد. Deinde P واما. b) L om. c) P om. d) L بن جعفر. e) Codd. الحسين وعبد الله. Obaidallî f 125 v. l. ult. habet quod recepi. f) L ins. من. g) P ومن. h) L البنين. Pro سنين P بنين. Cf. Ibn Kot. ١٠٢. i) P ويلى. k) L وكانت. l) P hic et mox عبد الله. m) L ins. التقيا. n) P والمعقب. o) P وكان يكنى به.

واسحاق *ومعاوية واسماعيل *a*، وولد عَقيل بن ابى طالب يزيد *b* وبه كان *c* يكنى ومحمّدا *وسعيدا وجعفرا *d* الاكبر *وابا سعيد الاحول ومسلم بن *e* عقيل وعبد الله الاكبر *f* وعبد الله الاصغر وجعفرا الاصغر وحمزة وعيسى وعثمان وعليًّا الاصغر *g* المعقب منهم محمّد والعقب لمحمّد من عبد الله بن محمّد، وما ذكرنا من *انساب آل *h* ابى طالب فمن كتاب انسابهم الذى حدّثنا به طاهر *بن يحيى *i* بن حسن بن f.165 r. جعفر بن عبد الله بن الحسين بن علىّ بن ابى طالب عن ابيه ومما اخذناه من ذوى المعرفة منهم بانسابهم وما ذكرنا من عقب ابى بكر وعمر وعثمان فمن كتاب انساب قريش للزُّبير بن بكّار وما *k* حدّثنا به ابو بكر *عبد الله *l* بن محمّد المعرّى القاضى بمكّة *f* وابو الحسن احمد ابن سعيد الدمشقىّ الاموىّ وابو الحسين الطوسىّ وحَرَمىّ *m* وغيرهم بمدينة السلام ومما اخذناه *n* عن ذوى الدراية *o* منهم بانسابهم ۞

ذكر خلافة الحسن بن علىّ عم

وبويع الحسن *p* بن علىّ بن ابى طالب ويكنى ابا محمّد وامّه فاطمة بنت رسول الله صلّعم بعد وفاة ابيه بيومين وذلك لسبع بقين من شهر رمضان سنة ٤٠ ثمّ صالح معاوية فى شهر *f* ربيع الاوّل *سنة ٤١ وقد راى قوم ان ذلك كان فى جمادى الآخرة او الاولى من هذه السنة والاوّل *f* اشهر واصحّ *q* عندنا من *c* مدّة ايّامه *وكانت خلافته *r*

---

a) L inv. ord. *b*) L زبيد, P om. *c*) P om. *d*) L وسعيد وجعفر. *e*) Cod. ولد. *f*) L om. *g*) L ins. وجعفر. *h*) L الانساب الى. Deinde P بنى. *i*) P ويحيى; cf. *Mor.* V, 150. Pro حسن L لحسين et عبيد الله pro عبد الله. Genealogia manca est. Certo inter عبد الله et لحسين excidit بن على, et عبد الله tantum posteros habuit e محمد الارقط (Obaidallî f. 81 r.). *k*) P فيما. *l*) P عبيد الله et العمرى pro المعرى. Utra lectio praeferenda sit, nescio. *m*) P وَحَرمى. Intelligi videtur لحرمى بن ابى العلاء Jâc. II, ٢٦٨, ٩٣٧. *n*) L s. ه. *o*) L الروايه. *p*) P الحُسين. *q*) P والاصح. *r*) P وخلافته.

الى ان صالحه ستّة اشهر وثلاثة ايّام *a* وهو اوّل خليفة خلع نفسه وسلّم الامر الى غيره وتوفّى بالمدينة مسموما فيما ذُكر *b* فى شهر ربيع الاوّل *c* سنة ٤٩ وله ستّ *d* واربعون سنة ودُفن ببقيع الغرقد مع امّه فاطمة عمّ وهناك الى هذا الوقت رخامة مكتوب عليها الحمد لله مبيد الامم ومحيى الرمم هذا قبر فاطمة بنت رسول الله صلّعم سيّدة نساء
f.165 v. العالمين والحسن بن علىّ بن ابى طالب وعلىّ بن الحسين بن علىّ ومحمّد بن علىّ وجعفر بن محمّد *رضوان الله عليهم اجمعين *e*، وكان الحسن احد المشبهين برسول الله صلّعم على ما ذكرنا من *f* صفته ومَن اشبهه فى كتاب الاستذكار، وكان كاتبه *عبيد الله *g* بن ابى رافع وقاضيه شُريح وحاجبه سالم مولاه وقيل قَنْبَر ۞

ذكر ايّام معاوية بن ابى سفيان *h*

وبويع معاوية بن ابى سفيان صخر بن حرب بن اميّة بن عبد شمس بن عبد مناف ويكنى ابا عبد الرحمان وامّه هند ابنة عتبة ابن ربيعة بن عبد شمس *i* فى شهر *k* ربيع الاوّل سنة ٤١ وتوفّى بدمشق *l* فى رجب سنة ٦٠ *m* وله ثمانون سنة *n* ودُفن بدمشق فى *الموضع المعروف *o* بباب الصغير وقبره مشهور فى تلك المقبرة وقيل

---

a) Nempe a 23 Ramadhân 40 ad 25 Rabîʿ 1 (*Mor.* V, 1 seq.). Cf. quoque IA III, ٣٤١. Quod *Mor.* 7 legitur »8 menses et 10 dies" cum traditione Djomâda II convenit. *b*) L ذكرنا. *c*) L ins. فى. *d*) P وخمسون; L خمس وستون. Natus erat ut supra vidimus 15 Ramadhân anni 3, itaque 46 annos scripsisse auctorem verisimile est. Ita quoque habet Tab. III, ٢٣٢٤, 4. In marg. L legimus عمره كما ذكر ثلث وثلثين (sic) سنة لانه ولد فى المدينة بعد الهجرة بخمس سنين. *e*) L عمّ. *f*) P فى. *g*) Codd. عبد الله. *h*) L add. رضه. *i*) L add. بن عبد مناف et deinde repetit verba ويكنى .... عبد شمس. *k*) L om. *l*) L فى دمشق. *m*) Codd. hic et infra p. ٣٠٣ l. 7 false احدى وستين et ita quoque *Mor.* V, 14. *n*) P om. *o*) L موضع يعرف.

بل فى الدار المعروفة بدمشق بالخضراء *a* الى هذا الوقت فى قبلة المسجد الجامع وفيها الشرطة *b* والحبوس وبها كان ينزل ومن ولى الامر بعده من بنى اميّة ممن سكن بدمشق وان الذى فى مقبرة باب *c* الصغير قبره *d* قبر معاوية بن يزيد بن معاوية، وكانت *e* ايّامه تسع عشرة سنة وثلاثة *f* اشهر وايّاما وكان طويلا مسمنا ابيض كبير العجيزة قصير *g* الهامة جهم الوجه جاحظ العينين عريض الصدر وافر اللحية يخضب *h* بالحنّاء والكَتَم، وكان داهية *ذا مكر *i* وذا راى وحزم فى امر f.166 r.
دنياه اذا راى الفرصة لم يبق *k* يتوقّف *l* واذا خاف الامر دارى عنه واذا خُصم فى مقال ناضل *m* عنه وقطع الكلام على مناظره، وكتب له *عُبَيد بن *n* اوس الغسّانىّ وسَرْجُون بن منصور الرومىّ وعبد الملك بن مروان فيما قيل وعبد الرحمان بن درّاج وسليمان بن سعيد مولى خُشَين *o* وكان نقش خاتمه لا قوّة الّا بالله، وعلى قضائه فَضالة بن عُبيد *p* الانصارىّ وحاجبه صَفْوان مولاه وقيل يزيد مولاه، ومات عمرو ابن العاص بن وائل السهمىّ بفسطاط مصر يوم الفطر سنة ٤٣ وهو والٍ لمعاوية عليها وله تسع وثمانون سنة وقيل له تسعون *q* سنة وانّما ذكرنا وفاته *r* لانّ *d* كثيرا ممن *d* لا علم له يقول انه توفّى بعد معاوية، وتوفّى اكثر ازواج النبىّ صلّعم فى ايّامه منهن اختهٗ امّ حبيبة رملة بنت ابى سفيان فى سنة ٤٤ وحفصة بنت عمر بن الخطّاب فى سنة ٤٥ وصفيّة بنت حُيَىّ بن اخطب فى سنة ٥٠ وجويرية ابنة *s*

---

a) P بالخضرة. *b*) P الشرطية. Deinde L والجيوش. *c*) L e corr. الباب. *d*) P om. *e*) P c. ف. *f*) Codd. et *Mor.* l. l. وثمانية. Cf. Tab. II, ١٩٨ seq. *g*) P قصر, L قصد. *h*) P يخضبه. *i*) L ومكر, P مكرا et deinde ذا حزم وراى. *k*) L om. *l*) P ins. واذا راى. *m*) L نصال, P فصاك. *n*) P عبد; Tab. II, ٨٣٧, 10 عبيد الله. *o*) P حسين, L حشر. Hinc الخُشَنى appellatur. *p*) L عبد. *q*) L tantum سبعون ut Naw. et Ibn Kot. (73). Contra Ibn Hadjar 90. Pro وثمانون P وعشرون. *r*) L فصله. *s*) L بنت.

الحارث. المُصْطَلِقيّة فى سنة ٥٦ *وعائشة ابنة ابى بكر فى سنة ٥٨[a] وأُمّ سَلَمَة فى سنة ٥٩[b] ۞

ذكر ايّام يزيد بن معاوية

f.166v. وبويع يزيد بن معاوية ويكنى ابا خالد وامُّه *مَيْسون ابنة بَحْدَل[c] الكلبيّة من بنى حارثة *بن جَنَاب[d] بن هُبَل[e] بن عبد الله بن كنانة بن بكر بن عوف بن عذرة[f] بن زيد اللات بن رُفَيدة بن ثور بن كلب فى رجب سنة ٦٠[g] وامتنع من بيعته[h] الحسين بن علىّ بن ابى طالب رضه وعبد الله بن الزبير حين اخذهما عامل المدينة[i] بذلك وخرجا الى مكّة فاقام[k] ابن الزبير بها وشخص الحسين يريد العراق حين[l] تواترت عليه[m] كتبهم وترادفت[n] رسلهم ببيعته والسمع والطاعة له[a] فلمّا قرب من الكوفة *وقد قدّم[o] اليها ابن عمّه مسلم بن عقيل خذله اهل العراق ولم يفوا له بما كاتبوّه به[a] ووافقوه عليه وانقضّوا عن مسلم واسلموه الى عبيد الله بن زياد فقتله وسيّر الجيوش الى[a] الحسين مع عمر[p] بن سعد بن ابى وقّاص فقُتل[q] يوم الجمعة لعشر ليال خلون من المحرّم سنة ٦١ وقيل ان قتله كان يوم الاثنين والاوّل اشهر وعليه الاكثر ودُفن بكربلاء من ارض العراق وله سبع[r] وخمسون سنة وقُتل معه من *ولد ابيه ستّة[s] وهم العبّاس وجعفر وعثمان ومحمّد الاصغر وعبد الله وابو بكر ومن ولده ثلاثة علىّ الاكبر وعبد الله صبىٌّ وابو بكر[t] بنو الحسين *بن علىّ[a] ومن

---

a) L om. *b*) L سبع pro تسع; cf. Tab. III, ٢٤٤٣, 4. *c*) P ميسنون ابنة محامد. *d*) Addidi. *e*) P هيْبل. *f*) L عروه. *g*) Codd. ٦١ ut supra. *h*) L ببيعه. *i*) L ابيه s. p. *k*) P ins. ابن الحسين. *l*) L حتى. *m*) L اليه. *n*) L وترادف. *o*) L بها وقيل اقام وقدم. *p*) P om. *q*) L ins. كرم الله وجهه. *r*) L تسع, P خمس et ins. وتسعون سنة وقيل خمس; cf. *Mor.* V, 146. Anno 4 mense Scha'bân natus erat (v. quoque Tab. III, ٢٣٣١, 6). *s*) L اخوته سبعة. *t*) *Mor.* 145 et Tab. II, ٣٨٧, 7 hunc filium al-Hasani appellant.

وبد لحسن بن علىّ عبد الله والقاسم ومن ولد *عبد الله بن a جعفر بن ابى طالب *عَوْن ومحمّد b ومن ولد عقيل بن ابى طالب f.167 r. خمسة مسلم وجعفر وعبد الرحمان وعبد الله بنو عقيل *ومحمّد بن ابى سعيد بن عقيل c ✿

وامتنع ابن الزبير من بيعة يزيد وكان يسمّيه السكّير الخمّير واخرج عامله عن مكّة وكتب الى اهل المدينة ينتقصه d ويذكر فسوقه ويدعوهم الى معاضدته على حربه واخراج عامله عنهم *واخرج اهل المدينة عامله e ومروان بن الحكم وولده e وغيرهم من بنى اميّة وسيّروهم الى الشأم فبعث اليهم يزيد مسلم بن عقبة المرّىّ فى اربعة آلاف ومعه زفر بن الحارث الكلابىّ وحُبَيش f بن دُلْجة g القينىّ f والحُصين ابن نُمير الكندىّ وعبد الله بن مَسْعَدة h الفزارىّ وغيرهم من i رؤساء الاجناد وخرج يزيد مشيّعا لهم وموصّيا k فقال لمسلم بن عقبة فيما وصّاه به e ان l حدث بك حدثٌ فالامر الى الحصين بن نمير واذا m قدمت الى المدينة n فمن عاقك عن دخولها او نصب لك حربا فالسيف السيف ولا m تبقى عليهم وانتهبها o عليهم n ثلاثا وأَجْهِزْ *على جراحهم p واقتل مدبرهم وان لم يعرضوا لك فامض الى مكّة فقاتل ابن الزبير فأرجو ان يظفرك الله به وانشأ يزيد يقول q والرايات تمرّ به وقد *علا على نشز من الارض e واحاطت r به الخيول s

أَبْلِغْ ابا بَكْرٍ اذا *الامرُ انْبَرى t *وَانْحَطَّتِ الراياتُ من u وادِى القُرَى

---

a) Addidi. b) L عوف بن محمد. c) L om.; *Mor.* عبد الله بن مسلم بن عقيل, Tab. ٣٨٨, 1—5 utrumque memorat. d) L s. p., P ينتقضه. e) P om. f) L s. p. g) Cf. Tab. II, ٥٧٨, 12 et c. h) P مسعد. i) P ins. فقها الاجناد و. k) P موصيا بهم ومشيعا. l) P الى; cf. Tab. II, ۴٠٩, 2. m) L s. و. n) L om. o) P وانهبها. p) P عليهم جرحاهم. q) P h. l. ins. وقد علا نسر من الارض. r) P s. و. Deinde L بها. s) *Mor.* V, 161, Tab. ۴٠٨, Dinaw. ed. Girgas ٢٧٥. t) Tab. الليل سرى. u) Tab. et *Mor.* وهبط (واشرف) القوم على.

f.167v. أَجَمْعَ سَكْرَانَ مِنَ القَوْمِ تَرَى ... أَمْ جَمْعَ يَقْظَانَ *نَفَى عنه الكَرَى a

وكان ابن b الزبير يكنى ابا بكر وابا خُبَيب، وصار c مسلم الى المدينة وقد احتفر اهلها خندق رسول الله صلعم الذى كان حفره يوم الاحزاب وشكوا d المدينة بالحيطان وقال شاعرهم مخاطبا ليزيد،

انّ بالخَنْدَقِ المُكَلَّلِ بالمَجْـدِ لَضَرْبًا يُبْدِى عنِ النَّشَواتِ e
لَسْتَ مِنّا ولَيْسَ f خالُكَ مِنّا ... يا مُضِيعَ الصَّلاةِ للشَّهَواتِ
فاذا g ما قَتَلْتَنا فتَنَصَّرْ ... وٱشْرَبِ الخَمْرَ وٱتْرُكِ الجُمُعاتِ

فالتقوا بالحرّة لثلاث بقين من ذى الحجّة سنة ٦٣ *وكان على h قُريش وحلفائهم ومواليهم i عبد الله *بن مُطيع k *العدوىّ ابن عمّ l عمر بن الخطّاب وعلى الانصار وسائر الناس عبد الله بن حنظلة m الغسيل بن ابى n عامر الانصارىّ ثمّ الاوسىّ فاقتتلوا قتالا شديدا فقُتل عبد الله بن حنظلة فى عدّة من *المهاجرين والانصار o *وابنائهم ومواليهم p وحلفائهم وغيرهم من ذلك من q قريش والانصار n نحو من سبع مئة رجل ومن سائر الناس من الرجال والنساء والصبيان نحو من عشرة آلاف فيما ذكر محمّد بن عمر الواقدىّ صاحب المغازى والسير وقيل دون ذلك واكثر r ودخل مسلم المدينة فانتهبها s ثلاثة ايّام وبايع من بقى من اهلها على انهم قِنّ ليزيد والقِنّ العبد الذى

f.168r. مُلك ابواه وعبد مملكة t الذى مُلك فى نفسه وليس ابواه مملوكين غير علىّ بن الحسين بن علىّ بن ابى طالب لانه لم يدخل فيما دخل فيه اهل المدينة وعلىّ بن عبد الله بن العبّاس فانّ من كان

a) P يغى عنه الثرى. b) Addidi ut in marg. L prop. لعله ابن. يعنى الزبير Deinde P .الزبير عبد الله المكنى بابى بكر وابى خبيب صح c) P وسار. d) L وسلوا. e) Dinaw. l. l. يغور بالسنوات. f) L ولست. g) L c. و. h) L وعلى. i) L واموالهم ut mox iterum pro ومواليهم. k) L om. l) P بن عدى. m) P ins. ابن. n) P om. o) P الانصار والمهاجرين. p) L inv. ord. q) P ومن. r) P ins. وذكر مسلم. s) P فانهبها. t) P ملكه.

فى الجيش من اخواله من كندة منعوه، فكان *a* ذلك من اعظم الاحداث فى الاسلام واجلّها *b* وافظعها رزءً بعد قتل الحسين بن علىّ بن ابى طالب ۞

وهلك يزيد بحُوّارين من ارض دمشق مما يلى *قارا والقُطَيِّفَة *c* طريق حمص فى البرّ لسبع *d* عشرة ليلة خلت من صفر سنة ٦٤ وهو ابن ثلاث *e* وثلاثين سنة وكانت *f* ايّامه ثلاث سنين وسبعة اشهر واثنين وعشرين يوما وكان آدم شديد الادمة عظيم الهامة بوجهه اثر جدرى بيّن *g* يبادر بلذّته *h* ويجاهر بمعصيته *i* ويستحسن خطاءه ويهوّن الامور على نفسه فى دينه اذا *k* صحّت له دنياه، *وكتب له *l* عُبيد *m* بن اوس الغسّانىّ وزِمْل بن عمرو العذرىّ وسرجون بن منصور وكان نقش خاتمه ربّنا الله، وقاضيه ابو *n* ادريس الخولانىّ وحاجبه خالد مولاه وقيل صفوان ۞

ذكر ايّام معاوية بن يزيد بن معاوية

وبويع معاوية بن يزيد بن معاوية ويكنى ابا عبد الرحمان وانّما

---

a) P c. و. *b*) L s. p., P om. sed post وافظعها ins. واجهلها. *c*) L فاراق القطيعه; P والقنطيعة. *d*) *Mor.* V, 126 لاربع et hoc verisimilius videtur. Vulgo (Tab. ٤٢٧ seq.) dicunt eum obiisse 14 Rabî' I, hic autem probabiliter dies est quo nuntius mortis Mekkam pervenit (cf. *Mor.* 167). Si hoc statuimus, numerus 40 dierum quem secundum nonnullos auctores duravit obsidium (Weil I, 335 ann., Tab. ٤٢٩ ult.) sanus est. Sin minus cum Tab. ٤٢٧, 2 admittendum est, obsidium durasse 64 dies et nuntium mortis 1 Rabî' II advenisse. Regnum Jazîdi duravit 3 annos 7 menses 22 dies, ut quoque est in *Mor.* 126 et Tab. ٤٢٨, 9. Quod cum supputamus ad 22 Redjeb 60, quo Moâwia obiit sec. tradit. Tab. ١٩٨, 11, habemus 14 Çafar anni 64 pro die mortis Jazîdi. Denique filius et successor 40 dies regnavit (Tab. ٤٣٢, *Mor.* 168 et VI, 50) et obiit, ut infra docemur, mense Rabî' I. *e*) Ita quoque *Mor.* 126. Aliae traditiones apud Tab. ٤٢٨. Deinde L وستين. *f*) P وكان فى. *g*) P om. *h*) L لدده. *i*) L بمعصيه. *k*) P ان. *l*) P وكاتبه. *m*) L عبد الله. *n*) L om.

كنى *a* ابا ليلى تقريعا له لعجزه عن القيام بالامر وكانت العرب تفعل f. 168 v. ذلك بالعاجز من الرجال وفيه *قال الشاعر *b*

انّى أَرَى فِتْنَةً تَغْلِى مَرَاجِلُهَا *c*   والمُلْكُ بَعْدَ أَبِى لَيْلَى لِمَنْ غَلَبَا

وقيل بل الشعر قديم *d* تمثّل به الشاعر *e* فى ايّامه وامّه امّ خالد *f* ابنة ابى هاشم بن عتبة بن ربيعة فى اليوم الذى هلك فيه ابوه يزيد وتوفّى بدمشق فى شهر ربيع الاوّل سنة ٦٤ ودُفن بها وكانت ايّامه اربعين يوما وقيل اقلّ من ذلك واكثر وكان ربعة من الرجال نحيفا *يعتريه صُفار *g* وكتب له *h* زِمْل بن عمرو *i* العذرىّ وسليمان ابن سعيد الخُشَنىّ وسَرْجُون النصرانىّ وكان نقش خاتمه بالله ثقة معاوية، وقاضيه ابو ادريس الخولانىّ وحاجبه صَفْوان مولاه ۞

ذكر ايّام مروان بن الحكم

وبويع مروان بن الحكم بن ابى العاص بن اميّة بن عبد شمس ابن عبد مناف ويكنى ابا عبد الملك وابا الحكم وامّه *آمنة ابنة *k* علقمة بن صفوان بن اميّة فى رجب *l* سنة ٦٤ *m* بعد تنازع طويل كان *l* بين شيعة بنى اميّة ومن يهوى هواهم فى عقد الامر له او لخالد بن يزيد بن معاوية *وذلك ان الامر اضطرب بعد معاوية بن يزيد بن معاوية *e* وبايع الضحّاك بن قيس الفهرىّ وهو امير دمشق يومئذ عبد الله بن الزبير وكذلك النعمان بن بشير الانصارىّ بحمص f. 169 r. وزفر بن الحارث الكلابىّ بقنّسرين وناتل *n* بن قيس الجذامىّ بفلسطين ودُعى له على سائر منابر الحجاز ومصر والشأم والجزيرة *والعراق وخراسان *l* وسائر امصاره الاسلام *o* الّا طبريّة من بلاد الاردنّ فان حسّان

---

a) P يكنى. *b*) L قيل. Vid. *Mor.* 169, Tab. ٤٢٩, Ibn Kot. ١٧٩. *c*) Tab. قد حان اونها. *Mor.* هاجت pro تغلى. *d*) P قديما. *e*) L om. *f*) Tab. ٤٢٩, 4, ٤٣٢, 18 seq. ام هاشم. *g*) P يعبر ده الصغار (L دعتريه صفار). *h*) P وكاتبه. *i*) L عمر. *k*) L اميه بنت. *l*) P om. *m*) P ins. فى رجب. *n*) Codd. ونايل. Cf. Tab. ٤٦٩, 2. *o*) P الامصار من.

ابن مالك *بن بَحْدَل a الكلبىّ من بنى حارثة بن جَنَاب b وكان بها c امتنع d من الدعاء لابن الزبير والدخول فى طاعته واراد عقد الامر لخالد بن يزيد وكان ابن اختهم واجتمع بنو اميّة وشيعتهم ومن يميل اليهم من رؤساء e الشأم فتشاوروا f فى عقد الامر لخالد *ابن يزيد c وأبى آخرون الّا ان يعقدوا لمروان اذ كان خالد صبيًّا لا يقاوم ابن الزبير ومروان شيخ مُجَرَّب بقيّة بنى اميّة فى وقته وكان تشاورهم g بالجابية بين دمشق وطبريّة فاجمعوا h على عقد الامر له فبويع له c بالخلافة وجُعل الامر بعده لخالد بن يزيد بن معاوية ولعمرو i بن سعيد الاشدق بعده وخرج الضحّاك عن مدينة دمشق فيمن معه من الزبيريّة k واستمدّ من a بالشأم على طاعة ابن الزبير فامدّوه بالجيوش والمال والسلاح فصار فى ثلثين الفا من قيس *بن عيلان l وغيرهم من مضر واكثرهم m فرسان وكان مروان فى ثلاثة عشر الفا *من اليمن c من كلب وسواهم n واكثرها a رجّالة وفى ذلك اليوم يقول مروان o

لَمّا رَأَيْتُ الناسَ مالُوا جَنْبَا p   والمُلْكَ لا يُؤْخَذُ الّا غَصْبَا f.169 v.
أَعْدَدْتُ *غَسّانَ لَهُمْ q وكَلْبَا   والسَّكْسَكِيّينَ رِجالًا غُلْبَا
وطَيِّئًا يَأْبَوْنَ r الّا ضَرْبَا   والقَيْنَ تَمْشى فى الحَديد نَكْبَا s
ومن تَنُوخَ مُشْمَخِرًّا صَعْبَا   بالأَعْوَجِيّاتِ *يَثِبْنَ وَثْبَا t
وإنْ دَنَتْ قَيْسٌ u فَقُلْ لا قُرْبَا

---

a) L om. *b*) P جنان. *c*) P om. *d*) P ins. بها. *e*) P راسا. *f*) L فساروا. *g*) L شاورهم. *h*) P فاجتمعوا. *i*) L ولعمر. Pro سعيد P يزيد. *k*) L الوقودة (?الزفرية); cf. *Mor.* 201 l. ult. *l*) P وغيلان, L بن غيلان sed بن expunctum. *m*) L s. و. *n*) P وغيرها ومن اليمن وغيرها. *o*) *Mor.* 202 et Tab. ٤٧٨, ubi vid. var. l. *p*) P اجنبا; *Mor.* صاروا حربا et والمال. *q*) P غسانا لها. *Mor.* دعوت pro اعددت, Tab. يسرت. *r*) P ياتون; Tab. تاباه. *s*) P كلبا. *t*) L s. p. *u*) L قيسا. Deinde P فقلنا قربا.

فالتقوا بمرج راهط فاقتتلوا قتالا شديدا فقُتل الضحّاك فى جمع كثير من القيسيّة وانهزم الباقون وقيل انهم اقاموا بالمرج عشرين يوما يقتتلون *a* فى كلّ يوم والحرب بينهم سجال وان مروان كادهم ودعاهم الى الموادعة والصلح فلمّا اطمأنّوا الى ذلك شدّ عليهم وهم غارّون على غير عدّة ولا اهبة فكان ذلك سبب هزيمتهم فكانت *b* هذه الوقعة سبب ردّ *c* ملك بنى اميّة وقد كان زال عنهم الى بنى اسد بن عبد العزّى ولذلك راى قوم ان مروان اوّل *من اخذ *d* الخلافة بالسيف، وهذه الوقعة من الوقائع المشهورة والايّام المذكورة واليمانية تفتخر بها على النزاريّة وقد اكثرت شعراؤها الافتخار بذلك قال *e* عمرو بن مخلاة الحمار الكلبىّ *f*

شفى النّفس قتلى لم توسّد خدودها تلمّ بها طلس الذئاب وسودها
بأيدى كماة فى الحروب مساعرٍ على ضامرات ما تجفّ *g* لبودها
أبحنا *h* حمى الحيّين *i* قيسٍ براهطٍ وولّت شذاذًا *k* واستبيح شريدها

f.170r. وقال ايضا

رددنا لمروان الخلافة *l* بعدما جرى للزبيريّين كلّ بريد
فلا يكن منّا الخليفة نفسه فما نالها *m* الّا ونحن شهود

وقال زفر بن الحارث الكلابىّ يعتذر من فراره ذلك اليوم *n*

لعمرى لقد أبقت وقيعة راهط لمروان *o* صدعا بيننا *p* متنائيا
أتذهب كلبٌ *q* لم تنلها رماحنا وتترك قتلى *راهط هى ما *r* هيا
فقد *s* ينبت المرعى على دمن الثرى *t* وتبقى حزازات النّفوس كما هيا

---

a) L ponit post يوم. *b*) L c. و. *c*) P om. *d*) L inv. ord. *e*) P وقل. *f*) Cf. Tab. ۴۸۵. *g*) L تخف. *h*) P الحنا, L ابحنا. *i*) Tab. 16 للحى. *k*) L شداد. Tab. forte melius شلالا. Deinde P واستبيحت et Tab. حريمها. *l*) P الخليفة. *m*) L بانها. *n*) *Mor.* 203, Tab. ۴۸۳ seq. *o*) Tab. لحسان. *p*) L بيننا ut *Hamâsa* Bohtorii MS. p. 34, ubi deinde متباينا. *q*) P كلبا. *r*) P راهطا فى منا. *s*) L وقد. *t*) L الحضرى (الخضراء).

أَرِينِى a سِلاحِى لا ابا لَكَ انَّنِى   أَرَى الحَرْبَ لا تَزْدادُ الّا تَمادِيَا
فلم تُرَ مِنّى نَبْوَةٌ قَبْلَ هٰذِهِ   فِرارِى وتَرْكِى *صاحِبَىَّ وَرائِيَا b
*ونَجّاكَ شَدّاتُ c الأَغَرِّ كَأَنَّما   يَرَى الآكْمَ من أَجْبالِ d سَلْمَى صَحارِيَا
فلمّا أَمِنْتُ القَوْمَ e وٱمْتَدَّتِ الضُّحَى   بِسِنْجارَ أَذْرَيْتُ f الدُّمُوعَ الذَّوارِيَا

فردّ g عليه جَوّاسُ h بن القَعْطَلِ الكلبىُّ فقال i

لَعَمْرِى لَقَدْ أَبْقَتْ وَقِيعَةُ راهِطٍ   عَلَى زُفَرٍ داءً مِنَ الداءِ باقِيَا
مُقِيمًا ثَوَى بَيْنَ الضُّلُوعِ مَحَلُّهُ   وبَيْنَ الحَشَا أَعْيَا الطَّبِيبَ المُداوِيَا
دَعَا بِسِلاحٍ ثُمَّ أَحْجَمَ اذْ رَأَى   سُيُوفَ جَنابٍ k والطِّوالَ المَذاكِيَا
عليها كأُسْدِ الغابِ فِتْيانُ نَجْدَةٍ l   اذا ما m انْتَضَوْا عِنْدَ النِّزالِ العَوالِيَا

وفى ذلك يقول الفرزدق

وَقَدْ جَعَلَتِ الدِّينَ n فى المَرْجِ والقَنَا   لِمَرْوانَ أَيّامٌ عِظامُ المَلاحِمِ
رَأَيْتُ بَنِى مَرْوانَ جَلَّتْ o سُيُوفُهُمْ   عَشِىَّ كان فى الأَبْصارِ p تَحْتَ العَمائِمِ
وَلَوْ رامَ قَيْسٌ *غَيْرَهُمْ يَوْمَ راهِطٍ   لَلاقَى المَنايا بِالسُّيُوفِ الصَّوارِمِ
وَلٰكِنَّ قَيْسًا q رُوِّعَتْ r يَوْمَ راهِطٍ   بِطَوْدِ أَبِى العاصِ الشَّدِيدِ الدَّعائِمِ 170 v.

وقال كُثَيِّرٌ s بن عبد الرحمان الخزاعىّ مخاطبا لعبد الملك

أَبُوكَ حَمَى أُمَيَّةَ حِينَ زالَتْ   دَعائِمُها وأُصْحِرَ لِلضِّرابِ t
وكان المُلْكُ قد وَهِيَتْ u قُواهُ   فَرَدَّ v المُلْكَ منها فى النِّصابِ w

وقال عبد الرحمان بن الحكم اخو مروان بن الحكم x

---

a) Codd. اتينى (L s. p.). *b*) L مماحى ورابيا. *c*) L وبحمال سدات. *d*) P ترى لكم الاجبال, L الالم et اجبال et صحاريا s. p. Alibi hunc versum non inveni. *e*) P النوم aut النيوم. *f*) P اجريت et البواديا. *g*) L c. و. *h*) Codd. جواش. *i*) Tab. ٤٨٥. *k*) L خباب. *l*) L فتية. *m*) P om.; Tab. اذا شرعوا نحو الطعان. *n*) L للدين. *o*) L حلت. *p*) L الانصار. *q*) L om. *r*) P زوعمت, L روّحت. *s*) P ins. الخزاعى. *t*) L الضراب. *u*) L دهيت. *v*) P فُرِدَ. *w*) P النصابى. *x*) *Mor.* 202.

أَرَى *a* أَحاديثَ أَهْلِ المَرْجِ قد بَلَغَتْ أَقْصَى الفُراتِ وأَهْلَ القَيْضِ والنِّيلِ
أَمْوالُهُمْ حُزَّةٌ *b* فى الأَرْضِ تَلْقُطُها فُرْسانُ كَلْبٍ على الجُرْدِ الهَذاليلِ

ثم سار مروان بعقب ذلك الى مصر وهم فى طاعة ابن الزبير وكانت له معهم حروب عظيمة قُتل فيها خلق كثير من الفريقين الى ان استوسقوا على طاعته واخرجوا عبد الرحمان بن جَحْدَم الفهرىّ عامل ابن الزبير عنهم واستخلف مروان عليها *c* ابنه عبد العزيز وذلك فى سنة ٦٥ وعاد الى دمشق وسرّح عبيد الله بن زياد فى جيوش كثيفة للغلبة *d* على الجزيرة والعراق وولّاه كلّ بلد يغلب *e* عليه فسار فى *نحو من ثمانين الفا *f* فلمّا صار ببلاد الجزيرة بلغه *g* مسير سليمان ابن صُرَد الخزاعىّ *h* والمسيّب بن نَجَبَة وغيرهما فى نحو من اربعة آلاف يطلبون بدم الحسين بن علىّ *بن ابى طالب عمّ *h* وكانوا يسمّون جيش التوّابين حتى صاروا *i* الى عين الوَرْدة وهى رأس العين فسرّح

f. 171r. اليهم عبيد الله الحُصَيْن بن نُمَير *وغيره من رؤساء *k* الشأم فالتقوا بها فاقتتلوا قتالا شديدا فقُتل سليمان بن صرد والمسيّب بن نجبة *واكثر ذلك الجيش *h* وتحمّل من بقى فى اوّل *h* الليل راجعين الى الكوفة وذلك فى *هذه السنة وهى *h* سنة ٦٥ ۞

وكانت *وفاة مروان بن الحكم *l* بدمشق لثلاث خلون من شهر رمضان من هذه السنة ودُفن بها وله *m* احدى وستّون سنة وكانت *n* ولايته تسعة اشهر وايّاما وكان طوالا *o* اصهب ازرق بعيد الغور بركب

---

a) P ترى. *b*) Ita P; L حرق. *c*) L om. *d*) P لغلبة. *e*) P تغلب; Tab. II, ٦٤٢ ult. غلب. *f*) P ثمانية الف; L مائتين pro ثمانين; cf. Tab. ٦٤٨, 14. *Mor.* 216 ثلاثين probabiliter e ثمانين corruptum. Numerus P hinc jam verus esse nequit, quod Obaidallah contra Poenitentes praemisit Hoçain ibn Nomair cum 12,000 militibus (Tab. ٥٥٨, 8). *g*) Codd. وبلغه. *h*) P om. *i*) P ساروا. *k*) P وغيرهم من راسا. *l*) P وفاته. *m*) L وهو ابن. *n*) L c. ف. *o*) P طويلا. IA IV, ١٥٩ قصيرا.

الامور بغير رهبة ويمضى التدبير على غير رويّة، *وكتب لـه *a* ابو الزُعَيْزِعَة *b* مولاه وابن سَرْجون النصرانىّ وسليمان بن سعيد الخُشَنىّ وعبيد *c* بن اوس الغسّانىّ وكان نقش خاتمه العزّة لله *وقيل آمنت بالله وقيل آمنت بالله العزيز الحكيم *d* وقيل آمنت بالعزيز الحكيم، وقاضيه ابو ادريس الخولانىّ وحاجبه ابو سهيل *e* الاسود مولاه وقيل ابو المنهال مولاه ۞

ذكر ايّام عبد الملك بن مروان

وبويع عبد الملك بن مروان ويكنى ابا الوليد وامّه عائشة ابنة معاوية بن المغيرة بن ابى العاص بن اميّة فى رجب سنة ٦٥ والحجاز والعراق وفارس وخراسان وما يلى ذلك من البلاد بيد ابن الزبير وغلب المختار بن ابى عُبيد *f* بن مسعود الثقفىّ على الكوفة واظهر الدعاء الى ابن الحنفيّة وتجرّد لقتلة الحسين فاباد منهم خلقا كثيرا f.171 v.
وصار *g* عبيد الله بن زياد الى الموصل وسيّر المختار ابراهيم بن الاشتر *h* مالك بن الحارث *i* النخعىّ للقائه *k* فى اثنى عشر الفا فالتقوا بالزاب *l* من ارض الموصل فاقتتلوا قتالا شديدا فقُتل عبيد الله بن زياد والحصين بن نمير السكونىّ *k* وشرحبيل بن ذى الكلاع الحميرىّ *فى خلق عظيم *m* من اهل الشأم وذلك يوم عاشوراء *n* سنة ٦٧ وفى قتل عبيد الله يقول ابن مفرّغ *o* الحميرىّ

ان الّذى عاش خَتّارًا *p* بذمّته ومات عَبْدًا قتيلَ الله بالزاب

ولم يزل المختار *q* مقيما بالكوفة الى ان سار اليه مصعب بن الزبير فى

---

a) P وكان كاتبه. *b*) P الزغيبرغه, L الدعوعه, infra الزغبرغه; vid. Tab. ٧٩١, 16, ٨٣٧, 15 et TA sub زعزع. *c*) L وعبد الله. *d*) L om. *e*) L سهل. *f*) P عبيدة. *g*) P وسار. *h*) P ins. بن. *i*) L حارث. *k*) P om. *l*) P بالابواب. Cf. vers. l. 19 et Ibn Kot. ١٧٧, 5, Jâc. II, ٣٨٨, 13. *m*) P وخلق كثير. *n*) L ins. فى. *o*) L مفرج. Cf. *Agh.* XVII, ٦٨, 6. *p*) B حسارا aut حستارا, L حتى راى ندمته. *q*) P s. art.

اهل البصرة ومعه المهلَّب بن ابى *صفرة الازدىّ ثم العَتِيكىّ وغيره من الرؤساء a فهزمه وحصره فى قصر الامارة b بالكوفة الى ان خرج مستميتا فى نفر من اصحابه فجالد c حتى قُتل وذلك للنصف d من شهر e رمضان من هذه السنة وهى سنة ٦٧ ونزل من بقى من اصحاب المختار وهم نحو من ستّة آلاف *على حكم مصعب e فقتلهم جميعا وكانوا يسمّون الخَشَبيّة f ۞

قال المسعودى وسار عبد الملك الى العراق فالتقى *مع مصعب g *بن الزبير بمَسْكِن من ارض العراق فقُتل مصعب h فى جمادى الاولى i سنة ٧٢ وفى ذلك يقول عبيد k الله بن قيس الرُّقَيّات وكان h من شيعة آل الزبير l

اِنَّ الرَّزِيَّةَ يَوْمَ مَسْكِنَ والْمُصِيبَةَ والفَجِيعَهْ
بابْنِ الحَوَارِىِّ الَّذِى لم يَعْدُه يَوْمُ الوَقِيعَهْ
غَدَرَتْ m بِهِ مُضَرُ العِرَاقِ وأَمْكَنَتْ مِنْهُ رَبِيعَهْ f. 172 r.

ووجّه بالحجّاج بن يوسف بن الحكم بن ابى e عَقيل بن مسعود بن عامر بن معتّب بن مالك بن كعب *بن عمرو n بن سعد بن عوف ابن ثقيف *واسم ثقيف h قَسِىّ o بن منبّه بن بكر بن هوازن *بن منصور p بن عكرمة بن خَصَفة q بن قيس بن عيلان بن مضر فى عساكره الى عبد الله بن الزبير بن العوّام فحصره بمكّة ثم بالمسجد r الحرام وقُتل به يوم الثلاثاء لسبع عشرة ليلة خلت من جمادى

---

a) L الراسا من وغيرهم العقيلى ثم والازد وصفر الازد; L الكنعى pro العتيكى. b) P الامامة. c) P فى الد. d) P فى النصف. e) P om. f) L الحسينية; cf. autem ʿIkd I, ٣١٩ et Ibn Badrûn ١٨٧, l. l. a H. D. v. Gelder, *Moḫtar de valsche profeet*, p. 72. Fortasse semet ipsos Hosainitas appellabant, dum ab aliis Khaschabitae nuncupabantur. g) L مصعب. h) L om. i) L ins. فى. k) Codd. عبد. Pro الرقيات P الرقيانى. l) Ibn Khord. v, Jâc. IV, ٥٣٠. m) P عذرت, L عدت. n) L بن مرة, P om. o) L s. p., P قصى. p) Addidi. q) Codd. حفصة. r) P s. art.

الاولى سنة ٧٣ *ولـه ثلاث وسبعون a سنة وامر بـه الحجّاج فصُلب وامّه اسماء ابنة ابى بكر ذات النطاقين اخت عائشة لامّها وابيها b وهى a يومئذ باقية قد c بلغت من السنّ مائة سنة لم يقع لها سنّ ولا ابيضّ لها شعر ولا أُنْكِرَ d لها عقل غير انها ذاهبة البصر وكانت مدّة ايّامه وفتنته مذ مات معاوية بن يزيد بن معاوية بن ابى سفيان الى ان قُتل ثمانى سنين وتسعة اشهر ❁

ومما e كان فى ايّام عبد الملك *بن مروان b من الحوادث العظيمة والانباء الجليلة فى الملك خلع عبد الرحمان *بن محمّد a بن الاشعث ابن قيس بن معدى كرب الكندىّ فى a سنة ٨١ وكان الحجّاج وجّهه فى جيش كثيف حسن f العدّة وكان يسمّى جيش الطواويس الى سجستان لغزو رُتبيل ملك زابلستان ففتح كثيرا من بلادهم وكتب اليه f.172 v. الحجّاج يستعجزه ويغلظ له فدعا من معه من روُساء اهل b العراق الى خلع الحجّاج فاجابوه الى ذلك لبغضهم الحجّاج وخوفهم سطوته فخلعوه g وسار عبد الرحمان راجعا لاخراج الحجّاج من العراق ومسألة h عبد الملك ابدالهم به فلمّا عظمت جموعه ولحق به كثير من اهل العراق *وروُسائهم وقُرّائهم i ونسّاكهم عند قربه منها k خلع عبد الملك وذلك باصطخر فارس وخلعه الناس جميعا وسمّى نفسه ناصر المؤمنين l وذكر انه القَحْطانىُّ الذى ينتظره m اليمانية وانه يعيد الملك فيها فقيل *له ان n القحطانىّ على ثلاثة احرف فقال اسمى عبد واما الرحمن فليس من اسمى وسار o الحجّاج للقائه حتى لقيه *دون تُسْتَر p من كور الاهواز بسبعة فراسخ فهُزم اصحاب الحجّاج وقُتل منهم نحو من

a) L om. b) P om. c) L وقد. d) P نكر. e) L وما. f) P من. g) P فجعلوه. h) L وسل. i) P وراسايهم وقرابتهم. Fere semper راسا pro روُساء habet. k) L منهم. l) L الدين. m) P ينتظروه. n) P انه. o) P واما. L add. الى. p) L تقسم et على تسع pro بسبعة.

ثمانية آلاف وسار a الحجّاج الى البصرة فنزل الزاوية b وسار ابن الاشعث حتى نزل الخُرَيبة وذلك فى سنة ٨٣ c فاقاموا يقتتلون نحوا من شهرين ثم خرج ابن الاشعث الى الكوفة ليلا ليتغلّب d عليها فى نفر يسير واصبح اصحابه e فبايعوا عبد الرحمان بن عبّاس f بن ربيعة بن الحارث بن عبد المطّلب فلقيهم g الحجّاج فهزمهم ولحقوا بابن الاشعث فخرج ابن الاشعث من الكوفة حتى نزل دير الجماجم وسار الحجّاج h حتى نزل دير قُرّة وكان كتب الى عبد الملك يستمدّه فامدّه بابنه f.173r عبد الله بن عبد الملك واخيه محمّد بن مروان فاقتتلوا بدير الجماجم نحوا من اربعة اشهر فكانت g الوقائع بينهم فيما قيل نحوا من ثمانين وقعة وابن الاشعث فى نحو من ثمانين الفا وقيل اكثر من ذلك والحجّاج فى دون جمعه ولم يكن بعد وقائع صفّين اعظم من هذه الحروب ولا اهول من هذه الزحوف ثم انهزم ابن الاشعث واهل العراق وقُتل منهم جمع كثير وسار ابن الاشعث الى البصرة وتبعه الحجّاج فخرج عنها فكان التقاؤهم بمَسْكِن من ارض i العراق فهُزم اهل العراق وقُتلوا قتلا ذريعا ومضى ابن الاشعث فيمن تبعه حتى صار k الى سجستان * وكاتب رتبيل وسار l اليه فوجّه الحجّاج بجيش كثيف الى سجستان m وكتب الى رتبيل بتسليم ابن الاشعث * فيمن تبعه h ورغّبه ان فعل ذلك فى مال جزيل ورفع الاتاوة عنه ويخوّفه ان ابى ذلك بقصده وتسريبة n الجيوش اليه فغدر به رتبيل o وسلّمه الى صاحب الحجّاج فسار به يريده فالقى ابن الاشعث نفسه من فوق قصر من

---

a) L وصار. *b*) P الزوايه; vid. Tab. ١٠٩١, 13. *c*) Codd. ثلاث وسبعين. Revera fuit anno 82. *d*) L يغلب. *e*) Nempe اهل البصرة; vid. Tab. ١٠٦٦, 11. *f*) P عياش; cf. Tab. l. l. ann. *h*. *g*) L c. و. *h*) P om. *i*) Codd. اهل. *k*) P سار. *l*) Cod. وسارت. *m*) L om. *n*) L s. p., P وتسريب. *o*) P h. l. زنبيل (cf. ann. ad vers. Ibn Khord. p. 29), sed auctoritas hujus codicis in talibus fere nulla est.

قصور الرُّخَّج فاتى فاخذ رأسه وصيّره a به الى الحجّاج وذلك فى سنة ٨٤ فوجّه به الحجّاج الى عبد الملك فوجّه به عبد الملك الى اخيه عبد العزيز بمصر وفى ذلك يقول الشاعر b

يا بُعْدَ مَصْرَعِ جُثَّةٍ من رَأْسِها رأْسٌ بِمِصْرَ وجُثَّةٌ بالرُّخَّجِ
قَتَلُوهُ بَغْيًا ثُمَّ قالوا بايِعوا وجَرَى البَرِيدُ برأسِ أَرْوَعَ أَبْلَجِ f.173 v.

وتوفّى عبد الملك بدمشق لعشر c خلون من d شوّال سنة ٨٦ ودُفن بها وله اثنتان وستّون سنة وقيل اكثر من ذلك فكانت e ايّامه احدى وعشرين سنة وشهرين وعشرة ايّام وكان اسمر مربوعا طويل اللحية يباشر الامور بنفسه متيقّظا فى سلطانه حازما فى رايه لا يكل الامور فى اعدائه واهل حربه الى غيره *حتى يباشرها f بنفسه يركب الخطأ فى كثير من اموره g فتغرّه السلامة، *وكتب له h قبيصة بن ذُؤَيب الخزاعىّ وابو الزُّعَيْزِعَة وعمرو بن الحارث مولى بنى عامر بن لؤىّ وسرجون بن منصور i الرومىّ *وكان نقش خاتمه آمنت به مخلصًا، وعلى قضائه ابو ادريس الخولانىّ وعبد الله بن قيس بن عبد مناف k، وحاجبه يوسف مولاه وقد حجبه ابو الزعيزعة، وفى ايّامه كانت وفاة عبد الله ابن العبّاس بن عبد المطّلب بالطائف ذاهبَ البصر سنة ٦٨ وله احدى وسبعون سنة وكان مولده قبل الهجرة بثلاث سنين وصلّى عليه محمّد بن الحنفيّة *ابو القاسم محمّد بن علىّ بن ابى طالب l وتوفّى محمّد k بن الحنفيّة بالمدينة m فى المحرّم سنة ٨١ وله خمس

a) P وسار; Tab. ١١٣٥, 18 وارسل. b) L شاعرهم. Vid. Tab. ١١٣٦, 1 et Ibn Khord. ٢٠, 1, ubi male tribuitur Abdalmaliko. c) Ita quoque Eutychius II, 373. Tab. ١١٧٢, 12 et Jakûbî II, ٣٣٥ ult. habent للنصف die Jovis, *Kitâb al-Oyûn* p. ٢ idem die Veneris, quod praestat sec. Tab. chronol. Wüstenf. *Mor.* 210 لاربع عشرة مضت. P post شوال ins. لست خلون من شوال وقيل لعشر. d) P ins. شهر. e) P c. و. f) P ويباشرها. g) P الامور. h) P وكاتبه. i) P مروان. k) P om. l) L om. m) L فى المدينة.

وستّون سنة وصلّى عليه أبان بن عثمان وهو يومئذ والى المدينة لعبد f.174 r. الملك وللكَيْسانيّة *a* من الشيعة فيه خطوب كثيرة *طويلة ودعاوى كثيرة *b* ✿

ذكر ايّام الوليد بن عبد الملك

وبويع الوليد بن عبد الملك بن مروان ويكنى ابا العبّاس وامّه ولّادة ابنة العبّاس بن جَزْء *c* بن الحارث العبسىّ بدمشق فى اليوم الذى توفّى فيه عبد الملك وتوفّى *d* بها للنصف من جمادى الآخرة سنة ٩٦ وهو ابن ثلاث واربعين سنة *b* ودفن بها وكانت مدّته تسع سنين وثمانية اشهر وخمسة ايّام وكان طويلا اسمر افطس به اثر *b* جدرىّ بمقدم لحيته شيب لم يغيّره وكان لاحّانة شديد السطوة لا يتوقّف *e* عند الغضب ولا ينظر فى عاقبة ولا يكلّم *f* عند سطوته تهون عليه الدماء، *وكتب له *g* عبد الله بن هلال الثقفىّ وصالح بن عبد الرحمان مولى بنى مرّة بن عُبيد والقعقاع بن *خُليد العبسىّ *h* وسليمان ابن سعيد الخُشَنىّ وكان نقش خاتمه يا وليد انك ميّت، وقاضيه ابو بكر *محمّد بن حزم *b* وحاجبه يزيد مولاه ✿

قال المسعودى وكانت وفاة الحجّاج بن يوسف بن ابى *i* عَقيل عامله وعامل ابيه على العراق بواسط العراق فى شهر رمضان سنة ٩٥ قبل وفاة الوليد بتسعة اشهر وكانت ولايته العراق عشرين سنة وترك فى بيت المال *k* مائة *i* الف الف وبضعة عشر الف الف درهم وتولّى *l* f.174 v. العراق وخراجها مائة الف الف درهم فلم *يزل بعَتَنته وسوء *m* سياسته حتى صار خراجها خمسة وعشرين الف الف درهم، ونظرت هند ابنة *n*

a) Codd. والكيسانية. *b*) P om. *c*) L حرى. *d*) L s. و. *e*) L addit دكمب. *f*) P يكون. *g*) P وكاتبه. *h*) L خالد العنسى. Cf. Tab. ٨٣٧, 18 ubi خالد et خليد juxta memorantur. *i*) L om. *k*) P ماله له. *l*) L وولى. *m*) P تنزل لعنته وسو, L تنزل دعمقه بسو. *n*) L بنت.

أَسْماء بن خارجة الفزارىّ الى لحجّاج مسجّى *a* وكانت امرأته فطلّقها فقالت

أَلا يا*b* أيُّها الجَسَدُ المُسَجَّى *c* لَقَدْ قَرَّتْ بِمَصْرَعِكَ*d* العُيُونُ
وكُنْتَ قَرِينَ شَيْطانٍ رَجِيمٍ فلمّا مِتَّ سَلَّمَكَ القَرِينُ

وكان عدّة من قتله لحجّاج صبرا سوى من قتل فى زحوفه وحروبه مائة الف وعشرين الفا منهم سعيد بن جُبير صاحب عبد الله بن *العبّاس ويكنى ابا*e* عبد الله مولى لبنى والبة*f* بن لحارث بن ثعلبة ابن دُودان بن أَسَد بن خُزيمة وكان اسود قتله*g* فى سنة ٩٤ لخروجه مع عبد الرحمان بن محمّد بن الاشعث وكُمَيل*h* بن زياد النَّخعىّ من بنى صُهْبان*i* صاحب علىّ بن ابى طالب، وتوفّى وفى محبسه خمسون*k* الف رجل وثلاثون الف امرأة وكان حبسه حائرا*l* لا شىء فيه *يكنّهم فيه*m* من حرّ ولا برد ويُسْقون الماء مشوبا بالرماد ۞

ذكر ايّام سليمان بن عبد الملك

وبويع سليمان بن عبد الملك بن مروان ويكنى ابا ايّوب فى اليوم الذى *توفّى فيه اخوه الوليد*n* وامّه ولّادة امّ اخيه الوليد وهلك وهو معسكر بمرج دابق من اعمال قنّسرين *مُمِدًّا لاخيه*o* مَسْلَمة وهو f.175 r. على حصار القسطنطينيّة يوم الجمعة لعشر ليال بقين*p* من صفر سنة ٩٩ وله تسع وثلاثون سنة وكانت ولايته سنتين وثمانية اشهر وخمس ليال وكان طويلا ابيض جميلا قضيفا جعد الشعر لم يشب*q* فصيح

---

a) P تمسحا cum duobus punctis supra س, L مسحا. *b*) P om. *c*) P المتجسّى, L المسخى. *d*) L لمصرعك. *e*) P عباس ويسمى ابى. Cf. Ibn Kot. ٢٢٠. *f*) L والبه. *g*) P وقتله. *h*) L om. *i*) L صهدان. *k*) P سبعون; cf. *Mor.* 382 et *Fragm. Hist.* ١٠٠. *l*) P جايرا; cf. *Mor.* l. l. *m*) L يكفهم. *n*) L كانت فيه وفاة الوليد اخيه. *o*) L الى اخيه. *p*) Ita quoque *Mor.* 397; Tab. ١٣٣٦, 11 مضين, 18 خلون, minus recte. *q*) P يشيب, L ىىسب. Pro فصيح اللسان L لسنا; *Fragm.* ٣٤, 2 فصيحا لسنا.

اللسان كثير الادب ليّن الجانب شديد العجب بشبابه *a* وجماله اكولا نهما *b* نكّاحا لا يعجل الى سفك الدماء ولا يستنكف *c* عن مشورة النصحاء فيه حسد شديد، *وكتب له *d* عبد العزيز بن الحارث ابن الحكم بن ابى العاص وسليمان بن نُعَيم الحميرىّ وابن بطريق النصرانىّ وكان نقش خاتمه آمنت بالله، وعلى قضائه محمّد بن حَزْم *e* وحاجبه *ابو عبيدة *f* مولاه وقيل مسلم مولاه ✿

ذكر خلافة عمر بن عبد العزيز رحمه *b*

وبويع عمر بن عبد العزيز بن مروان بن الحكم ويكنى ابا حفص وامّه *امُّ عاصم ابنة *g* عاصم بن عمر بن الخطّاب فى اليوم الذى توفّى فيه سليمان فوجّه الى مسلمة فاقفله *h* عن حصار القسطنطينيّة وقد ذكرنا مدّة ما اقام عليها محاصرا *لها فيما سلف *i* من هذا الكتاب فى اخبار ملوك الروم بعد ظهور الاسلام فى ملك تيدوس *k* المعروف
f 175 v. بالارمنىّ، وتوفّى عمر بدير سمعان من اعمال حمص مما يلى قنّسرين مسموما فيما قيل من قبل اهله يوم الجمعة لعشرا *l* بقين من رجب سنة ١٠١ وله تسع وثلاثون سنة وكانت خلافته سنتين وخمسة اشهر *وخمسة ايّام *b* وكان اسمر حسن الوجه نحيف الجسم *حسن اللحية *b* غائر العينين بوجهه اثر من نفح دابّة رمحته فى صباه قد *i* وخطه الشيب ومات ولم يخضب وكان فاضلا يؤْثر الدين على الدنيا ويعمل عمل *i* من يخاف يومه ويرجو غده *ويقرُّ بتديّنه لما *m* يجرى اهله

a) L لشبابه. *b*) P om. *c*) L يستكف. *d*) P وكان كاتبه. *e*) L جرم, supra s. p. *f*) P عبيد, L om.; vid. *Fragm.* ٣٦, 2 et Eutychius II, 378 et cf. ʿ*Ikd* II, ٣٣٢ ابو عبيدة الاسود. *g*) L tantum بنت. *h*) L فانقله. *i*) L om. *k*) P تيدرس, L بندريس; cf. supra p. ١٦٥, ann. *n* *l*) Ita quoque Ibn Saʿd apud Tab. ١٣٦١, 9, sed sine additamento يوم الجمعة, quod si rectum est, cum *Mor.* 416 et Tab. l. l. 6 et 11 legendum est لخمس aut etiam accuratius cum *Fragm.* ٩٣, 3 et Jakûbîo II, ٣٦٩, 4 a f. نسنت. *m*) P ويمر بدينه لبثا. L ودعر et يحرى. Non certus sum me recte edidisse.

عليه، وكان كاتبه نبيث بن ابى *a* رُقَيَّة ونقش خاتمه لكلّ عمل ثواب وقيل عمر يؤمن بالله مخلصًا، *وعلى قضائه *c* عبد الله بن سَعْد *d* الأَيْلىّ وحاجبه مزاحم مولاه وقيل حسين *e* ✿

ذكر ايّام يزيد بن عبد الملك

وبويع يزيد بن عبد الملك بن مروان ويكنى ابا خالد وامّه عاتكة ابنة يزيد بن معاوية فى اليوم الذى توفّى فيه عمر وتوفّى بارض البلقاء من اعمال *f* دمشق يوم الجمعة لخمس ليال بقين من شعبان سنة ١٠٥ وهو ابن تسع وثلاثين سنة فكانت *g* ايّامه اربع سنين وشهرا وكان طويلا جسيما ابيض *مدوّر الوجه *a* لم يشب *h* فتىّ الشباب شديد الفخر *i* ظاهر الكبر يحبّ اللهو ويستعمل *k* الحجّاب لا يعرف f.176 r.
صوابا *l* فيأتيه ولا خطاء فيدعه، *وكتب له *m* أُسامة بن زيد *n* السّليحىّ وزيد *o* بن عبد الله وكان نقش خاتمه قِنى الحساب وحاجبه سعيد مولاه وقيل خالد ✿

وكان *p* فى *a* ايّامه من الكوائن العظيمة فى الملك خلع يزيد ابن المهلّب *q* بن ابى صُفْرة ايّاه واسم ابى صفرة ظالم بن سرّاق بن صُبْح *r* بن كِنْدىّ بن عمرو بن عدىّ بن وائل بن الحارث بن العَتيك *s* بن الاسد بن عمران بن عمرو مُزَيْقياء بن عامر ماء السماء بن حارثة الغِطْرِيف بن *ثعلبة بن *a* *امرئ القيس بن ثعلبة بن *t* مازن بن الازد واسمه دَرّاء *u* بن الغوث بن نَبْت *بن مالك *v* بن زيد بن كهلان بن سبا وكان يزيد فى سجن عمر بن عبد العزيز

---

a) P om. *b*) L s. p. *c*) P وقاضيه. *d*) Sic codd. (P c. voc.); *Fragm.* ٦٤, 6 سعيد et الابلى; cf. *Moschtabih* ٤, 6 et corr. Jâcût III, ٤٠٨, 6. *e*) Cf. *Fragm.* l. l. et ann. *b*. *f*) P اعالى. *g*) P c. و. *h*) L يشيب. *i*) P التفاخر. *k*) P ويستعجل. *l*) P الصواب. *m*) P وكان كاتبه. *n*) Tab. ٨٣٨, 14 male يزيد; cf. *Fragm.* ٨١, 5 et ann. *a*, ʿ*Ikd* II, ٣٣٦. Pro السليحى L السليمى. *o*) Tab. l. 13 ويزيد. *p*) P وكانت. *q*) P المسيب. *r*) Codd. صبيح (L s. p.). Vid. Wüstenf. Tab. **11**. *s*) L s. art. *t*) Addidi. *u*) P داود, L داره; cf. Wüstenf., *Reg.* 99. *v*) Bis in L.

يطالبه بالاموال الّتى كان يزيد كتب بها *a* الى سليمان بن عبد الملك انها صارت اليه عند فتحه جرجان وطبرستان فلمّا مات عمر وذلك فى رجب سنة ١٠١ هرب يزيد من السجن وصار الى البصرة وعليها عدىُّ بن أَرْطاة الفزارىُّ *وكان قد *b* سجن عدّة اخوة ليزيد حين بلغه مسيره اليه فسامه يزيد تخليتهم فأبى واجتمع الى يزيد جمع عظيم وبذل الاموال فكثر تبعه وسار الى عدىّ فقبض عليه وسجنه f.176 v. وغلب على البصرة والاهواز وفارس وكرمان وخلع يزيد بن عبد الملك فندب يزيد للقائه اخاه مسلمة بن عبد الملك وابن اخيه العبّاس بن الوليد بن عبد الملك فى جيوش كثيفة وخرج يزيد *c* بن المهلّب عن البصرة فى جموع *كثيفة عظيمة *a* فالتقوا بالعَقْر من ارض بابل فاقتتلوا قتالا شديدا فقُتل يزيد وعدّة من اخوته *d* فى جمع من اهل العراق وانهزم الباقون وذلك فى سنة ١٠٢ وقيل ان الذى تولّى قتل يزيد القَحْل بن عيّاش *e* بن حسّان بن سُمير بن شراحيل *f* بن عَرين *g* ابن ابى جابر بن زُهير بن جَنَاب *h* وفى ذلك يقول المسيّب بن الرَّفل *i* الكلبىُّ مفتخرا *a*

قَتَلْنا يَزِيدَ بنَ المُهَلَّبِ بَعْدَ ما   تَمَنَّيْتُمُ أَنْ يَغْلِبَ الحَقَّ باطِلُهْ
فما كان *من أَهْلِ العِراقِ *k* مُنافِقٌ   عنِ الدِّينِ الّا من قُضاعَةَ قاتِلُهْ *l*

وقال رُقَيع *بن ازير *m* الأَسَدىُّ *فى مقتله مخاطبا *n* يزيد بن عبد الملك بن مروان *c*

إِلَيْكَ أَمِيرَ المُؤْمِنِينَ مَسِيرُنا   على *o* المُقْرَباتِ والمُحَذَّفةِ البُتْرِ

---

a) L om. *b*) L وقد. *c*) P om. *d*) L اخوانه. *e*) Codd. عباس. Nomen avi aliunde illustrare nequeo, ceterum vid. *Agh.* XXI, ١٠٤, 6. *f*) Wüstenfeld *Tab.* 2, 31 شرحبيل. *g*) P عون, L عوف. *h*) P حساب, L حاب. *i*) Voc. in L; P القرفل; *Agh.* s. art. *k*) *Agh.* منكم فى; P فى pro من. *l*) L قابله. *m*) P om., L tantum habet بن. Supplevi ex *Hamâsa* Bohtorii MS. p. 355. *n*) Cod. مخاطب. *o*) L عن.

نُزِيدُ a أَمِيرَ الْمُؤْمِنِينَ بِأَرْضِهِ رُؤُوسًا جَنَاهَا بَيْنَ بَابِلَ وَالعَقْرِ
وَلَاقَى b يَزِيدُ بْنُ الْمُهَلَّبِ بَاكِرًا مِنَ الْمَوْتِ سَاقَتْهُ الْحُتُوفُ c وَمَا يَدْرِي

وركب من d بقى من آل المهلّب واتباعهم السفن حتى صاروا e الى قَنْدَابِيل من ارض السند فوجّه مسلمة هِلالَ بن أَحْوَزَ المازنيّ f f.177 r. لاتّباعهم فلحقهم بها فقتل منهم جمعا g واسر الباقين، فكان h المهلّب عند وفاته استخلف يزيد *بن المهلّب i على عمله k وامر سائر اخوته بالسمع والطاعة له i وكانت وفاة المهلّب بمرو الروذ من ارض خراسان فى ذى الحجّة سنة ٨٢ وهو على امرتها يومئذ i وفيه يقول نَهار بن تَوْسِعَةَ التميميّ l

أَلَا ذَهَبَ الْعِزُّ الْمُقَرِّبُ لِلتُّقَى وَمَاتَ النَّدَى وَالْجُودُ بَعْدَ الْمُهَلَّبِ
اقاما بِمَرْوِ الرُّوذِ *رَهْنَيْ ضَرِيحِهِ m فَقَدْ غُيِّبَا عَنْ كُلِّ شَرْقٍ وَمَغْرِبِ ☆

ذكر ايّام هشام بن عبد الملك

وبويع هشام بن عبد الملك بن مروان ويكنى ابا الوليد وامّه امّ هشام بنت هشام بن اسماعيل بن هشام بن الوليد بن المغيرة المخزوميّ فى اليوم الذى توفّى فيه يزيد وتوفّى بالرصافة من ارض قنّسرين مما يلى البرّ يوم الاربعاء لستّ ليال خلون من شهر ربيع الآخر سنة ١٢٥ وله ثلاث وخمسون سنة وكانت ولايته تسع عشرة سنة وسبعة اشهر واحدى عشرة ليلة وكان ابيض الى الصفرة *ما هو n احول شديد انقلاب العين يخضب لحيته o بالسواد ربعة p من الرجال حسن البدن خشن q الجانب شكس الاخلاق دقيق النظر f.177 v. جامعا للاموال قليل *البذل للنوال r متيقّظا فى سلطانه سائسًا s لرعيّته

---

a) L s. p., P تزين. b) P ولاقى. c) L لحموف, P البيه. d) L فيمن. e) P ساروا. f) Cf. Tab. ١٤١٣, 16. g) P جمع. h) P c. و. i) P om. k) L خراسان. l) Tab. ١٠٨٣, ubi vid. var. l. m) Codd. (L ضريحه) وفى ضريحة. n) P om., L انما هو. o) L om. p) P ربع القامة. Cf. *Fragm.* ١٠٧. q) P om., L s. p. Cf. *Mor.* 466. r) P بذل النوال. s) P سياسيا.

مباشرا للامور بنفسه لا يغيب عنه *a* شئ من امر *مملكته، وكتب له *b* محمّد بن عبد الله بن حارثة الانصاریّ وأُسامة بن زيد السّليحیّ وسالم مولى سعيد بن عبد الملك وكان نقش خاتمه للحكم للحكيم، وعلى قضائه محمّد بن صَفْوان الجُمحیّ ونُمير بن اوس الاشعریّ *c* وحاجبه غالب مولاه ❁

وفى السنة السابعة عشر من ولايته وهى سنة ١٢٢ كان ظهور زيد بن علىّ بن الحسين *بن علىّ بن ابى طالب *c* بالكوفة فى نفر يسير وعليها يوسف بن عمر الثقفیّ وقد كان بايعه *d* خلق كثير ثمّ قعدوا عنه ولم يفوا له فلقيه يوسف بن عمر فى جموع عظيمة فقاتلهم *e* زيد قتالا شديدا *f* الى ان قُتل *ومن معه *c* فى صفر من هذه السنة وصُلب بالكُناسة *g* ❁

ذكر ايّام *c* الوليد بن يزيد بن عبد الملك

وبويع الوليد بن يزيد بن عبد الملك ويكنى ابا العبّاس وامّه امّ الحجّاج ابنة محمّد بن يوسف بن الحكم بن ابى عَقيل الثقفیّ فى الوقت الذى هلك فيه هشام فقدّم نزارا *واستبطنها وجفا *h* اليمن واطّرحها *i* واستخفّ باشرافها وعهد الى خالد القسریّ وهو خالد بن عبد الله *بن يزيد بن أَسَد بن كُرْز بن عامر بن عبد الله *k* بن عبد شمس بن غَمْغَمَة *بن جرير *l* *بن شِقّ *k* الكاهن بن صَعْب ابن يَشْكُر بن *رُهْم بن أَفْرَك *m* *بن افصى *l* بن نَذير *n* بن قَسْر بن عَبْقَر بن أَنْمار وكان رئيس اليمانية فى وقته المنظور اليه منهم وكان f.178 r على العراق وما يليه من الاهواز وفارس والجبال واخوه اسد بن عبد الله على خراسان فدفعه الى يوسف بن عمر الثقفیّ عامله على العراق

---

a) P عليه. *b*) P ملكه وكاتبه. *c*) P om. *d*) P تابعه. *e*) P c. و. *f*) P كثيرا. *g*) Codd. بالكنايس. *h*) L واستبنطها وجفى. *i*) P واطرفها. *k*) L om. *l*) Addidi. *m*) L دهم بن ابرك. *n*) L يزيد.

فحمله الى الكوفة وعذبه حتى قتله وقال *a* الوليد عند ذلك يوبّخ اليمن ويقرّعها *b* ويذكر خالدا ويفتخر بنزار فى قصيدة له *c* طويلة اوّلها *d*

أَلَمْ تَهْتَجْ فَتَذَّكِرَ الوِصالَا وَحَبْلًا كانَ مُتَّصِلًا فَزالا

وقال

*شَدَدْنا مُلْكَنا *e* بِبَنى نِزارٍ وَقَوَّمْنا بِهِمْ مَنْ كانَ مالا
وهٰذا خالِدٌ فينا أَسيرًا أَلَا *f* مَنَعُوهُ اِنْ كانوا رِجالا
عَميدُهُمْ وَسَيِّدُهُمْ قَديمًا جَعَلْنا المُخْزِياتِ *g* له ظِلالا

وتتابعت من الوليد فعال *h* انكرها الناس عليه فدبّ يزيد *بن الوليد *i* فى الدعاء الى خلعه فاجابته اليمن بأَسْرها وعاضدوه ووثبوا معه على *k* عامل الوليد بدمشق فاجابوه *l* وبايعوا يزيد ثم ساروا الى الوليد وهو فى الحصن المعروف بالبَخْراء مما يلى البرّ بين حمص ودمشق *m* فقتلوه وذلك *n* يوم الخميس لليلتين بقيتا من جمادى الآخرة سنة ١٢٦ وله اثنان واربعون سنة فاخذوا *o* ابنيه وليّيْ *p* عهده الحكم وعثمان f.178 v. فقُتلا بعد ذلك بدمشق *i* مع *يوسف بن عمر *q* الثقفىّ فقال *r* الأَصْبغ ابن ذُؤالة *s* الكلبىّ فى ذلك

مَنْ مُبْلِغٌ *قَيْسًا وخِنْدِفَ *t* كُلَّها وساداتِها *u* من عبدِ شَمْسٍ وهاشِمِ
قَتَلْنا أَميرَ المُؤمِنينَ بِخالِدٍ وبِعْنا وَلِيَّيْ *v* عَهْدِهِ بالدَراهِمِ

وقال خَلَف *w* بن خَليفة البَجَليّ

a) P وكان. *b*) P ويقرعهم. *c*) L om. *d*) Tab. ١٧٨١, Dinawarî ٣٤٨. *e*) P تشدد يا ملكنا, L شدد لملكنا. *f*) P لا. *g*) P المخزنات. *h*) P افعال. *i*) P om. *k*) P الى. *l*) P فعاملوه. Deinde L وتادعوا. *m*) L وبين دمشق. *n*) P وبين ذلك, L om. L deinde يوم الجمعة cum الخميس superinscr. Cf. Tab. ١٨١٠, 6. P بقين pro بقيتا. *o*) P c. و. *p*) P وولبيى. *q*) P عمر بن يوسف. *r*) P قال. *s*) P دَراكة. *t*) P قيس وخدفة. *u*) P om., *Agh.* VI, ١٤٠, 6 وساداتهم. L in fine بن هاشم. *v*) P ولى. *w*) Codd. خالد. Vid. Tab. ١٨٢٣ seq.

تَرَكْنا أَميرَ المُؤْمنينَ بخالدٍ   مُكبًّا على خَيْشومِهِ غيرَ ساجدِ
وانْ *a* سافرَ القَسْرِيُّ سَفْرَةَ هالكٍ   فانَّ ابا العبّاسِ ليس بعائدِ
أَقِرِّي مَعَدٌّ *b* بالهَوانِ فانّنا   قَتَلْنا أَميرَ المُؤْمِنِينَ بخالدِ ☆

ذكر ايّام مروان بن محمّد

وبويع مروان بن محمّد بن مروان بن الحكم ويكنى ابا عبد الله وابا عبد الملك وامّه امّ ولد يقال لها زبادة *c* كانت لابراهيم بن الاشتر النخعىّ فصارت *d* الى محمّد بن مروان يوم قُتل ابراهيم وابراهيم على مقدّمة *e* مصعب بن الزبير ومحمّد على مقدّمة اخيه عبد الملك بن مروان *وقيل انها *f* كانت حاملا من ابراهيم فجاءت بمروان على فراش محمّد بن مروان وكانت بنو اميّة تكره ان تُولّى الخلافة *ابناء امّهات الاولاد *g* لانها كانت ترى ان ذهاب ملكها *h* على يدى *i* ابن امة فكان *k* ذلك مروان *بن محمّد *l*، وكانت البيعة له يوم الاثنين لاربع f 179 r.
عشرة ليلة خلت من صفر سنة ١٢٧ ونزل حَرّان من ارض الجزيرة وكان جميع من ملك قبله من بنى اميّة ينزلون دمشق *m* ومنهم من كان يتبدّى وكانت ايّامه كلّها فتنا وحروبا *ولم تصف له الامور وخالفه *n* اهل حمص *l* وخلعوا *o* طاعته فحصرهم وحاربهم دفعة بعد اخرى *p* وخلعه اهل مصر الى ان سيّر اليهم الجنود فعادوا الى طاعته وخالفه بنو هشام

---

a) Codd. فان. Deinde P سفرة pro سافر. *b*) L معدًّا. *c*) Nomen incertum est. L زبادة, P ربا ءا, Eutychius II, 393 ازبا (vers. Arina), *Fragm.* ١٥٥, 1 لبابة, *Mor.* VI, 47 ريّا aut طروبة. In *'Ikd* II, ٣٤٨, 7 a f. dominus ejus pristinus رزبا appellatur, unde forte lectiones una et altera deducendae sunt. *d*) P فعادت. *e*) P ins. ابراهيم بن; cf. Tab. II, ٨٠٦ seq. *f*) L فقيل انما. *g*) P اولاد الامهات. *h*) L ملكهم. *i*) P يد. *k*) P c. و. *l*) P om. *m*) P بدمشق. *n*) Cod. وخالفوه. *o*) P وخلع. *p*) Hic P ins. ولم يصف له الامر وخلعه اهل حمص. Deinde L وخلعوه.

ابن عبد الملك سليمان وابان وغيرهما *a* مع من انضاف *b* اليهم من بنى اميّة وحاربوه مرّة بعد اخرى وخالفه *c* ثابت بن نُعيم الجذامىّ واجابه كثير من اجناد الشأم كفلسطين وغيرها وغلب الضحّاك بن قيس الشيبانىّ من بنى *d* المُحَلِّم بن ذُهْل *e* بن شيبان الخارجىّ الصُّفْرىّ على العراق ولم يغلب احد من الخوارج قبله ولا بعده عليها *f* وسار للقاء مروان فى جيوش عظيمة ومعه سليمان بن هشام ابن عبد الملك فى جمع مواليه ورجاله مؤتمّا *g* بالضحّاك تابعا *h* له وفى ذلك يقول بعض شعراء الخوارج مفتخرا *i*

أَلَمْ تَرَ أَنَّ اللّٰهَ أَنْزَلَ نَصْرَهُ *k*   وَصَلَّتْ قُرَيْشٌ خَلْفَ بَكْرِ بنِ وائِلِ

فالتقيا بكَفَرْتُوثَا من بلاد الجزيرة واقاموا *l* يقتتلون ايّامًا كثيرة اشدّ قتال f.179 v.
الى ان قُتل الضحّاك وخليفته الخَيْبَرىّ *m* وتفرّق بقيّة الخوارج وذلك فى سنة ١٢٩، وسارت *n* الخوارج الاباضيّة من اليمن من *i* قِبَل عبد الله ابن يحيى الكندىّ الملقّب طالب الحقّ عليهم ابو حمزة المختار بن عوف الازدىّ *وبَلْج بن *o* عُقْبة فنزلوا مكّة يوم عرفة من هذه السنة ووادعهم عبد الواحد بن سليمان بن عبد الملك بن مروان عامل مكّة الى انقضاء الحجّ ثم هرب وخلّاها *p* وسار الى المدينة ودخلت الخوارج مكّة فجهّز عبد الواحد للقائهم جيشا امّر عليهم عبد العزيز ابن عبد الله بن عمرو بن عثمان وخرجت الخوارج من مكّة فالتقوا بقُدَيد فى صفر سنة ١٣٠. فقُتل عبد العزيز *فى جمع *q* كثير منهم من اهل المدينة *سبع مائة *r* اكثرهم من قريش ولم ينج الّا الشريد

---

a) L وغيرهم. *b*) L انضافت, P اضاف. *c*) L وخلعه. *d*) P الى. *e*) L ذهب. *f*) L om. *g*) L s. p., P موتمنا. *h*) L s. p. *i*) P om. *k*) Tab. ١٩١٣, 9 اظهر دينه. *l*) L c. ف. *m*) P الجبيرى, L s. p.; vid. Tab. ١٩٤. seq. *n*) L وسار. *o*) P وبلخ من. Cf. Tab. ٢٠١٢, *Agh.* XX, ٩٧ seq. *p*) P وخلى عنها. Deinde L وصار. *q*) L وجمع. *r*) P مع جلة.

فقالت نائحتهم *a*

ما للزمان وما ليه أفنت *b* قديد رجاليه
فلأبكين سريرة *c* ولأبكين علانيه

ودخلت الخوارج المدينة فغلبوا عليها ثلاثة اشهر فوجّه مروان للقائهم عبد الملك بن محمّد بن عطيّة السعديّ سعد بن بكر بن هوازن f. 180r. فى اربعة آلاف فالتقوا بوادى القرى فقتل بلج واكثر الخوارج ونجا ابو حمزة فصار *d* الى مكّة ولحقه عبد الملك فقتله بها وجمعاء *e* من اصحابه ولحق بقيّتهم بعبد الله بن يحيى *وسار عبد الملك الى اليمن فلقيه عبد الله بن يحيى *f* بنواحى صنعاء فاقتتلا *g* قتالا شديدا فقتل عبد الله واكثر من كان معه وذلك فى هذه السنة ☆

واشتدّ امر ابى مسلم بخراسان واخرج نصر بن سيّار عامل مروان عنها وسيّر قحطبة بن شبيب الطائىّ فى جيوش كثيفة *h* فقتل نباتة بن حنظلة الكلابىّ عامل مروان على جرجان فى نحو من ثلاثين الفا *وعامر بن ضبارة المرّىّ باصبهان فى نحو من اربعين الفا *i* *وسار فى *k* جيوشه نحو العراق وسار يزيد بن عمر بن هبيرة *l* الفزارىّ عامل مروان للقائه فالتقيا *m* بالفرات مما يلى الكوفة فهزم ابن هبيرة وغرق قحطبة وسارت *n* المسوّدة الى الكوفة فبايعوا لابى العبّاس السفّاح *i* وسار *o* عبد الله بن علىّ بن عبد الله بن العبّاس عمّ السفّاح *فى جمع غفير *p* عظيم *f* للقاء مروان وسار مروان فى جيوش عظيمة وجموع مهولة وعدد كثيرة *q* فالتقيا بالزاب من ارض الموصل يوم السبت

---

a) *Fragm.* ١٧٠, *Agh.* XX, ١٠٣, Tab. ٢٠١٢. *b*) P افنى ut *Fragm.* *c*) P مسّرة, L مسرةً cum duobus punctis supra س. *d*) P فسار. *e*) L وجمعها. Deinde P بين. *f*) L om. *g*) L فاقتتلوا. *h*) L كثيره. *i*) P om. *k*) P وشارفت. *l*) L ميسرة. *m*) P c. و. *n*) L وصارت. *o*) L وصار. *p*) P وجمع عفرة, L om. *q*) P كثير. Deinde L فالتقى.

لاحدى عشرة ليلة بقيت من جمادى الآخرة سنة ١٣٢ فهزم مروان واستولى على عسكره وقتل من اصحابه جمع عظيم فسار حتى اتى الشأم والجيوش تتبعه فصار الى مصر *فقتل ببُوصِير *a* الأُشْمُونَيْن من صعيدها f.180 v. ليلة الاحد لثلاث بقين من ذى الحجّة من هذه السنة وله سبعون سنة وقيل اقلّ من ذلك وكانت ايّامه الى ان قتل خمس سنين وعشرة اشهر واحد عشر يوما وكان شديد الشهلة ابيض *b* * مشربا حمرةً *c* ضخم الهامة والمنكبين كبير اللحية وكان مجرّبا صابرا على التعب والنصب يغزى بين القبائل ويغضب *d* بين العشائر ويلقى اموره وهى مدبرة ويريد ان يجعلها مقبلة واصطفى قيس عيلان وانحرف عن *e* اليمن وباداها العداوة فصارت عليه البا وله حربا، وكان كاتبه عبد الحميد بن يحيى بن سعد *f* بن عبد الله بن جابر بن مالك ابن حجر بن مَعيص بن عامر بن لؤىّ بن غالب وكان مفوّها بليغا له رسائل مجموعة *متناقلة يقتدى *g* بها ويعمل عليها ورايت له عقبا بفسطاط مصر يعرفون ببنى مهاجر وقد كان منهم عدّة يكتبون لآل طولون، ونقش خاتمه فوّضت *h* امرى الى الله، وعلى قضائه عثمان بن عمرو البَتّىّ *i* وحاجبه صقلاب *k* مولاه ❁

قال المسعودى ابو الحسن علىّ بن الحسين بن علىّ وكانت مدّة ملك *b* بنى اميّة على ما قدّمنا من التأريخ منذ *l* صالح الحسن بن علىّ معاوية وسلّم له *b* الامر الى *ان قُتل *m* مروان بن محمّد آخر f.181 r. ملوكهم احدى وتسعين سنة وسبعة اشهر وسبعة وعشرين يوما،

---

a) P فقتله ابواصير. Cf. Jâc. I, ٧٦٠, 7 seq. *b*) L om. *c*) P مشوبا بحمرة. *d*) L ويغضب. Deinde P من. *e*) L على. *f*) ʿ*Ikd* II, ٣٤٩ سعيد. Omnes alii eum clientem faciunt ʿAmiritae; cf. *Moroudj* VI, 81, Tab. ٨٣٩, 9, *Fragm.* ٢٠٥, Ibn Challik. n. 416. *g*) L ممنافله يتندا. *h*) P om. *i*) Codd. النتيمى, *Fragm.* التميمى; vid. *Moschtabih* ٢٣. *k*) P صقلان ut *Fragm.* (ʿ*Ikd* l. l. صقلا). *l*) L مذ. *m*) L اهل.

وتنازع a اصحاب * السير والتواريخ b ومن عنى باخبار ملوك c العالم فى زيادة شهور وايّام فى d مدّتهم ونقصانها عما ذكرنا والاشهر من ذلك ما e قدّمنا وكذلك باين f هؤلاء اصحاب كتب الزيجة فى النجوم فيما * ذكروه فى g كتب زيجاتهم ورسموه * من مقادير ايامهم وقد اتينا على ما قاله كلّ فريق منهم فى مقادير ايّامهم وايّام من كان بعدهم الى وقتنا هذا h وهو سنة ٣٤٥ فى كتاب مروج الذهب * ومعادن الجوهر i فى تحف الاشراف من الملوك واهل الدرايات وفى كتاب فنون المعارف، وما جرى فى الدهور السوالف ،، وفى كتاب الاستذكار، * لما جرى فى سالف الاعصار i ،، الذى كتابنا هذا تالٍ له ومبنىٌّ عليه وانّما الغرض * من هذا الكتاب k ايراد لمعٍ من ذلك دون * الشرح والايضاح l ليسهل درسُه على قارئه ويقرب حفظه على راويه m ۞

ذكر ما جرت عليه احوال بنى اميّة بعد قتل مروان * بن محمّد h وتفرّقهم فى البلاد وسبب تملّك عبد الرحمان بن معاوية بن هشام على بلاد الاندلس وولده الى وقتنا هذا وما اتّصل بذلك

لمّا قُتل مروان بن محمّد بن مروان تفرّقت n بنو اميّة فى البلاد f. 181 v. هربا بانفسهم وقد كان عبد الله بن علىّ بن عبد الله بن العبّاس * ابن عبد المطّلب h قتل منهم على نهر ابى فطرس من بلاد فلسطين نحوا من ثمانين رجلا مثلة واحتذى اخوه داود بن علىّ بالحجاز فعله فقتل منهم نحوا من هذه العدّة بانواع المثل وكان مع مروان حين قُتل ابناه عبد الله وعبيد الله * وكانا وليّى عهده o فهربا فيمن تبعهما من اهلهما ومواليهما وخواصّهما من العرب ومَن انحاز اليهم من

---

a) P وقد تنازع. *b*) L التواريخ والسير. *c*) L c. art. *d*) P من. *e*) L من. *f*) L ما بين. *g*) L من ذكره. *h*) L om. *i*) P om. *k*) L فى ذلك. *l*) L الايضاح والشرح. *m*) P روايه. *n*) P تعوقت. *o*) L وكان ولى عهد.

اهل خراسان من شيعة بنى اميّة فساروا الى اسوان من صعيد مصر وساروا على شاطئ النيل الى ان دخلوا ارض النوبة وغيرهم من الاحابش ثمّ توسّطوا ارض البجة ميمّمين *a* باضع *b* من ساحل بحر *c* القلزم فكانت لهم مع *من مرّوا به *d* من هذه الامم حروب ومغاورات ونالهم جهد شديد وضرّ عظيم فهلك عبيد الله *e* بن مروان فى عدّة من كان معهم قتلا وعطشا *f* وضرًّا وشاهد من بقى منهم *g* انواع الشدائد وضروب العجائب ووقع عبد الله *بن مروان *h* فى عدّة ممن نجا معه *i* الى باضع من ساحل المعدن وارض البجة وقطع *k* البحر الى جُدّة من ساحل مكّة وتنقّل *l* فيمن نجا معه *من اهله *c* ومواليه فى البلاد متستّرين *m* راضين ان يعيشوا سوقةً بعد ان كانوا ملوكا فظُفر بعبد الله ايّام ابى العبّاس السفّاح فأُودع السجن فلم يزل فيه بقيّة ايّام f.182r. ابى العبّاس وايّام المنصور والمهدىّ والهادى فاخرجه *n* الرشيد وهو شيخ ضرير *فسأله عن خبره *c* فقال يا امير المؤمنين حُبست غلاما بصيرا وأُخرجت شيخا ضريرا فقيل انه هلك فى ايّام الرشيد وقيل بل فى ايّام الامين ٭

كان عامل افريقية لمروان عبد الرحمن بن حبيب الفهرىّ وكان كاتب مروان وهو بمصر ورغّبه *o* فى المصير اليه وذكر *p* له كثرة *q* جنوده وعدده ومنعة بلاده *r* ثمّ تعقّب الراى فعلم ان مروان ان قدم صار كاحد اتباعه *s* وجنوده وان *من وراءه *t* المسوّدة يتبعونه *u* فكتب الى مروان

---

a) P مقحمين. *b*) P باصح, infra ناصع, L s. p. Est Masauwa; vid. ann. ad Hamdânî ۴۱, 7. *c*) L om. *d*) P ابن مروانه. *e*) L عبد الله; cf. *'Ikd* ٣۴٥. *f*) P وعشآ. Hic in L post f. 156 inserendum est f. 166. *g*) Codd. ins. من. *h*) P om. *i*) P معهم. *k*) P وقطعلى, L وقطعوا. *l*) L s. p. et habet من pro فيمن. *m*) P مستقترين. *n*) L c. و. *o*) L فرغب. *p*) P وكثر. *q*) P كثيرا من; L جنود كثيره وعده. *r*) L بلادهم. *s*) L اصحابه. *t*) P ورآ من. *u*) P يتبعون.

يعرّفه كراهية مَن قبله من الجنود لذلك فعوجل a فقطع النيل ومضى الى الصعيد فقتل هناك وقيل ان كتاب b عبد الرحمن الذى يستدعيه فيه جاءه وقد قطع النيل الى الجانب c *الغربىّ لمعاجلة المسوّدة ايّاه ودخولهم *فسطاط مصر d فضى الى بوصير الاشمونين من صعيد مصر ليصير الى افريقية على طريق الواحات فبادرته المسوّدة بالعبور اليه والبيات e فقُتل b وان عبد الرحمن لم يكتب اليه كتابا f يثبّطه g فيه عن المسير اليه وقدم على h *عبد الرحمن بن حبيب بعد قتله جماعة من بنى اميّة يرجون الامر فى بلاده منهم i عبد f.182 v. الرحمن بن معاوية بن هشام بن عبد الملك بن مروان ولؤىّ والعاص k ابنا الوليد بن يزيد فبلغ عبد الرحمن عن ابنى الوليد شىء انكره ففتك بهما فاشتدّ خوف عبد الرحمن بن معاوية منه فهرب وقطع المجاز الذى i بين افريقية والاندلس الآخذ من بحر اوقيانس المحيط الى البحر الرومىّ وصار l اليها وعاملها يوسف بن عبد الرحمن الفهرىّ وقد عظم الخطب من m العصبيّة بين i من بها من اليمانية والنزاريّة ودامت عدّة سنين فطمع فى الغلبة عليها وكاتب اليمانية ودعاهم الى نفسه *وسيّر بدرا مولاه n اليهم فبايعوه وسارعوا o الى طاعته وسُرّوا بقدومه وبلغ يوسف بن عبد الرحمن امره فسار اليه فى النزاريّة وغيرهم من انصاره p فاقتتلوا قتالا شديدا فهُزم يوسف ابن عبد الرحمن وقُتل اصحابه قتلا ذريعا وذلك فى سنة ١٣٩ واستولى عبد الرحمن على بلاد الاندلس وهو صقع جليل ومملكة عظيمة يكون

---

a) P c. و. *b*) L om. *c*) P s. art. *d*) L الفسطاط. *e*) P والنبات. *f*) P كتاب. Codd. add. بان. *g*) L ىنطه, P يبطيه et من pro عن. *h*) P الى. *i*) P om. *k*) Cf. *Fragm.* ١٤٧; *Bayân* I, ٤٩, 4 a f. tantum ابنان. *l*) P وسار. *m*) P بين, L فى. *n*) Conjectura scripsi coll. *Bayân* II, ٤٢ seq. P tantum وسيره, L وتحيز. *o*) L وساروا. *p*) P الانصار.

مسيرةً نحوا [a] من اربعين يوما فى مثلها فيه [b] مدن كثيرة وعمائر متّصلة واستقام له الامر بعد ان بذل الد . . دف [c] فى مخالفته فاستوسق الجميع على طاعته ولم يكن خطب [d] لاحد من بنى العبّاس بالاندلس [e] الى ذلك الوقت [f] ولاجل ذلك افردنا هذا الباب لتسمية مَن ملكها اذ كانت مملكة [g] مفردة لبنى اميّة *ورسوما قائمة [g] الى هذا الوقت ولم يتبدّل ولم ينتقل [h] فملك عبد الرحمان بلاد [i] الاندلس ثلاثا وثلاثين f.183 r. سنة واربعة اشهر وكانت وفاته غرّة [k] جمادى الاولى سنة ١٧٢ فولى بعده ابنه هشام بن عبد الرحمان بن معاوية سبع سنين وتسعة اشهر وكانت وفاته فى [l] صفر سنة ١٨٠ فولى بعده الحكم بن هشام ابن عبد الرحمان سبعا وعشرين سنة وشهرا وخمسة وعشرين يوما وتوفّى لثلاث بقين من ذى الحجّة سنة ٢٠٦ [m] فولى بعده ابنه [g] عبد الرحمان بن الحكم بن هشام اثنتين وثلاثين *سنة واربعة اشهر وتوفّى فى ربيع الآخر سنة ٢٣٨ فولى بعده ابنه محمّد بن عبد الرحمان بن الحكم اربعا وثلاثين سنة [g] *وعشرة اشهر وعشرين يوما وتوفّى لليلة بقيت من صفر سنة ٢٧٣ [n] *فولى بعده ابنه المنذر بن محمّد بن عبد الرحمان سنةً [e] واحد عشر شهرا وثلاثة عشر يوما وتوفّى للنصف من صفر سنة ٢٧٥ فولى بعده اخوه عبد الله بن محمّد بن عبد الرحمان خمسا وعشرين سنة وخمسة عشر يوما وتوفّى مستهلّ ربيع الاوّل سنة ٣٠٠ فولى بعده ابن [e] ابنه عبد الرحمان بن محمّد بن عبد الله بن محمّد بن عبد الرحمان بن الحكم بن هشام ابن عبد الرحمان بن معاوية بن هشام بن عبد الملك بن مروان

---

a) P نحو. b) Addidi. c) Sic L; Synon. requiritur ad الجهد, الوسع etc. P haec om. inde a واستقام ad مخالفته et habet deinde واستوسق. d) P ins. فيها. e) L om. f) L ins. لم يتبدل ولم ينتقل الى ذلك الوقت. g) P om. h) P ينتقل ولم يتبدل. i) L ملك. k) P فى. l) L ins. شهر. m) P سنة وثمانين. n) Addidi, coll. *Bayân* II, ٨٣ et ٩٩. Cf. quoque ʿ*Ikd* II, ٣٦١.

الى وقتنا هذا وهو سنة ٣٤٥ خمسا واربعين سنة وبلده عامر والعدل فيه شامل ولم يكن فيمن سمّينا من a آبائه ممن ملك الاندلس احد يسمّى بامرة المؤمنين وكانوا يسمّون بنى الخلائف الى ان *ملك هو f.183 v. فخوطب بها b وصدرت عنه الكتب بذلك ووردت وخطب c له به d على المنابر وجعل ولاية العهد بعده لابنه e الحكم بن عبد الرحمن دون سائر اخوته لما تخيّل فيه من النجابة وتبيّن من اضطلاعه f بالملك وقيامه به ۞

قال المسعودى وقد ذكرنا فى الاخبار المعروفة بالمسعوديّات *التى نسبت g الينا وفى كتاب وصل المجالس جملا من اخبار من h سمّينا من ولاة الاندلس وسياساتهم وحروبهم مع من يجاورهم من الجلالقة والجاسقس i والوشكنش وقرمانيش وغوطش وغيرهم k من الافرنجيّة l برًّا وبحرا وما كان بالاندلس من الحروب والفتن منذ d افتتحها طارق مولى موسى m بن نُصير *فى سنة ٩٢ فى n ايّام الوليد بن عبد الملك الى وقتنا هذا وعبور طارق مولى o موسى p اليها وقتله لُذريق ملك الاشبان q الذين كانوا بالاندلس وعبور موسى بن نُصير بعده وما لقى من الامم وشاهد من العجائب وخبر المائدة الذهب والبيت الذى كان فيه تيجان ملوكهم السالفة، وذكرنا فى كتاب فنون المعارف، وما جرى فى الدهور السوالف،، ما كان ببلاد افريقية من الحروب والوقائع والزحوف منذ افتتحت وخبر *موسى بن r نُصير بها ومن كان بعده f.184 r. من الامراء الى ان افضى امر تملّكها فى ايّام الرشيد الى *ابراهيم بن s

a) L فى. *b*) L ملكه فخوطبها. *c*) L وخوطب. *d*) P om. *e*) L الى ابنه. *f*) L s. p., P اصطناعه. *g*) L الذى نسبه, P نسبة. Pro الينا P اليها. *h*) L ممن. *i*) Codd. والجلسقس. Deinde L والوشكيس. *k*) P وغيره. *l*) L الافرنجة. *m*) P عيسى. *n*) Cod. وفى. *o*) Cod. بن sed post لذريق ins. مولى. *p*) L om. *q*) L الاسنان. *r*) P om., L supplet in marg. *s*) Addidi.

الاغلب بن سالم بن تميم بن سَوَادة[a] التميمىّ وخبره[b] *وخبر ولده[c] *من بعده[b] الى ان زال[d] الامر عنهم باستيلاء ابى[c] عبد الله الشيعىّ[e] الداعية المعروف بالمحتسب على مملكتهم[f] وخروجه فى كتامة[g] من البربر وما كان بينه وبين آل[c] الاغلب من الوقائع والزحوف وتسليمه الامر الى عبيد الله وقتل عبيد الله ايّاه وما كان من خبره بعد ذلك وبنائه مدينة المهديّة وتسييره الجيوش الى بلاد[b] مصر للاستيلاء عليها مرّة بعد اخرى وذلك فى سنة ٣٠٢ ووفاته ومصير[h] الامر *بعده الى[i] ابى القاسم عبد الرحمان وخروج ابى يزيد مَخْلَد[k] بن كَيْداد البربرىّ الزناتىّ[l] من بنى يِفْرَن[m] الاباضىّ ثم النكارىّ[n] فى الاباضيّة وغيرهم[o] وما كان بينهم وبين جيوش ابى القاسم من الوقائع والحروب ومن قتل منهم الى ان غلب على اكثر افريقية وحصاره ابا القاسم فى المهديّة الى ان مات بها وخروج ابنه اسماعيل بن ابى[c] القاسم ومواقعته ابا يزيد وما كان بينهم من الحروب وانفصاص الجيوش عن ابى يزيد وحصره ايّاه الى ان قتل ابو يزيد لخمس ليال بقين من المحرّم سنة ٣٣٦ وان عدّة من وقع عليه الاحصاء ممّن[p] قتل فى تلك الحروب نحو من اربع f.184 v. مائة الف ووفاة اسماعيل ومصير[q] الامر بعده[b] الى ابنه ابى تميم معدّ ابن اسماعيل الى هذا الوقت وغير ذلك من الاخبار مما شرحناه وبيّنّاه فى كتاب تقلّب الدول، وتغيّر الآراء والملل[r]،، وانّما نذكر فى هذا المختصر لمعًا وجوامع استذكارا[s] لما تقدّم تأليفه من كتبنا فى[b] هذه المعانى وتنبيها عليه ۞

---

a) Ita quoque *Mor.* I, 371; P سواد; *Bayân* I, ٨٣ عقال et sic Wüstenf. *Tab.* L. *b*) P om. *c*) L om. *d*) P ازال. *e*) P om., L in marg. c. صح. Deinde L الداهيه. *f*) L ملكهم. *g*) P كتابيه. *h*) P ومسيره. *i*) L اليه. *k*) L خالد. Pro كيداد P كندار, L كمدار. *l*) L المرنانى, P om. *m*) P بقور. *n*) L البكارى; cf. *Bayân* I, ٢٢٤ paen., Ibn Haukal ٤٨. *o*) L وغيره. *p*) L ومن. *q*) ومصيره. *r*) Codd. والملك. *s*) P واستذكارا.

وقد راينا بعض المتأخّرين ممّن ينحرف عن الهاشميّين الطالبيّين منهم والعبّاسيّين وينحيّز الى الامويّين ويقول بامامتهم *a* يذكر انه كانت لمن ملك من بنى اميّة القاب كالقاب خلفاء العبّاسيّين وذكر فى ذلك روايتين احداهما قال روى محمّد بن عبد الله بن محمّد القرشىّ قال حدّثنا مصعب بن عبد الله عن ابيه عن جدّه قال حدّثنى سابق مولى عبد الملك بن مروان قال سمعت امير المؤمنين *عبد الملك يقول تلقّب امير المؤمنين *b* معاوية بن ابى *b* سفيان بالناصر لحقّ الله *c* ويزيد ابن معاوية *d* بالمستنصر على الربيع *e* ومعاوية بن يزيد بالراجع الى الله ومروان بالمؤمن *f* بالله، والثانية قال حدّثنا ابو *g* مُطَرِّف عن ابيه عن جدّه قال تلقّب *h* عبد الملك بالمؤثر *i* لامر الله والوليد بن عبد الملك
f 185 r. بالمنتقم لله ولقّب سليمان بن عبد الملك بالمهدىّ لما *k* احدث من *l* قطعِ ما كان على المنبر وعهده الى عمر بن عبد العزيز *وتلقّب *m* هو بالداعى الى الله وعمر بن عبد العزيز *n* بالمعصوم *o* بالله ويزيد بن عبد الملك *بالقادر بصنع الله وسمّى هشام بن عبد الملك *n* بالمنصور وذلك انه ولد فى الساعة التى ورد الكتاب فيها بما كان *p* من مقتل مصعب ابن الزبير فلمّا قدم ابوه جىء به اليه وخُبّر باسمه فقال ليس هذا من اسمائنا *بل سمّوه *q* باسم جدّه *لامّه هشام *r* ولقّبوه المنصور فلم يزل على ذلك حتى عهد اليه يزيد فلقّب *s* بالمتخيَّر *t* من آل الله، وتلقّب *u* الوليد *بن يزيد بالمكتفى بالله ويزيد بن الوليد *n* بالشاكر *v*

---

a) L بولايتهم وامامتهم. *b*) P om. *c*) P ins. ويزيد بن عبد الله. *d*) P ins. ويزيد بن المستنصر. Deinde L المستنصر. *e*) Sic P; L الردع (الربغ? الزبغ?). *f*) Codd. s. ب. *g*) P ابن. *h*) P يلقب, L بلقب. *i*) P بالموتم. *k*) P كما قطع كما. *l*) L لمن. *m*) Cod. ويلقب. *n*) L om. *o*) L s. ب. Deinde P بالذكر. *p*) P ins. فى مقتل وقيل بما كان. *q*) L فسموه. *r*) L om.; cf. *Fragm.* ٨٢. *s*) P فتلقب. *t*) L s. p. *u*) P ويلقب, L وبلقب. *v*) P s. ب.

لانعم الله وابراهيم بن الوليد بالمتعزّز a بالله ومروان * بن محمّد b بالقائم بحقّ الله، وكان عبد العزيز بن مروان اذ كان ولىّ عهد c يدعى له على المنابر d بالمعظّم لحُرمات الله، وكان مسلمة بن عبد الملك لمّا بنى مدينته الّتى على * خليج القسطنطينيّة e سمّاها مدينة القهر وتسمّى بالقاهر بعون الله تعالى f، قال المسعودى وهو وان g جاء بهاتين الروايتين فان الكافّة * على خلافه h فلو كان الامر على ما ذكر لظهر واشتهر واستفاض وجاء فى i الاخبار المنقولة القاطعة للعذر والاعمال الموروثة k فلمّا لم يذكره l الجمهور من حَمَلَة الاخبار ونَقَلَة السير والآثار * ولا دوّنه f185 v مصنّفو الكتب فى التواريخ b والسير * ممن ذكر m اخبارهم ووصف ايامهم ممن تولّاهم وانحرف عنهم عُلم ان ذلك لا اصل له، ورايتُ فى سنة * ٣٢٤ بمدينة n طبريّة من بلاد الاردنّ من ارض الشأم عند بعض موالى بنى اميّة ممن * ينتحل العلم والادب o ويتحيّز الى العثمانيّة كتاباً f فيه نحو من ثلاثمائة ورقة f بخطّ مجموع مترجم بكتاب البراهين فى امامة p الامويّين ونشر ما طوى من فضائلهم ابواب مترجمة ودلائل مفصّلة يذكر فيه خلافة b عثمان بن عفّان ومعاوية ويزيد ومعاوية بن يزيد ومروان ابن الحكم وعبد الملك بن مروان ومن تلاه من بنى مروان * الى مروان q ابن محمّد بن مروان بن الحكم ثم يذكر عبد الرحمان بن معاوية ابن هشام بن عبد الملك وان مروان r بن محمّد نصّ عليه وعهد بالامر بعده اليه وينسق سائر من تملّك بالاندلس من بنى اميّة من ولد عبد الرحمان المقدّم ذكرهم الى سنة ٣١٠. s وذكر عبد الرحمان بن

---

a) L بالمعتز. *b*) P om. *c*) P عهده. *d*) P المنبر. *e*) L الخليج بالقسطنطينية. *f*) L om. *g*) L s. و. *h*) L بخلافه. Deinde P ولو. *i*) P مع. *k*) L المرويه. *l*) Codd. s. ه. *m*) L فيما ذكرنا et mox ووصفت. *n*) L فى مدينة ٣١٤. *o*) P يتخذ الادب والعلم. *p*) P كناية. *q*) Addidi. *r*) P ins. بن الحكم وان مروان. *s*) P ins. وذكر عبد الرحمن بن الوليد.

محمّد الوالى عليها فى هذا الوقت وهو سنة ٣٤٥ ووصف لكلّ واحد منهم فضائل ومناقب وامورا استحقّ *a* بها الامامة ونصوصا على اسمائهم واعيانهم وادّعى الاخبار المتواترة الجائية مجىء الاستفاضة وعزى ذلك الى f.186 r.
شيعة العثمانيّة ورجال السفيانيّة وانصار المروانيّة معارضا *b* لاهل الامامة *c* وهم جمهور الشيعة فى المنصوص *d* والنقل ومستدلًّا *e* على فساد اقاويل اصحاب الاختيار *f* من المعتزلة والزيديّة والخوارج والمرجئة والحشويّة *g* النابتة *h* ومناقضا لاصحاب النصّ على ابى بكر من اصحاب الحديث والبَيْهَسيّة *i* من الخوارج والبَكْريّة اصحاب بكر بن اخت *k* عبد الواحد وغيرهم واتى بمسائل ومعارضات على من ذكرنا والزامات وذكر من *l* بعد ذلك اخبارا من اخبار الملاحم الآتية *m* والانباء الكائنة مما يحدث فى المستقبل من الزمان والآتى من الايّام من ظهور امرهم ورجوع دولتهم وظهور السفيانىّ فى الوادى اليابس من *n* ارض الشأم فى غسّان وقضاعة ولخم وجذام وغاراته *o* وحروبه ومسير *p* الامويّين من بلاد الاندلس الى الشأم وانهم اصحاب الخيل الشهب والرايات الصفر وما يكون لهم من الوقائع والحروب والغارات والزحوف ولم يذكر فى هذا الكتاب *q* هذه الالقاب ولا *r* شيئًا منها ۞

ذكر ايّام * ولد العبّاس *s* f.186 v.

خلافة ابى العبّاس السفّاح

وبويع ابو العبّاس السفّاح عبد الله بن محمّد بن علىّ بن عبد الله بن العبّاس بن عبد المطّلب وامّه رَيْطَة *t* ابنة *عبيد الله *u* بن

a) P يستحف. *b*) P ومعارضا. *c*) P اليمامة. *d*) P النصوص. *e*) P s. و. *f*) L الاخبار. *g*) L والحمسن. *h*) P والنانية, L والدانه. *i*) P والشهسبية, L والمهسبّه. In utroque cod. ﻬ legi posset ﺒ. *k*) Haarbrücker II, 420 اخشب. *l*) L om. *m*) L اللاتيه. *n*) L فى. *o*) P وغارته. *p*) Codd. فى مسير. *q*) L ins. من. *r*) L والا, P ولم يذكر. *s*) P om. *t*) P رابطه, L راقمطله *sic*. *u*) Codd. عبد الله. Mox L عبد.

عبد الله *a* بن عبد المَدان بن الديّان *b* بن قَطَن بن زياد بن الحارث بن مالك *بن ربيعة بن كعب بن الحارث *c* *بن كعب *d* *بن عمرو *c* *بن علة بن جَلْد *e* بن مالك *d* بن أُدَد بن زيد بن يشجب بن يعرب بن قحطان وقد كان *لقّب اوّلاً *f* بالمهدىّ ليلة الجمعة لثلاث عشرة ليلة خلت من شهر ربيع الآخر سنة ١٣٢ بالكوفة، وكان مبدأ الدعوة العبّاسيّة بالكوفة وخراسان وغيرها من الامصار فى *d* سنة ١٠٠ للهجرة وذلك ان ابا هاشم عبد الله بن محمّد بن الحنفيّة كان قدم على سليمان بن عبد الملك سنة ٩٨ فاعجب به وقضى حوائجه وصرفه وضمّ اليه مَن سمّه فى الطريق فلمّا احسّ بذلك غدا الى محمّد بن علىّ بن عبد الله بن العبّاس بن عبد المطّلب وهو يومئذ بالحُمَيمة وقيل بكرار *g* من جبال الشراة والبلقاء من اعمال دمشق فافضى اليه بسرائر *h* الدعوة وعرّف بينه وبين الدعاة واعلمه *i* ان الخلافة صائرة *k* الى ولده وان الامر *الى ابن *l* الحارثيّة منهم وامر ببثّ *m* الدعوة عند تمام المائة سنة للهجرة، فلمّا حضرت محمّدا f.187 r.
الوفاة اوصى الى ابنه ابراهيم فكانت الدعوة اليه وسُمّى الامام واليه دعا ابو مسلم بخراسان فلمّا وقف مروان بن محمّد الجعدىّ على ذلك كتب الى عامله بدمشق وهو الوليد بن معاوية بن مروان *n* بن الحكم يأمره *o* بتوجيه بعض ثقاته *p* الى الحُمَيمة *او كرار *q* فيأتيه

a) P ins. بن المدان, L om. seq. عبد. Cf. *Fragm.* ٢١٤, Tab. III, ٨٨. *b*) P ربان, L الربان. Ibn Challik. n. 382 p. ٧٣, 1 in ed. Wüstenf. male الركاب. *c*) Addidi, coll. Wüstenf. *Tab.* **10.** *d*) L om. *e*) Cod. خالد. *f*) P inv. ord. *g*) P بكداد, L دكذاد; cf. *Mor.* VI, 70 et Tab. II, ١٩٧٥, 1 et ann. *a*. *h*) L ساير. *i*) L ومنهم من اعلمه. *k*) P سايرة. *l*) P لابن. *m*) L s. p. et الدعاه. P بعد pro عند. *n*) Hic locus confirmat meam conjecturam ad Tab. II, ١٩٧٤ *m*. Bona lectio quoque est in cod. Goth. 245 f. 5 r. (quem loco debeo D[mo] Van Vloten), prava in ʿ*Ikd* II, ٣٥٣, 4 a f. *o*) P s. ه. *p*) P نقبايه. *q*) P واوكداد, L او كداد.

بابراهيم الامام فحمله الى مروان فحبسه فى المحرّم *a* من هذه السنة وهى سنة ١٣٢ فقُتل *b* فى محبسه *c* بعد شهرين وعهد بالامر بعده الى اخيه ابى العبّاس عبد الله بن محمّد وهو ابن الحارثيّة ۞

وتوفّى ابو العبّاس بالانبار فى *مدينته *d* التى بناها وسمّاها الهاشميّة يوم الاحد لاثنتى عشرة ليلة خلت من ذى الحجّة سنة ١٣٦ وله ثلاث وثلاثون سنة وكانت خلافته اربع سنين وثمانية اشهر ويوما وكان *طويلا ابيض *e* اقنى حسن الوجه جعد الشعر له وفرة *f* سديد الراى ماضى العزيمة كريم الاخلاق متألّفا للرجال سمحا بالاموال يهون عليه ان يامر بسفك دماء عالم من اعدائه من *غير ان يعاين ذلك *g* ۞

f.187v. قال المسعودى وكان اوّل من وقع عليه *اسم الوزارة فى دولة بنى العبّاس *g* ابو سَلَمَة حفص *h* بن سليمان الخلّال مولى السَّبيع من هَمْدان وزر لابى العبّاس السفّاح وكان *يقال له *i* وزير آل محمّد وفيه يقول بعض الشعراء *k*

انّ المَسَاءة قَدْ *l* تَسُرّ وربّما كان السُّرُورُ بما كَرِهْتَ جَدِيرا
انّ الوَزِيرَ وَزِيرَ آل مُحَمَّدٍ أَوْدَى فَمَنْ يَشْنَاكَ كان وَزِيرا

وقد اتينا على اخباره وسبب قتله *m* فى كتاب مروج الذهب *ومعادن الجوهر *l* وهو اوّل وزير وزر لبنى *n* العبّاس وابوه حىّ وكانت ملوك بنى اميّة تنكر ان تخاطب *كاتبا لها بالوزارة *o* وتقول الوزير مشتقّ من الوزارة والخليفة اجلّ من ان يحتاج *p* الى الموازرة *q* وكانت العرب تسمّى وزير الملك من ملوك اليمن والشأم والحيرة الراهن *r* والزعيم والكافى

---

a) P الحرم. Deinde L فى. *b*) L c. و. *c*) L حبسه. *d*) P مدينة. *e*) P inv. ord. *f*) P قوة. Deinde codd. شديد. *g*) Lacuna in L, ubi pars folii periit. *h*) P حفصة. *i*) P يقول. *k*) *Mor.* VI, 136, Tab. III, ٩٠, *Fragm.* ٢١٣ et *a.* *l*) L om. *m*) P مقتله. *n*) L لابى. *o*) L كتابا لها بالوزرا. *p*) P تحتاج. *q*) P s. art. *r*) P الداهن.

والكامل تريد بذلك انه مرتهن [a] بالتدبير زعيم بصواب الراى [b] كافٍ للملك مهمّات الامور [a] كامل الفضائل وكانت العجم تسمّى وزير الملك من ملوكها حامل الثقل ووساد [c] العضد ورئيس الكفاة ومدبّر *الامور العظام [d] اذ بهم نظام الامور وجمال الملك [e] وبهاء السلطان وهم الالسن [f] الناطقة عن [g] الملوك وخزّان اموالهم وامناؤهم على رعيّتهم وبلادهم واعظم f.188 r. الناس غناء [h] عن الملوك والرعيّة واولاهم بالحياء [i] والكرامة [k] وكذلك كان اليونانيّون *والروم يسمّون وزير الملك الذى [i] يدور عليه امره ويرجع الى رايه *وتدبيره فلمّا جاء الله بالاسلام ونزل القرآن [i] فيما قصّ [l] الله من خبر نبيّه [m] موسى عم فى قوله [n] وَٱجْعَلْ لِى وَزِيرًا مِنْ أَهْلِى هٰرُونَ أَخِى ٱشْدُدْ بِهِ أَزْرِى وَأَشْرِكْهُ فِى أَمْرِى استخارت [o] بنو العبّاس تسمية الكاتب وزيرا فلم يكن [h] للخلفاء والملوك تستوزر الّا الكامل من كتّابها والامين [p] العفيف من خاصّتها والناصح الصدوق من رجالها ومن تأمنه على اسرارها واموالها وتثق بحزمه وفضل رايه وصحّة تدبيره فى امورها، واستوزر ابو العبّاس بعد ابى سلمة [q] ابا العبّاس خالد بن برمك، وكان نقش خاتمه الله [r] ثقة عبد الله وبه يؤمن، وقاضيه ابن ابى ليلى الانصارىّ ثمّ الاوسىّ ويحيى بن سعيد الانصارىّ [s] وحاجبه ابو غسّان صالح بن الهيثم مولاه ۞

ذكر خلافة [t] *ابى جعفر [a] المنصور

وبويع ابو جعفر المنصور عبد الله بن محمّد بن علىّ بن عبد الله ابن العبّاس وامّه سلامة ابنة بشير [u] مولّدة البصرة [v] وقيل بربريّة [w] فى f.188 v.

---

a) L om. *b*) P الامر والراى. *c*) P وشار, L وساد. *d*) P الامر العظيم. *e*) P ins. وبها الامور. *f*) P الالسنة. *g*) L من. *h*) P om. *i*) Periit in L. *k*) L والكرام. *l*) L نص. *m*) P ثلاثه. *n*) Kor. 20 vs. 30 seqq. *o*) L اسمحاب; in P praec. و. *p*) P والامر. *q*) L مسلمه. *r*) P بالله. *s*) Codd. الغسانى, contra mox omittunt ابو غسان. *t*) P ايام. *u*) L يسّير. *v*) P بالبصره. *w*) L بربره.

اليوم *a* الذى توفّى فيه السفّاح وقتل ابا مسلم القائم بدولتهم والمنتقم لهم من عدوّهم بروميّة المدائن *فى شعبان *b* سنة ١٣٧، وكان ظهور محمّد بن عبد الله بن الحسن *c* *بن الحسن *d* بن علىّ بن ابى طالب بالمدينة لليلتين *e* *بقيتا من جمادى الآخرة *f* سنة ١٤٥ وبايعه خلق كثير من الحاضرة والبادية وتسمّى بالمهدىّ فوجّه اليه المنصور عيسى بن موسى فى اربعة آلاف فالتقوا بظاهر المدينة فقُتل محمّد فى عدّة ممن *g* كان معه وذلك فى شهر رمضان من هذه السنة وكان ظهور اخيه ابراهيم بالبصرة مستهلّ شهر رمضان فغلب عليها وعلى الاهواز وواسط وكسكر وعظمت جموعه وسار يريد الكوفة فوجّه المنصور عيسى ابن موسى *فى العساكر *h* فالتقوا بباخَمْرَى *i* على ستّة عشر فرسخا من الكوفة يوم الاثنين لاربع بقين من ذى القعدة من هذه السنة ايضا فقُتل ابراهيم فى جمع كثيف *k* ممن كان معه وانهزم الباقون *l* وبعقب قتل محمّد وابراهيم لقّب بالمنصور، وكانت *وفاة المنصور *m* ببئر ميمون على اميال من مكّة يوم السبت *لستّ ليال *n* خلون من ذى
f.189r. الحجّة سنة ١٥٨ وله ثلاث وستّون سنة ودُفن بالحرم وكانت خلافته احدى وعشرين سنة واحد عشر شهرا وعشرين يوما وكان طويلا اسمر *o* نحيفا خفيف العارضين يخضب بالسواد محنّكا *p* السنّ حازم الراى قد عركته *الدهور وحنّكت الايّام سطوته *q* وروى العلم وعرف الحلال والحرام لا يدخله فتور عند حادثة ولا تعرض *r* له ونبية عند مخوفة *s* يجود بالاموال حتى يقال هو *t* اسمح الناس *u* ويمنع فى الاوقات

a) L الوقت. *b*) P om. *c*) P الحسين. *d*) L om. *e*) P لليلة et deinde بقيت; cf. Tab. III, ١٩٥, 18. *f*) Periit in L. *g*) P من. *h*) P بالعساكر. *i*) P تيباب (ببباب؟) خمرى. *k*) P كثير. *l*) P الباقى. Deinde P وتعقب, L وبعقب. *m*) L وفاته. *n*) P ليلال. Cf. *Mor.* VI, 157, Tab. ٣٨٨ ult. *o*) L اشم; cf. ʿ*Ikd* III, ٥٣. *p*) P متحنك. *q*) L الايام وحلب الدهر ابطوه. *r*) L s. p., P om. ولا. Pro ونبية L دينه, P وبينة. *s*) L تخوفه. Deinde P وبجود. *t*) P له. *u*) In L lac. unius vocab.

حتى يقال هو *ابخل الناس ويسوس سياسة الملوك *a* ويثب وثوب الاسد *b* العادى لا يبالى ان يحرس ملكه بهلاك غيره وخلّف من الاموال ما لم يجتمع مثله *c* لخليفة *d* قبله ولا بعده وهو تسع مائة الف الف وستّون الف الف ففرّق المهدىّ جميع ذلك حين افضى الامر اليه، واستوزر خالد بن برمك مُدَيدة *e* ثم غلب عليه ابو ايّوب المُورِيَانىّ الخُوزىّ فاستوزره وقد اتينا بخبر مقتله وخبر من طرأ بعده من *f* الوزراء فيما سلف من كتبنا *g* ثم استوزر مولاه الربيع وكتب له عدّة غير هؤلاء منهم سليمان بن مجالد *h* وعبد الحميد بن عدىّ وابن ابى عطيّة الباهلىّ، وكان نقش خاتمه الله *i* ثقة عبد الله وبه f.189 v.
يؤمن *وعلى قضائه *k* يحيى بن سعيد الانصارىّ وابان بن صدقة وعثمان بن *عمرو البَتّىّ *l* *وعبد الله *m* بن محمّد بن صَفْوان وحجّابه عيسى بن رَوضة وابو الخصيب مرزوق مولاه والربيع مولاه قبل ان يستوزره ❁

---

a) Periit in L. *b*) P ins. العادية. Deinde L الضارى. *c*) L om. *d*) P ins. لاحد من. *e*) L s. p., P مدبره; *Fragm.* ٣٦٨ paen. مدّة. *f*) P ins. الامرا و. *g*) P كتابنا. Cf. de his Tab. III, ٣٧٠, ٣٧٢. *h*) L مخالد ut Tab. II, ٨٤٠, 11 et *Fragm.* ٣٦٨, quae lectio corrupta esse videtur; سليمان بن مجالد passim memoratur a Tab. e. g. III, ٢٧٢, 10 et deinde, ٢٩٤, 15, 18, ٣١٧, 2, 7, Jakûbî in *Bibl. geogr.* VII, ٢٤٨, 7. In *Fragm.* l. l. male dicitur eum eundem esse qui ابو ايوب appellatur; Jakûbî enim l. 4 docet nomen Abû Aijûbî fuisse سليمان بن ايوب et Jâcût IV, ٩٧٩, 13 seq. سليمان بن ابى مجالد, سليمان بن ابى مجالد, quod confirmatur loco Tab. III, ١٠٩, 1 ubi frater ejus حاتم بن ابى سليمان memoratur. Pater ejus itaque nomen habebat ابو سليمان ايوب. E loco Jâc. causam erroris in *Fragm.* explicare possumus, et porro hic locus lectionem مجالد confirmat. *i*) P om. *k*) P وقاضيه. *l*) L عمر التيمى. *m*) Ita codd. Lectio incerta est, vid. Tab. III, ٤٦. ann. *c*. Jakûbî in *Bibl. Geogr.* VII, ٢٥٢ ult. habet عبيد الله, *Hist.* II, ٤٦٩, 1 عبد الله. Lectio عبيد الله plus auctoritatis habere videtur.

ذكر خلافة المهدىّ *محمّد بن عبد الله المنصور a

وبويع المهدىُّ محمّد بن عبد الله المنصور ويكنى ابا عبد الله وامّه امُّ موسى ابنة منصور بن عبد الله بن شَهْر b لحميرىّ ثمّ الرُّعَينى فى c الوقت الذى توفّى فيه المنصور وتوفّى بالرّذّ d والراف من ارض ماسَبَذان من الجبال لسبع بقين من المحرّم سنة ١٦٩ وله اثنتان واربعون سنة وكانت خلافته *عشر سنين e وخمسة واربعين يوما وكان حسن الوجه والجسم اسمر طوالا f بعينه اليمنى نكتة بياض كريما حبيبا بذولا للاموال g حسن العفو كريم الظفر لا يدخله غفلة عند مخوفة ولا يتّكل فى الامور على غير ثقة وصولا لارحامه برًّا h باهله فيه *لين جانب i كثير الولاية والعزل لغير سبب، واستوزر ابا *عبيد الله k f. 190 r. معاوية بن *عبيد الله k الاشعرىّ l الطبرانىّ من مدينة طبريّة a من بلاد الاردنّ من ارض الشأم ثمّ يعقوب بن داود مولى بنى سليم ثمّ ابا صالح الفيض m، وكان نقش خاتمه الله ثقة محمّد وبه يؤمن، *وعلى قضائه n عافية o بن يزيد الازدىّ وابن عُلاثة p العُقَيلىُّ، وحجبه q الربيع والخضر r بن سليمان والفضل بن الربيع ۞

ذكر خلافة موسى a الهادى *بن محمّد المهدىّ a

وبويع موسى الهادى بن محمّد المهدىّ ويكنى ابا جعفر وامّه امّ

---

a) L om. *b*) P شمس, L سمره. Secutus sum IA VI, ٤٥, 5 a f., coll. Eutych. II, 402 ubi corrupte سهو, sed *Mor.* VI, 224 ذى سمم. Apud Jakûbî *Hist.* II, ٤٧٢, 1 شهر pro سمم [ذى] restituatur. *c*) L ins. هذا. *d*) P بالازد, L pro hic et seq. مادروا الراف; *Mor.* 225 l. 4 بارزن; vid *Fragm.* ٢٨٠, Tab. ٥٢٣, 16, ٥٢٦, 14. Pro الراف *Mor.* الران, ceteri tacent. Hinc autem in *Mor.* l. 5 رذّين l. رذّيين appellatur. *e*) L عشرين سنه. *f*) P طويلا. *g*) P الاموال. *h*) P بارا. *i*) L inv. ord. *k*) Codd. عبد الله. *l*) P الاسهرى. Cf. *Mor.* 231. *m*) Cf. Tab. II, ٨٤١, 19, *Fragm.* ٢٨١, ʿ*Ikd* ٥٣. *n*) P وقاضيه. *o*) L s. p., P عاقبة. Mox L زيد. *p*) L علايه. *q*) L وحاجبه. *r*) P والحضر, L s. p.

ولد يقال لها الخيزران ابنة عطاء مولّدة جُرَش من ارض اليمن فى الوقت الذى توفّى فيه المهدىّ وتوفّى بعيساباذ نحو *a* مدينة السلام لاثنتى عشرة ليلة بقيت من شهر ربيع الاوّل سنة ١٧٠ وله خمس وعشرون سنة *وكانت خلافته سنة *b* وشهر وخمسة وعشرون يوما وكان طوالا *c* *جسيما ابيض *d* افوه بشفته العليا بياض *e* شجاعا بطلا اشدّ الناس بدنا واجرأه مقدما *f* فيه تسرّع *g* وجبريّة ينسب بهما الى الهوج، وكان كاتبه *عبيد الله *h* بن زياد بن ابى لَيْلَى *ثمّ استوزره *i* الربيع مولاه *k* واستكتب عمر بن بَزِيع وابراهيم بن ذكوان الحرّانىّ

قال المسعودى هذا قول الاكثر ممّن عنى باخبار خلفاء بنى العبّاس ووزرائهم وكتّابهم وقد ذكر ابو عبد الله محمّد بن داود بن الجرّاح f.190 v. عمّ ابى الحسن علىّ بن عيسى الوزير فى كتابه فى اخبار الوزراء ممّا شرحه وزاد فيه ابو العبّاس احمد بن عبيد الله بن محمّد بن عمّار ان موسى الهادى استوزر ابراهيم بن ذكوان الحرّانىّ الاعور صاحب طاق الحرّانىّ ببغداد من الجانب الغربىّ وولّى الربيع الازمّة والخاتم وذكر ابو عبد الله محمّد بن عَبْدوس الجهشيارىّ *l* فى كتابه فى اخبار الوزراء والكتّاب ان الهادى لمّا قدم مدينة السلام استوزر الربيع مولاه ثمّ صرفه عن الوزارة وقلّدها *m* ابراهيم بن ذَكْوان الحرّانىّ واقرّ الربيع على دواوين *n* الازمّة ولم يزل عليها *o* حتى توفّى فى سنة ١٦٩ وله *p* ثمان وخمسون سنة فقلّد *q* موسى ديوان الازمّة ابراهيم بن ذكوان

---

a) Ita quoque *Mor.* 261. *b*) Haec addidi quia addi solent et quia inde a 22 Moharram 169 ad 18 Rabíʿ I 170 revera sunt 1 annus 1 mensis et 25 dies. De aetate ejus controversia est. L seqq. quoque om. ad يوما. *c*) P طويلا. *d*) L inv. ord. *e*) *Fragm.* ٢٨٩, Tab. ٥٨٠, 8, ʿ*Ikd* l. ult. تقلص. *f*) P مقداما. *g*) L سرع. Deinde P وجبرته, L s. p. *h*) Codd. عبد الله; vid. Tab. II, ٨٤١, 20. *i*) P وكان استوزره. *k*) P مولى. *l*) Codd. الجهشارى. *m*) P وقلده. *n*) L داود بن. *o*) P عليه. Deinde L الى ان. *p*) P ins. خمس وقيل. *q*) L c. و.

وابو عبد الله محمّد بن عبدوس احد المتاخّرين ممن صنّف فی *a* اخبار الوزراء والكتّاب وكذلك *b* المعروف بابن الماشطة الكاتب وابو بكر محمّد بن يحيى الصولیّ *c* الجليس وعلىّ بن الفتح المعروف بالمطوّق صنّف من اخبارهم الى سنة ٣٢٠ ۞ وكان نقش خاتم الهادى الله ربّی، وعلى قضائه ابو يوسف صاحب ابى حنيفة النعمان بن ثابت f.191 r.
وهو يعقوب بن ابراهيم بن حبيب *d* من انمار بن اراش بن عمرو بن الغوث بن نَبْت *e* بن * مالك بن *f* زيد بن كهلان وعداده فی *g* الانصار ثم فی بنی عمرو بن عوف من *h* الاوس * وسعيد بن *i* عبد الرحمان الجمحىّ، وحاجبه الفضل بن الربيع ۞

ذكر خلافة *k* الرشيد

وبويع الرشيد *l* هارون بن المهدىّ ويكنى ابا جعفر وامّه الخيزران امّ اخيه الهادى فی الوقت الذى توفّی فيه الهادى وبايع *m* لابنه محمّد ابن زُبَيدة بالعهد بعده ثم لعبد الله المامون بعد محمّد وولّاه الرىّ وخراسان وما اتّصل بذلك واخذ عليهما العهود *n* والمواثيق بالوفاء وكتب عليهما بذلك كتابين علّقهما فی الكعبة ثم بايع لابنه القاسم بولاية العهد بعد المامون وجعل * امر القاسم *o* للمامون اذا صار الامر اليه * فان راى *p* اقراره اقرّه وان راى خلعه خلعه، وتوفّی بقرية يقال لها سناباذ *q* من طوس من ارض خراسان يوم السبت لاربع خلون من جمادى الآخرة سنة ١٩٣ وهو ابن اربع واربعين سنة
f.191 v. واربعة اشهر فكانت *r* خلافته ثلاثا وعشرين سنة وشهرين وستّة عشر

---

a) P om. *b*) L وذلك. *c*) L الصنو. *d*) P حبش, L حمس; vid. Ibn Kot. ٢٥١, Ibn Dor. ٣٠٢. *e*) P ثابت. *f*) Addidi. P يزيد pro زيد. *g*) P من. *h*) L بن. *i*) P وصعيد بنى. *k*) P ايام. *l*) P ins. بن ابراهيم. *m*) P s. و. *n*) P العهد. *o*) Addidi coll. Tab. ٦٥٨ ult., *Mor.* VI, 328, Hamza ٢٢٥, 3 a f. *p*) L فراى et mox فاقره. *q*) L اسداباد et طرسوس pro طوس. *r*) P c. و

يوما، وكان تامّ الخلقة جميلا طويلا ابيض مسمنا قد وخطه الشيب له وفرة اذا حجّ حلقها وكان كامل الاخلاق سمحا *a* شجاعا كثير الحجّ والجهاد حجّ فى خلافته ثمانى حجج وغزا ثمانى غزوات نبيها *b* على *الامور بعد مدّة من خلافته فافسد الصنائع *c* واحبّ جمع الاموال *d*، واستوزر البرامكة يحيى بن خالد بن برمك وابنيه جعفرا والفضل ثمّ نكبهم فى صفر سنة ١٨٧ وقتل جعفرا وذلك لسبع عشرة سنة خلت من خلافته، ودفع خاتم الخلافة بعد *ايقاعه بهم *e* الى علىّ بن يَقْطِين وغلب عليه الفضل بن الربيع واسماعيل بن صَبيح الى ان مات وكان *f* صبيح ابو اسماعيل مولى عتاقة لسالم الافطس وسالم الافطس مولى عتاقة لبنى اميّة، واختلّت *g* اموره بعد البرامكة وبان للناس قبح تدبيره وسوء سياسته، وكان نقش خاتمه بالله يثق هارون، وقضى له عدّة منهم علىّ بن حرملة وعون بن عبد الله المسعودىّ وحفص بن غياث وشريك بن عبد الله بن ابى شريك النخعىّ ومحمّد بن سماعة الحنفىّ *h*، وحجبه *i* بشر *a* بن ميمون ثمّ محمّد بن f.192 r.
خالد بن برمك ثمّ الفضل بن الربيع ۞

ذكر خلافة الامين

وبويع الامين محمّد بن هارون الرشيد ويكنى ابا موسى وامّه زُبيدة *امّ جعفر *a* ابنة جعفر بن ابى جعفر المنصور يوم السبت للنصف *k* من جمادى الآخرة سنة ١٩٣ وبايع له المامون *l* بخراسان وكتب اليه بالطاعة والخضوع وامتثال *امره ونهيه *m* انقيادا الى ما تقدّم به العهد فعمل الامين *n* فى خلعه والاحتيال لذلك وكتب اليه يامره بتسليم

---

a) L om. *b*) P ببينه, L بينه. *c*) Haec excepto الا in L perierunt. *d*) L المال. *e*) P قبضه عليهم. *f*) P وان. *g*) P واختلفت. *h*) P الحبشى, L الحسى; vid. Abu 'l-Mah. I, ٩٩٧. *i*) P وحاجبه. *k*) P النصف. *l*) P ins. الخراسانى. *m*) P الامر والنهى. Deinde L add. و. *n*) L محمد.

بعض اعماله الى من يرسم له فامتنع من ذلك فكتب اليه يأمره *a* بالمصير اليه لمعاونته *b* على تدبيره *a* ملكه فاعتلّ بامور ذكرها فوجّه اليه يسأله تقديم *c* ابنه عليه بولاية العهد ويرغبه *فى ذلك *d* ويرهبه فأبى وقوّى الفضل بن سهل ذو الرئاستين عزمه على محاربته فلمّا عادت الرسل الى الامين بذلك بايع لابنه موسى ولقّبه الناطق بالحقّ وهو يومئذ صبىٌّ صغير *d* وسرّح علىّ بن عيسى بن ماهان فى خمسين الفا باعظم ما يكون من القوّة والعدد ليجيئه بالمامون فندب المامون *e* f.192 v.
للقائه طاهر *f* بن الحسين بن مصعب بن *زريق بن حمزة *g* الرستمىّ من ولد رستم بن دستان الشديد وهم *h* موالى خزاعة فى الاسلام واليهم *i* ينتمون فنزل الرىّ وسار علىٌّ بن عيسى حتى قرب منها *فالتقيا فاقتتلا *k* قتالا شديدا فقتل علىٌّ بن عيسى وفُضّت جموعه واحتوى على عسكره وذلك لعشر خلون من شعبان سنة ١٩٥ فحينئذ سُلّم على المامون بامرة *l* المؤمنين وسمّى طاهر ذا اليمينين وسار طاهر يفتح *m* بلدا بلدا *n* ويكسر من تلقّاه من الجيوش الى ان *o* نزل حلوان فلحق به هرثمة بن أعْيَن فى جيش كثيف وكتب *اليه المامون ان يخلّى بين *p* هرثمة *وبين المسير *q* الى مدينة السلام *ويسير هو اليها على طريق *p* الاهواز فسار هرثمة حتى نزل طاهر *d* الجانب *الشرقىّ من مدينة السلام *p* وسار طاهر فافتتح الاهواز *وواسط والمدائن واحتوى على *p* الكوفة والبصرة ونزل بظاهر الجانب الغربىّ من مدينة السلام وذلك فى سنة ١٩٦ فحاصراها *r* وغادوهم القتال وراوحوهم وقد

---

a) L om. *b*) L لمعاددته. *c*) P بتقديم, L يقدم. *d*) P om. *e*) P المندوب. *f*) P semper ظاهر. *g*) L رزين بن حزه. *h*) L وهو. *i*) L s. و. *k*) P والتقيا فقاتلا. *l*) P ins. المامومين وقبل. *m*) L ففتح. *n*) P ببلد. *o*) P ins. لقى حلوان الى ان. *p*) Periit in L. *q*) L والمسير. Post الى L ins. المدينة. *r*) P فحاصرها et deinde وعاودهم.

كان الحسين بن علىّ بن عيسى *بن ماهان [a] قدم من الرقّة قبل وصول طاهر وهرثمة الى مدينة السلام فى جيش كثيف وكان مع عبد f.193r. الملك بن صالح بن علىّ بن عبد الله بن العبّاس فلمّا مات عبد الملك سار [b] الى مدينة السلام لثلاث خلون من رجب من هذه السنة فخلع محمّدا ودعا الى المامون فاجابه الناس الى ذلك وسجن محمّدا [c] وامّه وولده فى مدينة ابى جعفر وطلب منه [a] الجند ارزاقهم فلم يكن عنده ما يعطيهم ومنّاهم قدوم هرثمة فاخرجوا محمّدا بعد حبس يومين واعادوه الى حاله وجدّدوا له البيعة يوم الجمعة لستّ عشرة ليلة خلت *من رجب [a] من هذه السنة وجاءوه بالحسين بن علىّ فصفح عنه وولّاه امره ودفع اليه خاتمه فغدر وهرب يريد هرثمة فلُحق فقتل [a] على فرسخ [d] من بغداد على [e] طريق النهروان وأُتى محمّد برأسه، ودخل هرثمة الجانب *الشرقىّ وطاهر الجانب [e] الغربىّ فى المحرّم سنة ١٩٨ وجدّ طاهر فى القتال الى ان استولى على اكثر الجانب الغربىّ وحصر محمّدا [f] بمدينة ابى جعفر المنصور فراسل الامين هرثمة *خفيًّا فى المصير اليه وكان اوثق عنده من طاهر فتأهّب هرثمة [e] لذلك وصار فى حرّاقة له الى بعض المشارع وركب معه الامين وعلم طاهر بذلك فوجّه بعده من *خاصّته فرجموا [g] الحرّاقة [h] ونجا محمّد f.193v. الامين [e] *سباحة الى الشطّ [i] وصار فى يد [a] بعض اصحاب طاهر [k] فقُبض عليه وعرف طاهر خبره فوجّه من قتله وجاءوه برأسه فانفذه الى المامون *الى خراسان [l] وكان مقتله ليلة الاحد لخمس ليال بقين من المحرّم من هذه السنة وهى سنة ١٩٨ وله ثلاث وثلاثون سنة، وكانت خلافته اربع سنين وسبعة اشهر وعشرة ايّام وكان حسن الوجه تامّ

---

a) P om. *b*) L صار. *c*) P محمد. *d*) P فراسخ; cf. Tab. ٨٥١, 11. P hic ins. فقتل. *e*) L om. *f*) L محمد. *g*) Cod. فوجهوا; cf. Tab. ٩١٧, 4 seq. *h*) Periit in L. *i*) P سباحة الى البسط. *k*) P الظاهر. *l*) L بخراسان.

القامة ابيض مسمنا صغير العينين بعيد *ما بين *a* المنكبين شديدا *b* فى بدنه باسطا يده بالعطاء قبيح السيرة ضعيف الراى *سفّاكا للدماء *c* يركب هواه ويهمل امره *d* ويتّكل *e* فى جليلات الخطوب على *f* غيره ويثق بمن لا ينصحه *g*، واستوزر الفضل بن الربيع الى ان استتر الفضل لما تبيّن من اختلال امر محمّد ووهاء امره فقام بوزارته *h* من حضره *i* من كتّابه كاسماعيل بن صبيح *k* وغلب عليه عدّة من الاولياء منهم محمّد بن عيسى بن نَهيك والسِّنْدى بن شاهك وسليمان بن ابى جعفر المنصور، وكان نقش خاتمه نعم *e* القادر الله وقيل سائل الله لا يخيب، وقضاته محمّد بن *l* سماعة ومحمّد بن *m* حبيب واسماعيل بن f.194 r. حمّاد بن ابى حنيفة وابو البَخْترىّ وهب بن وهب القرشىّ، وحاجبه *العبّاس بن الفضل بن الربيع *n* ✿

ذكر خلافة المامون

وبويع المامون عبد الله بن هارون ويكنى ابا *جعفر وامّه *o* امّ ولد بادَغيسيّة *p* تسمّى *e* مراجل *q* البيعة *العامّة بعد قتل *e* المخلوع يوم الاحد لخمس ليال بقين من المحرّم سنة ١٩٨ وبايع للرضى علىّ بن موسى بن جعفر بن محمّد بن علىّ بن الحسين بن علىّ بن ابى طالب بالعهد بعده وازال لبس السواد ولبس بدله *r* الخضرة واخذ الناس بذلك فاضطرب *a* مَن بمدينة *s* السلام من الهاشميّين *وعظم ذلك على اهل بغداد عامّة وعلى الهاشميّين *a* خاصّة لزوال الملك عنهم ومصيره الى ولد ابى طالب فاخرجوا لحسن بن سهل *t* اخا ذى

---

a) L om. *b*) P شديد. Mox L بدية. Cf. *Fragm.* ٣٤٢, 5. *c*) P سفاك الدما. *d*) P اموره. *e*) P om. *f*) P الى. *g*) L نصحه. *h*) P بوازيه. *i*) P حضره. *k*) P صبح. *l*) P ins. قضاعة وقيل ابن. *m*) L ins. ابى. *n*) L الفضل بن العباس. *o*) Cod. ins. ام جعفر وقيل امه. *p*) Periit in L. *q*) P من اجل, L بن اجل et hic العاملة pro العامة. *r*) L بدلا. *s*) L مدينه. *t*) P ins. اخذ.

الرئاستين وكان خليفة المامون على العراق وبايعوا *a* المنصور بن المهدىّ *فلم يتمّ له امر وكان مضعفا فبايعوا اخاه ابراهيم بن المهدىّ *b* بالخلافة لخمس خلون من المحرّم سنة ٢٠٢ ودُعى *c* له على المنابر بمدينة السلام وغيرها فوجّه *d* الجيوش *لمحاربة الحسن *e* بن سهل وهو بناحية المدائن *فكانت الحروب *f* بينهم سجالا وسار المامون عن مرو f.194 v. يريد بغداد ومعه علىُّ بن موسى الرضى ووزيره القائم *g* بدولته الفضل ابن سهل ذو الرئاستين *f* وقُتل الفضل بن سهل *f* غيلة فى *حمّام بسَرَخْس *h* يوم الاثنين لخمس خلون من شعبان من *i* هذه السنة *فقتل الرضى فى طوس فى اوّل صفر سنة ٢٠٣ *k*، ولمّا قرب المامون من بغداد اضطرب *على ابراهيم من كان يعتمد على *l* نصرته وقعد عنه اكثر من بايعه *m* من الهاشميّين وغيرهم *فاستتر لاحدى عشرة ليلة *l* خلت من ذى الحجّة من هذه السنة وقال *معاتبا للعبّاسيّين

فلا جُزِيَتْ بنو العبّاس *l* خَيْرًا على *رُغْمِى ولا اُغْتَبَطَتْ *n* بِرِىّ
أَتَوْنِى مُهْطِعِينَ *o* وقد أتاهم بَوَارُ الدَّهْرِ بالخَبَرِ الجَلِىِّ
وقد ذَهَلَ الحواضنُ عن بَنيها وصُدَّ الثَّدْىُ عن فَمِ *p* الصَّبِىِّ
وحُلَّ عصائبُ الاَمْلاك منها *فشُدَّتْ فى رِقاب *q* بنى عَلِىِّ
فضَجَّتْ ان تُشَدَّ على رؤوسٍ تُطالِبُها *r* بميراثِ النَّبِىِّ

وكانت ايّامه منذ بويع الى ان استتر سنةً وأحد عشر شهرا وايّامًا،

---

a) P وبايئوا. *b*) L om. *c*) P ودعا. *d*) P ins. المامون. *e*) P لمحاربته للحسن. *f*) P om. *g*) L والقايم. *h*) L حام سرخس; cf. Tab. ١٠٢٧, 8 seq. *i*) L فى. *k*) P om., L habet post ذو الرئاستين. Pro فقتل ibi est فتولى, et طرسوس pro طوس. *l*) Periit in L. *m*) P تابعه, L نابعه. *n*) L ابن عمى ولا اعبطت; Kindî, Hist. Aegypti, cod. Mus. Britt. Add. 23,324, f. 74 r. رُغمى. Pro برى ut recte Kindî, codd. بزى. *o*) Kindî مُقطعين. *p*) L در. Hic versus apud Kindî desideratur. *q*) Kindî وسدت فى رووس. *r*) Codd. يطالبها. Kindî ut rec.

ودخل المامون مدينة السلام يوم السبت لثمان عشرة ليلة خلت من صفر سنة ٢٠٤ وامر باعادة لبس السواد وتخريق *a* الخضرة بعد ثمانية ايّام من قدومه، ولم يزل ابراهيم مستترا منتقلا بمدينة السلام الى ان ظفر به * فى استتاره *b* ليلة الاحد لثلاث عشرة ليلة بقيت f. 195 r. من شهر ربيع الآخر سنة ٢١٠ فعفى عنه المامون واعتقل مُديدة ثم اطلقه وردّ عليه نعمته واعاده الى رتبته، وتوفّى المامون على عين البُذَنْدُون *c* من ارض الروم مما يلى طرسوس لثلاث عشرة ليلة بقيت من رجب سنة ٢١٨ وله تسع واربعون سنة ودُفن بطرسوس فكانت *d* خلافته عشرين سنة وخمسة اشهر وثمانية عشر يوما وكان ابيض يعلوه صفرة *e* اجنى *f* طويل اللحية ضيّق الجبين كاملا عالما *g* جوادا عظيم العفو كريم المقدرة ميمون النقيبة حسن التدبير جليل الصنائع لا تخدعه الامانىّ ولا تجوز *h* عليه الخدائع علمُه بما بعد عنه من ملكه كعلمه بما حضره وربّما حرك منه الغضب فعاجّل بالعقوبة، واستوزر الفضل بن سهل * ثم اخاه الحسن بن سهل *i* فلمّا اظهر *k* العجز عن الخدمة لعوارض من *g* العلل ولزم منزله عدل المامون الى استكتاب كتّاب *l* لعلمه بكتابتهم *m* وجزالتهم وانه ليس فى عصرهم من * يوازيهم ولا *n* يدانيهم فاستوزرهم واحدا بعد واحد اوّلهم احمد بن ابى خالد الاحول وكان ينوب عن الحسن بن سهل لمّا تخلّف فى منزله فلمّا دعاه المامون الى ان يستوزره قال يا *n* امير المؤمنين اجعل بينى وبين f. 195 v. الناس منزلة يرجونى لها صديقى ويخافنى بها *n* عدوّى فما بعد

a) L وبحريق. Cf. Tab. ١٠٣٧, 12, ١٠٣٨, 8. *b*) P لاستتاره. *c*) L s. p., P السَّدُون. *d*) L c. و. *e*) L صفر. *f*) L احنى. Lectionem receptam habent IA et ʿ*Ikd* III, ٥٥. Videtur esse pro اجنأ. Apud Tab. ١١٤١, 1 receptum est احنى. *g*) L om. *h*) L تحور. *i*) Conjectura supplevi. *k*) P ظهر. *l*) P ins. الحسن. *m*) L بكوادنهم, sed و in ه correcta esse videtur. *n*) P om.

الغايات الّا الآفات *a*، ثمّ احمد بن يوسف *b* ثمّ ابا عبّاد ثابت بن يحيى وعمرو بن مَسْعَدَة بن صُول *c* وكان يجرى مجراهم ولا يعدُّه *d* كثير من الناس فى *e* الوزراء ثمّ استوزر بعد هؤلاء محمّد بن يَزْداد بن سويد وتوفّى المامونُ وهو على وزارته ولم يُملك المامونُ بعد الفضل بن سهل *f* كتّابَه امرَه لقيامه بالملك واضطلاعه *g* به ولم ير احدا انه مفتقر الى وزير يشركه فى تدبيره ولم *h* يكن يسمّى بين يديه احد *i* من كتّابه وزيرا ولا يكاتب بذلك فلاجل ذلك ترك كثير *k* من الناس ان يعدّ من ذكرنا فى الوزراء ورايت مَن صنّف كتابا فى اخبار الوزراء والكتّاب كابى عبد الله محمّد بن داود بن الجرّاح ومحمّد بن يحيى الصولىّ الجليس ومحمّد بن عبدوس الجهشيارىّ *l* والمعروف بابن الماشطة الكاتب منهم من عدّهم *m* فى الوزراء ومنهم من *لم يعدّهم *n* للسبب الذى بيّنّا، وكان نقش خاتمه الله *o* ثقة عبد الله وبه يؤمن، وقاضيه *p* محمّد ابن عمر الواقدىُّ ويحيى بن اكثم، وحجّابه *q* شبيب بن حُميد ابن قحطبة *r* ثمّ علىُّ بن صالح صاحب المصلّى ثمّ محمّد بن حمّاد ابن دَنْقَش *s* ۞

ذكر خلافة المعتصم f.196 r.

وبويع المعتصم محمّد بن هارون *t* الرشيد ويكنى ابا اسحاق وامّه امّ ولد تسمّى ماردة *u* فى الوقت الذى توفّى فيه المامون وكان *h* قدومه الى مدينة السلام غرّة شهر رمضان سنة ٢١٨ وبعث بالافشين وغيره من الامراء وقوّاد العساكر لحرب بابك الخُرّمىّ بآذربيجان *v* فى سنة ٢٢٠

a) L الايات. *b*) P ins. ثمّ ابا عباد بن يوسف. *c*) P جبُول. *d*) P بعده. *e*) L من. *f*) P سعد. *g*) P واستطلاعه. *h*) L c. ف. *i*) P احدا. *k*) L كثيرا. *l*) P الجشيارى, L الحمشارى. Deinde P om. و. *m*) P عده cum ه expuncto, L عددهم. *n*) P tantum يعد. *o*) P بالله. *p*) P s. و. *q*) P وحاجبه. *r*) P add. بن على. *s*) L دقيس. *t*) P عاصم. *u*) P ماوردة. *v*) P بارض اذربيجان.

وكان *a* الفتح واسر بابك فى شهر رمضان وقيل شوّال سنة ٢٢٢ وحمل الى سرّ من راى فقتل بها فى صفر سنة ٢٢٣ فكان *b* مَن ادركه الاحصاء ممّن قتله بابك فى اثنتين وعشرين سنة من جيوش المامون والمعتصم من الامراء والقوّاد وغيرهم من سائر طبقات الناس فى *c* القول المقلّل خمس مائة الف وقيل اكثر من ذلك وان الاحصاء لا يحيط به كثرة *d* وكان خروجه فى *e* سنة ٢٠٠ فى *خلافة المامون وقيل سنة ٢٠١ *f* *بجبل البَذَّيْن *g* من بلاد آذربيجان فى الجاوذانيّة اصحاب جاوذان بن شهرك *h* الخُرَّميّ صاحب بابك وغيرهم، قال المسعودى وقد ذكرنا فى f.196v. كتابنا فى المقالات فى اصول الديانات وفى كتاب سرّ الحياة *مذاهب الخرّميّة *e* الكوذكيّة *i* منهم والكوذشاهيّة *k* وغيرهم *e* ومن منهم بنواحى اصبهان والبُرْج *l* وكَرَج ابى دُلَف والتَّزَّيْن *m* زَزّ معقل وزَزّ ابى دلف ورستاق الورسنجان *n* وقسم وكوذشت *o* من اعمال الصَّيْمرة *p* من مِهْرجان قَذَق وبلاد السِّيرَوان وأُربوجان *q* من بلاد ماسَبَذان وهمذان وماه الكوفة وماه البصرة وآذربيجان وارمينية وقُمّ وقاشان *r* والرىّ وخراسان وسائر ارض الاعاجم وغيرها وما بينهم من التنازع وما بين الفريقين وبين *s* المحمِّرة والمَزْدَقيّة والماهانيّة وغيرهم من الخلاف وما جرت لنا من

---

a) L c. ف. *b*) P c. و. *c*) L من. *d*) P لكثره. *e*) P om. *f*) L om. Pro ٢٠١ P احدى وثمانين. *g*) P بخيل المدين, (L المدين); cf. *Mor.* II, 75, VII, 62 et 123. *h*) L سهل, in quod saepe corruptum est e. g. *Fragm.* ٣٥٤. Flügel in *Zeitschr. D. M. G.* XXIII, 539 ann. 3 habet سهرك. *i*) P واللوذكية. Cf. *Mor.* VI, 187 ubi الكردكية, sed cum var. l. الكودكيه (الكوركيه). *k*) P والكردشاهية, L واللوذشاهيه, *Mor.* واللودشهية. *l*) L والبيزح. Deinde P وكوج, L s. p. *m*) P الرزين s. و et mox زر; L omnia s. p. sed primo loco ورر; *Mor.* الرذ. *n*) L الورسحان, P الوشجان. Secutus sum *Mor.* *o*) L وكوذست. *p*) Codd. الصميرة. *q*) Vid. supra ٦١, 3 et ann. *f*. *Mor.* h. l. ut alibi اربوجان. Forte autem vera lectio est آذيوَخان Jâc. I, ٦٠, 1. *r*) P وقاسان. *s*) L وما بين, P وبنى. Deinde L الحمرة. Cf. Flügel l. l. 532.

المناظرات مع من شاهدنا منهم فى هذه المواطن وما ينتظره *a* لجميع فى المستقبل من الزمان الآتى *b* من عود الملك فيهم *c* ومَن خلع *d* فى *e* الاسلام منهم *f* وظهر من عهد الهُرْمُزان الذى قتله *عبيد الله *g* بن عمر بن الخطّاب *عند وفاة ابيه عمر الى وقتنا *h* هذا وغير ذلك واستقصينا الكلام على هؤلاء وغيرهم من اصحاب الاثنين وجميع من قال بالقدم على تباينهم وسائر من خالف التوحيد *i* وباين ملّة الاسلام فى كتاب الابانة، فى اصول الديانة،، وكتابنا هذا كتاب خبر لا كتاب بحث ونظر ۞

وخرج المعتصم *k* الى ارض الروم غازيا فافتتح *l* انقرة ومدينة عمُّورية f.197 r.
فى شهر رمضان سنة ٢٢٣ وكان سخطه على الافشين خيذر *m* بن كاوس الاشروسنىّ سنة ٢٢٥، وتوفّى المعتصم *f* بسرّ من راى يوم الخميس لاحدى عشرة ليلة بقيت من شهر ربيع الأوّل سنة ٢٢٧ *n* وله ستّ واربعون سنة وعشرة اشهر وكانت خلافته ثمانى سنين وثمانية اشهر ويومين وكان اصهب ابيض حسن الجسم جميل الوجه مربوعا مشربا حمرة *o* عريض الصدر شديد البدن طويل اللحية لم يشب وكان الرجل الذى لا يقاس به الرجال قوّةَ بدن *f* وشدّةَ بأس وشجاعة قلب وكرم اخلاق آثر *p* من استحدث من غلمانه الاتراك على المتقدّمين من اوليائه ونصحاء آبائه وكان يسمّى *q* الخليفة المثمّن لانه الثامن من خلفاء بنى العبّاس وكان مولده سنة ١٧٨ وولى *r* الخلافة سنة ٢١٨ وملك ثمانى سنين وثمانية اشهر وثمانية ايّام وفى *s* قول *بعضهم انه مات عن ثمانية بنين وثمانى بنات *h* وخلّف فى بيت المال ثمانية آلاف *الف

---

a) P ينتظرون. *b*) P والاتى, L واللاتى. *c*) P منهم, L فيه. *d*) P ظهر. *e*) P ins. عهد. *f*) L om. *g*) L عبد الله. *h*) Periit in L. *i*) L للتوحيد. *k*) L المستعصم. *l*) P ففتح. *m*) L s. p. Mox L كنادس. *n*) L ٢٢٩ (تسع). *o*) L بحمرة. *p*) P اكثر. *q*) L سما pro سمى i. e. سُمّى. *r*) P وفى. *s*) L s. و.

f.197v. دينار وثمانية آلاف الف درهم a وكانت b له ثمانية فتوح عظام c منها
اسره d بابك والمازيار e بن قارن صاحب جبال طبرستان * وقهره المحمّرة f
من الخُرّميّة وكانوا مائتى g الف قد غلبوا على بلاد الماهات والجبل
وعظمت شوكتهم واشتدّ امرهم واسره h البوارج وهى i مراكب الهند وكان
فيها منهم عسكر عظيم قد غلبوا على ساحل فارس وعمان وناحية
البصرة ثم اخلاؤه الزُّطّ k عن البطائح وما كانوا غلبوا عليه * مما دون
البصرة l ومما m بين البصرة وواسط وقطعهم السبيل n وسفكهم الدماء
وكانوا خلقا عظيما l كثيرا نافلة عن ناحية الهند لغلاء وقع هنالك
فتنقّلوا * فى بلاد كرمان وفارس وكور الاهواز الى ان صاروا l الى هذه
المواضع فسكنوها وغلبوا عليها * وعظم امرهم c واشتدّ بأسهم فانزلهم بلاد
خانقين * وجَلُولا من طريق خراسان c وبلاد عين زَرْبَة o * من الثغر
الشأمىّ c * ومنذ يومئذ p صارت الجواميس بالشأم q * ولم تكن تعرف
هنالك وقبل ان بدء الجواميس l بالثغر r الشأمىّ وسواحل الشأم من
جواميس كانت لآل المهلّب ببلاد البصرة والبطائح والطفوف فلمّا قُتل
يزيد بن المهلّب نقل يزيد بن عبد الملك بن مروان كثيرا منها الى
هذه النواحى c ثم قتله s جعفر بن مهرجيش t * الكردىّ وكان ذا
عدّة عظيمة بين الموصل وآذربيجان وارمينية قد تغلّب على البلاد c
f.198r. واخاف السبيل وبسط يده * فى القتل u، ثم هزيمة v الافشين لتوفيل

---

a) Periit in L. b) P وكان. c) P om. d) P اسر. e) L ما بين. f) P المخرمة وقهر, L وفيهم الجمره. g) P ماتين; L والمارمار et العراق pro الف. h) P واسرة. i) L s. و. k) L الشط!. l) L om. m) L ما. n) L السمل. o) P وخلوا من بلاد عين روبة وطريق خراسان; L quoque habet بلاد et روبه. Cf. Tab. ١١٦٩, 1. p) L ومن يومهم. q) L بالعراق. r) L والثغر. s) P نقله. t) P مهرحوش, مرجبش, L مهرجبس; IA VI, ٣٦. فهرجس cum var. l. (مهرخوش). u) P بالقتل. v) P هزمة.

ملك الروم، ثمّ [a] فتحه عمّورية واسره [b] باطس [c] بطريقها وهى اعظم مدنهم [d] بعد القسطنطينيّة، *وقد اتينا على شرح هذه الحروب [e] والوقائع فى كتابنا فى اخبار الزمان، ومن اباده الحدثان، من الامم الماضية والاجيال الخالية والممالك الداثرة ۞

واستوزر الفضل بن مروان وكان كاتبه قبل الخلافة ثمّ احمد بن عمّار [f] بن شاذى البصرىّ وقيل بل كان خاصًّا به يتولّى عرض الكتب عليه ولم يكن [g] وزيرا، واستوزر محمّد بن عبد الملك الزيّات، وكان نقش خاتمه الحمد لله الذى ليس كمثله شىء وهو خالق كلّ شىء، وقضاته [h] جعفر بن عيسى الحسنىّ من ولد الحسن بن ابى [i] الحسن البصرىّ وشُعَيب بن سهل ومحمّد بن سماعة وقاضى القضاة احمد [a] ابن ابى دؤاد [k] الايادىّ وكان يذهب فى الفقه مذاهب البصريّين وهى طريقة الحسن [i] البصرىّ *وعبيد الله [l] بن الحسن العَنْبرىّ وعثمان البَتّىّ [m] والاصمّ وغيرهم [a] *وتخلّفه ابو [n] الوليد ابنه، وحاجباه محمّد ابن حمّاد بن دَنْقَش وبُغا الكبير ۞

وهو اوّل خليفة من خلفاء بنى العبّاس انتقل عن [o] مدينة السلام منذ بناها المنصور وكان السبب فى ذلك ان اهلها كرهوه وتأذّوا f198v. بجواره [p] حين كثر عبيده الاتراك وغيرهم من الاعاجم [q] لما كانوا يلقون منهم ومن غلظتهم [s] وربّما وثبت [r] العامّة على بعضهم فقتلوه لصدمهم ايّاهم [t] فى حال ركضهم فاحبّ التنحّى بهم والانفراد عن مدينة السلام [u] فخرج فى آخر سنة ٢٢٠ الى ناحية القاطول فنزل قصرا كان للرشيد

---

a) L om. *b*) P باسرة et add. اهل. *c*) L s. p., P فاطس; vid. Tab. ١٢٤٩ *a*. *d*) P مدينتهم. *e*) Periit in L. *f*) P عثمان. *g*) P يك. *h*) P وقاضيه. *i*) P om. *k*) Codd. داود. *l*) L العنترى et وعبد الله. *m*) P البثى, L اللبثى. *n*) P وتخليفه ابوا. Nomen hujus filii Ibn abî Dowâdi erat Mohammed. Cf. Tab. ١٤١٠, 11, ١٤١١, 1, ١٤٢٠, 1. *o*) L من. *p*) L به وبجواره. *q*) L الاعجام. *r*) P غلظهم. *s*) L وثب. *t*) P اياه. *u*) L بغداد.

هنالك *a* وهمّ ان يبنى فى ذلك الموضع *مدينة ثم بدا له ولم يزل ينتقل فى تلك *b* النواحى حتى وقع اختياره *على موضع سامرّاى *c* وهو فى بلاد كورة انطيرهان *b* فابتدأ ببنائها *d* فى سنة ٢٢١ وسمّاها سُرّ *e* من راى وكملت فى اسرع مدّة وعظمت عمائرها واتّصلت اسواقها وقصورها *f* ونقلت *g* اليها الدواوين والعمّال وبيوت الاموال وقصدها الناس لنزول الخليفة بها *f* وطيبها وحسن موقعها *h* وعمارتها وصنوف مكاسبهم *i* وقد ذكر انها كانت قديمة مسمّاة *k* بهذا الاسم سمّيت *l* بسام بن نوح *وانها كانت آهلة عظيمة عامرة فلم تزل تتناقص على مرّ الزمان *f* *وكان آخر خرابها *m* فى ايّام *f* فتنة الامين والمامون وان موضع قصر المعتصم *n* كان ديرا *o* للنصارى واراضى فابتاعها *p* منهم، وسرّ
من راى آخر المدن العظيمة التى احدثت *فى الاسلام *f* وهى سبع f.199 r.
ونحن ذاكروها فى هذا الموضع لما تقتضيه *q* الحال من ذكرها وحُسْن موقعها عند جمعها واتّصال نظمها ۞

فالاولى *r* منها البصرة وكان تمصيره *s* عُتْبة بن غَزْوان احد بنى مازن ابن منصور اخوة سُلَيم بن منصور بن عكرمة بن خَصَفَة *t* بن قيس ابن عيلان بن مضر البصرةَ *فى المحرّم *f* سنة ١٧ للهجرة وبنى مسجدها ومن الناس من يرى انها مُصّرت *فى *u* احد شهرَىْ ربيع سنة ١٦ *b* وان عتبة بن غزوان انّما خرج *اليها من المدائن بعد فراغ سعد *b* بن ابى وقّاص من حرب الفرس بجَلُولاء الوقيعة *v* وان

---

a) P هناك. *b*) Periit in L. *c*) Cod. بسر مراى. Cf. *Mor.* VII, 120, Tab. ١١٧٩, 13 cet. *d*) L بناها. *e*) P صَبْرْ. *f*) P om. *g*) L ونقل. *h*) P موضعها. *i*) P مكاتبها. *k*) P مسماها. *l*) P سمت. Jâc. III, ٨٢ ult. male سميت بسامير. Cf. *Mor.* 121 et Jakûbî in *Bibl. Geogr.* VII, ٢٥٧, 8 seq. *m*) P واخر خرابها كان. *n*) P المعتضد. *o*) P دينارا e ديارا et hoc e ديرا corruptum. Deinde L لنصارى. *p*) L s. ف. *q*) P يقتضيه. *r*) P ولا ما ولى. *s*) P تمصر. *t*) Codd. حفصة. *u*) Cod. و. *v*) P الوقعة.

عتبة قدم البصرة وهى يومئذ تدعى ارض الهند فيها احجار بيض فنزل موضع الخُرَيبة وذهب ابو مِخْنف لُوط بن يحيى الغامدىّ وابو الحسن علىّ بن محمّد المدائنىّ *والهَيْثَم بن عَدِىّ *a* وغيرهم الى ان نزول عتبة بن غزوان موضع البصرة كان فى سنة ١٤ وان عمر كان انفذ عتبة الى ما *b* هنالك لقطع موادّ الفرس عن المدائن وما حولها قال المسعودى ومن هاهنا اغفل مَن ذهب الى *b* ان البصرة مصّرت فى هذه السنة ۞ والثانية الكوفة تنوزع فى تمصيره *c* سعد بن ابى f.199 v.
وقّاص الكوفة فمنهم من قال كان ذلك فى سنة ١٧ ايضا والى هذا ذهب الواقدىّ فى آخرين وذهب آخرون الى انها مُصّرت سنة ١٥ وان عبد المسيح بن بُقَيلة الغسّانىّ دلّ سعدا على موضعها وقال ادلّك على ارض ارتفعت عن البقّ *d* وانحدرت عن الفلاة ولا خلاف بينهم جميعا ان البصرة والكوفة بنيتا بعد فتح المدائن دار مملكة فارس وخروج الملك *b* يزدجرد بن شهريار بن كسرى ابرويز عنها الى حلوان ووقعة جلولاء الوقيعة ۞ والثالثة *e* فُسْطاط مصر كان تمصيره *f* عمرو f.201 v.
ابن العاص فسطاط مصر سنة ٢٠ وكان *مسيره اليها وحروبه *g* مع اهلها سنة ١٩ على ما فى ذلك من التنازع كذلك *h* ذكر *احمد بن *b* يحيى بن جابر *i* البَلاذُرىّ فى كتابه فى فتوح البلدان *k* وان اسم الحصن الذى كان قتالهم عليه وهو وسط مدينة الفسطاط *l* واليوم يعرف بقصر الشمع بابلون *m* وقيل اليونة فسمّاها *n* المسلمون فسطاطا

---

a) P والهشيم وعدى. *b*) P om. *c*) P مصر. *d*) Jâc. IV, ٣٢٣, 15 البقّة, Belâdh. ٢٧٦, 5 المباقّ, *Mor.* IV, 226 البرّ. *e*) P s. و. Hinc in P f. 199 v. l. 10 ad f. 201 v. l. 4 sequitur pars chalifatus Moktadiri. *f*) P بمسير. *g*) P مصيره اليها وخروجه. *h*) P وكذلك. *i*) P ins. احمد. *k*) L المداين. *l*) P s. art. Deinde L om. و. *m*) P باب لون. Vulgo بابليون (باب اليون, ليون). Belâdh. ٢١٣, 1 tantum اليونة (L s. p.). *n*) P فبناها.

لانهم قالوا هذا فسطاط القوم ومجمعهم، وذكر عبد الرحمان بن عبد الله بن الحَكَم المصرىّ فى كتابه فى فتوح مصر والاسكندريّة * والمغرب والاندلس واخبارها ان عمرا اقام محاصرا لهم سبعة اشهر الى ان افتتحها وسار الى الاسكندريّة a فلمّا فرغ من فتحها * وراى منازلها b وابنيتها مفروغا منها c همّ d ان يسكنها وقال مساكن قد كفيناها فكتب الى عمر يستأذنه فى ذلك فسأل عمر الرسول هل يحول بينى وبين المسلمين ماء؟ قال نعم يا امير المؤمنين النيل فكتب
عمر a الى عمرو انّى لا احبّ ان ينزل المسلمون منزلا يحول الماء بينى f.202r.
وبينهم فى شتاء ولا صيف فتحوّل عمرو من الاسكندريّة الى الفسطاط قال عبد الرحمان وغيره وانّما سمّيت الفسطاط ان e عمرو بن العاص لمّا اراد التوجّه f الى الاسكندريّة لقتال من بها من الروم امر بنزع فسطاطه فاذا فيه يمام قد فرّخ فقال عمرو لقد تحرّم بمتحرّم * فامر به a فأُقرّ كما هو واوصى به g صاحب قصر الشمع * فلمّا قفل المسلمون من الاسكندريّة h قالوا i اين ننزل فقال بعضهم الفسطاط * لفسطاط k عمرو الذى كان خلّفه l فنزلوا h ووضعوا ايديهم فى m البناء ولم يزل عمرو * قائما حتى وضعوا قبلة h المسجد ۞ والرابعة الرَّمْلَة لمّا ولّى الوليد ابن g عبد الملك اخاه سليمان جند فلسطين نزل لُدّ n ثم احدث مدينة الرملة ومصّرها o وكان اوّل ما بنى * قصره والدار التى تعرف p بدار الصبّاغين الى هذا الوقت واذن للناس فبنوا واحتفر لهم القناة q التى تدعى بردة وآبارا r كثيرة * واختطّ للمسجد خطّة s وبناه فولى

---

a) L om. *b*) P راى منارتها; cf. Makrîzî I, ٢٩٦ بيوتها وبناءها. *c*) P om.; L منهم. *d*) P وهم. *e*) Makr. لان. *f*) P التوجيه. *g*) P om. *h*) Periit in L. *i*) P فقالوا. *k*) Cod. فسطاط sine ل. *l*) Cod. خلفهم. *m*) P و. *n*) L لدا, P الكدار; vid. Ibn al-Fakîh ١٠٢, 9, Jâc. II, ٨١٨,٠11. *o*) L وقصرها. *p*) P قصر الدار الذى يعرف; vid. Belâdh. ١٤٣. *q*) P s. art. *r*) L واثارا. *s*) P حيطه .... واحاط.

الامر قبل استمامه وبنى فيه *a* فى ايّامه واتمّه عمر بن عبد العزيز بعده *b* غير انه نقص من الخطّة وقال اهل الرملة يكتفون بهذا المقدار الذى اقتصرت عليه كذلك ذكر احمد بن يحيى البلاذرىّ ۞

f.202 v. والخامسة واسط العراق كان بناء *c* الحجّاج مدينة واسط العراق *d* سنة ٨٣ او *e* ٨٤ فيما ذكر احمد بن يحيى *f* وبنى مسجدها وقصرها *g* والقبّة الخضراء بها وكانت ارض قصب فلذلك سمّيت واسط القصب وبينها وبين * البصرة والكوفة *h* والاهواز وبغداد مقدار واحد وهو خمسون فرسخا ۞ والسادسة *i* * مدينة السلام *k* كان ابتداء ابى جعفر المنصور ببناء * مدينته المنسوبة اليه فى الجانب *k* الغربىّ من بغداد سنة ١٤٥ * وكان هناك دير عادىٌّ مما يلى الصّراة *k* وباغ وهو البستان بالفارسيّة فقيل بغداد لاجل ذلك وقيل انه كان *d* موضع صنم يقال له باغ قبل ظهور المجوسيّة وغلبة فارس على هذا الصقع والاوّل اشهر كذلك ذكر ابن ابى طاهر فى كتابه فى اخبار بغداد وغيره من المصنّفين فلمّا ظهر محمّد بن عبد الله بن الحسن *l* * بن الحسن *b* ابن علىّ بن ابى طالب بالمدينة واخوه ابراهيم بالبصرة شخص المنصور الى الكوفة ولم يزل مقيما بها الى ان قُتلا *m* فعاد الى بغداد سنة ١٤٦ واستتمّ *n* بناءها وسمّاها مدينة السلام وحوّل بيوت الاموال والدواوين اليها ثم بنى للمهدىّ *o* الرُّصافة فى الجانب الشرقىّ من بغداد وكان هذا الجانب يدعى عسكر المهدىّ لمعسكره فيه عند شخوصه الى f.203 r.

الرىّ فلمّا عاد نزل الرصافة سنة ١٥١ واتّصلت الابنية فى الجانبين جميعا ويسمّى الجانب الغربىّ من بغداد الزوراء لازورار الناس فى قبلتهم

---

a) L قبة. *b*) L om. *c*) P بناها. *d*) P om. *e*) P وقيل.
f) Belâdh. ٢٩٠. *g*) P ومصرها. *h*) L tantum الكوفة. *i*) P السادس. *k*) Periit in L. *l*) L حسن. *m*) L قتل. *n*) L واستمر. *o*) Codd. المهدى.

والجانب الشرقىّ الروحاء الى وقتنا هذا ۞ والسابعة سرّ من راى *على ماa قدّمنا ۞

ذكر خلافةb الواثق

*وبويع الواثق هارون بن محمّدc المعتصم ويكنى ابا جعفر وامّه امّ ولد *تسمّى قراطيس فى الوقت الذى توفّىc فيه المعتصم وهو يوم الخميس لاحدى عشرة ليلة بقيت من شهر ربيع الأوّل سنة ٢٢٧d وتوفّى بسرّ من راى يوم الاربعاء لستّ بقين من ذى الحجّةe سنة ٢٣٢ وهو ابن اثنتين واربعين سنة وكانت خلافته خمس سنين وتسعة اشهر وستّة ايّام، وكان ابيض مشربا حمرةf حسن الجسمg عريض الصدر كثّh اللحية فى عينيه نكتة بياض يذهب فى كثير من امورهi مذاهب المامون شغل نفسه بمحنة الناس فى الدين فافسد قلوبهم واوجدهم *السبيل الىk الطعن عليه، وكان وزيره محمّد بن عبد الملك الزيّات على ما كان عليه فى ايّام المعتصم، ونقش خاتمه اللهl ثقة f.208 r. الواثق، وقاضيه احمد بن ابى دؤادm وحجّابه محمّد بن حمّاد بن دَنْقَش وايتاخ ووَصيف ۞

ذكر خلافة المتوكّل

وبويع المتوكّل جعفر بن محمّد المعتصم ويكنى ابا الفضل وامّه امّ ولد طخارستانيّة تسمّى شجاع فى اليوم الذى توفّى فيه الواثق وبايع لبنيه الثلاثة بولاية العهد بعده المنتصرn *وابى عبد الله المعتزّ وابراهيم المؤيّدc *وجفا الموالىo من الاتراك واطّرحهم *وحطّ مراتبهم وعمل على الاستبدالc بهم والاستظهار عليهم وضمّ *الى وزيره عبيد الله

---

a) P كما. b) P ايام الواثق هارون وخلافته. c) Periit in L. d) L ٢٢٩ (تسع). e) P القعدة. f) L بحمرة. g) L الوجه; cf. Tab. ١٣٦٤, 7. h) P كثيف. i) L امره. k) P om. l) P بالله. m) Codd. داود. Deinde P وحاجبه. n) Manus rec. in L add. ثم لمستعين. Pro وابى P بن ابى et ابن ابراهيم pro وابراهيم. o) P وحط الاموال وحقا الاموال.

ابن يحيى بن خاقان *a* نحوا من اثنى عشر الفا من العرب * والصعاليك وغيرهم برسم المعتزّ *a* وكان فى حجره وضاق *b* عليهم المال بشركة هؤلاء معهم فيه وجعل يجيل الآراء فى استئصالهم *c* ونال ابنه محمّدا بانواع الذلّة والهوان فاجمع *d* على قتله فواطأ وصيفا وبغا وغيرهم من الموالى على الفتك به فاعدّوا لذلك عدّة من اصاغر *e* الموالى منهم باغر وغيره فقتلوه بمدينته المسمّاة الجعفريّة من سرّ من راى ليلة الاربعاء لثلاث ليال خلون من شوّال سنة ٢٤٧ وله احدى واربعون سنة وكانت 1204 r. خلافته اربع عشرة سنة وتسعة اشهر وتسعة ايّام، وكان *f* اسمر رقيق البشرة يضرب لونه الى الصفرة حسن الوجه خفيف العارضين كبير العينين وكان سليما مجيبا *g* الى الغاية رفع *h* المحنة ومنع *i* الجدل فى الدين وضعت *k* له الدنيا فنال *l* منها اعظم الحظّ على ايثاره *m* الهزل والمضاحك *n* والامور التى تشين *o* الملوك، واستوزر محمّد بن عبد الملك الزيّات نحوا من اربعين يوما من خلافته ثمّ قتله واستوزر محمّد بن الفضل الجرجرائىّ *p* ثمّ استوزر عبيد الله بن يحيى بن خاقان * المروزىّ ووزر وابوه يحيى بن خاقان حىّ *q*، وكان نقش خاتمه جعفر على الله يتوكّل، وعلى قضائه يحيى بن اكثم وجعفر بن محمّد البرجمىّ *r*، وعلى حجابته *s* وَصِيف وبُغَا وزُرَافة ۞

ذكر خلافة *t* المنتصر محمّد *q*

* وبويع المنتصر محمّد بن جعفر المتوكّل *a* ويكنى ابا جعفر وامّه امّ ولد روميّة تسمّى حبشيّة صبيحة الليلة التى قتل فيها المتوكّل وتوفّى

---

a) Periit in L. *b*) L وطاف. *c*) L استيصال ذلك. *d*) P c. و. *e*) P صغاير. *f*) P ins. اشتهر. *g*) L مححيبا. *h*) L رفع. *i*) L واسع. *k*) P وصنعت, L وصفت. *l*) P فنال. *m*) P اتيانه. *n*) P والضحايك; cf. *Mor.* VII, 191. *o*) P تستره. *p*) Codd. الجرجانى ut *ʿIkd* III, ٥٦; cf. Tab. ١٣٧٩, 1, Jâc. II, ٥٥, 1. *q*) L om. *r*) L الترخمى, sed Tab. ١٥١٥, 1 ut rec. *s*) P حجابه, L حجبته. *t*) P ايام.

بسرّ من راى لاربع خلون من *شهر ربيع *a* الآخر سنة ٢٤٨ وله ثمان وعشرون سنة مسموما *فيما قيل *b* وان الموالى لمّا علموا سوءَ نيّته فيهم وانه *على التدبير عليهم *c* بادروه بذلك فكانت *d* خلافته ستّة اشهر ويوما، وكان مربوعا حسن الوجه *e* اسمر *f* مسمنا ذا شهامة ومعرفة f 204 r. وامساك للمال وحفظ له حتى انكر الناس عليه البخل وشدّة المنع، واستوزر احمد بن الخصيب الى ان مات، وكان نقش خاتمه *محمّد بالله ينتصر، وقاضيه جعفر بن محمّد وقيل جعفر بن *f* عبد الواحد الهاشمىّ *f*، وحاجباه وصيف وبغا ۞

ذكر خلافة المستعين

وبويع المستعين احمد بن محمّد *بن محمّد *f* المعتصم ويكنى ابا عبد الله وامّه امّ ولد يقال لها مخارق فى اليوم الذى توفّى فيه المنتصر وغلب على التدبير والامر والنهى اوتامش ابن اخت بغا الكبير *f* وكاتبه شجاع بن القاسم الى ان شغب الموالى فقتلوه وكاتبه للنصف *g* من شهر ربيع الاوّل سنة ٢٤٩ ولم يزل مقيما بسرّ من راى الى ان قتل وصيف وبغا باغر التركىّ احد المتقدّمين فى قتل المتوكّل فشغب الموالى وتحزّبوا فانحدر ومعه وصيف وبغا الى مدينة السلام لثلاث خلون *من المحرّم سنة ٢٥١ *h* وبايع الاتراك بسرّ من راى *ابا عبد الله المعتزّ *i* لحرب من بمدينة السلام فكانت الحروب بينهم سنة الا ايّاما يسيرة والقيّم بامر المستعين محمّد بن عبد الله بن طاهر الى ان خلع المستعين نفسه وسلّم الخلافة الى المعتزّ لليلتين خلتا من المحرّم سنة ٢٥٢ وقُتل بقادسيّةِ *سرّ *k* من راى يوم الاربعاء لثلاث ليال

---

a) L جمادى. Deinde P الاول. Cf. Tab. ١٤٩٥, 15 seq. *b*) P om. *c*) P عليه التدبير. *d*) L c. و. *e*) L الجسم. *f*) L om. *g*) P النصف. *h*) Periit in L. *i*) Haec in L perierunt; conjectura supplevi. Inde a وبايع ad سنة ٢٥٢ l. 21 omnia in P desiderantur. *k*) P بسر (وقيل يقد سنه).

خلون[a] من شوّال من هذه السنة وهو ابن خمس وثلاثين سنة فكانت[b] خلافته منذ[c] بويع الى ان خلع ثلاث سنين وثمانية اشهر f.205 r. وثمانية وعشرين يوما ومنذ خلع الى ان قتل تسعة اشهر، وكان مسمنا حسن الوجه اسود اللحية ليّن الجانب منقادا لاتّباع[d] مهملات الامور[e] شديد الخوف على نفسه فاداه[f] خوفه وقلّة امنه الى الهرب عن دار ملكه وقرار عزّه وادبرت الامور عنه، واستوزر احمد بن الخصيب ثم سخط عليه فكانت[b] الوزارة مرسومة باوتامش التركيّ وكاتبه شجاع ابن القاسم يدبّر الامور ثم استوزر بعد قتل اوتامش وشجاع[g] احمد ابن صالح بن شيرزاد، وكان نقش خاتمه فى الفصّ المعروف بالجبل[h] احمد بن محمّد، وقاضيه الحسن بن ابى الشوارب الامويّ، وحاجباه وصيف وبغا ✿

ذكر خلافة المعتزّ

* وبويع المعتزّ الزّبير بن جعفر المتوكّل[i] ويكنى ابا عبد الله وامّه امّ ولد *رومية تسمّى قبيحة البيعة العامّة يوم[i] الخميس لثلاث ليال[k] خلون من المحرّم سنة ٢٥٢ بعد خلع المستعين نفسه وصار اليه وصيف وبغا فردّهما الى مراتبهما ولم يزل يعمل فى[k] الحيلة عليهما الى ان[k] شغب[l] الموالى فقتلوا وصيفا[m] يوم الجمعة سلخ شوّال سنة ٢٥٣ ثم ركب المعتزّ فى بعض الليالى وقد بلغته[n] عن بغا غرّة ليوقع به f.205 v. فهرب بغا الى نواحى الموصل ثم عاد مختفيا فى زورق صغير *منحدرا فى دجلة لتدبيره[o] *يوقعه على المعتزّ فعلم فظفر به بجسر سرّ من راى وعرف المعتزّ خبره فامر بقتله فقتل سلخ ذى القعدة سنة ٢٥٤ وحمل

---

a) L om. *b*) P c. و. *c*) L مذ et mox ومذ. *d*) L للاتباع. *e*) L للامور. *f*) L s. p. Deinde P خوف. *g*) P s. و. *h*) L s. p. Restituatur *Mor.* VII, 376 pro الجبلى; cf. Tab. III, ٦٠٢, 12, ١٦٤٧, 7. *i*) Periit in L. *k*) P om. *l*) L سعت. *m*) P وصيف. *n*) L بلغه. *o*) L منحدرا فى حيلة التدبير et habet deinde وقعه.

رأسه اليه فغلب على الامر وتفرّد بالتدبير *a* صالح بن وصيف وكانت نيّته *b* للمعتزّ فاسدة وبلغ صالحا *c* التدبير عليه فقبض عليه وخُلع لثلاث ليال بقين من رجب سنة ٢٥٥ وقُتل بسرّ من راى لثلاث خلون من شعبان من هذه السنة وله اربع وعشرون سنة وكانت خلافته منذ *d* خلع المستعين الى ان خلع هو ثلاث سنين وستّة اشهر واربعة وعشرين يوما وكان ابيض حسن الوجه اسود الشعر حسن العينين لم ير فى الخلفاء مثله جمالا *e* يؤثر اللذّات ويعدم الراى تدبّره امّه قبيحة وغيرها وغُلب على اموره وقُهر فى سلطانه، واستوزر جعفر *ابن محمود *f* الاسكافىّ *g* ثم عيسى بن فرّخانشاه ثم احمد بن اسرايل *وكانت الكتب تخرج باسم صالح بن *g* *وصيف كانه مرسوم *h* بالوزارة لغلبته على الامر، وكان نقش خاتمه المعتزّ بالله، وقاضيه *i* لحسن *k* بن ابى الشوارب الاموىّ، وعلى حجبته *l* صالح بن وصيف وبايكباك *m* ✿

ذكر خلافة *n* المهتدى *محمّد بن هارون *i*

f.206 r. وبويع المهتدى محمّد بن هارون الواثق ويكنى ابا عبد الله وامّه امّ ولد رومية *a* تسمّى قُرْب *o* يوم الاربعاء لثلاث ليال بقين من *p* رجب سنة ٢٥٥ والغالب على الامر والقيّم بالتدبير صالح بن وصيف الى ان قدم موسى بن بغا الكبير من الرىّ وكان هناك عاملا *q* منكرا *r* ما جرى *s* على المعتزّ وكتب اليه المهتدى فى الرجوع من حيث اقبل

---

a) P om. *b*) P بينه. *c*) L ins. انه. *d*) L مذ. *e*) L ins. لا. *f*) Cod. محمد; cf. Tab. ١٧٠٧, 15. *g*) Periit in L. *h*) L ووصيف وكان دونس ما. *i*) L om. *k*) L s. art. *l*) P حجبيه. *m*) L ut rec., P وبانكتال, infra بانكيال; cf. Tab. ١٥٤٣ *e*, quibus addendum est quod Houtsma in ed. Jakûbîi II, ٦١٥ seqq. semper edidit بابكباك, Ibn Maschkow. cod. Schefer بابكياك et بابكيال habet, Eutychius II, 462 باكباك, ʿ*Ikd* III, ٥٧ باك باك. *n*) P ايام. Deinde L المهدى ut quoque saepe in seqq. *o*) P قرت, L فروت. cf. Tab. ١٧١٢, 6. *p*) P ins. ذى. *q*) Addidi. *r*) P ins. على. *s*) P حوى.

ووجّه اليه رسلا فى ذلك فاتى[a] وكانت موافاته سرّ[b] من راى فى[c] المحرّم سنة ٢٥٦ ولمّا قرب منها اختفى صالح بن وصيف واطلق المهتدى لسانه فى موسى بن بغا ونسبه الى المعصية[d] لمجيئه بغير اذن الى ان اخذ كلّ واحد منهما على صاحبه الايمان والمواثيق بالوفاء والمناصحة وطلب صالح[e] طلبا حثيثا[f] فظفر به وقتل لثمان بقين من صفر من هذه السنة وغلظ امر[c] *مساور بن عبد الحميد[g] الشارى مولى بجيلة ببلاد الموصل *وشهرزور والجبال وغيرها من[h] البلاد فتجهّز موسى بن بغا للخروج اليه *ومعه بايكباك فى جيش عظيم فخرجا[h] اليه فلقياه وهزماه وقتلا من اصحابه جمعا فكتب المهتدى الى بايكباك[f] بالفتك بموسى وتسلّم العسكر فاطلع بايكباك موسى[i] على *الكتاب وسار الى سرّ من راى لموافقة المهتدى على[k] كتابه فلمّا حصل عنده قبض عليه وشغب اصحابه فرمى[l] اليهم برأسه وذلك فى f.206 v. رجب من هذه السنة وخرج ابو نصر بن بغا اخو موسى فخرج[k] *فعسكر بخارج[c] سرّ من راى فى جمع من الموالى فوجّه اليه المهتدى فاعطاه الامان فلمّا صار اليه قتله[c] فتنكّر[m] له الموالى وشغبوا[f] عليه فخرج[n] لحربهم فى المغاربة والفراغنة والاشروسنيّة واستنصر بالعامّة فهزموه *وأُسر وبه[o] ضربات مثخنة وقُتل بسرّ من راى لاربع عشرة ليلة بقيت من رجب سنة ٢٥٦ وله واربعون سنة واربعة اشهر وكانت خلافته احد[p] عشر شهرا وثمانية عشر يوما، وكان مربوعا حسن الجسم رحب[q] الجبهة اشهل العينين[r] عظيم البطن طويل اللحية اجلح وكان ورعا *كاد ان[s] يكون فى بنى العبّاس مثل عمر بن عبد العزيز فى بنى اميّة

---

a) P فاتى. b) L بسر. c) P om. d) P العصيه. e) P صالحا. f) L s. p. g) P مسار بن الحميد. h) Periit in L. i) P لموسى. k) L om. l) P c. و. m) L فشكر. n) P فخرجوا; cf. Tab. ١٨١٥ paen. seq. o) P واصروا به. p) P اربعة, L احدى. q) L مربوع. r) P العين. s) P وكان.

هذبا *a* *وفضلا وقصدا *b* ودينا فصادف اقواما لا يجوز عندهم اخلاق الدين ولا يريدون الّا امر الدنيا فسفكوا *c* دمه وتشتّت *d* امورهم بعده، واستوزر فى ايّامه على قصرها جماعة كلّ سلّم عليه بالوزارة *e* منهم جعفر بن محمود الاسكافىّ ومحمّد بن احمد بن عمّار وسليمان ابن وهب، وكان نقش خاتمه محمّد امير المؤمنين، وقاضيه لحسن بن محمّد بن ابى الشوارب، *وحجّابه صالح *f* بن وصيف ثمّ موسى بن بغا وعبد الله *بن دُكَين *f* ☆

ذكر خلافة المعتمد f.207r.

وبويع المعتمد احمد بن جعفر المتوكّل ويكنى *g* ابا العبّاس وامّه امّ ولد تسمّى فِتْيان يوم الثلاثاء لاربع عشرة ليلة بقيت من رجب سنة ٢٥٦ فاهمل امور رعيّته وتشاغل بلهوه *h* ولذّاته حتى اشفى الملك على الذهاب فغلب على امره *وتدبير ملكه *i* وسياسة سلطانه اخوه ابو احمد الموفّق طلحة بن جعفر المتوكّل ويسمّى بالناصر لدين الله وصيّره كالمحجور عليه *k* ولا امر ينفذ له ولا نهى فقام *l* بامر الملك احسن قيام وقمع *m* من قرب *n* من الاعداء *واستنصلح من *o* نأى على كثير *p* ما كان يلقى من اعتراض الموالى وسوء طاعتهم وتشغّبهم *q* فلم تزل امور الموفّق جارية على ذلك الى ان توفّى بمدينة السلام فى صفر سنة ٢٧٨، قال المسعودى وكان خروج المعتمد من سرّ من راى الى مدينة السلام يوم السبت لثلاث خلون من جمادى الآخرة سنة ٢٦٢ فى جيوشه للقاء الصفّار *فاجتاز بها *p* وصار الى الموضع المعروف باضطربذ *r* بين السِّيب ودير العاقول من شاطئ دجلة فكانت *s* الوقعة

a) L s. p. *b*) P inv. ord. Cf. *Mor.* VIII, 19. *c*) L فكشفوا. *d*) L وفتت aut وفشت. *e*) Addidi. *f*) Periit in L. *g*) L وكان يكنى. *h*) P بامورهِ ولهوهِ. Deinde L ولذته. *i*) P وتدبيره. *k*) P اليه. *l*) P فاقام, L وقام. *m*) L وجمع. *n*) L ins. منه. *o*) P وانصلح على.
p) L om. *q*) L ويستحبهم, P om. *r*) P باصطريذ, L باضطرند; vid. Tab. ١٨٩٣ ult., *Mor.* VIII, 43. Pro بين P. و. *s*) P c. و.

*هناك مع يعقوب بن *a* الليث الصفّار *يوم الاحد لسبع *b* خلون من *c* *رجب من هذه السنة فهُزم الصفّار واستبيحت *d* عساكره وعاد المعتمد *c* الى *سرّ من راى *e* فى شعبان من هذه السنة وسار الصفّار f.207 v. الى جنديسابور من كور الاهواز فتوفّى بها فى شوّال سنة ٢٦٥، وكان مقتل علىّ بن محمّد صاحب الزنج المنتمى الى آل ابى طالب فى صفر سنة ٢٧٠ *f* وكان ظهوره بالموضع *g* المعروف ببرنخل *h* ناحية المَفْتَح من اعمال البصرة للنصف من شوّال سنة ٢٥٤ فى خلافة المهتدى وغلب على البصرة واكثر كور الاهواز وما يلى ارّجان *i* من ارض فارس وواسط *k* الى الموضع المعروف بالنعمانيّة وجَرْجَرايا *l* من شاطئ دجلة الى الطفوف ونواحى الكوفة وغير ذلك من النواحى وكانت ايّامه مذ نجم الى ان قُتل اربع عشرة سنة واربعة اشهر *m* وتنوزع فى عدّة من قتل من اصحاب *n* السلطان وغيرهم من الرجال والنساء والصبيان بالسيف والحرق والغرق والجوع فمنهم *o* من يقول ان ذلك الف الف واكثرهم يرى ان ذلك لا يحيط *p* به الاحصاء ولا يحصره العدد كثرة *q* وعظما وأُدخل رأسه *r* بغداد بين يدى *c* المعتضد وقد زُيّنت *s* له

---

a) Periit in L. *b*) *Mor.* لتسع male, ut jam vidit editor, qui vero minus recte يوم الاحد corrigere voluit in يوم الاثنين. Tab. لليال. *c*) P om. *d*) Haec in L perierunt, in P desunt excepto واستبيحت quod in واسكحت corruptum est. Conjectura restitui coll. Tab. et *Mor.* *e*) P الموضع المعروف بسر من راى وتوفى. In L. omnia inde ab الى ad السنة perierunt. Probabiliter non habuit من هذه السنة, quia lacuna spatium sex aut septem verborum non excedit. *f*) P اربعين ومايتين, L تسع وماتين. *g*) P فى الموضع. *h*) Ita P ut rec. Tab. ١٧٤٧, 10, L s. p.; cf. Tab. l. l. ann. *i* cui addatur Ibn Maschkow. in cod. Scheferi habere بِرْنَخْل. *i*) Codd. الرجان. *k*) L ins. وفارس. *l*) P وجرجايا, L وحرجان corr. in حرجانا. *m*) P شهور. *n*) P ins. الرجال. *o*) L om. *p*) P يريد (يدير?). *q*) P كثر. Deinde L وعظم. *r*) L راينه الى. *s*) P رتبت.

الطرق وعقدت له القباب يوم الاثنين لاربع ليال بقين من جمادى الآخرة سنة ٢٧٠ *a* ✿

وتوفّى المعتمد ببغداد لاحدى عشرة ليلة بقيت من رجب سنة ٢٧٩ *b* وله خمسون سنة واشهر وقيل ثمان واربعون سنة *c* فكانت *d* f.208 r.
خلافته ثلاثا وعشرين سنة *وثلاثة ايّام وكان حسن الجسم كبير *e* العينين طويلا جسيما طويل اللحية *عظيم الهامة وولى الخلافة على *e* وجل *f* من اوليائه وحذر من مواليه فردّ الامور اليهم حتى قام بالامر اخوه ابو احمد الموفّق على ما قدّمنا، واستوزر *عبيد الله *g* ابن يحيى بن خاقان ثم الحسن بن مَخْلَد بن الجرّاح ثم *h* سليمان ابن وهب *ثم الحسن بن مخلد *i* ثانية ثم *ابا الصَّقْر *k* اسماعيل بن بُلْبُل *ثم الحسن بن مخلد ثالثة ثم ابا بكر بن صالح بن شيرزاد ثم اسماعيل بن بلبل *i* ثانية *l*، وكان نقش خاتمه المعتمد على الله يعتمد، وقاضيه الحسن بن محمّد بن ابى الشوارب ثم اخوه علىّ بن محمّد وحجبته *m* يارجوخ *n* التركىّ وكَيْغَلَغ *o* وحَسَنج *p* وهو الحسن بن ترتنك *q* وخطارمش وبكتمر ✿

ذكر خلافة المعتضد

وبويع المعتضد احمد *r* بن طلحة الموفّق ويكنى ابا العبّاس *وامّه امّ *s* ولد تسمّى حقير يوم الثلاثاء لاثنتى عشرة ليلة بقيت من رجب سنة ٢٧٩ وتوفّى بمدينة السلام ليلة *الاحد وقيل *i* الثلاثاء *لثمان

a) L ٢٠٧. *b*) P male سبع pro تسع. *c*) P om. *d*) P c. و. *e*) Periit in L. *f*) Codd. رجل. *g*) L عبد الله. *h*) L ابن. *i*) L om. *k*) P ابى الصغرا. *l*) L الثالثة s. p. *m*) P وحاجبه.

n) P بارجوح, L باقدحوح; vid. Tab. ١٧٠٩, 8 et *g*. *o*) P وكطَعْطع. *p*) Apud Tab. ١٨٢٨, 4 male rec. خشنج. *q*) Ita P; L بربنك. Deinde L وحارمش ويكتمر. *r*) P محمد. *s*) P وام. Matrem ejus plurimi appellant ضرار, *Mor.* VIII, 113, IA VII, ٣٥٥, *ʿIkd* II, ٥٨, sed Kodhâʿî, cod. Mus. Britt. Add. 23,285 f. 34 r. dicit nonnullos eam vocare خفير (sic).

بقين وقيل *a* لستّ ليال *b* بقين من شهر ربيع الآخر سنة ٢٨٩ وله سبع واربعون سنة فكانت *c* خلافته تسع سنين وتسعة اشهر واثنين f. 208 v. وعشرين يوما وكان نحيفا ربعة من الرجال حسن اللحية خفيف العارضين يخضب بالسواد سريع *النهضة عند الحادثة قليل الفتور يتفرّد بالامور *d* ويمضى تدبيره بغير *توقّف ولى الامر بضبط وحركة وتجربة *d* وكفّ من كان يتوثّب *e* *وينشعّب من الموالى، واستوزر بعد القبض *d* على الوزير اسماعيل بن بلبل *عبيدَ الله *f* بن سليمان بن وهب *ثمّ *g* القاسم بن عبيد الله *h*، وكان نقش خاتمه الحمد لله الذى ليس كمثله شىء وهو *i* خالق كلّ شىء، وقاضيه ابو اسحاق اسماعيل *بن اسحاق بن اسماعيل بن حمّاد بن زيد مولى الجهاضم من الازد وكان مالكىّ المذهب ثمّ يوسف *h* بن يعقوب وهو ابن عمّ اسماعيل وابو خازم عبد الحميد بن عبد العزيز الحنيفىّ البصرىّ على قضاء *k* الشرقيّة، وحاجبه صالح الامين ثمّ خفيف *l* السمرقندىّ، ولم يل الخلافة من بنى العبّاس بعد السفّاح والمنصور الى وقتنا هذا من لم يكن ابوه خليفة الّا المستعين *m* والمعتضد ❁

ذكر خلافة المكتفى

وبويع المكتفى علىّ بن احمد المعتضد ويكنى ابا محمّد *n* وامّه امّ ولد يقال لها خاضع *o* وتلقّب جيجَك *p* فى الوقت الذى توفّى فيه المعتضد وتوفّى بمدينة السلام ليلة الاحد لثلاث عشرة ليلة خلت f. 209 r. من ذى القعدة سنة ٢٩٥ وله احدى وثلاثون سنة وستّة اشهر وقيل

---

a) L om. P habet لثلاث et post بقين add. من. *Mor.* 113 die Solis 21, sed p. 211 ut IA habet die Lunae 22, *'Ikd* III, ٥٨ et Ibn abî Oseibia I, ٢٣١ paen. ليلة الثلاثاء لسبع بقين. *b*) P om. *c*) P c. و. *d*) Periit in L. *e*) P يوثب et deinde وينشعب. *f*) L عبد الله, P om. *g*) Cod. بن. *h*) L om. *i*) Addidi. *k*) P قضاة. *l*) L خنمف. *m*) L السفاح. *n*) P احمد. *o*) L جامع. *p*) P حيجفه, L. حنحفه, Tab. ٢٢٨٠, 14 جيجك.

اكثر من ذلك وكانت خلافته ستّ سنين وتسعة عشر يوما وكان دقيقا *a* اسمر اللون *a* اعين قصيرا حسن الشعر واللحية كبيرهما *b* حسن الوجه والبدن افضى الامر اليه بعد توطئة ابيه الامور له *c* فبُلى *d* بكثرة الفتوق عليه واضطراب * الاطراف وكان ماله جمّا وجيوشه *e* * كثيفة فقام *f* بتلك الامور * مقتفيا فعال ابيه محتذيا طرائقه ولم يكن *e* ممّن يوصف بشجاعة ولا جبن، واستوزر القاسم بن * عبيد الله *g* على ما كان عليه فى ايّام المعتضد ثمّ العبّاس بن الحسن وُزّر وابوه الحسن ابن ايّوب بن سليمان حىٌّ، وكان نقش خاتمه كنقش خاتم ابيه المعتضد الحمد لله الذى ليس كمثله شىء وهو خالق كلّ شىء، وعلى قضائه يوسف بن يعقوب وابنه محمّد بن يوسف وابوه *h* خازم ثمّ صُيّر مكانه عبد الله * بن علىّ *a* بن ابى الشوارب الاموىّ، وحاجبه خفيف *i* السمرقندىّ ثمّ سَوسن مولاه ✿

وممّا كان فى * ايّام المكتفى *k* من الحوادث العظيمة الّتى يجب ذكرها خروج القرمطىّ صاحب الشأم المكنى ابا القاسم المنتمى الى آل ابى طالب وليس منهم فى قبائل الكلبيّين *l* ممّا يلى السماوة سنة ٢٨٩ وسار *m*
f 209 v. الى ناحية الرقّة من بلاد مُضَر فلقيه سُبْك الديلمىّ عاملها فاصطلمه *n* القرمطىّ ومن معه من الجنود وساره *o* الى نواحى دمشق فلقيه طُغْج ابن جفّ الفرغانىّ عامل دمشق وحمص والاردنّ لهارون *p* * بن خمارويه ابن *q* احمد بن طولون صاحب مصر *r* والشأم بالموضع المعروف بوادى القردان والافاعى *s* من اعمال دمشق سلخ رجب سنة ٢٨٩ واوّل . . . .

---

a) L om. *b*) P كبيرها. *c*) Codd. اليه (L اليه الامور). *d*) P وابتلى. *e*) Periit in L. *f*) L كثيره وقام. *g*) L عبد الله. *h*) L بن. *i*) L حَنيف. *k*) L ايامه. *l*) L الكلبغس. *m*) L وصار. *n*) P فاصطلمها. *o*) P om. *p*) Addidi. *q*) P وابن لخمارويه. *r*) Hic in P est lacuna non indicata longior; desunt nempe quae leguntur in L f. 179 v.—181 r. Quam maxime deplorandum est, quod damno quod hic codex perpessus est, plures lacunae ortae sunt quae aliunde expleri nequeunt. *s*) Cf. Jâc. I, ٣٢١, III, ٩٠, 7, IV, ١٦٦.

a.... ان b معه من القوّاد ....a لموضع المعروف بالكده ....ن a من شهر ربيع الاوّل سنة ٢٩٠ c فهزمه ايضا فقتل خلقا من اصحابه وحصره بدمشق ثلثة اشهر وعشرين يوما يقاتله اشدّ قتال والحرب بينهما سجال وتقرمط اكثر من حول دمشق من الغوطة وغيرها وعاضدوه فوافت d عساكر المصريّين وانضمّ اليه e طغج فواقعوه بالموضع المعروف بكناكر وكوكبا f على يوم من دمشق غرّة رجب من هذه السنة فقُتل القرمطىّ فى المعركة وانهزم المصريّون بعقب ذلك فبايع القرامطة اخا له يكنى ابا الحسن وعاودوا حصار دمشق يغادون اهلها القتال ويراوحونهم وقد اسلمه سلطانهم وخرج منهم ورحل القرمطىّ عنهم الى حمص يوم الاحد لثلث عشرة ليلة خلت من رجب من هذه السنة فاقام بها ووجّه الى مدينة بعلبكّ من اعمال دمشق فاباد اهلها فنهض المكتفى حينئذ عن مدينة السلام فى عساكره وقدّم ابا الاغرّ خليفة بن المبارك بن خليفة السلمىّ امامه فنزل ابو g الاغرّ بظاهر مدينة حلب ووجّه القرمطىّ سريّة كبسته فاتت على اكثر من كان معه وذلك لعشر بقين من شهر رمضان من هذه السنة واجتاحت f ما بين حمص وحلب وانطاكية م......a المكتفى وانهض الجيوش ....a بنواحى البرّ مما يلى شيزر ....a من المحرّم سنة ا........a من اصحابه واسر جمع كثير ووقع بين من بقى منهم تحزّب ففارقهم القرمطىّ مختفيا وعمل بالمصير الى ناحية الكوفة فظفر به والى الدالية من اعمال الرحبة وسقى الفرات ومعه اربعة نفر او خمسة فقبض عليه وحمل الى المكتفى بالرقّة فأُدخل h يوم

---

a) Septem aut octo verba desiderantur. *b*) Legi posset لمن. *c*) Cod. ٢٠٩. *d*) Cod. واوفت. *e*) Si lectio sana est, ante وانضم forte excidit عليها بدر الكبير غلام ابن طولون Tab. ٢٢١٩, 8, Abu 'l-Mahásin I, ١١٣. *f*) Cod. s. p. *g*) Addidi. *h*) Cod. فهزم; cf. Tab. ٢٢٤٣, 3.

الاثنين لاربع ليال بقين من المحرّم من هذه السنة ثمّ دخل المكتفى مدينة السلام فى احسن زىّ واكمل عدّة والقرمطىّ ومن اسر من اصحابه بين يديه يوم الاثنين مستهلّ شهر ربيع الاوّل من هذه السنة ودخل بعده محمّد بن سليمان فى بقيّة الجنود ومعه جمع من الاسارى من اصحاب القرمطىّ ممن تتبّع *a* بالشأم ثمّ قتل القرمطىّ واصحابه بالدكّة التى بنيت لهم فى *b* المصلّى العتيق ظاهر الجانب الشرقىّ من مدينة السلام لسبع بقين من شهر ربيع الاوّل من هذه السنة فكان ذلك من اجلّ الفتوح واعمّها سرورا بخواصّ الناس وعوامّهم لما ابادوا من الخلق، وكان ظهوره *c* بالشأم وما اباد من عساكر الطولونيّة سبب *d* خروج محمّد بن سليمان الى مصر وفتحه ايّاها وتشتيت امر آل طولون وانحلال دولتهم وزوال مدّتهم وكان دخوله ايّاها يوم الخميس مستهلّ شهر ربيع الاوّل *e* سنة ٢٩٢ *f* فكانت مدّة دولة بنى طولون سبعا واربعين سنة وخمسة اشهر وسبعة ايّام، *ثمّ خرج قرمطىّ آخر يكنى *g* ابا *غانم فى *h* جمع من كلب ايضا بنواحى *الشأم فى سنة ٢٩٣ *i* وقوى امره وكثر اتباعه وصار الى نواحى اذرعات وبصرى من حوران والبثنيّة من اعمال دمشق وعاث وقتل وسبى وصار الى مدينة طبريّة من بلاد الاردنّ فدخلها بالسيف وقتل اميرها جعفر بن ناعم وكثيرا من الجند والعوامّ فجرّد السلطان للقائه الحسين بن حمدان التغلبىّ فلقيه بالموضع المعروف بحندف *k* من اعمال دمشق فجرت بينهما وقعة تكافيا فيها ثمّ كانت للحسين عليهم فانكشف القرمطىّ منهزما

---

a) Cod. دتمع. *b*) Addidi. *c*) Cod. وطاب ظهورها. *d*) Cod. دسبب. *e*) In cod. tantum ال superest; cf. Makr. I, ٣٢٢. *f*) Cod. تسعين pro سبعين. Deinde conjectura supplevi verba فكانت مدة دولة بنى طولون, واربعين سنة et ايام. *g*) Conjectura supplevi (circa quinque verba desiderantur). *h*) Cod. ....الد. Forte errore scripsit الذئب pro غانم, Tab. ٢٢٥٦, 15. *i*) In cod. quinque aut sex verba desunt et superest وماتين. *k*) Cod. h. l. بحدف.

فى البرّيّة وذلك فى شعبان من هذه السنة وفى ذلك يقول بعض بنى كلاب

لَوْلا حُسَيْنٌ يَوْمَ وادى خِنْدِفِ وخَيْلُهُ ورَجْلُهُ لم تَشْتَفِ*a*
نَفْسُ أَمِيرِ المُؤْمِنِينَ المُكْتَفِى*b*

فى كلمة له*c* طويلة يصف صاحب*c* هذه الوقعة وما كان فيها وافعال القرامطة بالشأم، وسار القرمطىّ الى هيت فقتل*d* من اهلها وضربها بالنار وارتحل عنها متوجّها الى*e* ناحية البرّ وانفذ المكتفى عدّة قوّاد لطلبه منهم*c* محمّد بن اسحاق بن كنداجيق ومونس*f* الخازن المعروف بالفحل وغيرهما فاختلفت كلمة من كان معه *من الكلبيّين وخافوا الفناء لاحاطة العسكر بهم فقتله بعضهم غيلة ودُفن ليلا وتفرّق من كان معه*c* وصار بعض زعماء كلب ويكنى*g* *ابا الذئب برأس القرمطىّ*h* *وكفّبه الى*i* محمّد بن اسحاق بن كنداجيق فانفذه *بما معه الى الحضرة واظهر الرأس*h* بها يوم الاربعاء لخمس خلون *من شوّال من هذه السنة، وكان خروج*h* زكرويه*k* بن مهرويه فى *الكلبيّين وغيرهم فى هذه السنة ايضا وهى سنة*h* ٢٩٣ وكان من اهل الموضع المعروف بالصّوّار*l* على اربعة اميال من القادسيّة عرضا فى البرّ وقيل انه ابو من قدّمنا ذكره من القرامطة الناجين بالشأم *وقيل كان قبل خروج*m* عَبْدان f.210 r.
صاحبَ دعوة القرامطة بسواد الكوفة وصار الى مصلّى الكوفة فى يوم النحر من هذه السنة وعليها اسحاق *بن ابراهيم واسحاق*c* بن عِمْران فقتل من اصحاب السلطان *وغيرهم جماعة واثاب اصحاب*n*

a) Cod. تستنفى. *b*) Hic desinit lac. in P. *c*) L om. *d*) P c. و. *e*) P om. *f*) P c. ف. *g*) Sec. Tab. ٢٢٥٩, 10 appellabatur الذئب. *h*) Periit in L. *i*) L ولقبه. *k*) Codd. بكرويه. *l*) P بالصوان, L بالصواف; vid. Tab. ٢٢٦١ ann. *b*. *m*) L وكان قبل خروجه. Pro عبدان P غيلان. Cf. *Mém. sur les Carmathes du Bahraïn* [2], p. 31. *n*) Addidi; cf. Tab. ٢٢٦١, 8.

السلطان *a* والرعيّة *b* فكشفوهم واستمدّ اسحاق بن عمران السلطان فسار *c* الى الكوفة رائق *d* المعتضدىّ ومعه *بشر الافشينىّ *e* وجنىّ *f* الصَّفْوانىّ الخادمان فلقوه بالقرب من الصوأر *g* فكانت عليهم وأُتى على اكثر الجيش وذلك فى آخر ذى الحجّة من هذه السنة، وتلقّى الحاجّ *h* مرجعهم فكان اوّل من لقى منهم قافلة الخراسانيّة *i* وكانت *a* عظيمة بالمنزل المعروف بواقصة فاتى عليهم ثم سار *k* الى المنزل الثانى من هذا المنزل وهو *a* المنزل *l* المعروف بالعقبة فاوقع بقافلة السلطان وعليها مبارك *m* القُمّىّ وابو العشائر *n* احمد بن نصر العُقيلىّ وقد كان ولى الثغور الشأميّة فقتلهما *o* وسائر من كان معهما من الاولياء والرعيّة ثم لقى قافلة *p* السلطان الثالثة الّتى فيها الشمسيّة *q* فى الموضع المعروف *r* بالطلح من *الهَبير وذلك بين الثعلبيّة *s* والشُّقُوق فى الرمل فاتى على من كان فيها من *الامراء كنفيس المولّدىّ *t* واحمد بن سيما وغيرهما
f.210 v. من القوّاد *والاولياء وسائر اصناف الناس *s* من سائر الامصار وكان عدّة من قُتل فى هذه القافلة الاخيرة اكثر من خمسين الفا دون من قتل قبلها *u* من اهل القوافل، وسار وصيف بن صوارتكين الخزرىّ والقاسم بن سيما *عن القادسيّة *a* لطلبه *v* فى جيش كثيف من بنى شيبان وغيرهم من الاولياء فالتقوا *a* بين الكوفة والبصرة على الماء المعروف باوم *w* يوم الاحد لستّ ليال بقين من شهر ربيع الاوّل

---

a) L om. *b*) P s. و. *c*) L فاتى. *d*) P واثق, L وافق; vid. Tab. ٢٢٩٢, 3. *e*) Codd. الافشين (P بشير) بسر. *f*) L وحما. *g*) P الصوان, L الصواف. Deinde P وكانت et فاتى. *h*) L الحجاج من. *i*) L للخراسانية. *k*) L ساروا. *l*) P om. *m*) P المعروف بمبارك. *n*) P العباس et om. احمد; L نصر بن احمد; cf. Tab. ٢٢٧١, 13. *o*) P فقاتلهما. *p*) P ins. الشام. *q*) P الشمسة. *r*) P الذى هو معروف. Nomen seq. L s. p. Cf. Tab. ٢٢٧٤, 1. *s*) Periit in L. *t*) Periit in L; P المويد; vid. Tab. l. 2. *u*) P قبلهما. *v*) P فى طلبه. *w*) Ita P; L sic aut بارم. Probabiliter legendum بادم.

سنة ٢٩٤ فاقتتلوا قتالا شديدا فهزم اصحاب زكرويه *a* واخذهم السيف * وأُسر وبه *b* ضربات ثمات من الغد وأُدخل *c* الى مدينة السلام ميّتا قد شُدّ على جمل *d* ومن أُسر معه من اصحابه ورؤوس من قتل منهم يوم الاثنين لتسع خلون من شهر ربيع الأوّل من هذه السنة ۞

ذكر خلافة المقتدر

وبويع المقتدر جعفر بن احمد المعتضد ويكنى ابا الفضل وقيل ان اسمه اسحاق وانه *e* انّما اشتهر بجعفر لشبهه *f* بالمتوكّل وامّه امُّ ولد روميّة تسمّى شغب *g* يوم الاحد لثلاث عشرة ليلة خلت *h* من ذى القعدة سنة ٢٩٥ ولاربعة * اشهر من خلافته اجمع جماعة من قوّاده *i* وكتّابه فيهم الحسين بن حمدان * بن حمدون التغلبىّ ووصيف ابن صوارتكين الخزرىّ *i* ومحمّد بن داود بن الجرّاح وعلىّ * بن عيسى f. 211 r. وغيرهم من رؤساء الاجناد ووجوه *i* الكتّاب على خلعه والبيعة * لعبد الله بن المعتزّ ففتك الحسين بن حمدان *i* بالعبّاس بن الحسن وقُتل معه فاتك المعتضدىّ لمنعه *k* عنه وخلعوا المقتدر وبايعوا *l* ابن المعتزّ يوم السبت للنصف من شهر ربيع الأوّل سنة ٢٩٦ *m* واقاموا على ذلك يوما وليلة ولم يُزَل المقتدر * عن سريره *n* ملكه *o* ولا أُخرج عن دار الخلافة ثم اثاب *p* عدّة من خواصّ *h* الغلمان فحاربوا شيعة ابن المعتزّ فشتّتوهم *q* وهربوا على وجوههم وقتل *r* منهم جمع كثير وقُبض *s* على ابن المعتزّ فقتل وصفا الامر للمقتدر ثم خلع بعد ذلك وازيل عن سرير ملكه واخرج عن دار الخلافة للنصف من المحرّم سنة ٣١٧ وبويع اخوه القاهر وجلس على سرير الملك وسُلّم عليه بالخلافة وكان من *n* الذين سعوا

---

a) P ذكروية, L وكرويه. *b*) P واخذته. *c*) P وسار. *d*) L c. art. *e*) L وقيل انه. *f*) P لشبيهه. *g*) P شعيب. *h*) P om. *i*) Periit in L. *k*) L بلمغه *sic.* *l*) P s. cop. *m*) P تسعة pro ست et deinde فاقاموا. *n*) L om. *o*) P سدير مكة. *p*) P اثار, L اباب. *q*) L فسبّوهم. *r*) L وقبلهم. *s*) P وقبضه et mox فقتله.

فى خلعه [a] ابو الهيجاء [b] عبد الله بن حمدان بن حمدون ونازوك [c] المعتضدىّ وغيرهما من روٌساء [b] القوّاد ووجوه الاجناد وادخلوا معهم * فى الامر [b] مونسا [d] الخادم [e] المظفّر على كره منه ثم اناب [f] عدّة من f.211v. الرجّالة [g] ففتكوا بنازوك فى الدار ونادوا باسم المقتدر وقتل ابو الهيجاء وتبايع اشياع المقتدر وخواصّه فاعيد [h] الى سرير ملكه وجُدّدت له البيعة وصفا له الامر وذلك فى [i] يوم الاثنين لسبع عشرة ليلة خلت من المحرّم من هذه السنة ثم فسدت [k] الحال بينه وبين مونس الخادم فخرج مونس الى الموصل ولحقه اكثر الجيش فعاد [l] * الى مدينة السلام وخرج المقتدر [m] فيمن بايعه [n] من الجيوش للقائه فقُتل * بظاهر مدينة السلام مما يلى الشماسيّة [m] يوم الاربعاء لثلاث ليال بقين من شوّال سنة ٣٢٠. [o] وله ثمان وثلاثون سنة وشهر وسبعة عشر يوما ، وكان ربع القامة الى القصر ما هو درّىّ اللون صغير العينين احور حسن الوجه واللحية اصهبها افضت الخلافة اليه وهو صغير * غِرٌّ تَرِفٌ [p] لم يعانِ [q] الامور ولا وقف على احوال الملك فكان * الامراء والوزراء [r] والكتّاب يدبّرون الامور ليس له فى ذلك حلٌّ ولا عقد ولا يوصف بتدبير ولا سياسة وغلب على الامر النساء والخدم وغيرهم [i] فذهب ما كان فى خزائن الخلافة من الاموال والعدد [b] بسوء [s] التدبير الواقع فى المملكة فاداه ذلك الى سفك دمه واضطربت الامور بعده وزال كثير من رسوم الخلافة ۞

f.199v. * قال المسعودى [t] ولم يتقلّد الخلافة [i] من بنى اميّة وبنى العبّاس الى وقتنا هذا وهو سنة ٣٤٥ فى خلافة المطيع من اسمه جعفر الّا جعفر [i]

---

a) L حاجه. *b*) P om. *c*) P ونازور. *d*) Codd. مونس ut saepe in talibus. *e*) L ins. ابا. *f*) L انات. *g*) P الرجال. Deinde L ففتقوا. *h*) P c. و. *i*) L om. *k*) P فسد. *l*) L فعادوا. *m*) Periit in L. *n*) P ينابعه. *o*) P عشرة pro عشرين. *p*) P عزا ترف, L عروف. *q*) L يعاز. *r*) L tantum الوزرا. *s*) L لسوه. *t*) Hic in P sine ulla lacunae indicatione desunt quae supra f. 199 v. seqq. (v. p. ٣٥٨ *e*) male fuerunt inserta.

المتوكّل وجعفر المقتدر وكان مقتلهما جميعا فى شوّال قُتل المتوكّل على ما قدّمنا *فيما سلف من *a* هذا الكتاب ليلة الاربعاء لثلاث ليال *b* خلون من شوّال سنة ٢٤٧ *ولم يهج لاجل ذلك فتنة ولا شهر لاجله سيف وقُتل المقتدر بين *b* خاصّة وضائعه دون سائر من كان معه يوم *الاربعاء لثلاث *c* بقين من شوّال على ما ذكرنا *d* وتولّى قتل المقتدر f.200 r. موالى ابيه المعتضد *e*، وكانت فيه وفى ايّامه *امور لم يكن مثلها فى الاسلام منها انه ولى الخلافة *f* *ولم يلِ *g* احد *قبله من الخلفاء وملوك الاسلام فى مثل سنّه *f* لان الامر افضى اليه وله *ثلاث عشرة سنة وشهران وثلاثة ايّام ومنها *f* انه ملك خمسا وعشرين سنة الّا خمسة عشر *h* يوما ولم يملك هذا احد *i* من الخلفاء *وملوك الاسلام *k* قبله ومنها انه استوزر اثنى عشر وزيرا فيهم من وزر له *l* المرّتين والثلاث *m* ولم يعرف فيما *n* قبله انه استوزر هذه العدّة ومنها غلبة النساء على الملك والتدبير حتى ان جارية لامّه *o* تعرف بثمل القهرمانة كانت تجلس للنظر فى مظالم الخاصّة والعامّة ويحضرها الوزير والكاتب والقضاة واهل العلم ومنها ان الحجّ بطل فلم يحجّ فى *b* سنة ٣١٧ لدخول ابى طاهر سليمان بن حسن بن بهرام *الجنّابىّ القرمطىّ *p* صاحب البحرين مكّة وكان دخوله ايّاها يوم الاثنين لسبع خلون من ذى الحجّة ولم يبطل الحجّ منذ *q* كان الاسلام غير تلك السنة وغير ذلك من الاحوال التى كانت فى ايّامه، واستوزر العبّاس بن الحسن على ما كان عليه فى ايّام المكتفى فلمّا قُتل العبّاس استوزر علىّ

---

a) P tantum فى. *b*) L om. *c*) L الثلاثاء لاربع. *d*) L قدمنا. *e*) Hic vitio codicis in L septem verba perierunt; in P nulla indicatio lacunae. *f*) Lac. in L. *g*) L من السن ما لم يله. *h*) L وعشرين. *i*) P ins. قبله quod mox om. *k*) P والملوك. *l*) P om. *m*) Codd. والثلاثة. *n*) L فيمن. Deinde P قبلها. *o*) L لابيه. *p*) P الحنانى القرملى. *q*) L مذ.

f.200v. ابن محمّد بن موسى بن الفرات ثم محمّد بن عبيد الله بن يحيى ابن خاقان الملقّب بدقّ صَدْرَه[a] ثم علىّ بن عيسى[b] بن داود ابن الجرّاح ثم علىّ بن محمّد بن الفرات الوزارة *الثانية ثم حامد ابن العبّاس ثم علىّ بن محمّد بن الفرات الوزارة[c] الثالثة ثم[d] عبد الله بن محمّد *بن عبيد الله[c] الخاقانىّ وزر[e] وابوه محمّد بن عبيد الله حىٌّ وكانت وفاته بعد وزارة ابنه باثنى عشر يوما وذلك *يوم الاثنين وقت العصر لثمان[f] بقين من شهر ربيع *الآخر وقيل[c] الأوّل سنة ٣١٢ *وكان آخر من وزر وابوه حىٌّ الى وقتنا[f] هذا، وقد ذكرنا فيما سلف *من هذا الكتاب من وزر وابوه حىٌّ مثل ابى سَلَمَة[f] حفص بن سليمان الخلّال وعبيد الله *بن يحيى[c] بن خاقان والعبّاس بن الحسن[g] ابن ايُّوب، ثم استوزر احمد بن عبيد الله الخصيبىّ[h] ثم علىّ بن عيسى[i] الوزارة الثانية *ثم اباء[k] علىّ محمّد *بن علىّ[c] بن مُقْلة ثم[l] سليمان بن الحسن بن مَخْلَد بن[d] الجرّاح وهو ابن عمّ علىّ ابن عيسى ثم عبيد الله بن محمّد الكَلْواذانىّ ثم الحسين[m] بن القاسم بن *عبيد الله[n] بن سليمان بن وهب ثم الفضل *بن جعفر[c] بن موسى بن الفرات، وكان نقش خاتمه المقتدر بالله، وقاضيه f.201r. محمّد بن يوسف بن يعقوب على الجانب الشرقىّ والكرخ وقُلّد قضاء القضاة الى ان توفّى فقلّد ابنه عمر بن محمّد بن يوسف الجانب الشرقىّ والكرخ وعلى مدينة المنصور واعمالها عبد الله بن علىّ بن ابى الشوارب وبعده ابنه محمّد بن *عبد الله[o] وبعده عمر بن الحسن المعروف بالاشنانىّ وانتقض[c] وبعده الحسن بن *عبد الله[o] بن ابى

---

a) Cf. Eutych. II, 502. L بدُق. b) P موسى. c) L om. d) P om. e) L ووزر. f) Lac. in L. g) L الحسين. h) P الحصنى. i) P حسن. k) P اتا. l) P بن. m) L الحسن. n) Codd. عبد الله. o) P عبيد الله.

الشوارب وبعده عمر بن محمّد بن يوسف، وحجبه سَوْسَن مولاه ثم نصر القشوريّ a ثم ياقوت وابراهيم b ومحمّد ابنا رائق ❀

قال المسعودى ومن الكوائن العظيمة والانباء الجليلة التى كانت فى ايّامه ما لم يتقدّم مثلها c فى الاسلام مسير ابى طاهر سليمان بن الحسن *بن بهرام الجنّابىّ صاحب البحرين من الاحساء من بلاد d البحرين الى البصرة فى اربع *مائة فارس على اربع مائة حجرة لا حصان فيها وخمس d مائة e راجل f ودخولهم ايّاها *ليلا وقتلهم سبكًا المفلحىّ ومن قدروا d عليه من اصحابه ومن ظهر *لهم من الرعيّة وذلك فى ليلة الخميس لثلاث وقيل لخمس بقين d من شهر ربيع الآخر سنة *٣١١ وقيل بل ليلة الاثنين d لستّ بقين منه وكان مسيرهم g من الاحساء h اليها فى ستّ ليال وتهارب الناس منهم i الى الابلّة f.201 v. والمَفْتَح والشطوط والانهار والجزائر وغير ذلك واقاموا فى البلد سبعة عشر يوما ثم رحلوا عنها k منقلبين بما احتملوا منها الى بلدهم، ثم اعتراضه l *الحاجّ فى منصرفهم m عن مكّة بنواحى الهَبير مما يلى n f.211 v. الثعلبيّة وهو فى خمس مائة فارس وستّمائة راجل وقتله من قتل o من f.212 r. القوّاد وسائر الاولياء وغيرهم واسره p ابا الهيجاء عبد الله بن حمدان ابن حمدون اميرهم واحمد بن *بَدْر العمّ q واحمد بن محمّد بن كشمرد وغيرهم من الوجوه وسائر طبقات الناس من النساء والرجال *واخذهم الشمسيّة r وغيرها من صنوف الاموال التى لا يوقف على تحديدها ومبلغها وذلك يوم الاحد لاحدى عشرة ليلة s بقيت من المحرّم سنة

---

a) L السورى. *b*) P وكرهم. Deinde L بن محمد et واثق pro رائق. *c*) L قبلها. *d*) Lac. in L. *e*) P خمسماية s. و. *f*) P ins. وداخلهم. *g*) P مسيره. *h*) L الحسا. *i*) P منها. *k*) L عنه. Deinde P متقلبين. *l*) L اخذه. *m*) Hic desinit lacuna in P; cf. p. ٣٧٧ ann. *t*. *n*) L om. *o*) L ins. منهم. *p*) P واسرارهم. *q*) P البدر. *r*) P واحدهم التسمية. *s*) P ins. خلت.

٣١٢، ثم اعتراضه للحاجّ فى بدأتهم *a* سنة ٣١٣ فى خمس مائة فارس وستّمائة راجل *ايضا وظفره *b* ببعضهم *ورجوع الباقين *c* الى الكوفة ومدينة السلام ومصيره الى الكوفة وموافقته *d* من كان بها *e* من الاولياء الذين جُرّدوا *f* من الحضرة للقائه *g* وهم جعفر بن ورقاء *h* الشيبانىّ وجنّى *i* الصَّفْوانىّ الخادم *k* مولى ابن صفوان العُقَيلىّ وثمل الخادم الدلفىّ صاحب انطاكية والثغور الشأميّة وطريف السبكرىّ *l* الخادم واسحاق *ابن شروين السبكرىّ وغيرهم من رؤساء *m* الاجناد وهزيمته ايّاهم وقتله من *قتل منهم واسره جنيًّا الصفوانىّ وغيره وذلك يوم *m* الاحد لاثنتى عشرة ليلة بقيت *من ذى القعدة من هذه السنة، ثم f.212v. مسيره عن *m* *الكوفة الى الاحساء *n* بالذرّيّة والثقلة *o* وتسليمه البلد *p* الى اسماعيل بن *يوسف بن *q* محمّد بن يوسف المعروف بالأُخَيْضِر صاحب اليمامة ابن *k* ابراهيم بن موسى بن عبد الله بن الحسن *بن الحسن بن علىّ *k* بن ابى طالب *ومسير ابى *r* القاسم يوسف *s* بن ابى الساج عن *s* واسط فى عساكره للقائه وكان السلطان اشخصه عما كان يليه من الاعمال من بلاد آذربيجان وارمينية وأَرّان والبَيْلَقان وغيرها ليستعدّ *t* من واسط وينفذ الى بلاد البحرين وكان مقيما بواسط مستعدًّا *k* الى ان جاءه الخبر بمسيره *u* صاحب البحرين الى الكوفة فخرج مبادرا له فسبقه ابو طاهر اليها ونزل *الموضع المعروف بالخَوَرْنَق

a) P بدايهم, L مدامهم (?مبدئهم). *b*) P وظفر. *c*) P ولقى الباقين رجعوا. *d*) Codd. وموافقه. *e*) P فيها. *f*) L خرجوا s. p. *g*) Codd. ins. اياه. *h*) P لقآ. *i*) P وحشى et infra حتى, L وحنا. *k*) P om. *l*) P hic et mox السكرى, L اليشكرى. *m*) Lac. in L. *n*) P الاحسا الى الكوفة. *o*) P والنقلة. *p*) Codd. بلده. *q*) Male om. in Tab. Wüstenf. Z, 30. Cf. Obaidallî cod. 686 f. 11 r. et v. In *Mor.* VII, 403 deëst يوسف بن محمد بن. Pro بالاخيضر P بالاحتضر. *r*) P ومسيره الى. *s*) L om. *t*) L s. p., P لتسعد. *u*) P بمسيره.

وحازها ونزل *a* ابن ابى الساج فى اليوم الثانى بالقرب منه فى الموضع المعروف ببين النهرين *b* مما يلى القرية المعروفة بحَروراء واليها اضيفت *c* الحروريّة من الخوارج وابو طاهر بينه وبين الكوفة *a* فكانت *d* الوقعة بينهم يوم السبت لتسع *e* خلون من شوّال سنة ٣١٥ فاسر ابن ابى الساج واصطلم عسكره واتى على اكثر من ثلاثين الف فارس وراجل مع تفرّق كثير من *f* اصحابه عنه فى الطريق وتأخُّرهم عنه وصاحب البحرين فى نحو من الفين من المقاتلة اكثرهم *g* رجّالة، ثم مسيره *h* عن الكوفة f.213 r. حتى حاز *i* الانبار وقطع *k* عدّة من اصحابه الفرات الى الجانب الشرقىّ *l* فقتلوا من كان بالانبار من * القوّاد منهم المعروف *m* * بالحارثىّ وبرغوث *n* وابن بلال *o* * ومحمّد بن يوسف الخزرىّ وغيرهم من الاولياء *m* وذلك يوم الثلاثاء لثلاث خلون * من ذى القعدة من هذه السنة وعقد *m* على الفرات جسرا وخلّف السواد والذرّيّة *p* وعبر فى جريدة خيل من اصحابه الى الانبار وسار عنها يريد الحضرة حتى انتهى الى النُّهير *a* المعروف بزبّارا *q* فوق التلّ المعروف بعقرقوف بفرسخ وذلك على بعض يوم *r* من مدينة السلام، وكان مونس *s* الخادم ونصر *t* الحاجب المعروف بالقشورىّ *u* وابو الهيجاء عبد الله بن حمدان وقد كان اطلقه وغيره ممن سمّينا انه أُسر معه قبل رحيله لمواقعة ابن ابى الساج وسائر من كان بالحضرة من عساكر *v* السلطان معسكرين على هذا النهر فلمّا احسّوا بدنوّه قطعوا القنطرة التى عليها وصار النهر حاجزا بين الفريقين

---

a) L om. *b*) L s. p., P البحرين. *c*) L om., sed man. recentior suppl. ينسب. *d*) P c. و. *e*) L لسبع male. V. *Mém. sur les Carm.*[2] p. 95. *f*) P مع. *g*) L واكثرهم. *h*) L سيره. *i*) P حاذ, L ut rec. aut جاز. *k*) P c. ف. *l*) Codd. male الغربى. Cf. IA VIII, ١٢٥, 10 seq. *m*) Lac. in L. *n*) L s. p. *o*) P قلال. Quae sit vera lectio ignoro. *p*) L والروبة cum duobus punctis supra ر. *q*) P المعد يزيارا; L برباز sed puncta sunt indist. ut saepe. *r*) P ايام; cf. *Mém. sur les Carm.*[2] p. 97 ann. 3. *s*) L يونس. *t*) P ونصير. *u*) L بالسورى ut supra. *v*) P عسكر.

فشرع *a* قوم من رجّالته فرموا بالنشّاب وذلك فى *b* اليوم الثانى عشر والثالث *c* عشر من ذى القعدة من هذه السنة ورجع يريد الانبار
f.213 v. وبعث مونس غلامه يلبق *d* فى نحو من * ثلاثة وقيل من *e* سبعة آلاف على طريق قصر ابن هبيرة من طريق الكوفة فعبروا على جسر الفرات المعروف بجسر سُورَا وساروا *f* فى البرّ ليخالفوه الى سواده *g* وقد كان قوم من الاولياء شرعوا *h* فى الماء فاحرقوا الجسر الذى عقده *i* فحصل فى الجانب الشرقىّ وسواده فى الجانب * الغربىّ وقيل انه قطع الجسر عنده *k* عبوره وتادّى *l* اليه خبر يلبق فعبر الفرات * فى زورق عشرة عشرة من اصحابه *k* فيهم ثلاثة * اخوة له *m* وعبر خلق سباحة * فسبق الى سواده وقتل اخواه *n* ابو *k* العبّاس *o* الفضل وابو يعقوب *p* * يوسف وكانا فى السواد ابنَ ابى الساج حين *k* بلغهما قرب يلبق منهم فلقى يلبق فاتى على اكثر من كان معه ونجا يلبق منكسرا *q* وذلك يوم الاربعاء لاحدى عشرة ليلة بقيت من ذى القعدة من هذه السنة وسار الى مدينة هيت فى ثقلته *r* فنزل عليها وحصرها *s* وانا * يومئذ بها *t* منحدرا من الشأم اريد مدينة السلام وعبر اصحابه الذين كانوا فى جانب الانبار على اطواف اتّخذوها فى الموضع المعروف بفم بَقَّة *u* اسفل هيت فاجتمعوا *v* معه فواقع اهل

---

a) P فيسرع. *b*) P om. *c*) L او الثالث. *d*) P بلبق, infra يليبق et ut rec., L بليق et دليق. Saepe nomen in بُلَيْق corruptum est. *e*) L om. *f*) L وسار. *g*) L السواد. *h*) L دسرعوا. *i*) L s. ة. *k*) Lac. in L. *l*) L s. p., P وفادى. *m*) P اخوته له, L om. Deinde P وعبرت et L له دتحمل pro خلق. *n*) Cod. اخوه. *o*) Codd. ins. وابو. Cf. *Mémoire* p. 143 seq. *p*) P add. وابو. *q*) L منكشفا. *r*) P نقله, L نقلته. *s*) L c. ف. *t*) L inv. ord. Deinde codd. منحدر. *u*) L s. p. Intelligitur تلّ بَقَّة (Cf. Zeitschr. D. M. G. XXXIX, 4), quod igitur castellum ad ostium parvi fluvii aut canalis jacuit. *v*) P c. و.

هيت a يوم الاحد لثمان خلون من ذى الحجّة من هذه السنة وكان عبر اليها من المساء b هارون بن غريب الخال وابو العلاء سعيد f.214 r. ابن حمدان ويونس c غلام الاصمعىّ d وغيرهم من الاولياء فكان القتال بينهم من فوق السور واحترقت e له عدّة دبّابات وعاد الى معسكره وارتحل عنها يوم الاثنين صبيحة f الوقعة الى ناحية رَحْبَة g مالك بن طَوْق وارتفعت من معسكره h نار عظيمة عند السحر قبل رحيله فظنّنّا انه يريد معاودة i الحرب واذا هو قد ضرب ثقلته k بالنار لكثرة الذريّة والثقلة وقلّة الظهر وصار الى الرحبة وعليها يومئذ ابو جعفر محمّد *بن عمرون التغلبىّ l فافتتحها m عنوة ونزلها وهى من الجانب *الشامىّ وقرقيسيا وهى من الجانب n الجزرىّ وبثّ o منها *السوارب p الى النواحى l منها سريّة الى كَفَرْتُوثَا ورأس العين *ونصيبين عليها الحسين بن علىّ بن سَنْبَر l الثقفىّ ومعاذ q الاعرابىّ n الكلابىّ فاوقعوا *بالاعراب من تغلب والنّمر وغيرهم l من الحاضرة وقد كان انفذ *سليمان الجلّىّ قبل ذلك الى كفرتوثا لحمل الزاد l والميرة r الى معسكره وكان من ذوى النسك منهم والدراية s بمذهبهم وقد كلّمتُ غير واحد من دعاتهم وذوى المعرفة منهم فلم ار مثله دراية وتحصيلا وتديّنا بما هو f.214 v. عليه وحسن اتقان t للسياسة لله تكون مع الدعاة وكان اوّلا مع ابى u زكريّاء البَحْرانىّ ثم صار v مع ابى سعيد الجَنّابىّ وولده، ووجّه بسريّة له w فى نحو الفين وقيل دون ذلك الى الرقّة وهى على ثلاثين فرسخا

---

a) P بيت. *b*) Conject.; codd. الما. IA ١٣٩ ult. قد سبقهم. *c*) L مونس. Incertum. *d*) Ita P; L العثمى. Incertum. *e*) P واحرقت. *f*) P مسجد. *g*) P دحبة, L رحبه. *h*) P عسكره. *i*) P معادات, L معادة. *k*) P نعليه, L دعلته. *l*) Lac. in L. *m*) P فافتحوها. *n*) L om. *o*) P وثبت. *p*) Cod. السوارى. *q*) P hic et mox s. p. *r*) P والمسير. *s*) L والدرنه s. والبرنه. *t*) L انفاق. Deinde P السياسة. *u*) P om. Si hunc locum et f. 219 r. prius cognitos habuissem, aliter scripsissem in *Mémoire* p. 35, 135. *v*) P سار. *w*) L اليه.

من الرحبة وكان على السريّة لحسين بن علىّ بن سَنْبَر *a* ومعاذ الكلابىّ ايضا وكان نزولهما عليها يوم الاحد لثمان بقين من جمادى الاولى سنة ۳۱۶ واميرها نجم غلام جنىّ *b* الصَّفْوانىّ *c* فكان *d* القتال بينهم يوم الثلاثاء والاربعاء *لخمس بقين من هذا الشهر وانصرفوا فى آخر يوم الاربعاء *b* وقد اصيب عدّة من الفريقين الاكثر *e* منهم من السريّة راجعين الى الرحبة واقام صاحب البحرين بالرحبة يروّى فى نزول مدينة *f* الرملة من بلاد فلسطين او *g* مدينة دمشق فيما *h* حُكى ثم *عمل على *i* الرجوع الى بلده لامور قد ذكرناها *k* فى غير هذا الموضع من اخبارهم فسار عن الرحبة فى *b* اوّل شعبان سنة ۳۱۶ فى البرّ والماء منحدرا فى الفرات وكان مقامه بالرحبة *l* *الى ان خرج عنها نحوا من سبعة اشهر *m* فنزل على هيت ثانية فقاتلهم *n* قتالا *شديدا فى الماء f.215 r.
والبرّ ولم يكن معه فى الاولى *m* سفن ثم انحدر عنهم وسار *o* *الى ناحية الكوفة والقادسيّة وامتار واجتاز *m* بظاهر البصرة وعاد الى *البحرين وذلك فى آخر المحرّم *p* واوّل صفر سنة *m* ۳۱۷، ثم سار *الى مكّة *q* فدخلها يوم الاثنين لسبع خلون من ذى الحجّة من هذه السنة فى ستّمائة *r* فارس وتسع مائة راجل واميرها يومئذ محمّد بن اسماعيل المعروف بابن مُخْلِب *s* بعد ان كان من *b* بها *t* من الاولياء وغيرهم من عوامّ الناس من الحاجّ وغيرهم صافّوه *u* ثم انكشفوا من بين يديه عند قتل نطيف غلام ابن حاج وكان من شحنة مكّة وممن يعوّل عليه واخذ الناس السيفُ وعاذوا بالمسجد والبيت فاستحرّ القتل

---

a) P supra سنتر, h. l. سبير, L سَمير. Cf. *Mém.* p. 151. *b*) L om. *c*) P الصفوى. *d*) P c. و. *e*) L والاكثر. *f*) P c. art. *g*) L لا. *h*) P كما. *i*) L عمد الى. *k*) P ذكرها. *l*) P فى الرحبة. *m*) Lac. in L. *n*) L c. و. *o*) L وصار. *p*) Cod. المؤخر. *q*) P الكوفة. *r*) L تسع مايه. *s*) Ita P s. voc., L محلب; cf. *Mém.* p. 104 ann. 5. *t*) P بهم. *u*) P ثم صافقوه.

* فيهم وعمّهم *a* وقد تنوزع فى عدّة من قتل من الناس من اهل البلد وغيرهم من سائر الامصار فكثّر ومقلّل فنهم من يقول ثلاثين الفا ومنهم من يقول دون *a* ذلك واكثر منه *a* وكلّ *b* ذلك *c* ظنّ وحسبان اذ كان لا يُضْبَط وهلك فى بطون الاودية ورؤوس الجبال والبرارىّ عطشا وضرّا ما *a* لا يدركه الاحصاء واقتلع باب البيت *d* الحرام وكان f. 215 v.
مصفّحا بالذهب واخذ جميع ما كان فى البيت من المحاريب الفضّة والجزع وغيره ومعاليق وما يزيّن به البيت من مناطق ذهب *c* وتازيرات ذهب *e* وفضّة وقلع الحجر الاسود * ومقدار موضعه *f* ما يدخل فيه اليد الى اقلّ من المرفق وجرّد *g* * البيت مما كان عليه من *h* الكسوة *i* وحُمل ذلك على خمسين * جملا الّا ما اصابه الدم عند *h* عون *k* الناس به فانه تُرك وذلك يوم * السبت لثلاث عشرة ليلة خلت من ذى *h* الحجّة سنة ٣١٧ *l* وكان مقامهم *m* بمكّة ثمانية *n* * ايّام يدخلونها غدوة ويخرجون منها عشيًّا *h* يقتلون وينهبون ورحل عنها * يوم السبت من هذا الشهر وعرضت له هُذَيل *h* بن مُدركة بن الياس بن مضر وهم رجّالة فى المضايق والشعاب *o* والجبال وحاربوه حربا شديدا بالنبل والخناجر ومنعوه من المسير واشتبهت عليهم الطرق *p* فاقاموا بذلك *a* ثلاثة ايّام حائرين *c* بين الجبال والاودية وتخلّص كثير من * النساء والرجال *q* المأسورين واقتطعت هذيل مما كان معهم * الوفا

---

a) L om. *b*) L وكان. Cf. *Mémoire* p. 107 ann. 7. *c*) P om. *d*) P بيت. *e*) L ذهبا. *f*) P tantum وموضعه. L om. cop. *g*) In L superest وتحر (وتجرد). *h*) Lac. in L. *i*) Hic P ins. لسبع عشره سنه, L لسبع عشر سنة وثلاثماية. Deinde L om. و. *k*) P s. p. *l*) Addidi. *m*) P مقامه ut *Kitâb al-ʿOyûn*, cod. Berol. f. 124 v. *n*) Secundum praecedentia legendum foret 6, sed 8 est verum; cf. *Mém.* p. 106. *o*) P ins. والرجال quod. e والدحال corruptum esse posset sed quoque deëst in *Kit. al-ʿOy.* *p*) P الطريق. *q*) L الرجال والنسا. Deinde P ins. من.

f.216r. كثيرة a من الابل والثقلة وكانت b ثقلته على نحو مائة الف بعير عليها اصناف المال والامتعة الى ان دلّه عبد اسود من عبيد هذيل يقال له زياد c استأمن اليه d على طريق سلكه فخرج عن المضايق وسار راجعا e الى بلده، قال المسعودى ونحن نذكر فى اخبار الراضى فيما يرد من هذا الكتاب ما كان له من السرايا فى ايّامه وغير ذلك من احواله f ۞

وكان مقتل الحسين بن منصور المعروف بالحلّاج من اهل مدينة البيضاء من ارض فارس لستّ بقين من ذى القعدة سنة ٣٠٩ ضُرب g الف سوط وقطعت *يداه ورجلاه h وضربت i *عنقه واحرقت جثّته وذلك فى مجلس الشرط e .... k على سور l السجن المعروف *بالمترف من هذا الجانب وكان يوما عظيما h لمقالات حُكيت عنه *فى الديانة كثر متّبعوه عليها والمنقادون اليها h *وكان يظهر التصوّف والتألّه m *وقد ذكرنا فيما سلف من كتبنا n ما صحّ عندنا من h مذهبه وذكره فى كتبه عند ذكرنا مقالات e ارباب *النحل ورؤساء الملل o ۞

ذكر خلافة القاهر

وبويع القاهر محمّد بن احمد المعتضد ويكنى ابا منصور وامّه امّ
f.216v. ولد تسمّى قَبُول p يوم الخميس لليلتين بقيتا من شوّال سنة ٣٢٠ ثم

---

a) P من الرجال واكثره. *b*) P وكان. *c*) P زيادات. *d*) P عليه. *e*) P om. *f*) P ايامه. *g*) L وضرب. *h*) Lac. in L. *i*) Lac. in L, P om. *k*) Lac. circa 7 verborum in L ubi nihil superest nisi in fine يداه. Suppleri posset hoc modo فى الجانب الغربى ونصب راسه (aut فى رحبة المجلس aut على الجسر) ويداه nempe hoc factum fuisse patet e *Kitâb al-ʿOyûn*, Ibn al-Djauzî, Ibn Maschkoweih et Hamadhânî suppl. ad Tab. *l*) L راس. *m*) L وكانوا يظهروا الماليه. *n*) Cod. كتابنا et add. على. *o*) P التجلى وراسا الملك. *p*) P قتول ut quoque Arîb f. 198 r., sed *Kit. al-Oyûn* f. 131 r., Ibn al-Djauzî, cod. Schefer, f. 168 r. et Hamadhânî, cod. Paris., f. 49 r. ut rec.

خُلع وسُملت *a* عيناه يوم الاربعاء لخمس خلون من جمادى الاولى سنة ٣٢٢ وله ستّ وثلاثون سنة واشهر ولم يسمل قبله احد من الخلفاء وملوك *b* الاسلام وكانت خلافته سنة وستّة اشهر وستّة ايّام، وكان ابيض يعلوه حمرة مربوعا حسن الجسم اعين وافر اللحية الثغ *c* شديد الاقدام على سفك الدماء اهوج محبًّا لجمع المال على قلّته فى ايّامه قليل الرغبة فى اصطناع الرجال غير مفكّر فى عواقب اموره راكبا ردعه واطئا عشواته *d* يريد الشبه بمن تقدّم من ابائه *e* فلا يمكنه ذلك لسوء تدبيره وقبح سياسته، واستوزر ابا علىّ محمّد بن مقلة ثم ابا جعفر محمّد *بن القاسم بن عبيد الله *f* ثم ابا العبّاس احمد بن عبيد الله الخصيبىّ *g*، *وكان نقش خاتمه القاهر بالله *f*، وقاضيه عمر بن محمّد بن يوسف *بن يعقوب وحاجبه علىّ بن يلبق وبدر الخَرْشنىّ وفارس بن الزنداق ومحمّد بن ياقوت وسلامة *h* المؤتمن المعروف *f* باخى نُجْح *i* ۞

ذكر خلافة الراضى محمّد *k*

وبويع الراضى محمّد بن جعفر المقتدر ويكنى ابا العبّاس وامّه امّ ولد تسمّى ظلوم *l* يوم الخميس لستّ ليال خلون من جمادى الاولى سنة ٣٢٢ وتوفّى بمدينة السلام يوم السبت لستّ عشرة ليلة خلت من شهر ربيع الاوّل سنة ٣٢٩ *m* وله اثنتان وثلاثون سنة واشهر. f 217 r.
وكانت *n* خلافته ستّ سنين وعشرة اشهر وعشرة ايّام وكان اسمر اعين مسنون *o* الوجه خفيف العارضين دحداحا نحيفا جوادا *p* محبًّا للادب *q*

---

a) Codd. وسملتنا ut quoque *Mor.* VIII, 288. *b*) L s. و. *c*) P لثغ. *d*) L s. p. P inde a راكبا ad الخصيبى om. *e*) Cod. اباءه. *f*) Lac. in L. *g*) In L tantum superest ال. *h*) Addidi coll. *Mor.* VIII, 348, IA VIII, ١٩٣. *i*) P بجح, L لجح. *k*) P om. *l*) P ظلون. *m*) P ستة pro تسع; vid. *Mor.* VIII, 309. *n*) L وكان. *o*) P مسمون. *p*) P جردا. *q*) P الادب.

حسن الشعر شديد التصريب *a* بين اوليائه لاستبدادهم بالامور دونه وقصور يده عن تغيير *b* ذلك، فاستوزر *c* محمّد بن علىّ بن مُقْلة وولده * ابا الحسين *d* علىّ بن محمّد وكانا *e* يخاطبان بالوزارة ويخرج الكتب باسمائهما ثمّ استوزر ابا علىّ عبد الرحمان بن عيسى بن داود بن الجرّاح ثم ابا جعفر *f* محمّد بن القاسم الكرخىّ ثم ابا القاسم سليمان بن الحسن *بن مَخْلَد بن الجرّاح ثم ابا * الفتح الفضل بن *g* جعفر بن *h* الفرات ثم ابا عبد الله احمد بن محمّد * البريدىّ *i* ثم سليمان بن الحسن بن مخلد، وكان *h* نقش خاتمه الراضى بالله، * وقاضيه عمر بن محمّد بن يوسف ثم ابناه يوسف والحسن، وحاجباه *h* محمّد بن ياقوت ثم * مولاه ذَكىّ *k* ❀

ومما ذكر فى *l* ايامه من الحوادث العظيمة *h* مسير القرمطىّ * سليمان ابن الحسن صاحب البحرين عن الاحساء لاعتراض *h* الحاجّ فى بدأتهم *m* الموسم سنة ٣٢٣ خرج لستّ بقين من شوّال فى * تسع مائة *n* فارس f 217 v.
وتسع مائة راجل وقسم العسكر نصفين من الجابريّة *o* وهى من الاحساء على ثلاثة ايّام فجعل على احد النصفين ابا عبد الله الحسين بن علىّ بن * سنبر *p* ومعاذا الكلابىّ فساروا قاصدين طريق مكّة لطالب اوّل الحاجّ وقصد القرمطىّ القادسيّة لاستقبال قافلة الشمسيّة مع لؤلؤ

---

a) P التصويب aut التصويت, L النظر. *b*) L تغمر, P تغير. *c*) P c. و. *d*) P الحسن sine ابا. *e*) P c. ف. *f*) L ins. ابن. *g*) Cod. tantum الفضل. *h*) Lac. in L. *i*) Cf. *Mor.* l. l. (ubi male ابا عبد الرحمان) et IA VIII, ٢٦٦. Cod. اليزيدى hic et infra (ubi L الترمذى), ut sec. IA VIII, ١٣٦ Ibn Maschkoweih praescripsit et ut est apud Arîb f. 156 v. et Hamza ٢١٨, 8 (ubi l. لليزيديين), sed Hamadhânî f. 36 r., 40 r. habet البريدى ut praescribunt Ibn Mâkûlâ et Dhahabî in *Moschtabih* ٣٨, 1 seq. *k*) Cod. ذكى. Cf. *Mor.* 340. *l*) Cod. من. *m*) P بدايتهم, L بدايتهم. *n*) P سبعماية. *o*) L s. p. *p*) P سنمر, L سبير. Deinde codd. ومعاد.

غلام المنهشّم *a* فوقع ابن سنبر بالخوارزميّة وغيرهم *وكان رؤساءهم *b* شاذان وابن حاتم وغيرهما بناحية زبالة والعقبة فاسرهما وغيرهما *c* من اهل القوافل وقتل *d* وذلك لسبع عشرة ليلة خلت من ذى القعدة من هذه السنة وانهزم الباقون راجعين يريدون العذيب ولا علم عندهم *e* ان القرمطىّ امامهم وسار لؤلؤ غلام المتهشّم بالناس ولقيه القرمطىّ بالقادسيّة *يوم الاربعاء *c* لاحدى عشرة ليلة بقيت من ذى القعدة من هذه السنة فقاتل لؤلؤ *f* الى ان نالته جراحات وانكشف *اصحابه عنه *g* وطرح نفسه بين القتلى ودخل الكوفة فى الليل مستخفيا *واستولى ابو طاهر على تلك *h* القافلة باسرها *i* وكان من انقضاض *الكواكب ليلة *k* *الاربعاء الله كانت الوقعة فى صبيحتها *i* ما لم يُر مثله فى *الاسلام والقرمطىّ حينئذ سائر من خَفّان *l* يريد القادسيّة *i* f.218r. وبينهما ستّة اميال *m* *ورجع القرمطىّ مستقبلا للمنهزمين من ابن سنبر *i* الراجعين يريدون *الكوفة فلقيهم بالعُذيب فاستأمنه قرّة لقافلته *i* وبذل عنها مالا فاطلقه ولم يعرض له واوقع بالباقين *n* فقتل وسبى وصار *o* اليه من صنوف *p* الاموال والامتعة ما لا يوقف *q* على تحديده ولا يحاط بمبلغه، وكانت *r* له بعد ذلك سريّتان الى الكوفة وناحية واسط فى أيّام الراضى ايضا لم يلق فيهما *s* حربا اثّر تأثيرا يذكر ولم يزل مقيما بالاحساء من بلاد البحرين الى ان توفّى *يوم الاثنين *t* لسبع عشرة ليلة خلت من شهر رمضان سنة ٣٣٢ *u* وله

---

a) L h. l. المنهسم. *b*) P وان راساهم, L وروسا. *c*) L om. *d*) L وقتل, P وقيل. Deinde P ذلك. *e*) P لهم. *f*) L لولوا. *g*) L ut vid. واصحابه. *h*) Cod. om., sed post القافلة ins. على ذلك. *i*) Lac. in L. *k*) L lac., P الكوكب مطيلة; cf. *Mor.* VII, 231, IA VIII, ٢٣٢ paen. *l*) Cod. جفان. *m*) P ايام. *n*) P بالناس. *o*) P وسار. *p*) L اصناف. *q*) P يقف. *r*) L وكان. *s*) Codd. فيها. *t*) P om. *u*) Codd. ثلاث pro اثنتين; cf. *Mém.* 142.

ثمان *a* وثلاثون سنة لان مولده فى شهر رمضان سنة ٩۴ وقُتل ابوه ابو *b* سعيد الجنّابىّ سنة ٣٠٠ وله يومئذ ستّ سنين * وبقى العسكر تسع سنين *c* الى ان تسلّمه ابو طاهر فى شهر *b* رمضان سنة ٣١٠،

قال المسعودى وقد اتينا فيما سلف من كتبنا *d* على شرح هذه الحروب والوقائع وما كان من اخباره فيها واخبار القرامطة البقليّة *e*
f.218v. بسواد الكوفة وغلبتهم عليها وذلك فى سنة ٣١٩ والعلّة فى تسميتهم البقليّة وهو اسم ديانىّ عندهم وكان رؤساءهم * مسعود بن حريث *f* وعيسى بن موسى ابن اخت * عَبْدان بن الربيط الملقّب قرميط *g* والمعروف *h* بابن ابى *b* السّيد وابن الاعمى * وابو *i* الذرّ والجوهرىّ وغيرهم وكان جمهورهم *h* بنو ذُهْل وبنو رفاعة وايقاعهم * ببنى بن نفيس بناحية الطفوف وجُنْبُلاء *k* وتلّ فخّار وهزيمتهم ايّاه واحتوائهم * على عسكره وموافعة *l* هارون بن غريب *h* الخال وصافى *m* غلام نصر القشورىّ ايّاهم ومن قُتل منهم وأُسر ومن انضاف منهم الى سليمان بن الحسن عند رجوعه من هيت الى بلد البحرين وكانوا يعرفون فى عسكره بالاجميّين *n* لسكنى اكثرهم الآجام *o* والطفوف من اعمال الكوفة، واخبار الغلام المعروف بالزكرىّ *p* من ابناء ملوك الاعاجم من بلاد اصبهان *q* ووروده *r* اليهم فى سنة ٣١٩ وتسليم ابى طاهر الامر اليه فى سنة ١٩ واجماعهم

a) P ستة, L ست, sed hoc falsum esse patet non tantum e sequentibus, sed etiam inde quod anno 312 (v. *Mém.* 73 seq.) 17 (18) annos natus erat. *b*) P om. *c*) L om. *d*) P كتابنا. *e*) Ita P perspicue hic et mox, L البغليه et النقليه. Aliae lectiones sunt النفلية et النقلية (*Mém.* 99). *f*) IA VIII, ١٣٦ حريث بن مسعود, sed Arîb cum nostro facit. *g*) Error, confundit enim ʿAbdân et Hamdân Karmath. *h*) Lac. in L. *i*) Cod. وابى. *k*) Lac. in L; P وجبيلا. *l*) Cod. وموافعهم على. *m*) L وصافا. E seqq. patet apud IA ١٣v, 2 legendum esse النصرى. *n*) P بالاجمتين, in L tantum superest بالا. *o*) L الاحلام. *p*) P بالزكيرى. Cf. *Mém.* 130. *q*) L c. ة. *r*) Codd. وورده.

عليه وما رسم من الرسوم والمذاهب التى[a] اخذهم بها وقتله لابى حفص ابن زُرْقان[b] زوج اخت ابى طاهر وكان يدعى الشريك[c] وكان اكملهم f.219 r. عقلا واوسعهم علما واحسنهم ادبا *وبنى سلمان وغيرهم[d] من وجوه العسكر[e] *وهم نحو من سبعمائة رجل وما اظهر فى العسكر[f] من المذاهب الشنيعة والسير القبيحة التى لم تعهد ولا[g] عرفت فى عسكر هؤلاء القوم[h] منذ[i] استولى ابو[k] سعيد على هذه البلاد وولده وزوالها بزواله ورجوعهم عنها واعتذارهم عنها وما وقع عليه[f] من التدبير *الى ان قُتل فيما قيل وعاد[l] الامر الى ابى طاهر، *وغير ذلك من اخبار اصحاب الغرب وحروبهم ومن[l] كان منهم باليمن *واتّفاق جميع من ذكرنا على سبب واحد وانقيادهم[l] اليه وقولهم به *وانتظارهم له، واخبار ابى سعيد للحسن بن بهرام[l] *الجَنّابىّ ونسبته[m] واتّصاله بملوك فارس ومكانه من هذه الدعوة[l] وكيفيّة[n] دخوله *البحرين وما كان من امره بالقَطيف مع بنى مسمار[l] واتّصاله ببادية بنى كلاب وكان ابو زكريّاء البحرانىّ[o] دعاهم وما كان بين[p] ابى سعيد وبين ابى زكريّاء[q] وقبض ابى سعيد عليه وهلاكه فى يده وفتحه سائر مدن البحرين وكان اهلها فى نهاية العدّة والقوّة كالقطيف وكان بها علىّ بن مسمار[r] واخوته وهم f.219 v. من[s] عبد القيس وقتله[t] عليًّا والزارة[u] وكان بها للحسن بن العوّام من الازد وصَفْوان وكان بها بنو حفص[v] وهم من عبد القيس ايضا والظَّهْران والاحساء وكان بها بنو سعد[w] من تميم وجُوَاثا وكان بها[x] العُرْيان[y] بن الهيثم الربعىّ[y] وقد ذكره علىّ بن محمّد المنتمى الى

---

a) P الذى. b) P درقان. c) Cf. *Mém.* 133. d) P سليمان وسلمان وغيرهما. e) P العساكر. f) L om. g) P ولم. h) P om. i) P عند, L بعد. k) P om., L ابا. l) Lac. in L. m) L والجنابى ونقب. n) P وكيف; L s. و. o) P البجر; cf. supra p. ٣٨٤, 18. p) L من et وانى pro وبين انى. q) P زكرى et add. ودعى. r) L مستمار. P supra مسهار. s) L ابن. t) L وقله. u) P c. و. v) L سعيد. w) L حفص. x) L فيها. y) L s. p.

ابى طالب صاحب الزنج الناجم بالبصرة عند ظهوره بالبحرين فى تميم وكلاب ونُمير وغيرهم وذلك قبل مصيره الى البصرة وكان العُرْيان اوقع بهم فى عبد القيس وبنى عامر بن a صعصعة ومحارب بن خَصَفَة b بن قيس بن عيلان وغيرهم وقعات متتابعات فاخرجه c عن البحرين ونواحيها وقتل من اصحابه خلقا كثيرا فلمّا وقع طرفه بالصَّمّان على الطائر المعروف بالمُكّاء d قال كلمته الله اوّلها

* ايا طائرَ الصَّمّان e ما لك مُفْرَدًا f   تَأَسَّيْتَ بِى ام عاقَ إِلْفَك عائِقُ

* فقال فيها

عَدِمْتُ عِتاقَ الخَيْلِ ان لم أَزُرْ بها   عليها f الكُماةُ الدارعون البطارِقُ
* عليها رجالٌ من تَميمٍ وقَصْرُها   كُلَيْبُ بن f يَرْبوعِ الكِرامُ g المَصادِقُ
وجِثْوَتُها h سَعْدٌ وفى جَنَباتها   نُمَيْرٌ وبيضٌ من كِلابٍ عواتِقُ i
وانْ لم أُصَبِّحْ عامِرًا ومحاربا   بخُطَّةِ خَسْفٍ او تَعُقْنى العوائقُ
أَيَحْسِبُنى k العُرْيانُ أَنْسَى فَوارِسِى   غداةَ نِزالِ الرَّدْمِ والمَوْتُ عالِقُ l

f. 220 r. وقال فى كلمة اخرى يذكر m عبد القيس

اتَحْسِبُ عبدُ القَيْسِ أَنِّى نَسِيتُها   ولَسْتُ بناسيها ولا *تارِكًا تَبْلى n

وهجر وكانت o اعظم مدن البحرين وكان بها عيّاش p المحاربىّ وكان اعظمهم عدّة واشدّهم شوكة، ومواقعة ابى سعيد العبّاس q بن عمرو الغَنَوىّ وقد جرّده المعتضد للقائه من البصرة فى السبخة المعروفة بافان * وافان ماء r ونخل اراد العبّاس نزولها وذلك عند ارتحاله من الماء المعروف بالاعياء فسبقه ابو سعيد الى الماء وطول هذه السبخة سبعة اميال وبينها s وبين البصرة سبعة ايّام وهى على يومين t من ساحل

a) P و. b) Codd. حفصة. c) Codd. فاخرجته. d) P بالكما. e) Cod. السمان. f) Lac. in L. g) L الكريم. h) L وحسوتها. i) P عوايق. k) P اتحسبنى. l) P عانق. m) P تذكر. n) L ابتلى (نارى) ثارى. o) P s. و. p) P عيـاس. q) L والعبـاس. r) P ومافان; L واقان ما ونخلا et praec. دافان quoque باقان legi potest. s) L s. و. t) L يوم. Utrum melius nescio.

البحر وهى القَطيف وبين القطيف وبين البحر *a* ميل ولها مدينة على الساحل يقال لها عُنَك وفيها يقول الراجز

طعْن غُلامٌ لم يَجِئْكَ بالسَّمَكْ * ولم يُعَلَّلْ بخَيَاشيمِ عُنَكْ *b*

فلمّا توسّط *c* العبّاس السبخة * بعث ابو سعيد فعوّر *d* ما وراءه من المياه وكانت *b* فى اعلى السبخة وهو *e* * نطريق ضيّق وابو سعيد فى سبعمائة فارس وراجل *b* من كلاب وعُقَيل *f* وبحرانيّين والعبّاس فى سبعة آلاف *g* من الجند ومطّوّعة البصرة وضبّة والبحرانيّين الذين كانوا خلّوا *h* عن البحرين وغيرهم فأُسر العبّاس وأُتى على اكثر من كان معه ولم ينج الّا الشريد *i* وذلك فى رجب من *k* سنة ٢٨٧ *l*، وما كان من f.220 v. سريّته الى صُحَار *m* وهى قصبة عمان مرّة بعد اخرى ودخوله ايّاها عنوة وبين البحرين *k* وعمان مسيرة عشرة ايّام رمال ودهاس وفى *n* بعض المواضع ماء مالح والى *o* بلاد الفَلَج *p* وهى على ثلاثة ايّام من اليمامة والى يَبْرِين وهى من *q* اليمامة على مثل ذلك ايضا *k* فاباد *r* اهلها وكانت من *k* اطيب بلاد الله واكثرها اهلا * وعمائر ونخلا وشجرا فلا انيس بها الى هذا الوقت وفيها يقول جرير *s*

فقلتُ للرَّكْبِ اذ جَدَّ المَسيرُ بنا يا بُعْدَ يَبْرِينَ من باب الفراديسِ

وسبب فتك لخادمين الصقلبيّين *t* الذين كان اخذهما حين واقع بدرا المحلّىّ وكان *u* جاء من عمان فى البحر لقتاله *v* وكان اصطنعهما *w* فقتلاه فى الحمّام فى ذى القعدة سنة ٣٠٠ وعدّة من خواصّ اصحابه من القطيفيّين *x* * معه وهم حمدان وعلىّ ابنا سَنْبَر *b* وبشر وابو جعفر

---

a) L البحرس. *b*) Lac. in L. *c*) P ins. ابو. *d*) Cod. فغور. *e*) L وهى. *f*) Hic in L est lac. 7 verborum et pergit من كلاب وعقيل وبحرانيين الخ. *g*) L ins. من كلاب وعقيل. *h*) Ita codd. Pro عن P بحر. *i*) L البشكريد *sic*. *k*) P om. *l*) L تسع pro سبع. *m*) L سحار. *n*) L s. و. *o*) P s. و. *p*) Codd. الفلح. *q*) L om. *r*) P ins. من. *s*) Jâc. IV, ١٠٠٦, 19. *t*) P الصقلبين, L والصقلبس. *u*) L c. ف. *v*) Codd. ins. بعد. *w*) P اصنعهما. *x*) P المنطقيين, quod primum cepi pro altero nomine eorum qui

ابنا نصير وهما *خالا ولد ابى سعيد المعروف بابن جنان a ومحمّد ابن اسحاق وكانت مدّة *ابى سعيد b *مذ ظهرت دعوته بالقطيف c وافتتح سائر مدن البحرين وآخرتها d هجر الى ان قُتل سبعاء e وعشرين سنة، وقد ذكرنا فى كتاب خزائن الدين، وسرّ العالمين،، عند ذكرنا ارباب النحل ورؤساء الملل وما احدثوه من الآراء والمذاهب ما ذكره
f.221 r. من خالف هذه الطائفة وردّ عليهم وحكى عنهم وان هذه الدعوة احدثت باصبهان سنة ٢٦٠ وما الغرض بها والمقصد منها وتسليمهم ظاهر f الشريعة وقولهم فى تاويل معانيها g وامرهم المدعوَّ عند اخذ العهد عليه بستر ما يكشفونه له من تاويل كتاب الله ومنهم من يقول للمدعوّ h عند ذلك استرْ i ما اكشفه لك من تأويل كتاب الله وتأويل التأويل وتبليغه الى مراتب ينتهون *به اليها k يسمّونها البَلاغَ وغير ذلك من دعواتهم l ووجوه سياساتهم واسرارهم فى ذلك ورموزهم m، وقد صنّف متكلّمو فرق الاسلام من المعتزلة والشيعة والمرجئة والخوارج n والنابتة o ممن تقدّم كتبا p فى المقالات وغيرها من الردّ على المخالفين *كاليمان بن رِئاب q الخارجىّ وزُرْقان غلام ابراهيم بن سَيّار r النَّظّام ومحمّد بن شَبيب صاحب النظّام ايضا وعَبّاد s *بن سلمان الضَّيْمرى صاحب هشام بن c عمرو الفوطىّ t صاحب *ابى الهُذَيل محمّد بن

---

appellantur العقدانية (*Mém.* 151), deinde rejeci, accepta lectione L (s. p.). Katîf nempe focus propagationis fuit (*Mém.* 34, 37, 45 et infra).

a) Lac. in L. Lectio nominis جنان incerta est; etiam خيان legi posset. Scripsi جنان quia hoc est nomen feminae. *b*) P اسحاق, lac. in L. *c*) Lac. in L. *d*) P واخرها, L واخرها. Deinde L دنكر. *e*) P سبعة, L تسعة. Utrum melius تسعا legatur, efficere nequeo. *f*) P بظاهر. *g*) L om. *h*) L المدعو. *i*) L اترل. *k*) Codd. بها اليه. Deinde P add. و. *l*) L دعاواتهم. *m*) L ودموزهم. *n*) L والخوارج. *o*) L s. p. *p*) P كتبنا, L كما. *q*) L s. p., P كاليمانية وكاليمانب رباب. In *Fihrist* ١٨٣ male رباب; cf. ann. et vid. TA. *r*) P سار. *s*) P عياد et mox الصميرى; cf. ann. ad *Fihrist* ١٨٠. *t*) L القرموطى sed و expuncta est.

الهذيل العبدىّ العلّاف[a] البصرىّ ومحمّد بن عيسى *بن غوث صاحب لحسين بن محمّد النجّار[a] وابى عيسى محمّد[b] بن هارون *الورّاق واحمد بن لحسن بن سهل المصمعىّ[c] المعروف بابن اخى زُرْقان[d] وغيرهم ممن شاهدناه كابى علىّ محمّد بن عبد الوهّاب f. 221 v. الجُبّائىّ[e] فى كتابه فى الردّ على اصحاب *التناسخ والخُرّميّة[f] وغيرهم من اهل الباطن وابى القاسم البلخىّ وابى العبّاس[b] عبد الله بن محمّد الناشى[g] ولحسن بن موسى النوبختىّ[h] فى *كتابه فى[b] الآراء والديانات[i] وفى كتابه فى الردّ على الغُلاة وغيرهم من الباطنيّة وابى محمّد عبد الله بن محمّد الخالدىّ وابى لحسن بن ابى بشر الاشعرىّ البصرىّ الكلابىّ وغير هؤلاء فلم يعرض احد منهم لوصف مذاهب هذه[k] الطائفة وردّ عليهم آخرون مثل قدامة بن يزيد النعمانىّ[l] وابن عبدك الجرجانىّ وابى لحسن[m] بن زكريّاء الجرجانىّ وابى عبد الله[n] محمّد بن علىّ بن رِزام[o] الطائىّ الكوفىّ وابى جعفر الكلابىّ الرازىّ وغيرهم فكلٌّ[p] يصف من[b] مذاهبهم ما لا يحكيه الآخر مع انكار هذه الطائفة حكاية من ذكرنا وتركهم الاعتراف بها ونحن فلم نقصد فى كتابنا هذا حكاية مذاهبهم ولا الردّ عليهم ☆

وكان مقتل محمّد بن علىّ الشَلْمَغانىّ[q] الكاتب المعروف بابن ابى العَزاقِر[r] يوم الثلاثاء غرّة[b] ذى القعدة سنة ٣٢٢ فقطعت يداه ورجلاه وضربت عنقه واحرق *فى مجلس الشرطة فى الجانب الغربىّ[a] لامور f. 222 r. ديانيّة احدثها[s] ومقالات *فيما ذُكر ذكرها[t] واظهرها كثير المستجيبين

---

a) Lac. in L. *b*) L om. *c*) Lac. in L; المصمعى probabiliter corrigendum est in المسمعى. *d*) L ورقان. *e*) P الجنائى, L الحبازى. *f*) L الفساسح والحوميه. *g*) L الباسى. *h*) L s. p. *i*) P والبيبانات, L والدرايات. Vid. *Fihrist* ١٧٧, 15. *k*) P هولا. *l*) L العمانى, *m*) L الحسمن. *n*) P ins. بن. *o*) P درام; cf. *Fihrist* ١٨٦, 24 et ann. *p*) P c. و. *q*) L السلفانى. *r*) P القراقر, L العراقد, *Mor.* III, 267 الغرابر; vid. ann. ad *Fihrist* ١٧٦, 25. *s*) P اخذتها. *t*) Cod. اذكرها.

لـه *a* اليهـا وقُتل *b* معه رجل من اتباعه *يقال لـه ابن ابى عَوْن ويعرف بابن النجم *a* الكاتب مثلَ ذلك وقد اتينا على ما ظهر من قوله وحكاه من هذا عن نفسه فى رسالته المعروفة بالمذهبة وكتابه فى الوصيّة وكتاب الغيبة *c* وكتاب التسليم وغير ذلك من كتبه فى كتابنا فى المقالات فى اصول الديانات عند ذكرنا مذاهب الشيعة وغُلاتهم *d* ٭

ذكر خلافة المتّقى ابراهيم *e*

وبويع المتّقى ابراهيم بن المقتدر ويكنى ابا اسحاق وامّه امّ ولد تسمّى خَلُوب *f* يوم الخميس لتسع بقين من شهر ربيع الاوّل سنة ٣٢٩ وخلع وسملت *g* عيناه يوم السبت لعشر ليال بقين من صفر سنة ٣٣٣ وله ثلثون سنة واشهر وكانت خلافته ثلاث سنين وعشرة اشهر وعشرين يوما وكان ابيض صافى اللون اشهل فى شعره شقرة وهو حىّ الى وقتنا هذا وهو سنة ٣٤٥ مكرم على ما ينمى الينا *h* من اخبارهم، واستوزر سليمان بن الحسن *بن مَخْلَد *i* ثم ابا الحسين *k* احمد بن محمّد بن ميمون * ثم ابا جعفر محمّد بن القاسم *a* الكرخىّ بعد ان دبّر *الامور f.222 v.
ابو الحسن علىّ بن عيسى بن داود بن الجرّاح *a* وميسم الوزارة لاخيه *عبد الرحمان بن *a* *عيسى ثم ابا اسحاق *l* *محمّد بن احمد القراريطىّ ثم ابا العبّاس *a* احمد بن عبد الله *الاصبهانىّ ثم ابا الحسين *m* علىّ ابن محمّد بن علىّ بن مُقْلة، وكان *a* نقش خاتمه المتّقى *بالله،

---

a) Lac. in L. *b*) Codd. وفعل. Corrigendum esse ut feci patet e. g. e *Kitâb al-Oyûn* cod. Berol. f. 184 v. فقُتل هو وابن ابى عون لانه اقرّ بانه الـهٌ بعد ان صُلبا حيّين وأُحرقا. Pro رجل L برجال. *c*) P البيعة. *d*) L وعلاتهم, P وعدتهم. *e*) L om. *f*) In cod. optio est inter خلوب et خلون. Cf. IA VIII, ٣١٤, 2. *g*) Codd. iterum وسملتا. *h*) P علينا. *i*) P ومحمد. *k*) *Mor.* VIII, 345 ابو الحسن, sed IA VIII, ٢٧٨ seq. ut rec. *l*) Lac. in L, P om. Cf. IA VIII, ٢٨٠ et ٢٨٢. *m*) Cod. et *Mor.* l. l. الحسن.

وقاضيه المعروف بالخرقىّ وحاجبه سلامة مولاه *a* المؤتمن المعروف * باخى نُجْح *b* ثمّ بدر الخرشنىّ ثمّ احمد بن خاقان ✿

c ومن الحوادث العظيمة الّتى كانت فى ايّامه فى الملك * ممّا لم *d* يجر مثله *e* على احد من خلفاء بنى العبّاس دخول ابى الحسين البَريدىّ *f* الى مدينة السلام فى جيوشه فى الماء وعلى الظهر يوم السبت لتسع *g* بقين من جمادى الآخرة سنة ٣٣٠ وهرب المتّقى عن دار ملكه ومعه محمّد بن رائق يريدان الموصل وانتهبت دار الخلافة وغيرها من دور الاولياء وانتهك الحريم بعد ممانعة عظيمة وحروب وقتل من الناس وغرق نحو من عشرة آلاف وقيل اكثر من ذلك ✿

ذكر خلافة المستكفى

وبويع المستكفى عبد الله بن علىّ المكتفى ويكنى ابا القاسم وامّه امّ ولد روميّة تسمّى *h* غصن فى الموضع المعروف بالبثق *i* على نهر عيسى بازاء القرية المعروفة بالسنديّة فى الوقت الذى سملت *k* فيه f.223 r. عينا *l* المتّقى وخلع يوم الخميس * لثمان بقين *m* من جمادى الآخرة

---

a) Lac. in L. *b*) P بانجح; L s. p. *c*) P ذكر. *d*) P لا ممن; L ما. *e*) P om. *f*) Vid. supra p. ٣٨٩ *i*. *g*) L لسبع. *h*) P وتسمى. Deinde P عمص, L غصر; cf. IA ٣٣٨ ult. *i*) Codd. بالبنق (aut L بالنبق), *Mor.* VIII, 377 بالثبق, sed lectio ibi incerta est. Conjectura scripsi. *k*) Codd. iterum وسملتا. *l*) P عين. *m*) P لثلاث خلون, sed post الاخرة ins. وقيل لثمان; L quoque خلون, sed infra sub al-Motîʿ et apud IA ٣٣٨, Abu'l-Faradj ٢٩٠ (ed. Beir.) et alios (Weil II, 696) est ut rec. Dies 22 Djomâdae II revera fuit dies Jovis. Attamen incerti aliquid manet. Inde a 20 Çafar 333 ad 22 Djomâdâ II 334 sunt annus, 4 menses, 2 dies (ut habent IA et alii). Si ad 20 Çafar 333 supputamus quod noster habet spatium 1 anni, 2 mensium, 28 dierum, pervenimus ad 18 Djomâdâ I. In *Mor.* 376 et *ʿIkd* ٥٩ finis regni ponitur 23 Schaʿbân et spatium regni annum et fere 4 (*ʿIkd* 6) menses fuisse dicitur, sed *Mor.* IX, 1 traditio memoratur Motîʿum regnum accepisse mense Djomâdâ I. Apud IA ٣٣٩ et Abu'l-Faradj ٢٩١ initium regni Motîʿi ponitur die Jovis 12 Djomâdâ II, quod falsum est pro 22.

سنة ٣٣٤ وسملت[a] عيناه وله *ثمان وقيل[b] ثلاث واربعون *سنة واشهر[c] *وكانت خلافته[d] سنة وشهرين وثمانية وعشرين *يوما، وكان ابيض اللون حسن[c] الوجه صغير الفم يعارضه شيب، وكان *المدبّر للامور فى ايّامه ابو جعفر محمّد بن[c] شيرزاد كاتب تُوزُون التركىّ وقد *كان ابو الفرج احمد بن محمّد السامَرّىّ خُلع[c] عليه ووزر سبعة واربعين يوما وهو آخر من خوطب بالوزارة فى ايّام بنى العبّاس الى وقتنا هذا ثمّ الشيرازىّ ابو احمد[e] الفضل بن عبد الرحمان نفذت الكتب عنه باسمه ثمّ غلب[f] ابن شيرزاد على الامر، وكان نقش خاتمه المستكفى بالله، وقاضيه ابن ابى الشوارب وابن ابى موسى الهاشمىّ، وحاجبه احمد بن خاقان المفلحىّ ۞

ذكر خلافة المطيع

وبويع المطيع الفضل بن جعفر المقتدر بالله[g] ويكنى ابا القاسم وامّه امّ ولد صقلبيّة تسمّى مشعلة يوم الخميس لثمانى ليال بقين من
f.223 v. جمادى الآخرة سنة ٣٣٤، ولخمس سنين خلت من خلافته اعيد الحجر الاسود الى موضعه من البيت الحرام فى ذى الحجّة سنة ٣٣٩ وكان اخذه فى سنة ٣١٧[h] على ما قدّمنا فى خلافة المقتدر فى[i] هذا الكتاب، وقد ذكرنا فى كتاب مروج الذهب ومعادن الجوهر اخبار الحجر فى الجاهليّة ومن تداوله *من الامم من جرهم واياد والعماليق[c] وخزاعة وكم مرّة ازيل *من موضعه ثمّ رُدّ اليه وغير ذلك من اخبار[c] مكّة والبيت الحرام ۞

*والغالب على امر المطيع والقيّم بتدبير الحضرة الى هذا الوقت احمد بن بُوَيه الديلمىّ[k] المسمّى بمعزّ الدولة وكتّابه وزالت[c] اكثر

---

a) Codd. iterum وسملتا. *b*) L om. Iterum incertum hoc est. Natus est 13 Çafar 292 (IA ٣٣٨ paen. in textu male ست, cf. ‹*Ikd* ubi ٢٩٢ (مستهل سنة), obiit Rabî‹ I anni 338. *c*) Lac. in L. *d*) P وولى. *e*) P ins. بن. Cf. IA ٣٣٥. *f*) Addidi. *g*) P om. *h*) P om. عشرة. *i*) P من. *k*) Cod. نوبة الدولى et mox بعز.

رسوم الخلافة *والوزارة فى وقتنا هذا وهو سنة a ٣٤٥ على ما ينمى الينا من اخبارهم ويتّصل بنا b من احوالهم لطول غيبتنا عن العراق ومقامنا c بارض مصر والشأم ۞

قال المسعودى ابو الحسن علىّ بن الحسين بن علىّ ولم نعرض d لوصف اخلاق المتّقى والمستكفى والمطيع ومذاهبهم اذ كانوا كالمولّى e عليهم لا امر ينفذ لهم اما ما نأى f عنهم من البلدان فتغلّب g على اكثرها المتغلّبون واستظهروا بكثرة الرجال والاموال واقتصروا على مكاتبتهم f.224 r. بامرة المؤمنين والدعاء لهم واما بالحضرة فتفرّد بالامور h غيرهم i فصاروا مقهورين خائفين قد قنعوا باسم الخلافة ورضوا بالسلامة وما اشبه امور الناس فى الوقت الّا بما كانت عليه ملوك الطوائف بعد قتل الاسكندر ابن فيلبّس الملك داريوش k وهو دارا بن دارا ملك بابل الى ظهور اردشير بن l بابك الملك كلّ قد *غلب على h صقعه يحامى عنه ويطلب الازدياد اليه m مع قلّة العمارة وانقطاع السبل وخراب كثير من البلاد وذهاب الاطراف وغلبة الروم وغيرهم من الممالك *على كثير من ثغور الاسلام a ومدنه n وقد اتينا على شرح جميع ما ذكرنا *فى هذا الكتاب وايضاحه واخبار ما ذكرنا والغور فى o ايّامهم وما كان من الكوائن a والهرج والاحداث فى *اعصارهم وغير ذلك من اخبار الشرق a والغرب والشمال والجنوب *وما كان فيهما من الفتن والحروب فى a كتابنا فى اخبار الزمان، ومن اباده الحدثان،، من الامم الماضية والاجيال الخالية والممالك الداثرة وفيما تلاه من الكتاب الاوسط وفى كتاب مروج الذهب ومعادن الجوهر وفى كتاب فنون المعارف، وما جرى فى f.224 v. الدهور السوالف،، وفى كتاب ذخائر العلوم وما جرى p فى سالف

a) Lac. in L. *b*) P علينا. *c*) P وطول مقامنا. *d*) P يعرض.
e) L كالموالى. *f*) L بائى. *g*) P فيغلب. *h*) L om. *i*) L غيره.
k) P دارابيوس, L دارابموشى. *l*) P om. *m*) L om. *n*) L مدنه.
o) Cod. من. *p*) P كان.

الدهور وفى نظم الجواهر، فى تدبير الممالك والعساكر»، وفى كتاب الاستذكار، لما جرى فى سالف الاعصار»، الذى كتابنا هذا تالٍ له ومبنىٌّ عليه وغيرها من كتبنا *واودعنا كتابنا هذا لمعا من *a* ذلك استذكارا لما *b* تقدّم من كتبنا *c* ومنبّهين *d* على ما سلف *من تصنيفنا وقد كان سلف *c* لنا قبل تقرير هذه النسخة نسخة على الشطر منها وذلك فى سنة ٣٤٤ ثمّ *e* زدنا فيها ما راينا زيادته وكمال الفائدة به فالمعوّل *f* من هذا الكتاب على هذه النسخة دون المتقدّمة ✿

وكان فراغ *e* علىّ بن الحسين بن علىّ المسعودىّ من تأليف هذا الكتاب بفسطاط مصر سنة ٣٤٥ للهجرة فى خلافة المطيع والملك على الروم قسطنطين بن لاون بن بسيل وهى سنة *١٧٠٢ لبختنصّر وسنة *g* ١٢٦٨ *للاسكندر بن فيلبّس الرومىّ *h* وسنة ٦٧٣ لاردشير بن بابك وسنة *i* ٣٢٤ ليزدجرد بن شهريار بن كسرى ابرويز آخر
ملوك فارس والله ولىّ التوفيق، تمّ كتاب التنبيه
والاشراف بحمد الله ومنّه ولطفه ومنّه
والحمد لله وحده ✿

---

a) Cod. فى. *b*) Cod. فيما. *c*) P om. *d*) L ومنبها. *e*) L om. *f*) L c. و. *g*) P om., L الف وسبع مايه deinde lac. Non certus sum utrum L habeat numerum seq. Supra ٩٩, 16 habuit ١٣٦٧; cf. etiam p. ٢٢٨, 20 seqq. et ٢٣٠, ult. seq. *h*) Lac. in L. *i*) Lac. in L inde a وسبعين. P omnia inde a وسنة et seqq. ad finem om., tantum habens والحمد لله وحده. Pro وحده L صلعم.

فهرست اسماء الاماكن والامم

ث

خ

ش

ص

ض

ط

ظ

ع

ك

ل

ن

فهرست اسماء الرجال والنساء والقبائل

ب

ت

ث

ج

ح

خ

د

ذ

ش

ص

ق

ك

ن

ه

و